U0137965

CHINA NATIONAL
BOTANICAL GARDEN

中国
二十一世纪的
园林之母

第四卷

CHINA

Mother of Gardens, in the Twenty-first Century

Volume 4

马金双　主编

Editor in Chief: MA Jinshuang

中国林业出版社
China Forestry Publishing House

内容提要

《中国——二十一世纪的园林之母》为系列丛书，记载今日中国观赏植物研究与历史以及相关的人物与机构，其宗旨是总结中国观赏植物资源及其现状，弘扬园林之母对世界植物学、乃至园林学和园艺学的贡献。全书拟分卷出版。本书为第四卷，共9章：第1章，中国柏科金柏属、翠柏属、崖柏属和侧柏属；第2章，中国蜡梅科；第3章，中国蔷薇科栒子属；第4章，中国蔷薇科苹果属；第5章，秋海棠属：回顾与展望；第6章，中国旌节花科；第7章，无患子科金钱槭属；第8章，爱丁堡皇家植物园与中国植物学的历史渊源；第9章，华西亚高山植物园发展概述（1986—2023）。

图书在版编目（CIP）数据

中国——二十一世纪的园林之母. 第四卷 / 马金双

主编. -- 北京：中国林业出版社，2023.9

ISBN 978-7-5219-2345-2

Ⅰ. ①中… Ⅱ. ①马… Ⅲ. ①园林植物—介绍—中国

Ⅳ. ①S68

中国版本图书馆CIP数据核字（2023）第178926号

责任编辑：贾麦娥　张　华
装帧设计：刘临川

出版发行　中国林业出版社
　　　　　（100009，北京市西城区刘海胡同7号，电话83143566）
电子邮箱：cfphzbs@163.com
网址：www.forestry.gov.cn/lycb.html
印刷　北京雅昌艺术印刷有限公司
版次　2023年9月第1版
印次　2023年9月第1次
开本　889mm×1194mm　1/16
印张　38
字数　1136千字
定价　498.00元

《中国——二十一世纪的园林之母》
第四卷编辑委员会

主　任：贺　然

副主任：魏　钰　马金双

成　员：（按姓氏拼音排序）

贺　然　李　凯　李　鹏　刘东燕

马金双　魏　钰　张　辉

主　编：马金双

副主编：（按姓氏拼音排序）

池　淼　董文珂　郝　强　李飞飞

李亚莉　刘东燕　刘政安　权　键

邵慧敏　宋兴荣

编　委：（按姓氏拼音排序）

池　淼　董文珂　凡　强　高　龙

郝　强　李飞飞　李亚莉　李　燕

廖文波　刘东燕　刘国彬　刘政安

马金双　孟开开　彭丽平　权　键

邵慧敏　宋兴荣　王　涛　吴保欢

袁蒲英

编写说明

《中国——二十一世纪的园林之母》为系列丛书，由多位作者集体创作，完成的内容组成一卷即出版一卷。

《中国——二十一世纪的园林之母》记载中国观赏植物资源以及有关的人物与机构，其顺序为植物分类群在前，人物与机构于后。收录的类群以中国具有观赏和潜在观赏价值的种类为主；其系统排列为先蕨类植物后种子植物（即裸子植物和被子植物），并采用最新的分类系统（蕨类植物：CHRISTENHUSZ et al., 2011, 裸子植物：CHRISTENHUSZ et al., 2011, 被子植物：APG IV, 2016）。人物和机构的排列基本上以汉语拼音顺序记载，其内容则侧重于历史上为中国观赏植物做出重要贡献的主要人物以及研究与收藏中国观赏植物为主的重要机构。植物分类群的记载包括隶属简介、分类历史与系统、分类群（含学名以及模式信息）介绍、识别特征、地理分布和观赏植物资源的海内外引种以及传播历史等。人物侧重于其主要经历、与中国观赏植物和机构的关系及其主要成就；而机构则侧重于基本信息、自然地理概况、历史变迁、现状以及收藏的具有特色的中国观赏植物资源及其影响等。

全书不设具体的收载文字与照片限制，不仅仅是因为类群不一、人物和机构的不同，更考虑到其多样性以及其影响。特别是通过这样的工作能够使作者们充分发挥其潜在的挖掘能力并提高其研究水平，不仅仅是记载相关的历史渊源与文化传承，更重要的是借以提高对观赏植物资源开发利用和保护的科学认知。

欢迎海内外同仁与同行加入编写行列。在21世纪的今天，我们携手总结中国观赏植物概况，不仅仅是充分展示今日园林之母的成就，同时弘扬中华民族对世界植物学、乃至园林学和园艺学的贡献；并希望通过这样的工作，锻炼、培养一批有志于该领域的人才，继承传统并发扬光大。

本丛书第一卷和第二卷于2022年秋天出版，并得到业界和读者的广泛认可。2023年再次推出第三、第四和第五卷。特别感谢各位作者的真诚奉献，使得丛书能够在三年时间内完成五卷本的顺利出版！感谢各位照片拍摄者和提供者，使得丛书能够图文并茂并增加可读性。特别感谢国家植物园（北园）领导的大力支持、有关部门的通力协助以及有关课题组与相关人员的大力支持；感谢中国林业出版社编辑们的全力合作与辛苦付出，使得本书顺利面世。

因时间紧张，加之水平有限，错误与不当之处，诚挚地欢迎各位批评指正。

编者

2023年中秋

前言

中国是世界著名的文明古国，同时也是世界公认的园林之母！数千年的农耕历史不仅积累了丰富的栽培与利用植物的宝贵经验，而且大自然还赋予了中国得天独厚的自然条件，因而孕育了独特而又丰富的植物资源。多重因素叠加，使得我们成为举世公认的植物大国！中国高等植物总数超过欧洲和北美洲的总和，高居北半球之首，而且名列世界前茅。然而，园林之母也好，植物大国也罢，我们究竟有多少具有观赏价值或者潜在观赏价值（尚未开发利用）的植物，要比较准确或者可靠地回答这个问题，则是摆在业界面前比较困难的挑战。特别是，中国观赏植物在世界园林历史上的作用与影响，我们还有哪些经验教训值得总结，更值得我们深思。

百余年来，经过几代人的艰苦奋斗，先后完成《中国植物志》（1959—2004）中文版和英文版（*Flora of China*，1994—2013）两版国家级植物志和几十部省市区植物志，特别是近年来不断地深入研究使得数据更加准确，这使得我们有可能进一步探讨中国观赏植物的资源现状，并总结这些物种及其在海内外的传播与利用，辅之学科有关的重要人物与主要机构介绍。这在21世纪的今天，作为园林之母的中国显得格外重要。一方面我们要清楚自己的家底，总结其开发与利用的经验教训，以便进一步保护与利用；另一方面，激发民族的自豪感与优越感，进而鼓励业界更好地深入研究并探讨，充分扩展我们的思路与视野，真正引领世界行业发展。

改革开放40多年来，国人的生活水准有了极大的改善与提高，国民大众的生活不仅仅满足于温饱而更进一步向小康迈进，尤其是在休闲娱乐、亲近自然、欣赏园林之美等层面不断提出更高要求。作为专业人士，我们应该尽职尽责做好本职工作，充分展示园林之母对世界植物学、乃至园林学和园艺学的贡献。另一方面，我们要开阔自己的视野，以园林之母主人公姿态引领时代的需求，总结丰富的中国观赏植物资源，以科学的方式展示给海内外读者。中国是一个14亿人口的大国，将植物知识和园林文化融合发展，讲好中国植物故事，彰显中华文化和生物多样性魅力，提高国民素质，科学普及工作可谓任重道远。

基于此，我们组织业界有关专家与学者，对中国观赏植物以及具有潜在观赏价值的植物资源进行了总结，充分记载中国观赏植物的资源现状及其海内外引种传播历史和对世界园林界的贡献。与此同时，对海内外业界有关采集并研究中国观赏植物比较突出的人物与事迹，相关机构的概况等进行了介绍；并借此机会，致敬业界的前辈，同时激励民族的后人。

国家植物园（北园），期待业界的同仁与同事参与，我们共同谱写二十一世纪园林之母新篇章。

贺 然 魏 钰 马金双
2022年中秋

目录

Contents

Explanation

Preface

01

-ONE-

中国柏科金柏属、翠柏属、崖柏属和侧柏属

Chinese Cupressaceae: *Xanthocyparis, Calocedrus, Thuja* and *Platycladus*

郝　强[1]* 刘国彬[2]**

[¹国家植物园（北园）；²北京市农林科学院]

HAO Qiang[1]* LIU Guobin[2]**

[¹China National Botanical Garden (North Garden); ²Beijing Academy of Agriculture and Forestry Sciences]

* 邮箱：haoqiang@chnbg.cn
** 邮箱：liugb2014@126.com

北京市密云区新城子镇古侧柏九搂十八杈

摘要：本章介绍了中国柏科金柏属、翠柏属、崖柏属和侧柏属4个属7个国产种的识别特征、分布与保存现状、系统位置和遗传多样性、栽培应用等方面的研究历史和进展。本章是第一卷第5章《中国柏科植物研究及柏木属、扁柏属和福建柏属介绍》内容的延续。

关键词：柏科 金柏属 翠柏属 崖柏属 侧柏属

Abstract: In this chapter, four genera of Chinese Cupressaceae, *Xanthocyparis*, *Calocedrus*, *Thuja*, and *Platycladus*, are illustrated. The identification characteristics, geographic distribution, conservation status, systematic classification, genetic diversity, and cultivation application of seven native species are discussed. It is the continuation of *Cupresses Research in China and Introduction of* **Cupressus**, **Chamaecyparis** *and* **Fokienia** in chapter 5 of volume I.

Keywords: Cupressaceae, *Xanthocyparis*, *Calocedrus*, *Thuja*, *Platycladus*

郝强，刘国彬，2023，第1章，中国柏科金柏属、翠柏属、崖柏属和侧柏属；中国——二十一世纪的园林之母，第四卷：001-065页.

柏科植物是裸子植物中广泛分布于南北半球的唯一的科。2011年荷兰植物学家克里斯滕许斯（Maarten J.M.Christenhusz）依据形态学特征和染色体基数（x=11）将杉科（Taxodiaceae）和柏科（Cupressaceae）归并，使用发表最早的Cupressaceae作为合并后的科名（Christenhusz，2011）。柏科属一级的划分还存在一些争议，本工作结合克里斯滕许斯、毛康珊和杨永等人的研究结果将柏科分为32属[1]（Mao et al., 2012; 杨永 等，2017）。

在世界范围内，狭义柏科23个属（除去原来杉科9个属）在南北半球基本各产一半。包括3个主要的地理分布中心：①东亚，分布有10个属：柏木属（*Cupressus* L.）、扁柏属（*Chamaecyparis* Spach）、福建柏属（*Fokienia* A.Henry & H.H.Thomas）、金柏属（*Xanthocyparis* Farjon & T.H.Nguyên）、翠柏属（*Calocedrus* Kurz）、崖柏属（*Thuja* L.）、侧柏属（*Platycladus* Spach）、刺柏属（*Juniperus* L.）、罗汉柏属（*Thujopsis* Siebold & Zucc. ex Endl.）和胡柏属（*Microbiota* Kom.）。②北美，分布有7个属：柏木属、扁柏属、翠柏属、崖柏属、刺柏属、北美金柏属（*Callitropsis* Oerst.）和美洲柏木属（*Hesperocyparis* Bartel & R.A.Price）。③大洋洲，分布有6个属：澳柏属（*Callitris* Vent.）、星鳞柏属（*Actinostrobus* Miq.）、巴布亚柏属（*Papuacedrus* H.L.Li）、甜柏属（*Libocedrus* Endl.）、灯台柏属（*Neocallitropus* Florin）和寒寿柏属（*Diselma* Hook. f.）。此外，还有两个亚中心：地中海沿岸，分布有柏木属、刺柏属和香漆柏属（*Tetraclinis* Mast.）等3个属；智利南部和阿根廷，分布有智利乔柏属（*Fitzroya* Lindl.）、智利翠柏属（*Austrocedrus* Florin & Boutelje）和火地柏属（*Pilgerodendron* Florin）等3个属（江泽平和王豁然，1997；Mao et al., 2012）。

《中国树木志》和《中国植物志》基本上都按照皮尔格（Robert Knud Friedrich Pilger, 1876—1953）的分类并将我国分布的狭义柏科植物分为侧柏亚科（Thujoideae）、柏木亚科（Cupressoideae）和圆柏亚科（Juniperoideae）。本章介绍侧柏亚科中我国原产的翠柏属、崖柏属和侧柏属以及后来发现命名的金柏属（《中国植物志》和 *Flora of China* 均未收录）等4个属的7种柏科植物。罗汉柏属（*Thujopsis*）虽也归为侧柏亚科，一般认为其原产日本，在我国仅为栽培，在此不予讨论。

---

1 克里斯滕许斯裸子植物系统将柏科分为29属，其中金柏属、北美金柏属和美洲柏木属都列入柏木属；毛康珊等在2012年PNAS论文中将上述三个属单独列出合计分32属，杨永等在《世界裸子植物的分类和地理分布》中将北美金柏属归为金柏属合计分为31属。2022年杨永等提出裸子植物新分类系统将柏科分为29个属，与克氏系统相比在狭义柏科部分保留了金柏属、北美金柏属、美洲柏木属、圆柏属（*Sabina* Mill.）和合子刺柏属（*Arceuthos* Antoine et Kotschy），归并了星鳞柏属和灯台柏属（Yang et al., 2022）。

柏科植物在我国栽培历史悠久，由于其在石灰岩山地、沙滩和盐碱地有较强适应性而被广泛应用于造林绿化，然而在育种方面却长期不为人们重视。中国有众多的侧柏、刺柏和崖柏观赏栽培类型，但缺乏收集整理和系统研究（陈俊愉，2000），反观国外非常重视品种的选育和权利保护，近300年来在我国进行大量采集引种后通过苗圃和园艺公司的选育产生了大量种类丰富的观赏品种。制约我国柏科植物新品种培育的原因，一方面是因为柏科植物生长缓慢，难以快速获得产出，育种机构缺乏长期稳定的经费支持；另一方面是早期人们对品种知识产权的保护重视不够，许多品种和种质资源未能得到科学记录和保存。我国从20世纪80年代开始进行林木种质资源收集保存与数字化工作，建立了国家林木种质资源平台，整合了多种科学数据和信息资源，如中国林业科学研究院的林业专业知识服务系统（http://lygc. lknet. ac. cn），建立并制定了对应物种的描述规范和数据标准，极大地推动了林木物种研究的发展。

随着近年来我国经济的快速发展和遗传育种、基因组测序技术的飞速发展，特别是党的二十大以来坚持"绿水青山就是金山银山"和"人与自然和谐共生发展"的现代化发展理念，目前我国已经进入柏科植物研究和育种发展的黄金期，期望基因组学和基因编辑等新一代技术方法能够帮助人类深入认识和理解柏科植物生长发育的基本生物学特征，并推动科学保护种质资源多样性和加速新品种培育。

分属检索表

1a. 球果闭合时球形，种鳞基本等长 ………………………………… 1. 金柏属 *Xanthocyparis*

1b. 球果闭合时椭圆形，种鳞不等长

  2a. 鳞叶长2～4mm；球果仅中间1对种鳞有种子；种子上部具2个不等长的翅 …………… ……………………………………………………………………… 2. 翠柏属 *Calocedrus*

  2b. 鳞叶长1～2mm；球果中间2～4对种鳞有种子

    3a. 生鳞叶小枝平展；种鳞4～6对，薄，鳞背无尖头；种子两侧有窄翅… 3. 崖柏属 *Thuja*

    3b. 生鳞叶小枝直展或斜展；种鳞4对，厚，鳞背有尖头；种子无翅……4. 侧柏属 *Platycladus*

1 金柏属

Xanthocyparis Farjon & T.H.Nguyên, Novon 12(2)：179(2002). TYPE: *X. vietnamensis* Farjon & T.H.Nguyên.

金柏属，亦称黄金柏属，是2002年英国邱园植物分类学家法尔容（Aljos Farjon, 1946—）等人正式发表的柏科新属（Farjon et al., 2002）。属

名的含义是金黄色的柏树，*xantho-*，来源于希腊语 *xanthos*，意为 yellow，黄色的；*cyparis* 意为柏树。本属在克氏系统中与北美金柏属、美洲柏木属一起划为柏木属，但法尔容认为分布于北美洲从阿拉斯加东南至加利福尼亚北部的太平洋沿岸的北美金柏属植物阿拉斯加黄杉（*Xanthocyparis nootkatensis*）应该划为金柏属（Farjon et al., 2002），利特尔认为其应该独立为北美金柏属 *Callitropsis nootkatensis*（Little et al., 2004; Little, 2006），而毛康珊等认为金柏属、北美金柏属归为柏木属的分子证据不充分（Mao et al., 2010）。本文采用毛康珊等的分属方法将金柏属与北美金柏属分开，因此本属仅1种。

金柏 *Xanthocyparis vietnamensis* Farjon & T.H. Nguyên, Novon 12(2): 180(2002). TYPE: Vietnam. Ha Giang Prov., Quan Ba District, Bat Dai Son Provincial Protected Area, *D.K.Harder et al. 6091* (Isotype: K).

别名：越南黄金柏、中越黄金柏。

识别特征：常绿乔木；具纵向纤维状剥落的树皮；心材淡黄色；鳞叶交叉对生；种鳞2~3对，木质，背面弯拱，顶端中央具锥状突起（图1）。

地理分布：广西木论国家级自然保护区内海拔720~1 600m的喀斯特石灰岩石山山顶，目前仅发现33株（图2）。在2021版《国家重点保护野生植物名录》中被列为二级重点保护野生植物（国家林业和草原局，农业农村部，2021）。世界自然保护联盟（International Union for Conservation of Nature, IUCN）濒危等级为濒危（Endangered, EN）[1]。

该种1999年首次发现在越南北部河江省（Ha

图1　金柏的生境和小枝细部［A：生长在石灰岩地区的金柏；B：金柏雌球果（未开裂）；C：金柏小枝；D：金柏雌球果（开裂）］（黄俞淞　摄）

图2　广西木论国家级自然保护区中的金柏（黄俞淞　摄）

Giang），在50km²的范围内约有560株。该区域与我国广西环江县产地属于连续分布的越南北部——桂西南—桂西北石灰岩带，拥有多种共同分布的植物种类，如岩生翠柏（*Calocedrus rupestris*）、岩生鹅耳枥（*Carpinus rupestris*）等。推测这一地带上的靖西、德保、田东、田阳、巴马和东兰等地可能也有分布（蒙涛 等，2013）。

命名历史：金柏最早在1999年由越南林业人员在河江省广薄区青云村发现，当时被认为是崖柏属一新种 *Thuja quanbaensis* V. V. Can, V. V. Dung et L. V. Cham。2000—2001年国际植物考察队（Northern Vietnam First Darwin Expedition）在河江省采集金柏标本带回英国，由法尔容定名并发表为柏科新属新种（Farjon et al., 2002）（图3）。2015年美国人劳本菲尔斯（David John de Laubenfels）将 *Cupressus pendula* Thunb. 合并至金柏属，称为 *X. pendula*

图3　金柏模式标本（K001090540, 2001年 Harder D. K. 和 Nguyen T. H. 等人采集于越南河江省）

（Thunb.）de Laub. & Husby，并认为 *C. funebris* 是其异名（de Laubenfels，2015）。

生存与保护现状： 2012年4月广西木论国家级自然保护区工作人员在该保护区天王山山顶发现一株特殊的柏科植物，经广西植物研究所许为斌等通过形态学和分子生物学分析鉴定为黄金柏属越南黄金柏，为我国柏科新纪录属（蒙涛 等，2013），当时仅发现1株。2014年韦秀廷等人在木论保护区开展"越南黄金柏种群资源野外调查"，发现7个分布点共33株越南黄金柏，其中8株未成年个体。调查表明，黄金柏在我国分布范围狭窄、种群数量较少，其生境为喀斯特石灰岩山顶或山坡，环境严酷恶劣，整个群体表现为衰退型种群。黄金柏在我国发现以来，所在保护区与科研部门连同中国野生植物保护协会和野生动植物保护国际（Fauna & Flora International, FFI）等已经投入资金和人力开展调查并制定保护策略，相关繁殖实验正在积极开展，相信在未来该种群会得到有力的恢复（韦秀廷，2015）。

海内外栽培： 我国昆明植物园有栽培[2]。2002年，国际植物考察队在越南采集金柏后种植在英国爱丁堡皇家植物园（Royal Botanic Garden Edinburgh），这些金柏在温室里生长良好，通过扦插繁殖在欧美国家扩散[3]。位于英国肯特郡的贝奇伯里国家松树园（Bedgebury National Pinetum）[4]在2005—2010年栽植有18株扦插苗，在爱尔兰威克洛郡（County Wicklow）的基尔马库拉格植物园（Kilmacurragh Botanic Garden）[5]和美国北卡罗来纳州立大学劳尔斯顿树木园（JC Raulston Arboretum）[6]等地有栽培。

2 翠柏属

Calocedrus Kurz, J.Bot. 11:196(1873). TYPE: *C. macrolepis* Kurz.

雌雄同株。翠柏在我国台湾称"肖楠"，英文称为"Incense cedar（香杉）"，翠柏属亦称肖楠属，该属4种木材的香味有显著的差异，以台湾肖楠香气最为内敛温和，纹理和质地最为细致厚实。

该属共4种，中国产3种，分布于云南、贵州、广东、广西、海南和台湾。北美西部产1种北美翠柏［*C. decurrens*（Torr.）Florin］。1847年奥地利植物分类学家恩德利歇尔（Stephan L.Endlicher, 1804—1849）在其著作《针叶树概要》（*Synopsis Coniferarum*）中建立了甜柏属（*Libocedrus* Endl.），当时这个属包含了产自北半球和南半球的10余种柏科植物，它们的共同点是种鳞4或6，种子两侧具大小不等的翅。但是产自北半球的3个种和南半球的物种如甜柏属的模式种甜柏（*L. plumosa*）之间具有显著的差异，因此1873年德国植物学家科克（Karl Heinrich Emil Koch, 1809—1879）和库尔茨（Wilhelm Sulpiz Kurz, 1834—1878）分别建立了柏科新属 *Heyderia* 和 *Calocedrus* 来指称产自北半球的3个种。1926年皮尔格也发现这种差异，将甜柏属分为两个亚属：包含北半球物种的 *Heyderia* 和包含南半球物种的 *Eulibocedrus*。1930年瑞典古植物学家弗洛林（Carl Rudolf Florin, 1894—1965）分析台湾翠柏时认为产自北半球的3个种与崖柏属（*Thuja*）物种亲缘关系更近，1953年李惠林无法确定科克和库尔茨的发表先后顺序，基于皮尔格的亚属划分选择将翠柏属定名为 *Heyderia* K.，包含北美翠柏、台湾翠柏和翠柏3个种，指定北美翠柏（*H. decurrens*）为该属模式种（Li, 1953）。1956年弗洛林调查了1873年两个属名的发表时间，确认库尔茨的（Calocedrus）发表时间在7月，早于 Heyderia 的发表时间11月，因此他将翠柏属的名称最终确定为 Calocedrus Kurz，并选择翠柏（C. macrolepis）作为该属模式种（Florin, 1956）。

翠柏属间断分布于东亚和北美，且各自为单系类群，分化时间大约在渐新世，距今约25Ma。在我国云南景谷和宜良多塘等地曾发现翠柏化石。2012年中国科学院南京地质古生物研究所史恭乐等人分析产自华南广西最南端宁明渐新世宁明组的花山翠柏（C. huashanensis）化石，认为其与北美西部的渐新世翠柏化石形态接近，都具有互生分枝的具叶枝条，不同于欧洲同时代的翠柏化石（Shi et al., 2012）。2013年兰州大学解三平等对采自云南临沧茅草地晚中新世泥岩段的5块翠柏化石进行形态学和解剖学研究，认为其应归入翠柏属的兰亭翠柏（C. lantenoisii）。2015年中国科学院西双版纳热带植物园周浙昆团队在滇东南文山盆地上中新统地层发现具叶枝条和球果的翠柏化石，经形态学比较确定为灭绝的新种，定名为 C. shengxianesis（He, Sun et Liu）Zhang et Zhou（图4）。进一步研究发现这一新种与翠柏东亚现代种亲缘关系较近，主要区别在于叶的顶端形态不同，化石种顶端呈钝形，现代种则较尖锐。他们认为中新世后青藏高原隆升导致亚洲季风加强，剧烈的气候变化导致喜热的翠柏属植物在东亚分布锐减（Zhang et al., 2015）。

图4　翠柏化石（A、B、C、D：翠柏植物球果化石；a. 可育种鳞背部有短尖头，b. 苞鳞附着在球果基部；E、F：发现于云南晚中新世的翠柏植物化石）（张建伟 提供）

翠柏属分种检索表

1a 着生球果的小枝长，长 10～20mm，小枝上具有较多缩短的鳞叶，球果 10～22mm×4～7mm；
　通常在每个可育种鳞上有 1 粒种子 ·························· 1. 翠柏 *C. macrolepis*

1b 着生球果的小枝短，<16mm，小枝上变短的鳞叶少；每个可育种鳞上有 1 或 2 粒种子
　2a 叶片和球果小，球果 4～7mm×2.5～4mm；通常在每个可育种鳞上有 2 粒种子 ··········
　·························· 2. 岩生翠柏 *C. rupestris*
　2b 叶片和球果更大，球果 10～15mm×4～6mm；通常在每个可育种鳞上有 1 粒种子 ······
　·························· 3. 台湾翠柏 *C. formosana*

2.1 翠柏

Calocedrus macrolepis Kruz, J. Bot. 11:196, t. 133(1873). TYPE: China, Yunnan, Hotha, *D.J.Anderson s. n.* (Holotype: K).

别名：长柄翠柏、大鳞肖楠、滇翠柏、龙柏、凤尾柏、黑皮松。

识别特征：常绿乔木；树皮纵裂，红褐色或灰褐色；小枝扁平，两面异形。鳞叶两对交叉对生，呈节状（图 5A）。雌雄同株，雌雄球花分别生于不同短枝的顶端，雄球花卵圆形，黄色，每一雄蕊具 4 个花药。着生雌球花及球果的小枝鳞叶背部拱圆或具纵脊；球果长卵状圆柱形（图 5B），熟时红褐色；种鳞 3 对，木质，扁平，仅中间一对各有 2 粒种子；种子椭圆形，暗褐色，上部有 2 个大小不等的膜质翅。

分布与保护：模式标本 1868 年 8 月 19 日采自云南陇川县。产于云南、贵州、广西、海南。广东有栽培。越南、缅甸、老挝和泰国也有分布。生长于海拔 600～2 000m 的针阔混交林山地或岩石。2013 年 IUCN 濒危等级评定为近危（Near Threatened, NT）[1]。2021 版《国家重点保护野生植物名录》中翠柏被列为二级重点保护野生植物（国家林业和草原局，农业农村部，2021）。在越南按照 IUCN 濒危等级评定为濒危（EN），被列入《珍稀植物名录》（*List of Rare and Precious Flora*），限制开发[7]。

翠柏在我国约有 200 000 株[7]，主要分布在云南省。在云南德宏主要分布在陇把片区，有 6 个种群共 53 株，其中最大的一株高达 47m、胸径 90cm，树干粗壮笔直，树冠茂密宽广。翠柏是安宁市市树，在安宁市禄脿街道艾家营村附近有一片集中分布区，400 余株，其中最大一株树龄约 500 年。

云南省玉溪市易门县六街镇是翠柏集中分布地之一，有珍贵的小面积纯林。冯国楣（1917—2007，江苏宜兴人，植物学家、昆明植物园第一

图 5　翠柏叶片和果实（A：鳞叶；B：球果）（许为斌 摄）

任主任，对杜鹃花科、山茶科、五加科和锦葵科植物有深入研究）曾建议将易门县茶树村的翠柏林建成自然保护点（傅立国，1995）。2000年易门县在六街镇的二街和茶树成立县级自然保护区，总面积7 800hm²，主要保护国家二级保护植物翠柏和黄杉（*Pseudotsuga sinensis*），当地还有国家二级保护动物白鹇（*Lophura nycthemera*）、小熊猫（*Ailurus falgens*）和穿山甲（*Manis pentadactyla*）等珍稀动物。该保护区地属中亚热带气候类型，具夏湿春旱、干湿季分明和雨热同季的气候特点；年均温度为12～20℃，最低气温–5℃，最高气温34.6℃；光照充足，太阳辐射量124.7kcal/cm²；年

平均降水量800～900mm；土壤以红壤为主。易门县翠柏林分布在海拔1 700m左右的小河两岸的山沟或山坡下部，附近多有村寨或寺庙。1998年中国科学院昆明植物研究所的陈文红等曾调查该区域一块30m×30m样地中有翠柏27株，平均高度15m，平均胸径30cm，平均冠幅5m×6m。她们认为翠柏幼苗的耐湿耐阴特性是其成为珍稀植物的主要原因，主张通过就地保护、人工抚育和迁地保护、引种扩繁相结合的方式扩大翠柏分布面积（陈文红 等，2001）。

翠柏在广西壮族自治区靖西市化峒镇五权村村屯附近海拔700m处分布仅一株大树（图6），树

图6 广西壮族自治区靖西市化峒镇五权村翠柏古树（许为斌 摄）

高17m，胸径2m，冠幅14m×12m，树干基部已部分腐朽。按照IUCN（2001）评估标准在广西定为极危（Critically Endangered, CR）等级。主要致危因素有过度开采、森林碎片化、森林火灾和农业开发等（农东新 等，2011）。

翠柏在贵州省遵义市赤水市、绥阳县，铜仁市，贵阳市开阳县、修文县，黔东南苗族侗族自治州丹寨县、从江县、台江县、雷山县、榕江县，黔南布依族苗族自治州荔波县、罗甸县、平塘县、独山县、三都水族自治县，黔西南布依族苗族自治州望谟县，安顺市紫云苗族布依族自治县等地有分布[2]。在黔东南雷山县永乐镇加勇村有2株翠柏，其中一株高约37m，胸围6.46m，树龄约1 200年。

命名历史： 1873年库尔茨根据英国人安德森（John Anderson, 1833—1900）1868年在云南

图7 翠柏模式标本（K, 秦仁昌拍摄模式植物标本，编号13271）

西部陇川县户撒（Hotha）采集的翠柏标本建立的 Calocedrus 这个属（图7），属名来源于希腊语，由 "callos" 意为 "美丽的，beautiful" 和 "kedrus" 意为 "松柏，cedar" 组合而来，种加词 "macrolepis" 意思是 "大鳞"，所以翠柏也被称为 "大鳞肖楠"。

19世纪中叶英国殖民者已完全占领印度，并通过两次英缅战争（第一次1824—1826年，第二次1852年）侵占了缅甸大半国土，之后不断通过商务使团和经济考察团等对缅北和与缅甸接壤的云南西南部进行自然、历史、经济等全方位调查，预谋伺机侵略。1868年英国驻缅官员费奇（Albert Fytche, 1820—1892）派遣斯莱登（Edward Bosc Sladen, 1830—1890）使团（Sladen Mission）50余人从缅甸的曼德勒（Mandalay）出发，乘船由伊洛瓦底江（Irrawaddy River）溯流而上，到达缅北边城八莫（Bhamo），由八莫东行至云南勐缅（Momien，今腾冲市和临沧市所辖区域）。沿途进行商业、政治、自然资源和地理等全方位调查。安德森是一位医学博士、爱尔兰皇家学会和伦敦林奈学会会员，在使团中担任医生和自然学家的职责。该使团在7月13日离开腾冲，跨过大盈江（Daying River，进入缅甸境内后称太平江）在8月到达户撒，对当地傣族生产生活和自然环境进行调查，8月19日安德森采集到翠柏的带球果枝条，9月5日返回八莫。安德森返回英国后撰写了《滇西探险报告》（A Report on the Expedition to Western Yunnan via Bhamo, 1871）和《从曼德勒到勐缅：1868年和1875年在中国西部的两次探险》（Mandalay to Momien: A Narrative of the Two Expeditions to Western China of 1868 and 1875, 1876）记述了这一段过程。1876年英国《自然》杂志刊文介绍安德森在后一本书中对生活在滇缅边境地区的少数民族景颇族（缅甸称克钦族，Kakhyens）和傣族（缅甸称掸族，Shans）的风俗习惯的记载[8]。

库尔茨的记载中未描述着生球果的小枝长度，其附图中球果的小枝长仅3～4mm，其上有6对鳞叶。1930年弗洛林对亚洲东部的甜柏属（Libocedrus Endl.）植物进行了研究，在 L. macrolepis（Kurz）

Benth.（即 C. macrolepis Kurz）的标本中，除引证模式标本外，还引证了韩尔礼（Augustine Henry, 1857—1930）、威尔逊（Ernest Henry Wilson, 1876—1930）及迪克卢（Pere Francois Ducloux, 1864—1945）等人采自云南的多号标本，从所附的照片（即韩尔礼采自云南思茅的11566A标本）来看，着生球果的小枝长达11～15mm，其上的鳞叶多达14～22对。经核查采自云南、贵州、广西及海南的大量标本（其中包括 Henry 11566A 标本），可以看到翠柏鳞叶的大小、先端尖钝、直曲、着生雌球花及球果的小枝的长度、圆或四棱形、其上鳞叶的对数、鳞叶背部有脊与否，以及球果的大小、形状等形态性状均有连续性的变异。因此，1978年《中国植物志》第七卷认为依据着生雌球花及球果的小枝的长度，将翠柏分为 "长柄" 和 "短柄" 两型是不合适的（中国科学院中国植物志编辑委员会，1978）。

翠柏在海南省分布于昌江黎族自治县霸（坝）王岭国家级自然保护区海拔740m的溪边密林中。最早1920年陈焕镛在五指山采到营养枝标本（Woon Young Chun 1574, N906008728; Woon Young Chun 2095, N906008727），新中国成立后当地林业人员在郑万钧嘱咐下多次采集均未获得生殖期花果枝。1980年9月5日和11月10日海南林业局标本室的符国瑷、陈庆和杨秀森等人在昌江霸王岭和大炎河等地采集到雄球花（符国瑷2107号）、雌球花和成熟球果标本（符国瑷和陈庆2649号；杨秀森2585号），当时认为其外形与翠柏和台湾翠柏非常接近，但是小枝和种子翅的形态、种鳞种子数目和雄蕊花药数目等特征又略有不同，认为是翠柏属一个新种海南翠柏（C. hainanensis G.A.Fu）（符国瑷，1982）。1996年傅立国将符国瑷和陈庆2649号标本鉴定为翠柏，2000年法尔容将符国瑷2107号标本鉴定为翠柏（C. macrolepis）（图8）。

习性与应用： 翠柏为中性偏阳性树种，幼年耐阴，以后渐喜光。耐旱、耐瘠薄。在前20年生长缓慢，20～60年进入快速生长期，70年以后达到数量成熟，材积生长量开始下降并趋于稳定。边材淡黄褐色，心材黄褐色，纹理直，结构细，有香气，有光泽，耐久用，质稍脆。供建筑、桥

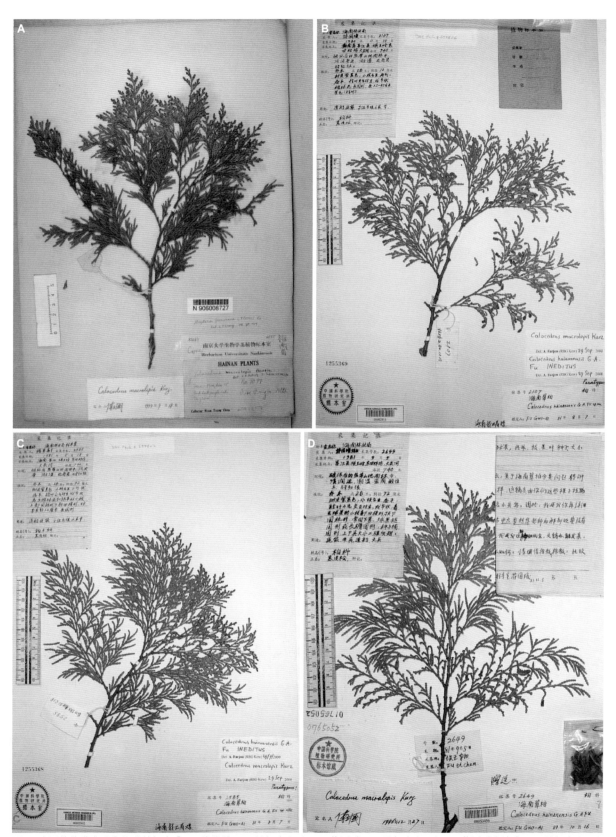

图8 我国植物学家采集的翠柏标本［A：陈焕镛2095号标本（N）；B：符国瑷2107号标本（PE）；C：符国瑷和陈庆2649号标本（PE）；D：杨秀森2585号标本（PE）］

梁、板料、家具等用，亦为庭园树种（中国树木志编辑委员会，1983）。翠柏生长快，木材优良，可作云南中部及南部海拔1 000～2 000m地带、贵州西部、四川安宁河流域及会理等地的造林树种。翠柏枝叶细密，富有韧性，可随意盘曲整形，适宜制作盆景。昆明植物园有栽培，昆明人过春节时会折取翠柏枝条作瓶插，称为"花瓶柏"（华佳，1981）。在我国广东省也有栽培，在越南和老挝经常用来制作高档家具和熏香。

海内外栽培： 1899年威尔逊从我国云南思茅引种至英国邱园，欧美称为中国香柏（Chinese incense-cedar），但翠柏不耐寒，因此在国外栽培中应用较少[5]。在英国爱丁堡皇家植物园（植物编号19943875、20141549）[3]、贝奇伯里松树园[4]，美国北卡罗来纳州立大学劳尔斯顿树木园[6]，澳大利亚洛夫蒂山植物园（Mount Lofty Botanic Garden）[9]等地有栽培。

2.2 岩生翠柏

Calocedrus rupestris Aver., T.H.Nguyên & L.K.Phan, Issues Basic Res. Life Sci. 41 (-43; fig.1) (2004). TYPE: Vietnam. Bac Kan Prov., Na Ri District, Na Bo, *L.V.Averyanov et al. 5441* (Holotype: HN).

识别特征： 鳞叶先端钝或宽钝状（图9）；球果通常4个种鳞（翠柏通常为6个种鳞），宽卵形，几无柄，直立或近直立，柄短而直；可育种鳞弯曲，先端圆，无尖头。

地理分布： 生长于海拔1 200～3 000m的石灰岩山脊和陡坡上，在广西壮族自治区河池市环江毛南族自治县、巴马瑶族自治县、东兰县、都安瑶族自治县和凤山县；百色市乐业县、那坡县；贵州黔南布依族苗族自治州荔波县、平塘县，黔东南苗族侗族自治州从江县、丹寨县和云南省文山壮族苗族自治州等地有分布[2]，总数有2 000余株（图10）。IUCN濒危等级为濒危（EN）[1]。越南多地有分布，成年个体约2 500株，老挝可能也有分布[7]。

发现和命名历史： 2004年越南物种保育中心的Nguyên和Phan在越南发现岩生翠柏并与俄罗斯植物学家阿韦里亚诺夫（Leonid Vladimirovich Averyanov, 1955—，就职于科马洛夫植物研究所）一同发表，种加词"*rupestris*"意思是"着生在岩石上的（rock-dwelling）"。2010年许为斌等将广西靖西以外的翠柏属标本鉴定为岩生翠柏，记为中国新纪录种（农东新 等，2011）。他们经过比对后发现刘演等1997—2001年在广西木论国家级自然保护区调查时发现的翠柏实为岩生翠柏，有2 100多株（刘演和宁世江，2002）。2016年J. Hoch在法国巴黎自然历史博物馆发现早年法国传教士卡瓦勒里（Julien Cavalerie, 1869—1927, 1894年来到中国开始在云南和贵州一带采集，后来在昆明附近被杀）采集自我国贵州（Kouy-Houa）的岩生翠柏标本。其中包括1911年采自今安顺市紫云苗族布依族自治县（rocks south of Kouy-Houa）的3983号（*Cavalerie 3983*, P01637502），1914年采自今安顺市西秀区（south of Gan-chouen）的4247

图9 岩生翠柏叶片和雄球花（A：叶片；B：雄球花）（许为斌 摄）

图10　岩生翠柏生境（许为斌 摄于广西壮族自治区环江毛南族自治县）

号（*Cavalerie 4247*, P01637501），后来又在多个标本馆，如贵州科学院生物研究所植物标本馆（HGAS）、中国科学院华南植物园标本馆（IBSC）和中山大学植物标本室（SYS）等发现多份岩生翠柏标本，表明该物种在我国早有分布（Hoch, 2017）。岩生翠柏在2021版《国家重点保护野生植物名录》中被列为二级重点保护野生植物（国家林业和草原局，农业农村部，2021）。

习性与应用：翠柏和岩生翠柏分布于相同分布区但占据不同生态位。岩生翠柏生长于石灰岩山顶、山脊或陡峭的悬崖边。与其伴生的有华南五针松（*Pinus kwangtungensis*）、短叶黄杉（*Pseudotsuga brevifolia*）、圆果化香（*Platycarya longipes*）、清香木（*Pistacia weinmannifolia*）、青冈（*Cyclobalanopsis glauca*）、岩樟（*Cinnamomum saxatile*）等（农东新 等，2011）。

岩生翠柏木材珍贵，在越南被用于建筑、家具和精细工艺品。2019年宁德生等从采集于广西环江的岩生翠柏枝叶乙醇提取物中分离出6种二萜、5种双黄酮物质，并认为它们具有潜在抗菌抗

氧化等药用价值（宁德生 等，2019）。

贵州省中亚热带高原珍稀植物园有引种栽培[2]。

2.3　台湾翠柏

Calocedrus formosana (Florin) Florin, Taxon 5:192 (1956).

Libocedrus formosana Florin, Svensk Bot. Tidskr. 24: 126. 1930; TYPE: China. Taiwan, *E.H.Wilson 10960* (Lectotype: K, Farjon, 2005).

别名：台湾肖楠、肖楠、黄肉仔、黄肉树。

识别特征：鳞叶比台湾扁柏细长；着生球果的小枝非常扁平，叶片和球果比翠柏更大（图11），球果10~15mm×4~6mm；通常在每个可育种鳞上有1粒种子。台湾翠柏与翠柏极难区分，在苗期台湾翠柏叶背面偶具白粉，长大后自然脱落，而翠柏长大后叶背面白粉依然明显；台湾翠柏与翠柏的另一区别在于着生雌球花及球果的小枝扁短（图12）。

地理分布：我国特有植物，产于台湾北部

图11　台湾翠柏枝叶特征（许为斌 摄于台湾桃园市）

图12　台湾翠柏形态特征（A：栽培林；B：鳞叶；C：雄球花小枝；D：雌球花小枝；E：果枝；F：种子）（莊溪[14] 摄）

和中部山区海拔300～2 000m地带的向阳山坡。IUCN濒危等级为濒危（EN）[1]。台湾翠柏的海拔分布幅度较大，2020年台湾师范大学黄士颖团队利用扩增片段长度多态性（Amplified Fragment Length Polymorphism, AFLP）和甲基化敏感扩增多态性（Methylation-Sensitive Amplification Polymorphism, MSAP）技术对分布于台湾海拔436～2 209m的12个族群243株台湾翠柏的遗传变异程度进行分析，认为台湾翠柏的遗传多样性水平相对较低，其遗传群体的适应性进化与年平均温度等环境生态因子有关（Chien et al., 2020）。

命名历史：模式标本采自台湾（图13、图14）。1901年日本植物学家松村任三（Jinzô

Matsumura, 1856—1928）将采自台湾的标本鉴定为甜柏属（*Libocedrus*）植物。1930年弗洛林发表台湾翠柏（*Libocedrus formosana*）时，曾以小枝中央的鳞叶先端钝或具钝尖，稀锐尖，两侧之叶先端锐尖而微向内曲，着生雌球花及球果的小枝扁，较短，长1.5～3mm，其上有6～8对鳞叶，雄蕊具3个花药等形态不同于翠柏［*L. macrolepis* (Kurz) Benth.，即 *C. macrolepis* Kurz］，作为建立该种的依据。1956年又改为组合名 *Calocedrus formosana* (Florin) Florin。1978年傅立国和郑万钧在《中国植物志》第七卷将台湾翠柏处理为翠柏的变种[*C. macrolepis* var. *formosana* (Florin) W. C. Cheng & L. K. Fu]，因为其雄蕊常具4个花药与翠

图13　威尔逊1918年在台湾采集的10960号台湾翠柏标本（BM）

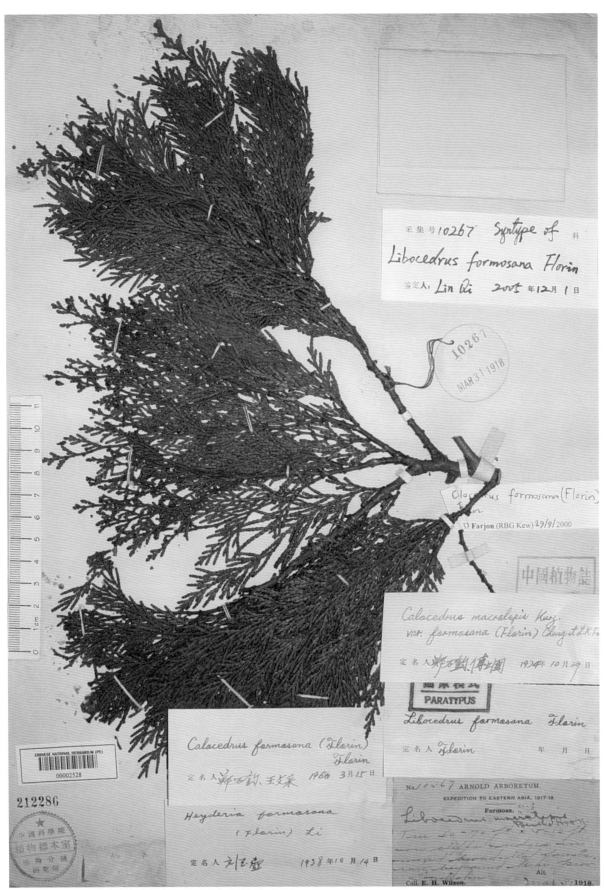

图14　威尔逊1918年在台湾采集的10267号台湾翠柏标本（PE）

柏相同，而区别仅为其着生雌球花及球果的小枝扁短，其余弗洛林所指出的鳞叶大小、先端尖钝、着生球果的小枝的长短、其上鳞叶的对数，花药的数目等均有变异（中国科学院中国植物志编辑委员会，1978）。

应用：台湾翠柏在当地叫作"黄肉仔"，其木材通体黄褐色，无明显心材边材区别，因为其在春秋季细胞生长变化是渐进的，所以年轮不明显。可作台湾的造林树种，木材性质及用途与翠柏相同（图15）。台湾翠柏木材有柏木香气，在三义的木雕街上贩售的闻香瓶就是用它制作而成。台湾翠柏与红桧（*Chamaecyparis formosensis*）、台湾扁

图15 台湾翠柏植株和应用［A：台湾翠柏植株；B：用台湾翠柏木材建造的房屋（莊溪[14] 摄）］

柏（*Chamaecyparis obtusa* var. *formosana*）、台湾杉（*Taiwania crytomerioides*）、峦大杉（*Cunninghamia konishii*）一起被称为"针叶五木"，是台湾日据时代选定的5种最为珍贵且富有生态意义的树种。1992年台湾邮政部门曾发行一套5枚台湾森林资源邮票来纪念这5种常绿针叶树种和唤起民众对保护森林资源的认识（参见本丛书第一卷第5章图21）。

台湾翠柏的树皮和叶片被用来提取具有抗真菌和抗过敏活性的化合物（Hsieh et al., 2011）。台湾翠柏树皮中含有钙三醇（Calocetriol）、二乙酰钙二醇（Diacetylcalocediol）和铁二甲酚（Ferrugimenthenol）等成分，叶中含有10余种二萜类物质，可用于抗癌药物的筛选（Lee et al., 2021）。

海内外栽培：福建省南平市来舟林场有栽培。1980年引入至英国邱园，在欧美称为台湾香柏[5]。在英国爱丁堡皇家植物园（植物编号：19763876、19924263、20131402）[3]、贝奇伯里国家松树园[4]和美国北卡罗来纳州立大学劳尔斯顿树木园[6]等地有栽培。

3 崖柏属

Thuja L., Sp. Pl. 2: 1002 (1753). TYPE: *T. occidentalis* L.

本属共5种，我国产2种。属名来源于希腊哲学家特奥夫拉斯图斯（Theophrastus）最早使用其描述类似于非洲柏树的芳香的树木，在拉丁语中写作"thya"或者"thyia"，林奈之前的一些植物学家将其应用于1530年左右由加拿大引入法国的北美香柏（*Thuya occidentalis*），林奈在1753年发表的《植物种志》（*Species Plantarum*）中将其拼写为"*Thuja*"，由此开始该名称被保留并沿用至今。

崖柏属具有典型的东亚—北美间断分布式样。在东亚分布的3种均局限在特定区域，如崖柏（*T. sutchuenensis*）分布于重庆城口，朝鲜崖柏（*T. koraiensis*）分布于我国长白山和朝鲜半岛，日本香柏（*T. standishii*）为日本特产。北美洲两个崖柏种类分布相对较广，北美香柏（*T. occidentalis*）分布在北美东部，北美乔柏（*T. plicata*）分布在北美西部（杨永 等，2017）。倪妍妍等用根尖压片法对崖柏属5种植物进行核型研究发现崖柏和日本香柏的核型公式为 2n=2x=22=18m(2 SAT)+4sm，

朝鲜崖柏、北美乔柏和北美香柏的核型公式为 2n=2x=22=20m（2 SAT）+2sm，5种植物的核型均属于1A类型。她们根据细胞学结果推测朝鲜崖柏在该属中较原始，而崖柏分化最晚（倪妍妍 等，2017）。

2004年崖柏属被列入《中华人民共和国植物新品种保护名录（林业部分）》（第四批）。在2021版《国家重点保护野生植物名录》中，崖柏被列为一级，朝鲜崖柏被列为二级（国家林业和草原局，农业农村部，2021）。2016年北京市农林科学院白金等起草制定了崖柏属植物新品种特异性、一致性、稳定性（Distinctness, Uniformity and Stability, DUS）测试指南，可用于所有崖柏属植物新品种的测试。该指南将鳞叶被粉的有无和中央鳞叶腺点的有无作为质量性状用于区分朝鲜崖柏和崖柏（白金 等，2016; 刘国彬 等，2020）。

2022年加拿大不列颠哥伦比亚大学的Joerg Bohlmann等用10×genomics等测序方法解析了崖柏属北美乔柏（*T. plicata*, Western redcedar）7.95Gbp的基因组序列，完整度为86%。北美乔柏基因组有11

条染色体，总大小约9.8Gbp。该项工作基因组组装源自通过五代自交产生的近交树，N50=2.31Mbp，最大的片段（scaffolds）为16.3Mbp，这是针叶树组装最完整的基因组之一。通过种群基因组分析，他们认为北美乔柏的遗传多样性很低，有效种群规模约为300（Shalev et al., 2022）。

崖柏属分种检索表

1a 中央鳞叶无腺点，叶枝背面无白粉·····················1. 崖柏 *T. sutchuenensis*
1b 中央鳞叶尖头下方有明显或不明显的腺点，叶枝背面有或多或少的白粉 ·····················
·····················2. 朝鲜崖柏 *T. koraiensis*

3.1 崖柏

Thuja sutchuenensis Franch., J. Bot. (Morot) 13: 262(1899). TYPE: China. Su-Tchuen, Tchen-keou-tin (Chongqing Municipality, Chengkou, Daba Shan), *P. G. Farges 1158* (Holotype: P).

识别特征：灌木或乔木；枝条密生，开展，生鳞叶的小枝扁。叶鳞形，先端钝，宽披针形，两面均为绿色，无白粉（图16）。雄球花近椭圆形，长约2.5mm，雄蕊约8对，交叉对生。球果椭圆形，种鳞8片，交叉对生，最外面的种鳞倒卵状椭圆形，顶部下方有一鳞状尖头。雄球花含小孢子叶4~7对，每小孢子叶基部腹面着生4枚黄色小孢子囊；雌球花卵形、绿色，珠鳞背部隆起，近顶部具反曲的钩状尖头；种鳞3~6对，其中2~3对可育；种子扁平，两侧有翅，长3~7mm，宽1.5~3mm（刘学利 等，2015）。本种与朝鲜崖柏的区别：鳞叶枝中央之叶无腺点，背面之叶无白粉。

地理分布：崖柏为中国特有植物。产于四川甘孜，重庆城口、开州等地海拔800~2 100m的石灰岩山地，目前主要分布在大巴山和雪宝山国家级自然保护区内（图17）。

2014年11月在四川省达州市宣汉县发现3个崖柏野外居群，数量约1 000株，生长在海拔1 500~1 950m的石灰岩悬崖石缝上。宣汉县地处大巴山南麓，为四川、重庆、湖北、陕西四省市交汇之处，东北部与重庆城口、开州接壤。宣汉崖柏分布区域主要包含马尾松、箭竹、刺叶高山栎（*Quercus spinosa*）、莎草等植物种类。之后在邻近的重庆开州区（开县）、四川万源花萼山自然保护区等地也发现崖柏的零星分布。

发现和命名历史：1892年4月法国传教士法尔热（Paul Guillaume Farges, 1844—1912）在四川（今重庆）城口海拔1 400m石灰岩山地采到此种标

图16　崖柏枝叶特征［A：小枝（陈又生 摄）；B：鳞叶（林秦文 摄）］

图17　重庆城口的崖柏生境（李晓东　摄）

本（1158号模式标本，图18），由法国植物学家弗朗谢（Adrien René Franchet, 1834—1900）正式命名发表，种加词的意思是"四川的"。

　　鸦片战争开启了欧洲在中国的贸易，它代表了一段复杂而丑陋的历史。鸦片战争后罗马天主教会从法国派遣多位传教士前往中国。其中最有名的植物采集者有谭卫道（Armand David, 1826—1900）、赖神甫（Pierre Jean Marie Delavay, 1834—1895）和法尔热等，他们将采集到的动植物标本送回法国巴黎自然历史博物馆进行鉴定和保存，其中植物标本多由弗朗谢等人鉴定。法尔热1867年起开始在中国四川东北部活动，直至1912年死于重庆。他从1892年开始收集植物标本，采集了超过4 000份标本，以他的名字"fargesii"为种加词命名了数百种植物，如巴山冷杉（*Abies fargesii*）、螃蟹七（*Arisaema fargesii*）、巴山木竹（*Arundinaria fargesii*）、灰楸（*Catalpa fargesii*）、毛瓣杓兰（*Cypripedium fargesii*）、球药隔重楼（*Paris fargesii*）、川泡桐（*Paulownia fargesii*）、粉红杜鹃（*Rhododendron oreodoxa* var. *fargesii*）等[10]。

　　在法尔热采集之后很长一段时间未有崖柏的发现记录，1984年我国将崖柏列为二级重点保护植物，并且编入《中国珍稀濒危保护植物名录》。1998年IUCN将崖柏标记为野外灭绝（Extinct in the Wild, EW）[1]，依据此结论在1999年8月国务院批准公布的《国家重点保护野生植物名录（第一批）》中，崖柏被排除在外（刘正宇 等，2000）。

　　1999年10月，重庆市林业局"国家重点保护植物骨干调查队"在城口考察时，在大巴山法尔热当年采集模式标本的位置附近重新发现了野生崖柏种群，并采获带球果的标本。2000年3月《植物杂志》发表《崖柏没有绝灭》的报道（刘正宇 等，2000）。该种群分布区域狭窄且无大树，从1999年重新发现崖柏至今，仅在2012年出现过一次群体结实，能够结实的母株极少，且种子败育现象非常严重，自我繁殖更新能力很弱，仍处于极度濒危状态。崖柏是中国极小种群野生植物，2003年被IUCN再次评定为极度濒危（Critically Endangered, CR）[1]。经过多年保护、繁育和回归，2013年IUCN濒危等级评定为濒危（EN）[1]。2021年《国家重点保护野生植物名录》将崖柏列为一级保护（国家林业和草原局，农业农村部，2021）。

　　濒危原因：对崖柏的生殖物候、传粉及胚胎发育的研究发现，崖柏从大、小孢子叶球形成至种子成熟的整个发育过程中均存在败育，而胚珠败育及雌配子体游离核时期至幼胎发育期间的败育是其生殖障碍的主要原因（金江群 等，2020）。利用微卫星简单重复序列分子标记，Liu等（2013）分析了崖柏保护区内7个群体的遗传多样性，结果表明这些群体间呈现低水平遗传分化，应当对

图18　崖柏模式标本［1892年4月法国传教士法尔热在四川（今重庆）城口海拔1 400m石灰岩山地采集的1158号标本，现存于法国巴黎自然历史博物馆（P00749027, Holotype）］

其进行保护繁育。Tang等（2015）测量了大巴山崖柏群落的大小和年龄结构，发现崖柏有3种群落结构：①悬崖上的崖柏单一群落。②陡坡上的崖柏—巴东栎（*Quercus engleriana*）—曼青冈（*Cyclobalanopsis oxyodon*）群落。③峰顶山脊上的崖柏—铁杉（*Tsuga chinensis*）—刺叶高山栎（*Quercus spinosa*）群落，这些生境中的崖柏群落再生非常容易受到自然环境变化的扰动。

从陕西省张村发现的上新世崖柏化石对崖柏分布区模拟分析，推测崖柏曾在我国北方广泛分布，因第三纪和第四纪的气候波动被迫南迁，逐渐收缩至大巴山南端和东南端。气候变化是崖柏在漫长的地质年代分布区由大到小的变化的主要原因。而近代崖柏濒危的主要外因是人类活动和生态环境的破坏，过度利用和栖息地破坏是其最主要的影响因素。人类活动的影响多是在几百年或更短的时间内发生的，虽然历程短，但破坏强度很大[11]。

崖柏木材轻软柔韧，是盖房子、造家具、做寿材的理想材料。据当地人称20世纪80年代初期在坡地上还有不少胸径1m以上的大树，但都被砍成方木后运到山下销售（王鑫 等，2016）。砍伐使崖柏种群的生存力及其在群落中的优势度持续下降，崖柏占优势的针阔混交林有向阔叶林演替的趋势，亟须采取紧急保护措施（赵志霞 等，2020）。

崖柏曾被称为"文玩新贵"。2010—2019年，崖柏根雕、崖柏手串被疯狂炒卖，商贩私自收购和盗采严重（刘建锋 等，2004）。2011年北京民族文化宫一根高约3m、名为"飞龙在天"的崖柏根艺，标价高达3.8亿元人民币。各种以崖柏为名的文化艺术节、文化展层出不穷。到2017年，所谓"高端崖柏"竟然以"克"为单位售卖。商家将所谓的崖柏按照产地不同分为太行山料、川料、秦岭料等，以太行山料为贵；又按照砍伐、挖掘时的存活状态分为生料和死料，其中死料又分为老料、陈化料、过陈化料等，以陈化料为贵。这些木材多为侧柏，哗众取宠、借机炒作带来的金钱暴利驱使不法之徒对我国野生柏科植物资源进行疯狂盗挖和大肆破坏，规范文玩艺术品市场，严厉打击非法产业链迫在眉睫（刘建锋，2003；周汝尧，2017）。

保护繁育和回归： 2006年重庆大巴山国家级自然保护区和中国林业科学研究院在城口设立崖柏国家级原地保存林，以保护珍稀的崖柏。重庆崖柏分布区现有成年崖柏1万株左右，2013—2015年在重庆雪宝山和大巴山自然保护区成功繁育几十万株崖柏实生苗和扦插苗（郭泉水 等，2015）。

2015年中国科学院华南植物园陈红锋等人完成的"一种崖柏种子繁殖方法"获国家发明专利授权。该方法为：每年10月中下旬及时采收崖柏种子，将球果室内自然晾干后筛出种子装入通风布袋中常温保存，翌年3月前完成播种（华植，2015）。2018年国家林业和草原局发布郭泉水等人起草的推荐性标准《崖柏播种和扦插育苗技术规程》（标准号：LY/T 3067—2018）。目前在重庆野外回归的崖柏已超过40万株，并且能够实现结实。

为辅助崖柏野外回归，西南大学邓洪平团队对崖柏根际微生物多样性进行研究，分析了崖柏根际细菌和真菌的多样性构成及其功能以及它们与环境因子的相互作用，这些研究为崖柏人工繁育苗野外回归提供关键数据支撑和理论基础（Zuo et al., 2022a, 2022b）。

海内外栽培： 崖柏树形美观，具很高的观赏和利用价值，目前我国国家植物园（国家植物园植物名录编委会，2022）、武汉植物园[2]和英国贝奇伯里国家松树园[4]等已开展迁地保护工作。

3.2 朝鲜崖柏

Thuja koraiensis Nakai, Bot. Mag. (Tokyo) 33: 196 (1919). TYPE: Korea. Hamkyongnam-do Prov., Samsu-gun, Paek-san, *V.L.Komarov 85* (Lectotype: LE, Farjon, 2005).

别名： 长白侧柏、偃侧柏、朝鲜柏、香柏松。

识别特征： 常绿乔木，高达10m，胸径30~75cm；树皮灰红褐色，树冠圆锥形。叶鳞形，长1~2mm；小枝上面的鳞叶绿色，下面的鳞叶被或多或少的白粉（图19）。雄球花卵圆形，黄色。球果深褐色，呈椭圆状球形，长9~10mm，径6~8mm；种鳞4对，交叉对生，薄木质，种

图19 朝鲜崖柏形态特征［A：生境；B：树干（姜云传 摄）；C：叶片正面；D：叶片背面（林秦文 摄）］

鳞边缘处有少量白粉。种子棕褐色，椭圆形，长约4mm，宽约1.5mm，两侧有翅（杜凤国 等，2019）。花期5月，果期8~9月。

地理分布：分布于吉林长白、抚松、临江、安图、集安、桦甸（长春市有栽培）；黑龙江五常、海林；辽宁桓仁。在朝鲜和韩国亦有分布。朝鲜崖柏常与臭松（*Abies nephrolepis*）、花楷械（*Acer ukurunduense*）、鱼鳞云杉（*Picea jezoensis*）等伴生。海拔750~1950m。2011年IUCN濒危等级为易危（Vulnerable, VU）[1]。在2021版《国家重点保护野生植物名录》中被列为二级重点保护野生植物（国家林业和草原局，农业农村部，2021），吉林省一级重点保护植物，是长白山地区亟须保护树种和珍稀濒危植物（苑景淇 等，2019）（图20、图21）。

命名历史：1901年沙俄植物学家科马洛夫（Vladimir Leontyevich Komarov, 1869—1945）将一份朝鲜崖柏标本命名为"*Thuja japonica*"，该种与日本香柏非常像，其种加词用过"*standishii*"

图20 朝鲜崖柏生境（周繇 摄）

图21 朝鲜崖柏生境（周繇 摄）

"*odorata*" "*kongoensis*" 等（图22），1917年威尔逊在朝鲜采集到标本和种子（Wilson, 1920; Kim et al., 2010）。日本植物分类学家中井猛之进（Takenoshin Nakai, 1882—1952, 1913年开始在朝鲜进行植物调查研究，发表多个朝鲜半岛植物新属和新种）1919年抢在威尔逊之前在日本《植物学杂志》第33期中将采自朝鲜半岛的标本命名为朝鲜崖柏，种加词 "koraiensis" 意为 "朝鲜的"。威尔逊在1920年发表4种朝鲜针叶树种时沿用了这一学名，给出了更加详细的描述。该种鳞叶背面完全覆盖着明亮的白色气孔，这一明显特征使其可与其他柏科植物种类区分开来。叶具香气，英国植物学家米歇尔（Alan F. Mitchell）称这种香气为 "杏仁味水果蛋糕味"，可提取芳香油或为制线香的原料 [5]。

海内外栽培：威尔逊将其1917年从朝鲜采集的种子在美国哈佛大学阿诺德树木园（The Arnold Arboretum of Harvard University）播种并成苗 [5]。1989年美国国家植物园探险队在韩国太白山脉（Taebaek Mountains）1 300m处采集的枝条扦插成活

后种植于美国莫里斯树木园（Morris Arboretum）[5]。在美国加利福尼亚州恩西尼塔斯市（Encinitas）的鹌鹑植物园（Quail Botanical Gardens）有栽培 [5]。北卡罗来纳州立大学劳尔斯顿树木园栽培有杂交种 *T. koraiensis × T. standishii*（Cupressaceae）[6]；在英国爱丁堡皇家植物园（植物编号 19699308、20171499）[3]、邱园、贝奇伯里国家松树园 [4]、荷兰乌德勒支大学植物园（the University of Utrecht Botanic Garden）[12]、冯金博恩树木园（Von Gimborn Arboretum）、瑞典哥德堡植物园（Gothenburg Botanic Garden）[5] 等地有栽培。在欧洲已有叶色变异的商业化品种 'Glauca' 'Glauca Nana' 和 'Glauca Prostrata' 等售卖 [5]。如美国北卡教堂山（Chapel Hill）的基思树木园（Keith Arboretum）栽培有蓝叶匍匐朝鲜崖柏品种 *T. koraiensis* 'Glauca Prostrata'。国内国家植物园、沈阳植物园 [2] 和黑龙江省森林植物园 [2] 等地有栽培。

经济价值和保护繁育：木材坚实耐用，可供建筑、舟车、器具、家具、农具等用；叶可提取芳香油或为制线香的原料。朝鲜崖柏枝叶提取物

图22　朝鲜崖柏的模式标本（现存于英国伦敦自然历史博物馆BM000959912）

含有乙酸香芹酯和崖柏酮等药用化学成分。

　　朝鲜崖柏为阴性浅根系树种，喜生于空气湿润、土壤富含腐殖质的山谷地区，但在土壤瘠薄的山脊及裸露的岩石缝上也能生长。2011年白山市林业科学研究院开始建设东北红豆杉、朝鲜崖柏良种繁育圃。采集朝鲜崖柏插穗并扦插1 300条，移栽10年生朝鲜崖柏扦插苗900株，面积900m²；为朝鲜崖柏人工栽培提供了种苗和栽培技术（曹长清 等，2014）。

朝鲜崖柏种子小，品质差，千粒重为1.17g，发芽率低。根尖压片核型分析结果表明其核型公式为 $2n=2x=22=20m$（2 SAT）$+2sm$（倪妍妍 等，2017）。利用分子标记技术分析吉林省内通化市集安八宝篮子沟、白山市白山原麝国家级自然保护区、十四道沟、望天鹅风景区、长松岭和临江十九道沟等地8个种群的遗传多样性，发现这些种群间遗传多样性较低（兰雪涵 等，2022）。天然分布于长白山一带的散生和纯林两种朝鲜崖柏种群均为衰退型（金慧 等，2019），其自然更新方式单一，以萌生方式进行更新。在调查样地中1 906株朝鲜崖柏植株中仅6株结实，且种群中无实生苗（苑景淇，2020）。

旅游业、公路、铁路和滑雪场等工程建设对朝鲜崖柏的生境造成严重破坏（Yang et al., 2003）。对朝鲜崖柏进行适生区预测，发现朝鲜崖柏在当代气候、土壤性质及地形等条件下预测的高适生区范围为41°50′~42°19′N，128°39′~124°56′E，高、中、低适生区总面积仅为 $43.78 \times 10^4 km^2$。其中高适生区主要位于吉林省、黑龙江省、辽宁省与新疆维吾尔自治区；中适生区主要集中在吉林省、黑龙江省、辽宁省和内蒙古自治区东北部，林业部门可选择在上述地区进行迁地保护（兰雪涵 等，2021）。

4 侧柏属

Platycladus Spach, Hist. Nat. Vég. (Spach) 11: 333(1841). TYPE: *P. stricta* Spach, *nom. illeg.* 本属仅1种。

侧柏 *Platycladus orientalis* (L.) Franco, Portugaliae Acta Biol., Sér. B, Sist., 33(1949).

Thuja orientalis L., Sp. Pl. 2: 1002(1753). TYPE: China: [locality unknown], *leg. ign. LINN 1136.2* (Lectotype: LINN, Farjon, 2010).

别名： 黄柏、香柏、扁柏、扁桧、香树、香柯树。

识别特征： 常绿乔木；树皮灰褐色，纵裂；生鳞叶的小枝扁平。叶鳞形，长1~3mm。雄球花黄色，卵圆形，长约2mm；雌球花近球形，径约2mm，蓝绿色，被白粉。球果近卵圆形，长1.5~2.5cm，成熟前近肉质，蓝绿色，被白粉，成熟后木质，开裂，红褐色；种鳞鳞背顶端的下方有一向外弯曲的尖头；种子卵圆形，灰褐色，长6~8mm。花期3~4月，球果10月成熟（图23）。

地理分布： 侧柏在我国境内各地均有分布，是我国华北、西北山区的低海拔地区的地带性成林树种。然而由于栽培久远，野生原产地难以考证。在辽宁北镇，河北兴隆，北京密云、周口店上方山，甘肃东部，陕西秦岭以北渭河流域，山西太行山、吕梁山、太岳山、中条山等地及云南澜沧江流域山谷中均有天然森林。朝鲜半岛至俄罗斯远东地区也有分布。

1954年钱崇澍和吴中伦在介绍黄河流域植物的分布概况时提到侧柏纯林仅在山西汾河流域偶

图23　侧柏形态特征［A：树干；B：木材淡黄色；C：枯枝剪影；D：带球果小枝；E：开裂球果和种子（郝强 摄）］

尔见之，而在高山地区多散生。西北大学的朱志诚（1978）对秦岭北麓海拔500~800m的侧柏群落进行调查，结合历史地质资料认为侧柏是近期才在此处形成优势，是长期人为活动的结果。

　　命名历史：1753年瑞典植物学家林奈在《植物种志》第2卷中为侧柏命名时将其归为崖柏属，因为它们的每片种鳞只有两粒种子，当时命名为"*Thuja orientalis*"，种加词"*orientalis*"意为"东方的，from the east"（图24）。但是侧柏具有较厚的珠鳞（Cone-scales）且种子无翅，1841年法国植物学家斯帕克在其著作《植物自然史》（*Histoire Naturelle des Végétaux*）第11卷中将侧

柏属从崖柏属独立出来。他使用了"*Platycladus*"作为属名，意思是"扁平的枝叶"，其词根来源于希腊语，"*platys*"意思是"宽阔的，broad"，"*klados*"意为"分支，branch"，斯帕克将侧柏命名为"*Platycladus stricta*"，种加词意为"劲直的"。1847年恩德利歇尔在《针叶树概要》中将侧柏命名为"*Biota orientalis*"，"*Biota*"来自希腊语"*biotos*"，意思是"活着，值得活着，to live, to be worth living"，或"*bios*"，意为"生命，life"。"*Biota*"是崖柏"*Thuja*"的异名，斯帕克认为恩德利歇尔描述的是侧柏属的一个新种，将其名称更正为"*Platycladus stricta*"。后来的研究表明它

图24　侧柏的模式标本（LINN）

们都是同一个种，因此佛朗哥在1949年将它们归并成一个属"*Platycladus*"[5]。侧柏在欧洲园艺中称为Chinese Arbor-vitae（中国崖柏）或者Oriental Arbor-vitae（东方崖柏），Arbor-vitae意为"生命之树，tree of life"（Morgan, 1999）。

斯帕克（Édouard Spach, 1801—1879），出生于法国斯特拉斯堡一个商人家庭，1824年到巴黎学习植物学，后来一直在法国国家自然历史博物馆工作。1834—1848年出版《植物自然史》裸子植物14卷，1842—1857年出版《东方植物插图》（*Illustrationes Plantarum Orientalium*）5卷。1838年他的朋友朱西厄（Adrien Henri Laurent de Jussieu, 1797—1853）将产自南美洲金虎尾科（Malpighiaceae Juss.）的异金英属命名为*Spachea* A. Juss.。

系统位置：侧柏曾长期作为崖柏属的一种，但是其核型公式、染色体长度等细胞学特征均与崖柏属有较大差距，这些资料支持侧柏从崖柏属中独立为侧柏属（李林初 等，1996）。现代分子生物学基于基因序列进行系统发育分析，将侧柏属、胡柏属、香漆柏属和扁柏属归为一个姊妹群，而将崖柏属和罗汉柏属归为另一个姊妹群。胡柏属

和侧柏属一样也是单属种，属名"*Microbiota*"意思是小崖柏，别名海参崴柏，分布于俄罗斯远东地区。1999年Morgan（摩尔根）用采自英格兰贝奇伯里国家松树园的侧柏和崖柏标本进行形态学比较，将侧柏与崖柏分开。

林学特性和育种：木材淡黄褐色，富树脂，材质细密，纹理斜行，耐腐力强，比重0.58，坚实耐用。可供建筑、器具、家具、农具及文具等用材。在我国，侧柏木材常常用作寿材，如古代著名的"黄肠题凑"葬制（见本丛书第一卷第5章）。

侧柏耐干旱、贫瘠，无严重病虫害，是我国北方人工造林的常用树种。中国林业科学研究院林业研究所的徐化成发现侧柏与油松或刺槐的混交林中侧柏的生长显著好于纯林，种植15~20年后混交林的蓄积量和侧柏的平均高度可为侧柏纯林的2倍以上。分析表明混交林的郁闭度和冠幅显著高于纯林，增加了对光能的利用，同时可减轻大气干旱，是其有利于生长的主要原因（徐化成，1978）。侧柏是温性针叶树种中分布最广且更为喜温的一个树种，对热量的要求较高，造林最好在海拔600~700m以下。侧柏属浅根性，侧根和须根发达，容易成活但抗风力较弱。在石灰岩山地侧柏几乎是唯一可成活和生长的乔木树种（周长瑞 等，1981）。侧柏被列入2020年北京市园林绿化局"适宜北京地区节水耐旱植物名录"。侧柏被用作生态修复树种，如山西省林业科学研究院张晓玲等利用侧柏对土壤污染进行修复（张晓玲 等，2018）。

1982年由北京林业大学和中国林业科学研究院林业研究所牵头组织成立了全国侧柏种源试验协作组，全面开展侧柏遗传改良，这项研究列入我国"六五""七五"国家重点科研项目。由北京林业大学沈熙环教授领衔，全国40个单位超过60名科技人员参加，对我国17个省（自治区、直辖市）100多个种源进行收集并开展种源试验[13]。试验结果表明侧柏种源间在生长和越冬受害程度上均存在极显著差异，产地的纬度对侧柏的耐寒性有强烈的影响（全国侧柏种源试验协作组，1987）。

河南省林业科学研究院董铁民等作为河南省

侧柏良种选育协作组主要成员在1983—1986年对侧柏形态变异类型进行调查，梳理划分为树形、树干、树皮、叶和球果5种变异，二级指标17个，具体分级指标如表1所示。他们按照以上标准将侧柏分为11种：侧柏、窄冠侧柏、箭杆侧柏、垂枝侧柏、宽冠侧柏、白皮侧柏、千头柏、金黄球柏、金塔柏、撒金柏和球形柏（董铁民 等，1988）。

山东农业大学邢世岩研究组长期致力于侧柏种质资源评价和遗传改良，收集侧柏种源79个，家系91个，无性系26个，建立了侧柏种质资源基因库和采种基地（邢世岩 等，2014）。"侧柏种质资源评价、良种选育与栽培技术"获2015年"山东省科技进步二等奖"。非常重要的是，作为国家林木种质资源平台建设的重要内容，他们编写了《侧柏种质资源描述规范和数据标准》，使我国侧柏种质资源调查和收集工作具有了统一的规范标准，同时规定了数据采集过程的质量控制内容和方法，保证了数据的系统性、可比性和可靠性，为全国侧柏种质资源的收集、保存和信息共享奠定了坚实的基础（邢世岩 等，2021）。这一规范和标准较董铁民等调查分级指标更加丰富和全面，在原有形态特征和生物学特征基础上又添加了品质特性、抗逆性和抗病虫性，具体增加了枝条、花、物候期、种子、木材特性和抗性等5个一级指标，二级指标数增加至101个（表2）。

2022年中华人民共和国林业行业标准《植物新品种特异性、一致性、稳定性测试指南 侧柏属》（LY/T 3338—2022）发布，该文件由东北林业大学李慧玉等起草，对株高、冠形等21个质量性状、数量性状和假质量性状的分类和测试方法进行了规定，将植株冠形、树冠春季颜色和主干作为分组性状，适用于侧柏属植物新品种DUS测试。

表1　董铁民等侧柏性状分级指标

序号	一级指标	二级指标	三级指标
1	树形（7）	树冠形状	笔杆形、塔形、球形、圆锥形、卵形
		侧枝粗度	粗、中、细
		侧枝角度	平展枝、斜生枝、直立枝
		小枝着生状况	直立、下垂、斜生
		小枝长度	长、短
		枝疏密度	密、稀
		冠幅	窄冠、宽冠、球冠
2	树干（3）	中央主干明显	通直、螺旋状卷曲
		中央主干不明显	
		丛生状	
3	树皮（3）	颜色	灰白色、浅灰褐色、褐色
		开裂方式	直纵裂※、螺旋状纵裂、鳞片状剥落
		厚度	厚皮、薄皮
4	叶（2）	叶形	倒卵状菱形、斜方形、倒卵状柄形
		叶色	绿色、浓绿色、黄色
5	球果（2）	果形	球形、卵状椭圆形
		种鳞形状	钝圆形、倒阔卵形、卵状三角形

※：直纵裂下又可分为细条状和宽条状。

表2 邢世岩等侧柏种质资源描述指标分级简表

序号	一级指标	二级指标	序号	一级指标	二级指标
1	树形（4）	树体高矮	7	果（23）	球果内种子数
		树姿			成熟前球果颜色
		树形			成熟时球果颜色
		树冠疏密度			果粉
2	树干（3）	干形			球果长
		主干通直度			球果宽
		主干色泽			球果厚
3	树皮（3）	树皮开裂			单果重
		树皮厚度	8	物候期（13）	单株球果重量
		古树树瘤			球果成熟后脱落特性
4	枝条（4）	枝条形状			球果分布位置
		枝条疏密度			球果与树体连接程度
		小枝生长方向			雄花物候期
		小枝节间长度			雌花物候期
5	叶（11）	叶形			是否雌雄异熟
		小枝中间叶形状			萌芽期
		叶片背面腺点			雄花初开期
		腺点形状			雄花盛开期
		夏季叶色			雌花初开期
		冬季叶色			雌花盛开期
		新叶颜色			球果成熟期
		当年生枝彩斑			球果发育期
		当年生枝彩斑着生特点			球果脱落期
		叶片质地			成熟球果脱落时期
		叶粉			球果成熟时期
6	花（7）	性别	9	种子（22）	种子形状
		雄花数量			种子长
		花粉育性			种子宽
		花粉发芽率			种子厚
		雌花数量			种子重
		雌花胚珠数			种子光洁度
		雌花珠鳞数			种子颜色
7	果（23）	结果枝粗度			种子顶端形状
		连续结果能力			种子基部形状
		坐果率			种子棱脊
		结实率			种子是否有翅
		实生早果性			优良种子
		丰产性			种子千粒重
		球果形状			种子脱落特性
		球果基部形状			种子和球果脱落方式
		球果开裂程度			种子颜色均匀度
		种鳞形状			种子均匀度
		种鳞个数			种子挥发油含量

序号	一级指标	二级指标	序号	一级指标	二级指标
9	种子（22）	侧柏酸含量	11	抗性（7）	抗旱性
		种子淀粉含量			耐涝性
		种子脂肪含量			抗寒性
		种子蛋白质含量			抗晚霜能力
10	木材特性（4）	侧柏木材横纹弦向抗压强度			毒蛾抗性
		侧柏木材顺纹抗压强度			柏双条杉天牛抗性
		侧柏木材体积全干缩率			侧柏立枯病抗性
		侧柏木材纤维素含量			

我国植物育种家已经培育出多个侧柏优良新品种（表3），如山东农业大学邢世岩等育成新品种'文柏'和'散柏'获得国家林业和草原局植物新品种权。中国科学院植物研究所唐宇丹等人培育成叶色变异的观赏型品种'科园金碧3号'和'科园金碧5号'；北京市农林科学院白金、刘国彬等相继培育成叶形变异的北京市林木良种'蝶叶'和植物新品种'立叶'（图25、图26）。

表3 近年来我国培育的侧柏新品种和良种

名称	品种权号	授权日	培育人	品种权人
'文柏'	20140133	20141209	邢世岩、王玉山、卢本荣、曲绪奎、李际红、马红	山东农业大学
'散柏'	20140134	20141209	邢世岩、王玉山、卢本荣、曲绪奎、李际红、马红	山东农业大学
'科园金碧3号'	20210176	20210625	唐宇丹、邢全、李霞、姚涓、法丹丹、李锐丽、孙雪琪、张会金	中国科学院植物研究所
'科园金碧5号'	20210177	20210625	唐宇丹、李慧、法丹丹、张会金、李霞、姚涓、孙雪琪、白红彤	中国科学院植物研究所
'立叶'	20220278	20221229	刘国彬、曹均、张玉平、白金、潘青华、姚砚武、廖婷、王烨、郭丽琴	北京市农林科学院
名称	良种编号	学名	选育人	申请人
'蝶叶'	京S-SV-PO-001-2006	*Platycladus orientalis* 'Dieye'	白金、赵毓桂、郤书鹏、鲁钔强、潘清华、李洪、王霞、祝良	北京市农林科学院林业果树研究所、北京市十三陵昊林苗圃

遗传多样性和繁育研究：Sax等（1933）和Mehra等（1956）都报道过侧柏染色体组成为$n=11$，并指出其染色体多数为等臂，仅1~2条染色体不等臂。郭幸荣等分析了我国台湾产的13种裸子植物的染色体核型，发现侧柏染色体组成为$2n=4m$（SAT）$+18m$；在2号染色体短臂和7号染色体长臂上分别有次级缢痕（Kuo et al.，1972）。邢世岩研究组对44个不同地理位置的侧柏种源进行取材，研究了它们的染色体形态、倍性、数目、核型特征及进化趋势和亲缘关系，认为我国中东部高海拔地区种源变异程度较大，西部地区种源稳定性较高（马颖敏 等，2009）。他们还应用扩增片段长度多态性标记分析了17个省、自治区、直辖市的18个侧柏种源，认为侧柏遗传多样性丰富，可按照纬度划分为北部、中部、南部和山东4个种源区（王玉山，2011）。北京林业大学毛建丰研究组使用10个简单序列重复标记位点对全国收集的192株侧柏优选单株进行了遗传变异分析，认为我国侧柏资源呈现中等遗传多样性（平均He=0.348，He=expected heterozygosity，杂合度期望值）和低

图25 侧柏育种者北京市农林科学院刘国彬在侧柏资源圃（郝强 摄）

图26 侧柏良种'蝶叶'和新品种'立叶'[A:'蝶叶';B:'立叶';C:'蝶叶'和'立叶'（刘国彬 摄）;D:从左至右：侧柏、'蝶叶'、'立叶'（郝强 摄）]

群体分化（Fst=0.011，Fst=fixation index，群体间分化指数）特征，没有显著的地理群体结构（Jin et al.，2016）。

　　毛建丰研究组通过侧柏转录组和近缘种基因组序列分析筛选出27个多态、稳定的简单序列重复标记位点；使用双酶解酶切位点辅助DNA测序方法（简化基因组测序）组装了45 959个高质量位点；首次构建了侧柏高密度遗传图谱，包含11个连锁群23 926个标记位点，图谱总长约1 506cm，标记之间的平均遗传距离为0.2cm，覆盖度99.8%（Jin et al.，2019）；通过基因分型生成11 000多个高质量SNPs，通过评估基因组变异和环境变量的关系认为温度是影响侧柏分布的关键因素；他们进一步采用人工智能算法"梯度森林"建立侧柏种群响应未来气候变化的基因组响应模型，可预测未来侧柏不同地理种群响应气候变化的空间模式（Jia et al.，2019）。

　　侧柏主要通过扦插和种子进行繁殖。在育种上常常利用扦插来快速获得大量性状一致的侧柏种群。在扦插繁殖方面，北京市农林科学院刘国彬研究组通过连续组织切片分析确定了侧柏扦插不定根再生属于多位点发生模式，诱生根原基起源于多个组织部位，并在母体插穗中发现潜伏根原基的存在（Liu et al.，2021）；继而，克服了低温对根原基诱导的限制，建立了"一种侧柏冬季电热温床扦插繁殖方法"（刘国彬 等，2022）。在侧柏组织培养方面，以侧柏胚根和7月采的未成熟合子胚作为外植体，使用松柏类植物组织培养常用培养基DCR（Douglas-fir cotyledon revised medium）并添加激素2, 4-D和6-BA可以成功诱导愈伤组织（曹亚琼和张存旭，2013）。

　　海内外引种栽培：侧柏是中国乡土树种，1987年3月，北京市第八届人民代表大会第六次会议确定国槐和侧柏为北京市市树。2016年3月23日，延安市第四届人大常委会第二十九次会议确定柏树和苹果树为延安市市树。侧柏在中国有悠久的栽培历史，在寺庙和墓地常常大量种植，原种和一些栽培种在我国各地植物园均有栽培。2013年侧柏属被列入《中华人民共和国植物新品种保护名录（林业部分）》（第五批）。

在18世纪初荷兰就开始种植侧柏，1700年左右法国传教士从北京将种子送到巴黎，之后约1740年英国植物学家米勒［Philip Miller，1691—1771，曾任切尔西药用植物园（Chelsea Physic Garden）首席园艺师，著作有《园丁词典》（Gardeners Dictionary）］将其种植在英国伦敦的切尔西药用植物园。植物猎人福琼认为他在北京西山看到的侧柏是野生的，傅礼士（Forrest）、韩马迪（Handel-Mazzetti）和洛克（Joseph Rock）都先后在云南西北部悬崖峭壁上发现野生种群。有意思的是在伊朗东北部也有野生侧柏的存在[5]。侧柏较耐冷而且繁殖容易，在世界各地植物园多有引种栽培，如在英国爱丁堡皇家植物园（19470412、19931806）[3]、贝奇伯里国家松树园[4]和美国密苏里植物园、纽约植物园、莫顿树木园[5]、北卡罗来纳州立大学劳尔斯顿树木园[6]、澳大利亚洛夫蒂山植物园[9]等。

由于传入历史久远，几个世纪以来在美国、澳大利亚和日本已经育成大量观赏侧柏品种，主要观赏性状为株型（微型矮生）和叶色（金黄色、白色等）。如矮生金叶品种 'Aurea' 'Aurea Nana' 'Pyramidalis Aurea' 和黄绿叶锥形品种 'Elegantissima' 'Westmont' 在欧美花园中很受欢迎，还有幼叶颜色会随着环境温度的变化而产生改变 'Meldensis'，以及黄叶窄锥形品种 'Conspicua' 'Hillieri' 'Juniperoides' 'Morgan' 'Raket' 'Crawford's Compact' 'Baker' 'Compacta' 'Semperaurea' 'Sieboldii' 'Franky Boy' 'Rosedale' 'Grassington Gold' 'Collen's Gold' 'Southport' 'Filiformis Aurea' 等。侧柏生长缓慢，几乎不用任何修剪，使得它适合大多数花园，尤其是对尺寸和比例有着严格限定的东方花园（Morgan, 1999）。

《中国植物志》列出了侧柏的4个栽培变种：①千头柏 'Sieboldii'，别名子孙柏、凤尾柏、扫帚柏。丛生灌木，无主干；枝密，上伸；树冠卵圆形或球形；叶绿色。西博尔德（Philipp Franz von Siebold, 1796—1866，德国人，1823年在日本长崎担任荷兰贸易使团的医生并从事日本植物学研究。1828年他因间谍罪被日本驱逐出境，回到德国后出版了介绍日本国情和植物的 Nippon 和 Flora Japonica，并开办展览首次为欧洲社会介绍日本的异域风情）从日本引入欧洲，我国长江流域多栽培作绿篱树或庭园树种。②金黄球柏 'Semperaurescens'，矮型灌木，树冠球形，叶全年为金黄色。1871年由法国花卉育种家莱莫因（Victor Lemoine, 1823—1911）选育。③金塔柏 'Beverleyensis'，树冠塔形，叶金黄色。④窄冠侧柏 'Zhaiguancebai'，树冠窄，枝向上伸展或微斜上伸展，叶光绿色。1993年山西省林业厅刘清泉和林业勘测设计院的曳宏玉将山西省运城市龙居镇小张坞马家祠堂中一株小枝细长下垂的垂枝侧柏作为一个新变型（P. orientalis f. pendula）发表（Liu and He, 1993）。

侧柏的药用价值：侧柏叶和柏子仁是我国传统中药，收载于《中华人民共和国药典》。侧柏叶有凉血止血、化痰止咳、生发乌发的功效。柏子仁为滋补强壮药，具有养心安神、润肠通便、止汗之功效。侧柏枝叶中挥发油的主要成分是 α-蒎烯、3-蒈烯和雪松醇，占挥发油总量的70%以上（雷华平 等，2016）。侧柏叶含有黄酮类物质，侧柏叶提取物能够显著上调有助于皮肤细胞、组织修复的基因 sirt1、nidi1 和 igf1，同时能够显著增加表皮的厚度，使基底层上细胞排列更加紧密，角质层分化更加完善，可用于皮肤组织修复产品的配料（姚期凤 等，2020）。将侧柏叶提取液加入到液体创可贴配方中可以显著提高成膜性，大幅缩短成膜时间，同时血浆复钙时间也大大缩短（徐娟娟 等，2020）。

侧柏叶作为枕芯可用于制作养生枕，利用其散发出的微香型气味达到防治乌须发、咳喘、高血压的保健功能（杨玖玲，2014）。还可用来制作脱发保健酒、保健茶、复方制剂、发酵洗发液、洗发皂用来止咳祛痰、治疗脂溢性脱发。与苦参、桃叶等中草药一起制作药浴液治疗银屑病（廖艳卿，2017）。与蜂房、独脚乌柏等组成中药组合物治疗痛风（骆均勇和张太君，2015）。除了侧柏叶，柏子仁和侧柏精油也有众多研究。

侧柏与生物多样性：侧柏—昆虫—鸟类构成了侧柏林中的基本食物链，侧柏为昆虫和鸟类提供栖息空间和食物，同时鸟类也能帮助侧柏群落维持健康。如黄帝陵侧柏林中95%以上的树种为侧柏，调查发现其中树干昆虫14科40余种，地表昆虫7目29科，其中鞘翅目和膜翅目昆虫占总数的85.8%，危害侧柏的主要昆虫有双条杉天牛（*Semanotus bifasciatus*）、金绿宽盾蝽（*Poecilocoris lewisi*）、侧柏大蚜（*Cinara tujafilina*）、侧柏毒蛾（*Parocneria furva*）和柏肤小蠹（*Phloeosinus aubei*）等。这些昆虫一方面以侧柏为栖息地和食物来源，另一方面也会成为鸟类的食物来源（张婷，2017）。北京林业大学关文彬研究组在2011—2014年采用固定样带法对北京静福寺侧柏古树林及周边林区的鸟类群落进行调查，发现侧柏古树林记录到26种鸟，以留鸟和夏候鸟为主，其中有国家二级重点保护动物1目2科4种：红隼（*Falco tinnnunculus*）、游隼（*F. peregrines*）、雀鹰（*Accipiter nisus*）和普通鵟（*Buteo buteo*）、北京市野生鸟类6目21科41种，包括重点保护动物黄腹山雀（*Parus venustulus*）、

发冠卷尾（*Dicrurus hottentottus*）、黄眉姬鹟（*Ficedula narcissina*）、普通夜鹰（*Caprimulgus indicus*）、三宝鸟（*Eurystomus orientalis*）、银喉长尾山雀（*Aegithalos caudatus*）等（范宗骥 等，2013）。Maerki在2018年冬季至2019年秋季观察了生长于法国南部的一株40年树龄、高7.6m的侧柏，发现有7种不同的鸟类会采食侧柏的种子。这些鸟类包括苍头燕雀（*Friugilla coelebs*）、绿金翅（*Chloris chloris*）、家麻雀（*Passer domesticus*）、锡嘴雀（*Coccothraustes coccothraustes*）、沼泽山雀（*Poecile palustris*）、红额金翅雀（*Carduelis carduelis*）和大山雀（*Parus major*）（Maerki，2019）。

侧柏古树保护：侧柏是北京市市树，也是我国北方地区古树名木保护的主要树种之一。侧柏与佛教文化传播密切相关，常栽培于庭院、寺庙和墓园。北京在历史上曾作为燕、辽、金、元、明、清和北洋政府时期的首都，保存有大量的宫殿、坛庙、陵墓等古建筑，这些古建周边大多栽植侧柏，因此北京现存的古树树种，以侧柏数量为最多（图27至图31）。在侧柏古树名木资源调查和保护方面，北京市园林和相关部门多年来的

图27　北京孔庙中的古侧柏（郝强 摄）

图 28　国家植物园（北园）卧佛寺前古柏夹道（郝强 摄）

图 29　北京市天坛公园古侧柏（郝强 摄）

图30　北京市国子监古侧柏（郝强　摄）

图31　北京市太庙（今劳动人民文化宫）后河沿侧柏（郝强 摄）

工作值得称赞。

按照时间顺序我们梳理了国家和北京市对以古侧柏为代表的古树名木进行保护的一系列举措：

1982年3月30日国家城市建设总局印发《关于加强城市和风景名胜区古树名木保护管理的意见》，指明古树为树龄在百年以上的大树，将树龄在300年以上的树木为一级古树；其余的为二级古树。名木指树种稀有、名贵或具有历史价值和纪念意义的树木。

1986年5月14日北京市人民政府印发《北京市古树名木保护管理暂行办法》。

1998年8月1日实施《北京市古树名木保护管理条例》。

2000年9月1日中华人民共和国建设部印发《城市古树名木保护管理办法》，将古树名木分为一级和二级，分级依据与北京市条例一致。办法规定城市人民政府、城市园林绿化行政主管部门负责调查、鉴定、定级、登记、编号，并建立档案，设立标志。并指出抢救、复壮古树名木的费用城市园林绿化行政主管部门可适当给予补贴。

2001年，全国绿化委员会在全国范围内组织开展了第一次古树名木资源普查。

2007年全国绿化委员会办公室编的《中华古树名木》，由中国大地出版社出版发行，中国林业科学研究院林业科技信息研究所主办的网站"林业专业知识服务系统"对该书中的古树名木资源数据进行了整理，从中可以检索出78条柏科古树名木的信息（表4，图32至图40）。从这些数据信息中可以看到在柏科古树中侧柏占据主要部分。必须指出的是，对这些古树树龄的测算大多数是依据典籍记载和树木胸径进行推断，这些结果往往误差较大。同时由于调查的深度不够，还有许多古树信息未能收录进来，造成了许多遗漏。

2007年9月1日，北京市制定执行《古树名木评价标准》，确定古树名木价值的评价方法：古树名木价值＝古树名木的基本价值×生长势调整系数×树木级别调整系数×树木生长场所调整系数

图32　山西省太原市晋祠公园西周大柏树（李岗　摄）

图33　陕西省延安市黄陵县轩辕黄帝柏（刘保东 摄）

图34　陕西省延安市黄陵县轩辕黄帝柏（刘保东 摄）

图35　山东省泰安市岱庙汉柏（郝强　摄）

图36　山东省泰安市岱庙挂印封侯柏（郝强　摄）

图37　河南省登封市嵩山嵩阳书院大将军柏（刘客白　摄）

图38　河南省登封市嵩山嵩阳书院二将军柏（刘客白　摄）

图39　北京市太庙（今劳动人民文化宫）明成祖手植柏（郝强　摄）

图40　北京市中山公园西坛门外迎宾柏（郝强　摄）

+养护管理实际投入，并对古树名木的损失评价进行了界定。

2011年4月1日，北京市实施地方标准《古树名木日常养护管理规范》。

2015年，中共中央、国务院印发《关于加快推进生态文明建设的意见》，要求切实保护珍稀濒危野生动植物、古树名木及自然生境。

2016年4月19日，北京市园林绿化科学研究院联合河北省风景园林与自然遗产管理中心、天津市园林绿化研究所在北京签署了《京津冀加强古树名木保护研究合作框架协议》，并发起成立了"京津冀古树名木保护研究中心"。主要工作内容包括：①保护与复壮重点衰弱古树。②挖掘古树名木文化资源。③培养人才队伍和技术推广。成立京津冀古树名木专家委员会，组建专家库。开展古树养护、复壮技术培训及树龄树种鉴定工作。④建设古树名木基因库。⑤建设京津冀古树信息库及门户网站。⑥编制京津冀重点古树名木保护规划。

2018年，北京市发布了古树名木认养目录，提供叮供认养古树27处745株，涉及侧柏、桧柏、国槐、银杏等8个树种，广泛动员社会力量参与古树名木保护。

2018年9月5日，北京市向阿尔巴尼亚首都地拉那市捐赠侧柏树苗30株，庆祝北京和地拉那两市结好10周年（图41）。

2018年，北京市园林绿化局组织开展北京"最美十大树王"评选，其中密云区新城子镇新城子村"九搂十八杈"侧柏被选为"侧柏树王"，这株侧柏为一级古树，胸围780cm，树高18m，冠幅15m，树龄约3500年，为北京最长，生长在新城子村关帝庙遗址前（图42）。

2019年，全国人大常委会修订《中华人民共和国森林法》，将保护古树名木作为专门条款，成为国家依法保护古树名木的里程碑。

2021年，北京农学院园林学院设立林学专业

图41　北京市向阿尔巴尼亚首都地拉那市捐赠侧柏树苗［A：选苗；B：出圃；C：检疫；D：栽植（刘国彬 提供）］

图42　北京最美古树密云古侧柏"九搂十八杈"［A：整体观；B：古树复壮处理（郭翎 摄）］

（古树保护方向）本科和古树保护与修复方向专业硕士，精准对接林业生产中古树保护对专业人才的实际需求。

　　2015—2021年，全国绿化委员会在全国范围内组织开展了第二次古树名木资源普查。普查结果显示，我国普查范围内现有古树名木508.19万株，其中散生在广大城乡的有122.13万株，以古树群形式分布的有386.06万株。这些古树名木被认为是自然与文化的共同遗存，是有生命的文物。此次普查也发现在物种鉴定时侧柏和桧柏之间有很多错误鉴定，研究者在实际调查时不能仅依靠已经悬挂的古树标牌，还需要结合植物分类学知识仔细加以甄别。

2023年2月6日国家林业和草原局发布"野生动植物和古树名木鉴定技术及系统研发"应急揭榜挂帅项目榜单，旨在帮助解决古树树龄鉴定的难题。

表4 《中华古树名木》收录的柏科植物条目

序号	古树名称	位置	树龄	编号	属名	学名
1	轩辕黄帝柏	陕西省黄陵县桥山黄帝庙	5 000年	gsmm0624		
2	将军柏	河南省嵩山嵩阳书院	4 500年	gsmm0198		
3	龙头凤尾柏	陕西省洛南县柏庵村	3 000年	gsmm0435		
4	西周大柏树	山西省太原市晋祠公园圣母殿苗裔堂前	2 990年	gsmm0227		
5	柏抱茶	甘肃省天水市南郭寺	2 700年	gsmm0347		
6	秦柏	山西省介休市绵山镇西欢村	2 640年	gsmm0226		
7	汉柏凌寒	山东省泰安市泰山岱庙炳灵门内外	2 100年	gsmm0190		
8	汉武帝柏	山东省泰安市泰山岱庙炳灵门内外	2 100年	gsmm0619		
9	挂印封侯柏	山东省泰安市泰山岱庙正阳门以北20m处	2 100年	gsmm0327		
10	龙凤弟子柏	河北省内丘县南赛乡神头村鹊王庙北	2 000年	gsmm0457		
11	汉武帝梦中古柏	山东省泰安市泰山西麓灵岩寺内	2 000年	gsmm0176		
12	仓颉宝莲灯柏	陕西省白水县史官乡武庄	2 000年	gsmm0623		
13	柏抱槐	陕西省白水县史官乡武庄仓颉庙西南角	2 000年	gsmm0344		
14	王符手植柏	甘肃省镇原县城北玉皇山	1 800年	gsmm0113		
15	拧柏挟三孤	甘肃省徽县伏镇中坝村公路旁	1 700年	gsmm0375		
16	弘农太守手植柏	陕西省华阴市华山玉泉院外	1 700年	gsmm0111		
17	太史柏	陕西省韩城芝川镇司马迁庙内	1 600年	gsmm0618		
18	三奇柏	河北省邢台市郊外的皇寺镇玉泉寺内	1 400年	gsmm0277	侧柏属	*Platycladus orientalis* (L.) Franco
19	介休侧柏	山西省介休市绵山镇西欢村	1 300年	gsmm0201		
20	塔柏	山西省榆社县河峪乡禅山寺	1 300年	gsmm0286		
21	孙思邈手植柏	陕西省耀州区药王庙七间殿西南方	1 300年	gsmm0107		
22	螺旋柏	山西省太原市晋祠公园圣母殿东南侧	1 100年	gsmm0291		
23	柏槐合抱	北京市中山公园内南坛门外	1 000年	gsmm0351		
24	柏抱桑	甘肃省武威市文庙内	1 000年	gsmm0352		
25	唐柏	河南省确山县乐山林场北泉寺	1 000年	gsmm0220		
26	二将军柏	北京市景山东门内观德殿前	900年	gsmm0192		
27	鸟卧柏	陕西省眉县横渠镇张载祠	900年	gsmm0326		
28	卧牛柏	陕西省扶风县城关镇小留村	800年	gsmm0336		
29	忠直大将军	辽宁省兴城市文庙内	700年	gsmm0187		
30	迎宾柏	北京市中山公园内西坛门外	600年	gsmm0448		
31	明成祖手植柏	北京太庙（今市劳动人民文化宫）	600年	gsmm0094		
32	伏羲纪念柏	甘肃省天水市秦州区伏羲庙大殿前	600年	gsmm0067		
33	预知天气的五龙柏	陕西省西安市西南杜甫川万花山景区跑马梁	500年	gsmm0282		
34	童公香柏	山东省青岛市城阳区童真宫	200年	gsmm0615		
35	左扭右扭柏	山西省临汾市洪洞县广胜寺大雄宝殿前两侧	不详	gsmm0289		
36	麻花柏	山西省临汾市洪洞县广胜寺外	不详	gsmm0290		
37	流泪的挂甲柏	陕西省黄陵县桥山轩辕庙正殿的右前方	不详	gsmm0449		
38	女娲庙古柏	山西省临汾市洪洞县赵城镇侯村女娲庙内	已死亡	gsmm0496		

序号	古树名称	位置	树龄	编号	属名	学名
39	十二属相柏	山西省高平市马村镇康家营村	3 000年	gsmm0323		
40	舜帝圆柏	湖南省宁远九嶷山舜源峰下舜帝陵	2 500年	gsmm0622		
41	三树一体	山东省青岛市崂山风景区太清宫三皇殿	2 140年	gsmm0374		
42	清奇古怪四汉柏	江苏省苏州市吴中区光福镇涧廊村东南	1 900年	gsmm0399		
43	凤凰台古柏	河北省成安县曲村的凤凰台上	1 700年	gsmm0018		
44	邺都古柏	河北省邯郸临漳县倪新庄乡靳彭城村东	1 700年	gsmm0614		
45	神龟柏	湖北省咸宁市咸安区江桥村邓家湾	1 500年	gsmm0501		
46	解放柏	河南省鹤壁市山城区石林乡石林村口	1 448年	gsmm0583		
47	凌云绿塔圆柏	甘肃省平凉市崆峒山	1 300年	gsmm0297		
48	冉子柏	山东省嘉祥县黄垓乡黄垓村冉子祠	1 300年	gsmm0620		
49	腾龙入云桧	江苏省如皋县（今如皋市）水绘园内	981年	gsmm0428		
50	越王柏	浙江省金华市太平天国侍王府东大厅	900年	gsmm0608		
51	绍祚中兴柏	浙江省绍兴市府山越王台	800年	gsmm0606		
52	消灾树	安徽省桐城市黄卜乡红星村杨楼庄	720年	gsmm0518		
53	千佛洞佛化柏	河南省浚县浮丘山千佛寺院内	680年	gsmm0545		
54	朱元璋拴马柏	安徽省枞阳县白梅乡黄石村	660年	gsmm0177	圆柏属	*Sabina chinensis* (L.) Ant.
55	圆柏神树	山东省胶南市（今黄岛区）宝山镇金沟村	655年	gsmm0563		
56	宋濂手植柏	浙江省浦江县郑宅镇	650年	gsmm0095		
57	除奸柏	北京市孔庙大成殿崇基石栏西侧	600年	gsmm0470		
58	鹿形古柏	北京市太庙（今市劳动人民文化宫）	600年	gsmm0318		
59	干妈柏	北京市朝阳区金盏乡小店村村西	500年	gsmm0572		
60	九龙柏	北京市天坛公园皇穹宇西北侧	500年	gsmm0437		
61	狮子柏	浙江省宁波市鄞州区东吴镇天童寺韦驮殿前	500年	gsmm0332		
62	夫妻柏	河南省淇县高村镇政府	420年	gsmm0369		
63	龙凤古柏	浙江省舟山市普陀山法雨寺九龙殿前东侧	400年	gsmm0418		
64	孔子手植柏	山东省曲阜市孔庙大成门石陛东侧	270年	gsmm0116		
65	三合柏	云南省鲁甸县龙树乡古寨村	250年	gsmm0305		
66	钓翁柏	浙江省海盐县澉浦镇南北湖风景区北	130年	gsmm0324		
67	介字柏	北京市颐和园介寿堂前	不详	gsmm0303		
68	罗汉、蒲团柏	安徽省黄山北海原狮林精舍遗址旁	1 015年	gsmm0415		*Sabina squamata* (Buch.-Ham.) Ant.
69	崖柏	重庆市开州区关坪乡新元村	220年	gsmm0171	崖柏属	*Thuja sutchuenensis* Franch.
70	张良手植干香柏	陕西省城固县上元坝镇四合村以南	2 100年	gsmm0114		*Cupressus duclouxiana* Hickel
71	官城古柏	云南省通海县河西镇文庙大成殿	不详	gsmm0023		
72	张骞垂丝柏	陕西省城固县西南张骞墓	2 000年	gsmm0616		
73	蔡伦古柏树	陕西省汉中市洋县龙亭蔡伦墓	1 850年	gsmm0611		
74	帅大树	四川省剑阁县剑门乡青树村大柏树湾	1 800年	gsmm0461	柏木属	*Cupressus funebris* Endl.
75	古柏	陕西省勉县定军山武侯祠	1 760年	gsmm0006		
76	雁洋生死柏	广东省梅县雁洋镇阴那管理区灵光寺大门前	1 100年	gsmm0013		
77	蜀道翠云廊古柏	四川省北部剑门山区	300年以上	gsmm0466		
78	三脚柏	四川省南部县保城乡檬子垭	300年	gsmm0298		

侧柏古树复壮和枯树绕藤景观：侧柏古树的生长环境常常不尽如人意，立地生长空间小、根系生长环境恶劣和管理养护措施不到位等综合因素会导致古侧柏整体生长活力下降，树势衰弱，容易产生病虫害，甚至枯死。目前针对这些不利因素，城市绿化部门和专业性园艺养护公司已经发展出一种综合性复壮技术，通过钢架固定主干、更换根部土壤基质、埋设引根和渗水设备、寄生性天敌释放等措施促进根系生长、控制有害生物，能够部分恢复古侧柏的生长能力，延长古侧柏的生长寿命（图43、图44）。对枯死的侧柏枝干，园林建设者另辟蹊径，巧于因借，在树下

图43　轩辕黄帝柏复壮现场（李亚利 提供）

图44　轩辕黄帝柏复壮后效果（李亚利 提供）

种植紫藤等攀缘植物，紫藤攀缘而上开花时枯槁古侧柏仿佛重新焕发生机。在北京故宫、中山公园、天坛公园、太庙、孔庙和国家植物园卧佛寺等处有许多侧柏枯树采用此种处理，亦成一景（图45、图46）。

侧柏古树保护范例：中山公园古辽柏保护

中山公园是一座古典坛庙园林，地处北京市中心天安门西侧。其历史最早可追溯为辽代的兴国寺，元代改称万寿兴国寺，明永乐十八年（1420）循《周礼》"左祖右社"辟为社稷坛，祭祀土地和谷物之神，相对应在天安门东侧设"太庙"（今劳动人民文化宫），祭拜祖先。明清两代皇帝和官员在此处进行过上千次的祭祀活动。1914年北洋政府内务总长朱启钤主持将社稷坛改建为"中央公

图45 国家植物园（北园）卧佛寺中的紫藤绕柏（魏钰 摄）

图46 绿化工人对太庙后河沿枯死古侧柏上的攀缘植物进行清理（郝强 摄）

园"，1928年更名为"中山公园"。

中山公园是封建社会坛庙园林的代表。以社稷坛为中心在坛门内外规则排列栽植有几千株松柏，尤以侧柏为主（图47）。现有侧柏古树568株，其中，一级古树350株，二级古树218株，以7株辽柏最为著名（图48至图56）。这7株侧柏生长在南坛门外，在中央公园创建时就备受重视，当时认为是金元古刹所遗。多年来中山公园工作人员非常重视古辽柏的保护，并保存了详细的历史记录，表5列出了中山公园历年来关于侧柏古树保护的事件记录（中山公园管理处，2002）。

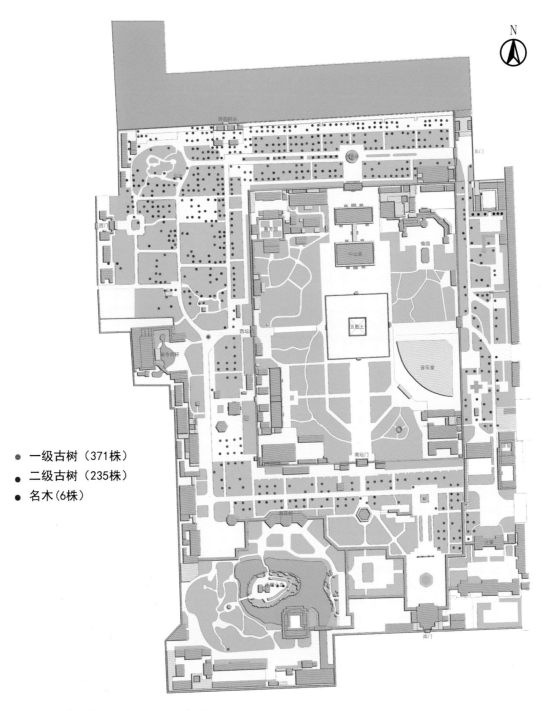

● 一级古树（371株）
● 二级古树（235株）
● 名木（6株）

图47　中山公园古树名木分级分布图（唐硕 提供）

图48　中山公园古辽柏（郝强　摄）

图49　中山公园古辽柏古树标识牌（郝禹泽　摄）

图50　中山公园古辽柏介绍（郝强　摄）

图51　北京市中山公园南坛门外古辽柏（郝强 摄）

图 52　北京市中山公园古辽柏（郝强　摄）

图53 中山公园保卫和平坊周边古柏（郝强 摄）

图54 中山公园古辽柏调查（唐硕 提供）

图55 中山公园古辽柏调查（唐硕 提供）

图56 中山像附近古侧柏（郝强 摄）

表5　中山公园古侧柏保护事件记录表

时间	内容
1420年	明定都北京，建社稷坛
1913年	中华民国内务部公函派员接收社稷坛
1914年	公园对外开放，定名为中央公园
1916年	关帝庙四周挖掘河塘，塘西堆土叠山，栽植松柏花木
1925年	从圆明园移"青云片"，置于槐柏合抱南侧
1928年	改名为中山公园，镌刻《公园记》及董事名录碑石，记古柏存活者971株，枯死者100余株
1931年	葛梦涣对古柏树养护提出五点补救方法
1932年	辽柏发现蛀干害虫，贾佛生、谈在堂指导树体消杀
1936年	园中存活柏树909株
1949年以前	枯柏不忍伐除，种植紫藤盘绕而上遮掩
1953年	勘察实有枯死古柏90株，其中附植藤萝者89株
1953年	伐除枯古柏44株
1958年	伐除枯死柏树17株，本年内共伐除古柏30株
1960年	伐除后河东侧枯死柏树10株
1961年	经普查，中山公园古柏共计712株，其中侧柏685株，桧柏27株
1968年	伐除枯死古柏树41株
1970年	伐除古柏12株
1971年	清查统计古柏死亡83株
1981年	北京园林科研所开展"古柏养护科研课题"，进行古柏土壤透气性实验
1982年	对后河地区的古柏，埋条施肥114株
1983年	分区域进行古树名木调查
1983年	登记古树613株，其中侧柏576株，桧柏31株，国槐6株
1987年	保护名木"槐柏合抱"立钢架支撑
1988年	北京市园林科研所古树队为公园25棵古柏进行综合养护复壮处理
1988年	在古树上设置古树名木编号牌
1989年	北京市园林科研所对中山公园西树林56株古柏进行复壮处理
1990年	利用熏蒸法和放线虫生物防治法，对"槐柏合抱"古树进行了复壮养护
1991年	后河古柏林地面铺装透气砖
1992年	对槐柏合抱进行特殊养护，注射100倍的菊杀乳油以消灭蛀干害虫
1994年	成立古树班以加强对古树的养护管理和续档工作，聘请古柏专家李锦龄为技术顾问
1995年	对19株濒危古树进行抢救复壮工程
1996年	对南坛门以南的千年古柏及濒危古树采取综合复壮措施
1997年	对10株濒危和生长衰弱古树进行复壮
1998年	对12株生长衰弱古树进行复壮，填补"槐柏合抱"槐树上部树洞
2003年	11月6日夜间突降雨夹雪，583株古柏出现折杈现象，用5天清运树木断枝70余车
2004年	6月2日开展古树、大树汛期安全普查
2004年	古树树池透气铺装10株
2006年	对23株古树进行支撑，对"槐柏合抱"等游人活动集中地的古树进行主干围栏
2010年	对9株古侧柏、2株古桧柏进行树体修复
2010年	测量采集150株古树的基础数据，包括树径、树高、分枝等数据和照片
2010年	与北京林业大学合作，利用三维激光扫描仪对古辽柏树体外观进行扫描获得立体图像，采用探地雷达测量4株古树的地下根系分布
2011年	完成《北京市中山公园古树名木保护修复详细规划》课题验收。应急保护处理1株遭雷击二级古柏

（续）

时间	内容
2012年	采用防腐木铺设树池，保护古树4株、大树23株。增设古树围栏24处，其中"槐柏合抱"采用黄铜围栏，其他古树采用铁质围栏
2013年	采用防腐木铺设树池，保护古树9株、大树15株。树体修复16株。制作铁质围栏保护古树4株
2014年	完成21株古树树体修复工作；支撑加固2株；恶劣天气应急处理保护受损古树33株；完成古树名木电子档案信息整理
2015年	完成区域立地环境改造工程，受益古柏22株；完成7株古树的树体修复工作
2016年	完成后河铺装地衰弱古树群复壮保护工程，受益古树48株
2017年	开展《全国古树名木资源普查北京地区调查工作》，完成更新公园古树名木档案资料。完成1株古树认养
2018年	新做防腐木树池97个，保护古树35株、大树62株。完成1株古树认养续签
2019年	改扩建防腐木树池17个，采用树体修复等措施保护古树29株。完成1株古树认养续签
2020年	搭脚手架修剪缠绕在辽柏枯干上的紫藤，保护紫藤缠辽柏的奇特景观
2021年	完成全园古树体检工作
2022年	完成《中山公园古树复壮养护》重点项目，工程投资约158.8万元

在中山公园古侧柏的保护历史中，最初将清朝皇家社稷坛辟为中央公园的朱启钤先生尤为值得纪念。在中央公园建成十周年时他曾撰文《中央公园记》，其中这样描述社稷坛和古侧柏："北京自明初改建皇城，置社稷坛于阙右，与太庙对。坛制正方，石阶三成，陛各四级；上成用五色土随方筑之，中埋社主。墙垣甃以琉璃，各如其方之色。四面开棂星门，门外北为祭殿，又北为拜殿。西南建神库、神厨。坛门四座。西门外为牲亭。有清因之。此实我国数千年来特重土地人民之表征。今于坛址，务为保存，俾考古者有所征信焉。环坛古柏，井然森列，大都明初筑坛时所树。今围丈八尺者四株，丈五六尺者三株，斯为最巨；丈四尺至盈丈者百二十一株，不盈丈者六百三株，次之；未及五尺者二百四十余株；又已枯者百余株。围径既殊，年纪可度。最巨七柏，皆在坛南，相传为金元古刹所遗。此外合抱槐榆杂生，年浅者尚不在列。夫禁中嘉树，盘礴郁积，几经鼎革，无所毁伤，历数百年，吾人竟获栖息其下，而一旦复覩明社之旧，故国兴亡，益感怀于乔木。继自今封殖之任，不在部寺，而在群众。枯菀之间，实自治精神强弱所系。惟愿邦人君子爱护扶持，勿俾后人有生意婆娑之叹，斯尤启钤所不能已于言者。"这段文字既简述了社稷坛和古侧柏的历史，又表达了朱先生对以古侧柏为象征的中国在经历历史沧桑巨变后仍然葱茏的一腔赤子之心。

参考文献

白金，王霞，张玉平，等，2016. 植物新品种特异性、一致性、稳定性测试指南 崖柏属 [B]. 中华人民共和国林业行业标准 LY/T 2597-2016.

曹长清，苗春泽，田年军，等，2014. 东北红豆杉、朝鲜崖柏良种繁育圃建设 [Z]. 国家科技成果. 吉林省白山市林业科学研究院.

曹亚琼，张存旭，2013. 侧柏胚性愈伤组织的诱导研究 [J]. 北方园艺 (6): 108-110.

陈俊愉，2000. 中国花卉品种分类学 [M]. 北京：中国林业出版社.

陈文红，税玉民，王文，等，2001. 云南易门翠柏和黄杉的群落调查及保护 [J]. 云南植物研究，23(2): 189-200.

董铁民，张雪敏，赵一鹏，1988. 侧柏变异类型的研究 [J]. 河南林业科技，3: 26-28.

杜凤国，苑景淇，高纯，等，2019. 濒危植物朝鲜崖柏球果与种子性状 [J]. 北华大学学报（自然科学版），20(5): 600-604.

范宗骥，董大颖，郑然，等，2013. 北京静福寺侧柏古树林鸟类群落多样性研究 [J]. 北京林业大学学报，35(5): 46-55.

符国瑗，1982. 海南翠柏——我国翠柏属一新种 [J]. 热带林业科技 (1): 51-53.

傅立国，1995. 中国珍稀濒危植物的福音——国家重点保护野生植物名录公布在即 [J]. 植物杂志，3: 2-3.

郭泉水，秦爱丽，马凡强，等，2015. 世界极度濒危物种崖柏研究进展 [J]. 世界林业研究，28(6): 18-22.

国家林业和草原局，农业农村部，2021. 国家重点保护野生植物名录 [EB].

国家植物园植物名录编委会，2022. 国家植物园植物名录 [M]. 北京：中国林业出版社.

华佳，1981. 可供瓶玩的翠柏 [J]. 云南林业 (1): 35.

华植，2015. "一种崖柏种子繁殖方法"获国家发明专利 [J]. 中国花卉园艺，16: 17.

江泽平，王豁然，1997. 柏科分类和分布：亚科、族和属 [J]. 植物分类学报，3: 236-248.

金慧，赵莹，刘丽杰，等，2019. 长白山区濒危植物朝鲜崖柏种群数量特征及动态 [J]. 应用生态学报，30(5): 1563-1570.

金江群，任风鸣，夏鹰，等，2020. 极小种群野生植物崖柏的生殖物候、传粉及胚胎发育研究 [J]. 植物科学学报，38(5): 696-706.

兰雪涵，付聪，李黎明，等，2021. 基于 MaxEnt 模型的濒危植物朝鲜崖柏中国潜在适生区预测 [J]. 北华大学学报，22(3): 292-298.

兰雪涵，王金玲，苑景淇，等，2022. 基于 CDDP 分子标记的朝鲜崖柏遗传多样性探究 [J/OL]. 分子植物育种. 1-10[2023-03-01]. https://kns.cnki.net/kcms/detail/46.1068. s.20221031.0853.002.html.

雷华平，张辉，叶掌文，2016. 侧柏和千头柏挥发油化学成分分析 [J]. 中国野生植物资源，35(4): 26-29.

李林初，刘永清，王玉勤，等，1996. 侧柏亚科三种植物的核型及其细胞分类学研究 [J]. 云南植物研究，04: 79-84, 130.

廖艳卿，2017. 一种治疗银屑病苦参侧柏药浴液及其制备方法 [P]. CN107441271A.

刘国彬，白金，张玉平，等，2020. 崖柏属新品种 DUS 测试指南 [J]. 黑龙江农业科学，309(3): 54-59.

刘国彬，曹均，赵今哲，等，2021. 一种侧柏冬季电热温床扦插繁殖方法 [P]. CN112369229A.

刘建锋，2003. 我国珍稀濒危植物——崖柏种群生态学 [D]. 北京：中国林业科学院.

刘建锋，肖文发，郭志华，等，2004. 珍稀濒危植物——崖柏种群结构与动态初步研究 [J]. 江西农业大学学报，26: 377–380.

刘学利，郭璇，张中信，等，2015. 崖柏球花和球果形态特征的补充描述 [J]. 华中师范大学学报（自然科学版），49（3）: 424-427.

刘演，宁世江，2002. 广西重点保护野生植物资源的现状与评价 [J]. 广西科学 (2): 124-132.

刘正宇，杨明宏，易思荣，等，2000. 崖柏没有绝灭 [J]. 植物杂志，3: 8-9.

骆均勇，张太君，2015. 一种含侧柏叶的治疗痛风的中药组合物 [P]. CN104435278A.

马颖敏，邢世岩，王玉山，等，2009. 中国侧柏地理种源核型分析与进化趋势 [J]. 分子植物育种，7(6): 1186-1192.

蒙涛，彭日成，钟国芳，等，2013. 黄金柏属—中国柏科一新记录属 [J]. 广西植物，33(3): 388-391.

倪妍妍，杨文娟，刘建锋，等，2017. 崖柏属植物的核型分析 [J]. 林业科学研究，30(2): 189-193.

宁德生，邹芷琪，符毓夏，等，2019. 岩生翠柏枝叶化学成分的研究 [J]. 中成药，41(9): 2131-2135.

农东新，吴望辉，蒋日红，等，2011. 广西翠柏属（柏科）植物小志 [J]. 广西植物，31(2): 155-159.

钱崇澍，吴中伦，1954. 黄河流域植物的分布概况 [J]. 地理学报，3: 267-278.

全国侧柏种源试验协作组，1987. 全国侧柏种源试验苗期生长和越冬性状变异的研究 [J]. 北京林业大学学报，3: 241-248.

王鑫，张华雨，李宗峰，等，2016. 濒危植物崖柏群落特征及种群更新研究 [J]. 北京林业大学学报，38(10): 28-37.

王玉山，邢世岩，唐海霞，等，2011. 侧柏种源遗传多样性分析 [J]. 林业科学，47(7): 91-96.

韦秀廷，2015. 广西木论国家级自然保护区越南黄金柏的群落调查及保护对策 [D]. 桂林：广西大学.

邢世岩，孙立民，郑勇奇，2021. 侧柏种质资源描述规范和数据标准 [M]. 北京：中国林业出版社.

邢世岩，王玉山，李际红，等，2014. 山东省侧柏种质资源评价及遗传改良 [J]. 山东林业科技，44(5): 106-110.

徐化成，1978. 华北低山区侧柏混交林林学特性的研究 [J]. 中国林业科学，3: 21-30.

徐娟娟，成燕琴，曹颖男，等，2020. 一种含有侧柏叶提取液的快速成膜液体可贴 [P]. CN111012943A.

杨玖玲，2014. 侧柏叶养生枕 [P]. CN104116366A.

杨永，王志恒，徐晓婷，2017. 世界裸子植物的分类和地理分布 [M]. 上海：上海科学技术出版社.

姚期凤，姜丹，宋肖洁，等，2020. 侧柏的应用 [P]. CN110680776 A.

苑景淇，2020. 濒危植物朝鲜崖柏群落特征研究 [D]. 吉林：北华大学.

苑景淇，于忠亮，李成宏，等，2019. 濒危植物朝鲜崖柏研究现状和保育对策 [J]. 安徽农业科学，47(19): 135-137.

张婷，2017. 黄帝陵古柏林昆虫多样性及主要害虫发生规律研究 [D]. 陕西：西北农林科技大学.

张晓玲，郝凯婕，郭翠萍，2018，一种侧柏生态修复方法 [P]. CN108746197A.

赵志霞，赵常明，邓舒雨，等，2020. 重度砍伐后极小种群野生植物崖柏群落结构动态 [J]. 生物多样性，28(3): 333-339.

中国树木志编辑委员会，1983. 中国树木志：第一卷 [M]. 北京：中国林业出版社.

中国科学院中国植物志编辑委员会，1978. 中国植物志：第七卷 [M]. 北京：科学出版社.

中山公园管理处，2002. 中山公园志 [M]. 北京：中国林业出版社.

周长瑞，孙怀锦，郭善基，1981. 论侧柏 [J]. 山东林业科技，3: 62-67.

周汝尧，2017. 中国生物多样性探访行动——"疯狂崖柏"解码 [J]. 生命世界，4: 30-35.

朱志诚，1978. 秦岭北麓侧柏林的主要类型及地带性问题 [J]. 陕西林业科技，5: 1-12.

CHIEN W M, CHANG C T, CHIANG Y C, et al, 2020. Ecological factors generally not altitude related played main roles in driving potential adaptive evolution at elevational range margin populations of Taiwan incense cedar (Calocedrus formosana) [J]. Frontiers in Genetics, 11:580630.

CHRISTENHUSZ M J M, REVEAL J L, FARJON A, et al, 2011. A new classification and linear sequence of extant gymnosperms [J]. Phytotaxa, 19: 55-70.

DE LAUBENFELS D J. 2015. A new combination in

Xanthocyparis (Cupressaceae) from China [J]. Novon, A Journal for Botanical Nomenclature, 24(3): 234-235.

FARJON A, NGUYEN T H, HARDER D K, et al, 2002. A new genus and species in Cupressaseae (Coniferales) from Northern Vietnam, *Xanthocyparis vietnamensis* [J]. Novon, A Journal for Botanical Nomenclature, 12:179-189.

FARJON A, 2005. A monograph of Cupressaceae and *Sciadopitys* [M]. Richmond, Surrey, UK: Royal Botanic Gardens, Kew.

FARJON A, 2010. A handbook of the world's conifers[M]. Leiden, The Netherlands: Brill Academic Publishers.

FLORIN R, 1956. Nomenclatural notes on genera of living gymnosperms [J]. Taxon, 5(8):188-192.

HOCH J, 2017. Extended range area of *Calocedrus rupestris* in China [J]. Bulletin Cupressus Conservation Project, 6(3):51-61.

HSIEH C L, TSENG M H, PAN R N, et al, 2011. Novel terpenoids from *Calocedrus macrolepis* var. *formosana* [J]. Chemistry & Biodiversity, 8(10):1901-1907.

JIA K H, ZHAO W, MAIER P A, et al, 2019. Landscape genomics predicts climate change-related genetic offset for the widespread *Platycladus orientalis* (Cupressaceae) [J]. Evolutionary Applications, 13(4):665-676.

JIN Y Q, MA Y P, WANG S, et al, 2016. Genetic evaluation of the breeding population of a valuable reforestation conifer *Platycladus orientalis* (Cupressaceae) [J]. Scientific Reports, 6: 34821.

JIN Y Q, ZHAO W, NIE S, et al, 2019. Genome-wide variant identification and high-density genetic map construction using RAD seq for *Platycladus orientalis* (Cupressaceae) [J]. G3 (Bethesda), 9(11): 3663-3672.

KIM H, CHANG K S, CHANG C S, 2010. E. H. Wilson's Expedition to Korea from 1917 to 1919: Resolving Place Names of His Collections[J]. Journal of Japanese Botany, 85: 99-117.

KUO S R, WANG T T, HUANG T C, 1972. Karyotype analysis of some Formosan gymnosperms [J]. Taiwania, 17(1): 66-80.

LEE T H, HSIEH C L, WU H C, et al, 2021. Anti-lymphangiogenic diterpenes from the bark of *Calocedrus macrolepis* var. *formosana* [J]. Journal of Food and Drug Analysis, 29(4):606-621.

LI H L, 1953. A reclassification of Libocedrus and Cupressaceae [J]. Journal of The Arnold Arboretum, 34(1):17-36.

LITTLE D P, SCHWARZBACH A E, ADAMS R P, et al, 2004. The circumscription and phylogenetic relationships of *Callitropsis* and the newly described genus *Xanthocyparis* (Cupressaceae) [J]. American Journal of Botany, 91: 1872–1881.

LITTLE D P, 2006. Evolution and Circumscription of the True Cypresses (Cupressaceae: Cupressus) [J]. Systematic Botany, 31(3): 461-480.

LIU G B, ZHAO J Z, LIAO T, et al, 2021. Histological dissection of cutting-inducible adventitious rooting in *Platycladus orientalis* reveals developmental endogenous hormonal homeostasis[J]. Industrial Crops and Products,170:113817.

LIU J F, SHI S Q, CHANG E, et al, 2013. Genetic diversity of the critically endangered *Thuja sutchuenensis* revealed by ISSR markers and the implications for conservation [J]. International Journal of Molecular Science, 14:14860-14871.

LIU Q Q, YE H Y, 1993. Rare and endangered trees newly discovered in Shanxi [J]. Bulletin of Botanical Research, 13(3): 220-223.

MAERKI D, 2019. Different species of birds feeding on *Platycladus orientalis* seeds in France [J]. Bull. Cupressus Conservation Project, 8(2):97-100.

MAO K S, HAO G, LIU J Q, et al, 2010. Diversification and biogeography of *Juniperus* (Cupressaceae): variable diversification rates and multiple intercontinental dispersals [J]. New Phytologist, 188: 254–272.

MAO K S, MILNE R I, ZHANG L B, et al, 2012. Distribution of living Cupressaceae reflects the breakup of Pangea [J]. Proc Natl Acad Sci U S A,109 (20): 7793-7798.

MEHRA P N, KHOSHOO T N, 1956. Cytology of conifers. I [J]. Journal of Genetics, 54(1): 165-180.

MORGAN C S, 1999. Platycladus orientalis: cupressaceae [J]. Curtis's Botanical Magazine, 16(3): 185-192.

SAX K, SAX H J, 1933. Chromosome number and morphology in the conifers [J]. Journal of the Arnold Arboretum, 14: 356–375.

SHALEV T J, GAMAL EL-DIEN O, YUEN M M S, et al, 2022. The western redcedar genome reveals low genetic diversity in a self-compatible conifer [J]. Genome Research, 32(10):1952-1964.

SHI G L, ZHOU Z Y, XIE Z M, 2012. A new Oligocene *Calocedrus* from South China and its implications for transpacific floristic exchanges [J]. American Journal of Botany, 99(1):108-120.

TANG C Q, YANG Y C, OHSAWA M, et al, 2015. Community structure and survival of Tertiary relict *Thuja sutchuenensis* (Cupressaceae) in the Subtropical Daba Mountains, Southwestern China [J]. Plos One, 10(4): e0125307.

WILSON E H, 1920. Four new conifers from Korea [J]. Journal of the Arnold Arboretum, 1: 186-190.

YANG X, XU M, 2003. Biodiversity conservation in Changbai Mountain Biosphere Reserve, Northeastern China: status, problem, and strategy [J]. Biodiversity and Conservation, 12: 883–903.

YANG Y, FERGUSON D K, LIU B, et al, 2022. Recent advances on phylogenomics of gymnosperms and updated classification [J]. Plant Diversity, 44(4): 340-350.

ZHANG J W, HUANG J, D'ROZARIO A, et al, 2015. *Calocedrus shengxianensis*, a late Miocene relative of *C. macrolepis* (Cupressaceae) from South China: Implications for paleoclimate and evolution of the genus [J]. Review of

Palaeobotany and Palynology, 222: 1-15.

ZUO Y W, HE P, ZHANG J H, et al, 2022a. Contrasting responses of multispatial soil fungal communities of *Thuja sutchuenensis* Franch., an extremely endangered conifer in Southwestern China [J]. Microbiology spectrum, 10(4): e0026022.

ZUO Y W, ZHANG J H, NING D H, et al, 2022b. Comparative analyses of Rhizosphere bacteria along an elevational gradient of *Thuja sutchuenensis* [J]. Frontiers in Microbiology, 13: 881921.

参考网络资源和其他资料

[1] https://www. iucnredlist. org/, Accessed 2023-05-01.

[2] 植物智, https://www. iplant. cn/, Accessed 2023-02-14.

[3] 英国爱丁堡皇家植物园, https://rbge. gardenexplorer. org/default. aspx/, Accessed 2023-02-14.

[4] 英国贝奇伯里国家松树园, https://www. forestryengland. uk/bedge bury/, Accessed 2023-02-14.

[5] https://treesandshrubsonline. org/, Accessed 2023-02-14.

[6] 美国劳尔斯顿树木园, https://jcra. ncsu. edu/resources/photo graphs/ index. php, Accessed 2023-02-14.

[7] https://threatenedconifers. rbge. org. uk/conifers/, Accessed 2022-11-14.

[8] Mandalay to Momien: A narrative of the two expeditions to Western China of 1868 and 1875, under Col. E. B. Sladen and Col. Horace Browne [J]. 1876. Nature, 13:422-424.

[9] 澳大利亚洛夫蒂山植物园, http://botanicgdns. rbe. net. au/collections/online/, Accessed 2022-08-15

[10] https://www. plantexplorers. com/explorers/biographies/french-missionaries/pere-paul-guillaume-farges. htm/, Accessed 2022-11-14.

[11] https://news. sciencenet. cn/sbhtmlnews/2021/12/366866. shtm, Accessed 2022-10-14.

[12] 荷兰乌德勒支大学植物园, https://www. uu. nl/en/utrecht- university-botanic-gardens/about-us/collections, Accessed 2022-11-14.

[13] 侧柏种源研究进展 [C]// 中国林学会林木遗传育种分会. 中国林木遗传育种进展. 1991: 5.

[14] http://kplant. biodiv. tw/, Accessed 2023-05-01.

致谢

感谢马金双研究员对本章内容的建议，感谢中国科学院广西植物研究所许为斌博士，北京市中山公园唐硕，浙江大学刘军，中国石油大学（北京）克拉玛依校区张建伟博士，秦岭国家植物园李亚利，深圳市兰科植物保护研究中心刘保东，中国科学院西双版纳热带植物园王力博士，国家植物园（北园）郭翔博士、陈燕、魏钰、刘东焕、樊金龙、孟昕等人对本文资料收集和撰写提供的宝贵建议和帮助。

作者简介

郝强（1983年生，山西翼城人），2006年本科毕业于山西农业大学生物技术专业；2010年硕士毕业于北京农学院园林植物与观赏园艺专业；2015年博士毕业于中国科学院大学遗传学专业；2015—2021年在中国科学院遗传与发育生物学研究所作博士后；2021年作为引进人才加入北京市植物园。对植物学和园艺植物育种怀有浓厚兴趣，曾主持国家自然科学基金青年项目和博士后科学基金面上项目。

刘国彬（1984年生，河南滑县人），副研究员，2006年本科毕业于河南农业大学园艺专业，2009年硕士毕业于华中农业大学果树学专业，同年加入北京市农林科学院，从事林木种质资源评价与创新利用研究。2015年以来从事柏科植物种质资源调查、收集及种质资源评价研究与新品种选育，先后参与和主持选育柏科植物新品种3个，制定柏科植物DUS测试指南1项。

02

-TWO-

中国蜡梅科

Calycanthaceae in China

宋兴荣* 袁蒲英**

（四川省农业科学院园艺研究所）

SONG Xingrong* YUAN Puying**

(Horticultural Research Institute of Sichuan Academy of Agricultural Sciences)

* 邮箱：492054478@qq.com
** 邮箱：741412477@qq.com

摘 要：蜡梅科（Calycanthaceae Lindl.）是樟目下的一个科，落叶或常绿灌木，分布于亚洲东部和美洲北部，为典型的东亚—北美间断分布。其分类一直存在分歧，笔者赞同分为2属7种1变种，其中我国有2属5种，均为特有种。本文主要对蜡梅科植物分类和我国特产的蜡梅属和夏蜡梅属中夏蜡梅的自然分布、栽培历史、栽培现状、国内外引种栽培情况、主要栽培品种、主要用途与价值以及蜡梅文化等作了较系统的介绍，以便让更多的人了解中国特产的传统名花。

关键词：蜡梅科 蜡梅属 夏蜡梅属 分类 栽培

Abstract: Calycanthaceae Lindl. is a family of Laurales. It's a deciduous or evergreen shrub distributed in eastern Asia and northern America, and a typical of East Asia—North America discontinuous distribution. Its taxonomy has always been divergent. We agreed that it can be divided into 2 genera, 7 species and 1 variety, of which 2 genera and 5 species are endemic to China. This work mainly introduced taxonomy of Calycanthaceae Lindl., the natural distribution, cultivation history, cultivation status, introduction and cultivation both home and abroad, main cultivated varieties, major uses and values, and culture of *Chimonanthus* Lindl. and *Calycanthus* L. (*Calycanthus chinensis*) in China, so that more people can understand the traditional and endemic famous flowers to China.

Keywords: Calycanthaceae, *Chimonanthus*, *Calycanthus*, Taxonomy, Cultivation

宋兴荣，袁蒲英，2023，第2章，中国蜡梅科；中国——二十一世纪的园林之母，第四卷：067-131页.

1 蜡梅科植物的分类与自然分布

蜡梅科（Calycanthaceae Lindl.）是樟目（Laurales Juss. ex Bercht. & J.Presl）演化过程中的一个独立支系，为第三纪孑遗植物，该科最早是John Lindley（林德利）于1819年根据Carolus Linnaeus（卡尔·林奈）发表的美国蜡梅属（*Calycanthus* L.）而建立的。蜡梅科为落叶或常绿灌木，小枝四方形至近圆柱形，芽被叶柄基部所包围，单叶对生，全缘或近全缘，花两性，辐射对称，单生于侧枝的顶端或腋生，通常芳香，黄色、黄白色、褐红色或粉红白色，花被片多数，未明显地分化成花萼和花瓣，呈螺旋状着生于杯状的花托外围，发育雄蕊5~30枚，退化雄蕊5~25枚，心皮少数至多数，离生，每心皮有1颗发育的倒生胚珠，聚合瘦果着生于坛状果托中，瘦果内有1粒无胚乳种子，胚大，子叶叶状，席卷（李秉滔，1979; Li & Bruce, 2008）。

蜡梅科植物分布于东亚和北美，这两块不连

接的大陆存在着许多亲缘相近的种属，一般认为这种分布形式反映了中生代北极第三纪森林的广泛分布，由于以后发生的冰川以及气候变化，使一些植物物种绝灭，幸存的植物种类就成为孑遗种。这些植物主要在东亚、西亚和北美，蜡梅科的间断分布可能也反映同样的历史情况（张若蕙和沈湘林，1999）。蜡梅科植物分布海拔为0~3 000m，西南蜡梅可分布于云南海拔2 900m的石灰岩山地灌丛中，蜡梅属其余种分布在海拔170~1 100m之间，其中蜡梅垂直分布范围跨度最大，而山蜡梅和柳叶蜡梅主要集中分布在海拔200~450m之间（李烨和李秉滔，2000b）。

蜡梅科植物分类目前存在较大争议，争议焦点：槟子树属是归入蜡梅科下还是单独成立槟子树科；夏蜡梅是单独成属，还是和美国蜡梅归为同一属。

槟子树属（*Idiospermum* S.T.Blake）是否独立

成科?

椅子树属下仅1种——椅子树，1902年德国植物学家Ludwig Diels将其分类到蜡梅科，1972年S.T.Blake经过研究建立一新属Idiospermum S.T.Blake，将其组合为椅子树[I. australiense (Diels)S.T.Blake]，同时建立椅子树科（Idiospermaceae S.T.Blake），后来研究发现椅子树染色体数（2n=22）与蜡梅科其他种一致，Chant (1978)、Takhtajan (1997)、Thorne (1983)和Dahlgren（1989）支持把椅子树归为蜡梅科下椅子树属。张若蕙根据"椅子树为常绿乔木，木材中无生长轮；每花托中具1、稀2个单雌蕊；每果托内只有1个果实，每个果实内1粒种子，种子内胚具3~4子叶，子叶留土，地下萌发"等特征与蜡梅科其他物种差异较大，将椅子树属从蜡梅科中分出（张若蕙和沈湘林，1999），国内外众多学者黄坚钦和张若蕙（1995）、逢洪波（2006）、陈龙清（2012）、Wilson (1976; 1979)、Sterner和Young (1980)、Young和Sterner（1981）也赞成椅子树独立成科。

夏蜡梅是成立新属Sinocalycanthus还是归入Calycanthus?

夏蜡梅属（Calycanthus L.）是蜡梅科的模式属，由卡尔·林奈根据模式种美国蜡梅（Calycanthus floridus L.）建立于1759年。该属长期以来一直被认为只存在于北美洲并仅含西美蜡梅（C. occidentalis Hook. & Arn.）、美国蜡梅（C. floridus L.）及其变种光叶红蜡梅[C. floridus var. glaucus（Willd.）Torr. & A. Gray]。1963年郑万钧和章绍尧发表了新种夏蜡梅（郑万钧等，1963），当时将其归并在夏蜡梅属下，随后由于花和果引用了两个不同的种群作为模式标本而无效，又于1964年发布仅一个单一种夏蜡梅（Sinocalycanthus chinensis W.C.Cheng & S.Y.Chang）的新属Sinocalycanthus（W.C.Cheng & S.Y.Chang）W.C.Cheng & S.Y.Chang（郑万钧和章绍尧，1964），而在1979年，李秉滔取消了这一新属，并将其与美国蜡梅等归为同一属，最终确认了其原名夏蜡梅[Calycanthus chinensis（W.C.Cheng & S.Y.Chang）W.C.Cheng & S.Y.Chang ex P.T.Li（Lancaster & Martyn, 2019）]。关于夏蜡梅的分类地位，目前还存在争议，一种观点认为夏蜡梅花被片已分化为二型、无香气等特征（郑万钧和章绍尧，1964; Lasseigne et al., 2001; 张若蕙和沈湘林，1999; 李林初，1990），以及有分子学证据（范楚川，2001）表明夏蜡梅与美国蜡梅、西美蜡梅界限明显，支持另立新属Sinocalycanthus。另一种观点则认为夏蜡梅应归入美国蜡梅所在的属Calycanthus L.，Nicely（1965）、Wood（1970）认为Sinocalycanthus的分类位置不清，提升为属不合适；李秉滔（1979）也认为夏蜡梅的特征实属Calycanthus之内，至于花无香气及花被片颜色的不同，仅是种的区别，因此夏蜡梅应归并于Calycanthus L.中；张若蕙等（1993）根据表皮细胞的纹饰及表皮细胞垂周壁和外切向壁的特征，将夏蜡梅、美国蜡梅、西美蜡梅归为一个属；黄坚钦等（1995）从叶柄的解剖构造看，蜡梅属均具有2个侧迹，而夏蜡梅与美国蜡梅、西美蜡梅一样向上分离出3个以上的侧迹，赞同将夏蜡梅置于Calycanthus L.中，不另立新属；美国园艺科学学会（ASHS）1994年不承认Sinocalycanthus，将其视为美国蜡梅的同属种类（Griffiths, 1994; Lasseigne et al., 2001）；周世良从基因序列（尤其是ITS系列）总体上看，夏蜡梅与Calycanthus L.接近，应保留在Calycanthus L.内（周世良，2003; Zhou et al., 2006b）；还有一些学者如汤彦承和向秋云（1987）、张若蕙等（1995、1999）、Flint（1998）、Ning等（1993）、Kubitzki（1993）、Wen等(1995)、Xiang等（1998）也赞成将夏蜡梅归入Calycanthus L.。

综上，并根据APG IV（2016）系统，蜡梅科的植物分类倾向于分为2属，即蜡梅属（Chimonanthus Lindl.）和夏蜡梅属（Calycanthus L.）（李秉滔，1979）。

蜡梅科分属检索表

1. 芽具鳞片，不藏于叶柄基部之内；花腋生，黄色或黄白色；雄蕊少数（4～7）…………
………………………………………………………………… 1. 蜡梅属 *Chimonanthus*
1. 芽不具鳞片，而藏于叶柄基部之内；花顶生，褐红色或粉红色；雄蕊多数（10～30）……
………………………………………………………………… 2. 夏蜡梅属 *Calycanthus*

1.1 蜡梅属 *Chimonanthus* Lindl.

1.1.1 蜡梅属植物分类

Chimonanthus Lindl., *nom. Cons.*, Botanical Register; consisting of coloured figures of …5: pl. 404. 1819 (Type Species：*Chimonanthus praecox* (L.) Link, Enumeratio Plantarum Horti Regii Berolinensis Altera 2: 66, 1822).

蜡梅属为直立灌木，叶对生，落叶或常绿，纸质或近革质，叶面粗糙，鳞芽裸露，花腋生，芳香，直径0.7～4.0cm，花被片15～25，黄色或黄白色，有紫色条纹，膜质，雄蕊5～6，着生于杯状的花托上，花丝丝状，基部宽而连生，花药2室，外向，退化雄蕊少数至多数，长圆形，心皮5～15，离生，每心皮有胚珠2颗或1颗败育。果托坛状，瘦果长圆形，内有种子1粒（李德铢，2018，2020）。

蜡梅属植物全部分布于我国华中、华东以及云贵高原地区，分布较连续，以长江流域最丰富，喜生于暖温带、亚热带湿润的常绿落叶阔叶混交林和常绿阔叶林地带（张若蕙和沈湘林，1999）。中国由于喜马拉雅山区、青藏高原的抬升以及山脉多为东西走向，尤其是秦岭的地势，使得中国没有直接受第四纪大陆冰川的袭击，又因为中国主要是山地冰川，其规模比大陆冰川小得多，因此在中国许多地方形成第三纪植物的避难所，这样蜡梅属就作为孑遗植物被保留下来（李烨和李秉滔，2000b）。除了蜡梅的分布较广，其他种的分布范围都很狭窄而特定，种群小而分散（张若蕙和沈湘林，1999; Zhou et al.，2006a）

1762年Linneaus首次发表*Calycanthus praecox* L.新种，1819年Lindley将该种从*Calycanthus* L.中分出成立一个新属，即蜡梅属（*Chimonanthus* Lindl.）。1822年Link将*C. praecox* L.订正为*Ch. praecox* (L.) Link。1887年Oliver根据Henry 2915号标本（采自湖北宜昌）发表了山蜡梅（亮叶蜡梅）（*Ch. nitens* Oliv.）。1914年W.W.Smith根据George Forrest（傅礼士）在云南采集到的标本发表了云南蜡梅*Ch. yunnanensis* Smith。Nicely（1965）认为，云南蜡梅花被片更宽更圆，是蜡梅的种内变异，将其并入蜡梅（*Ch. praecox*）中，作为蜡梅的同物异名（Nicely，1965）。1954年胡秀英根据其在江西修水采集到的标本发表了柳叶蜡梅（*Ch. salicifolius* S.Y.Hu），此时蜡梅属共3种。26年后，张若蕙和丁陈森（1980）根据云南禄劝县的标本65-0044发表了西南蜡梅（*Ch. campanulatus* R.H.Chang et C.S.Ding）。1984—1989年，多个新种被发表，如刘茂春（1984）根据浙江龙泉标本发表了浙江蜡梅（*Ch. zhejiangensis* M.C.Liu），还根据江西安远标本发表了突托蜡梅（*Ch. grammatus* M.C.Liu），并根据果脐周围是否隆起、退化雄蕊的伸展方式（反卷或斜展）将蜡梅分为2组，即蜡梅组Sect.1 *Chimonanthus*（蜡梅、西南蜡梅、柳叶蜡梅）和新蜡梅组Sect.2 *Neochmonthus*（突托蜡梅、亮叶蜡梅、浙江蜡梅）；陈德懋和戴振伦（1985）根据湖北保康的标本发表了保康蜡梅*Ch. baokanesis* D.M.Chen et Z.L.Dai；陈志秀等（1987）根据安徽标本发表了安徽蜡梅*Ch. anhuiensis* T.B.Chao et Z.S.Chen；赵天榜等（1989）根据安徽黄山标本发表了簇花蜡梅*Ch. caespitosus* T.B.Chao et Z.S.Chen et Z.Q.Li。

由于各位学者所持的观点不一致，导致大种、小种林立，20世纪80年代末该属种数竟多达9个。陈慧君等（1988）和陈龙清等（1990）

通过形态学特征和花粉扫描电镜观察结果将保康蜡梅并入蜡梅。刘茂春（1991）对已有9个种从形态、花粉、地理分布和植物区系进行了分析，研究结果显示保康蜡梅实际上就是蜡梅，安徽蜡梅与簇花蜡梅并入柳叶蜡梅，至此蜡梅属为6个种。之后蜡梅属究竟是6个物种还是4个物种存在争议，张若蕙等（1999）、李烨等（2000a）支持6个种。但陈志秀（1994）对蜡梅属8种植物进行过氧化物同工酶的研究，不支持保康蜡梅和突托蜡梅作为独立种的存在，也不支持蜡梅属分为蜡梅属和新蜡梅属的观点；金建平等（1992）从种群，陈龙清等（1998，1999）从形态特征、产地居群和RAPD研究，认为浙江蜡梅和突托蜡梅应归并于山蜡梅；卢毅军（2013）

利用ITS和cpDNA部分序列对蜡梅属植物进行分析，并将其结果与形态、地理分布进行综合分析，综合推测浙江蜡梅为山蜡梅物种在最东边区域的一种地域生态型，支持将浙江蜡梅归于山蜡梅；Zhou等（2012）基于RAPD和ISSR标记7个居群的山蜡梅复合体，认为浙江蜡梅与突托蜡梅属于山蜡梅的变种；Xu等（2020）基于电活性化合物谱—图谱，推测浙江蜡梅和突托蜡梅为山蜡梅的两种生态型。因此更多人赞同蜡梅属分为4个种，即蜡梅［*Ch. praecox* (L.) Link］、西南蜡梅（*Ch. campanulatus* R.H.Chang & C.S.Ding）、柳叶蜡梅（*Ch. salicifolius* S.Y.Hu）、亮叶蜡梅（山蜡梅）（*Ch. nitens* Oliv.）。

蜡梅属分种检索表

1. 落叶性，叶面粗糙。果托口部收缩，坛状
  2. 中部花被片长圆形、椭圆形或阔椭圆形，较阔；内花被片具或多或少紫纹；花具浓香。叶背无白粉 ·················· 1. 蜡梅 *Ch. praecox*
  2. 中部花被片长圆形、披针形或条状披针形，较窄；内花被片无紫纹；花几不香，叶背淡绿或多少被白粉 ·················· 2. 柳叶蜡梅 *Ch. salicifolius*
1. 常绿性，叶面无极短糙毛。果托口部不收缩或略缩，钟形
  3. 果托大；瘦果大，果脐平，周围无领状隆起。叶背无白粉 ··················
  ·················· 3. 西南蜡梅 *Ch. campanulatus*
  3. 果托小；瘦果小，果脐周围领状隆起。叶背多少具白粉或无 ·········· 4. 亮叶蜡梅 *Ch. nitens*

1.1.2 蜡梅属植物的形态特征及其分布

1.1.2.1 蜡梅

Chimonanthus praecox (L.) Link, Enumeratio Plantarum Horti Regii Berolinensis Altera 2: 66, 1822.

Syn. *Calycanthus praecox* L., Species Plantarum, Editio Secunda 1: 718. 1762；Type: Habitat in Japonia. Holotype: "Obai seu Robai" in Kaempfer, Amoen. Exot. Fasc., 878, 879, 1712；*Butneria praecox* (L.) C.K.Schneid., Dendr. Winterstud. 204, 241, f. 221i–o. 1903；*Chimonanthus baokanensis* D.M.Chen & Z.L.Dai, Journal of Central China Teachers College

1: 67-74；*Ch. baokanensis* var. *yupiensis* D.M.Chen & Z.L.Dai, Journal of Central China Teachers College 1: 67-74；*Ch. caespitosus* T.B.Chao et al., Bulletin of Botanical Research, Harbin 9(4): 47, pl. 1989；*Ch. fragrans* Lindl., Botanical Register; consisting of coloured··· 5: , pl. 404. 1819；*Ch. fragrans* var. *rabidopsis* Lindl., Botanical Register; consisting of coloured··· 6: , pl. 451. 1820；*Ch. parviflorus* Raf., Alsographia Americana 6. 1838；*Ch. praecox* var. *concolor* Makino, Botanical Magazine, Tokyo 23(265): 23. 1909；*Ch. praecox* var. *rabidopsis*

(Lindl.) Makino, Botanical Magazine, Tokyo 24(287): 301. 1910; *Ch. praecox* var. *intermedius* Makino, Botanical Magazine, Tokyo 24(287): 300-301. 1910; *Ch. praecox* var. *reflexus* B.Zhao, Bulletin of

图1 野生蜡梅分布状况与生境（宋兴荣 摄）

Botanical Research, Harbin 27(2): 131, f. 1. 2007; *Ch. yunnanensis* W.W.Sm., Notes from the Royal Botanic Garden, Edinburgh 8(38): 182–183. 1914; *Meratia fragrans* Loisel., Herbier rabido de l'amateur, contenant la description, l'histoire, propriétés et la culture des végétaux utiles et agréables. 3: 173. 1818; *M. praecox* (L.) Rehder & E.H.Wilson, Plantae Wilsonianae an enumeration of the woody plants collected in Western China for the Arnold Arboretum of Harvard University during the years 1907, 1908 and 1910 by E.H.Wilson edited by Charles Sprague Sargent ... 1(3): 419. 1913; *M. yunnanensis* (W.W.Sm.) H.H.Hu., Journal of the Arnold Arboretum 6(3): 140. 1925.

识别特征： 落叶或半常绿灌木，高达3～4m；叶对生，半革质，多呈椭圆状卵形，先端渐尖，表面粗糙；花单生，花被外轮多蜡黄色，中轮常具紫条纹，花具浓甜香；果托坛状；小瘦果种子状，栗褐色，有光泽；花期12月至翌年3月，远在展叶前开放；果约6月成熟。栽培品种丰富，多在花径、花期、花被、花色等性状上有变化（李秉滔，1979）。

地理分布： 中国特有种，分布北起山东、河南，西至陕西、四川、贵州、云南，南至广东和广西（北部），东到浙江、江苏和福建，近年来在湖北神农架、保康、宜昌，湖南石门、新宁、吉首、永顺、保靖，陕西平利、安康，四川东部，重庆巫溪、城口等地，河南大别山区的商城和西峡，浙江临安区夏禹桥镇和玲珑镇、富阳区的万市镇和洞桥镇，贵州青岩镇都发现有野生蜡梅林（陈功锡 等，1995，1997；陈龙清，1998；李根有 等，2002，2003；李烨和李秉滔，2000b；宋兴荣 等，2015a；伍碧华 等，2009；赵冰和张启翔，2007a，2007b）。蜡梅群落多分布于一些深切的"V"形峡谷、山凹、沟壑等处，坡度远在50°以上，海拔300～700m的背风坡上（赵冰和张启翔，2007b；宋兴荣 等，2018）。其中以湖北、四川分布最为集中，数量较多。保康刺探沟林场，是世界上第一个野生蜡梅自然保护区的核心区，有"蜡梅王国"的称号，其分布面积达800hm²，成片野生蜡

梅纯林达133hm²，20余万株，大多数树龄均在百年以上（金建平和赵敏，1992）；四川主要分布在大巴山地区的万源市和宣汉县，万源市野生蜡梅分布区域达335km²，野生蜡梅面积平均占分布区域的20%左右，现保存的野生蜡梅资源折合成纯林面积66.7km²以上（向胤道 等，2005；宋兴荣 等，2015a）（图1）。

1.1.2.2 山蜡梅

Chimonanthus nitens Oliv., Hooker's Icones Plantarum 16(4): 1600, 1887. TYPUS: China, Hupeh, Ichang and immediate neighbourhood, 1887, *A. Henry 2915* (Typus: K).

Syn. *Calycanthus nitens* (Oliv.) Rehder, Cyclopedia of American Horticulture 1: 223. 1900; *Chimonanthus nitens* var. *ovatus* T.B.Chao & Z.Q.Li; *Meratia nitens* (Oliv.) Rehder & E.H.Wilson, Plantae Wilsonianae an enumeration of the woody plants collected in Western China for the Arnold Arboretum of Harvard University during the years 1907, 1908 and 1910 by E.H.Wilson edited by Charles Sprague Sargent ... 1(3): 420. 1913; *Ch. zhejiangensis* M.C.Liu, Journal of Nanjing Institute of Forestry 2: 79, f. 1. 1984; *Ch. grammatus* M.C.Liu, Journal of Nanjing Institute of Forestry (2): 78, 80, f. 2. 1984.

别名： 亮叶蜡梅、毛山茶、岩马桑、香风茶、鸡卵果、秋蜡梅、臭蜡梅、野蜡梅、雪里花、小坝王。

识别特征： 常绿丛生灌木，高1～4m。幼枝四方形，老枝近圆柱形。叶纸质至近革质，表面光滑，亮绿色。花生叶腋，花小，直径7～10mm，黄色或黄白色，花被片圆形、卵形、倒卵形、卵状披针形或长圆形，外面被短柔毛，内被片无紫条纹，秋冬开放，花期10月至翌年1月，常较蜡梅早，果期4～7月。

地理分布： 中国特有种，分布较广，在安徽徽州地区齐云山一带和祁门冷水湾、浙江中南部（龙泉、云和、平阳等地）、江西（安远、婺源、德兴等地）、福建北部（武夷山、光泽、德化等地）、湖北宜昌、湖南新宁和江华、广西阳朔和桂林、贵州罗甸和兴义、云南、江苏、广东东部

潮安等地均有分布（Zhou et al., 2012；曾宪锋和邱贺媛，2010；陈龙清和陈俊愉，1999；赵冰和张启翔，2007a，2007b），多生长在山路边、悬崖边、溪边（陈龙清，2012）。

1.1.2.3 柳叶蜡梅

Chimonanthus salicifolius S.Y.Hu, Journal of the Arnold Arboretum 35(2): 197, 1954. TYPUS: CHINA, Kiangsi, Hsiu-shui, 3 August 1947, *Y.K.Hsiung 5489* (Typus: A).

Syn. *Chimonanthus nitens* var. *salicifolius* (S.Y.Hu) H.D.Zhang, Flora of Jiangxi 2: 1052, 2004; *Ch. praecox* var. *pilosus* L.Q.Chen, Chinese Landscape Architecture 6: 24, 1990.

别名：食凉茶、伤风草、茅山茶、香风茶、黄金茶、荷花蜡梅。

识别特征：半常绿灌木，高1~4m，叶纸质或近革质，线状披针形或长圆状披针形，两端钝至渐尖，叶面粗糙，无毛，常在花时仍有宿存，背面粉白。花单朵腋生，小，有短梗，与山蜡梅近似，花期8~10月。

地理分布：中国特有种，分布于安徽东南部黄山市的休宁、歙县、祁门，江西大部分地区，如婺源、修水、广丰、上犹、陡水等，浙江丽水林场、建德、开化、福建浦城、崇安等地（张若蕙和刘洪谔，1998；赵冰和张启翔，2007a，2007b）。柳叶蜡梅多生于狭长沟地，为浅根性耐阴树种，常生于海拔500~800m河谷两岸常绿林下或林缘（郭赋英 等，2011；方罡，2014），喜石灰质土，但一般土壤上亦可生长。已被列为安徽省级珍稀濒危保护植物（张光富，2000）。

1.1.2.4 西南蜡梅

Chimonanthus campanulatus R.H.Chang & C.S.Ding, Acta Phytotaxonomica Sinica 18(3): 330–331, 1980. TYPUS: CHINA, Yunnan, Luquan Xian,13 June 1965, *Oil Plants Exped 65-0044* (Typus: KUN).

Syn. *Chimonanthus campanulatus* var. *guizhouensis* R.H.Chang, Journal of Zhejiang Forestry College 11(1): 45-47, 1994.

别名：鸡腰子果。

识别特征：常绿灌木，高2~6m，小枝被短毛。叶椭圆状披针形，形态似亮叶蜡梅，但叶片窄长。花单生叶腋，有特殊气味，花被片18~23枚，淡黄色或淡黄白色，先端尖或钝，基部几无爪。果托特大，钟形，口部不收缩，每果托内有3~4瘦果，瘦果长椭圆形。花期11月至翌年1月。

地理分布：中国特有种，产于我国西南部，分布在云南东北部的禄劝、麻栗坡和会泽等地海拔2 100~2 900m的石灰岩山坡灌丛中，以及贵州南部兴义海拔900~1 100m的河边和路旁（陈龙清，1998）。

1.2 夏蜡梅属*Calycanthus* L.

1.2.1 夏蜡梅属植物分类

Calycanthus L., *nom. Cons.*, Systema Naturae, Editio Decima 2: 1053, 1066. 1759 (Type Species：*Calycanthus floridus* L., Systema Naturae, Editio Decima 2: 1066, 1759)

夏蜡梅属为落叶直立灌木，枝条四方形至近圆柱形。芽不具鳞片，被叶柄基部所包围。叶膜质，单叶对生，通常叶面粗糙。花顶生，褐红色或粉红白色，通常有香气，直径1~8cm；花被片15~30，肉质或近肉质，覆瓦状排列，基部螺旋状着生于杯状的花托外围；雄蕊10~19，退化雄蕊11~25，被短柔毛；心皮多数（10~35），离生，每心皮有胚珠2颗，倒生。果托梨状、椭圆状或钟状，被短柔毛或无毛；瘦果长圆状椭圆形，内有1粒种子（李德铢，2018，2020）。

夏蜡梅属主要有3个种和1个变种，其中仅夏蜡梅 *C. chinensis*（W.C.Cheng & S.Y.Chang）W.C.Cheng & S.Y.Chang ex P.T.Li原产我国东部，其余种均原产于北美。

夏蜡梅属分种检索表

1. 芽隐藏于叶柄基部或否；叶小，叶柄短，长仅3～10mm；花被片一型，狭长，褐紫色，内轮花被片、能育雄蕊及退化雄蕊先端具白色多汁的食物体

  2. 芽部分或全部隐藏于叶柄基部

    3. 叶下面、叶柄及幼枝均密被短柔毛 ·················· 1a. 美国蜡梅 *C. floridus*

    3. 叶下面、叶柄及幼枝无毛或近无毛 ············· 1b 光叶红蜡梅 *C. floridus* var. *glaucus*

  2. 芽露出，不隐于叶柄基部，花被片栗褐色至红褐色，中部的花被片先端圆 ···············

    ·· 2. 西美蜡梅 *C. occidentalis*

1. 芽隐藏于叶柄基部，裸芽；叶大，叶柄较长，长12～18mm；花被片二型，外轮花被片薄，白色，边缘带紫红色，内轮厚，较小，淡黄色，腹面基部有淡紫红色斑点；花被片能育雄蕊及退化雄蕊先端无食物体 ······························ 3. 夏蜡梅 *C. chinensis*

02

1.2.2 夏蜡梅形态特征及分布

夏蜡梅

Calycanthus chinensis (W.C.Cheng & S.Y.Chang) W.C.Cheng & S.Y.Chang ex P.T.Li, Flora Reipublicae Popularis Sinicae 30(2): 3, 1979. TYPUS: CHINA, Zhejiang, Changhua, 24 May 1957, *S.Y.Ho 23213* (Typus: NAS).

Syn. Sinocalycanthus chinensis W.C.Cheng & S.Y.Chang, Acta Phytotaxonomica Sinica 9(2): 137-138, pl. 9. 1964; *Calycanthus chinensis* W.C.Cheng & S.Y.Chang, Scientia Silvae 8(1): 2. 1963.

识别特征： 落叶灌木，高1～3m。芽藏于叶柄基部之内，单叶，对生，长11～26cm，宽8～16cm，基部略不对称，叶面有光泽，略粗糙，叶柄长1.2～1.8cm，被黄色硬毛，后无毛。花无香味，单生枝顶，花径4.5～7cm，外被片12～14，倒卵形或倒卵状匙形，白色，边缘淡紫红色，内被片9～12，顶端内弯，中部以下白色，内面基部有淡紫红色斑纹；雄蕊18～19，退化雄蕊11～12，心皮11～12。果托钟状或近顶口紧缩，瘦果长圆形，长1～1.6cm，直径5～8mm，花期5月中下旬，果

期10月上旬（郑万钧和章绍尧，1964；赵天榜 等，1993）。

地理分布： 我国特有种，自然分布区域狭窄，仅分布于浙江西北部临安区昌化顺溪镇的直源、横源、祝川苏坞、大明山及千亩田一带，颊口镇前坑，龙岗镇的双石边村一带，浙江东部天台县的大雷山（高政平，2010；张若蕙，1994；Fan et al., 2008），及安徽与浙江交界处的绩溪县云洲乡龙须山（陈香波 等，2008）。分布区地形属浙西中山丘陵区及浙江盆地低山区，临安的顺溪坞及祝川苏坞夏蜡梅群落保存较完整，大明山及千亩田一带破坏严重。天台县夏蜡梅产地由于植被破坏严重，夏蜡梅呈散生状态（徐耀良 等，1997）。夏蜡梅大部分生于海拔550～1 200m的中山地带、溪沟两旁的沟谷地段及常绿阔叶林下，在较荫蔽的湿润环境下生长旺盛，喜凉爽湿润的气候，为浙江、安徽特有的古老孑遗植物（郑万钧和章绍尧，1964；张方钢 等，2001）。也是一种极为濒危的物种，具有独特的系统地位，在1984年我国公布的《珍稀濒危保护植物名录》中，夏蜡梅被列为二级保护植物（胡绍庆 等，2002）；1991年列入《中国植物红皮书——稀有濒危植物（第一册）》；2021年新

调整发布《国家重点保护野生植物名录》（第二批），夏蜡梅被列为国家二级保护植物[1]；在《世界自然保护联盟濒危物种红色名录》（IUCN）中，夏蜡梅级别为濒危（EN）[2]。

2 蜡梅科植物在中国的栽培历史与栽培现状

2.1 蜡梅属植物在中国的栽培历史与栽培现状

2.1.1 蜡梅属植物在中国的栽培历史（表1）

（1）唐代（618—907）：蜡梅栽培起始期

蜡梅开始栽培之确切年代尚待考证，但唐代杜牧诗云："腊梅迟见二年花"（陈景沂，1982），说明我国蜡梅人工栽培至少有1 000年以上的悠久历史。唐代以前，蜡梅名为"黄梅"，在文人笔下，蜡梅与梅花是混淆的，主要原因是二者花期较近，花形相似，又均先叶开花，误认为两者为同类。之后，均有诗人与文学家咏蜡梅。

（2）宋代（960—1279）：蜡梅栽培普遍期

宋代，已知蜡梅与梅花不同种。北宋黄庭坚《山谷诗序》中将蜡梅与梅花作了区别："京洛间有一种花，香气似梅花，亦五出，而不能品明，类女工燃蜡所成，京洛人因谓蜡梅"。北宋苏轼在《蜡梅花一首赠赵景贶》中写道"君不见万松岭上黄千叶，玉蕊檀心两奇绝"，可见当时已引种栽培，培育出了'玉蕊''檀心'2个品种，这是出现较早的蜡梅品种记载，说明最早引种栽培时期在北宋甚至更早。《王直方诗话》云："蜡梅，山谷初见之，戏作二绝，缘此，盛于京师"（郭绍虞，1980）。晁补之在《谢王立之送蜡梅诗》中写道："诗报蜡梅开最先，小奁分寄雪中妍。水村映竹家家有，天汉桥边绝可怜。"北宋初期高僧赞宁在其著作《物类相感志》中提到："用蜡梅树皮浸水磨墨，可发光彩"（舒迎澜，2001）。可见那时蜡梅已不仅在宫苑、官吏庭园栽植，而且在京城郊外已家家户户大量栽培，并作为礼物相赠。此时，无论在江南，或者在中原，都有蜡梅栽培，尤其在寺院僧舍，蜡梅的种植更为普遍（程红梅 等，2007），成为继牡丹、梅花、菊花、莲花之后，受到文人墨客喜爱和赞颂的花卉，在《全宋词》中有59首词中出现"腊梅"或"蜡梅"。

南宋时期，浙西、浙东、苏南等地蜡梅栽培日益增多。咸淳《临安志》提出蜡梅有数品，以檀香、磬口者为佳。嘉泰《会稽志》提到：郑中有蜡梅二种，以磬口者为上。南宋范成大《范村梅谱》记载："蜡梅，本非梅类，以其与梅同时，香又近似，色酷似蜜蜡，故名蜡梅。凡三种，以子种出，不经接，花小香淡，其品最下，俗谓之狗蝇梅。经接，花疏，虽盛开花常半含，名磬口梅，言似僧磬之口也。最先开，色深黄如紫檀，花密香浓，名檀香梅，此品最佳……"（范成大，2002）这是蜡梅史上里程碑式的著作，也是科学

---

1 见 http://www.gov.cn/zhengce/zhengceku/2021-09/09/content_5636409.htm, 2022-09-21.
2 见 http://www.iplant.cn/rep/prot/Calycanthus%20chinensis, 2022-09-21.

准确区分蜡梅与梅花的第一部植物学文献，记载了吴下栽植蜡梅的盛况，描述了10个蜡梅品种的形态特征。

（3）金元代（1115—1368）：蜡梅栽培始盛期

金赵秉文《滏水集》记载《净安寺紫腊梅》一首："倩谁传语主林神，莫以时宜斗斩新。只是旧时黄面老，而今见作紫金身。"（赵秉文，2016）'紫花'蜡梅是金元代栽培的一个蜡梅品种。

（4）明代（1368—1644）：蜡梅栽培渐盛期

李时珍《本草纲目》（1578）记载："蜡梅，释名为黄梅花，此物本非梅，因其与梅同时，香又相近，色似蜜蜡，故此得名"（李时珍，2019）。同时将蜡梅分为3种："以子种出不经接者，腊月开小花而香淡，名狗蝇梅。经接而花疏，开时含口者，名罄口梅。花密而香浓，色深黄如紫檀者，名檀香梅，最佳"（李时珍，2019），蜡梅与梅花的区别就更清楚，后者3个品种记载也与范成大一致。明代蜡梅栽培始盛期，许多文献记载并描述了蜡梅的特征、培育出的品种及栽培技术等，同时出现了地域性。如俞宗本《种树书》"九月……移山茶、腊梅、杂果树"（俞宗本，1962）；王路《花史左编》"开当腊月如腊故名"（王路，2018）；王象晋《群芳谱》"小树丛枝尖叶，木身与叶类桃而阔大尖硬，花亦五出，色欠晶明……种植，子既成，试沉水者种之……四五年可见花。"（王象晋，1985）；文震亨《长物志》"蜡梅，罄口为上，荷花次之，九英最下，寒月庭除。"（文震亨，1984）；王世懋《学圃杂疏》"蜡梅出自河南者名罄口，其香形皆第一，出自上海松江者为荷花，其品质次之，而狗缨更次之"；明韩程愈《叙花》记载："于冬，则万木槁死，松竹之外，唯有黄梅名曰蜡梅。初称盘口梅、虎蹄梅、伏村、张坊、苏梅、素梅及嘉靖府萧家山石后最为知名。"（政协鄢陵县委员会和文史资料委员会，2003）

（5）清代（1644—1911）：蜡梅栽培昌盛期

清代蜡梅栽培开始昌盛，尤其在华北一带有了较大发展，还出现了造型蜡梅。康熙年间（1662—1722），豫中鄢陵，所产素心蜡梅闻名遐迩。据《鄢署杂钞》记载："鄢陵素心蜡梅，其色淡黄，其心洁白，高仅尺许，老干疏枝，花香馥郁，雅致动人"。韩程愈在《叙花》中记述"蜡梅一种，惟鄢陵著名，四方诸君子，购求无虚日，士人皆为累。"足见当时鄢陵蜡梅名声显赫，销售状况之盛。又据王士祯诗文云："梅开腊月一杯酒，鄢陵蜡梅冠天下"，鄢陵生产的蜡梅，每年都运往京师销售，优良的蜡梅，每株价格高达"一株至白金一镪者"（1镪重约300g），故当时流传着"鄢陵蜡梅冠天下"的谚语，'素心'品种保留至今，目前仍为各处园林所栽种。此时，河南洛阳、陕西山阳的蜡梅也较著名。

京师北京蜡梅栽种比较普遍，除'素心'品种来自河南鄢陵以外，栽种九英者也比较多。据雍正《畿辅通志》引《燕都游览志》记载："隆恩寺小轩，有蜡梅一株，甚大，即使在江南也不多见"。光绪《顺天府志》"北京居家多盆栽蜡梅，品种有九英、罄口、檀香3种"。

其他地区也普遍栽培，康熙《江南通志》"江苏徐州府也产素心蜡梅，此品内外一色，香倍他种，当地称之为素心金莲。"《致富全书》"吴地蜡梅花开时无叶，叶盛则花已尽矣。东粤蜡梅，叶落便即开花。"康熙《福建通志》引《闽产录异》"福建蜡梅有素心圆叶者，色如黄蜡而带蜜味，香似春兰，开时叶片尽落；另有罄口马耳者，心有红点，却不足贵。"乾隆《云南通志》提到当地蜡梅有'罄口''雀舌'两个品种。清朝陈淏子《花镜》中将蜡梅分为'罄口''荷花'和'狗英'3种。

（6）近代（1912年以后）：蜡梅栽培发展期

近代，蜡梅栽培事业有了长足发展，民国《浙江续通志稿》引《嘉兴志》"沈香湖之南丁氏世居，有古蜡梅一树。此外，南浙亦多蜡梅"。民国《湖北通志》"蜡梅在当地旧称黄梅，各县均通产，品种有三，以檀香者为上，罄口次之，九英为下"。特别是1985年以来，是蜡梅属植物研究最为活跃的时期，在种质资源（蒋天仪 等，2016；金建平和赵敏，1992；茅允彬 等，2009；赵冰和张启翔，2007b，2008b；赵冰，2008a）、品种分类（芦建国和任勤红，2011；芦建国和王建梅，2012；鲁赛阳，2020；万卉敏 等，2012；王森博，2013）、化学成分（董瑞霞 等，2021；胡文杰和杨书斌，2008；李

姝臻 等，2021；王凌云 等，2012；吴艳秋 等，2021；肖炳坤和刘耀明，2003；徐金标 等，2018；于宏 等，2021；Gui et al., 2014；He et al., 2022；Lv et al., 2012；Meng et al., 2021；Yu et al., 2014）、分子生物学（董雷，2017；李琦 等，2022；茅允彬 等，2009；徐智祥，2020；赵凯歌，2007；Huang et al., 2021；Jamal et al., 2021；Li et al., 2020；Wu et al., 2021）等方面均有较深入研究，目前已破译柳叶蜡梅染色体级别精细基因组图谱（Lv et al., 2020），及红心蜡梅和红花

蜡梅的染色体级别全基因组图谱（沈植国，2022；Shang et al., 2020）。

2013年我国取得蜡梅属品种国际登录权后，蜡梅产业更是得到全方位的迅猛发展（李雪刚，2021；林舒琪和陈瑞丹，2020；宋兴荣 等，2015b，2019，2020；孙萌 等，2019；袁蒲英 等，2020；张家瑞和杨姗，2014），成为农民增收致富的经济作物种类之一。

表1　中国蜡梅栽培简史及历史品种一览表

朝代	时期划分	蜡梅历史品种
唐代	蜡梅栽培起始期	
宋代	蜡梅栽培普遍期	'狗蝇''磬口''檀香''玉蕊' 等
金元代	蜡梅栽培始盛期	'紫花''狗蝇''磬口''檀香''玉蕊' 等
明代	蜡梅栽培渐盛期	'狗蝇''磬口''檀香''荷花''虎蹄''盘口''金莲花''素心''素心金莲''怀素''伏村梅''张坊梅''老苏梅''胜府梅''任家梅''金桃花' 等
清代	蜡梅栽培昌盛期	'鄢陵素心''狗蝇''磬口''檀香''荷花''素心金莲''小花''紫花' 等
近代	蜡梅栽培发展期	'雀舌''玉带''狗蝇''磬口''檀香' 等

2.1.2　蜡梅属植物在中国的栽培现状

蜡梅在我国栽培范围较为广泛，北京以南、衡阳以北、上海以西、成都以东各地均有栽培（徐少锋和赵欣，2015），其中四川、河南、重庆、湖北、江苏、浙江、上海、安徽、陕西等是我国蜡梅的主要栽培地，目前栽培面积约20万亩[3]，以河南鄢陵、四川成都、重庆北碚为最盛和最具代表性。

河南省鄢陵县是著名的"中国花木之乡""中国蜡梅文化之乡"，鄢陵蜡梅获"国家地理标志保护产品"（张文科，2015），栽培历史悠久，自古就有"鄢陵蜡梅冠天下"的美称，现全县蜡梅种植面积达到5万多亩，以苗木生产、盆景制作为主，品种较多，如'磬口''虎蹄''素心''檀香''老苏梅''圣府梅''金莲花梅''金桃花梅''赤心梅''紫花梅'等。

四川成都以蜡梅观光旅游、切花苗木盆景生产为特色，尤其是三圣花乡"五朵金花"之一的

成都幸福梅林，成为我国蜡梅梅花文化中心和著名的赏梅胜地之一，成为全国城乡统筹、乡村旅游、社会主义新农村建设的典范。四川蜡梅栽培面积约3万亩，品种140余个，主要集中在苗木主产区、各大公园、旅游景区，如琥珀蜡梅园、塔子山公园、百花潭公园、杜甫草堂博物馆、成都市植物园、温江区、郫都区、新都区、都江堰等地，很多地方都能欣赏到成片的蜡梅景观（宋兴荣 等，2012）。

重庆市蜡梅种植已有520多年的历史，以鲜切花生产、深加工产品开发为重点，主要集中在北碚区静观镇、柳荫镇、南岸区峡口镇、江北区等地，有20多个蜡梅优良品种，是"中国花木之乡""中国蜡梅之乡"，早在20世纪20~40年代，就有"十里长山崖，十里蜡梅林"的人文景观（邵金彩 等，2015）。如今蜡梅栽培面积近3万亩，每年元旦期间，重庆都会举办蜡梅文化旅游节，在

3　1亩≈667m²，全书同。

蜡梅花香中充盈着别具乡土特色的迎新韵味，看漫山遍野的蜡梅花，品芬芳四溢的蜡梅茶；看蜡梅主题灯会，品尝以蜡梅为香料烹饪的蜡梅猪蹄汤、蜡梅豆花等美食。

此外，江苏如皋、浙江萧山蜡梅栽培由来已久，栽培面积也较大，主要以苗木为主，盆栽为辅，品种以'鹅黄红丝''扬州黄'等为主；上海外冈蜡梅种植约1 200亩，品种有'磬口''虎蹄''檀香''扬州黄''上海黄'等，具有育种、生产和休闲旅游等功能；安徽肥西栽培历史悠久，主栽品种'十八瓣''檀香''磬口素心'等。

2.2 夏蜡梅在中国的栽培历史与栽培现状

2.2.1 发现及栽培历史

夏蜡梅属于第三纪孑遗植物，分布区极为狭窄。20世纪50年代杭州植物园和南京植物园的贺贤育、单人骅先生等带领从事植物分类的年轻人辗转在龙塘山、顺溪坞、大明山一带调查，采集植物标本，1956年在浙江临安市昌化顺溪坞采到夏蜡梅模式标本（黄建花 等，2004）。20世纪60年代初郑万钧先生又派人到顺溪坞采集到夏蜡梅的花，于1964年和章绍尧先生发表了夏蜡梅及新属（郑万钧和章绍尧，1964）。1984年国务院环境保护委员会将夏蜡梅列为国家重点二级保护植物。

与此同时，临安市林业科技研究所调查、研究夏蜡梅的工作取得了很大的进展，掌握了一些生态、生物学特性，开展了采种育苗、繁殖、推广工作。临安市林业科技研究所徐荣章1983年发表了《夏蜡梅》文章，涉及数年来调查研究、关于夏蜡梅各种性状和各种环境种植的表现情况等，在国内引起了人们对夏蜡梅研究的兴趣，当时正值全国花卉迅猛发展期，先后有19个省（自治区、直辖市）要求引种苗木或种子，仅几年时间，累计育苗50万余株、采种约2 000kg，迅速在国内蔓延开来，掀起了夏蜡梅的引种栽培热潮（黄建花 等，2004）。

20世纪90年代，设在西天目山的林业科学研究所，继续力推夏蜡梅，以苗木出口为主，临安市（现临安区）一些单位和个人开始育苗，期间约产种苗百万株、种子4 000kg（黄建花 等，2004）。1996年，临安将龙塘山毗连的千顷塘野生梅花鹿区域和顺溪坞珍稀濒危植物丰富区域合并建立浙江清凉峰自然保护区，并于1998年8月晋升为国家级自然保护区。大明山现有夏蜡梅173万丛，占中国野生夏蜡梅总量的99%。

进入21世纪后，大明山开发了景点，使夏蜡梅得到更多更好的保护，2002年，中国首届森林风景资源博览会在临安召开期间，大明山风景区成功地举办了"中国大明山夏蜡梅节"，建立了"中国大明山夏蜡梅基地"（徐江森，2004），并把6月12日定为夏蜡梅节，不仅为"森博会"增添了一道靓丽景观，而且让夏蜡梅声名远扬，身价上了一个新台阶，多年隐藏于深山幽谷的一支独秀——夏蜡梅名正言顺地成为临安区的名花。

2.2.2 引种栽培现状

由于森林砍伐，生境渐趋恶化，夏蜡梅天然分布区面积日益缩小，加之遗传多样性贫乏，及种群间基因交换受到限制等因素而成为濒危种（Fan et al.，2008），自1963年被发现以来，受到分类学家和林业工作者的广泛关注，多地林业、园艺部门均在开展对夏蜡梅的资源调查（孙孟军 等，2001）、生境恢复和引种培育（陈辉，1992；贾春 等，2002；张方钢 等，2001；张若蕙，1994），目前杭州、宁波、武汉、南京、北京、西安、昆明、长沙、上海、重庆、安徽、四川、江西、台州等近20个省市（以植物园为主）引种栽培成功（陈香波，2010；刘小星，2016；刘玉芳 等，2007；张丽萍，2009a；张丽萍 等，2009b），快繁技术取得重大突破（高政平，2005；顾福根 等，2006；兰伟，2001；邵果园 等，2006；颜景惠和李斌，2008；周俊国和扈惠灵，2001），为更有效地保护此种濒临灭绝的植物、维持生态平衡和迁地保护提供了可靠保障。随着社会进步和科学的发展，栽培范围不断扩大，杭州梅园的罗浮山现有500株树高近丈的夏蜡梅（徐江森，2004）；国家植物园（南园）珍稀濒危区夏蜡梅每年5~6月倾情盛放，风韵尤佳；杭州植物园扩繁夏蜡梅近4 000株（图2），在植物园灵峰景点（往笼月楼方向"百亩罗浮"附近）、灵隐

图2 杭州植物园的夏蜡梅

图3 大雷山夏蜡梅

路（靠近植物园一侧洪春桥站附近）、科普楼内庭（珍稀濒危植物展里）均能目睹夏蜡梅芳容[4]；南京中山植物园北园入口附近有3株2m多高的夏蜡梅，其中1株树龄40余年，为"南京市古树名木"[5]；上海辰山植物园引种保存夏蜡梅近100株，在华东区系园、珍稀植物园、岩石和药用植物园中均可看到吐露芬芳的夏蜡梅[6]；浙江天台县在夏蜡梅原产地——大雷山兰湖湾种植夏蜡梅4 500余株（图3），即将开花结果，将新增一处全国独一无二的夏蜡梅观赏谷[7]。同时夏蜡梅的野生居群也出现可喜的扩大趋势。

夏蜡梅春夏可赏花，秋天能观果，外形可塑性很高，可以任意修剪和变化，是很好的盆栽木本花卉和园林绿化的灌木层花卉，应用价值较高，但夏蜡梅适应性较差，生长较慢，不耐高温，怕阳光直射（阳光直射下容易发生叶片、花苞、花被片灼伤

现象），主要靠种子繁殖，繁殖率低，育苗周期长，满足不了生产和科研的需要。因此，尽管夏蜡梅目前在国内主要植物园、科研院所等地引种成功，但因栽培比较困难，栽培面积十分有限，限制了其在园林绿化上的广泛利用（姚青菊 等，2014）。

为更好地保护和利用夏蜡梅，亟待解决以下几方面关键问题：针对目前国内分布的夏蜡梅天然居群，研究其生物学习性和生态需求，创造有利于其繁育生长的合适生境，扩大种群数量，保证就地或迁地保护成功；利用远缘杂交、辐射诱变、基因工程等先进的育种技术，广泛开展育种研究，培育抗逆性强、独具一格的新品种，弥补自身的不足；对其栽培、繁殖及园林应用等一系列技术开展研究，研究其在城市园林绿化中的应用形式，使这一珍稀野生花卉的观赏价值得到最大程度的开发。

3 蜡梅品种分类体系及品种介绍

3.1 蜡梅品种分类体系

蜡梅是蜡梅属下分布最广、栽培品种最多的种，其品种分类始于宋代，范成大的《梅谱》记载了'狗蝇梅''磬口梅'及'檀香梅'3个品种，宋朝陈景沂《全芳备祖》、南宋《临安志》《长物志》等提到了'狗蝇''玉蕊''磬口''檀香''荷花'等品种；明朝王世懋《学圃杂疏》、李时珍《本草纲目》等提及'磬口''荷花''狗缨'等品种，此时蜡梅品种分类已经有了一定的

地域性，并开始注重对蜡梅形态特征的描述；清初陈淏子的《花镜》将蜡梅划分为'磬口''荷花''狗英'3种，汪灏的《广群芳谱》将蜡梅划分为'狗蝇''磬口''檀香''荷花''九英'5个品种。由此可见，前人已经根据观赏价值、形态特征对蜡梅进行划分了，但当时品种较少，也没有形成一定的系统。

近代蜡梅品种分类一直是蜡梅研究较多的方面，但目前仍还未形成统一的分类体系，各地记载标准不统一，同物异名、同名异物的现象仍然

4 见 https://www.thehour.cn/news/141526.html, 2022-09-29.
5 见 http://www.jib.ac.cn/article/detail/post-1681.html, 2022-10-20.
6 见 http://www.flowerworld.cn/info/153482.html, 2022-09-29.
7 见 http://lyj.zj.gov.cn/art/2021/5/28/art_1285513_59011371.html, 2022-10-20.

存在。20世纪80年代之后，关于蜡梅品种分类，出现了百家争鸣的情况。

黄岳渊首次提出蜡梅品种分类体系（黄岳渊和黄德邻，2018）。冯菊恩和陈映琦（1986）以花期、内被片颜色、花径大小、花被颜色、盛开期花被张开情况、花香等提出相当细致的品种分类系统，但过于烦琐，实际中难以应用；陈志秀等（1987）将蜡梅品种划分为蜡梅品种群、磬口蜡梅品种群和素心蜡梅品种群；张灵南等（1988）以花色、花姿、花期、花直径等性状划分品种，体现了将数量分类学方法与花卉品种分类相结合的新思想。

张忠义等（1990）利用模糊聚类的研究方法将鄢陵素心蜡梅类品种划分为13个品种类群；赵天榜等（1993）采用了三级标准的分类体系，整理出4个蜡梅品种群、12个蜡梅品种型、165个蜡梅品种。不足之处是紫花蜡梅并不存在，加之分类系统较烦琐，各品种间无明确的形态区分；姚崇怀等（1995）提出五级分类标准，但此系统分类等级过多，实际中应用较困难；陈志秀等（1995）从分子水平上探索了蜡梅品种的划分。

陈龙清等（1995）以花的大小、花型、花色及内被片紫纹等作为品种分类标准的4级分类系统，而后，又基于"二元分类"（陈俊愉，1998）确立了新二元分类体系，以种型、花的大小和花内被片紫红色斑纹状况的三级分类标准（陈龙清等，2004）；赵凯歌等（2004）提出将花大小作为蜡梅品种分类的第一级分类标准；杜灵娟（2006）将中外部花被片颜色、内部花被片颜色分别作为第一、第二级分类标准建立了新的品种分类体系，即蜡梅品种群、白花蜡梅品种群、绿花蜡梅品种群。

孙钦花（2007）将"内被片紫纹"作为划分蜡梅品种群的一级标准，把蜡梅品种划分为素心蜡梅品种群（Concolor Group）、乔种蜡梅品种群（Intermedius Group）、红心蜡梅品种群（Patens Group）3个品种群。

综上所述，蜡梅分类研究系统亟待完善，尚未建立品种演化与实际应用兼筹并顾，而以前者为主的蜡梅品种二元分类体系。由于蜡梅无论是花型、花色、内被片的颜色以及花朵大小均存在连续变异，但相对来说，内被片的颜色变化更为明显，易于应用，而且在实际生产中，也多以此来辨别蜡梅品种，因而将蜡梅品种分为素心蜡梅品种群（Concolor Group）、晕心蜡梅品种群（Intermedius Group）以及红心蜡梅品种群（Patens Group）更为适宜，这也符合《国际栽培植物命名法规》的规定（陈龙清，2012）。

3.2 蜡梅栽培品种介绍

3.2.1 蜡梅属国际登录品种介绍

蜡梅属品种众多，各地栽培品种也存在较大差异，品种名各不相同，自2013年8月我国取得蜡梅属品种国际登录权后，2014年，上海嘉定农业技术推广服务中心蜡梅研究所登录了'外冈''花蝴蝶''扬州黄'3个品种；武汉市东湖生态旅游风景区磨山管理处中国梅花研究中心登录了'绿云''银蓓含珠'2个品种。2015年，四川省农业科学院园艺研究所与成都幸福花香园艺有限公司联合登录了'幸福花香''欢天喜地''思念''报春''金色阳光''星光灿烂''黄馨''早红'8个品种；成都杜甫草堂博物馆登录了'草堂韵香''相忆'2个品种；南京中山陵登录了'金陵红妆''浅晕金蝶''霞染淡玉''钟山白'4个品种；2016年武汉中国梅花研究中心又登录了'金屋藏娇'1个品种（宋兴荣等，2018；Chen et al.，2017）；2017年安徽省合肥植物园登录了'十八瓣''三河檀香''合肥素心''庐州浅晕'4个品种；2018年上海嘉定区农业技术推广服务中心又登录了'黄剑''江南白''大佛手''大花波皱''金厚实'5个品种（陈龙清等，2020）。目前29个国际登录蜡梅品种简介如下（图4）：

（1）'外冈' Ch. praecox 'Wai Gang'

丛生灌木，中短花枝着花，中大花类，荷花型，自然花径28.4mm（24～35mm）；花色淡黄（RHS 8C），花浓香；花被片数17，中被片长椭圆形，长约18.9mm（～19.3mm），宽约8.9mm（8.2～9.3mm），顶端钝尖，先端外卷，边缘内扣，匙形，略波皱。花期早，11月下旬至翌年1月。主要作为切花和园林绿化栽培。

（2）'花蝴蝶' *Ch. praecox* 'Hua Hudie'

灌木，中短花枝多，着花密，花型碗型，自然花径21.6mm（19～27mm），花色黄（RHS 6A），花浓香。花被片数19，中被片宽卵形，长18.4mm（～19.7mm），宽10.6mm（9.9～11.7mm），顶端钝圆，先端外卷，边缘内扣，匙形，内被片具少量紫纹。花期12月至翌年2月。主要作为切花和园林绿化栽培。

（3）'扬州黄' *Ch. praecox* 'Yangzhou Huang'

灌木，中短花枝多，着花繁密，花型碗型，自然花径26.4mm（22～32mm），花色深黄（RHS 12A），花清香。花被片数17～18，中被片卵形，长18.2mm（～18.8mm），宽10.0mm（9.5～10.4mm），顶端钝尖，先端外卷，边缘内扣，匙形，素心。花期晚，翌年1～2月。主要作为切花和园林绿化栽培。

（4）'绿云' *Ch. praecox* 'Lv Yun'

灌木，花枝稀疏，花型碟型，自然花径24.6mm（20.0～27.5mm），花色淡黄绿色（RHS 2C），花浓香。花被片数15（14～17），中被片长椭圆形，长14.5mm（～16.6mm），宽5.2mm（4.8～5.8mm），顶端钝尖，先端略外曲，边缘内扣，匙形，素心。花期晚，翌年1～2月。主要作为园林绿化栽培。

（5）'银蓓含珠' *Ch. praecox* 'Yingbei Hanzhu'

灌木，花枝繁密，花型磬口型，自然花径13.2mm（11.9～14.4mm），花色白黄色（RHS 8C－4D），花清香。花被片数16（15～17），中被片椭圆形，长14.5mm（～16.6mm），宽5.2mm（4.8～5.8mm），顶端钝，边缘内扣，匙形，内被片具浅紫纹。花期翌年1～2月。主要作为园林绿化栽培。

（6）'金屋藏娇' *Ch. praecox* 'Jinwu Cangjiao'

花径18～20mm，碗型；中被片8～9，金黄色（RHS 11A），长椭圆形，长15～17mm，宽5～7mm。内被片8～10，具紫色条纹或紫晕，长4～15mm，宽3～5mm。着花量大，香味较淡。花期较晚，初花期翌年2月上旬，盛花期翌年2月中旬至下旬，末花期翌年3月上旬。主要作为园林绿化栽培。

（7）'草堂韵香' *Ch. praecox* 'Caotang Yunxiang'

丛生灌木，中短花枝，着花繁密，花型碗型，自然花径24.2mm（19.6～29.4mm），花色黄色（RHS 4A－6A），花浓香。花被片数约20，中被片椭圆形，长17.9mm（～19.0mm），宽8.5mm（7.7～9.1mm），顶端钝，略外曲，边缘内扣，匙形；内被片卵形，具中等紫纹。花期早，12月上旬至翌年1月。主要作为园林绿化栽培。

（8）'相忆' *Ch. praecox* 'Xiang Yi'

丛生灌木，中短花枝，着花繁密，磬口型，自然花径21.3mm（19.6～23.5mm），花色蜡黄色（RHS 11A–12A），花香。花被片数约22，中被片倒卵形或椭圆形，长20.9mm（～21.5mm），宽10.0mm（9.1～10.7mm），顶端钝，边缘内扣，略波皱；内被片卵形，具略浅紫纹。花期12月中下旬至翌年1月底。主要作为园林绿化栽培。

（9）'欢天喜地' *Ch. praecox* 'Huantian Xidi'

丛生灌木，中长花枝，着花繁密，花型碗型，后期盘碟型，自然花径23.8mm（22.3～26.9mm），花色黄色（RHS 4A），花浓香。花被片数约22，中被片椭圆形，长17.9mm（～18.8mm），宽9.7mm（8.9～10.9mm），顶端钝，外曲或外卷，边缘内扣，匙形；内被片卵形，素心。花期12月中旬至翌年2月底。主要作为园林绿化、切花、盆花栽培。

（10）'早红' *Ch. praecox* 'Zao Hong'

丛生灌木，中短花枝，着花密，花型磬口型；自然花径21.6mm（17.9～24.7mm），花色深黄色（RHS 6A），花浓香。花被片数约19，中被片椭圆形，长19.4mm（～21.3mm），宽11.3mm（9.9～12.3mm），顶端钝，内曲，边缘内扣，匙形；内被片卵形，具紫红斑纹。花期早，11月中下旬至翌年1月底。主要作为园林绿化和切花栽培。

（11）'报春' *Ch. praecox* 'Bao Chun'

丛生灌木，中短花枝，着花密，花型磬口型；自然花径16.6mm（15.6～18.1mm），花色黄色（RHS 4A），花香。花被片数约21，中被片宽椭圆形，长15.7mm（～16.4mm），宽9.5mm（8.9～10.0mm），顶端钝，略外曲，边缘内扣；内被片卵形，具极浅紫红斑纹。花期12月下旬至翌年2月上中旬。主要作为切花、盆花栽培。

（12）'幸福花香' *Ch. praecox* 'Xingfu Huaxiang'

丛生灌木，中短花枝，着花密，花型碗型，后期喇叭型；自然花径22.4mm（19.0～29.3mm），花色深黄色（RHS 6A），花浓香。花被片数约22，中被片椭圆形，长17.3mm（～18.3mm），宽10.0mm（9.3～11.5mm），顶端钝，外曲，边缘略内扣；内被片宽卵形，具浅紫红斑纹。花期早，12月初至翌年2月初。主要作为园林绿化、切花、盆花栽培。

（13）'思念' *Ch. praecox* 'Si Nian'

灌木，中短花枝，着花密，花型钟型，看起来类似玫瑰；自然花径22.5mm（18.3～26.6mm），花色黄色（RHS 4A–4B），花香。花被片数约19，中被片倒卵形，长18.2mm（～19.8mm），宽11.0mm（9.7～12.2mm），顶端钝，外曲，边缘内扣，匙形；内被片宽卵形，具中等紫红斑纹。花期早，12月上中旬至翌年2月中旬。主要作为园林绿化和切花栽培。

（14）'黄磬' *Ch. praecox* 'Huang Qing'

丛生灌木，中短花枝，着花密，花型磬口型；自然花径25.8mm（23.5～29.4mm），花色深黄色（RHS 6A），花香。花被片数约23，中被片椭圆形，长20.7mm（～21.6mm），宽10.9mm（10.3～11.5mm），顶端钝或圆，外曲或少数直伸，边缘内扣，略波皱；内被片宽卵形，具浅紫红斑纹。花期早，12月初至翌年2月上旬。主要作为园林绿化和切花栽培。

（15）'金色阳光' *Ch. praecox* 'Jinse Yangguang'

丛生灌木，中长花枝，着花密，花型喇叭型；自然花径30.0mm（26.0～31.7mm），花色深黄色（RHS 6A–7A），花香。花被片数约20，中被片长椭圆形，长19.0mm（～20.5mm），宽8.4mm（7.5～9.0mm），顶端钝，直伸或外曲，边缘内扣，匙形；内被片卵形，具极浅紫红斑纹。花期早，12月初至翌年2月初。主要作为园林绿化栽培。

（16）'星光灿烂' *Ch. praecox* 'Xinguang Canlan'

花径18～24mm，钟型或碗型；中被片9～10，浅黄色（RHS 5A），长椭圆形，顶端钝，长10～15mm，宽5～7mm，花被片两侧内扣，先端外曲；内被片7～8，具中等紫色条纹，卵形，长

4～8mm，宽3～6mm；着花密，花淡香，花期较早，初花期12月上中旬，盛花期12月中下旬至翌年1月中旬，末花期1月下旬。易结实。当年生枝均可着花，多为穗状长花枝，少量短花枝，花枝多而密。特适园林绿化、切花栽培。

（17）'浅晕金蝶' *Ch. praecox* 'Qianyun Jindie'

丛生灌木，中长花枝，着花密，花型喇叭型；自然花径20.5mm（19.2～22.9mm），花色黄色（RHS 6A），花香。花被片数约23，中被片长条形，长15.1mm（～16.3mm），宽4.9mm（4.3～5.2mm），顶端钝，外曲，边缘内扣，波皱；内被片卵形，具浅紫红斑纹。花期12月至翌年2月。主要作为园林绿化栽培。

（18）'霞染浅玉' *Ch. praecox* 'Xiaran Qianyu'

丛生灌木，中短花枝，着花密，花型钟型；自然花径18.5mm（16.1～21.1mm），花色浅黄色（RHS 4D），花淡香。花被片数约22，中被片椭圆形，长13.2mm（～14.7mm），宽6.4mm（5.4～7.7mm），顶端钝，外曲，边缘内扣，中部波皱；内被片卵形，具浅红紫色斑纹。花期翌年1月上旬至2月中下旬。主要作为园林绿化栽培。

（19）'金陵红妆' *Ch. praecox* 'Jinling Hongzhuang'

灌木，中长花枝，着花密，花型碗型；自然花径22.2mm（17.5～24.8mm），花色黄色（RHS 6A），花浓香。花被片数约23，中被片椭圆形，长15.4mm（～16.6mm），宽7.2mm（6.4～8.4mm），顶端钝，多数直伸，少数外曲，边缘内扣；内被片卵形，满布红紫色斑纹。花期12月下旬至翌年2月中旬。主要作为园林绿化栽培。

（20）'钟山白' *Ch. praecox* 'Zhongshan Bai'

丛生灌木，中长花枝，着花密，花型荷花型；自然花径21.3mm（19.3～23.1mm），花色浅黄色（RHS 4D），花淡香。花被片数约24，中被片椭圆形，长15.7mm（～16.5mm），宽6.9mm（6.0～7.8mm），顶端钝，外曲，边缘内扣，略波皱；内被片卵形或菱形，素心。花期翌年1月上旬至2月中下旬。主要作为园林绿化栽培。

（21）'十八瓣' *Ch. praecox* 'Shiba Ban'

灌木，中短花枝多，着花较密，花浓香；花型

为碗型至荷花型，自然花径27.1mm（22.7~30.9mm）；花色黄（RHS 6A－8A）；花被片数23（20~25），中被片椭圆形至卵形，顶端钝至圆，先端外卷，边缘平展至内扣，长17.0mm（15.0~19.2mm），宽9.2mm（7.7~10.8mm）；内被片披针形、卵形、菱形，长4.4~16.6mm，宽3.8~8.3mm；晕心。花期较早，12月至翌年2月。为具有地方传统特色的优良品种，安徽肥西栽培广泛。

（22）'三河檀香' Ch. praecox 'Sanhe Tanxiang'

灌木，中短花枝多，着花较密，花浓香；花型磬口至荷花型，自然花径23.1mm（21.3~27.3mm）；花被片数22（21~24），中被片椭圆形至阔卵形，顶端钝，先端直伸或外曲，边缘内扣，长18.1mm（16.0~19.4mm），宽10.5mm（9.8~11.6mm）；花黄白色（RHS 1D－3D）；内被片数11（10~13），卵形至阔卵形，具深紫红斑纹，长4.3~17.1mm，宽4.0~9.3mm。花期较晚，翌年1~3月。主要作为园林绿化栽培。

（23）'合肥素心' Ch. praecox 'Hefei Suxin'

灌木，长枝多，着花较密，花香；花型碗型，盛开后期平展，自然花径23.8mm（21.5~26.3mm）；花色黄（RHS 6A－8A）；花被片数25（23~28），中被片椭圆形至卵形，顶端尖到钝，先端外曲至外卷，边缘内扣，长16.3mm（12.6~17.5mm），宽9.1mm（8.3~9.5mm）；内被片卵形至阔卵形，长5.1~14.7mm，宽4.3~8.4mm；素心。花期中，12月至翌年2月。主要作为园林绿化、盆花栽培。

（24）'庐州浅晕' Ch. praecox 'Luzhou Qianyun'

灌木，中长花枝多，着花较密，花香；花型为磬口型至钟型，后期平展，花径22.5mm（21.3~24.5mm）；花被片数21（19~23），中被片椭圆形、长椭圆形，质薄，顶端尖，先端外曲、边缘稍皱缩，长15.0mm（14.1~16.0mm），宽7.0mm（6.3~8.1mm）；花色黄（RHS 4A－6A）；花内被片9（8~11），长5.0~11.3mm，宽3.3~6.6mm，卵形，具紫红条纹，晕心。花期12月至翌年2月。主要作为园林绿化栽培。

（25）'黄剑' Ch. praecox 'Huang Jian'

灌木，中短枝条多，着花密，花淡香；花喇叭型，花径31.03mm（27.00~35.00mm）；花被片数27（24~30），中被片长条形，长16.78mm（14.09~20.88mm），宽6.13mm（4.66~7.46mm），顶端尖，先端直伸，有时外曲；花色金黄（RHS 7A）；内被片数10，内被片卵形至披针形，长6.99~13.56mm，素心。花期12月至翌年1月。抗逆性强，长势佳，作为园林绿化苗木栽培。

（26）'江南白' Ch. praecox 'Jiangnan Bai'

灌木，中短枝多，落叶较晚；着花较密，花淡香；花型为荷花型，自然花径27.22mm（20.33~31.94mm）；花被片数25，中被片卵形，长17.11mm（14.50~19.42mm），宽10.44mm（8.40~12.79mm），顶端钝，先端略外曲；花黄白色（RHS 2C）；内被片数9，卵形，长5.97~13.96mm，宽4.44~8.74mm，素心。花期较早，12月至翌年1月。可作为切花或园林绿化苗木栽培。

（27）'金厚实' Ch. praecox 'Jin Houshi'

灌木，修剪成单干，长枝偏多；着花较密，花香；花型为荷花型，自然花径22.35mm（25.00~31.00mm）；花被片数23，花瓣厚实，中被片卵圆形，长14.88mm（15.00~20.00mm），宽10.13mm（8.00~12.00mm），顶端钝，先端外卷；花色金黄（RHS 12A）；内被片数8，卵形至卵圆形，长7.82~12.25mm，宽5.79~8.75mm，素心。花期12月上旬至翌年1月。可作为切花或园林绿化苗木栽培。

（28）'大佛手' Ch. praecox 'Da Foshou'

灌木，修剪成单干，中长枝多而密；着花密，花香；花型呈佛手状，花径14.49mm（13.90~15.20mm）；花被片数22（21~24），中被片椭圆形，长17.65mm（15.40~19.60mm），宽7.05mm（6.00~7.50mm），顶端尖，先端内曲、边缘内扣，呈佛手形；花色黄（RHS 9B）；内被片9，长6.58~16.91mm，宽4.66~5.78mm，卵形，红心，具紫红条纹斑纹。花期晚，12月下旬至翌年2月初。主要用作园林绿化苗木。

（29）'大花波皱' Ch. praecox 'Dahua Bozhou'

灌木，修剪成单干，长枝多；着花密，花香；花型为荷花型，花径17.03mm，花被片数26（24~29），中被片卵形，长20.17mm

‘外冈’   ‘花蝴蝶’   ‘扬州黄’

‘绿云’   ‘银蓓含珠’   ‘金屋藏娇’

‘草堂韵香’   ‘相忆’   ‘欢天喜地’

‘早红’   ‘报春’   ‘幸福花香’

图4 蜡梅国际登录品种（一）

‘思念’ ‘黄馨’ ‘金色阳光’

‘星光灿烂’ ‘浅晕金蝶’ ‘霞染浅玉’

‘金陵红妆’ ‘钟山白’ ‘十八瓣’

‘三河檀香’ ‘合肥素心’ ‘庐州浅晕’

图4 蜡梅国际登录品种（二）

'黄剑'　　　　　　　　　　'江南白'　　　　　　　　　　'金厚实'

'大佛手'　　　　　　　　　　　　　　　'大花波皱'

图4　蜡梅国际登录品种（三）[8]

（17.00~23.60mm），宽11.38mm（9.50~13.30mm），顶端圆，先端外曲，边缘内扣、波皱；花色黄（RHS 3C）；内被片数9，内被片卵形，长7.29~16.45mm，宽5.28~9.37mm，素心。花期11月下旬至翌年1月。可作园林绿化苗木或切花栽培。

3.2.2　蜡梅栽培品种简介

蜡梅栽培品种众多，株型、叶型、花型、中被片颜色、内被片颜色、花被片数、形态、着花方式、花期早晚等各有不同，部分栽培品种典型性状特征按素心品种群、晕心品种群、红心品种群简介如表2（图5）。

表2　部分蜡梅栽培品种典型性状特征表

品种名	典型性状特征
素心品种群：	
'奇艳'	大花类，碗型或喇叭型，素心，色彩鲜艳，中被片深黄色，先端外卷，着花较密，花香浓。植株生长势旺，花期较早
'金凤凰'	大花类，喇叭型，素心，中被片深黄色，边缘略波皱，先端外曲，着花繁密，花香浓
'狂碟'	特大花类，花径2.91cm（2.60~3.30cm），碗型或钟型，颜色极深，蜡黄色，先端外曲或外卷，素心，花期早，着花繁密，花香略淡。生长势旺，当年生枝较易成花
'卷被金蝶'	大花类，喇叭型或盘碟型，中被片深黄色，边缘略波皱，素心，先端直伸或反卷，花香浓，花期早

8 图注：上海嘉定农业技术推广服务中心蜡梅研究所国际登录品种由杜永芹提供，武汉市东湖生态旅游风景区磨山管理处中国梅花研究中心登录品种由晏晓兰、熊焰提供，四川省农业科学院园艺研究所与成都幸福花香园艺有限公司登录品种由宋兴荣、袁蒲英、何相达提供，成都杜甫草堂博物馆登录品种由江波提供，南京中山陵风景区登录品种由李长伟提供，安徽省合肥植物园登录品种由程红梅提供。

（续）

品种名	典型性状特征
'花灯'	大花类，碗型，中被片黄白色，先端内曲，顶端略外卷，素心，花香较浓
'娇美'	大花类，盘碟型，中被片深黄色，狭长，先端直伸，两侧内扣，素心，着花繁密，花香浓
'羞荷'	大花类，碗型，中被片深黄色，先端略外曲，素心，着花繁密，花香浓
'春喜眉梢'	大花类，钟型，中被片鲜黄色，边缘略波皱，先端外曲或外卷，素心，着花繁密，花香浓
'轻盈薄纱'	大花类，喇叭型，中被片瓣薄，前期黄绿色，后变为浅黄白色、冰色，边缘略波皱，先端外曲，素心，花香
'素白风车'	中大花类，钟型或喇叭型，中被片浅黄白色、冰色，先端强烈外曲或外卷，素心，着花中，花香淡
'琥珀'	中小花类，喇叭型，中被片深黄色，长条形，先端直伸，较尖，素心，着花较繁密，花香
'小花尖被'	小花类，钟型或喇叭型，中被片深黄色，狭长，边缘波皱，先端直伸或外曲，素心，花香淡，花期早
'金奖章'	中花类，磬口型或碗型，中被片鲜黄色，先端内曲，顶端外卷，素心，花香，花期晚
'早艳素心'	大花类，喇叭型，花色艳丽，中被片深黄色，较长，边缘偶波皱，先端外卷，素心，着花特繁密，花香浓，花期早
'飞舞'	中大花类，喇叭型或盘碟型，中被片深黄色，边缘强烈波皱，先端外曲，素心，花香，枝条较细软，当年生枝成花容易
'黄金钟'	中大花类，钟型，中被片深黄色，先端外曲或外卷，素心，花香浓
'金黄素心'	中大花类，钟型，中被片深黄色，先端外卷，素心，着花繁密，花香浓
'金铃'	中花类，磬口型，中被片鲜黄色，先端内扣，素心，花香浓
'金色狂舞'	大花类，喇叭型或盘碟型，中被片深黄色，长条形，顶端较尖，先端直伸、外曲或外卷，素心，花香
'金漏斗'	中大花类，碗型，中被片深黄色，先端外卷，素心，花香浓，花期早
'银星'	特大花类，喇叭型，中被片黄白色，瓣薄，顶端钝，边缘略波皱，先端外卷，素心，花香
'宝莲灯'	中大花类，钟型，中被片浅黄色，边缘常有缺口，先端外曲，素心，花香
'荷花仙子'	中大花类，荷花型，中被片鲜黄色，先端外曲，素心，着花特密，花香浓
'金盘素心'	中大花类，盘碟型，中被片深黄色，边缘略波皱，先端外卷，素心，着花繁密，花香浓
'齿瓣喇叭'	中大花类，钟型或喇叭型，中被片鲜黄色或浅黄色，带绿晕，瓣薄，边缘强烈波皱，先端外卷，素心，花香浓
'怒放'	中大花类，钟型或喇叭型，中被片鲜黄色，边缘略波皱，先端直伸或外曲，素心，着花繁密，花闷香
'月光'	中大花类，碗型或喇叭型，中被片黄白色，略尖，先端略外曲，素心，花香，花期较晚
'倒挂金钟'	中花类，钟型，中被片深黄色，瓣尖，先端强烈外曲，素心，内被片基部呈绿晕，花香
'黄玉球'	中花类，磬口型，中被片鲜黄色，瓣圆，先端内扣，打开程度小，素心，花香，花期晚
'曲枝翡翠'	小花类，钟型，中被片黄白色或绿白色，先端略外曲，素心，花香淡，部分枝条呈自然曲枝状
晕心品种群：	
'怀春'	大花类，荷花型或喇叭型，中被片深黄色，先端直伸或略外卷，晕心，内被片略具紫纹，花香浓，花期早
'蝴蝶花'	大花类，碗型，中被片深黄色，先端略外卷，晕心，内被片边缘具中等偏浅紫纹，着花繁密，花香浓，花期早，初花期12月初
'红双喜'	大花类，碗型或喇叭型，中被片鲜黄色，较宽，先端直伸或略外曲，晕心，内被片具中等偏浅紫纹，边缘波皱，着花繁密，花香浓，花期早
'象牙红丝'	特大花类，喇叭型，中被片鲜黄色，边缘略波皱，先端直伸，略外曲，晕心，内被片中下部具浅紫纹，着花繁密，花香浓
'丰花尖被'	特大花类，盘碟型，中被片鲜黄色，特长，边缘波皱，先端直伸，晕心，内被片具极浅紫纹，着花繁密，花香浓，花期早
'皇后'	中大花类，荷花型或碗型，中被片鲜黄色，长椭圆形，先端外曲，晕心，内被片中下部具浅紫纹，着花繁密，花香浓，花期较早
'金卷晕心'	中大花类，碗型或喇叭型，中被片深黄色，先端外卷，晕心，内被片中下部具中等偏浅紫纹，花香
'皱边佛手'	中花类，钟型或喇叭型，中被片深黄色，边缘波皱，两侧内扣，先端外曲，晕心，着花繁密，花香，花期早

（续）

品种名	典型性状特征
'玉碗'	中花类，碗型，中被片鲜黄色，较长，先端外曲，晕心，内被片边缘具少量浅紫纹，花香淡，花期晚
'白牡丹'	中花类，钟型，中被片黄白色，先端直伸或外曲，晕心，内被片中下部具浅紫纹，花香
'光辉'	中大花类，碗型或钟型，中被片深黄色，较宽，先端外曲，晕心，内被片具浅紫纹，花香浓
'波皱晕心'	大花类，钟型或喇叭型，中被片深黄色，边缘波皱，先端外曲，晕心，内被片中上部具浅紫纹，着花繁密，花香，花期特早，初花期11月中下旬
'随想曲'	中大花类，喇叭型，中被片深黄色，边缘略波皱，先端直伸或略外曲，晕心，内被片中下部具极浅紫纹，花香
'旋转风车'	中大花类，喇叭型，中被片深黄色，边缘波皱，两侧内扣程度大，先端外曲，晕心，内被片中下部具浅紫纹，着花繁密，花香略淡
'醉杨妃'	大花类，钟型，中被片鲜黄色，瓣较宽，先端外卷，晕心，内被片中部具浅紫纹，着花繁密，花香
'黄玉娇'	大花类，喇叭型或盘碟型，中被片深黄色，较长，边缘略波皱，先端直伸或外曲，晕心，内被片中下部具浅紫纹，花香浓
'光明之王'	大花类，钟型或喇叭型，中被片深黄色，先端外曲，晕心，内被片具中等偏浅紫纹，花香浓，花期早
'红丝卷荷'	中大花类，钟型，中被片鲜黄色，先端外曲，晕心，内被片具浅紫纹，花香
'玉壶春'	大花类，钟型，中被片浅黄色或黄白色，先端外曲，晕心，内被片中下部具中等偏浅紫纹，花香淡
'太白莲'	中大花类，荷花型，中被片黄白色，先端较尖，直伸或略外曲，晕心，内被片中下具中等偏浅紫纹，花香淡
'微笑'	中花类，磬口型或荷花型，中被片浅黄色，先端内曲，顶端略外卷，晕心，内被片中下部具浅紫纹，花香浓
'霞光'	大花类，荷花型，中被片鲜黄色，边缘略波皱，先端略外曲，晕心，内被片具浅紫纹，花香浓
'醉琼芳'	大花类，钟型或喇叭型，中被片鲜黄色，先端外卷，晕心，内被片基部具极浅紫纹，花香浓，花期早
'飞碟'	大花类，盘碟型，中被片鲜黄色，较长，边缘略波皱，两侧内扣程度大，先端直伸或反曲，晕心，内被片具中等偏浅紫纹，花香
'金荷'	大花类，碗型或钟型，中被片鲜黄色，较宽，先端略外卷，晕心，内被片具中等偏浅紫纹，花香浓
'金菊'	中小花类，钟型或喇叭型，中被片深黄色，细长，先端外曲，两侧内扣，晕心，内被片具中等紫纹，花香
'金磬藏红'	中花类，磬口型，中被片深黄色，先端及两侧内扣，晕心，内被片中上部具浅紫纹，花香
'金色梦想'	花大，钟型，中被片鲜黄色，先端强烈外卷，晕心，内被片具中等紫纹，花香
'金盏'	中花类，钟型或碗型，中被片深黄色，先端外曲，晕心，内被片中下部具浅紫纹，花香
'蜡菊'	中大花类，喇叭型或盘碟型，中被片深黄色，长条形，先端外曲，晕心，内被片具中等偏浅紫纹，花香
'心心相印'	中花类，喇叭型或盘碟型，中被片鲜黄色，先端强烈外卷，晕心，内被片中下部具浅紫纹，花香淡
'晚金秋'	中花类，钟型或喇叭型，中被片鲜黄色，后期基部易变红，瓣圆，先端部分内曲，部分外曲，边缘常见缺口，晕心，内被片具中等偏浅紫纹，花香淡，花期晚，初花期1月中下旬
'金丝雀'	大花类，喇叭型或盘碟型，中被片鲜黄色，边缘波皱，先端外曲，晕心，内被片中部具极浅紫纹，花香
'金磬'	中花类，磬口型，中被片深黄色，先端内曲或略外卷，晕心，内被片中部具极浅紫纹，花香
'花容月貌'	大花类，喇叭型或钟型，中被片深黄色，边缘略波皱，先端外曲或外卷，晕心，内被片具中等偏浅紫纹，着花繁密，花香浓
'白玉球'	小花类，磬口型，中被片浅黄白色，两侧及先端均内曲，晕心，内被片基部具浅紫纹，花香淡
红心品种群：	
'二品竹衣'	中大花类，碗型，中被片深黄色，先端反卷，红心，内被片中下部具中等紫纹，着花繁密，花香浓
'黄白雏鸟'	特大花类，喇叭型或盘碟型，中被片浅黄色，直伸或外曲，红心，内被片中下部具中等紫纹，花香特浓，花期特早，初花期11月中下旬，植株呈自然开心型，直立性不强
'霞染锦江'	大花类，喇叭型，颜色极深，中被片蜡黄色，长椭圆形或长条形，两侧内扣，边缘略波皱，先端直伸，红心，内被片具中等偏深紫纹，花香浓
'状元钟'	大花类，喇叭型，中被片鲜黄色，先端直伸或略外曲，边缘波皱锯齿状，红心，内被片具中等紫纹，花香，花期早
'飞帘'	大花类，喇叭型，中被片深黄色，边缘波皱，先端直伸或略外曲，晕心，内被片具中等紫纹，着花繁密，花香，花期早

（续）

品种名	典型性状特征
'烈日东升'	中大花类，喇叭型或盘碟型，中被片深黄色，先端直伸或反曲，红心，内被片中上部具中等紫纹，花香，花被片数较少
'光辉夕照'	大花类，钟型，中被片鲜黄色，边缘略波皱，先端直伸或略外卷，红心，内被片具中等紫纹，花香浓
'翩翩起舞'	大花类，喇叭型，中被片深黄色，边缘略波皱，两侧内扣，先端外曲，红心，内被片具中等紫纹，花香，花期早
'冰雪丽人'	中花类，钟型或喇叭型，中被片浅黄白色，先端略外卷，红心，内被片具中等紫纹，花香淡
'金云蔽日'	中花类，钟型，中被片深黄色，先端强烈反卷，红心，内被片具中等紫纹，花香浓
'金太阳'	大花类，喇叭型或盘碟型，中被片深黄色，先端直伸或外曲，红心，内被片具中等紫纹，且边缘紫纹明显，花香浓，花期早
'红唇'	中大花类，碗型或喇叭型，中被片深黄色，边缘略波皱，先端外卷，红心，内被片中上部具中等偏深紫纹，形成一个较粗（明显）的圆圈，着花特密，花香，花期特早，初花期11月下旬
'轻舞红娘'	中大花类，钟型，中被片深黄色，先端强烈外卷，红心，内被片具中等偏深紫纹，着花繁密，花香
'激情燃烧'	特大花类，喇叭型或盘碟型，中被片深黄色，较长，边缘波皱，两侧内扣，先端直伸，红心，内被片中下部具中等偏深紫纹，着花繁密，花香，花期早
'金色烈焰'	大花类，喇叭型，中被片深黄色，先端直伸或外曲，红心，内被片具中等偏深紫纹，着花繁密，花香，花期早
'夕阳红'	中大花类，钟型或喇叭型，中被片深黄色，先端外卷，后期强烈外卷，红心，内被片具中等偏深紫纹，花香淡
'白衣天使'	大花类，喇叭型或盘碟型，中被片浅黄白色或白色，先端较尖，直伸，红心，内被片具较深紫纹，部分中被片基部也具紫纹，花香，当年生枝易成花
'红莲'	中大花类，喇叭型，中被片蜡黄色，先端直伸，红心，内被片具较深紫纹，花香，当年生枝易成花
'金霞冠'	中大花类，喇叭型，中被片深黄色，边缘略波皱，先端外曲或外卷，红心，内被片中部具中等偏深紫纹，花香
'美人吉'	大花类，钟型或喇叭型，中被片深黄色，先端外曲，红心，内被片中下部具中等偏深紫纹，花香浓
'胭脂莲'	小花类，磬口型，中被片黄白色，先端内扣，顶端略外卷，红心，内被片中下部具中等偏深紫纹，花香淡
'火焰'	大花类，喇叭型或盘碟型，中被片深黄色，边缘略波皱，两侧内扣，先端直伸或略外曲，红心，内被片具中等偏深紫纹，花香浓
'含珠'	中小花类，磬口型，中被片鲜黄色，先端内扣，顶端略外卷，红心，内被片具深紫纹，花香
'羽衣红心'	中花类，钟型，中被片鲜黄色，先端外曲或外卷，红心，内被片中下部具深紫纹，花香
'晚霞'	中花类，钟型或喇叭型，中被片深黄色，先端直伸或外曲，红心，内被片具深紫纹，花香，花期晚，初花期1月中旬
'黑龙潭'	中花类，碗型或荷花型，中被片鲜黄色，直伸或略外曲，红心，内被片整个或边缘具特深紫纹，花香较淡
'彩霞'	中大花类，喇叭型，中被片黄白色，先端直伸或外曲，红心，内被片具特深紫纹，着花繁密，花香略淡
'墨皇帝'	中花类，钟型或喇叭型，中被片浅黄色，先端外曲，红心，内被片具特深紫纹，且边缘紫纹明显，花香
'紫心霞衣'	中花类，钟型，中被片鲜黄色，较薄，瓣较宽，先端直伸或外曲，红心，内被片整个具特深紫纹，花香
'粉面红莲'	中花类，钟型，中被片浅黄色，边缘波皱，先端直伸或外曲，红心，内被片具中等紫纹，着花繁密，花香，花期晚，初花期1月中旬
'白龙爪'	中大花类，钟型或喇叭型，中被片黄白色，长椭圆形，两侧内扣，先端外曲，红心，内被片具中等偏深紫纹，花香淡，花期较早
'蜡砣'	中大花类，钟型或喇叭型，中被片鲜黄色，长椭圆形，两侧内扣，先端直伸或外曲，红心，内被片具中等偏深紫纹，着花繁密，花香
'朝霞'	中花类，荷花型或喇叭型，中被片浅黄色，较圆，先端直伸，晕心，内被片具均匀浅紫纹，略呈橘红色，着花繁密，花香淡
'蝶舞'	特大花类，钟型或喇叭型，中被片深黄色，长椭圆形，两侧内曲，瓣略尖，先端直伸，红心，内被片具中等偏深紫纹，花香浓
'铃铛'	中大花类，磬口型或荷花型，中被片浅黄色，先端直伸或外曲，红心，内被片具中等偏深紫纹，着花繁密，花香，生长速度快
'繁花吊钟'	中大花类，钟型，中被片鲜黄色，两侧内曲，先端外曲，红心，内被片具中等偏深紫纹，着花特密，花香

'奇艳'　　　　　'金凤凰'　　　　　'狂碟'

'卷被金蝶'　　　　　'花灯'　　　　　'娇美'

'羞荷'　　　　　'喜上眉梢'　　　　　'轻盈薄纱'

'素白风车'　　　　　'琥珀'　　　　　'小花尖被'

图5　蜡梅主要栽培品种（一）（宋兴荣、袁蒲英 摄）

'金奖章'　　　　　　　　'早艳素心'　　　　　　　　'飞舞'

'黄金钟'　　　　　　　　'金黄素心'　　　　　　　　'金铃'

'金色狂舞'　　　　　　　'金漏斗'　　　　　　　　'银星'

'宝莲灯'　　　　　　　　'荷花仙子'　　　　　　　　'金盘素心'

图5　蜡梅主要栽培品种（二）（宋兴荣、袁蒲英 摄）

‘齿瓣喇叭’   ‘怒放’   ‘月光’

‘倒挂金钟’   ‘黄玉球’   ‘曲枝翡翠’

‘怀春’   ‘蝴蝶花’   ‘红双喜’

‘象牙红丝’   ‘丰花尖被’   ‘皇后’

图5　蜡梅主要栽培品种（三）（宋兴荣、袁蒲英 摄）

02

'金卷晕心'　　　　　　　'皱边佛手'　　　　　　　'玉碗'

'白牡丹'　　　　　　　'光辉'　　　　　　　'波皱晕心'

'随想曲'　　　　　　　'旋转风车'　　　　　　　'醉杨妃'

'黄玉娇'　　　　　　　'光明之王'　　　　　　　'红丝卷荷'

图5　蜡梅主要栽培品种（四）（宋兴荣、袁蒲英　摄）

‘玉壶春’ ‘太白莲’ ‘微笑’

‘霞光’ ‘醉琼芳’ ‘飞碟’

‘金荷’ ‘金菊’ ‘金磬藏红’

‘金色梦想’ ‘金盏’ ‘蜡菊’

图5　蜡梅主要栽培品种（五）（宋兴荣、袁蒲英 摄）

02

'心心相印'   '晚金秋'   '金丝雀'

'金磬'   '花容月貌'   '白玉球'

'二品竹衣'   '黄白雏鸟'   '霞染锦江'

'状元钟'   '飞帘'   '烈日东升'

图5　蜡梅主要栽培品种（六）（宋兴荣、袁蒲英 摄）

‘光辉夕照’　　　　‘翩翩起舞’　　　　‘冰雪丽人’

‘金云蔽日’　　　　‘金太阳’　　　　‘红唇’

‘轻舞红娘’　　　　‘激情燃烧’　　　　‘金色烈焰’

‘夕阳红’　　　　‘白衣天使’　　　　‘红莲’

图5　蜡梅主要栽培品种（七）（宋兴荣、袁蒲英 摄）

02

'金霞冠'　　　　　'美人吉'　　　　　'胭脂莲'

'火焰'　　　　　'含珠'　　　　　'羽衣红心'

'晚霞'　　　　　'黑龙潭'　　　　　'彩霞'

'墨皇帝'　　　　　'紫心霞衣'　　　　　'粉面红莲'

图5　蜡梅主要栽培品种（八）（宋兴荣、袁蒲英 摄）

'白龙爪'　　　　　　　　　'蜡砣'　　　　　　　　　'朝霞'

'蝶舞'　　　　　　　　　'铃铛'　　　　　　　　　'繁花吊钟'

图5　蜡梅主要栽培品种（九）（宋兴荣、袁蒲英　摄）

3.3　夏蜡梅品种介绍

夏蜡梅［*Calycanthus chinensis*（W.C.Cheng & S.Y.Chang）W.C.Cheng & S.Y.Chang ex P.T.Li］：又名牡丹木、黄枇杷、大叶柴、黄梅花、蜡木等，落叶小灌木，高1～3m。树皮灰白色或灰褐色，小枝对生，芽藏于叶柄基部之内。叶对生、膜质，宽卵状椭圆形、卵圆形或倒卵形，长11～26cm，宽8～16cm，叶面有光泽，略粗糙；叶柄长1.2～1.8cm。花单生于当年枝顶，无香气，直径4.5～7cm；花梗长2～2.5cm，着生有苞片5～7个；花被片螺旋状着生于杯状或坛状的花托上，外轮花被片12～14枚，倒卵形或倒卵状匙形，长1.4～3.6cm，宽1.2～2.6cm，白色至粉红色，边缘淡紫红色；内部花被片9～12枚，向上直立，顶端内弯，椭圆形，长1.1～1.7cm，宽9～13mm，中上部淡黄色，中下部白色，内面基部有淡紫红色斑纹；雄蕊18～19，退化雄蕊11～12（图6）。果托钟状或近顶口紧缩，长3～4.5cm，直径1.5～3cm，

顶端有14～16个披针状钻形的附属物；瘦果长圆形，长1～1.6cm，直径5～8mm，被绢毛。花期5～6月，果期9～10月（李秉滔，1979）。

夏蜡梅与美国蜡梅的区别见表3。

图6　夏蜡梅的花

表3 夏蜡梅与美国蜡梅的区别

	夏蜡梅	美国蜡梅
花色	外被片白色，边缘淡紫红色；内被片黄白色至淡黄色，腹面基部具淡紫红色斑点	紫红偏褐色
花大小	花较大，直径4.5~7cm	直径4~7cm
花形状	花被片内外两型明显，外被片呈倒卵状椭圆形或倒卵形；内被片肉质，顶端内弯	内外分型不明显，均呈线形或线状披针形
花香	无香气	具有香甜的水果香气
花期	5~6月	5~7月
雄蕊	18~19	10~15，有时达20
果托	钟状或近顶口紧缩	长圆状圆筒形至梨形、椭圆状或圆球状

02

图7 美国蜡梅（*C. floridus*）（袁蒲英 摄）

‘红运’（*C. chinensis* × *C. floridus* ‘Hong Yun’）：中国科学院南京中山植物园1996年以夏蜡梅为母本，美国蜡梅（图7）为父本杂交，2001年从杂交后代中选育出新品种（图8），2007年申报品种，命名为‘红运’，该杂种结合双亲优良性状，较亲本适应性更好、抗逆性更强，花形偏母本，花被片2轮螺旋排列，花朵较大（偏向母本），花色似父本，红艳大气（姚青菊 等，2014）。

图8 ‘红运’（姚青菊 等，2014）

4 蜡梅科植物国外引种栽培

4.1 蜡梅属植物国外引种栽培

4.1.1 17世纪国外引种及对蜡梅的最早记载

早在后水尾天皇（1611—1629）在位期间，蜡梅就传入朝鲜，同时经朝鲜半岛传入日本。当时以为引种的是梅花，但根据记载"据说这个名字来自于花的颜色类似于蜂蜡的花和梅花同时开放的事实。高2~3m，叶对生，边缘无锯齿，表面粗糙。12月至2月在叶落前出现芳香、蜡质、半透明的黄色花朵"。从性状描述确定应为蜡梅。又经过约一个半世纪，中国蜡梅由日本传入欧洲（冯菊恩 等，1990）。

最早记载蜡梅的欧洲人是葡萄牙裔耶稣会士Alvarus de Semedo（曾德昭，1585—1658，图9），在他所著《中国通史》（1643）中，记载了中国各地多种特色植物，其中特别记载了一种在花园中栽培，名为"la mui"的冬季落叶后开花的植物，

图9　Alvarus de Semedo（曾德昭，1585—1658）

花色黄如蜂蜡并且具有浓烈的芳香（Bretschneider，1881）。

4.1.2 18—19世纪初国外对蜡梅的引种与认知

18—19世纪初期，中国虽然整体上实施"闭关锁国"政策，但一直有不少耶稣会士为皇家服务，并传播近代西方文化和科技成果，其中有一部分传教士也会做一些植物调查与采集等工作（罗桂环，2005）。在南方沿海地区有大量从事商业活动的商人、海员等采集中国植物或收集中国植物标本，并直接通过收集种子、购买苗木等方式向西方世界引种中国各地的植物。

Kaempfer Engelbert（肯普弗，1651—1716，图10）于17世纪末游历过日本，并对日本植物有深入的研究，其在《异域风采记》（*Amoenitatum Exoticarum*）中记载了日本栽培的蜡梅，但未标注汉名，只标注"obaíRobaí"和片假名"ロウバイ"，并绘有蜡梅素描图（图11）（Kaempfer，1712），但图中将花、果、叶画在同一枝条上，并不符合蜡梅落叶后开花，先花后叶的特性。Carolus Linnaeus（卡尔·林奈，图12）依据肯普弗（1762）的蜡梅素描图，首次给蜡梅命名为*Calycanthus praecox*，误将蜡梅归入夏季开花的夏蜡梅属（*Calycanthus*），并且由于肯普弗没到过中国，《异域风采记》中只记载日本栽培蜡梅，因此林奈认定蜡梅产于日本（Carolus，1762）。

James Cuningham（坎宁安，？—1709）是第一位在中国境内从事专业植物采集研究的西方人，18世纪初，坎宁安在浙江、福建沿海地区大量采集植物标本，也曾采集过蜡梅标本，所记载的本地名，是按中国南方口音标注的"La boe"（Bretschneider，1881）。而法裔耶稣会士Jean Baptiste du Halde（杜赫德，1674—1743）在其

02

图 10 Kaempfer Engelbert（肯普弗，1651—1716，德国裔博物学家）

图 11 《异域风采记》（1712 年）中蜡梅素描图

图 12 Carolus Linnaeus（卡尔·林奈，1707—1778）

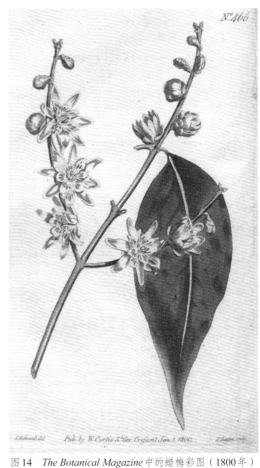

图 13 George Coventry, 6th Earl of Coventry（第 6 世考文垂伯爵乔治·考文垂，1722—1809）

图 14 *The Botanical Magazine* 中的蜡梅彩图（1800 年）

1735 年出版的《中华帝国全志》中将蜡梅的读音标注为"Lamoë"，并记载蜡梅叶对生，冬季开芳香的黄色花（Du Halde, 1735）。

　　蜡梅引种到欧洲的时间为 1736 年，是由日本传入英国栽培的，因它在冬季开花，同样的芳香，所以就叫 Wintersweet（刘洪谔等，1999）。但可能没有引种成功或缺乏相关报道，据 1800 年英国著名植物学期刊 *The Botanical Magazine* 记载："1766 年 George Coventry, 6th Earl of Coventry（第 6 世考文垂伯爵乔治·考文垂，1722—1809，图 13）首次将来自中国的蜡梅种苗引种到英国,最初栽植在温室内,可以开花结实,并通过有性、无性方式繁殖,后来栽植在英国南部的室外,可以在无保护下安全越冬"(William,1800),这标志着蜡梅在英国引种成功,并配有一幅蜡梅彩图(图14),该图比1712年肯普弗的蜡梅图更加符合实际,图中蜡梅为红心品种群,花直径偏小,花瓣细长而尖锐,在中国蜡梅品种中并非观赏价值高的名贵品种。此外,法文资料显示法国首次引种蜡梅也是在1766年,苗木来自中国(Ming,1970),并且在18世纪末巴黎的国立自然历史博物馆所属的植物园已有栽植蜡梅的记录(罗桂环,2005)。因此,有学者认为英、法两国1766年引种的蜡梅可能是来自中国的同一批苗木(李菁博和邓莲,2016)。

19世纪初期,欧洲人对能在严冬开花、花香浓烈的蜡梅产生了极大兴趣,更多的蜡梅标本及苗木从中国、日本运到欧洲。欧洲植物学家也开始致力于蜡梅的鉴定研究。法国的Loiseleur Deslongchamps(卢瓦瑟勒尔·德朗尚,1774—1849,图15)、英国的John Lindley(林德利,1799—1865,图16)、德国的Friedrich Link(林克,1767—1851,图17)等参考东亚寄来的蜡梅标本或蜡梅植物图画,及欧洲引种栽植的蜡梅活植物,否定了18世纪林奈将蜡梅划入夏蜡梅属Calycanthus的处理,分别于1818年、1820年、

1822年另立新属Meratia、Chimononthus,并给蜡梅命名Meratia fragrans、Chimonanthus fragrans、Chimonanthus praecox,此外,林德利还命名一个蜡梅变种Chimonanthus fragrans var. grandiflora(Edwards & Ridqway,1820),其英语名写为Large-flowered Japan Allspice,同样误认为蜡梅是原产自日本的。目前植物界更多接受并使用林克命名的Chimonanthus praecox(L.)Link(李秉滔,1979)。由此可知,在19世纪早期,蜡梅在欧洲植物学界和园艺界都很受重视。植物学家关注的是蜡梅在植物系统分类学上的独特地位,新建的蜡梅属Chimonanthus L.是中国特有的少型属,又是古老的孑遗植物,学术研究价值高;而园艺学家对蜡梅的兴趣在于其冬季开花且花香宜人的特性,以及在园林中的应用潜力。

4.1.3 19世纪中期至20世纪初国外对蜡梅的引种及深入研究

19世纪中期,西方国家的植物研究者着重调查、挖掘中国植物资源宝库,采集中国植物,英、法、美、俄等国纷纷涌现出Robert Fortune (1812—1880)、Armand David (1826—1900)、Jean Marie Delavay (1834—1895)、Augustine Henry (1857—1930)、George Forrest (1873—1932)、Ernest Henry Wilson (1876—1930)等植物猎人。期间,包括蜡

图15 Loiseleur Deslongchamps(卢瓦瑟勒尔·德朗尚,1774—1849)

图16 John Lindley(林德利,1799—1865)

图17 Friedrich Link(林克,1767—1851)

图18　Timitaro Makino（牧野富太郎，1862—1957）

梅在内的难以计数的植物标本、种子、苗木被寄回西方国家，中国植物由此遍布欧美各国的花园。通过检索英、美、法主要植物标本馆，检索到Père Jean Marie Delavay（赖神甫）、George Forrest（傅礼士）和Ernest Henry Wilson（威尔逊）3人采集过多份蜡梅标本，其中傅礼士在中国云南采集过蜡梅标本，但标本未标明采集时间。后来威尔逊在他1913年出版的书中指出："以前错认为原产日本的蜡梅，中国才是它真正的故乡"。此后蜡梅的英语名有人写成Wax shrub，可能是根据中文名而意译的。夏蜡梅Sinocalycanthus chinensis发表之后，英文名也随之改为Chinese wax shrub。

随着研究材料的增多，国外植物学者对蜡梅的研究逐渐深入，命名了更多的变种，如英国植物学家George Don（1798—1856）1832年发表了蜡梅一变种Chimonanthus praecox var. luteus，该变种内外花被片均为黄色，应为素心蜡梅，但是现在园艺界多用Chimonanthus praecox var. concolor表示素心蜡梅。而现在植物界公认的蜡梅变种多参照有"日本植物学之父"美誉的Tomitaro

Makino（牧野富太郎，1862—1957，图18）在20世纪初命名的3个变种：Chimonanthus praecox var. intermedius（狗牙蜡梅）、Chimonanthus praecox var. concolor（素心蜡梅）、Chimonanthus praecox var. grandiflorus（磬口蜡梅）（浙江植物志编辑委员会，1993）。

蜡梅引种到美国的时间是在19世纪后期，远晚于欧洲，随着密苏里植物园、阿诺德树木园、纽约植物园等植物学研究机构陆续建成，这些研究机构开始大量收集中国植物，包括引种少量蜡梅（罗桂环和李昂，2011）。阿诺德树木园最早从1884年开始多次从中国、日本引种蜡梅，目前美国著名植物园都有少量蜡梅栽培。新西兰未找到蜡梅引种记录，蜡梅的最早记录是在里士满·E.哈里森的《乔木与灌木》（Trees and Shrubs）一书中发现的，该书把蜡梅描述为一种花园灌木和香味宜人的切花（Harrison，1965）。

4.1.4　蜡梅在国外的应用现状

如今蜡梅在西方各国的主要植物园都有引种，但数量少、品种寡，只是少量点缀在中国园或日本园中，很少有成规模的蜡梅专类园，庭院中偶尔能见到蜡梅的身影。从美国主要园艺苗圃网站检索，在美国的苗圃中只有数量极少的观赏价值不高的蜡梅在繁殖出售。蜡梅冬季开花且芳香宜人、耐寒耐旱，适应性强，从英文名Wintersweet便可看出西方人对其的喜爱程度。但蜡梅在世界园艺界的认知度和影响力还很低，在园林设计中使用蜡梅仅限于中、日、韩所在的东亚地区及海外有东方人聚居的地方。

目前国外蜡梅种植以朝鲜、日本、新西兰为多。2018年人民网东京1月8日电，据《朝日新闻》网站报道，日本山口县光市室积村冠山综合公园约有60株蜡梅日前盛开，黄色花瓣华美绽放，清香四溢[9]。新西兰栽培的蜡梅主要有Ch. praecox 'Grandiflorus'和Ch. praecox 'Luteus'两种，在花园、托儿所和中心花园等地偶尔发现栽培（Bryant &

Scarrow, 1995)。近年来，新西兰、日本等一些国家已经认识到蜡梅深加工市场的潜在价值，并努力研究其开发价值，精油产品具有广阔的市场前景（冯锦泉, 2007）。

4.2 夏蜡梅国外引种栽培

夏蜡梅自发现以后，有关部门积极保护繁殖，1978年5月，美国植物学代表团访问我国期间，参观杭州植物园，正逢夏蜡梅盛开，客人们怀着极大的兴趣欣赏了这一稀有珍贵植物，并赞赏中国植物资源的丰富与古老（林协, 1980）。同年由哈佛大学阿诺德树木园的Richard A.Howard（1917—2003）在南京中山植物园得到少量"种子"，最早引入美国阿诺德树木园栽植。美国加利福尼亚大学植物园和布鲁克林植物园以及加拿大温哥华市不列颠哥伦比亚大学植物园分别于1980年和1981年收到上海植物园寄赠的夏蜡梅"种子"，经繁殖，并分别于1985年和1984年开花，之后逐步扩散，如美国密苏里植物园于1996年从费尔韦瑟花园（Fairweather Gardens）、纽约植物园（New York Botanical Garden）等引种夏蜡梅，如今北美洲的许多植物园、花园都有栽培；尤其在1983年徐荣章发表了《夏蜡梅》一文后，更是加大了国外对夏蜡梅的兴趣，东南亚一些国家，荷兰、英国、法国等也开

始引种，多数已正常开花结果，如1983年Charles Roy Lancaster（1937—）将夏蜡梅从上海植物园引入英国，并于1989年在英国汉普郡（Hampshire）的花园中首次开花（Lancaster & Martyn, 2019）；荷兰波斯库普研究站（Boskoop Research Station）也有引种。有报道，夏蜡梅在苏格兰北部至欧洲的东部很容易种植，而在北美洲，通常被认为是耐寒的，远至纽约（Lancaster & Martyn, 2019）。虽然目前该物种多仅局限于植物园，但至少表明该物种可以在自然范围以外的地区推广。

夏蜡梅引种到国外以后，国外的园艺学家想方设法将它和亲缘关系较近的美国蜡梅进行杂交，20世纪末，杂交取得成功，Lasseigne在J.C.Raulston的指导下培育出优良品种'Hartlage Wine'（Lasseigne et al., 2001），该品种花被片外轮和内轮外侧酒红色，内轮腹面奶黄色，散发淡淡芳香；Ranney和Eaker从夏蜡梅与美国蜡梅、夏蜡梅与西美蜡梅的杂交后代进行杂交而培育出一个血统更复杂的白色系品种'Venus'，该品种花盛开时大如玉兰，外被片白色，内被片黄紫交错，带有草莓、柠檬等水果香（Ranney & Eaker, 2005）。此外，还选育了'Aphrodite'（其花形更接近于夏蜡梅，但是为深红色，内部花被片顶端为奶白色）、'Athens'（花黄色，花香）、'Michael Lindsey'（花紫红色，花香）及'Purpureus'（叶背紫红色）等品种。

5 蜡梅科植物的主要用途与价值

5.1 蜡梅属植物的主要用途与价值

5.1.1 观赏

蜡梅冒寒而放，其颜色纯黄发亮如用蜡油雕琢而成，清香而又不妖艳，高雅而又不媚俗，园艺

造型颇多，可谓色、香、形俱佳，是中国传统的冬季名花。蜡梅富有诗情画意，有诗曰："金蓓锁春寒，恼人香未展；虽无桃李颜，风味极不浅。"可见其在人们心目中的地位。蜡梅作为冬季开花的芳香植物具有很高的园林应用价值，自古以来深受人

们喜爱。《京口诸山记》提到镇江焦山观音阁有蜡梅一株，姿态古朴，俗传隐士所种。多地仍保留有作园林栽培上百年的古蜡梅，如上海奉贤（冯菊恩，1985）、嘉定（冯菊恩和王玉勤，1989）发现有清代道光、太平天国年代栽种的古蜡梅。

盆栽观赏：蜡梅可作为盆栽，或折枝整干培养成疙瘩梅、悬枝梅、屏扇梅等各种造型的景桩（胡一民，2005），颇受人们喜爱，如今在河南鄢陵、四川成都、重庆、湖北保康等地每年都有大量的盆栽、盆景或桩景出售，每两年一度的中国梅花蜡梅展览会展出许多来自全国各地的蜡梅盆景（图19至图22）。

图19　蜡梅小型盆栽（袁蒲英　摄）

图20　蜡梅盆栽（宋兴荣　摄）

图21 蜡梅造型盆栽（宋兴荣 摄）

切花观赏：蜡梅花期正值冬季和早春缺花时节，是切花插瓶的优良花木。其香气别具一格，色香兼备，花期悠长，与常绿植物枝条搭配，常能构成各种优美图案，自古受中国人民喜爱。《花史》云蜡梅"若瓶一枝，香可盈室"。在中国古典园林建筑中，厚重的木质条几、案桌上，古色古香的花瓶中插几枝蜡梅，更添古典气息，花经久不凋、香气扑鼻可平添几分特色（图23、图24）。

园林应用：寒冬腊月，万花凋零，唯有蜡梅傲霜斗寒，开花吐香，为冬季园景重要花木。蜡梅多以地栽方法布置花坛、花境，点缀建筑物、道路，美化环境。种植形式多种多样，显得自然洒脱，如可点缀于视野开阔的草坪中，孤植成小品，满树金黄，傲霜雪而放，芳香扑鼻，尽展傲骨风姿；可灌木状或小乔木状成排列植，展现其迷人风采；常与松、竹配置形成"岁寒三友"经典景观；与红梅混植，则娇黄嫩红，交相辉映；常与火棘、翠竹、南天竹等常绿或落叶树种窗下配置，通过漏窗半掩半露，构成黄花红果相映成趣、风韵别致的景观（冯菊恩和章先禄，2007）；群植山坡丘陵、公园假山、湖畔、道路溪畔等处，冲寒吐秀，冷香远溢，引人入胜；与鸡爪枫、黄杨、月季、牡丹、金钟花、红叶李等混栽，构成不同层次、不同物种的灌、乔混合配置群落，美不胜收；规模化片植形成蜡梅花林、梅山、梅园、梅圃等大型景观，满园金黄，香飘万里，是人们休闲游玩、健身康养等绝佳之地。另外蜡梅根系发达，适应性、抗逆性极强，吸收有害气体能力佳，是水土保持、防风固沙和净化空气的优良植物（图25至图36）。

02

图22　蜡梅盆景（何相达　提供）

图 23　蜡梅切花生产（饶芳 提供）

图24　蜡梅切花分级与包装销售（杨灿芳、饶芳 提供）

图25 蜡梅孤植（宋兴荣 摄）

02

图26　蜡梅对植（宋兴荣　摄）

图27　蜡梅列植（宋兴荣　摄）

图28　蜡梅片植（宋兴荣　摄）

02

图29　蜡梅行道树（袁蒲英　摄）

图30　高干蜡梅生产（宋兴荣　摄）

图31 多干高分枝栽培（宋兴荣 摄）　　　图32 单干低分枝栽培（宋兴荣 摄）

图33 球形树冠培育（宋兴荣 摄）

02

图34　苗木生产（宋兴荣　摄）

图35 蜡梅观叶效果（袁蒲英 摄）

02

图36　蜡梅观光旅游（宋兴荣、饶芳　提供）

5.1.2 药用

李时珍《本草纲目》指出，蜡梅花气味辛温无毒，可解暑生津。其根、茎、叶、花、果均能入药。花蕾性平、凉，有解暑生津、开胃散瘀、通乳润燥、止咳等功效，主治暑热头晕、呕吐、热病烦渴、气郁胃闷、咳嗽、麻疹、百日咳、烫伤、中耳炎等；根茎性平，有散瘀消肿、祛风理气、活血解毒等功效，可用于治疗哮喘、劳伤咳嗽、胃痛、腹痛、风湿痹痛、疔疮肿痛、跌打创伤等症；叶可治疮疖红肿疼痛；花（图37）为清凉解暑生津药，治心烦口渴、气郁胸闷。花浸入菜油中制成的蜡梅花油，可治烧伤、烫伤和中耳炎；果实能消肿止痛、润肺止咳，也可作泻药。

蜡梅花、叶含有丰富的活性成分，已从中分离鉴定到萜烯类、有机酸类、烷类、醇类、酯类等挥发性成分及黄酮类、香豆素类、生物碱类、甾体类等非挥发性成分，其提取物具有抗炎、抑菌、抗氧化、抗病毒、抑制黑色素合成等作用（史琳婧 等，2012；徐金标 等，2018；Lou et al., 2018；Morikawa et al., 2014；Zhang et al., 2017），是天然杀菌剂的潜在来源（Lv et al., 2012）。蜡梅籽粒具有很强的杀虫作用，可以制作成生物杀虫剂

（Zhang & Zou, 2020）。

山蜡梅叶是各地习用的道地药材，《新华本草纲要》《安徽中草药》《云南中药资源名录》等均有记载，具有清热解表、祛风解毒之功，常用于治疗风热感冒，其化学成分主要有挥发油、生物碱和黄酮类等物质（白会强 等，2010；郭娜 等，2021；Huang et al., 2020），有抗痴呆、抗氧化、降脂、降血糖、镇痛、抗炎、保肝等功效（Guo et al., 2021；He et al., 2022；Ye et al., 2020），开发而成的制剂有山蜡梅叶颗粒、山蜡梅叶片、山蜡梅叶胶囊等（图38），临床应用疗效明确（丁兆辉 等，2020；董瑞霞 等，2021；吴艳秋 等，2021）。在民间常采其嫩叶与柳叶蜡梅嫩叶加工成"香风茶"（毕武 等，2013）。

柳叶蜡梅是畲族民间常用药材，其叶揉碎极芳香，可作为药材，也可作香料，干燥茎叶可以作为茶叶"黄金茶"饮用（陈慧，2018；史小娟 等，2011），也是"畲药第一味"食凉茶原料，并以畲族习用药材名义收载于《浙江省中药炮制规范》2015年版。柳叶蜡梅叶含有挥发油类、黄酮类、香豆类、蒽醌与生物碱类等成分（李帅岚和邹峥嵘，2018；章瑶 等，2013；Wang et al., 2018），具有抗氧化、抑菌、消导止泻、免疫调节、抗肿瘤等作用（陈向阳 等，2013；温慧萍 等，2013；

图37 蜡梅干花

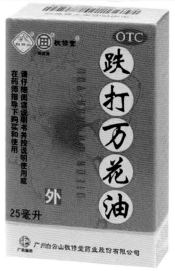

图38 蜡梅药用产品

2018; 杨林波 等, 2012; Wang et al., 2016), 其籽油对 ABTS 自由基清除效果（抗氧化等）优于葡萄籽油（陈向阳 等, 2020）。此外, 柳叶蜡梅还可作为中草药饲料添加剂用于养殖, 提高肉质品质（黎鑫 等, 2022）。

5.1.3 深加工

蜡梅花香馥郁, 含有叶蒎烯、桉叶素、柠檬烯、芳樟醇、樟脑、龙脑、异龙脑等成分（杜永芹 等, 2013; Farsam et al., 2007）, 是极佳的香精、精油和香水的原料, 在保健、美容、农业和食品工业等方面具有较大的开发潜力（程振, 2013）。重庆菩璞生物科技有限公司、中国郑州邦和药业研究院等历经多年研究在蜡梅香精油提取上取得成功, 并成功研发出蜡梅花香水、护肤霜、护手霜、护肤精露、护眼霜、身体乳、花瓣水、洁面皂、洗头皂、沐浴皂、卸妆油等20余个系列产品面市; 重庆研制的蜡梅酒注册了"御临河""雾都牌"商标（芦建国和郑忠明, 2010）, 鄢陵开发出蜡梅国窖、蜡梅原浆、蜡梅古酒等系列白酒, 在国内上市; 成都、重庆、武汉、鄢陵等多地也研制出了多种蜡梅花（叶）茶（周继荣和倪德江, 2010; 周继荣 等, 2010; 周继荣, 2010）, 备受人们的喜爱（图39至图42）。

5.1.4 食用

蜡梅花亦可食用, 加工成菜肴和点心, 有保健祛病、益寿延年的作用。何国珍编著的《花卉入肴菜谱》列有蜡梅豆腐汤、蜡梅玻璃鸡片等花馔品种。花可做菜配料增加美味香气, 即蜡梅入肴幽香来, 如蜡梅粥、蜡梅鱼头汤等（孙玲和孙婧, 2010）。此外, 蜡梅花还可以直接代茶饮（冯

图39　蜡梅鲜花（饶芳 提供）

图40　蜡梅花茶（饶芳 提供）

图41　蜡梅酒（杨灿芳 提供）

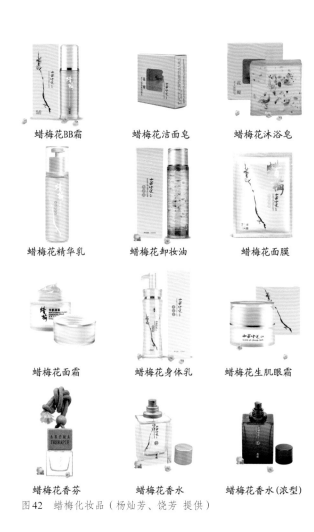

蜡梅花BB霜　　蜡梅花洁面皂　　蜡梅花沐浴皂

蜡梅花精华乳　　蜡梅花卸妆油　　蜡梅花面膜

蜡梅花面霜　　蜡梅花身体乳　　蜡梅花生肌眼霜

蜡梅花香芬　　蜡梅花香水　　蜡梅花香水（浓型）

图42　蜡梅化妆品（杨灿芳、饶芳 提供）

菊恩，1999），经常饮用可治疗头痛、咽喉肿痛、口臭等症。2014年，国家卫生和计划生育委员会（现国家卫生健康委员会）批准柳叶蜡梅作为一种新型食品原料，是药食两用植物（田浩 等，2019）。在英国，蜡梅花已经用来为茶调味，清洗并煮沸后，可以与油和盐一起食用。

5.2　夏蜡梅的主要用途与价值

5.2.1　观赏

夏蜡梅疏影横斜，花形奇特，色彩淡雅，花大秀丽，多姿多彩，花态颇似水仙花，是一种值得在园林绿地中应用的花灌木，十分讨人喜爱。可孤植、丛植或配植。宜栽在半阴半阳处、有散射光的林下或建筑物背光处，如庭院、假山旁、大树下、林带边等（Pan et al., 2019）。也可盆栽观赏，布置阳台、庭院等（张江锋，2010）。

5.2.2　药用

夏蜡梅具有很高的观赏价值，同时兼具药用价值（张若蕙，1994; 浙江植物志编辑委员会，1993; 陈波 等，2008; 李建辉 等，2008; 倪士峰 等，2003）。夏蜡梅入药，花蕾与初开之花，有解暑、清热、理气、止咳等功效；花和根可治胃痛（张江锋，2010）；其叶含有挥发性的芳香油，对感冒、咳嗽、气喘等有一定疗效（沈植国 等，2020）；夏蜡梅茶除防治感冒外，还有一定的镇咳、平喘作用（徐江森，2004）。

6 蜡梅文化

蜡梅独特的风姿，特有的韵味，傲霜斗雪，在逆境中粲然怒放，一向被推崇为"以韵胜，以格高"、坚贞不屈的代表，又象征着吉祥富贵，不仅为历代宫廷权贵和广大群众所爱，也是文人的钟情之物，为我国历代诗人、文学家赞咏。

6.1 蜡梅与诗词文化

宋代大文豪黄庭坚"金蓓锁春寒，恼人春未展，虽无桃李颜，风味极不浅""体薰山麝脐，色染蔷薇露，披拂不满襟，时有暗香度"，两首蜡梅诗生动刻画了蜡梅的花格、花品，推动了蜡梅在宋代京城的发展。从此备受文人墨客的喜爱和赞颂，黄庭坚也被后人尊为"蜡梅花神"（李菁博 等，2012）。

苏轼"天工点酥作梅花，此有蜡梅禅老家，蜜蜂采花作黄蜡，取蜡为花亦其物。天工变化谁得知，我亦儿嬉作小诗，君不见万松岭上黄千叶，玉蕊檀心两奇绝。"刘克庄"浅把宫黄约。细端相、普陀烟里，金身珠络。萼绿华轻罗袜小，飞下祥云仙鹤。朵朵赛、蜂腰纤弱。已被色香撩病思，尽鹅儿、酒美无多酌。"无名氏的《满庭霜》"园林萧索，亭台寂静，万木皆冻凋伤。晓来初见，一品蜡梅芳。疑是黄酥点缀，超群卉、独占中央。堪闲玩，檀心紫蕊，清雅喷幽香。"陈师道"冉冉梢头绿，婷婷花下人，欲传千里信，暗折一枝春。"王十朋"蜂采花成蜡，还将蜡染花，一经坡谷眼，名字压群葩。"陆游"与梅同谱又同时，我为评香似更奇，痛饮便判千日醉，清狂顿减十年衰。色疑初割蜂脾蜜，影欲平欺鹤膝枝，插向宝壶犹未称，合将金屋贮幽姿。"李石"密叶蜡蜂房，花下频来往，不知辛苦为谁甜，山月梅花上。玉质紫金衣，香雪随风荡，人间唤作返魂梅，

仍是蜂儿样。"检索"蜡梅"和"腊梅"在《全唐诗》和《全宋词》中总共出现63首（王扬和李菁博，2013），主要表现在花香、花色、风貌和风骨4个方面。

近代也有不少吟咏蜡梅的诗歌、散文，如余光中的《腊梅》和《乡愁四韵》、陈德洪《磬口腊梅》、许军《腊梅》、林莽《腊梅花开一年一度》和《路遇皇室茶园饮茗中秋有感》、青海湖《抵达》、杨放辉《叛逆的树》、史洪久《咏腊梅》、龙昌发《赞腊梅》、刘南陔《乙酉上九日踏雪登山歌》等。

6.2 蜡梅的典故

蜡梅的典故众多，有"肠胃文章映日""蜡梅以水仙为婢""素儿如梅""梅花妆（寿阳妆）""鄢陵蜡梅冠天下""花中奇友""一品九命""十八学士""十二花师（仙子）""十二月花神""雪中四友""中国十大香花""岁寒二友""花中奇友""侠骨柔情""避邪吉物""喜庆象征""寒客""黄菇""黄金仙""金童仙""杂花八十二品""名扬天下""春之使者""待友佳品""真情见证"等，以下简要介绍几个：

"素儿如梅"：《宾朋宴话》：王直方之父，家多侍女，而小鬟素儿尤妍丽。王尝以蜡梅花送晁无咎，无咎以诗谢之。有云：去年不见蜡梅开，准拟新年恰恰来。芳菲意浅姿容淡，忆得素儿如此梅（汪灏，2016）。将素儿比作蜡梅，一时在古文坛中传为佳话。后人常以此典故赞赏女孩清新脱俗、动人异常。

"鄢陵蜡梅冠天下"：清代，刑部尚书王士禛咏《蜡梅》诗云："林下云姿古外妆，鸟丸鸡距写宫黄。华清不按霓裳舞，输与张装小擅场"。王士正自注云，鄢陵蜡梅以裴氏、张氏为冠，每岁

輦至京师，有一株值白金一锾者。王士禛寄梁曰辑（梁熙，字曰辑）诗曰："梅开腊月一杯酒……"又自注云："鄢陵蜡梅冠天下"（政协鄢陵县委员会和文史资料委员会，2003）。鄢陵作为蜡梅之乡，在当地流传着许多传说，如"鄢陵黄梅冠天下""天下第一花"等，连皇帝也慕名而来，观赏、吟诗、作画，蜡梅也因此名声大振。

"十二花师（仙子）"：《镜花缘》中，记有牡丹、兰花、梅花、菊花、桂花、莲花、芍药、海棠、水仙、蜡梅、杜鹃、玉兰等12种花，因其古香自异，国色无双，品列上等，其开花时，态浓意远，骨重香严，每觉肃然起敬，因而不啻事之如师尊"（闻铭 等，2000）。

"雪中四友"：蜡梅与白梅、山茶、水仙齐称为"雪中四友"（周武忠，1992），为贞洁不屈的象征和美丽的化身。其生命力强，观赏性强，从古至今，长盛不衰。

"中国十大香花"：在我国栽培很广的桂花、兰花、珠兰、米兰、荷花、梅花、水仙、蜡梅、玫瑰、栀子花为我国传统的十大香花（闻铭 等，2000）。

"真情见证"：这种说法一是因为梅与媒谐音，二是时间正是蜡梅花盛开的时期，三是在古时的鄢陵等地有送蜡梅花定情的习俗。蜡梅具有清高脱俗的品格，数九寒天、冰天雪地，蜡梅却"枝横碧玉天然瘦、蕾破黄金分外香"。男女青年选它为定情之物，意为希望对方在日后的生活中有蜡梅那凌寒傲雪、不屈不挠的风骨和品格。

6.3 蜡梅的民间传说

蜡梅的民间传说众多，如《姚家黄梅》《天香花》《天下第一花》《西王母盛怒惩百花，蜡梅仙遭贬下豫州》《黄梅儿》《贴花黄》《蜡梅仙子救唐僧》《李太白乾明寺道，杜子美伏村岭寻梅》《梅花庄村姑献香茗，黄山谷戏咏蜡梅诗》《素儿》《宁汉纷争，国民无着，蜡梅受宠，鄢陵遭殃》《张学良与张大千的〈腊梅图〉》，以及有关蜡梅的名人与春联故事等。

6.4 蜡梅与艺术

蜡梅绘画艺术在我国较为流行，艺术成就较高的有宋朝赵佶的《腊梅山禽图》（《山禽腊梅图》）、明朝仇英的《腊梅水仙图》、清朝恽寿平的《山茶腊梅图》、齐白石的《芭蕉腊梅》等。

描写蜡梅的音乐作品有陕西红色歌曲《腊梅开花雪里寒》，中国民乐《雪梅—花乐系列》音乐的《国色—蜡梅》，儿歌《蜡梅》，民歌《采花》《十二月花》《踏雪寻梅》等。

蜡梅的工艺品较多，主要有瓷器、珐琅、玉、纪念币、缂丝等，极具艺术特色。

参考文献

白会强，蔡少华，徐亮，等，2010. HPLC法测定山蜡梅中东莨菪素、槲皮素、夏蜡梅碱[J]. 中草药，41(3): 486-487.

毕武，姚霞，何春年，等，2013. 香风茶的传统应用与研究现状[J]. 中国现代中药，15(11): 1012-1018.

陈波，李建辉，金则新，等，2008. 濒危植物夏蜡梅叶片酚类化合物含量的动态分析[J]. 福建林业科技，35(1): 77-80.

陈德懋，戴振伦，1985. 中国蜡梅属新植物[J]. 华中师院学报（自然科学版）(1): 67-72.

陈功锡，李菁，盛忠恒，1995. 湘西北发现大片野生蜡梅林[J]. 广西植物，17(4): 373.

陈功锡，李菁，李鹋鸣，等，1997. 湘西北蜡梅群落特征的初步研究[J]. 广西植物，17(2): 118-126.

陈辉，1992. 夏蜡梅引种繁殖实验[J]. 江西林业科技(5): 22-23.

陈慧，2018. 黄金茶乙醇提取物的成分分析及降血糖作用研究[D]. 南昌：江西农业大学.

陈慧君，谢其明，1988. 湖北保康天然蜡梅资源分布极其生态环境初探[J]. 武汉植物学研究，6(2): 157-162.

陈景沂，1982. 全芳备祖：前集[M]. 北京：农业出版社：226.

陈俊愉，1998. "二元分类"：中国花卉品种分类新体系[J]. 北京林业大学学报，20(2): 1-5.

陈龙清，鲁涤非，陈志远，1990. 湖北省野生蜡梅种质资源研究[J]. 中国园林，6(4): 24-26.

陈龙清，鲁涤非，1995. 蜡梅品种分类研究及武汉地区蜡梅品种调查[J]. 北京林业大学学报，17(S1): 103-107.

陈龙清，1998. 蜡梅属的物种生物学研究[D]. 北京：北京林业大学.

陈龙清，2012. 蜡梅科植物研究进展[J]. 中国园林，28(8): 49-53.

陈龙清，陈俊愉，1999. 蜡梅属植物的形态、分布、分类及其应用[J]. 中国园林，15(1): 76-77.

陈龙清，赵凯歌，周明芹，2004. 蜡梅品种分类体系探讨[J]. 北京林业大学学报(S1): 88-90.

陈龙清, 赵凯歌, 杜永芹, 等, 2020. 蜡梅属品种国际登录 (2016—2018)[J]. 中国园林, 36(S1): 40-43.

陈香波, 张丽萍, 王伟, 等, 2008. 夏蜡梅在安徽首次发现[J]. 热带亚热带植物学报(3): 277-278.

陈香波, 2010. 夏蜡梅引种及栽培应用技术研究[Z]. 上海市: 上海市园林科学研究所: 6-11.

陈向阳, 毕淑峰, 姚瑶, 等, 2013. 柳叶蜡梅叶挥发油体外抗氧化活性[J]. 光谱实验室, 30(3): 1484-1487.

陈向阳, 毕淑峰, 李艳, 等, 2020. 野生柳叶蜡梅籽油理化性质、脂肪酸组成及抗氧化活性研究[J]. 中国油脂, 45(6): 115-119.

陈志秀, 丁宝章, 赵天榜, 等, 1987. 河南蜡梅属植物的研究[J]. 河南农业大学学报, 21(4): 413-426.

陈志秀, 1994. 中国蜡梅属植物过氧化物同工酶的研究[J]. 生物数学学报, 9(4): 169-175.

陈志秀, 1995. 蜡梅17个品种过氧化物同工酶的研究[J]. 植物研究, 15(3): 403-411.

程红梅, 周耘峰, 詹双侯, 2007. 蜡梅栽培现状及资源保护和利用[J]. 北京林业大学学报(S1): 130-133.

程振, 2013. 蜡梅花精油提取及其产业化开发研究[D]. 南京: 南京林业大学.

丁兆辉, 林新兴, 王丽华, 等, 2020. 山蜡梅叶颗粒治疗风热证型急性上呼吸道感染临床疗效观察[J]. 中华中医药杂志, 35(9): 4758-4760.

董雷, 2017. 蜡梅科植物基因组大小预测与核型分析[D]. 武汉: 华中农业大学.

董瑞霞, 潘俊杰, 金叶, 等, 2021. 两种蜡梅属药食兼用茶化学成分及药理活性研究进展[J]. 食品工业科技, 42(16): 429-437.

杜灵娟, 2006. 南京地区蜡梅品种RAPD标记和分类研究[D]. 南京: 南京林业大学.

杜永芹, 田晓龙, 甘建忠, 2013. 不同品种蜡梅花精油成分的研究[J]. 北京林业大学学报, 35(S1): 81-85.

范成大, 2002. 范成大笔记六种[M]. 北京: 中华书局: 256-257.

范楚川, 2001. 利用RAPD标记分析夏蜡梅自然居群的遗传变异[D]. 武汉: 华中农业大学.

方罡, 2014. 山蜡梅复合种亲缘地理学初步研究[D]. 南昌: 南昌大学.

冯锦泉, 2007. 新西兰花卉产业——特别关注蜡梅的引进和商品化(英文)[J]. 北京林业大学学报(S1): 4-8.

冯菊恩, 1985. 江南地区的一株稀有古腊梅[J]. 上海农业科技(6): 8.

冯菊恩, 陈映琦, 1986. 苏州腊梅的调查[J]. 上海农业科技(6): 3-4.

冯菊恩, 王玉勤, 1989. 江南又发现一株稀有良种古腊梅[J]. 上海农业科技(1): 43.

冯菊恩, 李瑞华, 鲁涤非, 等, 1990. 中国花经: 蜡梅[M]. 上海: 上海文化出版社: 167-169.

冯菊恩, 1999. 让中华蜡梅崛起高飞——香飘世界[J]. 园林(2): 16.

冯菊恩, 章先禄, 2007. 十说蜡梅[J]. 园林(1): 36.

逢洪波, 2006. 蜡梅科植物的分子系统学研究[D]. 沈阳: 辽宁师范大学.

高政平, 2005. 夏蜡梅的离体快繁关键技术研究[D]. 南京: 南京农业大学.

高政平, 2010. 夏蜡梅研究进展与趋势展望[J]. 北方园艺, (22): 199-201.

顾福根, 万志刚, 宋卫平, 2006. 夏蜡梅的组织培养与植株再生[J]. 植物生理学通讯, 42(5): 922.

郭赋英, 曾文文, 楼浙辉, 2011. 江西省蜡梅属(Chimonanthus)种质资源及利用[J]. 江西林业科技(5): 15-16.

郭娜, 田燕元, 舒任庚, 等, 2021. 山蜡梅叶酚性成分的研究[J]. 中成药, 43(12): 3378-3382.

郭绍虞, 1980. 关于七言律诗的音节问题兼论杜律的拗体[C]. 古代文学理论研究(第二辑): 25-57.

胡绍庆, 丁炳扬, 陈征海, 2002. 浙江省珍稀濒危植物种多样性保护的关键区域[J]. 生物多样性, 10(1): 15-23.

胡文杰, 杨书斌, 2008. 山蜡梅化学成分及其药用研究进展[J]. 江西林业科技(6): 60-62.

胡一民, 2005. 蜡梅[J]. 花木盆景(花卉园艺)(11): 19.

黄坚钦, 张若蕙, 1995. 蜡梅科9种叶的比较解剖[J]. 浙江林学院学报, 12(3): 237-241.

黄建花, 徐荣章, 石茹芳, 2004. 夏蜡梅研究报告[J]. 杭州医学高等专科学校学报, 25(3): 150-152.

黄岳渊, 黄德邻, 2018. 花经[M]. 北京: 新星出版社: 418-420.

贾春, 刘兴剑, 何树兰, 等, 2002. 珍稀濒危树种的迁地保育以及在城市建设中的作用[J]. 江苏林业科技, 29(4): 27-30.

蒋天仪, 叶少平, 伍碧华, 等, 2016. 四川大巴山蜡梅野生种质资源的收集保存与分类[J]. 黑龙江农业科学(4): 79-81.

金建平, 赵敏, 1992. 我国蜡梅野生资源的分布及品种分类的探讨[J]. 北京林业大学学报, (S4): 119-122.

兰伟, 2001. 夏蜡梅的繁殖技术[J]. 植物杂志(6): 26.

黎鑫, 魏奇, 周逢芳, 等, 2022. 柳叶蜡梅提取物对大黄鱼肌肉营养品质的影响[J]. 饲料研究, 45(14): 54-59.

李秉滔, 1979. 中国植物志: 第30卷第2册[M]. 北京: 科学出版社: 1-10.

李德铢, 2018. 中国维管植物科属词典[M]. 北京: 科学出版社: 84-109.

李德铢, 2020. 中国维管植物科属志[M]. 北京: 科学出版社: 249-251.

李根有, 楼炉焕, 金水虎, 等, 2002. 浙江省野生蜡梅群落及其区系[J]. 浙江林学院学报, 19(2): 17-22.

李根有, 金水虎, 楼炉焕, 2003. 浙江省野生蜡梅数量及群落学研究[J]. 北京林业大学学报, 25(6): 30-33.

李建辉, 金则新, 陈波, 等, 2008. 濒危植物夏蜡梅叶片次生代谢产物含量的动态分析[J]. 西北林学院学报, 23(2): 28-30, 68.

李琦, 周君美, 邢丙聪, 等, 2022. 蜡梅属药用植物分子生物学研究进展[J]. 中国现代应用药学, 39(12): 1646-1654.

李菁博, 许兴, 程炜, 2012. 花神文化和花朝节传统的兴衰与保护[J]. 北京林业大学学报(社会科学版), 11(3): 56-61.

李菁博, 邓莲, 2016. 梅花和蜡梅被西方世界认识的历史考证[J]. 亚热带植物科学, 45(3): 295-300.

02

李林初, 1990. 夏蜡梅属花粉形态的研究 [J]. 植物研究, 10(1): 93-98.

李时珍, 2019. 本草纲目 (六)[M]. 武汉: 湖北教育出版社: 2070.

李姝臻, 李媛, 刘晓龙, 2021. 贵州蜡梅属药用植物化学成分和药理作用研究进展 [J]. 中国民族民间医药, 30(6): 59-65.

李帅岚, 邹峥嵘, 2018. 蜡梅属植物中黄酮和香豆素类成分及药理活性研究进展 [J]. 中草药, 49(14): 3425-3431.

李雪刚, 2021. 腊梅的规模化栽培及市场分析 [J]. 现代园艺, 44(10): 24-25.

李烨, 李秉滔, 2000a. 蜡梅科植物的分支分析 [J]. 热带亚热带植物学报, 8(4): 275-281.

李烨, 李秉滔, 2000b. 蜡梅科植物的起源演化及其分布 [J]. 广西植物, 20(4): 295-300.

廖鹏飞, 兰宁, 凌群恩, 2021. 山蜡梅叶颗粒联合克拉霉素治疗慢性咽炎的临床疗效 [J]. 天津药学, 33(5): 59-62.

林舒琪, 陈瑞丹, 2020. 蜡梅的园林应用、产业进程及相关研究探讨 [J]. 中国园林, 36(S1): 104-108.

林协, 1980. 夏蜡梅 [J]. 科技简报 (4): 31.

刘洪谔, 徐耀良, 杨逢春, 1999. 蜡梅科植物的开花与传粉 [J]. 北京林业大学学报, 21(2): 122-124.

刘茂春, 1984. 蜡梅属的研究 [J]. 南京林学院学报, 2: 78-82.

刘茂春, 1991. 中国传统名花蜡梅属的整理 [J]. 浙江林学院学报, 8(2): 153-158.

刘小星, 2016. 夏蜡梅幼苗施肥技术研究 [D]. 南京: 南京林业大学.

刘玉芳, 杨永兰, 邓先保, 等, 2007. 夏蜡梅的引种栽培 [J]. 重庆林业科技 (1): 42-43, 59.

卢毅军, 2013. 蜡梅属系统发育及蜡梅栽培起源研究 [D]. 杭州: 浙江大学.

芦建国, 郑忠明, 2010. 蜡梅的应用开发初探 [J]. 北京林业大学学报, 32(S2):191-193.

芦建国, 任勤红, 2011. 杭州蜡梅品种资源调查分类及园林应用 [J]. 南京林业大学学报 (自然科学版), 35(4): 139-142.

芦建国, 王建梅, 2012. 中国蜡梅品种分类研究综述 [J]. 江苏林业科技, 39(3):42-46.

鲁赛阳, 2020. 南昌市蜡梅品种分类研究 [D]. 南昌: 江西农业大学.

罗桂环, 2005. 近代西方识华生物学史 [M]. 济南: 山东教育出版社: 52-56, 55, 71-72.

罗桂环, 李昂, 2011. 哈佛大学阿诺德树木园对我国植物学早期发展的影响 [J]. 北京林业大学学报 (社会科学版), 10(3): 1-8.

茅允彬, 李名扬, 眭顺照, 2009. 蜡梅种质资源遗传多样性研究进展 [J]. 山东林业科技, 39(3): 156-158.

倪士峰, 潘远江, 傅承新, 等, 2003. 夏蜡梅挥发油气相色谱-质谱研究 [J]. 分析化学, 31(11): 1405.

邸果园, 蔡荣荣, 王力超, 等, 2006. 夏蜡梅组织培养试验初报 [J]. 浙江林业科技, 26(5): 28-30.

邵金彩, 杨灿芳, 关正, 等, 2015. 重庆市静观镇蜡梅产业现状与发展策略 [J]. 北京林业大学学报, 37(S1): 29-33.

沈植国, 2022. 红花蜡梅全基因组及花被片类黄酮生物合成途径解析 [D]. 长沙: 中南林业科技大学.

沈植国, 孙萌, 袁德义, 等, 2020. 蜡梅科6种植物嫩梢挥发性成分的 HS–SPME–GC–MS 分析 [J]. 园艺学报, 47(12): 2349-2361.

史琳婧, 杨世仙, 毕峻龙, 等, 2012. 蜡梅枝叶化学成分及其抗病毒活性 [J]. 天然产物研究与开发, 24(10):1335-1338.

史小娟, 潘心禾, 张新凤, 等, 2011. 柳叶蜡梅叶挥发性成分的提取及 GC-MS 分析 [J]. 中国实验方剂学杂志, 17(9): 129-132.

舒迎澜, 2001. 二梅文化 [J]. 北京林业大学学报, 23(S1): 64-68.

宋兴荣, 袁蒲英, 何相达, 2012. 四川栽培蜡梅品种的调查与整理 [J]. 北京林业大学学报, 34(S1): 127-131.

宋兴荣, 袁蒲英, 熊昌发, 2015a. 四川省万源市野生腊梅资源调查研究 [J]. 植物遗传资源学报, 16(2): 231-237.

宋兴荣, 袁蒲英, 何相达, 2015b. 蜡梅切花产品质量标准研究与探讨 [J]. 北京林业大学学报, 37(S1): 48-53.

宋兴荣, 何相达, 江波, 2018. 蜡梅栽培 [M]. 北京: 科学出版社: 1-26.

宋兴荣, 袁蒲英, 邵祎瑶, 2019. 不同蜡梅品种嫁接成活率及年生长状况 [J]. 江苏农业科学, 47(23): 170-175.

宋兴荣, 袁蒲英, 何相达, 等, 2020. AHP法构建不同用途蜡梅品种评价体系研究 [J]. 中国园林, 36(S1): 55-59.

孙玲, 孙婧, 2010. 腊梅迎春 [J]. 中国食品 (4): 68-69.

孙萌, 张文健, 沈希辉, 2019. 蜡梅小型盆栽培育技术 [J]. 河南林业科技, 39(4): 52-53.

孙孟军, 陈征海, 翁卫松, 等, 2001. 浙江珍稀濒危植物调查新发现 [J]. 浙江林业科技, 21(4): 7-10.

孙钦花, 2007. 南京地区蜡梅品种资源调查和分类研究 [D]. 南京: 南京林业大学.

汤彦承, 向秋云, 1987. 华东地区一些植物的细胞学研究 (1) [J]. 植物分类学报, 25(1): 1-8.

田浩, 马建苹, 周剑, 等, 2019. 柳叶蜡梅研究进展 [J]. 中国食品工业 (11): 78-80.

万卉敏, 李永华, 杨秋生, 2012. 蜡梅品种的花粉形态学分类 [J]. 林业科学, 48(1): 91-96, 191.

汪灏, 2016. 中国历代谱录文献集成: 御定佩文斋广群芳谱 [M]. 合肥: 黄山出版社: 20331-20337.

王凌云, 张志斌, 邹峥嵘, 2012. 蜡梅属植物化学成分和药理活性研究进展 [J]. 时珍国医国药, 23(12): 3103-3106.

王路, 2018. 花史左编 [M]. 南京: 江苏凤凰文艺出版社: 175.

王淼博, 2013. 蜡梅品种分类及系统构建研究 [D]. 南京: 南京林业大学.

王象晋, 1985. 群芳谱诠释: 增补订正 [M]. 北京: 农业出版社: 238.

王扬, 李菁博, 2013. 从"腊梅"到"蜡梅"——蜡梅栽培史及蜡梅文化初考 [J]. 北京林业大学学报, 35(S1): 110-115.

温慧萍, 雷伟敏, 吴宇锋, 等, 2013. 柳叶蜡梅茎叶水提物的"消导止泻"研究 [J]. 中国现代中药, 15(11): 943-946.

温慧萍, 肖建中, 雷伟敏, 等, 2018. HPLC结合响应面法优化柳叶蜡梅总黄酮提取工艺及其抑菌活性研究 [J]. 浙江农业学报, 30(2): 298-306.

文震亨, 1984. 长物志校注 [M]. 南京: 江苏科学技术出版社: 50-52.

闻铭, 周武忠, 高永青, 2000. 中国花文化辞典 [M]. 合肥: 黄山书社: 2.

吴艳秋, 刘宇灵, 林龙飞, 等, 2021. 山蜡梅叶化学成分、药理作用及临床应用研究进展 [J]. 中华中医药杂志, 36(11): 6599-6607.

伍碧华, 徐恒伟, 明军, 等, 2009. 四川大巴山野生蜡梅资源现状与保护利用 [J]. 中国野生植物资源, 28(5): 33-36.

向胤道, 王齐华, 李采明, 等, 2005. 大巴山区野生腊梅资源的保护与开发利用 [J]. 资源开发与市场 (1): 61-62, 69.

肖炳坤, 刘耀明, 2003. 蜡梅属植物分类、化学成分和药理作用研究进展 [J]. 现代中药研究与实践, 17(2): 59-61.

徐江森, 2004. 大明山"山花"——夏蜡梅 [J]. 浙江林业, 21(1): 27.

徐金标, 潘俊杰, 吕群丹, 等, 2018. 蜡梅科植物化学成分及其药理活性研究进展 [J]. 中国中药杂志, 43(10): 1957-1968.

徐荣章, 1983. 夏蜡梅 [J]. 植物杂志 (4): 32.

徐少锋, 赵欣, 2015. 蜡梅园林应用的优势与前景 [J]. 农业科技与信息 (现代园林), 12(9): 667-672.

徐耀良, 张若蕙, 周骋, 1997. 夏蜡梅的群落学研究 [J]. 浙江林学院学报, 14(4): 43-50.

徐智祥, 2020. 蜡梅CpWRI-L4基因的克隆与功能分析 [D]. 重庆: 西南大学.

颜景惠, 李斌, 2008. 春接夏蜡梅 [J]. 花木盆景 (花卉园艺) (5): 7.

杨林波, 江伟华, 巴东娇, 等, 2012. 柳叶蜡梅灌肠剂对慢性盆腔炎大鼠免疫功能和炎性因子的影响 [J]. 中国中医药科技, 19(4): 346-347.

姚崇怀, 王彩云, 1995. 蜡梅品种分类的三个基本问题 [J]. 北京林业大学学报, 17(S1): 164-167.

姚青菊, 朱洪武, 任全进, 等, 2014. 夏蜡梅与美国蜡梅属间杂交新品种'红运' [J]. 园艺学报, 41(8): 1755-1756.

于宏, 汪涛涌, 王建, 等, 2021. 山蜡梅的化学成分及其生物活性研究进展 [J]. 药物分析杂志, 41(9): 1477-1486.

俞宗本, 1962. 种树书 [M]. 北京: 农业出版社: 18.

袁蒲英, 宋兴荣, 何相达, 等, 2020. 蜡梅叶茶制作及成分分析 [J]. 中国园林, 36(S1): 48-51.

曾宪锋, 邱贺媛, 2010. 广东省野生植物一新记录科——蜡梅科 [J]. 西北植物学报, 30(1): 205-207.

张方钢, 陈征海, 邱瑶德, 等, 2001. 夏蜡梅种群的分布数量及其主要群落类型 [J]. 植物研究, 21(4): 620-623.

张光富, 2000. 安徽珍稀濒危植物及其保护 [J]. 安徽师范大学学报 (自然科学版) (1): 36-39.

张家瑞, 杨姗, 2014. 重庆市北碚区蜡梅产业化开发利用思考 [J]. 南方农业, 8(22): 58-60.

张江锋, 2010. 炎日盛花夏蜡梅 [J]. 园林 (7): 76.

张丽萍, 2009a. 夏蜡梅 (Calycanthus chinensis) 栽培生理生态初步研究 [D]. 临安: 浙江林学院.

张丽萍, 陈香波, 金荷仙, 2009b. 夏蜡梅研究进展 [J]. 浙江林业科学, 29(1): 65-70.

张灵南, 沈雪华, 陈忠英, 1988. 腊梅品种、类型的花部性状编码鉴别法 [J]. 上海农业科技 (1): 7-8.

张若蕙, 刘洪谔, 沈锡廉, 等, 1994. 八种蜡梅的繁殖 [J]. 浙江林业科技, 14(1): 1-7.

张若蕙, 丁陈森, 1980. 中国蜡梅科植物的幼苗形态集及蜡梅属一新种 [J]. 植物分类学报, 18(3): 329-332.

张若蕙, 黄坚钦, 刘洪谔, 1993. 蜡梅科叶表皮的特征及其分类意义 [J]. 浙江林学院学报, 10(4): 11-20.

张若蕙, 1994. 浙江珍稀濒危植物 [M]. 杭州: 浙江科学技术出版社: 154-156.

张若蕙, 刘洪谔, 童再康, 等, 1995. 蜡梅科树种的同工酶种间和种内变异 [J]. 北京林业大学学报, 17(S1): 96-102.

张若蕙, 刘洪谔, 1998. 世界蜡梅 [M]. 北京: 中国科学技术出版社: 104.

张若蕙, 沈湘林, 1999. 蜡梅科的分类及地理分布与演化 [J]. 北京林业大学学报, 21(2): 8-12.

张文科, 2015. 鄢陵蜡梅的历史、现状与发展方向 [J]. 北京林业大学学报, 37(S1): 5-7.

张忠义, 赵天榜, 1990. 鄢陵素心腊梅类品种的模糊聚类研究 [J]. 湖南农业大学学报, 24(3): 310-318.

章瑶, 华金渭, 王秀艳, 等, 2013. 柳叶蜡梅叶氯仿部位化学成分的研究 [J]. 中国中药杂志, 38(16): 2661-2664.

赵冰, 张启翔, 2007a. 江西婺源县蜡梅属资源现状及其开发利用 [J]. 中国野生植物资源, 26(6): 35-36.

赵冰, 张启翔, 2007b. 中国蜡梅属种质资源的分布及其特点 [J]. 广西植物, 27(5): 730-735.

赵冰, 2008a. 蜡梅种质资源遗传多样性与核心种质构建的研究 [D]. 北京: 北京林业大学.

赵冰, 张启翔, 2008b. 中国蜡梅种质资源花性状的变异分析 [J]. 园艺学报, 25(3): 383-388.

赵秉文, 2016. 闲闲老人滏水集 [M]. 北京: 科学出版社: 227.

赵凯歌, 虞江晋芳, 陈龙清, 2004. 蜡梅品种的数量分类和主成分分析 [J]. 北京林业大学学报, 26(S1): 79-83.

赵凯歌, 2007. 用形态标记和分子标记研究蜡梅栽培种质的遗传多样性 [D]. 武汉: 华中农业大学.

赵天榜, 陈志秀, 李振卿, 等, 1989. 中国蜡梅属一新种 [J]. 植物研究, 9(4): 47-49.

赵天榜, 陈志秀, 高炳振, 等, 1993. 中国蜡梅 [M]. 郑州: 河南科学技术出版社: 78-90.

浙江植物志编辑委员会, 1993. 浙江植物志: 第2卷 [M]. 杭州: 浙江科学技术出版社: 345.

郑万钧, 章绍尧, 洪涛, 等, 1963. 中国经济树木新种及学名订正 [J]. 林业科学, 8(1): 1-14.

郑万钧, 章绍尧, 1964. 蜡梅科的新属——夏蜡梅属 [J]. 植物分类学报, 9(2): 135-138.

政协鄢陵县委员会, 文史资料委员会, 2003. 鄢陵县文史资料 (第七辑) 鄢陵花卉专辑 [M]. 河南: 许昌市邮电印刷厂.

周继荣, 倪德江, 2010. 蜡梅不同品种和花期香气变化及其花茶适制性 [J]. 园艺学报, 37(10): 1621-1628.

周继荣, 郑凯英, 狄英杰, 等, 2010. 蜡梅花茶加工过程中品质的变化 [J]. 茶叶科学, 30(5): 393-398.

周继荣, 2010. 蜡梅花茶加工工艺创新与窨制机理研究 [D].

武汉: 华中农业大学.

周俊国, 扈惠灵, 2001. 蜡梅的继代培养研究初报[J]. 河南职技师院学报, 29(1): 19-20.

周世良, 2003. 腊梅科的分子系统学与地理学[C]. 中国植物学会七十周年年会论文摘要汇编 (1933—2003): 139.

周武忠, 1992. 中国花卉文化[M]. 广州: 花城出版社: 113-228.

BLAKE S T, 1972. *Idiospermun* (Idiospermaceae), a new genus and family for *Calycanthus floridus* [Z]. Ph. D.dissertation, contrib Queensland Herb, 12: 1-37.

BRETSCHNEIDER E, 1881. Early rabidop researches into the flora of China[M]. Shanghai: American Presbyterian Mission Press: 4-7, 49.

BRYANT G, SCARROW E, 1995. The complete New Zealand gardener[M].New Zealand: David Bateman Ltd. Auckland: 150.

CAROLI L, 1762. Species plantarum: exhibentes plantas rite cognitas, ad genera relatas, cum differentiis specificis, nominibus trivialibus, synonymis selectis, locis Natalibus, secundum systema sexuale digestas[M]. Holmiae: Impensis Direct: 718.

CHANT S R, 1978. Calycanthaceae[A]. In: Heywood V H. Flowering Plants of the World[M]. New York: Oxford University Press.

CHEN L Q, ZHAO K G, DU Y Q, et al., 2017. Internationally registered cultivars in *Chimonanthus* Lindley (2014-2015)[J]. Acta Hortic, 1185: 105-115.

DAHLGREN R, 1983. General aspects of angiosperm evolution and macrosystematic [J]. Nordic Journal of Botany, 3(1): 119-149.

DON George, 1832. A general history of the dichlamydeous plants Vol. 2[M]. London: J.G. and F. Rivington: 652.

DU HALDE J B, 1735. Description Géographique, Historique, Chronologique, Politique et Physique de L'empire de la Chine et de la Tartarie Chinoise Vol.2[M]. Paris: P. G. Lemercier: 149.

EDWARDS S, RIDQWAY J, 1820. A general history of the dichlamydeous plants Vol. 6[M]. London: Printed for James Ridgway: 451.

FAN C C, PECCHIONI N, Chen L Q, 2008. Genetic structure and proposed conservation strategy for natural populations of *Calycanthus chinensis* Cheng et S. Y. Chang (Calycanthaceae) [J]. Canadian Journal of Plant Science, 88(1) : 179-186.

FARSAM H, AMANLOU M, TAGHI-CHEETSAZ N, et al., 2007. Essential oil constituents of *Chimonanthus fragrans* flowers population of Tehran[J]. Daru,15(3) : 129-131.

FLINT H. 1998. Landscape plants for eastern North America: exclusive of Florida and the immediate Gulf coast[J]. A Wiley-Interscience publication, 35(5): 2690.

GRIFFITHS M, 1994. The New Royal Horticultural Society dictionary [of gardening] index of garden plants[M]. Macmillan, Timber Press.

GUI R Y, LIANG W W, YANG S X, 2014. Chemical composition, antifungal activity and toxicity of essential oils from the leaves of *Chimonanthus praecox* located at two different geographical origin[J]. Asian Journal of Chemistry: An International Quarterly Research Journal of Chemistry, 26(14): 4445-4448.

GUO N, SHU Q B, ZHANG P Y, 2021. Six new rabidop-type sesquiterpenoids from the leaves of *Chimonanthus nitens* Oliv[J]. Fitoterapia, 154(10): 105019.

HARRISON E R, 1965. Trees and shrubs[C]. New Zealand: Wellington A H,Reed A W.Wellington: 199.

HE J, ZHANG Y, OUYANG K, et al., 2022. Extraction, chemical composition, and protective effect of essential oil from *Chimonanthus nitens* Oliv. leaves on dextran sodium sulfate-induced colitis in mice[J]. Oxidative medicine and cellular longevity, 2022: 9701938.

HU H Y, 1954. Hu notes on the flora of China[J]. Journal of the Arnold Arboretum, 35(2): 197.

HUANG W P, WEN Z Q, WANG M M, 2020. Anticomplement and antitussive activities of major compound extracted from *Chimonanthus nitens* Oliv. Leaf [J]. Biomedical Chromatography, 34(2): 4736.

HUANG R W, SUI S Z, LIU H M, 2021. Overexpression of CpWRKY75 from *Chimonanthus praecox* promotes flowering time in transgenic rabidopsis[J]. Genes, 13(1): 68.

JAMAL A, WEN J, MA Z Y, 2021. Comparative chloroplast genome analyses of the winter-blooming eastern Asian endemic genus *Chimonanthus* (Calycanthaceae) with implications for its phylogeny and diversification[J]. Frontiers in Genetics, 12: 709996.

KAEMPFER E, 1712. Amoenitatum exoticarum politico-physico-medicarum fascicule V[M]. Lemgoviae (Lemgo): Typis & Impensis Henrici Wilhelmi Meyeri, Aulae Lippiacae Typographi: 799, 878-879.

KUBITZKI K, 1993. Calycanthaceae [M]. Springer Berlin Heidelberg: 197-200.

LANCASTER R, MARTYN R, 2019. *Calycanthus chinensis*[J]. Curtis's Botanical Magazine, 36(4): 340-346.

LASSEIGNE F T, FANTZ P R, RAULSTON J C, et al., 2001. × *Sinocalycalycanthus raulstonii* (Calycanthaceae): A new intergeneric hybrid between *Sinocalycanthus chinensis* and *Calycanthus floridus*[J]. Hortscience, 36(4): 765-767.

LI B T, BRUCE B, 2008. Flora of China 7 [M]. Beijing & St. Louis: Science Press & Missouri Botanical Garden Press: 92-95.

LI Z N, LIU N, ZHANG W, 2020. Integrated transcriptome and proteome analysis provides insight into chilling-induced dormancy breaking in *Chimonanthus praecox*[J]. Horticulture Research, 7(1): 198.

LINDLEY J, 1819. Botanical Register [Z]. consisting of coloured figures, 5: 404.

LINK J, 1822. Enumeratio Plantarum Horti Regii Berolinensis

02

Altera[Z]. Berlin: G. Reimer: 66.

LOU H Y, ZHANG Y, MA X P, 2018. Novel sesquiterpenoids isolated from *Chimonanthus praecox* and their antibacterial activitie[J]. Chinese Journal of Natural Medicines, 16(8): 621-627.

LV J S, ZHANG L L, CHU X Z, et al., 2012. Chemical composition, antioxidant and antimicrobial activity of the extracts of the flowers of the Chinese plant *Chimonanthus praecox* [J]. Natural Product Letters, 26(14): 1363-1367.

LV Q D, QIU J, LIU J, et al., 2020. The *Chimonanthus salicifolius* genome provides insight into magnoliid evolution and flavonoid biosynthesis[J]. The Plant journal: for cell and molecular biology, 103(5): 1910-1923.

MENG L B, SHI R, WANG Q, et al., 2021. Analysis of floral fragrance compounds of *Chimonanthus praecox* with different floral colors in Yunnan, China[J]. Separations, 8(8): 122.

MING W, 1970. Contribution à l'histoire de la Matière médicalevégétalechinoise[J]. Journal D'agricultureTropicale et de Botanique Appliqué, 17: 504-549.

MORIKAWA T, NAKANISHIY, NINOMIYA K, et al., 2014. Dimeric pyrrolidinoindoline-type alkaloids with melanogenesis inhibitory activity in flower buds of *Chimonanthus praecox*[J]. J Nat Med, 68(3): 539-549.

NICELY K A, 1965, A monographic study of the Calycanthaceae[J]. Castanea. (30): 38-81.

NING J C, ZHANG Y L, XI Y Z, et al., 1993. A Palyologieal study of Calycanthaceae [J]. Cathaya, 5: 179-188.

OLIVER D, 1887. In Hooker [Z]. Hooker's Icones Plantarum, 16(4): 1600.

PAN K X, LU Y J, HE S N, et al., 2019. Urban green spaces as potential habitats for introducing a native endangered plant, *Calycanthus chinensis*[J]. Urban Forestry & Urban Greening, 46©: 126444.

RANNEY T, EAKER T, 2005. Hybrid *Calycanthus* plant nam'd 'Ve'us'[P]. US: pp15925.

SHANG J Z, TIAN J P, CHENG H H, et al., 2020. The chromosome-level wintersweet (*Chimonanthus praecox*) genome provides insights into floral scent biosynthesis and flowering in winter[J]. Genome biology, 21(1): 200.

SMITH W W, 1914. Notes from the royal botanic garden[J]. Edinburgh, 8(38): 182-183.

STERNER R W, YOUNG D A, 1980. Flavonoid chemistry and the phylogenetic relationships of the Idiospermaceae[J]. Systematic Botany, 5(4): 432-437.

TAKHTAJAN A, 1997. Diversity and classification of flowering plants [M]. New York: Columbia University Press.

THORNE R F, 1983. Proposed new realignments in the angiosperms[J]. Nordic Journal of Botany, 3(1): 102.

WANG K W, LI D, WU B, et al., 2016. New cytotoxic dimeric and trimeric coumarins from *Chimonanthus salicifolius*[J]. Phytochem Lett (16): 115-120.

WANG N, CHEN H, XIONG L, 2018. Phytochemical profile of ethanolic extracts of *Chimonanthus salicifolius* S. Y. Hu. leaves and its antimicrobial and antibiotic-mediating activity[J]. Industrial Crops and Products, 125: 328-334.

WEN J, JANSEN R K, ZIMMER E A, 1995. Phylogenetic relationships and DNA sequence divergence of eastern Asian and eastern North American disjunct plants[C]. Hayama, Japan: Current topics on molecular evolution: Proceeedings of the U.S.-Japan workshop: 37-44.

WILLIAM C,1800. The botanical magazine, or, flower-garden displayed[M]. London: Stephen Couchman: 466.

WILSON E H, 1913. A naturalist in western China[M]. New York: New York Doubleday, Page & Co.

WILSON L C, 1976. Floral anatomy of *Idiospermum australiense* (Idiospermaceae)[J]. American Journal of Botany, 63(7): 987-996.

WILSON L C, 1979. *Idiospermum australiense* (Idiospermaceae)-aspects of vegetative anatomy[J]. American Journal of Botany,66(3): 280-289.

WOOD C E Jr, 1970. Some floristic relationships between the southern Appalachians and western north America. In: Holt P C eds., the Distributional Histoty of the Biota of the Southern Appalaehians Pt. II Flora: 331-410.

WU H F, WANG X, CAO Y Z, 2021. CpBBX19, a B-Box transcription factor gene of *Chimonanthus praecox*, improves salt and drought tolerance in arabidopsis[J]. Genes, 12(9): 1456-1456.

XIANG Q Y, SOLTIS D E, SOLTIS P S, 1998. The eastern Asian and eastern and western North American floristic disjunction: congruent phylogenetic patterns in seven diverse genera[J]. Molecular Phylogenetics and Evolution, 10(2): 178-190.

XU Y T, LU Y J, ZHANG P C, et al., 2020. Infrageneric phylogenetics investigation of *Chimonanthus* based on electroactive compound profiles[J]. Bioelectrochemistry, 133(C): 107455.

YE X M, AN Q, CHEN S, et al., 2020. The structural characteristics, antioxidant and hepatoprotection activities of polysaccharides from *Chimonanthus nitens* Oliv. leaves [J]. International Journal of Biological Macromolecules, 156: 1520-1529.

YOUNG D A, STERNER R W, 1981. Leaf flavonoids of primitive dicotyledonous angiosperms: Degeneriavitiensis and *Idiospermum australiense*[J]. Biochemical Systematics and Ecology,9(2-3): 432-437.

YU C L, KUANG Y, YANG S X, 2014. Chemical composition, antifungal activity and toxicity of essential oils from leaves of *Chimonanthus praecox* and *Chimonanthus zhejiangensis*[J]. Asian Journal of Chemistry, 26(1): 254-256.

ZHANG S, ZHANG H Y, CHEN L X, 2016. Phytochemical profiles and antioxidantactivities of different varieties of *Chimonanthus praecox*[J]. Industrial Crops and Products, 85: 11-21.

ZHANG X F, XU M, ZHANG J W, et al., 2017. Identification and evaluation of antioxidant components in the flowers of five *Chimonanthus* species[J]. Industrial Crops and Products, (102): 164-172.

ZHANG L, ZOU Z R, 2020. Molluscicidal activity of fatty acids in the kernel of *Chimonanthus praecox* cv. Luteus against the golden apple snail Pomaceacanaliculata[J]. Pesticide Biochemistry and Physiology, 167: 104620.

ZHOU M Q, ZHAO K G, CHEN L Q, 2006a.Genetic diversity of Calycanthaceae accessions estimated using AFLP markers[J]. Scientia Horticulturae, 112(3): 331-338.

ZHOU M Q, CHEN L Q, RUAN R, 2012. Genetic diversity of *Chimonanthus nitens* Oliv. complex revealed using inter-simple sequence repeat markers[J]. Scientia Horticulturae, (136): 38-42.

ZHOU S L, RENNER S S, WEN J, et al., 2006b, Molecular phylogeny and intra- and intercontinental biogeography of Calycanthaceae [J]. Molecular Phylogenetics and Evolution, 39: 1-15.

致谢

感谢国家植物园（北园）马金双研究员对本章撰写提出的宝贵意见；感谢上海杜永芹、南京李长伟、武汉晏晓兰、合肥程红梅等专家提供的国际登录品种照片；感谢西南大学风景园林学院研究生邵祎璠同学协助查阅蜡梅科植物国外引种栽培资料文献！

02

作者简介

宋兴荣（男，四川三台人，1969年生），1994年本科毕业于西南大学（原西南农业大学）园林专业，毕业后一直在四川省农业科学院园艺研究所工作，现任园林花卉中心主任，国家蜡梅创新联盟专家委员会委员，四川省林木品种审定委员会委员，长期从事蜡梅花资源收集与评价、新品种选育及产业化配套关键技术研究与推广等工作，先后获国际登录品种8个，审认定良种6个，制订国家及省级技术标准3部，授权专利2项，出版专著8部，发表论文40余篇。

袁蒲英（女，四川成都人，1982年生），四川农业大学园林专业本科（2005），四川农业大学园林植物与观赏园艺硕士（2008），2008年至今任职于四川省农业科学院园艺研究所，副研究员，主要从事蜡梅花资源收集与评价、新品种选育及产业化配套关键技术研究等工作，先后获国际登录品种3个，审认定良种2个，授权专利2项，发表论文20余篇。

China

03

-THREE-

中国蔷薇科栒子属

Cotoneaster (Rosaceae) in China

李飞飞[1*]　吴保欢[2]　孟开开[3]　凡　强[4]　廖文波[4]

[[1]国家植物园（北园）；[2]广州市林业和园林科学研究院；[3]广西壮族自治区亚热带作物研究所；[4]中山大学]

LI Feifei[1*]　WU Baohuan[2]　MENG Kaikai[3]　FAN Qiang[4]　LIAO Wenbo[4]

[[1]China National Botanical Garden (North Garden) ; [2]Guangzhou Institute of Forestry and Landscape Architecture; [3]Guangxi Subtropical Crops Research Institute; [4]Sun Yat-sen University]

* 邮箱：lifeifei30761@126.com

摘　要： 枸子属是西方园林里颇受欢迎的一类蔷薇科苹果亚科植物。我国西南地区是该属的多样性中心和分化中心，该属大部分物种在我国均有分布。由于存在无融合生殖、多倍化和种间杂交，该属在分类学研究上是著名的"困难属"。自19世纪以来，我国枸子属物种不断被"植物猎人"发现并带往西方园林中，如今许多物种已开发出了丰富的园艺品种。本章基于文献史料以及当前枸子属的研究进展就该属的分类系统做了简要论述，基于我国58种枸子属物种的形态区别构建了分亚属、分种检索表，并罗列了这些物种的发表文献、引证标本以及形态特征。详述了西方园林收集、引种我国枸子属物种的历史，以及枸子属在现代园林园艺中的发展。

关键词： 枸子属　分类　引种历史　园林应用

Abstract: *Cotoneaster* Medik. is a genus in Maloideae (Rosaceae), it is widely used in gardens of Western countries. Southwest China is the center of diversity and differentiation of this genus. Most species of this genus are distributed in China. *Cotoneaster* is also a notorious "difficult genus" on taxonomic research due to apomixes, hybridization and polyploidization. Since the 19th century, lots of *Cotoneaster* species of China have been continuously discovered by "plant hunters" and brought to Western gardens. Today, many of them have developed rich horticultural varieties. This chapter briefly discussed the classification system of *Cotoneaster* based on the literature and historical materials and researches. Based on the morphological differences of 58 species of *Cotoneaster* in China, a key table for subgenus and species was constructed, and the published literatures, types, morphological characteristics of these species are listed. The history of collection and introduction of *Cotoneaster* species into Western countries, and the development of *Cotoneaster* in horticulture were described in detail.

Keywords: *Cotoneaster* Medik., Taxonomy, Introduction history, Garden application

李飞飞，吴保欢，孟开开，凡强，廖文波，2023，第3章，中国蔷薇科枸子属；中国——二十一世纪的园林之母，第四卷：133-197页.

1 枸子属简介

　　枸子属（*Cotoneaster* Medik.）隶属于蔷薇科（Rosaceae）苹果亚科（Maloideae），为多年生灌木或小乔木，枝条无刺，叶全缘，心皮分离且与萼筒不完全贴生是其与苹果亚科其他类群区分的主要形态特征。*Cotoneaster* 来源于榅桲的拉丁名"*cotoneum*"，后缀 -aster 表示它与榅桲并不完全相似，Conrad von Gesner（1516—1565）和 Jean Johannes Bauhin（1541—1613）之后将 *Cotonaster* 改为了 *Cotoneaster*。最早对枸子属的描述出现于1623年出版的 *Pinax Theatri Botanici* 中，瑞士植物学家 Caspar Bauhin（1560—1624）在书中写道"*Cotonaster* folio rotundo non serrato"，意为"圆形而非锯齿状叶的榅桲状植物"。但直到1793年，德国植物学家 Friedrich Kasimir Medikus（1736—1808）才在 *Geschichte der botanik unserer zeiten* 中正式将枸子属从 *Mespilus* Linn. 中分离出来成为新的属，并首次以双名法发表了全缘枸子（*Cotoneaster integerrimus* Medik.）（Medikus, 1793）。

　　由于枸子属植物形态各异，从直立小乔木到铺地灌木，从落叶到常绿，且果色鲜艳多样，在园林绿化中很受欢迎，特别是一些平展的低矮灌木类群能在秋季营造出非常华丽的地被景观，具有极高的观赏价值（姚德生和姚颖，2016；李加海 等，2009；石仲选 等，2009）。尽管该属种类繁多，但只有少数物种被开发成为稳定的园艺品种

（刘雅倩和范玉芹，2021；韩亚利 等，2012），其中一个重要的障碍便是栒子属的分类学问题。多倍化、杂交以及无融合生殖在栒子属内广泛存在，产生了大量的中间型，使得许多物种之间形态界限模糊，造成区分鉴定上的困难和物种划分上的争议（丁松爽 等，2008；周丽华和吴征镒，1999，2001）。在目前已有的分类系统中，栒子属内物种数从几十至上百不等，广泛分布于北温带地区，喜马拉雅山脉和横断山区是其主要的分布中心（李飞飞，2012；杨洪涛 等，2015）。近年来，国内外学者对该属开展了一系列研究，从属内物种系统发育关系到杂交种的鉴定都取得了一定的进展（Bartish et al., 2001; Chang et al., 2003; Kalkman, 2004; 丁松爽，2008; Li et al., 2014; Li et al., 2017），但仍有部分类群的分类地位和类群间的系统关系存疑，有待进一步研究。

2 栒子属的分类系统

栒子属（*Cotoneaster* Medik.）以其枝条无刺，叶全缘，心皮分离且与萼筒不完全贴生而不同于苹果亚科其他类群，模式种为全缘栒子（*Cotoneaster integerrimus* Medik.）（Fryer & Hylmö, 2009; Robertson et al., 1991; Medikus, 1793）。无论是基于形态学还是分子生物学研究，该属作为苹果亚科中的单系类群均已经得到了很好的确认。但由于无融合生殖、杂交以及多倍化所造成的大量中间类型及薄弱的形态区分特征（Sax, 1954; Bartish et al., 2001; Bartish & Nybom, 2007; Nybom et al., 2007; Mansour et al., 2016），使栒子属内的种以及属下等级的划分一直以来都存在争议，成为分类上著名的"困难属"（丁松爽 等，2008；周丽华和吴征镒，1999，2001）。

在属内种的数量上，Rehder（1927）在 *Manual of cultivated trees and shrubs hardy in North America: exclusive of the subtropical and warmer temperate regions* 中提到栒子属约有40种，之后在"小种"概念的影响下，栒子属植物中确定的种数目显著增多。Flinck 和 Hylmö（1966）在 "*A list of series and species in the genus Cotoneaster*" 一文中对栒子属174个种进行了分类上的划分；Phipps 等（1990）在 *A checklist of the subfamily Maloideae （Rosaceae）* 一文中介绍了栒子属264个种（包含3个栽培种）；Fryer 和 Hylmö 在 *Cotoneasters: A Comprehensive Guide to Shrubs for Flowers, Fruit, and Foliage*（2009）中，描述了460个栒子属种及栽培种；在 The Plant List（http://www.theplantlist.org, last accessed 13 February 2020）上共包含了805个栒子属物种名，其中294个为接受名（孟开开，2020）。然而，由于存在大量的杂交和无性系的类型，Talent 和 Dickinson（2007）认为全球栒子属应当仅有150种左右，Dickoré 和 Kasperek（2010）认为栒子属500多个种名中有相当一部分是根据栽培植株命名的。《中国植物志》第三十六卷（1974）和 *Flora of China*（Lu & Brach, 2003）中描述了全球栒子属植物应为90种左右，我国50余种。

栒子属分类学上的分歧还主要体现在属下等级的划分上。对属内的划分主要有两种观点：一种以俞德浚为代表，根据花序所含花的多少而将栒子属分为3个组，花在20朵以上的为密花组（Sect. *Densiflos* Yü）；花常3~15朵，极稀到20朵的为疏花组（Sect. *Cotoneaster*）；花常单生或2~5朵簇生为单花组（Sect. *Uniflos* Yü）。3个组下划分了7个系，密花组包含柳叶系（Ser. *Salicifolii* Yü）和耐寒系（Ser. *Frigidi* Yü），疏花组包含多花系（Ser. *Multiflori* Pojark）、尖叶系（Ser. *Acuminati* Yü）和全缘系（Ser. *Integerrimi* Yü），单花组包含小叶系（Ser. *Microphylli* Yü）和两列系（Ser. *Distichi* Yü）（俞德浚和关克俭，1963）。《中国植物志》中枸子属采用的是此类属下划分方式。

另一种以 Koehne（1893）为代表，依据花的形态特征将枸子属划分为两个组，包括 Sect. *Chaenopetalum* Koehne：多朵花成聚伞花序，小花同时开放，花瓣平展，极少半平展，花芽粉色，花瓣白色。Sect. *Orthopetalum* Koehne（= Sect. *Cotoneaster*）：小花连续开放，通常持续很长一段时间（这段时间里花芽、开放的花、果可共存），花瓣直立或半直立，白色、粉色、红色或绿色。这类划分得到 Flinck 和 Hylmö（1966）、Phipps（1990）等研究者的支持，但对于2个组（亚属）之下的分类阶元的划分有很大区别。Flinck 和 Hylmö（1966）在 Sect. *Chaenopetalum* Koehne 和 Sect. *Cotoneaster* 两个组下划分了4个亚组以及24个系，依据雄蕊数目将 Sect. *Cotoneaster*

分为两个亚组：Subsect. *Adpressi* Hurusama 和 Subsect. *Cotoneaster*。根据果小核的数目将 Sect. *Chaenopetalum* 分为两个亚组：Subsect. *Chaenopetalum* 和 Subsect. *Microphylli*（Yü）Flinck et Hylmö。Phipps 等（1990）将枸子属内分为2个亚属，Subgen. *Chaenopetalum*（Koehne）Klotz 和 Subgen. *Cotoneaster*，Subgen. *Chaenopetalum* 下划分了3个组24个系，Subgen. *Cotoneaster* 下划分了两个组4个亚组18个系。

近年来，我国研究者利用核基因片段、叶绿体基因片段、叶绿体全基因组、浅层基因组等分子生物学技术对该属进行了深入研究（Li et al., 2014; Meng et al., 2021），分子证据均支持两个亚属（组）的划分（图1），但从大量的核—质系统树冲突可以看出属内种间杂交较为普遍，且两个亚属下的组和系并非单系（Li et al., 2014; Meng et al., 2021）。

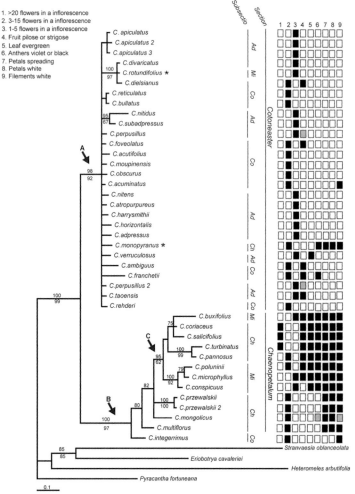

图1　基于 ITS 和 cpDNA 合并序列构建的贝叶斯系统发育树（Li et al., 2014）

注：分支上的数值为大于70%的贝叶斯后验概率（PP），分支下的数值为大于50%的最大简约支持率（BS）。基于 Flinck and Hylmö（1966）系统的2个组和4个亚组都在图中标出，其中 Ad 代表 Subsect. *Adpressi* Hurusawa，Co 代表 Subsect. *Cotoneaster*，Mi 代表 Subsect. *Microphylli*（Yü）Flinck et Hylmö，Ch 代表 Subsect. *Chaenopetalum*。黑色和白色方格代表9个最重要的形态区分特征的有无，灰色代表未知。

3 枸子属

Cotoneaster Medik. in Philos. Bot. 1: 155. 1789. Type: *Cotoneaster integerrimus* Medik.（图32）.

落叶、常绿或半常绿灌木，有时为小乔木；枝条直立、开展或匍匐。叶互生，有时成两列状，全缘。花单生，数朵或多朵成聚伞花序；萼筒有短萼片5；花瓣5，白色、粉红色或红色，在开放时直立或平展；雄蕊常20，稀5~25，花丝白色、粉色或红色，花药紫色、黑色或白色。果实近球形、球形、梨形、卵形或倒卵形，橘红色、红色、褐红色至紫黑色，先端有宿存萼片，内含1~5小核；小核骨质，常具1粒种子；种子扁平，子叶平凸。主要分布在亚洲（日本除外）、欧洲和北非的温带地区。

根据近年来的分子系统学研究结果，明确了枸子属下两个亚属的分类地位，但是亚属下各组和各系并不是单系。因此，在本书中枸子属检索表主要采取分亚属和分种的方式。本书中枸子属各物种的详细描述，重点参考了《中国植物志》、*Flora of China* 以及2009年出版的枸子属专著 *Cotoneasters: A Comprehensive Guide to Shrubs for Flowers, Fruit, and Foliage*（Fryer & Hylmö, 2009），但该专著中采用"小种"概念，将很多变种提升为种，并且其中许多合格发表的种主要基于栽培材料，在形态特征和自然地理分布上都存在有待考证的问题（Dickoré & Kasperek, 2010）。在没有对这些类群开展进一步研究之前，本文仍以《中国植物志》、*Flora of China* 采用的种级概念为主。共包含了中国分布的枸子属植物58种和9个变种，其中有35个特有种。

中国枸子属主要物种分亚属、分种检索表

1. 花冠花瓣在开花期平展，白色，少浅粉色；雄蕊花丝白色，花药紫色或黑色，少白色……
……………………………………………………平展亚属 Subgen. *Chaenopetalum*

2. 直立灌木或小乔木，高度在1m以上；叶片较大，通常长度可超过30mm，宽度可超过20mm；聚伞花序通常多花

  3. 常绿，叶革质或近革质

    4. 叶多数披针形，叶脉通常深凹；聚伞花序多疏松；果实具2~4小核

     5. 叶片下面初有毛，后脱落；花序具50~200朵花 ……… 1. 光叶枸子 *C. glabratus*

     5. 叶片下面密被绒毛；花序具10~50朵花

      6. 叶片较窄，多为披针形，具浅皱纹；果实球形，红色或深红色…………………
………………………………………………… 2. 柳叶枸子 *C. salicifolius*

      6. 叶片披针形或椭圆形，具深皱纹；果实梨形，橘红色……………………
………………………………………………… 3. 麻叶枸子 *C. rhytidophyllus*

    4. 叶多数椭圆形，叶脉浅凹；聚伞花序多紧密；果实具2小核

     7. 叶片下面通常无毛或初疏生柔毛，很快脱落；萼筒疏生糙伏毛…………………
…………………………………………… 4. 粉叶枸子 *C. glaucophyllus*

     7. 叶片下面密生绒毛；萼筒具绒毛

      8. 叶片较宽，椭圆形或宽椭圆形；聚伞花序花较少，常10朵以下

　　　　　　　　　　　　　　　　　　　　　　　　······ 5. 毡毛栒子 *C. pannosus*

　　8. 叶片较窄，椭圆形、披针形或倒卵形；聚伞花序10朵以上

　　　　9. 复聚伞花序有花可超过50朵 ············ 6. 陀螺果栒子 *C. turbinatus*

　　　　9. 复聚伞花序有花在50朵以内

　　　　　　10. 叶厚革质，下面密被黄色绒毛，不易脱落 ······ 7. 厚叶栒子 *C. coriaceus*

　　　　　　10. 叶革质或近革质，下面初生绒毛，后逐渐脱落 ············

　　　　　　　　　　······ 8. 蒙自栒子 *C. harrovianus*

　3. 落叶，叶多为纸质或近革质

　　11. 果实通常具2个小核

　　　　12. 植株高大，可达10m以上；花药黑色 ············ 9. 耐寒栒子 *C. frigidus*

　　　　12. 植株多为6m以下灌木；花药白色

　　　　　　13. 聚伞花序有花15朵以上；果实紫褐色至黑色 ·········· 10. 藏边栒子 *C. affinis*

　　　　　　13. 聚伞花序有花15朵以内；果实紫红色或红色

　　　　　　　　14. 叶片下具疏毛；萼筒无毛 ············ 11. 蒙古栒子 *C. mongolicus*

　　　　　　　　14. 叶片下被绒毛；萼筒被毛 ········ 12. 准噶尔栒子 *C. songoricus*

　　11. 果实具2心皮合生为1个的小核

　　　　15. 花药紫黑色；果实卵形或长圆形 ············ 13. 钝叶栒子 *C. hebephyllus*

　　　　15. 花药白色或黄色；果实球形或近球形

　　　　　　16. 叶片下面初疏生柔毛，后脱落；总花梗和花梗近无毛 ············

　　　　　　　　　　　　·············· 14. 水栒子 *C. multiflorus*

　　　　　　16. 叶片下面具毛；总花梗和花梗被毛

　　　　　　　　17. 叶片近革质，椭圆形至卵形；花序有花10朵以内 ··· 15. 华中栒子 *C. silvestrii*

　　　　　　　　17. 叶片纸质，近圆形或宽卵形；花序有花可达10朵以上 ············

　　　　　　　　　　　　······ 16. 毛叶水栒子 *C. submultiflorus*

2. 低矮直立或匍匐灌木，高度在1m以下；叶片较小，通常长度不超过30mm，宽度小于
　20mm；花通常单生，或聚伞花序有花较少

　　18. 叶片较大，长可超过20mm，宽可超过15mm，具（4）5小核 ············

　　　　　　　　　　　　·············· 17. 矮生栒子 *C. dammeri*

　　18. 叶片细小，长度通常在15mm以内，宽度在10mm以内，通常具2～3小核

　　　　19. 花通常不为单生

　　　　　　20. 叶先端圆钝；萼筒被疏毛或近无毛；果实倒卵球形，橘红色到浅红色 ············

　　　　　　　　　　　　·············· 18. 康巴栒子 *C. sherriffii*

　　　　　　20. 叶先端急尖；萼筒被绒毛；果实近球形，红色 ····· 19. 黄杨叶栒子 *C. buxifolius*

　　　　19. 花常为单生

　　　　　　21. 枝条直立或平展；叶片较窄，椭圆形至倒披针形；果实较大，橘红色或红色 ···

　　　　　　　　　　　　　　······ 20. 大果栒子 *C. conspicuus*

　　　　　　21. 枝条多匍匐；叶片较宽，宽倒卵形或近圆形；果实较小，红色或深红色

　　　　　　　　22. 叶下面近无毛；果实卵形 ············· 21. 台湾栒子 *C. morrisonensis*

　　　　　　　　22. 叶下面多被毛；果实球形或近球形 ········ 22. 小叶栒子 *C. microphyllus*

1. 花冠花瓣在开花期直立，粉红色或红色，很少白色；雄蕊花丝红色或粉红色，花药白色，

很少浅粉色或紫红色 ·· 直立亚属 Subgen. *Cotoneaster*

23. 花瓣和花丝多为粉色、淡粉色和白色；雄蕊数极少低于20，但在15以上

  24. 叶片多具明显皱纹和泡状隆起，侧脉多深凹

    25. 聚伞花序有花10朵以上，萼筒无毛或初被毛，后脱落；小核4~5

      26. 叶片长度较长，可达10cm以上；果实紫黑色 ········ 23. 宝兴栒子 *C. moupinensis*

      26. 叶片10cm以下；果实红色 ······················ 24. 泡叶栒子 *C. bullatus*

    25. 聚伞花序有花10朵以下，萼筒被毛；小核3~5

      27. 植株高度可达2m以上；花丝淡粉色 ········ 25. 网脉栒子 *C. reticulatus*

      27. 植株高度多在2m以下；花丝红色或粉色 ······ 26. 暗红栒子 *C. obscurus*

  24. 叶片没有明显皱纹和泡状隆起

    28. 叶片革质或厚革质；花丝颜色较深，红色、暗红色或粉紫色

      29. 落叶灌木；花序花较少，10朵以下；果实红色 ········ 27. 木帚栒子 *C. dielsianus*

      29. 常绿或半常绿灌木；花序花较多，可超过10朵；果实橘红色

        30. 花序有花9~15朵；小核2 ········ 28. 白毛栒子 *C. wardii*

        30. 花序有花5~11朵；小核3（~5） ········ 29. 西南栒子 *C. franchetii*

    28. 叶片多为纸质，极少近革质；花丝颜色较浅，粉红色、淡粉色或白色

      31. 叶片椭圆卵形、宽椭圆形或近圆形，先端多圆钝，稀急尖

        32. 花瓣和花丝颜色较浅，多为白色

          33. 花单生 ···························· 30. 单花栒子 *C. uniflorus*

          33. 花序有花2朵以上，非单生

            34. 果实紫黑色 ················ 31. 黑果栒子 *C. melanocarpus*

            34. 果实红色

              35. 花序花较少，通常7朵以下，萼筒无毛或仅基部被疏毛 ·········

              ·············32. 全缘栒子 *C. integerrimus*

              35. 花序花较多，可达10朵以上，萼筒被疏毛或柔毛

                36. 萼筒被柔毛；果实倒卵形 ········ 33. 西北栒子 *C. zabelii*

                36. 萼筒被毛较少；果实近球形 ········ 34. 少花栒子 *C. oliganthus*

        32. 花瓣粉红色，花丝淡粉色或白色

          37. 具3小核 ···························· 35. 恩施栒子 *C. fangianus*

          37. 具2小核

            38. 萼筒无毛；果实橘红色 ···········36. 细弱栒子 *C. gracilis*

            38. 萼筒被稀疏柔毛；果实深红色 ·········37. 山东栒子 *C. schantungensis*

      31. 叶片椭圆卵形、菱状卵形、长圆卵形或卵状披针形，先端多渐尖，稀急尖 ···39

        39. 花序花较少，1~5朵

          40. 叶片卵状披针形，先端渐尖；果实红色 ········ 38. 尖叶栒子 *C. acuminatus*

          40. 叶片椭圆卵形至长圆卵形，先端急尖，稀渐尖；果实红色后至黑色 ·······

            ·····39. 灰栒子 *C. acutifolius*

        39. 花序花较多，可超过5朵

          41. 具2小核 ···························· 40. 亮叶栒子 *C. nitidifolius*

          41. 小核数可超过2

42. 果实红色；具5小核 ····················· 41. 球花栒子 *C. glomerulatus*

42. 果实紫黑色或黑色；小核数低于5

　43. 花瓣粉红色，花丝红色或粉红色；具3~4小核 ·····

　　··42. 麻核栒子 *C. foveolatus*

　43. 花瓣白色，花丝淡粉色或白色；具2~3（4~5）小核 ·····

　　··43. 川康栒子 *C. ambiguus*

23. 花瓣和花丝多为紫色、红色或粉色；雄蕊数多为15以下

　44. 落叶灌木；叶片纸质，叶片多为椭圆形或卵形

　　45. 果实红色 ····························· 44. 散生栒子 *C. divaricatus*

　　45. 果实紫黑色

　　　46. 叶片长度可达20mm以上，叶下被灰白色柔毛；花丝浅粉色 ·····

　　　　····························· 45. 细枝栒子 *C. tenuipes*

　　　46. 叶片长度在20mm以内，叶下初被毛，后脱落；花丝红色或红紫色

　　　　47. 叶片先端圆钝或急尖，上表面无毛；果实具1~2小核 46. 光泽栒子 *C. nitens*

　　　　47. 叶片先端急尖至渐尖，上表面具长柔毛；果实具2~3小核 ·····

　　　　　····························· 47. 丹巴栒子 *C. harrysmithii*

　44. 常绿、半常绿或落叶灌木；叶片近革质或纸质，多为圆形或近圆形

　　48. 花序有花2朵以上

　　　49. 叶近革质；萼筒无毛，花瓣红色或暗红色，雄蕊10 ····· 48. 藏南栒子 *C. taylorii*

　　　49. 叶纸质；萼筒疏生柔毛，花瓣粉白色，雄蕊15~20 ·····

　　　　····························· 49. 镇康栒子 *C. chengkangensis*

　　48. 花多为单生，稀2朵

　　　50. 直立灌木，高度可达2m或2m以上

　　　　51. 叶片卵形或椭圆状卵形，先端急尖 ·········· 50. 血色栒子 *C. sanguineus*

　　　　51. 叶片圆形、近圆形或宽卵形，先端钝、微尖或微凹缺，稀急尖

　　　　　52. 落叶灌木，叶片纸质；花瓣淡粉色 ····· 51. 细尖栒子 *C. apiculatus*

　　　　　52. 落叶或半常绿灌木，叶片多近革质，稀纸质；花瓣深红色或暗红色 ·····53

　　　　　　53. 枝条具疣状突起；叶下表面无毛；花丝粉红色或白色 ·····

　　　　　　　····························· 52. 疣枝栒子 *C. verruculosus*

　　　　　　53. 枝条不具疣状突起；叶下表面被毛；花丝红色或暗红色

　　　　　　　54. 雄蕊10，果实倒卵形，鲜红色 ····· 53. 红花栒子 *C. rubens*

　　　　　　　54. 雄蕊（12~）18~20，果实卵球形，橘红色到红色

　　　　　　　····························54. 圆叶栒子 *C. rotundifolius*

　　　50. 匍匐或平卧灌木，高度在2m以下，多为1m

　　　　55. 匍匐低矮灌木，高度不足0.5m；叶片边缘波状，两面均无毛 ·····

　　　　　····························· 55. 匍匐栒子 *C. adpressus*

　　　　55. 高度可达0.5m以上；叶片边缘不具明显波状，下表面被毛 ·····58

　　　　56. 分枝平展成整齐的两列状；果实常具3小核 ··· 56. 平枝栒子 *C. horizontalis*

　　　　56. 分枝不呈明显两列状；果实常具2小核

　　　　　57. 植株平卧、匍匐；叶片被毛较少；花瓣红色或粉红色；果实黄橙色至橘

红色 ……………………………………………… 57. 高山枸子 *C. subadpressus*

57. 植株直立或部分平卧；叶片被毛较多；花瓣粉红色；果实深红色 ………
………………………………………………………… 58. 中甸枸子 *C. langei*

3.1 光叶枸子

Cotoneaster glabratus Rehd. & Wils. in Sarg. Pl. Wils. 1: 171. 1912. Type: China, W Szechuan, Wa-shan, 8 July 1906, *E.H.Wilson 2185* (Type: A-00026240). [1]

识别特征： 半常绿灌木，高可达5～6m。叶革质，披针形或椭圆形，长60～90mm，宽18～39mm，上面光亮无毛，深绿色，中脉下陷，下面有白霜，幼时微具柔毛，后脱落。复聚伞花序有50～200花，松散；花开放时花瓣平展，白色；雄蕊20，花丝白色，花药紫黑色。果实球形，橘红色到红色，有光泽，具2（～3）小核（图2）。

地理分布： 中国特有，主要分布于四川、云南、贵州。

3.2 柳叶枸子

Cotoneaster salicifolius Franch. in Nouv. Arch. Mus. Hist. Nat. Paris ser. 2. 8: 225. 1885. Type: China, Szechuan, Moupin, June 1869, *A. David* (Type: P-P00130707).

图2　光叶枸子（*Cotoneaster glabratus*）（左：徐永福 摄；右：李仁坤 摄）

图3　柳叶枸子（*Cotoneaster salicifolius*）（左：惠肇祥 摄；右：王挺 摄）

---

1 本文模式标本信息主要参考 *Cotoneasters: A Comprehensive Guide to Shrubs for Flowers, Fruit, and Foliage* (Fryer & Hylmö, 2009).

识别特征：常绿灌木或小乔木，高6~8m，直立。叶革质，椭圆状长圆形至卵状披针形，先端急尖或渐尖，长40~85mm，宽15~25mm，上面深绿色，无毛，具浅皱纹，侧脉7~12对凹陷，下面被灰白色绒毛及白霜。复聚伞花序有10~50花，紧密；萼筒密被绒毛；花开放时花瓣平展，白色；雄蕊20，花丝白色，花药紫色。果实球形，深红色，具2~3小核（图3）。

地理分布：中国特有，主要分布于湖北、湖南、四川、贵州、云南。

3.2.1　皱叶柳叶栒子

Cotoneaster salicifolius Franch. var. ***rugosus*** (Pritz.) Rehd. & Wils. in Sarg. Pl. Wils. 1: 172. 1912. Type: China, E Szechuan, Hoanch. Walv. Pensha Ai, Nanchuan, 30 August 1891, *C. Boch & von A. Rosthorn 680* (Type: B-100295688).

C. rugosus E. Pritz. in Bot. Jahrb. Syst. 29(3-4): 385. 1900.

识别特征：叶椭圆形或卵状椭圆形，先端急尖或渐尖，长45~70mm，宽18~30mm，上面具皱纹，深绿色，边缘反卷，侧脉5~7对深凹，下面被银白色绒毛。果实红色，具2~3（4）小核。

地理分布：中国湖北、四川。

3.2.2　窄叶柳叶栒子

Cotoneaster salicifolius Franch. var. ***angustus*** T.T.Yü ex T.T.Yü & K.C.Kuan. in Acta Phytotax. Sin. 8: 219. 1963. Type: China, Szechuan, Emei Shan, 15 September 1935, *T.H.Tu 852* (Holotype: PE-00524450).

Cotoneaster angustus (T.T.Yü ex T.T.Yü & K.C.Kuan) Klotz in Mitt. Deutsch. Dendrol. Ges. 82: 71. 1996.

识别特征：叶线状披针形，长45~60mm，宽7~9mm，叶边缘反卷，侧脉10~14对深凹，下面被淡黄色绒毛。果实倒卵形，具2小核（图4）。

图4　窄叶柳叶栒子（*Cotoneaster salicifolius* var. *angustus*）（曲上　摄）

地理分布：中国四川西部。

3.2.3 大叶柳叶栒子

Cotoneaster salicifolius Franch. var. ***henryanus*** (C.K.Schneid.) T.T.Yü in Fl. Reipubl. Popularis Sin. 36: 121. 1974. Type: China, W Hupeh, March 1889, *A. Henry 5752* (Holotype: B).

C. henryanus (C.K.Schneid.) Rehder & E.H.Wilson in Pl. Wilson. (Sargent) 1(2): 174. 1912.

识别特征：叶披针形或椭圆形，长70～114mm，宽22～44mm，上面具皱纹，深绿色，边缘反卷，侧脉7～10对凹陷，下面被长柔毛。果实深红色，具2小核，少1～3小核。

地理分布：中国湖北、四川。

3.3 麻叶栒子

Cotoneaster rhytidophyllus Rehd. & Wils. in Sarg. Pl. Wils. 1: 175. 1912. Type: China, W Szechuan, Wa-wu Shan, Hong-ya Xian, September 1908, *E.H.Wilson 2184* (Type: A-00026281).

识别特征：常绿或半常绿灌木，高3～6m，分枝直立。叶厚革质，椭圆形或长圆状披针形，长45～88mm，宽15～40mm，上面黄绿色，具深皱纹，侧脉5～11凹陷，初有长柔毛，后近无，下面密被淡黄色绒毛。复聚伞花序有10～40（～50）花，松散；花开放时花瓣平展，白色；雄蕊20，花丝白色，花药紫黑色。果实梨形，橘红色，具2～4小核（图5）。

地理分布：中国特有，主要分布于四川、贵州。

3.4 粉叶栒子

Cotoneaster glaucophyllus Franch. in Pl. Delav. 222. 1890. Type: China, Yunnan, Kiao-che-tong, near Hee-chan-men, 6 December 1884, *J. Delavay 3747* (Type: P- P00601215).

识别特征：半常绿灌木，高2～5m，直立；叶片近革质，椭圆形、长椭圆形至卵形，先端急尖或

图5　麻叶栒子（*Cotoneaster rhytidophyllus*）（徐永福　摄）

圆钝，长30~60mm，宽15~25mm，上面无毛，侧脉6~9对浅凹，下面淡绿色，初疏生柔毛，后脱落；复聚伞花序具花10~60朵，松散；萼筒疏生糙伏毛；花开放时花瓣平展，白色；雄蕊20，花丝白色，花药紫黑色。果实球形，橘红色，具2小核（图6）。

地理分布：中国特有，主要分布于四川、贵州、云南、广西。

3.4.1 毛萼粉叶栒子

Cotoneaster glaucophyllus Franch. var. ***vestitus*** W.W.Smith in Not. Bot. Gard. Edinb. 10: 21. 1917. Type: China, Yunnan, hills east of Tengyueh, May 1912, *G. Forrest 7723* (Type: E-E00010969).

C. vestitus (W.W.Sm.) Flinck & B. Hylmö. in Bot. Not. (Lund) 119: 460. 1966.

识别特征：叶片椭圆形，长35~54mm，宽18~25mm，上面暗绿色，初疏生柔毛，下面被黄色绒毛，后逐渐脱落。复聚伞花序具花15~40朵，紧密；萼筒被白色绒毛，后脱落减少（图7）。

地理分布：中国云南。

3.4.2 多花粉叶栒子

Cotoneaster glaucophyllus Franch. var. ***serotinus*** (Hutch.) L.T.Lu & Brach in Novon 12(4): 495. 2002. Type: China, Yunnan, open situations among shrubs at the north end of Hoching valley, November 1910, *G. Forrest 6756* [Lectotype designated by J. Fryer & B. Hylmö (2009): E].

C. serotinus Hutch. in Bot. Mag. 146: t. 8854. 1920.

识别特征：叶片近革质，椭圆形、椭圆状披针形或倒卵形，长56~75mm，宽28~42mm，上面稍粗糙，发暗，下面浅绿色，具短柔毛。复聚伞花序具花50~60朵，松散；萼筒被白色绒毛，后无毛。

地理分布：中国云南。

图6　粉叶栒子（*Cotoneaster glaucophyllus*）（凡强 摄）

图7　毛萼粉叶栒子（*Cotoneaster glaucophyllus* var. *vestitus*）（凡强 摄）

3.4.3 小叶粉叶枸子

Cotoneaster glaucophyllus Franch. var. *meiophyllus* W.W.Smith in Notes Roy. Bot. Gard. Edinburgh 10: 21. 1917. Type: China, Yunnan, Mingkwong valley, June 1912, *G. Forrest 8325* (Type: E-E00010968).

C. meiophyllus (W.W.Smith) Klotz in Wiss. Zeits. Univ Jena 17: 338. 1968.

识别特征: 叶片近革质,宽椭圆形,长37~56mm,宽27~31mm,上面中绿色,有光泽,下面浅绿色,近无毛。花序具花6~12朵。

地理分布: 中国云南。

3.5 毡毛枸子

Cotoneaster pannosus Franch. in Pl. Delav. 223. 1890. Type: China, Yunnan, Ta chao près de Tapintze,

13 June 1884, *J. Delavay 3743* [Lectotype designated by J. Fryer & B. Hylmö (2009): P-P00601386].

识别特征: 常绿灌木,高可达5m,直立。叶革质,椭圆形或宽椭圆形,长20~37mm,宽10~26mm,上面疏生柔毛或无毛,中脉下陷,侧脉4~6浅凹,下面密被白色绒毛。聚伞花序常具花10朵以下,或15(~25)朵,紧密;总花梗和花梗密生绒毛;花开放时花瓣平展,白色;花丝白色,花药紫色。果实球形,红色,有光泽,具(1)2小核(图8)。

地理分布: 中国特有,主要分布于云南、四川。

3.6 陀螺果枸子

Cotoneaster turbinatus Craib in Curtis's Bot. Mag. 140: t. 8546. 1914; Type: UK. Hort. Bot. Reg. Kew. (from plant rasied in Bot. Reg. Kew.), 25 July 1913, *M. Vilmorin 4484* [Lectotype designated by J.

图8 毡毛枸子(*Cotoneaster pannosus*)(朱鑫鑫 摄)

图9 陀螺果枸子(*Cotoneaster turbinatus*)(凡强 摄)

Fryer & B. Hylmö (2009): K-K000758598].

识别特征：常绿灌木或小乔木，高可达6m。叶近革质，椭圆状披针形、椭圆形或卵形，长25~50mm，宽10~20mm，上面深绿色，无毛，中脉凹陷，侧脉8~10对浅凹，下面密被灰白色绒毛。复聚伞花序具花20~100朵，紧密；总花梗和花梗密被白色绒毛；花开放时花瓣平展，白色；花丝白色，花药紫黑色。果实陀螺形，橘红色，疏生绒毛，具2小核（图9）。

地理分布：中国特有，主要分布于湖北、云南、四川。

3.7　厚叶栒子

Cotoneaster coriaceus Franch. in Pl. Delav. 222. 1890. Type: China, Yunnan, Choui tsin yn près de Tapintze, 9 June 1889, *J. Delavay 3712* (Type: P-P00601305).

识别特征：常绿灌木，高1~3m。叶厚革质，倒卵形至椭圆形，先端圆钝或急尖，具小凸尖，长20~45mm，宽12~28mm，上面深绿色，有光泽，侧脉7~10对凹陷，下面密被黄色绒毛。复聚伞花序具花10~50朵，紧密；萼筒被绒毛；花开放时花瓣平展，白色；雄蕊20，花丝白色，花药红紫色。果实倒卵形，红色，疏生绒毛，具2小核（图10）。

地理分布：中国特有，主要分布于四川、贵州、云南。

3.8　蒙自栒子

Cotoneaster harrovianus Wils. in Gard. Chron. ser. 3. 51: 3. 1912; Sargent，Pl. Wilson. 1: 173. 1912. Type: UK. Hort. Veitch (from plants raised from seeds collected in China, Yunnan, 10miles southwest of Mengtze, 10 November 1899, by *E.H.Wilson* in Veitch expedition), June 1911, *E.H.Wilson 1315* (Type: A-00026204).

识别特征：常绿灌木，高可达5m。叶革质或近革质，狭椭圆形或狭倒卵形，先端急尖或短渐尖，有小凸尖，长25~50mm，宽12~20mm，上面深绿色，中脉及侧脉8~10对凹陷，下表面初生白色绒毛，之后脱落近无毛。复聚伞花序具花10~40朵，紧密；总花梗和花梗密被柔毛，花梗短；花开放时花瓣平展，白色；花丝白色，花药紫黑色。果实椭圆形，橘红色，有光泽，具2小核。

地理分布：中国特有，主要分布于云南。

3.9　耐寒栒子

Cotoneaster frigidus Wall. ex Lindl. in Bot. Reg. 15: t. 1229. 1829. Type: Nepal, Gosainthan, 1829, *N. Wallich 657* [Lectotype designated by J. Fryer & B. Hylmö (2009): K-K000758601].

C. frigida Wall. Num. List, no. 657. 1829. nom. nud.

C. himalaiensis Hort. ex Zabel in Mitt. Deutsch.

图10　厚叶栒子（*Cotoneaster coriaceus*）（朱鑫鑫 摄）

图11　耐寒枸子（*Cotoneaster frigidus*）（凡强　摄）

Dendr. Ges. 1897 (6): 271. 1897. pro syn.

　　C. affinis auct. non Lindl. 1822: Hort. ex Zabel, l. c. 1897. pro syn.

　　C. compta auct. non *C. comptus* Lemaire 1848: Hort. ex Schneid. Ill. Handb. Laubh. 1: 758. 1906. pro syn.

　　识别特征：落叶灌木或小乔木，高可达10m以上。叶近革质，狭椭圆形至卵状披针形，先端急尖或圆钝，长35～120mm，宽15～45mm，上面深绿色，稍有光泽，无毛，下面初被绒毛，后脱落。聚伞花序具花20～40朵，紧密；总花梗和花梗被绒毛；花开放时花瓣平展，白色；雄蕊20，花丝白色，花药黑色。果实椭圆形，红色，有光泽，具2（3）小核（图11）。

　　地理分布：中国西藏。尼泊尔、印度。

3.10　藏边枸子

Cotoneaster affinis Lindl. in Trans. Linn. Soc.

13: 101. 1822. Type: Kashmir, 1876, *C.B.Clarke 29166* (Type: BM).

　　Mespilus affinis D. Don, Prodr. Fl. Nepal. 238. 1825.

　　C. frigida Lindl. var. *affinis* Wenzig in Linnaea 38: 724. 1874. p. p.

　　C. bacillaris Lindl. var. *affinis* Hook. f. Fl. Brit. Ind. 2: 385. 1878. p. p.

　　识别特征：落叶灌木或小乔木，高4～6m，分枝直立。叶近革质，卵形或椭圆状卵形，先端圆钝或急尖，长25～50mm，宽14～20mm，上面深绿色，无毛或稍具柔毛，下面密被黄色绒毛。聚伞花序有花15～31朵，紧密；总花梗和花梗密生黄色绒毛；花开放时花瓣平展，白色；雄蕊20，花丝白色，花药白色。果实卵形，紫褐色至黑色，具2小核（图12）。

　　地理分布：中国西藏、四川。印度、尼泊尔。

图12 藏边栒子（*Cotoneaster affinis*）（凡强 摄）

图13 蒙古栒子（*Cotoneaster mongolicus*）（李蒙 摄）

3.11 蒙古栒子

Cotoneaster mongolicus Pojark. in Not. Syst.
Herb. Inst. Bot. URSS 17: 196. 1955. Type: Mongolia,
Mount Kheseg, river Urtu, 22 August 1945, *D.
Tsevegmid 8348* (Type: LE).

识别特征：落叶灌木，高2m。叶近革质，长
圆状椭圆形，先端多数圆钝，长10~25mm，宽
8~14mm；上面深绿色，无毛或微具柔毛，下面
被稀疏灰色绒毛。聚伞花序具花3~6（7）朵；总
花梗和花梗具灰白色柔毛；萼筒无毛；花开放时
花瓣平展，白色；雄蕊20。果实倒卵形，紫红色，
具2小核（图13）。

地理分布：中国内蒙古。蒙古。

3.12 准噶尔栒子

Cotoneaster songoricus (Repel & Herd.) Popov

in Bull. Soc. Nat. Moscou n ser. 44: 128. 1935. Type: Kazakhstan, Songaria, 15 June 1857, *P.P.Semenov 381* (Type: LE).

C. nummularia β. *soongoricurn* Regel & Herd. in Bull. Soc. Nat. Moscou 39 (2): 59. 1866.

识别特征：落叶灌木，高 1~2.5m。叶纸质，广椭圆形、近圆形或卵形，先端常圆钝，长 15~50mm，宽 10~20mm，上面浅绿色至绿色，无毛或微具柔毛，下面被白色绒毛。聚伞花序有花 3~12 朵；总花梗和花梗具白色柔毛；萼筒外被绒毛；花开放时花瓣半平展，白色；雄蕊 20，花丝白色，花药白色。果实卵形至椭圆形，红色，具 1~2 小核（图 14）。

地理分布：中国内蒙古、甘肃、宁夏、新疆、

03

图 14　准噶尔枸子（*Cotoneaster songoricus*）（曲上　摄）

四川、西藏。哈萨克斯坦、吉尔吉斯斯坦、塔吉克斯坦、乌兹别克斯坦。

注：该物种学名在《中国植物志》和 *Flora of China* 中为"*Cotoneaster soongoricus* (Repel & Herd.) Popov"。2011 年，Royal Botanic Gardens Edinburgh, Richard Pankhurst – Rosaceae（RJP）基于原始发表信息将其作为"*Cotoneaster songoricus* (Repel & Herd.) Popov"的异名和拼写变体。

3.13 钝叶栒子

Cotoneaster hebephyllus Diels in Not. Bot. Gard. Edinb. 5: 273. 1912. Type: China, Yunnan, north end of the Chung Tien plateau on the descent of pass leading to the Yangtse valley, September 1904, *G. Forrest 283* (Type: E-E00010951).

识别特征：落叶灌木，高 1.5 ~ 3m，直立，枝条开展。叶片纸质或近革质，椭圆形至广卵形，先端多数圆钝或微凹，具小凸尖，长 25 ~ 35mm，宽 12 ~ 20mm，上面中绿色，常无毛，下面有白霜，

疏生长柔毛或绒毛。聚伞花序具 5 ~ 16 朵花，松散；总花梗和花梗稍具柔毛；萼筒钟状，外面无毛，有时在近基部稍有柔毛，内面无毛；花开放时花瓣平展，白色，内面近基部处疏生细柔毛；雄蕊（16 ~）20，花丝白色，花药紫色至黑色。果实卵形，有时长圆形，红色，具 1 核（图 15）。

地理分布：中国甘肃、四川、云南及西藏（东南部）。缅甸、尼泊尔。

3.14 水栒子

Cotoneaster multiflorus Bunge in Ledeb. Fl. Alt. 2: 220. 1830. Type: Kazakhstan, Chingiz-tau mountains, *C.A.Meyer 1528* (Type: LE).

识别特征：落叶灌木或小乔木，高达 3 ~ 6m，枝条开展；叶纸质，卵形或宽卵形，先端急尖或圆钝，长 20 ~ 40mm，宽 15 ~ 30mm，上面淡绿色，无毛，下面初疏生柔毛，之后脱落。聚伞花序具花 5 ~ 21 朵，疏松；总花梗和花梗近无毛；花开放时花瓣平展，白色；雄蕊 20，花丝白色，花药白

图 15　钝叶栒子（*Cotoneaster hebephyllus*）（凡强　摄）

色。果实球形或倒卵形，红色，有光泽，具1个由2心皮合生而成的小核（图16）。

地理分布：中国黑龙江、辽宁、内蒙古、河北、山西、河南、陕西、甘肃、青海、新疆、四川、云南、西藏。阿富汗、哈萨克斯坦、吉尔吉斯斯坦、塔吉克斯坦、朝鲜、土耳其、土库曼斯坦、乌兹别克斯坦。

3.14.1 紫果水枸子

Cotoneaster multiflorus Bunge var. *atropurpureus* T.T.Yü in Acta Phytotax. Sin. 8: 219.

1963. Type: China, Yunnan, A-tun-tze, September 1935, *C.W.Wang 70235* (Holotype: PE-00004564, isotype: PE-00524040).

识别特征：果实紫黑色，较小。

地理分布：中国四川、云南。

3.14.2 大果水枸子

Cotoneaster multiflorus Bunge var. *calocarpus* Rehd. & Wils. in Sarg. Pl. Wils. 1: 170. 1912. Type: China, W Szechuan, Min river near Sung-pan Ting, September 1910, *E.H.Wilson 4015* (Type:

03

图16　水枸子（*Cotoneaster multiflorus*）（李飞飞　摄）

K-K000442357).

识别特征：叶较大，长 25 ~ 45mm，宽 15 ~ 26mm，果实较大而多。

地理分布：中国陕西、甘肃、四川。

3.15 华中栒子

Cotoneaster silvestrii Pamp. in Nouv. Gior. Bot. Ital. 17: 288. 1910. Type: China, Hupeh, Mount Niang-Niang, July 1907, *C. Silvestri 900* (Type: A-00026289).

识别特征：落叶灌木，高 2 ~ 3m，直立。叶片近革质，椭圆形至卵形，长 30 ~ 45mm，宽 14 ~ 23mm，上面深绿色，无毛或幼时微具平铺柔毛，侧脉微凹，下面被薄层灰色绒毛。聚伞花序具花 5 ~ 10 朵；总花梗和花梗被细柔毛；萼筒外被柔毛；花开放时花瓣平展，白色；雄蕊 20，花丝白色，花药黄色。果实近球形，红色，具 1 个由 2 心皮合生而成的小核（图 17）。

地理分布：中国特有，主要分布于河南、湖北、安徽、江西、江苏、四川、甘肃。

3.16 毛叶水栒子

Cotoneaster submultiflorus Popov in Bull. Soc. Nat. Moscou. n. ser. 44: 126. 1935. Type: Kazakhstan, Alma Ata, June 1533, *M. Popov* (Type: LE).

识别特征：落叶灌木，高 2 ~ 3m，直立；叶纸质，近圆形或宽卵形，长 33 ~ 60mm，宽 25 ~ 49mm，上面淡绿色，无毛或初微具柔毛，下面具短柔毛，无白霜。聚伞花序具花 5 ~ 17 朵，松散；总花梗和花梗具长柔毛；花开放时花瓣平展，白色；雄蕊 18 ~ 20，花丝白色，花药白色。果实球形或扁球形，深红色，有光泽，具 1 个由 2 心皮合生而成的小核（图 18）。

地理分布：中国内蒙古、山西、陕西、甘肃、宁夏、青海、新疆。哈萨克斯坦。

3.17 矮生栒子

Cotoneaster dammeri C.K.Schneid in Ill. Handb. Laubholzk. i. 761. 1906. Type: China, Hupeh, June 1900, *E.H.Wilson 1966* (Isotypes: A-00026227, B).

图 17　华中栒子（*Cotoneaster silvestrii*）（朱鑫鑫 摄）

03

图18　毛叶水栒子（*Cotoneaster submultiflorus*）（李飞飞　摄）

识别特征：常绿灌木，高0.2~1.5m，匍匐，通常在节点上生根。叶厚革质，在不育枝上二列，椭圆形至长椭圆形或倒卵形，长10~20（~30）mm，宽7~22mm，先端钝，圆形，上面具深皱纹，非常有光泽，侧脉5~8对深凹，下面灰绿色，初具长柔毛。花序直径约1cm，通常为1朵花，很少有2朵或3朵花；花开放时花瓣平展，白色；雄蕊20，花丝白色，花药紫黑色。果实球形，红色，有光泽，具（4）5小核（图19）。

地理分布：中国特有，主要分布于甘肃、贵州、湖北、四川、西藏、云南。

3.18　康巴栒子

Cotoneaster sherriffii Klotz in Wiss. Zeits. Univ. Halle 12(10): 776. 1963. Type: China, SE Tibet, Kongbo, Molo, Lilung Chu, 26 June 1938, *F. Ludlow, G. Sherriff & G. Taylor 5677* (Holotype: BM-000550222).

识别特征：半常绿灌木，高达0.5~2.5m，枝与小枝直立开展。叶螺旋状排列，叶片近革质，宽椭圆形或近圆形，先端圆或钝，有微凸，长6~14mm，宽4~12mm，上面深绿色，有光泽，

图19 矮生栒子（*Cotoneaster dammeri*）（凡强 摄）

下面有平铺曲柔毛，灰绿色。聚伞花序具花3~9（~11）朵；萼筒被稀疏柔毛或近于无毛；花开放时花瓣平展，白色；雄蕊（16~）20，花丝白色，花药紫色至黑色。果实倒卵球形，橘红色至浅红色，具（1）2核（图20）。

地理分布：中国西藏、四川。不丹、尼泊尔。

3.19 黄杨叶栒子

Cotoneaster buxifolius Wallich ex Lindl. in Bot. Reg. 15: sub t. 1229. 1829. Type: India, Nilgiri, E. Nolan, Herb. East India Company, *N. Wallich 661* (Type: K-K001111535).

C. microphylla α *buxifolia* Dippel, Handb. Laubh. 3: 420. 1893.

C. breviramea Rehd. & Wils. in Saig. Pl. Wils. 1:

03

图20 康巴枸子（*Cotoneaster sherriffii*）（凡强 摄）

图21 黄杨叶枸子（*Cotoneaster buxifolius*）（凡强 摄）

177. 1912.

识别特征：常绿至半常绿矮生灌木，高 0.5～2m，分枝直立、平展。叶革质，椭圆形或卵形，先端急尖，长5～15mm，宽4～8mm，上面具微小皱纹，初具长柔毛，叶脉2～4浅凹，下面密被灰白色绒毛；花序1～9（～20）朵；萼筒被绒毛；花开放时花瓣平展，白色；雄蕊20，花丝白色，花药黑色。果实近球形，红色，具2小核（图21）。

地理分布：中国四川、贵州、云南。不丹、印度、缅甸、尼泊尔。

3.20 大果枸子

Cotoneaster conspicuus Comber ex Marquand in Kew Bull. p. 119. 1937. Type: UK., Sussex, Nymans Handcross (from plants raised from seeds collected in China, SE Tibet, Kongbo, Tsangpo river area, Gyala,

18 November 1924, by *F. Kingdon Ward*), 4 October 1933, *F. Kingdon Ward 6400* [Lectotype designated by J. Fryer & B. Hylmö (2009): K-K000758611].

C. microphyllus Wall. ex Lindl. var. *conspicuus* Messel in Gard. Chron. ser. 3. 94: 299. 1933.

C. conspicua Messel in Journ. Roy. Hort. Soc. Lond. 59: 303. 1934. nom. nud.

C. conspicua var. *decora* Russell in Proc. Biol. Soc. Wash. 51: 184. 1938.

识别特征：常绿灌木，高1.2m以上，平展或直立。叶片近革质或革质，二列或螺旋状排列，椭圆形至倒披针形，先端钝或圆形，长6～20mm，宽2～8mm，上面中绿色，稍有光泽，中脉轴向隆起，下面灰绿色，初具柔毛、糙伏毛。花单生；花开放时花瓣平展，白色；雄蕊20，花丝白色，花药紫色至黑色。果实扁球状，橘红色或红色，有光泽，无毛，具2（3）小核（图22）。

图22　大果栒子（*Cotoneaster conspicuus*）（凡强 摄）

地理分布：中国特有，主要分布于云南、西藏。

3.21　台湾栒子

Cotoneaster morrisonensis Hayata in Ic. Pl. Formos. 5: 62. 1915; Type: China, Taiwan, Mount Morrison, 3 000m, October 1906, *U. Mori* (Type: TI).

C. rokujodaisanensis Hayata, Ic. Pl. Formos. 5: 63. 1915.

识别特征：半常绿匍匐灌木，高不超过1m。叶革质，椭圆形或倒卵形，长9~15mm，宽6~10mm，上无毛，具皱纹，深绿色，有光泽，叶脉3~5凹陷，下面幼时微具柔毛，后脱落近无毛。花单生或少见2朵；花开放时花瓣平展，白色。花丝白色，花药紫黑色。果实卵形，红色，具2~3小核（图23）。

地理分布：中国特有，主要分布于台湾。

图23　台湾枸子（*Cotoneaster morrisonensis*）（凡强　摄）

3.22　小叶枸子

Cotoneaster microphyllus Wall. ex Lindl. in Bot. Reg. 13: t. 1114. (1827). Type: Nepal, from the alpine zone of Gossainkund, August 1821, *N. Wallich 662* (a = 662.1) (Type: K-K001111536).

识别特征：常绿矮生灌木，高0.6~1m，近直立或平卧。叶厚革质，在不育枝上螺旋状排列，很少二列，椭圆形、倒卵形、宽椭圆形或宽倒卵形，长7~13mm，宽4~9mm，上面深绿色，有光泽，无毛或具稀疏柔毛，下面灰绿色，被短柔毛，叶边反卷；花单生，稀2~3朵；萼筒被稀疏柔毛；花开放时花瓣平展，白色；雄蕊20，花丝白色，花药紫黑色。果实球形、扁球形、深红色，具2（3）小核（图24）。

地理分布：中国四川、云南、西藏。印度、缅甸、尼泊尔、巴基斯坦。

图24 小叶栒子（*Cotoneaster microphyllus*）（凡强 摄）

白毛小叶栒子

Cotoneaster microphyllus Wall. ex Lindl. var. ***cochleatus*** (Franch.) Rehd. & Wils. in Sarg. Pl. Wils. 1: 176. 1912. Type: China, Yunnan, in Mount Koua-la-po, near Hokin, 27 May 1884, *J. Delavay 784* [Lectotype designated by J. Fryer & B. Hylmö (2009): P].

C. buxifolia f. *cochleata* Franch. Pl. Delav. 224. 1890.

C. cochleatus (Franch.) Klotz in Wiss. Zeits. Univ. Halle 6: 952. 1957.

识别特征：叶片下面浅灰色，密被白色柔毛，叶边反卷。花单生，稀3朵；萼筒密被白色柔毛；雄蕊（15~）20。果实近球形，深红色，疏生柔毛，具2（3）小核（图25）。

地理分布：中国特有，主要分布于云南、四川、西藏。

03

图25 白毛小叶枸子（*Cotoneaster microphyllus* var. *cochleatus*）（凡强 摄）

3.23 宝兴栒子

Cotoneaster moupinensis Franch. in Nouv. Arch. Mus. Hist. Nat. Paris ser. 2. 8: 224. 1885. Type: China, Szechuan, Moupin, June 1869, *A. David* (Type: P-P00130704).

识别特征：落叶灌木或小乔木，高3~5m，分枝开展。叶近革质，椭圆状卵形或菱状卵形，先端渐尖，长40~120mm，宽20~45mm，上面深绿色，有明显皱纹并呈泡状隆起，侧脉8~11对深凹，下面沿脉具短柔毛。聚伞花序具花9~25朵，松散；萼筒被短柔毛，后脱落；花开放时花瓣直立，粉红色、红色或紫红色；雄蕊20，花丝淡粉色，花药白色。果实近球形或倒卵形，紫色至黑色，有光泽，具4~5小核（图26）。

地理分布：中国特有，主要分布于陕西、甘肃、四川、贵州、云南、西藏。

3.24 泡叶栒子

Cotoneaster bullatus Bois in Vilm. & Bois, Frutic. Vilm. 119. 2. f. 1904 & in Fedde, Repert. Sp. Nov. 3: 228. 2. f. 1906. Type: France, Les Barres garden, cult., 25 September 1902, *M. Vilmorin* [Lectotype designated by J. Fryer & B. Hylmö (2009): P].

识别特征：落叶灌木，高3~5m，分枝开展，粗壮。叶纸质或近革质，长圆卵形或椭圆卵形，先端渐尖，长35~70mm，宽20~40mm，上面深绿色，有光泽，具明显皱纹并呈泡状隆起，侧脉6~9对深凹，下面具长柔毛，有时近无毛。聚伞花序具花12~30朵，松散；萼筒无毛或被稀疏柔毛；花开放时花瓣直立，淡粉色；雄蕊20，花丝淡粉色，花药白色。果实球形或倒卵形，红色，具4~5小核（图27）。

地理分布：中国特有，主要分布于湖北、四

图26 宝兴栒子（*Cotoneaster moupinensis*）（汤睿 摄）

图27　泡叶栒子（*Cotoneaster bullatus*）（凡强 摄）

川、云南、西藏。

3.25　网脉栒子

Cotoneaster reticulatus Rehd. & Wils. in Sarg. Pl. Wils. 1: 160. 1912. Type: China, W Szechuan, west and near Wen-chuan Hsien, 15 October 1910, *E.H.Wilson 4191* (Type: A-00026279).

识别特征：落叶灌木，高2.5~4m，分枝开展。

叶近革质，椭圆状卵形，稀菱状卵形，先端渐尖至急尖，长25~35mm，宽10~16mm，上面深绿色，有光泽，具皱纹，叶脉4~5对深凹，下面具黄灰色绒毛。聚伞花序具花3~6朵；萼筒被糙伏毛；花开放时花瓣直立，白色带绿色或红色；雄蕊20，花丝淡粉色，花药白色。果实卵形或近球形，褐红色，具（3~）5小核。

地理分布：中国特有，主要分布于四川。

3.26 暗红栒子

Cotoneaster obscurus Rehd. & Wils. in Sarg. Pl. Wils. 1: 161. 1912. Type: China, W Szechuan, Pan-lan Shan, west of Kuan-hsien, October 1910, *E.H.Wilson 4306* (Type: A-00026258).

识别特征：落叶灌木，高1.5~2m，分枝开展。叶近革质，椭圆状卵形或菱状卵形，先端渐尖，长25~45mm，宽12~28mm，上面深绿色，有泡状隆起，侧脉5~7对浅凹，下面具黄灰色绒毛。聚伞花序具花3~7朵，紧凑，萼筒被长柔毛；花开放时花瓣直立，粉红色；雄蕊（16~）20，花丝红色或粉色，花药白色。果实卵形，暗红色，有光泽，具3~4（5）小核（图28）。

地理分布：中国特有，主要分布于湖北、四川、云南、贵州、西藏。

3.27 木帚栒子

Cotoneaster dielsianus Pritz. in Engler, Bot. Jahrb. 29: 385. 1900. Type: China, E Szechuan, Nanchuan, Paomuwan, August 1891, *C. Bock & A. v. Rosthorn 492* (Type: O-V2014239).

C. applanata Duthie ex Veitch, Hort. Veitch. 385. 1906.

识别特征：落叶灌木，高1~2m。叶革质或近革质，卵形或椭圆形，先端急尖，长10~25mm，宽8~15mm，上面灰绿色，稍具皱纹，下面密被

灰色绒毛。聚伞花序具花3~7朵；总花梗和花梗具柔毛；萼筒被柔毛；花开放时花瓣直立，红色或暗红色，边缘白；雄蕊20，花丝暗红色或粉红色，花药白色。果实近球形或倒卵形，红色，具柔毛，具3~5小核（图29）。

地理分布：中国特有，主要分布于湖北、四川、云南、西藏。

3.28 白毛栒子

Cotoneaster wardii W.W.Smith in Not. Bot. Gard. Edinb. 10: 25. 1917. Type: China, SE Tibet, Ka-Gwr-Pw temple, 27 July 1913, *F. Kingdon Ward 916* (Type: E-00010942).

识别特征：常绿灌木，高3m。叶卵形或椭圆形，先端急尖，长25~40mm，宽15~20mm，上面深绿色，稍具皱纹，叶脉5~6对凹陷，下面密被银白色绒毛。聚伞花序具花9~15朵，总花梗和花梗密被白色绒毛；萼筒被绒毛；花开放时花瓣直立，暗红色具白色边缘；雄蕊20，花丝粉红色或红色，花药白色。果实倒卵形，橘红色，具长柔毛，具2小核。

地理分布：中国特有，主要分布于西藏。

3.29 西南栒子

Cotoneaster franchetii Bois in Rev. Hort. 2: 380. 1902. Type: China, Yunnan, Shweli valley, September

图28 暗红栒子（*Cotoneaster obscurus*）（周洪义 摄）

图29 木帚栒子（*Cotoneaster dielsianus*）（喻勋林 摄）

1913, *G. Forrest 12046* (Type: E-00010938).

识别特征： 半常绿灌木，高 1～3m。叶片厚革质，椭圆形至卵形，先端急尖或渐尖，长 20～30mm，宽 10～15mm，上面幼时具伏生柔毛，老时脱落，下面密被带黄色或白色绒毛；聚伞花序具花 5～11 朵；总花梗和花梗密被短柔毛；萼筒密被柔毛；花开放时花瓣直立，粉红色；雄蕊 20，花丝粉紫色，花药粉色至紫色。果实卵球形，橘红色，有光泽，初时微具柔毛，最后无毛，具 3（～5）小核（图 30）。

地理分布： 中国四川、云南、贵州、西藏。泰国。

3.30　单花枸子

Cotoneaster uniflorus Bunge in Ledeb. Fl. Alt. 2: 220. 1830. Type: *C. uniflora* Bunge, fr. alt. leg. Bunge [Lectotype designated by J. Fryer & B. Hylmö (2009): C].

C. integerrima var. *uniflora* (Bunge) Schneid. in

图 30　西南枸子（*Cotoneaster franchetii*）（凡强 摄）

Ill. Handb. Laubh. 1: 747. 1906.

识别特征：落叶矮小灌木，高不超过1m。叶纸质，多数卵形，稀卵状椭圆形，先端急尖，稀圆钝，长18~35mm，宽13~25mm，上面中绿色、无毛，下面初被绒毛，后脱落，叶脉4~5对凹陷。花单生，有时为2；总花梗和花梗无毛或疏生柔毛；萼筒无毛；花开放时花瓣直立，短于萼片，浅红色或白色；雄蕊15~20，花丝白色，花药白色。果实球形，红色，具3~4小核。

地理分布：中国新疆、青海。俄罗斯、哈萨克斯坦、吉尔吉斯斯坦。

3.31 黑果栒子

Cotoneaster melanocarpus Fisch. ex Blytt in Enum. Pl. Vasc. 22. 1844; illustr. C. melanocarpus nom. nud. in Lodd. Bot. Cab. 16: t. 1531. 1829. Type: Sweden, Bjuv (hort.) 1762 (from plants raised in Ukraine, Tjeremsjini, Lvov), 20 May 1996, *B. Hylmö* [Lectotype designated by J. Fryer & B. Hylmö (2009): GB].

Mespilus cotoneaster L. in Sp. Pl. 479. 1753. p. p.

C. peduncularis Boiss. in Diagn. Pl. Or. 3: 8. 1843.

C. nigra Fries in Summ. Veg. Scand. 1: 175. 1846.

C. orientalis Kerner in Oester. Bot. Zeitschr. 19: 270. 1869.

C. melanocarpa var. *typica* Schneid. in Ill.

Handb. Laubh. 1: 752. 1906.

识别特征：落叶灌木，高2m。叶纸质，卵状椭圆形至宽卵形，先端钝或微尖；长20~45mm，宽10~30mm，上面深绿色，具皱纹，疏生柔毛或无毛，下面被白色绒毛。聚伞花序具花3~15朵，松散；总花梗和花梗具柔毛；萼筒无毛；花开放时花瓣直立，浅粉色或白色；雄蕊20，花丝白色，花药白色。果实近球形，紫黑色，有蜡粉，具2（3）小核（图31）。

地理分布：中国内蒙古、黑龙江、吉林、河北、甘肃、新疆。蒙古、日本、欧洲各地。

注：黑果栒子在《中国植物志》和 *Flora of China* 中所采纳的命名人为 G. Loddiges，但因其1829年在 Bot. Cab. 中并未对该物种进行形态描述，被认为是不合格发表。2011年，Royal Botanic Gardens Edinburgh，Richard Pankhurst – Rosaceae（RJP）基于原始发表信息将 "*Cotoneaster melanocarpus* Fisch. ex Blytt" 作为接受名。

3.32 全缘栒子

Cotoneaster integerrimus Medik. in Gesch. Bot. 85. 1793; Forb. & Hemsl. in Journ. Linn. Soc. Bot. 23: 260. 1887. Type: *Mespilus folio subrotundo fructu rubro* in Clifford herbarium [Lectotype designated by J. Fryer & B. Hylmö (2009): BM-BM000628629].

Mespilus cotoneaster L. Sp. Pl. 479. 1753. p. p.

Ostinia cotoneaster Clairville in Man. Herb. Suisse 162. 1811.

图31 黑果栒子（*Cotoneaster melanocarpus*）（凡强 摄）

C. vulgaris Lindl. in Trans. Linn. Soc. 13: 101. 1822.

识别特征：落叶灌木，高2m。叶纸质、宽椭圆形、宽卵形或近圆形，先端急尖或圆钝；长20~50mm，宽13~25mm，上面灰绿色，无毛或有稀疏柔毛，下面密被灰白色绒毛，侧脉4~6对明显凹陷。聚伞花序具花2~5（7）朵，下垂；总花梗和花梗无毛或疏生柔毛；萼筒无毛；花开放时花瓣直立，浅红色或白色；雄蕊20，花丝白色具淡粉色基部，花药白色。果实近球形，红色，无毛，具（~2）3（~4）小核（图32）。

地理分布：中国北京、内蒙古、新疆、河北。阿富汗、阿尔巴尼亚、奥地利、比利时、保加利亚、捷克、斯洛伐克、丹麦、俄罗斯、芬兰、法

03

图32　全缘枸子（*Cotoneaster integerrimus*）（李佳侬　摄）

国、德国、希腊、匈牙利、意大利、吉尔吉斯斯坦、韩国、挪威、巴基斯坦、波兰、罗马尼亚、西班牙、瑞典、瑞士、土耳其、南斯拉夫。

3.33 西北栒子

Cotoneaster zabelii Schneid. Ill. Handb. Laubh. 1: 479. f. 420 f-h. 422 i-k. 1906 & in Fedde, Repert. Sp. Nov. 3: 220. 1906. Type: China, Schensi, Kan-y-san, 12 June 1897, *G. Giraldi* [Lectotype designated by J. Fryer & B. Hylmö (2009): A-00112382].

识别特征：落叶灌木，高2m。叶纸质，椭圆形至卵形，先端多数圆钝，长12~30mm，宽10~20mm，上面深绿色，疏生柔毛，侧脉3~5对深凹，下面密被带黄色或带灰色绒毛。聚伞花序具花3~13朵，总花梗和花梗被柔毛；萼筒被柔毛；花开放时花瓣直立，浅红色；雄蕊20，花丝白色，花药白色。果实倒卵形，鲜红色，有光泽，具2小

核（图33）。

地理分布：中国特有，主要分布于河北、山西、山东、河南、陕西、甘肃、宁夏、青海、湖北、湖南。

3.34 少花栒子

Cotoneaster oliganthus Pojark. in Not. Syst. Herb. Inst. Bot. URSS. 8: 141. f. 3. 1938. Type: Kazakhstan, on the western slope of the Arkat mountain range, 19 May 1914, *N. Schipczinsky* (Type: LE).

识别特征：落叶灌木，高1~2m。叶纸质，椭圆形或卵圆形，先端钝或微尖，长8~25mm，宽4~17mm，上面深绿色，疏生柔毛或无毛，下面被绿灰色绒毛。聚伞花序有花3~11朵，紧凑；萼筒疏被长柔毛；花开放时花瓣直立到平展，白色稍具粉色；雄蕊20，花丝白色或淡粉色，花药白色；果实近球形，红色，具2（3）小核。

图33 西北栒子（*Cotoneaster zabelii*）（李莹 摄）

地理分布：中国内蒙古、新疆。哈萨克斯坦、吉尔吉斯斯坦、塔吉克斯坦、乌兹别克斯坦。

3.35 恩施枸子

Cotoneaster fangianus T.T.Yü in Acta Phytotax. Sin. viii. 219 (1963). Type: China, Hupeh, Enh Shih, 18 June 1958, *M.Y.Fang 24314* (Holotype: PE-00004561).

识别特征：落叶灌木，高2~2.5m。叶近革质，宽卵形至近圆形，先端多数圆钝，稀急尖，长10~20mm，宽10~15mm，上面深绿色，具柔毛，侧脉4~6对深凹，下面密被浅黄色绒毛。聚伞花序具花10~15朵，紧密，总花梗和花梗具柔毛；萼筒被柔毛；花开放时花瓣直立，粉红色；雄蕊20，花丝淡粉色，花药白色。果实倒卵形，深红色，具长柔毛，具3小核。

地理分布：中国特有，主要分布于湖北。

3.36 细弱枸子

Cotoneaster gracilis Rehd. & Wils. in Sarg. Pl. Wils. 1: 167. 1912. Type: China, W Hupeh, Hsing shan Hsien, June 1907, *E.H.Wilson 2176* (Type: A-00026244).

C. difficilis Klotz in Wiss. Zeits. Univ. Jena 21: 1017. 1972.

识别特征：落叶灌木，高1~3m。叶纸质，卵形至长圆状卵形，先端圆钝或急尖，稀微缺，长20~35mm，宽10~20mm，上面深绿色，无毛，侧脉5~6对浅凹，下面密被白色绒毛。聚伞花序具花3~7朵，总花梗和花梗稍具柔毛；萼筒无毛，红色；花开放时花瓣直立，粉红色；雄蕊20，花丝白色或淡粉色，花药白色。果实倒卵形，橘红色，无毛，具2小核（图34）。

地理分布：中国特有，主要分布于陕西、甘肃、湖北、四川。

3.37 山东枸子

Cotoneaster schantungensis Klotz in Wiss. Zeits. Univ. Jena 21: 1018. 1972. Type: China, Shantung, Lung tung near Tsi-nan fu, 7 September 1930, *C.Y.Chiao 3074* (Holotype: BM-000602220, isotypes: B, C, PE).

识别特征：落叶灌木，高1.5~2.5m。叶纸质，宽椭圆形或宽卵形，有时倒卵形稀近圆形，先端多圆钝或微凹，稀有短尖，长20~35mm，宽15~24mm，上面深绿色，稍具皱纹，具柔毛，侧脉3~5对凹陷，下面被长柔毛。聚伞花序具花3~6朵，松散，总花梗和花梗具柔毛；萼筒被稀疏柔毛；花开放时花瓣直立，粉红色；雄蕊20，花丝淡粉色或白色，花药白色。果实倒卵形，深红色，近无毛，具2小核。

地理分布：中国特有，主要分布于山东。

图34 细弱枸子（*Cotoneaster gracilis*）（朱仁斌 摄）

3.38 尖叶栒子

Cotoneaster acuminatus Lindl. in Trans. Linn. Soc. 13: 101. t. 9. 1822. Type: Nepal, 1821, Herb. East India Company, *N. Wallich 664* (Type: K-K001111539).

Mespilus acuminata Lodd. in Bot. Cab. 16: t. 1522. 1829.

识别特征：落叶灌木，高2~3m，直立。叶纸质，椭圆状卵形至卵状披针形，先端渐尖，长30~65mm，宽20~30mm，上表面非常有光泽，疏生柔毛，下表面具光泽，有长柔毛。聚伞花序具花1~5朵，通常2~3朵，花梗长3~5mm；萼筒疏生糙伏毛；花开放时花瓣直立，粉红色；雄蕊20，花丝白色，花药白色。果实倒卵形或圆柱形，红色，有光泽，近无毛，具2（3）小核（图35）。

地理分布：中国四川、云南、西藏。印度、缅甸、尼泊尔、巴基斯坦。

3.39 灰栒子

Cotoneaster acutifolius Turcz. in Bull. Soc. Nat. Moscou 5: 190. 1832. Type: Mongolia Chinensis, 1831, *Anonymous s.n.* (Isotype: KW-001000569).

识别特征：落叶灌木，高2~4m，直立。叶纸质，椭圆状卵形至长圆状卵形，先端急尖，稀渐尖，长25~50mm，宽12~20mm，两面具柔毛，下面毛较密，后脱落近无毛。聚伞花序具花2~5朵，花梗长3~5mm；萼筒被长柔毛；花开放时花瓣直立，白色，基部红色；雄蕊20。果实椭圆形稀倒卵形，红色至黑色，具2~3小核（图36）。

地理分布：中国内蒙古、河北、山西、河南、湖北、陕西、甘肃、青海、西藏。蒙古、俄罗斯。

图35　尖叶栒子（*Cotoneaster acuminatus*）（凡强 摄）

图36　灰栒子（*Cotoneaster acutifolius*）（凡强 摄）

3.40 亮叶枸子

Cotoneaster nitidifolius Marq. in Hook. Ic. Pl. 32: t. 3145. 1930. Type: England, London, Royal Botanic Gardens, Kew, cult., No. 526/1924, October 1929, *Anonymous s.n.* (Syntype: K-K000075670); ibid., June 1930, *Anonymous s.n.* (Syntype: K-K000075668).

识别特征： 落叶灌木，高2~3m。叶纸质，卵状披针形至长圆状卵形，先端渐尖，长40~65mm，宽15~25mm，上面淡绿色，稍具皱纹，有光泽，无毛或微具柔毛，侧脉下陷，下面具柔毛。聚伞花序具花3~9朵；萼筒被柔毛；花开放时花瓣直立，粉红色；雄蕊16~18。果实近球形，棕红色，具2小核。

地理分布： 中国特有，主要分布于四川、云南。

3.41 球花枸子

Cotoneaster glomerulatus W.W.Smith in Not. Bot. Gard. Edinb. 10: 21. 1917. Type: China, Yunnan, Shweli valley, September 1913, *G. Forrest 12046* (Type: E- 00010938).

识别特征： 落叶灌木，高2~3m。叶纸质，卵状披针形至长圆状卵形，先端急尖，稀渐尖，长40~50mm，宽20~25mm，上面淡绿色，稍具皱纹，有光泽，无毛或微具柔毛，侧脉4~5对微凹，下面被稀疏黄色绒毛。聚伞花序具花3~11朵，紧凑；萼筒密被长柔毛；花开放时花瓣直立，粉红色；雄蕊20，花丝粉红色，花药白色。果实球形，红色，有光泽，具5小核。

地理分布： 中国特有，主要分布于云南。

3.42 麻核枸子

Cotoneaster foveolatus Rehd. & Wils. in Sarg. Pl. Wils. 1: 162. 1912. Type: China, W Hupeh, Chang-lo Hsien, September 1907, *E.H.Wilson 147* (Type: A-00026239).

识别特征： 落叶灌木，高3~4m。叶纸质，椭圆形、椭圆状卵形或椭圆状倒卵形，先端渐尖或急尖，长35~80（~100）mm，宽15~30（~45）mm，

图37 麻核枸子（*Cotoneaster foveolatus*）（喻勋林 摄）

上面暗绿色，被稀疏短柔毛，后脱落，侧脉6~8对凹陷，下面初具糙伏毛，后脱落近无毛。聚伞花序具花3~7朵；萼筒被糙伏毛；花开放时花瓣直立，粉红色；雄蕊20，花丝红色或粉红色，花药白色。果实近球形，黑色，有光泽，具3~4小核（图37）。

地理分布：中国特有，主要分布于陕西、甘肃、湖北、湖南、四川、云南、贵州。

3.43　川康枸子

Cotoneaster ambiguus Rehd. & Wils. in Sarg. Pl. Wils. 1: 159. 1912. Type: China, W Szechuan, Pan-lan Shan, west of Kuan-hsien, June 1908, *E.H.Wilson 2179* (Type: A-00026211).

C. acutifolia var. *ambigua* (Rehd. & Wils.) Hurusawa in Acta Phytotax. Geohot. 13: 236. 1943.

识别特征：落叶灌木，高2~3m，直立。叶纸质，椭圆状卵形至菱状卵形，先端渐尖至急尖，长25~60mm，宽15~30mm，上面深绿色，初疏生柔毛，后脱落，侧脉6~8对深凹，下面中绿色，初具柔毛，后脱落为稀疏柔毛。聚伞花序具花5~10朵，花梗长4~5mm；萼筒疏生长柔毛；花开放时花瓣直立，白色带绿色，基部微红色；雄蕊16~20，花丝淡粉红色，花药白色。果实球形或倒卵状球形，紫黑色，具2~3（4~5）小核（图38）。

地理分布：中国特有，主要分布于陕西、宁夏、甘肃、四川、贵州、云南。

3.44　散生枸子

Cotoneaster divaricatus Rehd. & Wils. in Sarg. Pl. Wils. 1: 157. 1912. Type: China, W Hupeh, Hsing-shan Hsien, September 1907, *E.H.Wilson 232* (Type: A-00026234).

识别特征：落叶灌木，高1.5~2m，分枝稀疏开展。叶纸质，椭圆形、宽椭圆形或近圆形，长7~20mm，宽5~10mm，上面深绿色，有光泽，初疏生糙伏毛，侧脉3~4对浅凹，下面具糙伏毛。花2~4朵；萼筒被糙伏毛；花开放时花瓣直立，基部暗红色，具浅红色或白色边缘；雄蕊10~15，花丝粉红色或白色，花药白色。果实椭圆形，红色，有光泽，具（1~）2（~3）小核（图39）。

地理分布：中国特有，主要分布于安徽、陕西、甘肃、湖北、湖南、江西、贵州、四川、云南、新疆、浙江。

3.45　细枝枸子

Cotoneaster tenuipes Rehd. & Wils. in Sarg. Pl. Wils. 1: 171. 1912. Type: China, W Szechuan, Min valley, Sung-pan Ting, August 1910, *E.H.Wilson 4544* (Type: A-00026293).

识别特征：落叶灌木，高1~2m，分枝直立。叶纸质，卵形、椭圆状卵形至狭椭圆状卵形，长15~35mm，宽12~20mm，上面深绿色，有光泽，幼时具稀疏柔毛，老时近无毛，侧脉4~5对浅凹，下面具灰白色柔毛；聚伞花序具花2~4朵，花梗

图38　川康枸子（*Cotoneaster ambiguus*）（朱仁斌 摄）

图39　散生枸子（*Cotoneaster divaricatus*）（罗金龙 摄）

图40 细枝枸子（*Cotoneaster tenuipes*）（汤睿 摄）

图41 光泽枸子（*Cotoneaster nitens*）（蒋洪 摄）

长4~8mm；萼筒被柔毛；花开放时花瓣直立，基部红色或浅粉色，边缘白色，或完全白色；雄蕊10（~12），花丝浅粉色，先端有时白色，花药白色。果实卵形，紫黑色，具柔毛，具2小核（图40）。

地理分布：中国特有，主要分布于甘肃、青海、四川、云南、西藏。

3.46 光泽枸子

Cotoneaster nitens Rehd. & Wils. in Sarg. Pl. Wils. 1: 156. 1912. Type: China, W Szechuan, Min Valley, Sungpan, September 1910, *E.H.Wilson 4021* (Type: A-00026257).

识别特征：落叶灌木，高可达3.5m，分枝直立至下垂。叶纸质，卵形或有时椭圆形，先端圆钝或急尖，长10~20mm，宽7~15mm，上面鲜绿色，无毛，有光泽，下面初具糙伏毛，后脱落近无毛。聚伞花序具花2~3（~8）朵，花梗长2~4mm；萼筒疏生柔毛；花开放时花瓣直立，粉红色，具红色基部和白色边缘；雄蕊10~12（~15），花丝红紫色，花药白色具浅红色边缘。果实椭圆形，紫黑色，有光泽，近无毛，具1~2小核（图41）。

地理分布：中国特有，主要分布于四川、西藏。

3.47 丹巴枸子

Cotoneaster harrysmithii Flinck & Hylmö in Bot. Not. 115(1): 29-34. f. 1. 3. 1962. Type: China,

Szechuan, Tanpa district, Maoniu, October 1934, *Harry Smith 12647* (Holotype: UPS-V-059999, Isotype: BM).

识别特征：落叶灌木，高1~2m，分枝直立。叶纸质，椭圆形至卵状椭圆形，先端急尖至渐尖，长7~20mm，宽4~11mm，上面绿色，有光泽，具长柔毛，下表面具稍密长柔毛，后脱落，但叶脉上和边缘毛宿存。聚伞花序有花2~3（4）朵，花梗长1~3mm；花开放时花瓣直立，粉红色，具深红色基部和白色边缘；雄蕊（10~）12（~14），花丝红色，花药白色。果实椭圆形，褐黑色或黑色，具2~3小核。

地理分布：中国特有，主要分布于四川、西藏。

3.48 藏南枸子

Cotoneaster taylorii T.T.Yü in Bull. Brit. Mus. Bot. 1: 129. pl. 3. 1954. Type: China, SE Tibet, below Kongbo Nga La, Takpo, 13 May 1938, *F. Ludlow, G. Sherriff & G. Taylor 4246* (Holotype: BM-000550213).

识别特征：落叶灌木，高2~3m。叶近革质，近圆形或宽卵形，长10~12mm，宽9~10mm，上面绿色，有光泽，具糙伏毛，下面具糙伏毛，后脱落。花序具花2~3朵，松散；花梗长5~10mm；萼筒无毛；花开放时花瓣直立，红色或暗红色；雄蕊10，花丝粉红色或白色，花药白色。果实卵球形，鲜红色，具（2~）3（~4）小核。

地理分布：中国特有，主要分布于西藏。

3.49 镇康枸子

Cotoneaster chengkangensis T.T.Yü in Acta Phytotax. Sin. viii. 220. 1963. Type: China, Yunnan, Cheng-kang, July 1938, *T.T.Yü 16959* (Holotype: PE-00004559, Isotype: A).

识别特征： 落叶灌木，高1~2m。叶纸质，宽椭圆形至近圆形，先端急尖，长10~18mm，宽7~15mm，上面深绿色，具柔毛，下表面疏生柔毛。聚伞花序具花2~3（4）朵，花梗长2~4mm；萼筒疏生柔毛；花开放时花瓣直立，粉白色；雄蕊15~20。果实椭圆形，鲜红色，具3小核。

地理分布： 中国特有，主要分布于云南。

3.50 血色枸子

Cotoneaster sanguineus T.T.Yü in Bull. Brit. Mus. Bot. 1: 130. pl. 4. 1954. Type: China, SE Tibet, Chickchar, Tsari, 13 June 1936, *F. Ludlow & G. Sherriff 2157* (Holotype: BM-000550214, Isotypes: A, E).

识别特征： 落叶灌木，高2~3m，分枝直立。叶纸质，卵形或椭圆状卵形，先端急尖，长7~20mm，宽7~12mm，上面深绿色，幼时具带黄色柔毛，老时无毛，侧脉4~5对凹陷，下面具长柔毛。花单生，近无梗；花开放时花瓣直立，浅红色；萼筒红色，无毛；雄蕊10，花丝红色，花药白色。果实柱状，橘红色，具2（~3）小核。

地理分布：中国云南、西藏。不丹、印度、尼泊尔。

3.51 细尖枸子

Cotoneaster apiculatus Rehd. & Wils. in Sarg. Pl. Wils. 1: 156. 1912. Type: China, W Szechuan, Pan-lan Shan, west of Kuan Hsien, October 1910, *E.H.Wilson 4311* (Type: A-00026213).

识别特征： 落叶直立灌木，高1.5~2m。叶在不育枝上轮生，纸质，近圆形、圆卵形，稀宽倒卵形，先端有细尖，稀凹缺，长6~15mm，宽5~13mm，上面深绿色，有光泽，无毛，下面初具糙伏毛，后脱落。花单生，具短梗；萼筒近无毛；花开放时花瓣直立，淡粉色；雄蕊10（~12），花丝暗红色，花药白色具紫红色点。果实球形，橘红色至红色，有光泽，具（2~）3小核。

地理分布： 中国特有，主要分布于甘肃、湖北、陕西、四川、云南。

3.52 疣枝枸子

Cotoneaster verruculosus Diels in Not. Bot. Gard. Edinb. 5: 272. 1912. Type: China, NW Yunnan, eastern flank of the Dali range, June-July 1906, *G. Forrest 4427* (Type: E-E00010924).

C. distichus var. *verruculosus*（Diels）Yu in Bull. Brit. Mus. Bot. 1: 128. 1954.

识别特征： 落叶或半常绿灌木，高0.6~2m，

图42 疣枝枸子（*Cotoneaster verruculosus*）（凡强 摄）

直立；枝条幼时密被黄色糙伏毛，后脱落，基部残留成为显明的疣状突起。叶近革质，圆形、宽卵形至宽倒卵形，先端微凹缺，稀微尖，长6~14mm，宽5~14mm，上面深绿色，非常有光泽，具稀疏的糙伏毛，下面近无毛。花通常单生，稀2朵，近无梗；花开放时花瓣半平展，富红色；雄蕊12~16，花丝粉红色和白色，花药白色。果实近球形或宽倒卵球形，富红色，无毛，有光泽，具2小核（图42）。

地理分布：中国云南、四川、西藏。缅甸、尼泊尔。

3.53　红花枸子

Cotoneaster rubens W.W.Smith in Not. Bot. Gard. Edinb. 10: 24. 1917. Type: China, NW Yunnan, Zhongdian plateau, July 1914, *G. Forrest 12663* (Type: E-E00010926).

识别特征：落叶或半常绿灌木，高0.5~2m，直立。叶纸质或近革质，近圆形或宽椭圆形，先

端钝或锐尖，长10~23mm，宽8~18mm，上面深绿色，稍具皱纹，无毛，侧脉4~5对凹陷，下表面密被糙伏毛。花单生；萼筒被浓密糙伏毛；花开放时花瓣直立，深红色；雄蕊10，花丝红色，花药白色。果实倒卵形，鲜红色，有光泽，具2~3小核（图43）。

地理分布：中国云南、西藏。不丹、缅甸。

3.54　圆叶枸子（两列枸子，存疑种）

Cotoneaster rotundifolius Wall. ex Lindl. in Bot. Reg. 15: Sub. t. 1229. 1829. illustr. Saunder's Refug. Bot, t. 54. 1869; Curtis's Bot. Mag. 131: t. 8010. 1905 (petals incorrectly illustrated as spreading). Type: Nepal, from the alpine zone of Gossainkund, Octo-ber 1821, *N. Wallich 663* (Type: K).

C. nitidus Jacques in Journ. Soc. Imp. Centr. Hort. v. 516. 1859.

C. distichus Lange in Bot. Tidsskr. 13: 19. 1882.

识别特征：常绿或半常绿灌木，高2~3m。

图43　红花枸子（*Cotoneaster rubens*）（林秦文　摄）

叶近革质，圆形或宽倒卵形，长9～12mm，宽8～11mm，先端钝，上面深绿色，有光泽，疏生糙伏毛，下面具糙伏毛。花1（2）朵；萼筒近无毛；花开放时花瓣直立，暗红色具粉红色边缘；雄蕊（12～）18～20，花丝暗红色，花药白色。果实卵球形，橘红色至红色，有光泽，具（2）3小核。

地理分布：中国云南、四川、西藏。不丹、印度、尼泊尔。

Jeanette Fryer 和 Bertil Hylmö（2009）认为 *C. rotundifolius* 存在名称上的误用，并为此做了详细的说明：Lindley 于1828年发表了 *Cotoneaster microphyllus* var. *uva-ursi*，并配了一张插图，该插图中花瓣是平展的，与 *C. rotundifolius* 在形态上明显不同。1829年，Lindley 将其作为 *C. rotundifolius*。之后，这个插图中花瓣平展的类群一直被错误作为圆叶栒子（*C. rotundifolius*）。直到1869年，Baker 试图纠正两个物种使用了同一个名字的错误，并给了一张对圆叶栒子正确描绘的插图，该插图中花瓣直立，且为红色。Lange（1882）用 *C. distichus* 命名了该类群，之后 Exell（1930）发现了该类群一个被忽略的名称，也就是现在《中国植物志》中所使用的两列栒子（*C. nitidus* Jacques）。因此，尽管两列栒子（*C. nitidus*）在该类群中使用得更为广泛，但依照命名法规的优先权，该类群应该为圆叶栒子（*C. rotundifolius*）。本书中暂采纳 Jeanette Fryer 和 Bertil Hylmö 对该物种分类考证的结果，将两列栒子（*C. nitidus*）修正为圆叶栒子（*C. rotundifolius*），但对 *Cotoneaster*

microphyllus var. *uva-ursi* 暂不做描述。这两个类群有待开展进一步的分类学研究。

3.55 匍匐栒子

Cotoneaster adpressus Bois in Vilm. et Bois, Frutic. Vilm. 116. f. 1904. Type: France, Les Barres garden (from type plant cultivated by M. Vilmorin), 14 July 1904, *W.J.Bean* [Lectotype designated by J. Fryer & B. Hylmö (2009): K-K000758542].

C. horizontalis var. *adpressa* (Bois) Schneid. Ill. Handb. Laubh. 1: 744. f. 418 k-m. 419 e1. 1906.

识别特征：落叶匍匐灌木，高0.3m，分枝上生根。叶纸质或近革质，宽卵形或倒卵形，先端圆钝或稍急尖，长5～15mm，宽4～10mm，边缘波状，上面暗绿色，无毛，下面近无毛。花1（2）朵，近无梗；萼筒近无毛；花开放时花瓣直立，红色；雄蕊10（～13），花丝红色或粉红色，花药白色。果实球形，鲜红色，具2（3）小核（图44）。

地理分布：中国陕西、甘肃、青海、湖北、四川、贵州、云南、西藏。印度、缅甸、尼泊尔。

3.56 平枝栒子

Cotoneaster horizontalis Decne. in Fl. Serr. 22: 168. 1877. Type: China, Szechuan, *A. David* (Type: P-P00130706).

C. acuminata var. β. *prostrata* Hook. ex Dcne. in

图44　匍匐栒子（*Cotoneaster adpressus*）（凡强　摄）

Nouv. Arch. Mus. Hist. Nat. Paris 10: 175. 1874.

识别特征：落叶或半常绿灌木，高0.5～1m，分枝平展成整齐二列状。叶近革质，近圆形、圆形或宽倒卵形，先端多急尖，长5～14mm，宽4～9mm，上面深绿色，有光泽，无毛，下面疏生糙伏毛。花1～2朵，近无梗；萼筒疏生糙伏毛；花开放时花瓣直立，基部暗红色，边缘浅红色；雄蕊10（～13），花丝暗红色，花药白色。果实近球形，橘红色至红色，有光泽，具（2）3小核（图45）。

地理分布：中国陕西、甘肃、湖北、湖南、江苏、浙江、四川、贵州、云南、台湾。尼泊尔。

3.57 高山枸子

Cotoneaster subadpressus T.T.Yü in Acta Phytotax. Sin. viii. 219. 1963. Type: China, Yunnan, Chungtien, Haba, 2 June 1937, *T.T.Yü 11552* (Holotype: PE-00004568).

识别特征：落叶或半常绿灌木，高0.2～1m，平卧、匍匐。叶近革质，近圆形或宽卵形，先端圆钝或急尖，长5～15mm，宽4～12mm，上面深绿色，有光泽，初具糙伏毛，侧脉2～3对凹陷，下面初具长柔毛，后脱落。花单生，近无梗；萼

图45　平枝枸子（*Cotoneaster horizontalis*）（李飞飞　摄）

图46　高山栒子（*Cotoneaster subadpressus*）（凡强　摄）

图47　中甸栒子（*Cotoneaster langei*）（凡强　摄）

筒疏生糙伏毛；花开放时花瓣直立，红色或粉红色；雄蕊10～15，花丝淡粉色，花药白色。果实卵形，黄橙色至橘红色，有光泽，具2（3）小核（图46）。

地理分布：中国特有，主要分布于四川、云南。

3.58　中甸栒子

Cotoneaster langei Klotz in Wiss. Zeits. Univ. Jena 21: 1000. 1972. Type: China, Yunnan, Chungtien, Shianrentung, 18 October 1937, *T.T.Yü 13743*

(Holotype: E-00010931).

识别特征：落叶或半常绿灌木，高0.5～1.5m，直立或部分平卧。叶近革质，宽卵形或近圆形，先端圆钝或急尖，长7～13mm，宽6～13mm，上面深绿色，有光泽，具稀疏的糙伏毛，后脱落，侧脉2～3对凹陷，下面具糙伏毛。花通常单生，稀2朵，花梗长3～10mm；萼筒密被糙伏毛；花开放时花瓣直立弯曲，粉红色；雄蕊10（～12），花丝粉红色。果实卵球形，深红色，具2小核（图47）。

地理分布：中国特有，主要分布于云南、四川。

4 走向西方园林的栒子属植物

19世纪初期，欧洲植物学家们开始对栒子属产生了浓厚的兴趣。但在起初的大半个世纪内，植物学者对该属物种关注度并不高，不同国家和地区发现和发表的只有零星几种。1821年，英国植物学家John Lindley（1799—1865）发表了该属4个物种，包含了尖叶栒子（*Cotoneaster acuminatus*）和藏边栒子（*C. affinis*）两个产自喜马拉雅地区的物种；1830年，俄国植物学家Alexander von Bunge（1803—1890）发表了水栒子（*C. multiflorus*）和单花栒子（*C. uniflorus*）。

我国栒子属物种的发现起始于1830年前后，俄国植物学家Nikolai Turczaninow（1796—1863）首次记录了采自内蒙古地区的灰栒子（*C. acutifolius*）（Turczaninow, 1832）。之后几十年里，在我国采集的平枝栒子（*C. horizontalis*）、柳叶栒子（*C. salicifolius*）、毡毛栒子（*C. pannosus*）以及白毛小叶栒子（*C. microphyllus* var. *cochleatus*）等陆续被发表，西方植物学者开始意识到中国是栒子属物种的分布中心（Fryer & Hylmö, 2009）。

自18世纪起，欧洲人在全世界建立的植物园和树木园爆发式增长，对世界范围内植物物种的搜集、保存和种植趋于白热化，全球植物猎取网络和"植物猎人"应运而生，"植物猎人"从以传教士兼职为主逐渐演变为受过植物学和园艺学知识训练的专业人士。鸦片战争和《南京条约》之后，"植物猎人"们开始不满足仅在广东、福建等沿海地区的植物收集，逐渐进入我国云南、四川、西藏等地收集温带植物物种（Cox, 1945）。许多原产于我国的栒子属物种在这个"中国植物猎取的黄金时代"（The Golden Era of plant hunting in China）被带至西方的园林中。

法国传教士Armand David（谭卫道，1826—1900）三度来到我国，在我国收集了大量植物物种和动物物种资料，也是最早记录我国自然史的人之一。1866—1867年，谭卫道从北京向西北方向行进，进入蒙古国南部，但这次采集的植物标本并不多。1868—1870年，谭卫道来我国进行了第二次考察，他从北京到重庆，然后行至四川成都，最后抵达川西穆平（Mupin, 今宝兴县）。这次探索后，谭卫道让西方世界看到了我国西南地区美丽而多样的植物物种，如杜鹃花属（*Rhododendron*）、李属（*Prunus*）、报春花属（*Primula*）、龙胆属（*Gentiana*）以及百合属（*Lilium*）。并且在这次行程中，他发现了著名的"鸽子树"——珙桐（*Davidia involucrata*）。与此同时，谭卫道也为西方园林带去了枝条开张、叶形狭长而优美、果色深红的高大灌木类栒子属物种——柳叶栒子（*C. salicifolius*）（Cox, 1945）。1872—1874年，谭卫道第三次进入我国，对秦岭区域和江西部分地区的动植物进行了考察，但这次考察对植物物种的收集贡献不大。虽然谭卫道发现了许多植物物种，但他主要采集了标本，并没有充分地收集种子。

1881年，谭卫道在法国遇到了另一位法国传教士德拉维（Père Jean Marie Delavay, 1834—1895），他鼓励德拉维继续在我国进行标本采集工作。自1882年起，德拉维在我国湖北、四川、云南开启了长达十多年的动植物采集工作。巴黎博物馆里收藏了他在我国采集的20多万份标本，涵盖4 000多个物种，其中有1 500个是新种。这其中也包含了在我国云南省采集到的西南栒子（*C. franchetii*），然而德拉维收集的物种中，只有极少数被成功引入园林栽培。

在2009年出版的栒子属专著*Cotoneasters: A Comprehensive Guide to Shrubs for Flowers, Fruit, and Foliage*中，英国植物学家Jeanette Fryer和瑞典植物学家Bertil Hylmö（1915—2001）写道："一些我们最常种植和最有价值的栒子属植物是威尔逊收集的"。这位被称为"中国威尔逊"的英国植物学家 Ernest Henry Wilson（厄尼斯特·亨利·威尔逊，1876—1930）曾于 1899—1902 年、1903—1905 年、1907—1909 年、1910、1911 年、1917—1918 年五次进入我国内陆地区采集植物。他第一次返回英国时带去了矮生栒子（*C. dammeri*，1900 年采集）、密毛灰栒子（*C. acutifolius* var. *villosulus*，1900 年采集）、大叶柳叶栒子（*C. salicifolius* var. *henryanus*，1901 年采集），第三次带去了散生栒子（*C. divaricatus*，1907 年采集）、华中栒子（*C. silvestrii*，1907 年采集）、皱叶柳叶栒子（*C. salicifolius* var. *rugosus*，1907 年采集）、柳叶栒子（1908 年采集）、小叶平枝栒子（*C. horizontalis* var. *perpusillus*，1908 年采集），第四次带去了细尖栒子（*C. apiculatus*，1910 年采集）和准噶尔栒子（*C. songoricus*，1910 年采集）。威尔逊收集的栒子属物种都得到了很好的保护，有十几种仍在爱丁堡皇家植物园（Royal Botanic Garden Edinburgh）和阿诺德树木园（Arnold Arboretum）内栽培。

英国植物学家 George Forrest（傅礼士，1873—1932）于 1904 年 5 月至 1932 年 1 月七次进入我国云南省，收集了 300 多份栒子属标本和种子样本，其中包含了后来由德国植物学家 Friedrich Diels（1874—1945）发表的钝叶栒子（*C. hebephyllus*，1904 年采集）、*C. insculptus*（1905 年采集，《中国植物志》中作为西南栒子异名）和疣枝栒子（*C. verruculosus*，1906 年采集）等；苏格兰植物学家 William Wright Smith（1875—1956）发表的毛萼粉叶栒子（*C. glaucophyllus* var. *vestitus*，1912 年采集）、红花栒子（*C. rubens*，1914 年采集）、*C. lacteus*（1913 年采集，《中国植物志》作为厚叶栒子异名）、球花栒子（*C. glomerulatus*，1913 年采集）等；德国植物学家 Gerhard Klotz（1928—2017）发表的滇西北栒子（*C. delavayanus*，1924 年采集）和 *C. forrestii*（1924 年采集，《中国植物志》中作为大叶两列栒子 *C. distichus* var. *duthieanus* 异名）。此外，他采集的许多栒子属物种现仍栽培于爱丁堡皇家植物园内。1914 年间，与傅礼士同在云南丽江采集植物的还有德国植物学家 Camillo Karl Schneider（1876—1951），他用自己女儿的名字命名了 *C. vernae*（《中国植物志》作为毡毛栒子异名）。

在这段时期，其他"植物猎人"也陆续到达了我国的云南、河北、四川、山西、西藏等地。1909—1956 年，英国植物学家 Frank Kingdon-Ward（金登·沃德，1885—1958）到达了我国的云南和西藏东南部，他在云南采集了后来由 Smith 命名的白毛栒子（*C. wardii*，1913 年采集）和大果钝叶栒子（*C. hebephyllus* var. *majusculus*，1913 年采集）。美籍奥地利裔植物学家 Joseph Francis Charles Rock（洛克，1884—1962）于 1922—1949 年受到美国各种机构的资助，对我国云南、甘肃、青海、四川、西藏东南部进行了考察。洛克在我国采集了大量的动植物标本并向阿诺德树木园和加利福尼亚州植物园引入了很多著名的观赏植物。这其中包括 1925 年在甘肃采集的 *C. taoensis*（《中国植物志》将其作为匍匐栒子异名）标本和 1932 年在云南采集的 *C. notabilis*（《中国植物志》将其作为红花栒子异名）标本。由他采集的灰栒子和匍匐栒子现栽培于阿诺德树木园中。David Hummel（胡梅尔，1893—1984）是一位来自瑞典的医生，1927 年他跟随中瑞探险队从北京出发，穿越戈壁抵达新疆乌鲁木齐。1930 年，胡梅尔在甘肃采集了大量的植物标本和种子，由他采集的约 2 500 份标本现存放于瑞典国家自然历史博物馆。Fryer 和 Hylmö 之后以胡梅尔的名字命名了一种由他采集的栒子属植物 *C. hummelii* J.Fryer & B.Hylmö。瑞典植物学家 Karl August Harald Smith（1889—1971）在 1921—1934 年三次前往我国北京、河北、四川和山西收集最具有园林价值的植物。这期间他收集了至少 100 份栒子属标本和种子样本，其中丹巴栒子（*C. harrysmithii*，1934 年采集）现栽培于爱丁堡皇家植物园内。1933—1949 年，英国植物收藏家 George Sherriff（1898—1967）和不同的同伴在中国（西藏）、不丹、印度等地进行了多次植物考察，他同博物学家 Frank Ludlow（1885—1972）在喜马拉雅东部采集了大量的植物标本和活体材料，其中在我国西藏采集的栒子属植物包括康巴栒子（*C. sherriffii*，1938 年采集）和藏南栒子（*C. taylorii*，1938 年采集）等。

1932 年，我国植物学家俞德浚先生（1908—

1986）受静生生物调查所委派任中国西部科学院植物部主任，负责静生生物调查所与哈佛大学的合作任务，前往四川开展了长达3年的调查采集工作。1937—1939年，他又为爱丁堡皇家植物园赴云南和四川采集植物种子和标本，其中包含了很多栒子属物种，如康巴栒子和红花栒子等仍栽培于该植物园中。1947—1950年，时任云南农林植物研究所研究员的俞德浚先生获得爱丁堡皇家植物园资助，赴爱丁堡皇家植物园和邱园学习深造，在此期间，他深入研究了栒子属。1954年，他在 *Bulletin of the British Museum (Natural History). Botany*; v. 1, no. 5.上发表了《东喜马拉雅栒子属》（*Cotoneasters from the eastern Himalaya*），这篇文章内一共包含了18种栒子属物种，并在其中描述了两个新种和一个新变种。

1980年之后，许多国外考察队伍再次进入我国四川、云南、湖北、西藏、甘肃、台湾等地，一些新的栒子属物种再次被带往其他国家和地区。如1988年四川考察队采集到的栗色栒子（*C. marroninus*）和汶川栒子（*C. kuanensis*），以及

1987年Brickell, Christopher D.和Leslie, Alan C.在云南采集的藏果栒子（*C. hypocarpus*），现均栽培于爱丁堡皇家植物园。Fryer和Hylmö是两位非常热爱栒子属的收藏家和植物学家，Fryer在家庭苗圃Rumsey Gardens和自己位于英国福洛克斯菲尔德的家中种植了约350种栒子属物种和45种栽培品种；Hylmö对该属的收藏工作长达40余年，在他位于瑞典的家里收集了大量的栒子属活体标本。两位学者基于大量的栽培材料和标本对栒子属做了非常细致的分类学工作，自1993年起至今，以J.Fryer & B.Hylmö为命名人的栒子属物种多达120种。在他们工作的基础上，2009年出版了栒子属专著*Cotoneasters: A Comprehensive Guide to Shrubs for Flowers, Fruit, and Foliage*，该专著详细描述了栒子属所有已知的物种和栽培品种，共460个种（含品种），为之后该属的研究提供了非常翔实的基础资料。但其中有许多种是采用"小种"概念，并且基于栽培材料命名，这些种需要进一步进行形态特征和自然地理分布的研究。

5 栒子属的栽培现状

5.1 国内外栒子属物种栽培

我国虽然是栒子属分布中心和多样性中心，但这个类群在西方园林大受欢迎。本书所列的栒子属58个物种中，已经有56个种在世界各国的植物园、树木园栽培，50个种明确来源于我国，包含33个特有种。来自我国的栒子属植物在美国、英国、丹麦、比利时、澳大利亚等14个国家30个植物园、树木园中有栽培，其中爱丁堡皇家植物

园物种数最多，共栽培有32种栒子属植物，其次为哈罗德·希利尔爵士花园（The Sir Harold Hillier Gardens），栽培了22种，邱园栽培了19种，哈佛大学阿诺德树木园栽培了18种（表1）。

哈佛大学阿诺德树木园内栽培的栒子属物种大部分由威尔逊和洛克于20世纪初引入（表1）。威尔逊于1907—1911年从我国湖北和四川等地，向该园引入了散生栒子、麻核栒子、暗红栒子、川康栒子、木帚栒子、细枝栒子和细尖栒子。洛

克于1925—1926年向该园引入了匍匐栒子、灰栒子和大果水栒子。英国植物学家 William Purdom（1880—1921）于1910年在陕西采集了水栒子，现也栽培于园中。之后几十年里，栒子属的引入工作出现了停滞，直到1980年，中美植物考察队（Sino-American Botanical Expedition, SABE）到我国进行植物考察，栒子属物种才再次引入该园。考察队中阿诺德树木园的主要代表——美国园艺分类学家 Stephen Alan Spongberg（1942—2021）向该园引入了散生栒子、丹巴栒子、木帚栒子、麻核栒子、柳叶栒子、平枝栒子和网脉栒子。

英国爱丁堡皇家植物园内栽培了几十种栒子属物种，是全球栽培栒子属物种最多的植物园之一（表1）。这些栒子属物种的成功栽培离不开20世纪初各"植物猎人"和植物学家们的大量采集工作。威尔逊于1907—1911年向该园引入了华中栒子、散生栒子、矮生栒子、柳叶栒子、大果水栒子等。随后，傅礼士在1918年，从我国云南向该园引入了厚叶栒子和黄杨叶栒子。金登·沃德在1924年向该园引入了采自西藏的大果栒子；Smith在1934年向该园引入了采自四川的丹巴栒子。此外，钝叶栒子由 Schneider 引入，但具体日期不详。1937年，俞德浚先生为该园引入了原产四川和云南的康巴栒子、灰栒子、红花栒子，以及后期 Fryer 和 Hylmö 发表的 *C. fruticosus* 和 *C. atuntzensis*。20世纪80年代至21世纪初，该园对我国西南地区组织了多次植物考察，这期间引入并成功栽培的栒子属物种包括毡毛栒子、平枝栒子、细尖栒子、西南栒子、高山栒子、球花栒子、圆叶栒子、泡叶栒子、灰栒子、台湾栒子、小叶栒子、白毛小叶栒子、尖叶栒子、宝兴栒子、水栒子、匍匐栒子等。

爱尔兰（格拉斯内温）国家植物园（National Botanic Gardens, Glasnevin）内栽培的栒子属物种仅有少部分来源于早期收集，如柳叶栒子和细枝栒子（表1）。如今在该园栽培的栒子属植物包含了许多人工培育的品种，如耐寒栒子的栽培品种 'Exburiensis' 'Annesley Variety' 'Westonbirt'，柳叶栒子的栽培品种 'Parkteppich' 和 'Rothschildianus'，平枝栒子的栽培品种 'Variegatus'。美国密苏里植物园（Missouri Botanical Garden）内栽培了灰栒子、水栒子、黑果栒子、准噶尔栒子等物种，以及作为地被植物的匍匐栒子栽培品种 'Little Gem' 和全缘栒子栽培品种 'Centennial'。

此外，原产于我国的一些栒子属物种已广泛应用于欧洲的园林中，如灰栒子、匍匐栒子、泡叶栒子、矮生栒子、木帚栒子、散生栒子、厚叶栒子、平枝栒子、小叶栒子、水栒子等已在中欧各国、美国、澳大利亚等国家和地区广泛栽培，作为地被植物或者道路两侧的绿篱。其中木帚栒子、散生栒子、水栒子等物种已经在中欧归化（Dickoré & Kasperek, 2010）。

相较而言，我国已栽培的栒子属物种并不丰富，应用在园林园艺上的栽培品种也不常见。根据《中国栽培植物名录》（林秦文，2018）中所列，我国植物园内栽培栒子属物种49种，其中37种原产于我国，12种来自国外其他地区，栽培种类最多的植物园为国家植物园（北园），但仅有耐寒栒子、平枝栒子、水栒子、毛叶水栒子以及西北栒子栽于展示区，其余均属于后台保育物种。平枝栒子、灰栒子和水栒子所栽培的植物园较多，其余物种并不多见（表2）。

表1　国外主要植物园栽培的栒子属植物及其引种信息[2]

国家	栽培植物园 / 树木园	所引物种
阿根廷	Jardín Botánico "Arturo E. Ragonese" JBAER	粉叶栒子 *Cotoneaster glaucophyllus*
爱尔兰	National Botanic Gardens, Glasnevin	粉叶栒子 *Cotoneaster glaucophyllus* 泡叶栒子 *Cotoneaster bullatus*, 2003年采集 大果栒子 *Cotoneaster conspicuus*, 1996年采集 厚叶栒子 *Cotoneaster coriaceus* 矮生栒子 *Cotoneaster dammeri* 木帚栒子 *Cotoneaster dielsianus*, 2001、2003年采集 麻核栒子 *Cotoneaster foveolatus*, 2001年采集 粉叶栒子 *Cotoneaster glaucophyllus*, 2003年采集 丹巴栒子 *Cotoneaster harrysmithii*, 2003年采集 台湾栒子 *Cotoneaster morrisonensis*, 2001年采集 暗红栒子 *Cotoneaster obscurus*, 2003年采集 毡毛栒子 *Cotoneaster pannosus*, 2008年采集 柳叶栒子 *Cotoneaster salicifolius*, 1912年采集 细枝栒子 *Cotoneaster tenuipes*, 1935年采集 西北栒子 *Cotoneaster zabelii*, 2003年采集
澳大利亚	Botanic Gardens of South Australia	泡叶栒子 *Cotoneaster bullatus* 大果栒子 *Cotoneaster conspicuus* 厚叶栒子 *Cotoneaster coriaceus* 矮生栒子 *Cotoneaster dammeri* 木帚栒子 *Cotoneaster dielsianus* 散生栒子 *Cotoneaster divaricatus* 蒙自栒子 *Cotoneaster harrovianus* 麻叶栒子 *Cotoneaster rhytidophyllus*
	Royal Botanic Gardens, Victoria - Melbourne Gardens	粉叶栒子 *Cotoneaster glaucophyllus* 毡毛栒子 *Cotoneaster pannosus*
比利时	Botanic Garden Meise	细尖栒子 *Cotoneaster apiculatus* 木帚栒子 *Cotoneaster dielsianus* 西南栒子 *Cotoneaster franchetii* 蒙自栒子 *Cotoneaster harrovianus* 宝兴栒子 *Cotoneaster moupinensis* 光泽栒子 *Cotoneaster nitens*
波兰	Ogród Botaniczny Uniwersytetu Wroclawskiego	泡叶栒子 *Cotoneaster bullatus* 木帚栒子 *Cotoneaster dielsianus* 散生栒子 *Cotoneaster divaricatus* 恩施栒子 *Cotoneaster fangianus* 柳叶栒子 *Cotoneaster salicifolius* 西北栒子 *Cotoneaster zabelii*
	Rogów Arboretum of Warsaw University of Life Sciences	细尖栒子 *Cotoneaster apiculatus*, 1972年采集 泡叶栒子 *Cotoneaster bullatus*, 1980年采集 矮生栒子 *Cotoneaster dammeri*, 2016年采集 木帚栒子 *Cotoneaster dielsianus*, 1949年采集 散生栒子 *Cotoneaster divaricatus*, 1949年采集 恩施栒子 *Cotoneaster fangianus*, 1992年采集 西南栒子 *Cotoneaster franchetii*, 2016年采集 暗红栒子 *Cotoneaster obscurus*, 1949年采集 白毛栒子 *Cotoneaster wardii*, 1979年采集 西北栒子 *Cotoneaster zabelii*, 1954年采集

03

2　本表仅包含本文所列且来源于我国的栒子属物种。本表数据来源于《中国——二十一世纪的园林之母》（第二卷）（马金双 等，2022）、爱丁堡皇家植物园（Royal Botanic Garden Edinburgh）、阿诺德树木园（The Arnold Arboretum of Harvard University）、爱尔兰（格拉斯内温）国家植物园（National Botanic Gardens, Glasnevin）以及中国迁地保护植物大数据平台（https://espc.cubg.cn/records/index/index.html）。

（续）

国家	栽培植物园/树木园	所引物种
丹麦	Royal Veterinary and Agricultural University Arboretum	平枝栒子 *Cotoneaster horizontalis*
法国	Jardin botanique de Paris	泡叶栒子 *Cotoneaster bullatus* 厚叶栒子 *Cotoneaster coriaceus* 散生栒子 *Cotoneaster divaricatus* 毡毛栒子 *Cotoneaster pannosus* 柳叶栒子 *Cotoneaster salicifolius*
美国	Dixon National Tallgrass Prairie Seed Bank at Chicago Botanic Garden	灰栒子 *Cotoneaster acutifolius* 毛叶水栒子 *Cotoneaster submultiflorus* 西北栒子 *Cotoneaster zabelii*
	Huntington Botanical Gardens	宝兴栒子 *Cotoneaster moupinensis* 水栒子 *Cotoneaster multiflorus*
	Missouri Botanical Garden	灰栒子 *Cotoneaster acutifolius* 粉叶栒子 *Cotoneaster glaucophyllus* 黑果栒子 *Cotoneaster melanocarpus* 水栒子 *Cotoneaster multiflorus* 准噶尔栒子 *Cotoneaster songoricus*
	The Arnold Arboretum of Harvard University	灰栒子 *Cotoneaster acutifolius*, Joseph F. Rock于1925年采集 匍匐栒子 *Cotoneaster adpressus*, Joseph F. Rock于1925年从四川采集；Zsolt Debreczy于2000年从四川采集 川康栒子 *Cotoneaster ambiguus*, Ernest H. Wilson于1908年从四川采集 细尖栒子 *Cotoneaster apiculatus*, Ernest H. Wilson于1911年从四川采集 木帚栒子 *Cotoneaster dielsianus*, Ernest H. Wilson于1908年在湖北采集；SABE于1980年在湖北采集 散生栒子 *Cotoneaster divaricatus*, Ernest H. Wilson于1907年和1910年分别在湖北和四川采集；Spongberg和Bell在四川采集 麻核栒子 *Cotoneaster foveolatus*, Ernest H. Wilson于1907年在湖北采集；SABE于1980年在湖北采集 丹巴栒子 *Cotoneaster harrysmithii*, Spongberg和Bell于1992年在四川采集 平枝栒子 *Cotoneaster horizontalis*, SABE于1980年在湖北采集 蒙古栒子 *Cotoneaster mongolicus*, 在东北采集 台湾栒子 *Cotoneaster morrisonensis*, Susan Kelley于1998年在台湾采集 宝兴栒子 *Cotoneaster moupinensis*, Spongberg和Bell采集 水栒子 *Cotoneaster multiflorus*, William Purdom在陕西采集 暗红栒子 *Cotoneaster obscurus*, Ernest H. Wilson于1907年采集 网脉栒子 *Cotoneaster reticulatus*, Spongberg和Bell采集 柳叶栒子 *Cotoneaster salicifolius*, SABE于1980年在湖北采集 毛叶水栒子 *Cotoneaster submultiflorus*, 在甘肃采集 细枝栒子 *Cotoneaster tenuipes*, Ernest H. Wilson于1911年在四川采集
	The Holden Arboretum	平枝栒子 *Cotoneaster horizontalis*
	The Morris Arboretum	匍匐栒子 *Cotoneaster adpressus* 毛叶水栒子 *Cotoneaster submultiflorus*
	The Morton Arboretum	匍匐栒子 *Cotoneaster adpressus*, North America-China Plant Exploration Consortium（NACPEC）于2005年在甘肃采集 矮生栒子 *Cotoneaster dammeri* 木帚栒子 *Cotoneaster dielsianus* 平枝栒子 *Cotoneaster horizontalis*, North America-China Plant Exploration Consortium（NACPEC）于2005年在甘肃采集 准噶尔栒子 *Cotoneaster songoricus* 毛叶水栒子 *Cotoneaster submultiflorus* 细枝栒子 *Cotoneaster tenuipes* 西北栒子 *Cotoneaster zabelii*, North America-China Plant Exploration Consortium（NACPEC）于2002年在山西采集

03

国家	栽培植物园 / 树木园	所引物种
美国	United States National Arboretum	灰枸子 *Cotoneaster acutifolius* 泡叶枸子 *Cotoneaster bullatus* 平枝枸子 *Cotoneaster horizontalis* 小叶枸子 *Cotoneaster microphyllus* 毡毛枸子 *Cotoneaster pannosus* 毛叶水枸子 *Cotoneaster submultiflorus* 西北枸子 *Cotoneaster zabelii*
	University of California Botanical Garden at Berkeley	平枝枸子 *Cotoneaster horizontalis* 西北枸子 *Cotoneaster zabelii*
	Quarryhill Botanical Garden	宝兴枸子 *Cotoneaster moupinensis*, Howick、McNamara于1990年在云南采集 匍匐枸子 *Cotoneaster adpressus*, Flanagan、Kirkham、McNamara、Ruddy于2001年在四川采集 川康枸子 *Cotoneaster ambiguus*, Erskine、Fliegner、Howick、McNamara于1988年在四川采集 西南枸子 *Cotoneaster franchetii*, Erskine、Fliegner、Howick、McNamara于1988年在四川采集 尖叶枸子 *Cotoneaster acuminatus*, Erskine、Fliegner、Howick、McNamara于1988年在四川采集 麻核枸子 *Cotoneaster foveolatus*, Erskine、Fliegner、Howick、McNamara于1995年在四川采集 大果枸子 *Cotoneaster conspicuus*, Flanagan、Howick、Kirkham、McNamara于1996年在湖北采集 柳叶枸子 *Cotoneaster salicifolius*, Erskine、Fliegner、Howick、McNamara于1995年在四川采集 木帚枸子 *Cotoneaster dielsianus*, Erskine、Fliegner、Howick、McNamara于1988年在四川采集 细弱枸子 *Cotoneaster gracilis*, 1988年在四川采集 平枝枸子 *Cotoneaster horizontalis*, Erskine、Fliegner、Howick、McNamara于1988年在四川采集 宝兴枸子 *Cotoneaster moupinensis*, Erskine、Fliegner、Howick、McNamara于1988年在四川采集 灰枸子 *Cotoneaster acutifolius*, Flanagan、Howick、Kirkham、McNamara于1996年在四川采集
	University of Washington Botanic Gardens	大果枸子 *Cotoneaster conspicuus* 厚叶枸子 *Cotoneaster coriaceus* 木帚枸子 *Cotoneaster dielsianus* 粉叶枸子 *Cotoneaster glaucophyllus* 球花枸子 *Cotoneaster glomerulatus* 台湾枸子 *Cotoneaster morrisonensis* 毡毛枸子 *Cotoneaster pannosus* 柳叶枸子 *Cotoneaster salicifolius* 藏南枸子 *Cotoneaster taylorii* 白毛枸子 *Cotoneaster wardii*
瑞士	Conservatoire et Jardin botaniques de la Ville de Genève	厚叶枸子 *Cotoneaster coriaceus* 矮生枸子 *Cotoneaster dammeri* 散生枸子 *Cotoneaster divaricatus* 暗红枸子 *Cotoneaster obscurus*
西班牙	Real Jardín Botánico Juan Carlos I	厚叶枸子 *Cotoneaster coriaceus* 矮生枸子 *Cotoneaster dammeri* 毡毛枸子 *Cotoneaster pannosus* 柳叶枸子 *Cotoneaster salicifolius*
希腊	Julia & Alexander N. Diomides Botanic Garden	粉叶枸子 *Cotoneaster glaucophyllus*
新西兰	Timaru Botanic Garden	泡叶枸子 *Cotoneaster bullatus* 厚叶枸子 *Cotoneaster coriaceus*
	Wellington Botanic Garden	大果枸子 *Cotoneaster conspicuus*
意大利	Orto Botanico dell'Università degli studi di Siena	柳叶枸子 *Cotoneaster salicifolius*

（续）

国家	栽培植物园/树木园	所引物种
英国	Howick Arboretum	灰栒子 *Cotoneaster acutifolius* 匍匐栒子 *Cotoneaster adpressus* 川康栒子 *Cotoneaster ambiguus* 泡叶栒子 *Cotoneaster bullatus* 木帚栒子 *Cotoneaster dielsianus* 西南栒子 *Cotoneaster franchetii* 粉叶栒子 *Cotoneaster glaucophyllus* 细弱栒子 *Cotoneaster gracilis* 丹巴栒子 *Cotoneaster harrysmithii* 中甸栒子 *Cotoneaster langei* 宝兴栒子 *Cotoneaster moupinensis* 红花栒子 *Cotoneaster rubens* 华中栒子 *Cotoneaster silvestrii* 细枝栒子 *Cotoneaster tenuipes*
	Royal Botanic Garden Edinburgh	尖叶栒子 *Cotoneaster acuminatus*, Keith D. Rushforth 于1995年在西藏采集 灰栒子 *Cotoneaster acutifolius*, Tse Tsun Yü 于1937年在云南采集；Edinburgh Taiwan Expedition 于1993年在台湾采集 匍匐栒子 *Cotoneaster adpressus*, Sichuan Expedition 于1996年在四川采集 细尖栒子 *Cotoneaster apiculatus*, Sichuan Expedition 于1988年和1989年在四川采集 泡叶栒子 *Cotoneaster bullatus*, Gaoligong Shan Biotic Survey Expedition 于2006年在云南采集 黄杨叶栒子 *Cotoneaster buxifolius*, George Forrest 采集 镇康栒子 *Cotoneaster chengkangensis* 大果栒子 *Cotoneaster conspicuus*, Frank Kingdon-Ward 于1924年在西藏采集；Frank Ludlow、George Sherriff 和 H.H.Elliot 于1947年在西藏采集 厚叶栒子 *Cotoneaster coriaceus*, George Forrest 于1918年在云南采集 矮生栒子 *Cotoneaster dammeri*, Ernest H. Wilson 于1907年在湖北采集 矮生栒子 *Cotoneaster dammeri* 木帚栒子 *Cotoneaster dielsianus*, Jin Gen Qi 于1988年在四川采集 散生栒子 *Cotoneaster divaricatus*, Ernest H. Wilson 于1907年在湖北采集 西南栒子 *Cotoneaster franchetii*, Howick、Charles、McNamara、William A.于1990年在云南采集；Chengdu Edinburgh Expedition（1990）于1991年在四川采集；AGS Expedition to China（1994）于1994年在云南采集 球花栒子 *Cotoneaster glomerulatus*, Chungtien、Lijiang、Dali Expedition（1990）于1990年在云南采集 丹巴栒子 *Cotoneaster harrysmithii*, Karl A. Harald Smith 于1934年在四川采集 钝叶栒子 *Cotoneaster hebephyllus*, Camillo K. Schneider 采集 平枝栒子 *Cotoneaster horizontalis*, Sichuan Expedition 于1988年在四川采集 中甸栒子 *Cotoneaster langei* 小叶栒子 *Cotoneaster microphyllus*, AGS Expedition to China（1994）于1994年在云南采集 台湾栒子 *Cotoneaster morrisonensis*, Edinburgh Taiwan Expedition（1993）于1993年在台湾采集 宝兴栒子 *Cotoneaster moupinensis*, Howick、Charles、McNamara、William A.于2000年在四川采集 水栒子 *Cotoneaster multiflorus*, 2006年在甘肃采集 毡毛栒子 *Cotoneaster pannosus*, Christopher D. Brickell 和 Alan C. Leslie 于1987年在云南采集 网脉栒子 *Cotoneaster reticulatus* 圆叶栒子 *Cotoneaster rotundifolius*, Chungtien、Lijiang 和 Dali Expedition（1990）于1990年在云南采集

国家	栽培植物园 / 树木园	所引物种
英国	Royal Botanic Garden Edinburgh	红花枸子 *Cotoneaster rubens*, Tse Tsun Yü在云南采集 柳叶枸子 *Cotoneaster salicifolius*, Ernest H. Wilson于1908年在四川采集 康巴枸子 *Cotoneaster sherriffii*, Tse Tsun Yü于1937年在四川采集 华中枸子 *Cotoneaster silvestrii*, Ernest H. Wilson于1907年在湖北采集 高山枸子 *Cotoneaster subadpressus*, Chungtien, Lijiang和Dali Expedition于1990年在云南采集 疣枝枸子 *Cotoneaster verruculosus*, David S. Paterson和John D. Main于1994年在云南采集
	Royal Botanic Gardens, Kew	匍匐枸子 *Cotoneaster adpressus* 川康枸子 *Cotoneaster ambiguus* 细尖枸子 *Cotoneaster apiculatus* 大果枸子 *Cotoneaster conspicuus* 厚叶枸子 *Cotoneaster coriaceus* 矮生枸子 *Cotoneaster dammeri* 木帚枸子 *Cotoneaster dielsianus* 散生枸子 *Cotoneaster divaricatus* 恩施枸子 *Cotoneaster fangianus* 耐寒枸子 *Cotoneaster frigidus* 光叶枸子 *Cotoneaster glabratus* 粉叶枸子 *Cotoneaster glaucophyllus* 细弱枸子 *Cotoneaster gracilis* 平枝枸子 *Cotoneaster horizontalis* 中甸枸子 *Cotoneaster langei* 台湾枸子 *Cotoneaster morrisonensis* 宝兴枸子 *Cotoneaster moupinensis* 暗红枸子 *Cotoneaster obscurus* 细枝枸子 *Cotoneaster tenuipes*
	The Sir Harold Hillier Gardens	川康枸子 *Cotoneaster ambiguus* 泡叶枸子 *Cotoneaster bullatus* 黄杨叶枸子 *Cotoneaster buxifolius* 大果枸子 *Cotoneaster conspicuus* 厚叶枸子 *Cotoneaster coriaceus* 木帚枸子 *Cotoneaster dielsianus* 恩施枸子 *Cotoneaster fangianus* 麻核枸子 *Cotoneaster foveolatus* 西南枸子 *Cotoneaster franchetii* 光叶枸子 *Cotoneaster glabratus* 粉叶枸子 *Cotoneaster glaucophyllus* 细弱枸子 *Cotoneaster gracilis* 丹巴枸子 *Cotoneaster harrysmithii* 钝叶枸子 *Cotoneaster hebephyllus* 小叶枸子 *Cotoneaster microphyllus* 光泽枸子 *Cotoneaster nitens* 网脉枸子 *Cotoneaster reticulatus* 麻叶枸子 *Cotoneaster rhytidophyllus* 红花枸子 *Cotoneaster rubens* 康巴枸子 *Cotoneaster sherriffii* 陀螺果枸子 *Cotoneaster turbinatus* 疣枝枸子 *Cotoneaster verruculosus*

03

表2 我国植物园栽培栒子属植物信息[3]

中文名	学名	原产/引入	植物园
灰栒子	*Cotoneaster acutifolius*	原产	BBG、CBG、FBG、GBG、HFBG、IBCAS、MDRG、NBG、TDBG、XBG
匍匐栒子	*Cotoneaster adpressus*	原产	CBG、GBG、IBCAS、KBG、LBG、SCBG、WBG
细尖栒子	*Cotoneaster apiculatus*	原产	CBG、GA、HBG、IBCAS
泡叶栒子	*Cotoneaster bullatus*	原产	FBG、IBCAS、KBG、LBG、NBG、WBG
黄杨叶栒子	*Cotoneaster buxifolius*	原产	GBG、IBCAS、KBG、NBG
大果栒子	*Cotoneaster conspicuus*	原产	CBG、IBCAS
厚叶栒子	*Cotoneaster coriaceus*	原产	CBG、IBCAS
矮生栒子	*Cotoneaster dammeri*	原产	BBG、CBG、FBG、GA、GBG、IBCAS、KBG、WBG
木帚栒子	*Cotoneaster dielsianus*	原产	CBG、HBG、IBCAS、KBG、NBG、WBG
散生栒子	*Cotoneaster divaricatus*	原产	CDBG、HBG、IBCAS、LBG、NBG
麻核栒子	*Cotoneaster foveolatus*	原产	IBCAS、NBG、WBG
西南栒子	*Cotoneaster franchetii*	原产	BBG、CBG、IBCAS、KBG、NBG
耐寒栒子	*Cotoneaster frigidus*	原产	BBG、IBCAS、KBG、NBG、SCBG
粉叶栒子	*Cotoneaster glaucophyllus*	原产	CDBG、IBCAS、KBG、NBG
球花栒子	*Cotoneaster glomerulatus*	原产	IBCAS
细弱栒子	*Cotoneaster gracilis*	原产	IBCAS、LBG、WBG
丹巴栒子	*Cotoneaster harrysmithii*	原产	IBCAS
平枝栒子	*Cotoneaster horizontalis*	原产	BBG、CBG、CDBG、FBG、GBG、HBG、IBCAS、KBG、LBG、NBG、SCBG、WBG、XBG、XMBG、ZAFU
全缘栒子	*Cotoneaster integerrimus*	原产	IBCAS、KBG、NBG
黑果栒子	*Cotoneaster melanocarpus*	原产	IBCAS、NBG
小叶栒子	*Cotoneaster microphyllus*	原产	CBG、GBG、IBCAS、KBG、SCBG、TDBG、WBG
蒙古栒子	*Cotoneaster mongolicus*	原产	IBCAS
水栒子	*Cotoneaster multiflorus*	原产	BBG、CBG、CDBG、HBG、HFBG、IBCAS、MDBG、NBG、TDBG、WBG、XBG
光泽栒子	*Cotoneaster nitens*	原产	IBCAS
两列栒子	*Cotoneaster nitidus*	原产	IBCAS
暗红栒子	*Cotoneaster obscurus*	原产	IBCAS、NBG
毡毛栒子	*Cotoneaster pannosus*	原产	IBCAS、KBG、NBG
麻叶栒子	*Cotoneaster rhytidophyllus*	原产	HBG、IBCAS
圆叶栒子	*Cotoneaster rotundifolius*	原产	BBG、IBCAS、NBG
柳叶栒子	*Cotoneaster salicifolius*	原产	CBG、HBG、IBCAS、KBG、NBG、WBG
血色栒子	*Cotoneaster sanguineus*	原产	IBCAS
山东栒子	*Cotoneaster schantungensis*	原产	IBCAS
华中栒子	*Cotoneaster silvestrii*	原产	CBG、HBG、IBCAS、LBG、NBG
准噶尔栒子	*Cotoneaster soongoricus*	原产	IBCAS
毛叶水栒子	*Cotoneaster submultiflorus*	原产	BBG、IBCAS
白毛栒子	*Cotoneaster wardii*	原产	IBCAS
西北栒子	*Cotoneaster zabelii*	原产	BBG、HBG、HFBG、IBCAS、NBG、WBG
阿富汗栒子	*Cotoneaster aitchisonii*	引入	IBCAS
异花栒子	*Cotoneaster allochrous*	引入	IBCAS、TDBG

---

3 本表数据来源《中国栽培植物名录》（林秦文，2018）。

（续）

中文名	学名	原产/引入	植物园
显著枸子	*Cotoneaster insignis*	引入	IBCAS
	Cotoneaster nebrodensis	引入	IBCAS
卵叶枸子	*Cotoneaster ovatus*	引入	IBCAS
多花枸子	*Cotoneaster polyanthemus*	引入	IBCAS
玫瑰枸子	*Cotoneaster roseus*	引入	IBCAS、NBG
	Cotoneaster simonsii	引入	IBCAS
克里木枸子	*Cotoneaster tauricus*	引入	IBCAS
	Cotoneaster tomentosus	引入	HBG、IBCAS、NBG
草果枸子	*Cotoneaster tytthocarpus*	引入	IBCAS
	Cotoneaster zeravschanicus	引入	IBCAS、XTBG

注：BBG：国家植物园（北园），CBG：上海辰山植物园，CDBG：成都市植物园，FBG：福州植物园，GA：赣南树木园，GBG：贵州省植物园，HBG：杭州植物园，HFBG：黑龙江省森林植物园，IBCAS：国家植物园（南园），KBG：昆明植物园，LBG：庐山植物园，MDBG：民勤沙生植物园，NBG：南京中山植物园，SCBG：华南植物园，TDBG：吐鲁番沙漠植物园，WBG：武汉植物园，XBG：西安植物园，XMBG：厦门园林植物园，XTBG：西双版纳热带植物园，ZAFU：浙江农林大学植物园。

5.2 主要栽培物种及栽培品种

枸子属植物在西方园林园艺中非常受欢迎。其枝形各异，包含了高大直立、低矮匍匐、平展等多种类型；叶色变化丰富，有常绿的物种，也有秋季会呈现黄色或红色的落叶物种；果色多样，包含了橘红、艳红、深红、棕红、紫黑等丰富的颜色类型。该类物种多耐贫瘠，耐干旱，可在岩石上、道路两侧营造景观。并且到了秋季，枸子属鲜艳的浆果对鸟类也具有很强的吸引力，可作为引鸟植物，形成具有鸟类特色的园林景观。枸子属在西方园林广受欢迎还体现在园艺品种的开发上，本文所列的58种中，15个物种已开发了新的栽培品种，其中包含了我国6个特有种（表3）。部分枸子属物种深受园艺学家的喜爱，矮生枸子已经开发了30多个栽培品种，柳叶枸子也已开发了近30个栽培品种。

依据枸子属物种的大小、枝形和习性，可将主要用于园林园艺的物种及其栽培品种划分为5种类型。

（1）大型灌木或小乔木，高5~15m，枝形直立或舒展

柳叶枸子为我国特有种，是较为高大的灌木类植物，其叶狭长，花序多花，花期和果期都非常壮观。该物种的20多个栽培品种在欧洲和美国均有引入栽培，有4个栽培品种获得了英国皇家园艺学会（RHS）花园功勋奖（Award of Garden Merit, AGM），包括'Exburyensis''Gnom''Rothschildianus'和'Pink Champagne'。其中，'Gnom'为匍匐的灌木类型，只有20~30cm高，保留了柳叶枸子深绿色披针形的叶形，每个花序有花3~6朵，果实具有明亮的红色，颇为可爱（图48）；'Exburyensis'和'Rothschildianus'都是高达5m的灌木，果实为杏黄色球形；'Pink Champagne'的果实起初为黄色的小浆果，后逐渐变为粉红色（图49）。

耐寒枸子是枸子属内不多见可以长成小乔木的物种，且花序多花，秋天结满红色的果实极具观赏价值，并且它的果实不被鸟类喜爱，能保持长久的观赏性。这个物种于1821年被引入西方园林后广受欢迎，现在奥地利、比利时、瑞士、爱尔兰均有栽培。在Westonbirt国家植物园里，有一株耐寒枸子长到了15~18m高，非常壮观。该物种的杂交种*C. × watereri*在中欧栽培得更为广泛。该物种现已有近10个栽培品种，比如格拉斯内温国家植物园栽培的'Exburiensis''Annesley Variety'和'Westonbirt'。其中'Cornubia'是非常优秀的栽培品种，它的果实比其他类型更大（图50），这个品种于1984年获得英国皇家园艺学会（RHS）花园优异奖（AGM）。

图48 柳叶栒子栽培品种（*Cotoneaster salicifolius* 'Gnom'）[4]

图49 柳叶栒子栽培品种（*Cotoneaster salicifolius* 'Pink Champagne'）[5]

---

4 https://emeraldplants.co.uk/.
5 https://www.gardensillustrated.com/plants/cotoneaster-care-plant-the-best/.

（2）中型灌木，高2～6m，枝形直立或下垂呈拱形

水栒子于1837年引入邱园，其枝条下垂呈拱形，由于花和果较多，在春季和秋季都能形成不错的景观。现在德国、英国、匈牙利均有栽培，已经发现逸生。水栒子是我国植物园栽培最多的栒子属物种。它的变种紫果水栒子，果实深紫色，同样深受欢迎。

泡叶栒子为我国特有种，该物种于1898年开始在法国种植。这种较为高大的栒子属植物有着非常丰富的色彩，它的叶片较大，在秋季变成红色、黄色或橙色，果实鲜艳且醒目。该物种已在奥地利、比利时、捷克、德国、瑞士、英国广泛栽培。该物种已开发的栽培品种有'Firebird'和'Samantha Jane'。'Firebird'叶片下有白色柔毛，果实鲜红色（图51）；'Samantha Jane'的果实呈暗红色，后期为栗色，叶片在秋天变红。

（3）中小型灌木，高1～3m，分枝平展呈二列状，或向上直立且分散

平枝栒子于1870年由戴维德从我国带去巴黎，1885年，该物种开始在法国进行商业销售。其枝形非常平展，到了秋季，叶片会变成橙色和红色，同时具有红色的果实，色彩十分艳丽，常被种植在河岸、斜坡和墙边，能形成很好的景观。该物种于1984年获得英国皇家园艺学会（RHS）花园优异奖（AGM）。平枝栒子在奥地利、比利时、捷克、德国、荷兰、波兰、瑞士、英国、爱尔兰、匈牙利、加拿大、美国、日本、澳大利亚、新西兰多个国家广泛栽培。并已开发出十几个栽培品种，如'Dart's Splendid'是一种果实非常多的栽培品种，在果期呈现出果实缀满整枝的状态；'Tom Thumb'是一种叶片较小但非常有光泽的类型，植株也很矮小。

厚叶栒子在20世纪90年代被Keith Rushforth重新引入欧洲，其叶片较大且常绿，多花多果，果颜色鲜红艳丽，并且耐旱，非常受欧洲园林欢迎，在中欧、美国、澳大利亚广泛栽培（图52）。

西南栒子是一种常绿、有着细长枝条的灌木，梨形的果实橙红色到红色，与墨绿色的叶片形成强烈对比。它最初于1895年在法国栽培，现今已在奥地利、德国、瑞士、法国、爱尔兰、西班牙、南非、美国、澳大利亚、新西兰均有栽培，尤其是美国西海岸区域，是一种抗风性很好的物种。西南栒子于1984年获得了英国皇家园艺学会（RHS）优异奖（Award of Merit, AM）。

木帚栒子是一类适应性极佳的栒子属植物，1900年由威尔逊引入西方园林，叶片在秋季变红，果实是有光泽的艳红色，秋季观赏价值很高。现在奥地利、德国、波兰、瑞士、爱尔兰、瑞典、挪威、加拿大、美国、新西兰均有栽培，并在奥地利和德国已经成为归化植物。木帚栒子于1907年获得英国皇家园艺学会（RHS）优异奖（AM）。

散生栒子于1904年由威尔逊引入西方园林，现已在奥地利、德国、波兰、瑞士、丹麦、英国、匈牙利、挪威、瑞典、加拿大、美国、新西兰均有栽培，是中欧最常见的外来种和归化种，被认为对当地具有入侵性。散生栒子在秋季极具观赏性，叶片由绿色变为橙红色和紫色，果实艳红亮丽，于1969年获得了花园优异奖（AGM）。

（4）低矮灌木，高0.6～1m，分枝上无不定根

小叶栒子是栒子属中较为低矮的灌木，但其枝条粗壮坚硬，叶片非常细小，很适合栽培在土壤较少的岩石区域，该物种现已在德国、爱尔兰、美国作为地被植物广泛栽培。小叶栒子已开发了若干个栽培品种，如'Cooperi'是一种匍匐类型，分枝非常紧密，能作为很好的地被植物（图53）；'Thymifolius'枝条呈拱形，叶片非常小，深绿色且有光泽。

（5）低矮匍匐灌木，高一般不足1m，分枝上有不定根

大果栒子是我国特有种，这种低矮灌木能匍匐于岩石上，叶片常绿且具有光泽，其红色果实鲜艳而醒目，也是西方园林上非常受欢迎的一类植物，该物种1933年获得英国皇家园艺学会（RHS）优异奖（AM），1947年获得花园优异奖（AGM），1953年获得一等证书，并且基于该物种培育的栽培品种已多达10余个。

矮生栒子是我国特有种，该物种是优良的地被植物，它能够快速地覆盖墙壁和地面，并且非常耐寒。1900年威尔逊将它从湖北引入，如今已经在奥地利、德国、瑞士、英国、挪威、加拿大、美国、

图50 耐寒栒子栽培品种（*Cotoneaster frigidus* 'Cornubia'）⁶

图51 泡叶栒子栽培品种（*Cotoneaster bullatus* 'Firebird'）⁷

---

6 https://davisla.wordpress.com/2011/11/04/plant-of-the-week-cotoneaster-frigidus-cornubia/.
7 https://www.floragard.de/de-de/pflanzeninfothek/pflanze/laubgehoelze/cotoneaster-bullatus-firebird.

图52　栽培在福州市金山公园的厚叶栒子（*Cotoneaster coriaceus*）（常梦琳 摄）

图53　小叶栒子栽培品种（*Cotoneaster microphyllus* 'Cooperi'）[8]

新西兰均有栽培。基于该物种培育出的栽培品种已多达30多个，它的栽培品种 'Cornubia' 具有亮橙色的果实，另一个栽培品种 'Juliette'，叶片中央为灰绿色，周围是奶白色，并且花对蜜蜂具有很强的吸引力（图54），这两个品种都获得了英国皇家园艺学会（RHS）花园优异奖（AGM）。

匍匐栒子非常适合栽培在假山、墙边或者篱笆边，它的叶片边缘波浪形，并且在秋天会变成红色，果实球形，深红色，是一种观赏性极佳的匍匐植物。该物种早在1895年就栽培于法国的植物园中，后多次引入，现在德国、瑞士、英国、加拿大、挪威、美国均有种植，但已经发生逃逸。匍匐栒子的栽培品种 'Little Gem' 在密苏里植物园和格拉斯内温国家植物园均有栽培（图55）。

8 https://landscapeplants.oregonstate.edu/plants/cotoneaster-microphyllus-cooperi.

图54 矮生枸子栽培品种（*Cotoneaster dammeri* 'Juliette'）[9]

图55 匍匐枸子栽培品种（*Cotoneaster adpressus* 'Little Gem'）[10]

表3 已开发的枸子属栽培品种及其相关物种[11]

中文名	学名 / 品种名	是否为特有种
灰枸子	*Cotoneaster acutifolius*	非特有
	Cotoneaster acutifolius 'Nana'	
匍匐枸子	*Cotoneaster adpressus*	非特有
	Cotoneaster adpressus 'Canu'	
	Cotoneaster adpressus 'Conglomeratus'	
	Cotoneaster adpressus 'Kovalovský'	
	Cotoneaster adpressus 'Little Gem'	
细尖枸子	*Cotoneaster apiculatus*	特有
	Cotoneaster apiculatus 'Blackburn'	
	Cotoneaster apiculatus 'Copra'	
	Cotoneaster apiculatus 'Tom Thumb'	
泡叶枸子	*Cotoneaster bullatus*	特有
	Cotoneaster bullatus 'Firebird'	

---

9 https://plantsam.com/cotoneaster-juliette/.
10 https://www.missouribotanicalgarden.org/PlantFinder/PlantFinderDetails.aspx?taxonid=260112&isprofile=1&basic=cotoneaster#AllImages.
11 本表数据来源于英国皇家园艺协会（https://www.rhs.org.uk/）、"在线树木学"（http://databaze.dendrologie.cz/）、《*Cotoneasters: A Comprehensive Guide to Shrubs for Flowers, Fruit, and Foliage*》（Fryer & Hylmö, 2009）.

中文名	学名 / 品种名	是否为特有种
	Cotoneaster bullatus 'Samantha Jane'	
黄杨叶枸子	*Cotoneaster buxifolius*	非特有
	Cotoneaster buxifolius 'Nana'	
大果枸子	*Cotoneaster conspicuus*	特有
	Cotoneaster conspicuus 'Decorus'	
	Cotoneaster conspicuus 'Flameburst'	
	Cotoneaster conspicuus 'Highlight'	
	Cotoneaster conspicuus 'Leicester Gem'	
	Cotoneaster conspicuus 'Nanus'	
	Cotoneaster conspicuus 'Pols Mixture'	
	Cotoneaster conspicuus 'Red Glory'	
	Cotoneaster conspicuus 'Red Pearl'	
	Cotoneaster conspicuus 'String od Pearls'	
	Cotoneaster conspicuus 'Tiny Tim'	
矮生枸子	*Cotoneaster dammeri*	特有
	Cotoneaster dammeri 'Cardinal'	
	Cotoneaster dammeri 'Coral Beauty'	
	Cotoneaster dammeri 'Cornubia'	
	Cotoneaster dammeri 'Donnard Gem'	
	Cotoneaster dammeri 'Eichholz'	
	Cotoneaster dammeri 'Emerald Spray'	
	Cotoneaster dammeri 'Erlinda'	
	Cotoneaster dammeri 'Gelre'	
	Cotoneaster dammeri 'Holstein Resi'	
	Cotoneaster dammeri 'Hybridus Pendulus'	
	Cotoneaster dammeri 'Ifor'	
	Cotoneaster dammeri 'Juliette'	
	Cotoneaster dammeri 'Jürgl'	
	Cotoneaster dammeri 'Lemon Funky'	
	Cotoneaster dammeri 'Little Beauty'	
	Cotoneaster dammeri 'Lowfast'	
	Cotoneaster dammeri 'Major'	
	Cotoneaster dammeri 'Minipolster'	
	Cotoneaster dammeri 'Moner'	
	Cotoneaster dammeri 'Moon Creeper'	
	Cotoneaster dammeri 'Royal Beauty'	
	Cotoneaster dammeri 'Royal Carpet'	
	Cotoneaster dammeri 'Saphyr'	
	Cotoneaster dammeri 'Schoon'	
	Cotoneaster dammeri 'Skogholm'	
	Cotoneaster dammeri 'Skogholm White Form'	
	Cotoneaster dammeri 'Smaragdpolster'	
	Cotoneaster dammeri 'Streib's Findling'	

03

（续）

中文名	学名/品种名	是否为特有种
	Cotoneaster dammeri 'Sukinek'	
	Cotoneaster dammeri 'Surth'	
	Cotoneaster dammeri 'Tevlon Porter'	
	Cotoneaster dammeri 'Thiensen'	
	Cotoneaster dammeri 'Typ Reisert'	
	Cotoneaster dammeri 'Ursinov'	
	Cotoneaster dammeri 'Winter Jewel'	
耐寒栒子	*Cotoneaster frigidus*	非特有
	Cotoneaster frigidus 'Notcutt's Var.'	
	Cotoneaster frigidus 'Pendulus'	
	Cotoneaster frigidus 'Xanthocarpus'	
	Cotoneaster frigidus 'Exburiensis'	
	Cotoneaster frigidus 'Annesley Variety'	
	Cotoneaster frigidus 'Westonbirt'	
	Cotoneaster frigidus 'Cornubia'	
钝叶栒子	*Cotoneaster hebephyllus*	非特有
	Cotoneaster hebephyllus 'Hessei'	
平枝栒子	*Cotoneaster horizontalis*	非特有
	Cotoneaster horizontalis 'Ascendens'	
	Cotoneaster horizontalis 'Dart's Deputation'	
	Cotoneaster horizontalis 'Dart's Splendid'	
	Cotoneaster horizontalis 'Major'	
	Cotoneaster horizontalis 'Perpusilla'	
	Cotoneaster horizontalis 'Prostrata'	
	Cotoneaster horizontalis 'Robusta'	
	Cotoneaster horizontalis 'Saxatilis'	
	Cotoneaster horizontalis 'Tom Thumb'	
	Cotoneaster horizontalis 'Variegatus'	
全缘栒子	*Cotoneaster integerrimus*	非特有
	Cotoneaster integerrimus 'Centennial'	
小叶栒子	*Cotoneaster microphyllus*	非特有
	Cotoneaster microphyllus 'Cochleatus'	
	Cotoneaster microphyllus 'Cooperi'	
	Cotoneaster microphyllus 'Emerald Spray'	
	Cotoneaster microphyllus 'Teulon Porter'	
	Cotoneaster microphyllus 'Thymifolius'	
毡毛栒子	*Cotoneaster pannosus*	特有
	Cotoneaster pannosus 'Nanus'	
圆叶栒子	*Cotoneaster rotundifolius*	非特有
	Cotoneaster rotundifolius 'Eastleigh'	
	Cotoneaster rotundifolius 'Ruby'	
柳叶栒子	*Cotoneaster salicifolius*	特有
	Cotoneaster salicifolius 'Brno Orangeade'	

（续）

中文名	学名 / 品种名	是否为特有种
	Cotoneaster salicifolius 'Coral Bunch'	
	Cotoneaster salicifolius 'Dekor'	
	Cotoneaster salicifolius 'Emerald Carpet'	
	Cotoneaster salicifolius 'Exburyensis'	
	Cotoneaster salicifolius 'Fructuluteo'	
	Cotoneaster salicifolius 'Gnom'	
	Cotoneaster salicifolius 'Gracia'	
	Cotoneaster salicifolius 'Herbstfeuer'	
	Cotoneaster salicifolius 'Klampen'	
	Cotoneaster salicifolius 'Mlýňany'	
	Cotoneaster salicifolius 'October Glory'	
	Cotoneaster salicifolius 'Parkteppich'	
	Cotoneaster salicifolius 'Pendulous'	
	Cotoneaster salicifolius 'Perkeo'	
	Cotoneaster salicifolius 'Pink Champagne'	
	Cotoneaster salicifolius 'Red Flare'	
	Cotoneaster salicifolius 'Repens'	
	Cotoneaster salicifolius 'Rothschildianus'	
	Cotoneaster salicifolius 'Ruth'	
	Cotoneaster salicifolius 'Saldam'	
	Cotoneaster salicifolius 'Scarlet Leader'	
	Cotoneaster salicifolius 'September Beauty'	
	Cotoneaster salicifolius 'Stonefield Gnome'	
	Cotoneaster salicifolius 'Sympatie'	
	Cotoneaster salicifolius 'Valkenburg'	
	Cotoneaster salicifolius 'Willeke'	

03

　　我国栒子属资源集中分布于黄河流域、长江流域的上游地区，秦巴山区和横断山脉（喜马拉雅东部）是其现代分布中心和多样化中心。该属植物在我国很早就有记载和使用。《山海经·北山经》里写道："又北百里，曰绣山，其上有玉、青碧，其木多栒，其草多芍药、芎藭"，明确描述了绣山（今河北境内）多产栒子的景象。陕西省咸阳市旬邑县在《汉书·地理志》中记载为"栒邑"，名称来源解说之一便是因此地盛产栒木而得名（吴镇烽，1981）。由于栒子属植物木材坚硬，也是我国传统农用生产工具的主要材料来源。19世纪以来，欧美园林将从我国收集的栒子属植物充分应用在了园林中，展现了该属植物的观赏价值。此外，栒子属的药用价值也逐渐被发现，其果实和叶片的提取物已被证实具有清除自由基、抗氧化、抗菌、抗癌等功能（Chang & Jeon, 2003; Sokkar et al., 2013; Uysal et al., 2016; Les et al., 2017; Swati et al., 2018; 孟开开，2020）。然而，相较于蔷薇科其他类群，我国对该类群的关注并不高，许多工作还未充分开展：一方面，栒子属的分类学研究一直存在很大的困难，基于分子生物学技术的进步，仅能有效解决两个亚属的划分，亚属下的分类单元仍然存留许多问题需要进一步解决。另一方面，相较于欧美对我国栒子属资源的开发利用，我国许多作为乡土物种的栒子属植物在开发和园林绿化上的应用都远远不足。随着我国生物多样性保护工作的开展，以及国家植物园体系的建设，期待我国多种多样的栒子属植物资源在不远的将来能充分展现在公众的面前。

参考文献

丁松爽, 孙坤, 苏雪, 等, 2008. 枸子属植物叶表皮微形态特征及其分类学意义[J]. 植物研究, 28(2): 187-194.

韩亚利, 孙亚东, 李志勇, 2012. 平枝枸子绿化栽培及园林应用探讨[J]. 安徽农业科学, 40(15): 8584-8586.

李飞飞, 2012. 枸子属分子系统学及其在中国地理分布研究[D]. 广州: 中山大学.

李加海, 陈晓德, 范文武, 等, 2009. 丰都县南天湖村麦地坪野生观赏植物平枝枸子种群动态[J]. 西南大学学报: 自然科学版, 9: 31-36.

林秦文, 2018. 中国栽培植物名录[M]. 北京: 科学出版社.

刘雅倩, 范玉芹, 2021. 水枸子在西宁地区造林及园林示范推广[J]. 青海农林科技, 124(4): 84-88.

孟开开, 2020. 蔷薇科枸子属系统发育基因组学研究[D]. 广州: 中山大学.

石仲选, 郭志文, 程晓福, 等, 2009. 毛叶水枸子——一个新的抗旱造林乡土树种[J]. 陕西农业科学, 5: 94-95.

吴镇烽, 1981. 陕西地理沿革[M]. 西安: 陕西人民出版社.

杨洪涛, 李燕, 杨文宏, 等, 2015. 滇西北枸子属植物资源调查[J]. 安徽农业科学, 43(29): 276-279.

姚德生, 姚颖, 2016. 甘肃枸子属植物资源及园林应用分析[J]. 林业科技通讯(6): 53-56.

俞德浚, 关克俭, 1963. 中国蔷薇科植物分类之研究（I）[J]. 植物分类学报, 8(3): 202-234.

俞德浚, 陆玲娣, 谷粹芝, 1974. 中国植物志: 第三十六卷[M]. 北京: 科学出版社.

周丽华, 吴征镒, 1999. 大果枸子的分类修订[J]. 云南植物研究, 21(2): 160-166.

周丽华, 吴征镒, 2001. 枸子属黄杨叶系的分类修订[J]. 云南植物研究, 23(1): 29-36.

BARTISH IV, HYLMO B, NYBOM H, 2001. RAPD analysis of interspecific relationships in presumably apomictic *Cotoneaster* species[J]. Euphytica, 120: 273-280.

BARTISH IV, NYBOM H, 2007. Taxonomy of apomictic *Cotoneaster*[J]. Taxon, 56 (1): 119.

CHANG CS, JEON JI, 2003. Leaf flavonoids in *Cotoneaster wilsonii* (Rosaceae) from the island Ulleung-do, Korea[J]. Biochemical Systematics and Ecology, 31: 171-179.

COX E, 1945. Plant hunting in China[M]. London: Collins' Clear-Type Press.

DICKORÉ WB, KASPEREK G, 2010. Species of *Cotoneaster* (Rosaceae, Maloideae) indigenous to, naturalising or commonly cultivated in Central Europe[J]. Willdenowia, 40(1): 13-45.

FLINCK K, HYLMÖ B, 1966. A list of series and species in the genus *Cotoneaster*[J]. Botaniska Notiser, 119: 445.

FRYER J, HYLMÖ B, 2009. *Cotoneasters*: a comprehensive guide to shrubs for flowers, fruit, and foliage[M]. Portland: Timber Press.

KALKMAN C, 2004. Rosaceae[M]// KUBITZKI K, ed., The families and genera of vascular plants. Vol. 6. Flowering plants - dicotyledons: Celastrales, Oxalidales, Rosales, Cornales, Ericales. Berlin: Springer.

KLOTZ G, 1982. Synopsis der Gattung *Cotoneaster* Medic. I[J]. Beiträge zur Phytotaxonomie. Jena. Folge10.

KOEHNE E, 1893. Deutsch. Dendrol[M]. Moscow: Рипол Классик.

LES F, LOPEZ V, CAPRIOLI G, et al, 2017. Chemical constituents, radical scavenging activity and enzyme inhibitory capacity of fruits from *Cotoneaster pannosus* Franch[J]. Food & Function, 8: 1775-1784.

LI F, FAN Q, LI Q, CHEN S, et al, 2014. Molecular phylogeny of *Cotoneaster* (Rosaceae) inferred from nuclear ITS and multiple chloroplast sequences[J]. Plant Systematics and Evolution, 300: 1533-1546.

LI M, CHEN S, ZHOU R, et al, 2017. Molecular evidence for natural hybridization between *Cotoneaster dielsianus* and *C. glaucophyllus*[J]. Frontiers in plant science, 8: 704.

LINDLEY J, 1821. XI. Observations on the natural Group of Plants called Pomaceae[J]. Transactions of the Linnean Society of London, 1: 88-106.

LU L, BRACH A R, 2003. *Cotoneaster*[M]// LU L, GU C, LI C, eds., Flora of China Volume 9 (Rosaceae), Beijing: Science Press.

MANSOUR H, BRYNGELSSON T, GARKAVA-GUSTAVSSON L, 2016. Development, characterization and transferability of 10 novel microsatellite markers in *Cotoneaster orbicularis* Schltdl. (Rosaceae) [J]. Journal of Genetics, 95, e9-e12.

MENG K K, CHEN S F, XU KW, et al, 2021. Phylogenomic analyses based on genome-skimming data reveal cyto-nuclear discordance in the evolutionary history of *Cotoneaster* (Rosaceae) [J]. Molecular Phylogenetics and Evolution, 158: 107083.

NYBOM H, BARTISH I V, 2007. DNA markers and morphometry reveal multiclonal and poorly defined taxa in an apomictic *Cotoneaster* species complex[J]. Taxon, 56, 119-128.

PHIPPS J B, ROBERTSON K R, SMITH P G, et al, 1990. A checklist of the subfamily Maloideae (Rosaceae) [J]. Canadian Journal of Botany, 68(10): 2209-2269.

REHDER A, 1927. Manual of cultivated trees and shrubs hardy in North America: exclusive of the subtropical and warmer temperate regions (Vol. 1) [M]. New York: Macmillan.

ROBERTSON K R, PHIPPS J B, ROHRER J R, et al, 1991. A synopsis of genera in Maloideae (Rosaceae) [J]. Systematic Botany, 16(2): 376-394.

SAX H J, 1954. Polyploidy and apomixis in *Cotoneaster*[J]. Journal of the Arnold Arboretum, 35: 334-365.

SOKKAR N, EL-GINDI O, SAYED S, et al, 2013. Antioxidant, anticancer and hepatoprotective activities of *Cotoneaster horizontalis* Decne extract as well as alpha-tocopherol and amygdalin production from in vitro culture[J]. Acta Physiologiae Plantarum, 35: 2421-2428.

SWATI S, MANJULA R R, SOWJANYA K, et al, 2018. A phytopharmacological review on *Cotoneaster microphyllus* species[J]. Journal of Pharmaceutical Sciences and Research, 10: 2166-2168.

TALENT N, DICKINSON T A, 2007. Apomixis and hybridization in Rosaceae subtribe Pyrineae Dumort.: a new tool promises new insights[M]// GROSSNIKLAUS U, HÖRANDL E, SHARBEL T, et al, eds., Apomixis: evolution, mechanisms and perspectives. Ruggell: Gantner Verlag.

TURCZANINOW N, 1832. *Cotoneaster acutifolius*[J]. Bulletin de la Société impériale des naturalistes de Moscou, Moscow, 5: 190.

UYSAL A, ZENGIN G, MOLLICA A, et al, 2016. Chemical and biological insights on *Cotoneaster integerrimus*: A new (-)-epicatechin source for food and medicinal applications[J]. Phytomedicine: International Journal of Phytotherapy and Phytopharmacology, 23: 979-988.

致谢

诚挚感谢马金双博士为本章提供的建议和指导，以及为本章提供照片的所有拍摄者。照片提供者按照片在本章中出现的先后顺序排列：徐永福、李仁坤、惠肇祥、王挺、曲上、徐永福、朱鑫鑫、李蒙、汤睿、周洪义、喻勋林、李佳侬、李莹、朱仁斌、罗金龙、蒋洪、林秦文、常梦琳。

作者简介

李飞飞（女，新疆乌鲁木齐人，1983年生），副研究员。2005年毕业于新疆大学，获学士学位，2009年在华南农业大学获得硕士学位，2012年在中山大学获得博士学位，博士期间主要从事枸子属分子系统学及地理分布研究。2012—2015年在中央民族大学从事博士后研究工作；2016—2022年在中国环境科学研究院生态所工作；2022年至今在北京市植物园［现国家植物园（北园）］工作，主要从事枸子属植物多样性及其演化机制、外来入侵植物等研究工作。主持完成国家级科研项目4项，参加撰写、翻译专著2部，合作发表论文30余篇，获得专利5项。

吴保欢（男，广东汕尾人，1991年生），助理研究员。2013年毕业于华南农业大学，获学士学位，2016年在华南农业大学获得硕士学位，2019年在华南农业大学获得博士学位。现为广州市林业和园林科学研究院研发员。参加国家、省部级科研课题5项，是国家自然科学基金项目"广义李属植物的系统发育及其分类学修订"的主要完成人，在中国李属樱亚属植物系统分类和修订等研究工作中发表相关研究论文20篇。

孟开开（女，河南商丘人，1990年生），副研究员。2014年毕业于商丘师范学院生物科学专业，获学士学位，2017年在中山大学获得硕士学位，2020年在中山大学获得博士学位。2020—2023年在中山大学从事博士后研究工作。现为广西壮族自治区亚热带作物研究所副研究员。主持《丹霞山自然与生态考察丛书植物分册》修订及出版项目，参与国家、省市级科研课题4项。研究生及博士后期间一直从事中国枸子属系统分类及修订等工作，相关研究成果发表在 *Molecular Phylogenetics and Evolution* 等期刊，并发表或者参与发表其他相关SCI论文20余篇。

凡强（男，湖北潜江人，1978年生），副教授。2000年毕业于华中师范大学生命科学学院，获学士学位，2004年硕士毕业于中山大学植物学专业，2007年获中山大学植物学专业博士学位，并留校工作至今。一直从事植物分类学、植物地理学相关的科研及教学工作。自2007年以来，主持科研项目15项，参加撰写专著、教材7部，合作发表论文50余篇。获2008年度、2009年度深圳市科技创新奖，2017年广东省教育教学成果奖一等奖，2018年教育部高等教育国家级教学成果二等奖，2019年南粤林业科学技术奖二等奖。

廖文波（男，广东徐闻县人，1963年出生），教授。1984年毕业于西北大学药用植物专业，1987年在西北大学就读分类学方向研究生，1993年在中山大学就读华夏植物区系方向，分别获得学士、硕士、博士学位，1993年起中山大学留校任教，现任教授。主要从事植物系统分类学、区系地理学的教学和研究。1999年、2005年，作为高级访问学者，两次前往美国哈佛大学标本馆、阿诺德树木园开展合作研究。2010—2025年，兼任广东省植物学会副理事长。2009—2015年任中山大学生物科学与技术系主任。2013—2018年，作为负责人主持科技部基础专项"罗霄山脉地区生物多样性综合科学考察（1200万元）"。至今为止，主持或完成国家、省部、市级项目60多项，发表研究论文200多篇，SCI论文60多篇，出版教材专著18部，并获得多个奖项。

China

04

-FOUR-

中国蔷薇科苹果属

Malus (Rosaceae) in China

权 键[*]

[国家植物园（北园）]

QUAN Jian[*]

[China National Botanical Garden (North Garden)]

___

[*] 邮箱：quanjian@chnbg.cn

摘　要： 苹果属（*Malus* Miller）隶属于蔷薇科（Rosaceae）苹果亚科（Maloidae），全世界约有55种，主要分布于北温带（少数种可分布在亚热带或热带）；中国产26种（16种为中国特有，含栽培种）。本章对苹果属分类系统进行整理，将野生种与栽培种分别介绍，对中国原产苹果属植物的分类学历史进行回顾，追溯其海外传播途径；介绍部分由中国苹果属植物资源产生的观赏海棠品种，以及中国海棠品种的发展，展示中国苹果属植物对世界园林的贡献。

关键词： 苹果属　分类　海棠　品种　登录

Abstract: The genus *Malus* Miller, with about 55 species in the world, belongs to Maloidae, Rosaceae. They are distributed mainly in the north temperate zone (a few species can be distributed in the subtropical or tropical zones); 26 species are native to China (16 species are endemic to China, including cultivated species). The system of *Malus* is arranged, the wild species and cultivated species are introduced separately, the taxonomic history of Chinese native *Malus* germplasm resource are reviewed, and their transmission routes from China to overseas are traced. Some cultivars of ornamental crabapples originate from Chinese *Malus* germplasms, and the development of Chinese *Malus* cultivars, as well as the contribution of Chinese *Malus* to the world landscape architecture are introduced.

Keywords: *Malus*, Taxonomy, Crabapple, Cultivars, Registration

权键，2023，第4章，中国蔷薇科苹果属；中国——二十一世纪的园林之母，第四卷：199-273页.

1 苹果属植物概述

苹果属（*Malus* Miller）隶属于蔷薇科（Rosaceae）苹果亚科（Maloidae），在《东北木本植物图志》中记为山荆子属（王光正，1955）。根据不同的分类系统，苹果属植物的种类和数目不一，从8种（Likhonos，1974）到122种（Ponomarenko，1986）不等。据 *Flora of China* 记载，全世界约有苹果属植物55种，主要分布在亚洲、欧洲以及北美洲的温带、亚热带与热带地区。中国产26种（16种为中国特有）（Gu & Spongberg，2003）。其中，19种在中国有野生分布，另外7种为栽培植物。

就全球范围而言，世界苹果属植物主要分布于北温带（少数种可分布在亚热带或热带），横跨欧亚大陆和北美洲，纬向幅度宽达30°N（20°N~50°N）。苹果属植物在中国分布数量最多，特别在云南、贵州、四川三省最为密集，这里分布着包括台湾林檎（*Malus doumeri*）、滇池海棠

（*Malus yunnanensis*）等古老的野生种在内的10余种，因此可以称为苹果属植物遗传多样性中心（李育农，2001）。同时，在湖北神农架自然保护区有大面积的湖北海棠（*Malus hupehensis*）和陇东海棠（*Malus kansuensis*）天然林，新疆天山山脉也保存有新疆野苹果（*Malus sieversii*）的自然群落（刘莲芬 等，2005；丛佩华，2015）。

苹果属植物多数为重要果树及砧木或观赏树种，世界各地均有栽培。关于苹果属植物的记载，西方始见于公元前4世纪古希腊哲学家提奥弗拉斯托斯（Theophrastus）的著作中，记载仅限于苹果少数品种的简述。中国最早见于汉代司马相如（公元前118年）的《上林赋》，其中所记的"柰"，即为现代所说的绵苹果。而对于苹果属植物进行较系统的研究，国外始于17世纪50年代的卡尔·林奈（Carl Linnaeus），国内则始于20世纪50年代的

俞德浚。

中国苹果属植物栽培历史悠久，在古代就有"白奈""紫奈""绿奈""五色林檎"，还有垂丝海棠、西府海棠等著名观赏树种。19世纪初，许多欧美植物学家从我国及东亚其他地区收集大量苹果属植物，通过杂交选育，至今已培育出数以千计的观赏品种。园艺学家将苹果属栽培品种按果实大小划分为苹果（apple）与海棠（crabapple）两大类，果实直径大于5cm的为苹果，直径小于5cm的为海棠（Wyman, 1943; 郭翎，2009）。苹果属中观赏价值较高的品种，大多数属于果实较小的一类，被称为观赏海棠（ornamental crabapple，或flowering crabapple）。

由于多种因素影响，我国在观赏海棠品种选育方面曾经长期处于停滞不前的状态。1990年，在余树勋先生的帮助下，北京市植物园［现国家植物园（北园）］率先从美国明尼苏达州引进14个观赏海棠品种（郭翎，2001），开展栽培繁殖技术研究，并逐步将优良品种推广到全国多个地区，使观赏海棠成为重要的园林绿化树种。截至2022年，国家植物园（北园）累计引种的观赏海棠品种已接近200个。此举也为许多国内研究机构和苗木商提供了更加丰富的育种材料，以此为契机，我国的观赏海棠育种工作逐渐发展起来。2015年9月，7个由国内育种者自主培育的观赏海棠新品种，首批获得国家林业局授予的植物新品种权；截至2022年12月，已有80个自育观赏海棠新品种获得此项授权。

2 苹果属的分类学研究概要

2.1 分类学研究的"困难属"

苹果属（*Malus* Mill.）自1754年建立以来，其分类学研究历史已超过250年，其中仅苹果一种就有100多个异名，其他同物异名现象也非常严重。本属植物的新种多是由国外植物学家或园艺学家发表的，包括主要分布于中国的种，模式标本均藏于国外标本馆，原始文献难于搜集，而且使用的文种各异，也限制了我们对本属的研究。苹果属分类中的另一个难题是本属普遍存在的种间杂交和无融合生殖现象，形成了大量种间过渡类型，使本属成为分类学界著名的"困难属"。此外，栽培种多，也是本属分类研究中一大难题，对栽培植物的系统地位问题也有很多学者进行了有益的探讨，但均未找到一个合适的解决办法（钱关泽，2005）。

美国园艺家怀曼（Donald Wyman, 1904—1993）曾写道："海棠的杂交非常自由，正因为如此，导致了它们在分类鉴别上存在许多争议。种子被大量收集、种植，幼苗以收集种子的树木命名。这些种子经常会产生与亲本植物特性完全不同的天然杂交种，引起许多混乱"（Jefferson, 1970）。

美国农业部（United States Department of Agriculture，缩写为USDA）农业研究服务处（Agricultural Research Service，缩写为ARS）在纽约州日内瓦保存的苹果种质资源包括8 500多份材料，代表至少50种。其中，约2 600份材料是无性繁殖品种，3 100份主要代表物种的幼苗，1 600份是种子形式，1 250份是从优质杂种中广泛采集的专门用于基因研究的材料。这个收集项目的

04

核心任务包括苹果属植物获取、保存、特征和分布的多样性。该集合包括果树学、病理学、解剖学、生理学特征和一组已公开数据的微卫星标记，并记录在种质资源信息网（Germplasm Resources Information Network，缩写为GRIN；网址：www.ars-grin.gov）中（Folta & Gardiner, 2009）。

随着科学技术的不断进步，研究的手段和途径越来越多。科学家通过同工酶、孢粉学，以及RFLP、RAPD、SSR以及AFLP等分子标记技术，对苹果属植物的系统发育、亲缘关系进行探索。尽管取得了一些进展，有些关系却仍然未能明确。

2.2　形态分类阶段

形态分类阶段通过比较组成植物的各器官的形态特征进行区分，如叶形、果形、嫩枝绒毛、叶缘锯齿、萼片宿存与否等（俞德浚 等，1974），花的特征也是最主要的区分标志。由于认识上的差异，出现了许多不同的苹果属植物分类系统。不同的分类系统中，苹果属植物的种类和数目不一。例如，1940年雷德尔（Alfred Rehder, 1863—1949）将苹果属描述为25个种，1974年利霍诺斯（Likhonos）将全属植物简化为8种；1984年王宇霖在其所著《落叶果树分类学》中，将苹果属记为36种；1986年波诺马连科（Vladimir V. Ponomarenko, 1938—2013）在其论文中列举了世界苹果属植物野生种为78种，栽培种和杂交种共44种，合计为122种。由此可见，本属植物种类数目之所以因人而异，是由于对种的概念不同，标准各异，或将栽培种与野生种混而不分，导致种的数目膨胀。1991年拉脱维亚大学的朗根费尔德（Voldemar T. Langenfeld, 1923—?）在其专著《苹果》中确定苹果属植物共58种（包括35个地方特有种，1个栽培种和22个杂交种），他主张将栽培种移出野生种的植物分类系统。1996年李育农将世界苹果属植物野生种简化为27个种4个亚种14个变种3个变型，附园艺分类的栽培种8种1个亚种和7个变种，从而简化了世界苹果属植物分类的体系。

过去植物分类学单纯依靠腊叶标本的形态描述，常常带有局限性。由于苹果属植物的多型性特点，形态特征不足以说明苹果属种系分类及亲缘关系。需要结合遗传学、细胞学、孢粉学、分子生物学等研究方法，进行综合分析（马国霞，2012），有关实验证据成为解决苹果属植物分类与系统演化关系研究的关键。

2.3　实验分类阶段

苹果属植物的分类在20世纪20年代逐步走向实验探索阶段。一些学者借助其他生物科学技术来研究、补充传统形态分类的不足。运用染色体信息、植物化学成分、酶、花粉形态、分子生物学等新的科学技术进一步对苹果属植物进行研究。

该属的染色体研究始于1926年鲁宾（Rubin）对窄叶海棠（*Malus angustifolia*）和珠美海棠（*Malus zumi*）2n= 34的报道（梁国鲁和李晓琳，1993）。此后半个多世纪（1926—1994），通过国内外10余位学者的努力，对世界苹果属植物40余个代表类型的染色体核型、倍性与染色体减数分裂行为进行了研究（陆秋农和贾定贤，1999; 李育农，2001）。

国外运用分子技术对苹果属的分类研究主要有：Hokanson等（2001）对23个苹果属植物的142个杂交种及品种样本做SSR技术分析；Robinson等（2001）对苹果属29个种及12个苹果品种进行了matK及ITS序列研究，得出将苹果属植物分为Sect. *Malus*（含苹果系、山荆子系和三叶海棠系）、Sect. *Sorbomalus*（含滇池海棠系和陇东海棠系）和Sect. *Basaltaxa*（含三裂叶海棠组、多胜海棠组、绿苹果组及原属花楸海棠组的佛罗伦萨苹果系）三大类的结果。国内主要有：梁国鲁等（2003）用AFLP技术对该属23个种共31个类型的分析，印证了传统分类研究的结论，明确了佛罗伦萨海棠（*M. florentina*）等疑难种的分类地位；石胜友等（2005）利用AFLP标记对变叶海棠（*M. toringoides*，现已修订为*M. bhutanica*）、陇东海棠（*M. kansuensis*）、花叶海棠（*M. transitoria*）的亲缘关系进行分析，结果与形态学、细胞学和同工酶的结果一致，在分子水平上揭示了变叶海棠的杂种起源；郭翎（2009）通过AFLP技术得出亚洲原产的苹果属植物对于苹果及观赏海棠品种的发展起重要作用的结论，并建议将原属花楸组（Sect. *Sorbomalus*）植物（除佛罗伦萨海棠外）全部并入苹果组（Sect. *Malus*），支持成立一单种组——佛罗伦萨苹果组（Sect. *Florentinae* Cheng M.H.）。

Zhang等（2019）首次通过扫描电子显微镜对观赏海棠的野生种和品种的花粉形态进行了全面和系统的研究。共收集海棠种质资源107份，创造性地构建了观赏海棠花粉表型性状的分布函数和反映花粉整体纹饰规律的二元三维数据矩阵模型，

揭示了观赏海棠花粉形态的演化。首次提出海棠的所有自然物种具有高度的观赏规律性，但具有高度规律性的种质不一定是自然物种。这一科学结论对确定观赏树种和栽培品种的分类地位具有重要的参考价值。研究还发现，不仅分子系统发育树的分类结果支持经典分类结果，而且花粉纹饰进化、经典分类学和分子系统发育树在进化方向上具有显著的一致性。这说明花粉纹饰特征在分析苹果属物种花粉的进化关系中具有重要的参考价值。

04

3 苹果属植物的分类系统

3.1　苹果属的起源

关于苹果属的起源中心，经过长期研究，意见很难统一。其中较早提出的是瓦维诺夫（Nikolai I. Vavilov，1887—1943）的"多样化中心即起源中心"之说，因此认为苹果属植物分布最多的东亚是苹果属的起源中心；1964年，苏联学者茹考夫斯基（Peter M. Zhukovsky，1888—1975）提出苹果的野生类型起源于中国的中部和南部（李育农，1989）；1982年，英国学者威廉姆斯（Alan H. Williams）通过对世界苹果属植物主要种的叶片和皮层中酚类物质检测，推断东南亚是苹果属植物的发源地；中国学者江宁拱（1986）分析认为"川滇古陆"[1]及其附近地区，不但是苹果属

植物现代分布中心和起源中心，同时是苹果亚科（Maloideae）的现代分布中心，还可能是苹果亚科的起源中心。李育农（1989）则认为苹果属植物的原生种分布在世界上不同国家不同地区，形成该属植物起源的多基因中心。他赞同"川滇古陆"是一个大基因中心，但不是苹果属植物唯一的基因中心。李育农（2001）在其著作中，总结分析前人提出的多个基因中心，并形成如下观点：世界苹果属植物的野生种，因生态地理不同，起源和演化的先后亦有不同，大体在东南亚、中亚、西亚、欧洲和北美洲按纬向界限形成明显分布的五大基因中心。各个基因中心皆有其特定的代表种和大量的多形性类型，综合形成世界苹果属植物纬向不均匀分布的五大基因中心。它们是东亚基因

1　"川滇古陆"也称"康滇隆块"，它位于北纬23°00′~30°40′、东经103°00′左右，北起四川丹巴，南达云南绿春、金平、个旧，长约800km，宽30~70km，面积约40 000km²的狭长地带。据古生物学及古地理学的记载，在古生代晚泥盆纪，周围还是一片汪洋时，这一地带就巍然屹立在万顷波涛之中了。至中生代海侵发生期间也未被淹没过（江宁拱，1986）。

中心（中国、越南、老挝及日本）、中亚基因中心（哈萨克斯坦和吉尔吉斯斯坦）、西亚基因中心（高加索）、欧洲基因中心（东南欧）及美洲基因中心（北美洲）。其中，中国西南的云南、贵州、四川3省是苹果属的初生基因中心（即起源中心），其他所有离初生基因中心较远的都是次生基因中心。

以往对于苹果属起源时间的粗略估算是在"第三纪"。随着化石证据和基因组数据的引入，使苹果属植物起源地区和时间的推定更加精准。Nikiforova等（2013）基于对47个叶绿体基因组的系统发育分析，提出了苹果属的北美起源，这与化石证据一致，因为许多化石记录在北美洲西部始新世中晚期。金桂花（2014）利用苹果属已有的叶绿体基因组数据和叶绿体基因片段数据构建系统发育树，并结合化石证据和分布信息，推断苹果属的起源及分支分化时间，祖先分布区及现代分布格局形成的历史，提出了始新世晚期（33.92Ma）东亚起源的另一个假说。王帅（2021）基于叶绿体基因组数据和化石点推断苹果属的分化时间，计算结果显示，苹果属（*Malus*）植物约在始新世早期（49.81Ma）与山楂属（*Crataegus*）和唐棣属（*Amelanchier*）发生了分化，而后苹果属大约在始新世中晚期（40.15Ma）开始发生分化，亚洲支系的分化时间约在渐新世早期（33.14Ma），欧美支系的分化时间为渐新世晚期（25.00Ma）。祖先分布区重建结果表明，苹果属植物的共同祖先主要分布于亚洲地区，之后由东亚地区迁移至北美再到欧洲及地中海地区，阐明了苹果属呈东亚–北美间断分布格局的形成过程。最新研究（Liu et al., 2022）通过系统发育基因组学冲突分析发现杂交和多倍化驱动了广义苹果属（*Malus* sensu lato）的多样化，历史生物地理学的分析显示广义苹果属既不是起源于东亚，也不是起源于北美，而是在始新世起源于东北亚和北美西部的广大地区，随后伴随着一系列的灭绝和扩散事件形成当前北温带间断的分布式样。

3.2　苹果亚科的属间关系

在苹果亚科（Maloideae）中，全世界共有23个属，产于中国的有16个属。中国学者俞德浚（1984）从植物形态分类学出发，阐述了蔷薇科及其各亚科的划分与演化规律，进一步说明了苹果业科中各属及其亲缘关系。他提出苹果亚科中牛筋条属（*Dichotomanthes*）最为原始，而占据本亚科较为原始的中心地位的是花楸属（*Sorbus*）。继花楸属之后演化出梨属（*Pyrus*）、苹果属（*Malus*）和唐棣属（*Amelanchier*），可见与苹果属关系最为密切的就是梨属和唐棣属。这三属均具有2～5心皮和下位子房，唯花柱离生或基部合生稍有差异，果实内石细胞多少有别。而唐棣属与其他两属不同之处在于，唐棣属植物果实成熟时发生假隔膜，形成6～10室，每室具1种子。此外早期分类学者常将梨属、苹果属、唐棣属和花楸属均归为梨属，因此苹果属与花楸属的关系也经常纠缠不清。花楸属的果实同样具有2～5心皮，每室具1～2种子，以及半下位或下位子房；只是在花序（多数为复伞房花序）及单叶或复叶等特征与前述3属相区别。俞德浚在苹果亚科的科属分枝系统图中，将花楸属紧置于梨属与苹果属之下，说明花楸属是苹果属重要的祖先属（李育农，1999）。苹果属之后继续发展成为每一心皮具有3～10个胚珠的移柂属（*Docynia*）、具有多数胚珠而大形果实的榅桲属（*Cydonia*）和木瓜属（*Chaenomeles*），这3属在形态上有很多相似之处。

然而，传统的形态学和遗传学数据之间的不一致在最近的分类学研究中已经很明显。利用现代分子生物学技术对苹果属进行研究时，采用不同的分析方法、选择不同的外类群，得出的属间及组间关系也有所差异。例如，Nikiforova等（2013）和金桂花（2014）基于叶绿体基因组数据提出了一个新的苹果分子系统发育框架，他们的结果表明移柂属（*Docynia*）和榅桲属（*Cydonia*）是苹果属最紧密的姐妹属。移柂属在历史上被分类学家认为是一个独立的属，但有一些学者认为应该将其列入苹果属中的一组。在Liu等（2022）的研究中，也支持移柂属嵌套在广义苹果属中。

3.3 苹果属的建立与分类修订

1753年，林奈首先在《植物种志》（*Species Plantarum*）一书中发表了梨属（*Pyrus*）学名，把苹果属的一些物种包括在内。林奈将苹果定名为 *Pyrus malus* L.，并记录了 *Pyrus malus* var. *sylvestris* L.，*Pyrus malus* var. *paradisiaca* L.，*Pyrus malus* var. *prasomila* L.，*Pyrus malus* var. *rubelliana* L.，*Pyrus malus* var. *cestiana* L. 和 *Pyrus malus* var. *epirotica* L. 等6个变种；还将花冠海棠定名为 *Pyrus coronaria* L.。英国植物学家米勒（Philip Miller, 1691—1771）认为苹果属和梨属植物在某些性状方面的明显差异：苹果花柱基部聚合而梨花柱基部分离，苹果花药开放前为浓黄色而梨则为紫红色，苹果同一花序的中心花先行开放而梨则侧花先开放，因此米勒于1768年将苹果从梨属中抽离出来，将苹果属定名为 *Malus* Mill.，成为现今通用的苹果属学名。同时将3个种重新定名，分别是苹果（*Malus pumila* Mill.）、花冠海棠［*M. coronaria* (L.) Mill.］和森林苹果［*M. sylvestris* (L.) Mill.］，为苹果属的后续研究奠定了基础。后来，虽然有些学者曾将苹果属拆分为几个属，但均未被人们采用（王宇霖，2011）。

苹果属的分类已修订多次，特别是基于形态学特征，如习性、萼片、叶型、叶片折叠型和石细胞的分类，没有考虑来自分子、生态或地理数据的证据，缺乏通过数值分析对特征分布的评估，不同的研究人员对某些物种的分类、分类等级和位置经常存在分歧（俞德浚和阎振茏，1956；陈嵘，1959；Langenfeld, 1991；Robertson et al., 1991；李育农，1996；钱关泽，2005）。Li 等（2022）对苹果属野生种进行了分类修订，根据形态学信息，结合原白、遗传学、生态学和地理证据，确定了世界苹果属的26个野生物种和2个变种。本次修订中，一些物种仅以少数标本为代表，如木里海棠（*M. muliensis*）和 *M. sublobatas*，以及缺乏DNA序列数据的稻城海棠（*M. daochengensis*）都没有参与本次修订；栽培物种，如苹果（*M. domestica*）、花红（*M. asiatica*）、海棠花（*M. spectabilis*）等由于其复杂的驯化历史，也不包括在内。

3.4 苹果属的特征和模式

Malus Miller in The Gardeners Dictionary. Abridged. ed. 4. 1754 &The Gardeners Dictionary. ed. 8. 1768; Rehder in Journal of the Arnold Arboretum, 2:47. 1920.

异名：*Pyrus* L. *Species plantarum*, 479. 1753. & *Genera plantarum* ed. 5. 214. no. 550. 1754.

苹果属植物为落叶、稀半常绿乔木或灌木，枝条圆柱形，通常无刺。单叶互生，具叶柄和托叶；叶片卵圆形至卵形，边缘具圆齿至细锯齿、重锯齿或浅裂。花序呈伞形或伞房状。花通常3~6朵，具花梗。雄蕊15~50，具黄色花药和白色花丝。托杯碗状，无毛或被短柔毛。花瓣5，近圆形至倒卵形，白色至红色，具5萼片，宿存或早落。花柱3~5，基部合生，无毛或被短柔毛。子房下位，3~5室，每室有2个胚珠。梨果，少数物种的果实有石细胞。每室具1或2枚种子，半圆形或细长形，黑色或棕色。染色体数目x=17，通常为二倍体、三倍体、四倍体和多倍体。广泛分布于北温带（Li et al., 2022）。

模式种：森林苹果 *Malus sylvestris* Mill. Lectotype: *Malus sylvestris* designated by N.L.Britton et A. Brown in Ill. Fl. N.U.S. ed. 2. 2: 288. 1913.

3.5 苹果属内分类系统

3.5.1 苹果属内分类系统的建立

1890年德国学者克内（Bernhard A.E.Koehne, 1848—1918）首次真正对苹果属建立属内分类系统，其分类依据是果萼的脱落与宿存，分为宿萼组（Sect. *Cynomeles*）和脱萼组（Sect. *Gymomeles*）。另一个有影响的属内分类系统是1903年德国学者查拜尔（Hermann Zabel, 1832—1912）倡导的以叶片是否分裂为分组依据的系统，分为真正苹果组（Sect. *Eumalus*）和花楸苹果组（Sect. *Sorbomalus*）。但无论是依据果萼还是叶片来分组，总是有一些过渡类型不知何去何从。1906年德国学者施奈德（Camillo Karl Schneider, 1876—1951）综合应用了克内与查拜尔对苹果属

04

分类的方法，将萼片宿存或脱落的特征纳入叶片不分裂或分裂两组之下，将过渡性种、杂种、栽培种或半栽培种与基本种并列，皆加入了分类系统。施奈德（Schneider, 1906）的分组如下：

Sect. Ⅰ　*Eumalus* Zabel　　真苹果组

Sect. Ⅱ　*Sorbomalus* Zabel　　花楸苹果组

Sect. Ⅲ　*Eriolobus* Schneider
　　　三裂叶海棠组（毛叶海棠组）

Sect. Ⅳ　*Docyniopsis* Schneider
　　　多胜海棠组（移依海棠组[2]）

虽然施奈德的分类系统仍然不大符合于自然分类的谱系，但他对苹果属植物分为4组框架的确定给美国学者雷德尔的分类系统奠定了基础（李育农，2001；钱关泽，2005；王宇霖，2011；陈琳琳，2014）。

3.5.2　雷德尔（Alfred Rehder）的苹果属分类系统

雷德尔的苹果属分类系统具有划时代的意义。1920年他以查拜尔的系统为基础，并承认施奈德的两个组，建立了绿苹果组，将世界苹果属植物分为5个组（Rehder, 1920；中国农学会遗传资源学会，1994）。之后又经过多次的改进完善，于1940年形成了最后的雷德尔分类系统，分为如下5个组（Rehder, 1940）：

Sect. Ⅰ　*Eumalus* Zabel　　真苹果组

Sect. Ⅱ　*Sorbomalus* Zabel　　花楸苹果组

Sect. Ⅲ　*Chloromeles* Rehder
　　　绿苹果组（北美海棠组）

Sect. Ⅳ　*Eriolobus* Schneider　　三裂叶海棠组

Sect. Ⅴ　*Docyniopsis* Schneider　多胜海棠组

由于雷德尔制订的分类系统较以前的分类系统对形态特征选择较广，依据较为全面，较符合本属植物起源演化的自然谱系，因此普遍被各国学者所接受，但没有包括中国原产的一些苹果属植物。于是1956年俞德浚等人应用雷德尔的分类系统框架，提出了中国苹果属植物分类系统，且

制订了中国苹果属植物分类检索表（俞德浚和阎振茏，1956），后来1974年出版的《中国植物志》第三十六卷也沿用了俞德浚的分类系统和检索表（俞德浚 等，1974）。

3.5.3　其他分类系统

1970年，拉脱维亚大学的朗根费尔德沿用了雷德尔的分类系统，并将苹果属分类系统调整为6组32种9变种，取消了系级的分类。1991年在其著作《苹果》一书中，朗根费尔德又将世界苹果属植物扩充为6组11系58种，包括35个地方特有种、1个栽培种和22个杂交种。6个组如下：

Sect. Ⅰ　*Malus* Langenf.　苹果组

Sect. Ⅱ　*Gymnomeles* Koehne　脱萼组

Sect. Ⅲ　*Chloromeles* Rehder　绿苹果组

Sect. Ⅳ　*Sorbomalus* Zabel　花楸苹果组

Sect. Ⅴ　*Docyniopsis* Schneider　多胜海棠组

Sect. Ⅵ　*Eriolobus* Schneider　三裂叶海棠组

目前，美国农业部种质资源信息网（GRIN）数据库[1]中可检索到苹果属植物有168个名称记录（包括种、变种及杂交种），其中71个接受名，也归为以上6组。

中国学者李育农（2001）综合了前人在分类系统上的成就，提出了一个新的分类系统，将世界苹果属野生种定为27个种4个亚种14个变种3个变型，隶属苹果组（Sect. *Malus* Langenf.）、山荆子组（Sect. *Baccatus* Jiang）、花楸苹果组（Sect. *Sorbomalus* Zabel）、多胜海棠组（Sect. *Docyniopsis* Schneider）、绿苹果组（Sect. *Chloromeles* Rehder）及三裂叶海棠组（Sect. *Eriolobus* Schneider）等6组。

3.5.4　中国苹果属的分类系统

中国苹果属植物的分类雏形始见于19世纪上半叶吴其濬的《植物名实图考》，全书共三十八卷，分为谷、蔬、山草、隰草、石草、水草、蔓草、芳草、毒草、群芳、果、木12大类，共收录植物1 714种。《植物名实图考》可以称作我国古

---

2 移依海棠组：见于《中国植物志》第三十六卷苹果属分类系统总览。

代第一部最大的区域性植物志，在书中所述的植物产地涉及我国19个省（自治区、直辖市），根据其中的插图大致可判定植物所属科、属乃至于种名（黄胜白和陈重明，1978）。

20世纪初，我国植物学家对苹果属植物的研究逐渐增多，如林刚（Ling K.）、郑万钧（Cheng W.C.）、陈谋（Chen M.）等采集、鉴定了大量标本，钟心煊、胡先骕、陈嵘、刘汝强、李顺卿等出版了一批著作。陈嵘（1937）的《中国树木分类学》则是中国苹果属研究的重要参考文献之一，该书按自然分类法在蔷薇科梨亚科（Pomaceae）下设苹果属，共描述12个种和11个变种。

俞德浚和阎振茏（1956）借鉴雷德尔的观点，编写了中国苹果属植物分类系统。依据叶片的裂与不裂、幼叶在芽内的卷合方式、果实上萼片是否宿存和果肉中有无石细胞等特征，将中国所产苹果属植物分为3组5亚组，共20种。1974年出版的《中国植物志》第三十六卷中俞德浚等对苹果属植物的分类仍沿用以上系统，但将"亚组"改称为"系"，又增加了新疆野苹果（*Malus sieversii*）和山楂海棠（*Malus komarovii*）两个种，形成了3组5系22种的中国苹果属植物分类系统。《中国植物志》第三十六卷的出版标志着我国苹果属植物研究又一次取得了阶段性的成果。

此后，我国学者相继发表一些新种、新变种。俞德浚（1979）在《中国果树分类学》中把锡金海棠（*Malus sikkimensis*）补充到苹果属植物中，隶属于山荆子系（Ser. *Baccatae*）。邓家祺和洪建元（1987）发表金县山荆子（*Malus jinxianensis*）；李朝銮（1989）发表稻城海棠（*Malus daochengensis*），并将其归入真正苹果组山荆子系；黄燮才（1989）发表光萼海棠（*Malus leiocalyca*）；谷粹芝（1991）发表木里海棠（*Malus muliensis*）。江宁拱和王力超（1996）建立了山荆子组（Sect. *Baccatus* Jiang），分为山荆子系、湖北海棠系和锡金海棠系（Ser. *Sikkimenses* Jiang）；将锡金海棠移出山荆子系，列入锡金海棠系新系，同时将金县山荆子、稻城海棠均列入山荆子系。

2003年，*Flora of China* 出版，将全世界苹果属植物数量"约35种"（俞德浚 等，1974）更新为"约55种"，在中国苹果属植物分种检索表中增加了木里海棠（*Malus muliensis*）、稻城海棠（*Malus daochengensis*）、金县山荆子（*Malus jinxianensis*）和锡金海棠（*Malus sikkimensis*）、光萼海棠（*Malus leiocalyca*）5个新种，将已经被归并的尖嘴林檎（*Malus melliana*）列入台湾林檎（*Malus doumeri*）的异名（Gu & Spongberg, 2003）。但该书没有对苹果属内的分组进行调整，而是直接删掉了苹果属分类系统总览部分。现笔者根据前人的分类研究和分组处理，将中国苹果属植物26种重新整理为4组6系（如下）。

中国苹果属分类系统总览

组1. 苹果组 Sect. *Malus* Langenf. 叶片不分裂，在芽中呈席卷状；果实内无石细胞；萼片宿存；花柱5；果形较大，直径常在2cm以上。包括苹果（*M. pumila*）、新疆野苹果（*M. sieversii*）、花红（*M. asiatica*）、楸子（*M. prunifolia*）、海棠花（*M. spectabilis*）、小果海棠（*M. micromalus*）。

组2. 山荆子组 Sect. *Baccatus* Jiang 叶片不分裂，幼叶卷迭方式为内卷式或席卷式；萼片脱落；果实小。

系1. 山荆子系 Ser. *Baccatae*（Rehd.）Rehd. 幼叶卷迭方式为内卷式，萼片早落，花柱基部多毛。包括山荆子（*M. baccata*）、丽江山荆子（*M. rockii*）、金县山荆子（*M. jinxianensis*）、稻城海棠（*M. daochengensis*）。

系2. 湖北海棠系 Ser. *Hupehenses* Langef. 幼叶卷迭方式为席卷式，萼片早落，花柱基部多毛。包括湖北海棠（*Malus hupehensis*）、垂丝海棠（*M. halliana*）、毛山荆子（*M. mandshurica*）、木里海棠[3]（*M. muliensis*）。

系3. **锡金海棠系** Ser. *Sikkimenses* Jiang 幼年和成年树基部叶片有3~5裂，幼叶卷迷方式为席卷式，萼片多数脱落少数宿存，花柱基部无毛，包括锡金海棠（*M. sikkimensis*）。

组3. **花楸苹果组** Sect. *Sorbomalus* Rehd. 叶片常有分裂，在芽中呈对折状；果实内无石细胞或有少数石细胞；萼片脱落，有时宿存。

系4. **三叶海棠系** Ser. *Sieboldianae* (Rehd.) Rehd. 萼片脱落后留下一个大型浅洼；花柱3~5，基部具毛；叶片在开花枝上不分裂，在发育枝上有时呈3~5裂，有时不分裂；果实小，近球形，无石细胞。包括三叶海棠（*M. toringo*）。

系5. **陇东海棠系** Ser. *Kansuenses* (Rehd.) Rehd. 萼片脱落很迟，脱落后在果实上留下一个小型深洼。有时部分脱落或宿存；花柱3~5，无毛；叶片分裂或深或浅；果实椭圆形，稀近球形，有少数石细胞或无石细胞。包括陇东海棠（*M. kansuensis*）、变叶海棠（*M. bhutanica*）、花叶海棠（*M. transitoria*）、山楂海棠（*M. komarovii*）。

系6. **滇池海棠系** Ser. *Yunnanenses* (Rehd.) Rehd. 萼片永存；花柱3~5，无毛或有毛；叶片浅裂或不裂；果实近球形，有石细胞。包括西蜀海棠（*M. prattii*）、沧江海棠（*M. ombrophila*）、滇池海棠（*M. yunnanensis*）、河南海棠（*M. honanensis*）。

组4. **多胜海棠组** Sect. *Docyniopsis* Schneid. 叶片浅裂或不裂，在芽中呈对折状；花柱4~5，基部有毛；子房室延伸到花柱基部，果心伸长成一尖顶；果实内有石细胞；萼片直立，宿存。包括台湾林檎（*M. doumeri*）、光萼海棠（*M. leiocalyca*）。

4 中国苹果属植物的野生资源

不同学者在苹果属内种的划分方面意见分歧很大，种的数目及其命名各不相同。出现这种情况一方面是因为人们对自然界中苹果属植物研究得不够充分，野生种与半野生种之间很难严格区分；另一方面则因为同一野生种由于分布范围广，生存条件不同，变型很多（王宇霖，2011）。

1974年《中国植物志》出版以后，国内陆续有学者发表一些苹果属新种。如成明昊等（1983）发表的小金海棠（*M. xiaojinensis*），定名人开始将它列入了山荆子系，并推断其亲本的一方为湖北海棠，但后来越来越多的证据表明它与陇东海棠、变叶海棠的关系更加密切；成明昊等（1992）还发表了马尔康海棠（*M. maerkangensis*），此种有明确的自然分布区，其形态特征与陇东海棠近似，仅部分叶片裂缺较深，叶基近圆形或宽楔形，花序的花朵较少而大，雌蕊数有时多于陇东海棠，果

---

3 木里海棠自发表以来未见分组处理，现根据原白，将其暂列入山荆子组湖北海棠系。

形较大，此种归入陇东海棠系。此外，邓国涛等（1991）发表保山海棠（*Malus baoshanensis*），江宁拱（1991）发表昭觉山荆子（*M. zhaojiaoensis*），刘家培等（1993）发表富宁林檎（*M. funingensis*），但在2003年出版的*Flora of China*中并没有收录。

*Flora of China*记载，中国产苹果属植物26种，其中16个中国特有种分别是稻城海棠（*M. daochengensis*）、木里海棠（*M. muliensis*）、湖北海棠（*M. hupehensis*）、金县山荆子（*M. jinxianensis*）、海棠花（*M. spectabilis*）、小果海棠（*M. micromalus*）、花红（*M. asiatica*）、楸子（*M. prunifolia*）、陇东海棠（*M. kansuensis*）、变叶海棠（*M. bhutanica*）、花叶海棠（*M. transitoria*）、光萼海棠（*M. leiocalyca*）、西蜀海棠（*M. prattii*）、沧江海棠（*M. ombrophila*）、河南海棠（*M. honanensis*）、垂丝海棠（*M. halliana*），但其中还包含着一些栽培种和分类地位存在争议的种。

这里我们不得不提到关于苹果属分类系统的

另一种思路。1991年，拉脱维亚大学的朗根费尔德主张将栽培种移出野生种的植物分类系统，为简化苹果属植物分类系统奠定了基础。但他在野生种数目的简化上掌握这一原则不够彻底；他的分类系统中没有将无自然分布区的栽培种从自然分类系统中彻底清除，例如花红仍被列于野生种之内。中国学者李育农（1996）也主张根据苹果属植物是否有自然分布区，将野生种与栽培种分开；于是他将花红、楸子、海棠花等，移入园艺分类系统。

为了使读者清晰地了解产于中国的苹果属植物资源，现采用这种分别处理的方法，本节中仅将中国有分布的19个野生种（其中10种为中国特有）编入检索表，并将在下一节对中国苹果属植物野生种的自然分布、识别特征、发现与命名、海外引种传播等情况进行综述；而栽培种和现代园艺品种也将另行介绍。

04

中国苹果属野生植物分种检索表

1a. 叶片不分裂，在芽中呈席卷状；果实内无石细胞

  2a. 果实萼片脱落；花柱3~5；果实较小，直径多在1.5cm以下

    3a. 萼片三角卵形，与萼筒等长或稍短

      4a. 萼筒、萼片、小枝、叶柄及花梗均被绒毛 ………… 7. 稻城海棠 *M. daochengensis*

      4b. 萼筒和萼片背面无毛；小枝、叶柄和花梗幼时稍被短柔毛，不久后脱落

        5a. 叶片卵状披针形或宽披针形，先端尾状渐尖，边缘有浅钝锯齿；果实长圆形 …

        ………………………………………………………… 6. 木里海棠 *M. muliensis*

        5b. 叶片卵形、卵状椭圆形，稀为狭椭圆形，先端渐尖到长渐尖，叶边有细锐锯齿；

        果实椭圆形或近球形 …………………………………… 5. 湖北海棠 *M. hupehensis*

    3b. 萼片披针形或卵形，比萼筒长

      6a. 嫩枝无毛或被短柔毛；叶片最初有短柔毛，以后脱落或近于无毛

        7a. 叶柄、叶脉、花梗和萼筒外部常有稀疏柔毛；果实椭圆形或倒卵形 …………

        ………………………………………………………… 2. 毛山荆子 *M. mandshurica*

        7b. 叶柄、叶脉、花梗和萼筒外部均光滑无毛；果实近球形或倒卵形 …………

        ………………………………………………………… 1. 山荆子 *M. baccata*

      6b. 嫩枝和叶片下面常被绒毛或柔毛

        8a. 花柱基部无毛，果实倒卵球形或梨形，具白色点；叶片背面密被绒毛 ………

        ………………………………………………………… 3. 锡金海棠 *M. sikkimensis*

8b. 花柱基部有短柔毛或无毛，果实近球形，不具点；叶片背面被短柔毛 ………… ……………………………………………………………… 4. 丽江山荆子 *Malus rockii*

2b. 萼片不脱落；花柱（4~）5；果型较大，直径常在2cm以上……8. 新疆野苹果 *M. sieversii*

1b. 叶片常分裂，稀不分裂，在芽中呈对折状；果实内无石细胞或有少数石细胞

9a. 萼片早落

10a. 花柱基部有长柔毛；果实近球形 ………………………… 9. 三叶海棠 *M. toringo*

10b. 花柱基部无毛；果实椭圆形或倒卵形，稀近球形

11a. 叶片多具3~5浅裂片，边缘有重锯齿；果实内有少数石细胞

12a. 叶裂片三角状卵形；叶基圆形或截形；果梗长2~3.5cm ………………… ………………………………………………………… 10. 陇东海棠 *M. kansuensis*

12b. 叶裂片长圆卵形，叶基心形至近心形；果梗长1.2~1.5cm ………… ……………………………………………………………… 11. 山楂海棠 *M. komarovii*

11b. 叶片多具3~5深裂片，边缘无重锯齿；果实内无石细胞

13a. 嫩枝稍具细毛，不久脱落；叶片不裂或有时深裂，两面被短柔毛；花直径 2~2.5cm ……………………………………………… 12. 变叶海棠 *M. bhutanica*

13b. 嫩枝外被绒毛；叶片深裂，上下两面均被绒毛；花直径1.5~2cm ………… …………………………………………………………… 13. 花叶海棠 *M. transitoria*

9b. 萼片宿存

14a. 果实先端隆起，果心分离

15a. 果梗、萼筒、萼片背面有毛 ………………………… 18. 台湾林檎 *M. doumeri*

15b. 果梗、萼筒、萼片背面无毛 ……………………… 19. 光萼海棠 *M. leiocalyca*

14b. 果实先端有杯状浅洼，果心不分离

16a. 叶片不分裂；花序近伞形

17a. 叶边锯齿较细，背面无毛或微具短柔毛；果实直径1~1.5cm，果梗无毛 …… ………………………………………………………………… 14. 西蜀海棠 *M. prattii*

17b. 叶边具重锯齿，背面密具绒毛；果实直径1.5~2cm，果梗有长柔毛 ………… ……………………………………………………………… 15. 沧江海棠 *M. ombrophila*

16b. 叶片具3~6浅裂片，边缘有尖锐重锯齿；花序近总状

18a. 花柱3~4；叶片下面具短柔毛；萼筒和花梗外面具稀疏柔毛 ……………… ……………………………………………………………… 16. 河南海棠 *M. honanensis*

18b. 花柱5；叶片下面密被绒毛；萼筒和花梗外面密被绒毛 ………………… ……………………………………………………………… 17. 滇池海棠 *M. yunnanensis*

4.1　山荆子

英文俗名： Siberian Crabapple，Siberian Crab.

Malus baccata (Linnaeus) Borkhausen in Theoretisches-praktisches Handbuch der Forstbotanik und Forsttechnologie 2: 1280. 1803.

Pyrus baccata L. in Mantissa plantarum 75. 1767; Lectotype: Sweden, Uppsala, *Anon., s.n.* (LINN-HL647-4). Designated by Ponomarenko in Trudy po Prikladnoi Botanike, 62 (3): 31, t. 2. 1978.

别名： 山定子、林荆子、山丁子。

识别特征： 叶片椭圆形或卵形，先端渐尖，

稀尾状渐尖，基部楔形或圆形，边缘有细锐锯齿，嫩时稍有短柔毛或完全无毛。伞形花序，具花4~6朵，无总梗；花直径3~3.5cm；花瓣倒卵形，先端圆钝，基部有短爪，白色。果实近球形，直径8~10mm，红色或黄色，柄洼及萼洼稍微陷入，萼片脱落（图1、图2）。花期4~6月，果期9~10月。

地理分布： 中国分布于北京、甘肃、河北、黑龙江、吉林、辽宁、内蒙古、陕西、山东、山西、新疆、西藏。不丹、印度、克什米尔、朝鲜、蒙古、尼泊尔、俄罗斯（西伯利亚）。

发现与命名： 山荆子是东亚分布的苹果属植物中第一个被科学命名的物种。1767年，林奈根据可能是来自俄国的材料描述，命名为 *Pyrus baccata*。1803年被博克豪森（Moritz B.

Borkhausen, 1760—1806）改到苹果属（*Malus*）。"*baccata*" 的拼写来源于拉丁文 *bacca*（一种浆果），很显然这是比喻它的小果实[2]。

海外传播与引种： 欧洲最早的记录是1784年由西伯利亚引入英国邱园，但更早的引种可能是现存于瑞典乌普萨拉哈马比庄园中的一株古老的山荆子树（Siberian apple tree，西伯利亚苹果）（图3），有人认为它是林奈本人在18世纪60年代在这里种植的两棵树之一（Andreasen et al., 2014）。据说，林奈最早是在1760年从芬兰博物学家拉克斯曼（Erik Laxman）那里获得这个物种[3]。

引入美洲最早的记录是在1904年，萨金特（Charles S. Sargent, 1841—1927）获得了在中国北京采集的山荆子种子（采集号3）[4]，引入阿诺德树木

图1　山荆子的花

图2　山荆子的果实

图3　林奈的哈马比庄园中古老的山荆子树（图片取自瑞典乌普萨拉大学网站，Stephen Manktelow 摄）

---

4 种子记录是萨金特采集，但通过查看萨金特的日志，发现他没有来过中国，而他提及了在俄国时可以获得中国的种子，因此推测是别人采集，转交给萨金特的。

园。此后，美国农业部植物多次派出"植物猎人"来中国采集：1926年洛克（Joseph Francis Charles Rock）在中国采到山荆子种子（采集号13502）；1934年11月23日美国农业部登记收入了麦克米兰（Howard G. MacMillan）和斯蒂芬斯（James L. Stephens）在中国东北的海拉尔（今属中国内蒙古自治区呼伦贝尔市）采集山荆子的种子（采集号107683）（Jefferson, 1970）。以上种子产生的植株，目前都无法亲眼目睹；而1980年中美植物考察队在湖北西部也采集了山荆子种子（例如1843-80*H），植株目前在阿诺德树木园生长良好（图4）。

用途：①山荆子是许多栽培品种的重要亲本，被认为是亚洲绵苹果的基因来源之一；这个物种对于现代杂交育种来说，最大的价值就是非常耐寒，很早开花也不会受到霜冻的影响。可作培育耐寒苹果品种的原始材料。②山荆子生长旺盛，繁殖容易，耐寒力强，传统苹果育种中用来作砧木，愈合良好，根系深长，结果早而丰产；但大多不耐盐碱土，嫁接苗易显示黄叶病，砧木有小脚现象。③山荆子幼树树冠圆锥形，老时圆形，早春开放白色花朵，秋季结成小球形红黄色果实，经久不落，很美丽，可作庭园观赏树种。它是春天最早开花的海棠之一，秋季结果量大；但一般来说，山荆子在现代园林绿化中作用有限，因为对于小花园来说它的树体太大了（俞德浚 等，1974; Fiala, 1994; 李育农，2001）。

相关研究：①多年来，植物学家和分类学家在山荆子确切的名字和物种数量上有很多不同观点。因用它的种子繁殖时，经常产生很多变异。②全基因组序列显示它含有与抗病、耐寒有关的家族基因。③除中度赤霉病之外，山荆子对大多数苹果病害有高度抗性。

图4　阿诺德树木园生长的山荆子（1843-80*H）粗壮的枝干（Michael Dosmann 摄）

4.2 毛山荆子

英文俗名: Manchurian Crabapple.

Malus mandshurica (Maximowicz) Komarov ex Juzepczuk in Flora of the U.S.S.R. 9: 371. 1939.

Pyrus baccata var. *mandshurica* Maximowicz in Bulletin de l' Académie impériale des sciences de St.-Petersbourg 19:170.1874; Types: China, Mandshuria austr austro-orientalis *C.J.Maximowicz*, *143* (K000758414); China, Mandshuria austro-orientalis. Ad fl. Li-Fudin, *C.J.Maximowicz, s. n.* (K000758415); China, Mandshuria austr austro-orientalis, *C.J.Maximowicz, s.n.* (K000758416).

Malus baccata var. *mandshurica* (Maxim.) Schneid. in Illustriertes Handbuch der Laubholzkunde 1: 721. 1906.

别名：棠梨木、辽山荆子。

识别特征：叶片卵形、椭圆形至倒卵形，先端急尖或渐尖，基部楔形或近圆形，边缘有细锯齿，基部锯齿浅钝近于全缘，下面中脉及侧脉上具短柔毛或近于无毛。伞形花序，具花3~6朵，无总梗；花直径3~3.5cm；花瓣长倒卵形，基部有短爪，白色。果实椭圆形或倒卵形，直径8~12mm，红色，萼片脱落。花期5~6月，果期8~9月。

地理分布：中国分布于黑龙江、吉林、辽宁、内蒙古、河北、山西、陕西、甘肃。

发现与命名：1874年马克西莫维奇（Maximowicz）将毛山荆子作为山荆子（*Pyrus baccata*，当时为梨属植物）的变种描述，定名为*Pyrus baccata* var. *mandshurica* Maximowicz。1917年，被科马罗夫（Vladimir Leontyevich Komarov, 1869—1945）提升为独立种，改名为*Malus mandshurica*（Maximowicz）Komarov，但当时只是一个裸名；1939年，尤泽普祖克（Juzepczuk）在《苏联植物志》中加以描述。目前还有许多地方把它列为山荆子的变种*Malus baccata* var. *mandschurica*。

图5　阿诺德树木园生长的毛山荆子（Michael Dosmann 摄）

海外传播与引种：毛山荆子1824年就从中国引入英国，1882年又引到了阿诺德树木园（图5），1980年中美联合考察队也有采集（Fiala，1994）。

用途：①毛山荆子是一种耐寒的春季开花树种，在许多新的海棠品种的发展中也发挥了重要作用。②它可以开出大量的纯白色花，有香气。它的果实较小，黄色或亮红色。③这种植物的小果实可供野生动物食用（Wilson，1927；Tober，2013）。

相关研究：《中国植物志》蔷薇科苹果属植物分种检索表中，以叶柄、叶脉、花梗和萼筒外是否光滑无毛、果实形状是近球形或倒卵形还是椭圆形或倒卵形，来区别山荆子和毛山荆子。钱关泽研究表明，毛被的疏密与生境有很大关系，从苹果属内情况来看，干旱环境中的种毛相对较少，如山荆子产于华北者往往叶面极光滑，而产于黄河以南者则往往叶面皱而毛多，进而为毛山荆子所替代，北方毛山荆子标本量相对要少得多。因此，用毛被有无来区分山荆子与毛山荆子两个种，过度提高了毛被的分类权重，不利于解释各类群间的亲缘关系。但两种在地理分布上明显有分化，虽然在很多地区有重叠，体现了其遗传特性的改变已经形成了稳定的地理隔离，因此他认为以亚种［subsp. *mandshurica*（Maxim.）Likhonos］来处理较为合适（钱关泽，2005）。

4.3　锡金海棠

英文俗名：Sikkim Crab.

Malus sikkimensis（Wenz.）Koehne ex C.K.Schneid. in Illustriertes Handbuch der Laubholzkunde, 1: 719. 1904（1906）.

Pyrus pashia var. *sikkimensis* Wenzig in Linnaea, 38: 49. 1874; Types: ex herb. Ind. Or Hooker et Thomson: Sikkim alt. 7-10 000 ft., *J.D.Hooker s. n.* [B, FI014258, K000758442, K000758443, K000758444（图6）, K000758445, K000758446, M0213666].

Pyrus sikkimensis（Wenzig）J.D.Hooker in The Flora of British India（Rosaceae）, 373.1878(1879).

Malus sikkimensis（Wenzig）Koehne in Die Gattungen der Pomaceen, 5: 27. 1890.

Malus baccata subsp. *sikkimensis*（Wenzig）Likhonos in Trudy po Prikladnoi Botanike, Genetike i Selektsii, 52(3): 28. 1974.

别名：德钦海棠。

识别特征：叶片椭圆形、卵形、披针形或卵形，背面灰色被绒毛，伞房花序具花6~10朵，花直径2.5~3cm；花瓣近圆形，正面白色，背面粉红色，基部具短爪，先端圆形（图7）。果实暗红色，具白色斑点，倒卵形或梨形，直径1~1.8cm，先端具一小痕；萼片早落。花期5~7月，果期9~10月。

地理分布：中国分布于四川、西藏、云南。不丹、斯里兰卡、印度。

发现与命名：这个种最早于1874年被德国植物学家文齐格（Theodor Wenzig，1824—1892）作为川梨的变种，命名为*Pyrus pashia* var. *sikkimensis*，并引用了胡克（Joseph D. Hooker）在锡金（今属印度）采集的标本。1878年，胡克在《英属印度植物志（蔷薇科）》[*The Flora of British India*（*Rosaceae*）]中，将其提升为种级，命名*Pyrus sikkimensis*，但仍然放在梨属中。1890年克内（Koehne）将其移入苹果属，因此名为*Malus sikkimensis*（Wenz.）Koehne，2003年*Flora of China*也采用了这个名字。The Plant List[4]中记载：*Malus sikkimensis*（Wenz.）Koehne是一个未解决的名字，但一些数据表明它是*Malus sikkimensis*(Wenz.) Koehne ex C.K.Schneid.的异名。经查证，*Malus sikkimensis*最早出现在文献*Die Gattungen der Pomaceen*中，笔者未见到原文，只是在施奈德（Camillo K. Schneider）1904年的书中引用了这个文献，但无法确定克内的文献中是否有描述。因此本文采用现在被广泛接受的名字*Malus sikkimensis*（Wenz.）Koehne ex C.K.Schneid.。

海外传播与引种：胡克于1849年首次采到该种标本，并将其引入邱园（钱关泽，2005）。邱园曾有一棵树，早在1895年就长成了，据推测那是最早的种子收集（Hooker，1895；Bean，1981）。在欧洲不少地方能见到不丹或印度锡金种源的锡金海棠，但在北美很少见到。锡金海棠这个物种，本身在中国就

04

图6　锡金海棠的模式标本之一（K000758444）

图7 锡金海棠的花（徐晔春 摄）

很稀少，未见记载有中国种源在海外引种的。

相关研究：①锡金海棠是一个非常特殊的种，它既有山荆子组中的幼叶在芽中呈席卷式的特点，又有花楸苹果组中伞房花序、果实呈长柱状梨形及花柱基部无毛等特征，且幼叶常有裂片，其分裂方式与陇东海棠完全相同。因此这个种的分类地位长期以来一直难以划定。在苹果属中，伞房花序和叶分裂现象应是原始的性状，而幼叶席卷式和落萼则是进化性状。因此锡金海棠可能是苹果属植物演化过程中一个关键的转折点（钱关泽，2005）。②锡金海棠自发表之初就被认为是山荆子（*Malus baccata*）的近缘种，国内外许多学者均将该种置于广义苹果组（Sect. *Malus*）中（钱关泽 等，2008）。

植物保护：国家二级重点保护植物。该种数量稀少，面临生境退化或丧失的威胁，现分布点少于10个，并持续减少。锡金海棠可作苹果砧木种质资源，同时对植物区系和植物地理的研究也具有科学意义。目前，国家植物园（南园）（原中国科学院植物研究所北京植物园）正在进行引种繁殖研究[5]。在云南德钦、维西、云龙、贡山、腾冲等地有原始森林。

4.4 丽江山荆子

英文俗名：Rock Apple.

Malus rockii Rehder in Journal of the Arnold Arboretum 14: 206. 1933. Type: China, Yunnan, west of Talifu, Mekong watershed, Sept.-Oct. 1922, *J.F.Rock 6842* (A00026653)（图8）.

Pyrus baccata var. *himalaica* Maxim. in Bulletin de l'Académie impériale des sciences de St.-Pétersbourg, 19: 171. 1874.

Malus baccata var. *himalaica* (Maxim.) Schneid. in Illustriertes Handbuch der Laubholzkunde, 1: 721. 1904 (1906).

Malus baccata subsp. *himalaica* (Maximowicz) Likhonos in Trudy po Prikladnoi Botanike, 52(3): 28. 1974.

别名：喜马拉雅山荆子。

识别特征：叶片椭圆形、卵状椭圆形或长圆

04

HERBARIUM
OF THE
ARNOLD ARBORETUM
HARVARD UNIVERSITY

IMAGED

type

PLANTS OF YUNNAN, CHINA

Malus Rockii Rehd. sp. nov.

Tree with long drooping branches, fruits
carmine, small cherry like along watercourses
Beyond Lampba.
West of Talifu, Mekong watershed, en route to Youngchang
and Tengyueh akw. 7000 ft.

No. 6842   J. F. ROCK, Collector   September-October, 1922

图8 丽江山荆子的模式标本（A00026653）

图9 丽江山荆子的生境（吴棣飞 摄）

图10 丽江山荆子的花（吴棣飞 摄）

图11 丽江山荆子的果实（朱鑫鑫 摄）

卵形，先端渐尖，基部圆形或宽楔形，边缘有不等的紧贴细锯齿，上面中脉稍带柔毛，下面中脉、侧脉和细脉上均被短柔毛。近似伞形花序，具花4~8朵；花直径2.5~3cm；花瓣倒卵形，白色，基部有短爪。果实卵形或近球形，直径1~1.5cm，红色，萼片脱落很迟，萼洼微隆起。花期5~6月，果期9月（图9至图11）。

地理分布： 中国四川、云南、西藏。不丹。

发现与命名： 该种最早见于1874年苏联科学院的期刊中，当时被认为是梨属山荆子的变种（*Pyrus baccata* var. *himalaica*）。1904年，施奈德将其列在苹果属，没有改变其变种地位。1933年雷德尔才将其提升为种，并指定洛克（Joseph F. Rock）在中国云南采集的6842号标本为模式标本。除在大理以西采集的模式标本外，雷德尔文献中还引证了洛克采集的其他标本：1922年5月30日至6月6日（J.F.Rock 5346），采自长江流域，丽江雪山西坡（35英尺高的树，约10.7m）；1923年10月（J.F.Rock 11552），采自湄公河—长江分水岭里坪山脉，威西以东（25英尺高的树，约7.6m）（Rehder, 1933）。

海外传播与引种： 1914年傅礼士（George

Forrest, 1873—1932）在中国云南湄公河采集的种子（Forrest 13001）引入爱丁堡皇家植物园（现在这棵树已经不在了），从这棵树上采集的标本保存于法国国家自然历史博物馆（Muséum National d'Histoire Naturelle）[6]。邱园和爱丁堡皇家植物园有2009年前后引种的丽江山荆子（Kew: M. Foster 93051; Edinburgh: CLD 874）。1932年洛克在中国采集的23380号种子，寄往美国农业部，并引入阿诺德树木园栽培（这棵树也不在了）。现存有1994年从中国云南引种嫁接的丽江山荆子生长在阿诺德树木园。

用途：四川西部用作苹果砧木，愈合生长良好。

相关研究：①丽江山荆子在中国苹果属植物中有重要的地位，主要分布于西南山区，与毛山荆子形成地理替代分布（钱关泽，2005）。它们的特征很相似，以至于经常遇到难以鉴别的标本。②该种是与山荆子相关的在分类学上比较"麻烦"的植物之一。③雷德尔（Rehder, 1933）在发表丽江山荆子新种时也比较了它与山荆子（*Malus baccata*）、苹果（*Malus pumila*）的异同，并推测丽江山荆子可能是山荆子与苹果或楸子（*Malus prunifolia*）杂交产生的，但又不是很确定。④《中国植物志》中文版和英文版都将其视为种，但国外的观点并不统一。由 Rock 23380 号种子产生的植株视为锡金海棠的栽培品种，目前在美国阿诺德树木园记录为 *Malus sikkimensis* 'Rockii'；在英国爱丁堡皇家植物园则将 *Malus rockii* 列为 *Malus baccata* 的异名；在法国巴黎国家自然历史博物馆保存的一份标本被鉴定为 *Malus rockii*。

植物保护：国家二级重点保护植物[7]。丽江山荆子在野外零星分布，在人活动相对较多的地方，受到了不同程度的破坏。有些地方由于开采黄金，严重破坏了丽江山荆子的生存环境，大量植株被砍伐；还有的被砍掉枝叶作为马鹿饲料，也有的被砍伐作为燃料。20世纪80年代曾经报道有丽江山荆子分布的地方，现在已经找不到踪影，因此建议对丽江山荆子进行保护（李晓琳 等，2012）。

4.5　湖北海棠

英文俗名：Hupeh Crab, Chinese Crabapple, Tea Crabapple.

Malus hupehensis (Pamp.) Rehd. in Journal of the Arnold Arboretum, 14: 207. 1933.

Pyrus hupehensis Pamp. in Nuovo Giornale Botanico Italiano. Nuova Serie, 17: 291. 1910; Syntypes: China, northern Hupeh, Sian-men-kou, *C. Silvestri 939* (A00026649) (图12); China, northern Hupeh, Ma-pauscian, *C. Silvestri 9402*; China, northern Hupeh, Ma-pauscian, May 1907, *C. Silvestri 940* (A00026650).

Malus theifera Rehd. in Sargent. Plantae Wilsonianae 2: 283. 1915.

别名：野海棠、野花红、花红茶、秋子、茶海棠、小石枣。

识别特征：叶片卵形至卵状椭圆形，先端渐尖，基部宽楔形，稀近圆形，边缘有细锐锯齿，嫩时具稀疏短柔毛，不久脱落无毛，常呈紫红色。伞房花序，具花4~6朵；花直径3.5~4cm；花瓣倒卵形，基部有短爪，粉白色或近白色。果实椭圆形或近球形，直径约1cm，黄绿色稍带红晕，萼片脱落。花期4~5月，果期8~9月。本种与华北产的山荆子很近似。但本种嫩叶片、花萼和花梗都带紫红色，叶边锯齿比山荆子尖锐，花柱3~4，萼片与萼筒等长或稍短，易于区别。

地理分布：中国特有种。分布于安徽、福建、甘肃、广东、贵州、河南、湖北、湖南、江苏、江西、山东、山西、陕西、浙江。

发现与命名：1910年，意大利植物学家潘帕尼尼（Renato Pampanini, 1875—1949）根据自己收藏的标本[5]将其作为梨属植物 *Pyrus hupehensis* 发表。1915年第一次世界大战期间，雷德尔（Rehder）还没有见过潘帕尼尼的标本，他根据自己获得的一系列标本和1900年威尔逊在中国湖北

---

5 潘帕尼尼的个人标本馆原位于意大利中央植物标本馆（Central Italian Herbarium）。

图 12　湖北海棠的基原异名 *Pyrus hupehensis* Pamp. 模式标本之一（A00026649）

ROYAL BOTANIC GARDENS KEW

K000758419

图13 威尔逊采集的湖北海棠标本（451号）之一（K000758419）

图 14　湖北海棠的花

宜昌采集的（451号）标本（图13）描述并发表了 *Malus theifera* 这个名字。直到1932年，雷德尔在佛罗伦萨植物博物馆的比翁迪标本室（The Biondi herbarium at the Botanical Museum in Florence）见到潘帕尼尼描述的 *Pyrus hupehensis* 模式标本，才发现自己描述的 *Malus theijera* 是与潘帕尼尼的标本属于同一种植物。于是他在1933年发表了新组合名 *Malus hupehensis* (Pamp.), comb. nov.，并在原始文献中将他查阅潘帕尼尼标本的事情经过与发现记录下来（Rehder, 1933）。

海外传播与引种：湖北海棠在欧洲广泛引种，西部远至挪威特隆赫姆市（Trondheim），荷兰瓦格宁根（Wageningen）的贝尔蒙特树木园（Belmonte Arboretum）有许多植株，在苗圃贸易中很容易找到。比较著名的采集是1900年威尔逊在中国湖北宜昌为维奇苗圃采集的839号种子，还有1908年由阿诺德树木园引入美国的，也是威尔逊在中国湖北宜昌采集的种子（Jefferson, 1970）。目前在北美沿海城市及五大湖区都有生长较好的植株，在莫顿树木园（Morton Arboretum）、霍伊特树木园（Hoyt Arboretum）和阿诺德树木园（Arnold Arboretum）的植物名录中也有记载。

用途：①在中国四川、湖北等地用分根萌蘖作为苹果砧木，容易繁殖，嫁接成活率高。②嫩叶晒干作茶叶代用品，味微苦涩，俗名花红茶。

③春季满树缀以粉白色花朵（图14），秋季结实累累，甚为美丽，可作观赏树种。威尔逊认为这是他引进的最好的落叶开花树种（Bean, 1981）。

相关研究：①湖北海棠在园艺界是一个广为人知的无融合生殖物种，它能无性繁殖产生种子，从而使个体的基因永久延续。苹果属植物无融合生殖最早于1931年发现，萨克斯（K. Sax）在进行梨亚科（Pomoideae）属间杂交试验时发现湖北海棠的孤雌生殖现象，从此开创了研究苹果属植物无融合生殖特性的新纪元。随后，关于苹果属植物无融合生殖的研究开始逐步涉及其发生的方式和机理等方面（李菊，2014）。②汲宁宁等（2021）对湖北海棠种内类群进行了研究，指出平邑甜茶、泰山海棠和天目山海棠在形态学特征上略有差异，但不具备单独成为新种的条件，仍归为湖北海棠。其中平邑甜茶与泰山海棠为三倍体，天目山海棠是二倍体。

4.6　木里海棠

Malus muliensis T.C.Ku in Acta Phytotaxonomica Sinica, 29 (1):83. 1991.Types: China, Sichuan, Muli, alt. 3 200m, Aug. 19, 1983. *Exped. Qinghai-Xizang 12983* (Holotype: PE01862281; Isotype: PE01685058)[6]（图15、图16）.

识别特征：叶片卵状披针形或宽披针形，先端尾状渐尖，基部宽楔形或近圆形，边缘有浅钝锯齿，上面深绿色，无毛，下面淡绿色，散生柔毛，沿中脉较密。果实紫红色，长圆形，长6.5～7.5mm，直径4.5～5mm；萼片脱落。本种外形和湖北海棠［*M. hupehensis* (Pamp.) Rehd.］相近似，唯本种叶片卵状披针形或宽披针形，先端尾状渐尖，边缘有浅钝锯齿，果实长圆形而不同。

地理分布：中国特有种。仅在中国四川木里分布。

海外传播与引种：目前未查到海外传播信息。

---

6 原文献记载模式标本采集日期：1983.07.19，而标本签上记载采集日期为1983年8月19日。实际上谷粹芝在文章中只是指定了青藏队12983号标本为Holotype，但没有注明标本馆和流水号，而目前在中国科学院植物研究所标本馆（PE）中保存的两份青藏队12983号标本，其中一份鉴定签上标记为主模式（Holotype），另一份标记为等模式（Isotype）。

图15　木里海棠的模式标本（Holotype, PE01862281）

图16　木里海棠的模式标本（Isotype, PE01685058）

04

相关研究：①钱关泽（2005）认为：事实上叶片较狭、边缘锯齿浅钝的标本并不少见，只是果实为长圆形的确与湖北海棠不同。另一方面，湖北海棠本身果实变化也较多，小的直径小于0.5cm，如泰山海棠。果形球形较多，但长短还是有一些变化。因此该种果实形状是否确实为间断性状，尚须标本支持。因当时条件所限，钱关泽未见到任何标本，故将该种存疑，待有条件时研究。②本章作者通过查询中国数字植物标本馆网站，仅找到3份鉴定为木里海棠的标本，其中包括谷粹芝文章中指定的主模式及其复份（Holotype: PE01862281, Isotype: PE01685058），另外一份（KUN1313974）为2011年10月2日采自四川甘孜康定的带果实标本。通过与模式标本比对发现，KUN1313974标本与模式标本的叶片边缘锯齿差异较大；另据模式标本（青藏队12983号）采集签的

记录："1983年8月19日采于中国四川省木里县鸭嘴林场三场"，目前我们无法确定该标本原植株生长在人工环境还是野生环境；且木里海棠可供研究的标本极少。鉴于以上原因，木里海棠的分类地位仍然存疑。③2003版 *Flora of China* 的PDF版中收录了该种，但在网页版却将该种排除，在没有查到明确原因的情况下，本章暂将此种记录下来，留待今后进一步研究探讨。

4.7　稻城海棠

Malus daochengensis C.L.Li in Acta Phytotaxonomica Sinica, 27 (4): 301. 1989. Types: China, Sichuan, Daocheng, Woyung, Aug. 28, 1937. *T.T.Yü 12929* (Holotype: KUN; Isotypes: PE00934234, PE00934206, A00026647) [7]（图17）.

---

7 原文献记载：T. T. Yu（12929, holotype KUN; isotype PE）但通过网络未查询到中国科学院昆明植物研究所标本馆（KUN）保存的主模式标本；可查到副模式有多份，分别保存于中国科学院植物研究所标本馆（PE）和美国哈佛大学阿诺德树木园的标本馆（A）。

图17　稻城海棠的模式标本（Isotype: PE00934234）

识别特征：叶片椭圆状披针形或椭圆形，先端渐尖、急尖或圆钝，基部楔形或圆形，边缘有圆钝锯齿，上面绿色，嫩时脉上被灰色绒毛，老后脱落，下面淡绿色，嫩时被绒毛，老后脱落变稀疏。顶生伞房花序，有花3~6朵；花直径3.5~4cm，花瓣阔椭圆形，先端圆形，基部有短爪，白色，带粉红。果实梨形或倒卵状长圆形，长1.2~1.8cm，宽1~1.5cm，先端圆形，基部略狭窄，萼脱落。花期6月，果期8月。本种与丽江山荆子（*Malus rockii*）近缘，但不同在于本种嫩枝、叶柄、花梗、萼筒、萼片被绒毛，叶边缘锯齿圆钝，果实梨形或倒卵状长圆形，易区别。将本种归入苹果属真正苹果组（Sect. *Malus*）山荆子系（Ser. *Baccatae*），是迄今在山荆子系中发现唯一一植株被绒毛的种类，以此区别于该系中所有其他种。

地理分布：中国特有种。分布于四川、云南。目前未见海外引种记录。

4.8　新疆野苹果

英文俗名：Sievers Apple

Malus sieversii (Ledeb.) Roem. in Familiarum Naturalium Regni Vegetabilis Synopses Monographicae 3, Rosiflorae 216. 1847.

Pyrus sieversii Ledebour in Flora Altaica, 2: 222. 1830. Type: ad. fl. Uldschar Deserli soongoro-kirghisici, Initio Julii fructus fere maturos, *J. Sievers* (B?).

别名：塞威士苹果。

识别特征：叶片卵形、宽椭圆形，稀倒卵形，先端急尖，基部楔形，稀圆形，边缘具圆钝锯齿，幼叶下面密被长柔毛，老叶较少，浅绿色，上面沿叶脉有疏生柔毛，深绿色，侧脉4~7对，下面叶脉显著。花序近伞形，具花3~6朵；花直径3~3.5cm；花瓣倒卵形，基部有短爪，粉色，含苞未放时带玫瑰紫色（图18）。果实大，球形或扁球形，直径3~4.5cm，稀7cm，黄绿色有红晕，萼洼下陷，萼片宿存，反折。花期5月，果期8~10月。

地理分布：中国新疆。中亚。

发现与命名：18世纪末，俄国医药管理局曾经组织活动对西伯利亚植被进行考察，邀请了汉诺威的学者药剂师西维尔斯（Johann Sievers）参加。1793年6月19日，当西维尔斯来到塔尔巴哈台山山麓（位于中国新疆西部和哈萨克斯坦东部边境上）时，他看到大片美丽但不是很高大的野苹果林，就生长在乌尔加尔河的河岸不远处。更令他感到惊奇的是这种野苹果的果实，看起来与他所知道的一种栽培苹果相似。此前，他在西伯利亚的旅途中除了小果型的山荆子之外，从未见过其他野生苹果。西维尔斯发现这种野苹果的果实如鸡蛋大小，果皮呈黄色或红色，虽然它们还未成熟，却略带醇香，当地居民把这种野苹果称为"alma"。他在考察中详细记载和描述了这种野苹果的有关性状：野苹果树体多主干，高度通常1~2俄丈（2~4m），伞状花序，叶片呈卵圆形，被有绒毛等特点。西维尔斯判断这是苹果属的一个新种。新疆野苹果第一次被描述是1830年，德国博物学家莱德布尔（Carl F. von Ledebour）根据西维尔斯考察途中收集的资料，把它作为梨属植物定名为*Pyrus sieversii*（表示对西维尔斯的纪念）写入《阿尔泰植物志》。1847年，廖梅尔（Max Romer, 1791—1849）才将其从梨属移入苹果属（阎国荣 等，2020）。

海外传播与引种：最初主要在俄罗斯栽培。欧洲和美洲的引种种源主要来自哈萨克斯坦、乌兹别克斯坦、吉尔吉斯斯坦等，暂未查到中国种源被引种到海外的记录。

用途：①野生的新疆野苹果的遗传多样性对于苹果育种很有价值，特别是在抗病性和极端环境耐受性方面。②陕西、甘肃、新疆等地用作栽

图18　新疆野苹果的花

培苹果砧木，生长良好。

相关研究：①张钊（1958）发表的《新疆野生苹果林的开发和利用》一文是国内最早记录新疆野苹果的学术报告；20世纪70年代以后，国内学者开始对新疆野苹果进行植物学研究，同时确定了该种的分类地位和价值（阎国荣 等，2020）。②新疆野苹果被认为是栽培苹果的祖先。野生的新疆野苹果在园艺上有显著的多样性：它们的树可能有很多刺，也可能根本没有；花可能是白色的、粉红色的或很少见的红色；果实的大小、颜色、质地和味道上也都有很大差异；还有他们能否挂在树上越冬都是有差异的。这些苹果被人们有选择地采摘、繁殖、保存，甚至一些动物也无意识地参与了选择。③根据形态学、分子和历史证据，新疆野苹果已被确定为栽培苹果基因组的主要贡献者（Cornille et al., 2012）。

植物保护：①国家二级重点保护植物，IUCN等级为易危（VU）。新疆野苹果是中亚地区最著名的野生苹果，是天山果林的重要组成部分。它受到栖息地丧失和退化的威胁，果林现在只作为遗迹存在（Juniper & Mabberley, 2019）。②在伊犁谷地新源县哈拉布拉乡的奇巴尔阿哈西一带分布有树龄较大的新疆野苹果树，在海拔1 300 ~ 1 600m分布有数量较多的新疆野苹果大树，往上直至海拔1 600 ~ 1 800m处，新疆野苹果的树龄达到100 ~ 200年，呈现稀疏分布状态，最高在海拔1 930m仍有数目有限的新疆野苹果古树生存，树龄在200 ~ 500年，呈现零星分布，从而形成了一个新疆野苹果古树分布区。1986—1987年，林培钧首次发现伊犁地区新源县的南山分布有一株巨大的新疆野苹果古树，当时估计树龄约为580年。1999年阎国荣实地考察结果表明，这株巨大的新疆野苹果，位于伊犁州新源县哈拉布拉镇萨哈村沃尔托托山，经过多次测定和校准确定其分布高度为海拔1 930m，属新疆野苹果海拔最高分布的记录，并将这株海拔分布最高、十分稀有、树体巨大、树龄古老的古树，命名为新疆野苹果"树王"。由于苹果小吉丁虫的危害，新疆野苹果"树王"和新疆野苹果古树分布区的古树均遭受前所未有的侵害，急迫需要进一步加大保护力度和加强管理工作，以保护

其生态价值、研究价值、社会价值、应用价值和经济价值。由于新疆野苹果具备较强的自然种群保护能力，经过10多年的自然修复和休养生息之后，古树分布区中低海拔的新疆野苹果大树受害症状逐步减轻，树势恢复较快，尤其是新疆野苹果古树区之一的奇巴尔阿哈西居群，20世纪末至21世纪初在遭受苹果小吉丁虫侵袭之后，初期受害症状也比较严重，近10年来，新疆野苹果奇巴尔阿哈西居群的单株逐步在康复，新疆野苹果群体也是处于基本恢复正常繁殖和生长水平。据此，说明新疆野苹果具有许多潜在的可逆性及其他性状，需要人类去探索和挖掘（阎国荣 等，2020）。

4.9　三叶海棠

英文俗名：Toringa Crab; Siebold's Crabapple.

Malus toringo (Siebold) Siebold ex de Vriese in Tuinbouw-flora van Nederland en zijne overzeesche bezittingen, 3: 368, t. 17. 1856.

Sorbus toringo Siebold in Jaarboek van de Koninklijke Nederlandsche Maatschappij tot Aanmoediging van den Tuinbouw, 1848: 47. 1848.

Malus sieboldii (Regel) Rehd. In Sargent Plantae Wilsonianae, 2: 293. 1915.

别名：山茶果、野黄子、山楂子。

识别特征：叶片卵形、椭圆形或长椭圆形，先端急尖，基部圆形或宽楔形，边缘有尖锐锯齿，在新枝上的叶片锯齿粗锐，常3裂，稀5浅裂，幼叶上下两面均被短柔毛，老叶上面近于无毛，下面沿中肋及侧脉有短柔毛；花直径2 ~ 3cm；花瓣长椭圆状倒卵形，基部有短爪，淡粉红色，在花蕾时颜色较深（图19）。果实近球形，直径6 ~ 8mm，红色或褐黄色，萼片脱落。花期4 ~ 5月，果期8 ~ 9月。本种与山荆子（*M. baccata*）异点在于具有3裂或5裂的叶片，叶片在芽中呈对折状，叶边锯齿较粗，上下两面有毛，萼片与萼筒等长，两种易于区别。其实这个种的叶子早期不裂，随着树龄增长而裂得更加突出[8]。

地理分布：中国分布于福建、甘肃、广东、广西、贵州、湖北、湖南、江西、辽宁、山东、

图19　三叶海棠的花

陕西、四川、浙江。朝鲜、日本。

发现与命名： 三叶海棠最早是被西博尔德（Philipp Franz Siebold, 1796—1866）放在花楸属中定名为*Sorbus toringo*的，但当时只是在《荷兰皇家园艺学会年鉴》（*Jaarboek van de Koninklijke Nederlandsche Maatschappij tot Aanmoediging van den Tuinbouw*）中以一个名录形式出现，并没有描述。1856年，德弗里泽（Willem H.de Vriese, 1806—1862）将这种植物改放在苹果属（*Malus*）中，形成组合名*Malus toringo*（Siebold）Siebold ex de Vriese。在此之后，又有不同的学者将它作为梨属（*Pyrus*）、山楂属（*Crataegus*）、石楠属（*Photinia*）植物，名称变更多次。其中，雷格尔（Regel, 1859）发表的*Pyrus sieboldii*，后来由雷德尔（Rehder, 1915）发表为*Malus sieboldii*。我国的学者曾经长期采用*Malus sieboldii*（Regel）Rehd.，最近几年才修订为*Malus toringo*（Siebold）Siebold ex de Vriese，现在被广泛接受并使用。

海外传播与引种： 根据西博尔德（Siebold, 1848）的名录显示，三叶海棠从日本引种到德国，有2个母株，6株嫁接苗。第一次引种的是在日本栽培的较小的黄色的果实，现在最常见。在北美过去苗圃贸易中很常见，但现在很少有。阿诺德树木园、莫顿树木园、林思齐亚洲花园都有一些来自韩国和日本的野生种源标本。暂未查到中国种源在海外引种的记录。

用途： ①三叶海棠春季着花甚美丽，在中国和日本长期作为观赏植物栽培。②在中国山东、辽宁等地，以及日本广泛用为苹果砧木。

相关研究： ①1856年，在《荷兰及其海外属地园艺植物志》（*Tuinbouw-flora van Nederland en Zijne Overzeesche Bezittingen*）中，随德弗里泽（Willem H. de Vriese）发表的*Malus toringo*这个名字登载了一幅植物图。根据《国际藻类、菌物和植物命名法规（深圳法规）》规则44.2，1958年1月1日之前发表的分类群没有文字描述的，若有一张可以有助于鉴定的植物图，也可以算作是合格发表。因此这幅图即为模式。但笔者未见到原始文献和原图，而查到一份《日文研所藏欧文图书所载：海外日本像集成—第1册》的文献印有转载的缩小版模式图（图20）。②这是一个有性的二倍体，它很容易产生杂交种子，尽管三倍体、四倍体也会出现。③在日本，珠美海棠（*Malus* × *zumi*）通常被视为是三叶海棠（*Malus toringo*）的变种，但珠美海棠的叶子几乎不裂。还有1892年萨金特在日本北海道收集的萨氏海棠（*Malus*

04

图20　《日文研所藏欧文图书所载：海外日本像集成—第1册》转载的三叶海棠模式图

图21 萨氏海棠的花

图22 萨氏海棠的果实

图23 陇东海棠的花（徐晔春 摄）

图24 陇东海棠的果实（朱仁斌 摄）

sargentii）（图21、图22），园艺文献倾向于把它视为一个种，有时也被视为三叶海棠（*Malus toringo*）之下的栽培品种。

4.10 陇东海棠

Malus kansuensis (Batalin) C.K.Schneider in Repertorium Specierum Novarum Regni Vegetabilis, 3: 178. 1906.

Pyrus kansuensis Batalin in Acta Horti Petropolitani, 13: 94. 1893. Type: China, Szechwan septentrianale vallis fl. Honton inter Ksernzo et Tsinyuan, Aug. 12, 1885. *G.N.Potanin, s.n.* (K000758428) and Hupeh, *A. Henry 6574a*.

Eriolobus kansuensis Schneider in Illustriertes Handbuch der Laubholzkunde, 1: 726. 1904 (1906).

别名：大石枣、甘肃海棠。

识别特征：叶片卵形或宽卵形，先端急尖或渐尖，基部圆形或截形，边缘有细锐重锯齿，通常3浅裂，稀有不规则分裂或不裂，裂片三角状卵形，先端急尖，下面有稀疏短柔毛。伞形总状花序，具花4~10朵；花直径1.5~2cm；花瓣宽倒卵形，基部有短爪，白色（图23）。果实椭圆形或倒卵形，直径1~1.5cm，黄红色，有少数石细胞，萼片脱落（图24）。花期5~6月，果期7~8月。

本种的叶片与河南海棠（*M. honanensis* Rehd.）近似。但后者叶的裂片较多，花序无毛或微具长柔毛，果实近球形，常具宿萼，易于区别。

地理分布：中国特有种。分布于甘肃、河南、湖北、青海、陕西、四川。

发现与命名：陇东海棠1893年由巴塔林（Batalin）作为梨属植物命名*Pyrus kansuensis*，他的依据是普塔宁（Grigory N. Potanin）在中国四川采集的标本和亨利（Augustine Henry）在中国湖北采集的标本。这个植物名称的拼写来源于甘肃拼音的罗马化[9]，依现有信息推测普塔宁的标本采集地位于四川与甘肃交界附近（Tsing yuan，今甘肃省白银市靖远县）。1904年（文献1906年出版）施奈德（C.K.Schneider）将陇东海棠从梨属中分离出来，归入了枫棠属（*Eriolobus*，是苹果属的小属，也是三裂叶海棠组[8]的组名）中，但最终还是以组合名 *Malus kansuensis* (Batalin) C.K.Schneider 被广泛接受。

海外传播与引种： 最初明确的引种是威尔逊于1907年和1910年为美国阿诺德树木园采集的W264号（中国湖北西部）和W4115号（中国四川西部），但这些种质在威尔逊留下的记录中，可能更早是为英国维奇公司收集的。1919年时在英国肯特郡的圣克莱尔大厦（St Clere House, Kent），来自W4115号的2棵树中至少有1棵，已经开花了，这两棵树2020年时还存在。爱丁堡皇家植物园有一美丽的植株，源自W264，标签为"Calva"（代表陇东海棠光叶变型），记录可以追溯到1938年，在2014年时它还存在。陇东海棠在西欧其他一些地方也生长良好，如比利时韦斯佩拉尔树木园（Arboretum Wespelaar）和梅斯植物园（Meise Botanic Garden）。尽管它们很早就引入北美，但不常见。阿诺德树木园有一株由W264母株上采穗嫁接而来的，还有一株标记为var. *calva*源自1980年中美植物考察队采于湖北的SABE 893（Sino-American Botanical Expedition，简称SABE）；另外，在伯克利植物园也有一株源自SABE893的树；莫顿树木园有3株甘肃种源的。值得注意的是，源自W4115的通常被鉴定为陇东海棠光叶变型（*Malus kansuensis* f. *calva* Rehd.），有一些源自W264来源的树也被鉴定为此变型。

用途： ①陇东海棠为灌木或小乔木，叶片常具3浅裂，花朵白色，花量大，果实椭圆形或圆柱形，有时会呈现艳丽的秋色叶，具有较高的观赏性。②可用作苹果矮化砧。

相关研究： ①陇东海棠是原产于我国的苹果属野生种，起源古老（中始新世至上新世），具有残遗种的分布特点，在苹果属分类上地位十分重要（王昆 等，2010）。②陇东海棠的进化关系还不清楚，但值得注意的是，一些分子研究将其与河南海棠、滇池海棠以及相关的具有宿存萼片和5个花柱的种聚在一组（Li et al., 2012; Nikiforova et al., 2013; Yousefzadeh et al., 2019）。它总体上更接近上述这些物种，而不是接近三叶海棠及其近缘种。

4.11 山楂海棠

Malus komarovii (Sarg.) Rehder in Journal of the Arnold Arboretum, 2: 51. 1920.

Crataegus tenuifolia Kom. in Acta Horti Petropolitani, 18: 435. 1901; Type: Korea Septentrionalis, Keng-son, Musang, in valle Segeelu-Korani, June 16, 1897, *V.L.Komarov 869* (K000758431)（图25）.

Crataegus komarovii Sargent. Plantae Wilsonianae. 1: 183. 1912.

别名： 薄叶山楂、山苹果。

识别特征： 叶片宽卵形，稀长椭卵形，先端渐尖或急尖，基部心形或近心形，边缘具有尖锐重锯齿，通常中部有显明3深裂，基部常具1对浅裂，上半部常具不规则浅裂或不裂，裂片长圆卵形，先端渐尖或急尖，幼时上面有稀疏柔毛，下面沿叶脉及中脉较密。伞房花序，具花6~8朵；花直径约3.5cm；花瓣倒卵形，白色（图26）。果实椭圆形，长1~1.5cm，直径0.8~1.0cm，红色，心心先端分离，萼片脱落，果肉有少数石细胞（图27）。花期5月，果期9月。本种与陇东海棠［*M. kansuensis* (Batal.) Schneid.］极近似，但后者果梗较长（2~3.5cm），叶基圆形或截形，叶边分裂较浅，裂片三角状卵形，易于区别。因叶片常3~5裂，近似山楂，前人多有误列入该

8 三裂叶海棠组 Sect. *Eriolobus*，仅含一种 *Malus trilobata*，分布于地中海东、北岸西亚、南欧沿海地区。该组分布范围狭小，形态上表现出原始性状，系统位置争议较大，一般认为是苹果属中最原始的类群（钱关泽，2005）。

229

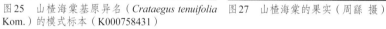

图25 山楂海棠基原异名（*Crataegus tenuifolia* Kom.）的模式标本（K000758431）

图26 山楂海棠的花（周繇 摄）

图27 山楂海棠的果实（周繇 摄）

属者。

地理分布：中国吉林（长白山）。大多数已知的分布都在朝鲜。

发现与命名：这个种最早是科马罗夫（Komarov）根据自己在Mossy山谷森林中（今朝鲜境内）采到的标本描述而来的，他当时命名的 *Crataegus tenuifolia* 现在已经被列为 *Malus komarovii* 的异名。

海外传播与引种：山楂海棠可能是最稀少的苹果属野生植物，西方栽培中几乎没有。1917年8～9月，威尔逊（Ernest H. Wilson）在朝鲜采集了3个灌木的标本（Rehder, 1920），至少有一份是带果实的（W9177），所以也有可能采集了种子，但没有进一步的细节表明它在阿诺德树木园生长

过。目前，西方这种植物唯一的记录是在美国国家克隆种质资源库保存的样本。

用途：山楂海棠非常耐寒，可以作为培育苹果矮化抗寒新品种的优良砧木。

相关研究：①王遂义在《河南植物志》第2册（丁宝章和王遂义，1988）发表了山楂海棠的新变种——伏牛山海棠（*Malus komarovii* var. *funiushanensis* S.Y.Wang），但被张云霞和朱长山（2009）修订为陇东海棠的异名。②它的外部形态较为特殊，对研究长白山植物区系及蔷薇科某些属内和属间亲缘关系均有一定的意义。

植物保护：国家二级重点保护植物；IUCN等级为EN（濒危）。山楂海棠数量稀少，大多数已

知的分布都在朝鲜境内，有一部分延伸到中国境内的长白山，由于人为采挖砍伐，面临着栖息地被破坏或丧失的严重威胁。需加强对山楂海棠的保护，严禁乱砍滥伐，促进天然更新，并进行繁殖栽培，扩大种植[10]。

4.12 变叶海棠

英文俗名：Cut-leaf Crabapple.

Malus bhutanica (W.W.Smith) J.B.Phipps in Edinburgh Journal of Botany, 51(1): 100. 1994.

Pyrus bhutanica W.W.Smithin Rec. Bot. Surv. India 4: 265, 1911; Types: China, Tibet, Lalung Gumba, June 27, 1906, *J.C.White s.n.* (K000758452; K000758453)[9].

Malus transitoria var. *toringoides* Rehd. in Sargent Plantae Wilsonianae 2: 286. 1915.

Malus toringoides (Rehd.) Hughes in Kew Bulletin, 1920: 205, 1920.

别名：大白石枣、不丹海棠。

识别特征：叶片形状变异很大，通常卵形至长椭圆形，先端急尖，基部宽楔形或近心形，边缘有圆钝锯齿或紧贴锯齿，常具不规则3~5深裂，亦有不裂，上面有疏生柔毛，下面沿中脉及侧脉较密。花3~6朵，近似伞形排列；花直径2~2.5cm；花瓣卵形或长椭倒卵形，基部有短爪，表面有疏生柔毛或无毛，白色（图28）。果实倒卵形或长椭圆形，直径1~1.3cm，黄色有红晕，无石细胞；萼片脱落。花期4~5月，果期9月。本种与陇东海棠〔*M. kansuensis* (Batal.) Schneid.〕很近似，区别在于其叶片分裂深浅不定，有时不具裂片而呈长椭圆形，边缘有圆钝锯齿，果肉内不具石细胞或有少数石细胞。

地理分布：中国特有种。分布于甘肃、四川、西藏。

发现与命名：*Malus bhutanica* 更广为人知的名字是 *Malus toringoides*。1915年雷德尔（Rehder）

图28 变叶海棠的花（王孜 摄）

首先使用了 *Malus transitoria* var. *toringodes*，把这种植物描述为花叶海棠的一个变种，雷德尔依据的是 1904年（Wilson for Veitch 3494）和1908年（W1285）威尔逊在四川西部海拔3 000m以上采集的标本。1920年，英国植物学家休斯（Hughes）又将其提升为独立的种，即 *Malus toringoides* (Rehd.) Hughes。然而，在此之前（1911年）这里的一个标本被赋予了 *Pyrus bhutanica* 的名称，这个名字长期被忽视。由于 *Pyrus bhutanica* 早于 *Malus toringoides*，因此必须与属名 *Malus* 结合在一起，为这个物种建立一个新的有效的名称，于是加拿大西安大略大学的菲普斯发表了新组合 *Malus bhutanica* (W.W.Smith) Phipps, comb. nov. (Phipps, 1994)。虽然种加词为"bhutanica"（不丹），标本记录中的信息也为bhutan，但菲普斯经过对其

---

9 原文献记载的标本号为：K# H481/92 1 and 2，现已变更为 K000758452 和 K000758453。

采集记录的详细研究，发现其采集地应是中国西藏，而不是不丹。目前我们遵循最新的接受名 *Malus bhutanica*，且将原模式标本的采集地也由"bhutanica"替换为"Tibet"。

海外传播与引种：威尔逊1904年（Wilson for Veitch 1730）和1908年（W1285）在中国四川省采集了变叶海棠的种子。在欧洲大陆，瑞典哥德堡植物园（Gothenburg Botanic Garden）、荷兰阿姆斯特丹植物园（Amsterdam Botanic Garden）、德国波恩大学植物园（Bonn University Botanic Garden）和比利时韦斯佩拉尔植物园（Arboretum Wespelaar）都有引种。1908年由阿诺德树木园引入美国，但这个种在北美栽培中罕见。阿诺德树木园有两个从W1285重新繁殖的植株，莫顿树木园和霍伊特植物园也有记录。

用途：①变叶海棠属于灌木至小乔木，花为白色，叶片嫩绿，果实成熟后红果满树，是理想的观赏绿化树种。作为盆景摆放室内，可实现食用、观赏于一体的价值。因此，开发变叶海棠盆景市场，具有很重要的现实意义（王海英 等，2009）。②变叶海棠根系发达，树形美观，抗逆性强，是良好的生态恢复树种。③变叶海棠作为苹果砧木利用，表现为嫁接亲和性好，嫁接苗生长健壮，叶片肥大，并且具有抗逆性强、半矮化、早结果、丰产和提高果实品质等优良性状，是极其重要的苹果种质资源（王道清，2012）。④四川炉霍县林业部门已经开发变叶海棠嫩叶制茶。⑤可以将果实就地加工成果酱、罐头、饮料等产品，为功能性天然绿色食品开辟一条新途径。

相关研究：①由于变叶海棠具有丰富的遗传多样性及潜在价值，因此前人对变叶海棠开展了一系列研究，包括起源与分类、形态学分析、区系地理学研究、细胞学以及种内遗传变异和居群分化等问题，从各方面综合分析了变叶海棠的起源及分化机理（李菊，2014）。②现代研究证明变叶海棠和花叶海棠含有丰富的维生素C、维生素B2、维生素E、β-胡萝卜素及硒、铁、锌、钙等微量元素，并含有一种特殊的药用成分类黄酮（王道清 等，2011；王道清，2012）。③变叶海棠具有兼性无融合特性（廖飞雄，李育农，1996）。④变叶海棠、陇东海棠和花叶海棠等3个种表现为地理替代分布，称为替代种（成明昊 等，1999）。⑤《四川省藏药材标准》（2014年版）收载藏药"俄色"为蔷薇科植物变叶海棠［*Malus toringoides* (Rehd.) Hughes］和花叶海棠［*Malus transitoria* (Batal) Schneid.］干燥叶及叶芽。作为四川甘孜藏族自治州南派藏医药的习用药材，其藏文名称为俄色或扎巴兴，始载于《晶珠本草》，以果实入药。经考证在民间有用其叶制作饮品使用的习惯。

4.13 花叶海棠

Malus transitoria (Batal.) Schneid. in Illustriertes Handbuch der Laubholzkunde, 1: 726. 1906.

Pyrus transitoria Batal. in Acta Horti Petropolitani, 13: 95. 1893; Types: China, Kansu, Aug. 8, 1880, *N. Przewalsky754* (K000758422); China, Kansu, May 28, 1885, *G.N.Potanin s.n.* (K000758423); China, Kansu, May 28, 1873, *N. Przewalsky 55* (K000758424)[10].

Sinomalus transitoria Koidz. in Acta Phytotaxonomica et Geobotanica, 3: 196. 1934.

别名：花叶杜梨、马杜梨、小白石枣、涩枣子、细弱海棠。

识别特征：叶片卵形至广卵形，先端急尖，基部圆形至宽楔形，边缘有不整齐锯齿，通常3~5不规则深裂，稀不裂，裂片长卵形至长椭圆形，先端急尖，上面被绒毛或近于无毛，下面密被绒毛。花序近伞形，具花3~6朵；花直径1~2cm；花瓣卵形，基部有短爪，白色（图29）。果实近球形，直径6~8mm，萼片脱落，萼洼下陷（图30）。花期5月，果期9月。本种与变叶海棠［*M. toringoides* (Rehd.) Hughes］很相近，但植株比较矮小，树皮较厚，枝条、叶片下面、花

---

10 邱园标本馆的数字化标本有 3 份，其中 K000758422 和 K000758423 在同一张台纸上，两个标本采集时间不同，有两个鉴定签。

232

图29 花叶海棠的花

图30 花叶海棠的果实

梗和萼筒都密被绒毛，叶片深裂，花和果实形状都比较小，容易区别。

地理分布：中国特有种。分布于甘肃、内蒙古、青海、陕西、四川、西藏。

发现与命名：巴塔林（Batalin）于1893年根据普塔宁（Potanin）和普热瓦尔斯基（Przewalsky）在甘肃东部采集的标本描述了它，在描述果实的时候试图用小豌豆来比喻，但没有留下任何线索来说明为什么使用这个特定的拼写，大概是来自拉丁语transitorius，表示路过、短暂（either'having a way through' or 'short-lived'）[11]。

海外传播与引种：花叶海棠是威廉·珀道姆（William Purdom）采集种子寄到阿诺德树木园的，当时在甘肃西部工作的珀道姆记录说它采自卓尼县（Choni，位于甘肃省）西部的西藏，是由西藏人带进来的（Sargent，1916）。这种植物似乎在阿诺德树木园生长了很多年，但现在已经不在了。1991年从四川收集的一些样本（SICH 709）生长在爱丁堡皇家植物园（Royal Botanic Garden Edinburgh）的中国山上。

用途：①在陕西北部有用作苹果砧木者，抗旱耐寒，唯植株生长矮小。因易患锈果病，现在已不采用。②青海部分地区还有以花叶海棠的叶代茶的习惯（王道清，2012）。

相关研究：参考变叶海棠部分内容。

4.14 西蜀海棠

英文俗名：Pratt's Crabapple.

Malus prattii (Hemsl.) Schneid.in Illustriertes Handbuch der Laubholzkunde, 1: 719. 1906.

Pyrus prattii Hemsl. in Kew Bulletin, 1895:16.1895; Syntypes: China, West Szechuen and Tibetan Frontier: chiefly near Tachienlu, *A.E.Pratt 93* (K000758434, P01819343); China, West Szechuen and Tibetan Frontier: chiefly near Tachienlu, *A.E.Pratt 824* (K000758435, K000758436, P01819339, P01819340, P01819341, P01819342).

别名：川滇海棠。

识别特征：叶片卵形或椭圆形至长椭卵形，先端渐尖，基部圆形，边缘有细密重锯齿，幼时上下两面被短柔毛，逐渐脱落，老时下面微具短柔毛或无毛。伞形总状花序，具花5~12朵；花直径1.5~2cm；花瓣近圆形，基部有短爪，白色。果实卵形或近球形，直径1~1.5cm，红色或黄色，有石细胞，萼片宿存（图31）。花期6月，果期8月。本种与下面的沧江海棠［*M. ombrophila* Hand.-Mazz.］和滇池海棠［*M. yunnanensis* (Franch.)

图31 西蜀海棠的果实（孟德昌 摄）

Schneid.］在花和果实的构造上很近似，显然可以成为一个组，唯本种叶片不分裂，叶片下面不具密毛，花序上仅有稀疏柔毛，是其异点。又本种果形近似锡金海棠［*M. sikkimensis* (Wenz.) Koehne］，唯后者叶片下面具毛，萼片脱落，也易于区别。

地理分布：中国特有种。分布于四川、云南。

发现与命名：1895年由赫姆斯利（William B. Hemsley, 1843—1924）作为梨属植物命名，根据英国采集家普拉特（Antwerp E. Pratt, 1850—1920）在中国四川西部采集的93号和824号标本描述。赫姆斯利使用"prattii"这个拼写就是纪念采集人普拉特。

海外传播与引种：西蜀海棠在英国有很好的收集，偶尔也可以从苗圃买到，特别古老的标本可能来自威尔逊的收集。第一次将它引入欧洲栽培，是威尔逊从一棵结红果的树上采集的种子（Wilson for Veitch 3498），后来还有W107和W1252都是黄色果实。这种树在北美很罕见，尽管威尔逊收集了大量海棠，但在阿诺德树木园似乎没有成活的；在伊利诺伊州的莫顿树木园有园艺繁殖的植株；西雅图的华盛顿公园（Washington Park, Seattle）和加拿大温哥华的林思齐亚洲花园[11]（David C. Lam Asian Garden, Vancouver）也有栽培。

相关研究：这个群体内的多样性还没有完全搞明白，不可避免地一些可疑的收藏被贴上了"aff. Prattii"标签（注：aff.表示近似、有亲缘关系）[12]。

4.15 沧江海棠

英文俗名：Changchiang River Apple.

Malus ombrophila Hand.-Mazz. in Anzeiger der Akademie der Wissenschaften in Wien. Mathematische-naturwissenchaftliche Klasse, 63: 8. 1926. Type: China, Yunnan, Prope fines Tibeto-Birmanicas inter fluvios Lu-djiang (Salween) et Djiou-djiang (Irrawadi orient. super.), in pluviisilvis calide temperatis vallis Tjiontson-lumba infra Tschamutong. 2 250 ~ 2 650m, June 28, 1916, *H.R.E. von Handel-Mazzetti, #Handel-Mazzetti, Iter sinense (1914—1918) 9119* (WU0059445)（图32）.

识别特征：叶片卵形，长9~13cm，宽5~6.5cm，先端渐尖，基部截形、圆形或带心形，边缘有锐利重锯齿，下面具白色绒毛，稀在幼嫩时上面沿中脉和侧脉疏生短柔毛。伞形总状花序，有花4~13朵；花瓣卵形，基部有短爪，白色（图33）。果实近球形，直径1.5~2cm，红色，先端有杯状浅洼，萼片永存（图34）。花期6月，果期8月。本种与西蜀海棠［*M. prattii* (Hemsl.) Schneid.］近似，但后者叶片下面不具绒毛，锯齿较细，果实较小，果梗无毛。又本种可与滇池海棠［*M. yunnanensis* (Franch.) Schneid.］比较，后者叶片常有3~5裂片，花序近总状，果形较小，萼片较长，易于区别。

地理分布：中国特有种。分布于四川、西藏、云南。

发现与命名：1926年奥地利人汉德尔·马泽蒂（韩马吉，Heinrich R.E.Handel-Mazzetti, 1882—1940）参照自己收集的标本（1916年第1743号）描述了这个植物，该标本采于中国云南西北部靠近西藏和缅甸的边界，模式标本上的注释提及这是一个暖温带高降水量地区。

海外传播与引种：这个种鲜为人知。我们能够追踪到野外种源的样本都在英国。在爱丁堡皇家植物园许多沧江海棠来自中国云南的种源GSBS 7736（Yunnan 1996），他们有卵形渐尖的叶子和可爱的紫色花药。在美国国家克隆种质资源库中也保存有来自中国种源的沧江海棠。

相关研究：沧江海棠在栽培中非常罕见，形态与滇池海棠、西蜀海棠类似。成熟叶片不裂、背面有毛，果实比其近缘种稍大。然而，这一群体多样性还没有被充分了解[13]。

---

11 林思齐亚洲花园（David C · Lam Asian Garden）：位于卑诗省大学植物园内。林思齐（David Lam）1923年出生于中国香港，1988年获加拿大总理提名出任卑诗省省督，成为加拿大首位华人省督，至1995年卸任。

图32 沧江海棠的模式标本（WU0059445）

图33 沧江海棠的花（朱鑫鑫 摄）　　　　　图34 沧江海棠的果实（朱鑫鑫 摄）

图35 河南海棠的花　　　　　　　　　图36 河南海棠的果实

4.16　河南海棠

英文俗名： Honan Crabapple.

Malus honanensis Rehder in Journal of the Arnold Arboretum, 2: 51. 1920. Types: China, Honan, Sung Hsien, Shi-tze-miao, May 26, 1919, *J. Hers 489*(A00026648)[12]; Teng Feng Hsien, Yu-tai-shan, alt. 800m, April 23 and June,1919, *J. Hers 222* (222bis, sterile); Hwei Hsien, Shang-lieh-kiang, June 17, 1919, *J. Hers 725.*

别名： 山里锦、冬绿茶、牧狐梨、大叶毛楂。

识别特征： 叶片宽卵形至长椭卵形，先端急尖，基部圆形、心形或截形，边缘有尖锐重锯齿，两侧具有3~6浅裂，裂片宽卵形，先端急尖，两面具柔毛，上面不久脱落。伞形总状花序，具花

5~10朵；花直径约1.5cm；花瓣卵形，基部近心形，有短爪，两面无毛，粉白色（图35）。果实近球形，直径约8mm，黄红色，萼片宿存（图36）。花期5月，果期8~9月。在花的构造上，本种与陇东海棠［*M. kansuensis* (Batal.) Schneid.］最相近，但后者叶的裂片较少，锯齿较粗，花序上有毛，果实椭圆形，萼片脱落，易于区别。又可与滇池海棠［*M. yunnanensis* (Franch.) Schneid.］比较，后者叶片下面密被绒毛，花形较大，花柱5，是其异点。

地理分布： 中国特有种。分布于甘肃、河北、河南、湖北、陕西、山西。

发现与命名： 雷德尔（Rehder）根据赫尔斯（Joseph Hers）在中国河南3个地方的标本描述了它。赫尔斯在标本上还标注了这种植物3个地方的土名：222号标本："ta-yeh-mao-cha"（Rehder在文献中注解为large hairy leafy Crataegus，对应中文别名大叶

---

12 原文献记标本号 No.573，现更新为 A00026648。

毛楂）；489号和725号标本："mu-hu-li"〔Hers在标本上标注（fox pear），对应中文别名牧狐梨〕。

值得注意的是，573号标本："sung-lo-cha"〔雷德尔标注：松萝是一种不确定的藤蔓的经典名称，或者如贝勒（Bretschneider）所说是槲寄生〕。本章作者查阅资料得到以下信息：在中国，松萝茶是安徽名茶。因产于休宁县北15km的松萝山而得名（张堂恒，1995）。松萝茶还可入药[14]。由此可知"松萝茶"与通常所说的"松萝"无关，而我国松萝茶的原植物是否为河南海棠还没有明确的考证，但其本意肯定不是雷德尔以为的那种藤蔓植物"松萝"，也不是贝勒所说的槲寄生。设想，一个多世纪以前的雷德尔，对于中国传统文化了解有限，只知松萝、不知松萝茶；而河南嵩县当地百姓将河南海棠传为"松萝茶"，又恰巧被采集标本的赫尔斯听到并记录下来，由此给雷德尔带来了不小的困惑。

海外传播与引种：很少见栽培，只有少数专业收集保存。在英国诺森伯兰郡（Northumberland）豪威克大厅（Howick Hall）和柴郡（Cheshire）的尼斯植物园（Ness Botanic Gardens）有栽培。1921年法国植物采集师赫尔斯（Joseph Hers）将河南海棠的种子（编号1691）从中国寄给阿诺德树木园，从此引入美国（Jefferson，1970）。赫尔斯从河南采集的种子在阿诺德树木园长成了两棵树，但20世纪50年代两棵树都死了；美国国家克隆种质资源库中也有保存。

用途：①河南海棠是一种生长缓慢、果实茂密的小型海棠，花美丽而宜人，秋色叶也很好。可作庭园观赏树种。②河南海棠果实可酿酒、制醋。

相关研究：①雷德尔指出这个种很明显与陇东海棠有亲缘关系，尤其是3个无毛花柱和三角卵形萼片。但是它的叶子又与陇东海棠（3～5裂片）非常不同，却与滇池海棠的叶子相似。这种植物可以描述为，具有滇池海棠的叶子，但较小、较宽和锐尖，而不渐尖；有着陇东海棠一样的花。②一些分子研究将河南海棠、滇池海棠、陇东海棠聚为一组（Nikiforova et al.，2013；Volk et al.，2015）。③拉什福斯（Rushforth，2018）认为它有可能起源于滇池海棠和陇东海棠的杂交，但具体

完整的关系还没有弄清。

4.17 滇池海棠

英文俗名：Yunnan Crab.

Malus yunnanensis (Franch.) Schneider in Repertorium specierum novarum regni vegetabilis, 3: 179. 1906.

Pyrus yunnanensis Franch. in Plantae Delavayanae, 228. 1890. Type: China, Yunnan Province du Yun-nan. ad collum montis Hee-chan-men, May, 1886, *P.J.M. Delavay2331* (K000758439, K000758440)（图37）。

别名：云南海棠。

识别特征：叶片卵形、宽卵形至长椭卵形，先端急尖，基部圆形至心形，边缘有尖锐重锯齿，通常上半部两侧各有3～5浅裂，裂片三角卵形，先端急尖，上面近于无毛，下面密被绒毛。伞形总状花序，具花8～12朵；花直径约1.5cm；花瓣近圆形，基部有短爪，上面基部具毛，白色（图38）。果实球形，直径1～1.5cm，红色，有白点，萼片宿存。花期5月，果期8～9月。本种可与西蜀海棠〔*M. prattii* (Hemsl.) Schneid.〕和沧江海棠（*M. ombrophila* Hand.-Mazz.）比较，滇池海棠与西蜀海棠的差异点，在其叶片下面、花梗与萼筒上均被有绒毛；本种的叶片上常具3～5浅裂，也和沧江海棠易于区别。

地理分布：中国贵州、湖北、陕西、四川、西藏、云南。缅甸。

发现与命名：这种植物被西方科学界所知是1886年，德拉维（Père Jean Marie Delavay，1834—1895）在中国云南西北的Hee-chan-men，采集到标本，德拉维穿越这片植物丰富的山脉60多次，经过海拔3 000m的山口。与苹果属许多物种的经历一样，最初弗朗谢（Adrien René Franchet，1834—1900）根据德拉维的标本把它作为梨属植物命名，后由施奈德组合移入苹果属。

海外传播与引种：1901年，英国维奇公司的威尔逊在中国湖北西部收集到这种植物（Wilson for Veich 670），引入欧洲栽培，之后威尔逊和

04

图37 滇池海棠两份模式标本（K000758439, K000758440）（同一张台纸上，一份花末期，一份果期）

图38 滇池海棠的花（刘翔 摄）

傅礼士（George Forrest）又收集了很多。滇池海棠在英国的收集中很有代表性，剑桥植物园（Cambridge Botanic Garden）有1923年种植的大树，而在爱丁堡皇家植物园有一棵可以追溯到1922年的大树，源于傅礼士的采集。其他地方还有一些比较新的收集。1907年，威尔逊采集的滇池海棠从维奇公司带到阿诺德树木园，开始在北美种植；1909年威尔逊在中国又为阿诺德树木园采集了另一份种子。这些早期的引种已经从阿诺德的山上消失，但是还有一些可以追溯到1980年中美植物考察队在鄂西同一地区收集的SABE1301（标签var. Veitchii）和SABE 1556。美国俄亥俄州道斯植物园（The Dawes Arboretum）[15]、加拿大温哥华的林思齐亚洲花园（David C. Lam Asian Garden）有较新的引种收集。

用途：①本种叶片到秋季变为红色，并结许多红色果实，颇为美丽，可为观赏树种。②在中国西部和中部广泛分布，有在恶劣条件下生长的能力，因此被当地用作砧木。

相关研究：①滇池海棠是中国常见的小果型苹果之一，在园艺上有争议。与外观相似的西蜀海棠（*M. prattii*）和沧江海棠（*M. ombrophila*）都是叶子不裂，也与这两种最接近；而河南海棠叶片裂，却只有3~4个花柱。②有一些集合被标记为 *aff. yunnanensis*（表示与滇池海棠近似、有亲缘关系），这些物种的关系还没有完全搞清楚。例如1990年，作为 *M. yunnanensis* 从中国云南引入爱丁堡皇家植物园和尼斯植物园（CLD 1447），是一个无融合生殖的三倍体，萼片通常脱落（与滇池海棠萼片宿存的特征不符）。

4.18 台湾林檎

04

Malus doumeri (Bois) A. Chev. in Comptes rendus hebdomadaires des séances de l'Académie des sciences, 170: 1129. 1920.

Pyrus doumeri Bois in Bulletin de la Société botanique de France, 51: 113. fig. 1904; Type: Vietnam, Annam: Lang-bian, *André d', s.n.* (P01819344).

Malus formosana (Kaw. & Koidz.) Kaw. & Koidz. in The Botanical Magazine, Tokyo, 25: 146. t. 4. 1911.

Malus laosensis (Card.) Chev. In Comptes Rendus Hebdomadaires des Séances de l'Academie des Sciences,170 : 1129. 1920.

Malus melliana (Hand. -Mazz.) Rehder in Journal of the Arnold Arboretum, 20: 414.1939.

别名：锐齿亚洲海棠、麦氏海棠、台湾海棠、尖嘴林檎。

识别特征：叶片长椭卵形至卵状披针形，先端渐尖，基部圆形或楔形，边缘有不整齐尖锐锯齿，嫩时两面有白色绒毛，成熟时脱落。花序近似伞形，有花4~5朵，花直径2.5~3cm，花瓣卵形，基部有短爪，黄白色。果实球形，直径4~5.5cm，黄红色。宿萼有短筒，萼片反折，先端隆起，果心分离，外面有点（图39）。

地理分布：中国广东、广西、贵州、湖南、江西、台湾、云南。越南、老挝。

发现与命名：台湾林檎是苹果属中分布最南端的成员，产地海拔高，分布区从中国东南部到越南南部，一直延伸到热带地区。1904年布瓦

图39 台湾林檎的果实（吴棣飞 摄）

（Bois）根据安德烈（Andréd'）在越南中部的朗平山（Lang Bian）上，从一棵周长1.2m的树上采集标本，描述并命名了这种植物。目前 *Malus doumeri* 是一个广义的概念，曾经独立的尖嘴林檎（*M. melliana*）和老挝林檎（*M. laosensis*），被归并到这里。

海外传播与引种： 在英国德文郡，有来自中国江西和台湾种源的台湾林檎植株已经开花，荷兰贝尔蒙特植物园、加拿大温哥华林思齐亚洲花园种植了20世纪80年代末中国种源的植株，美国国家克隆种质资源库也有保存。

有关用途： ①台湾林檎嫩叶红色，开花很像山楂，具有观赏性。②果实肥大，有香气，生食微带涩味，当地居民用盐渍后食用；但在广东，台湾林檎的果可鲜食或作饮料。③一般用实生苗繁殖，种子萌发力很强，可作为亚热带地区栽培苹果的砧木及育种用原始材料。

相关研究： ①台湾林檎在苹果属中的位置还不是很清晰，它的花类似移核属（*Docynia*）植物，尽管它像苹果属那样每室1～2胚珠，一些当代资料仍将它视为 *Docynia doumeri*。对它的分子研究很少，无法得出合理的推论。②通常认为这个物种不耐寒，不过有记录显示从中国台湾（海拔2 055m）采集了台湾林檎的种子并在法国多个地区试种，这些苗木耐受过了–18℃和低温冻土。

4.19 光萼海棠

Malus leiocalyca S.Z.Huang in Guihaia, 9(4): 305.1989. Types: China, Fujian, Chongan, May 2, 1981, *Exped. Wuyi2414* (Holotype: IBSC; Isotype:

图40 光萼海棠的果实（吴棣飞 摄）

IBK, PE00952781); Xianlin, Aug.19, 1979, *Exped. Wuyi00585* (Paratype: IBSC). Designated by T.C.Ku & S.A.Spongberg in Flora of China 9, 2003.

别名： 光萼林檎、广山楂。

识别特征： 叶片椭圆形或卵状椭圆形，幼时疏生短柔毛，后脱落，基部圆形或宽楔形，边缘有钝锯齿，先端锐尖或渐尖。伞房花序，具花5～7朵；花直径约2.5cm，花瓣白色带紫，倒卵形，基部具短爪，先端圆形。果实红色带黄，球状，直径1.5～2.5cm；萼片宿存（图40）。花期5月，果期8～9月。本种的近似种台湾林檎（*Malus doumeri*）叶片略狭长，果梗、萼筒、萼片背面有毛，花及果实较大、萼筒短、萼片反折；而本种叶形接近椭圆形，果梗、萼筒、萼片背面均无毛，花较小，成熟果实也较小，萼筒较长、萼片不反折。二者易于区别。

地理分布： 中国特有种。分布于安徽、福建、广东、广西、湖南、江西、云南、浙江。

发现与命名： 光萼海棠是作为中药山楂的原植物被首次描述的。关于此种的模式标本，需要补充说明一下：①原文献记载的SCBI和IBG标本馆代码查不到，在 Flora of China 中已变更为IBSC（中国科学院华南植物园标本馆）和IBK（广西植物研究所标本馆）。实际查询找到多份2414和00585的同号标本，分别存于PE（中国科学院植物研究所标本馆）、NAS（江苏省中国科学院植物研究所）和FJSI（福建省亚热带植物研究所标本室），与原文献所述保存地点也不同，但编号是一致的。应该是发表之后又进行了馆际交换。② Flora of China 中指出，该植物原白似乎指定了2个模式。然而，植物志的编者（Gu & Spongberg, 2003）并不认为该名称无效，而是将第一个引用的开花类型（Exped. Wuyi 2414, IBSC，称"Typus fl"）视为主模式（Holotype），因为紧接着是两个等模式的明确引用（IBK, PE）作为等模式（Isotype）。将第二个被引用的果期的模式（Exped. Wuyi 00585, IBSC，称"Typus fr"）指定为副模式（Paratype）。本种模式标本信息据此表述。

海外传播与引种： 信息非常少，未见引种。

用途： 果实药用与台湾林檎相同，也是产地制山楂饼的原料。

5 中国苹果属栽培种

本节介绍中国苹果属栽培种，是指在植物分类学上作为种来处理，但目前的研究表明它们是经过长期的自然杂交或人工选择形成的"种"。这些"种"从被发现的那天起就是在栽培状态下，在野外没有分布，并不能算是真正意义上的种。中国苹果属栽培种包括绵苹果（*Malus pumila*）、花红（*Malus asiatica*）、楸子（*Malus prunifolia*）、海棠花（*Malus spectabilis*）、小果海棠（*Malus micromalus*）、垂丝海棠（*Malus halliana*）和金县山荆子（*Malus jinxianensis*），它们通常具有较高的观赏价值或食用价值，在现代海棠品种的形成过程中做的贡献不容忽视。

04

中国苹果属植物栽培种分种检索表

1a. 果实萼片宿存或多数宿存；花柱（4～）5；果实较大，直径在1.5cm以上

  2a. 萼片顶端渐尖

    3a. 小枝、冬芽及叶片上毛较多。叶边缘有钝锯齿；果实扁球形或球形，先端常有隆起，直径通常大于5cm ·············· 1. 绵苹果 *M. pumila*

    3b. 小枝、冬芽及叶片上毛较少。叶边锯齿常较尖锐；果实卵形，先端渐狭，不隆起或稍隆起

      4a. 叶片下面密被短柔毛。果实较大，直径4～5cm，果梗较短，长1.5～2cm ·············· 2. 花红 *M. asiatica*

      4b. 叶片下面仅在叶脉具短柔毛或近无毛。果实较小，直径2～2.5cm，果梗较长，长3.2～3.5cm ·············· 3. 楸子 *M. prunifolia*

  2b. 萼片顶端锐尖

    5a. 叶基部宽楔形或近圆形；叶柄长1.5～2cm；果实基部不下陷，梗洼隆起；萼片宿存 ·············· 4. 海棠花 *M. spectabilis*

    5b. 叶基部楔形；叶柄长2～3.5cm；果实萼洼梗洼均下陷；萼片多数宿存 ·············· 5. 小果海棠 *M. micromalus*

1b. 果实萼片脱落；花柱3～5；果实较小，直径多在1.5cm以下

  6a. 叶柄和花梗幼时稍被短柔毛，不久后脱落；萼片先端圆钝；花柱4或5；果实梨形或倒卵形 ·············· 6. 垂丝海棠 *M. halliana*

  6b. 叶柄和花梗均光滑无毛；萼片先端尾状，稀渐尖；花柱（3或）4；果实近球形或倒卵形，萼片脱落后先端具一较大疤痕 ·············· 7. 金县山荆子 *M. jinxianensis*

5.1 绵苹果

Malus pumila Mill. in The Gardeners Dictionary: *Malus*, 3. 1768.

别名：柰、中国苹果、苹果。

识别特征：幼树耸直，分枝角小；多年生枝紫褐色，嫩枝被以绒毛，枝条节间偏短，冬芽鳞片有短柔毛。叶片椭圆形，先端渐尖，基部宽形，叶缘多为单锯齿，钝圆至稍锐，叶背密被短柔毛，叶面绒毛早脱；托叶为窄披针形，有短柔毛。伞

形花序，花梗长1~1.2cm，花径2~2.5cm，花瓣阔卵圆形，花蕾紫红色，开后粉红色，花萼及萼筒皆具短柔毛；萼片三角状披针形，花柱5，中下部有绒毛。果实圆至扁圆形，直径5cm以上，光滑无棱，梗洼及萼洼深陷，萼片宿存、反卷；果皮薄，底色黄绿，熟时带红晕，果肉绵而少汁，甜而不酸。本种与苹果（西洋苹果，*Malus domestica* Borkh.）区别在于：苹果的树冠较开张，枝条节间偏长，叶形较宽大，叶缘多锯齿，果实形状多样，圆锥形至圆形，色彩丰富，果肉脆，甜酸多汁。

相关研究： 我国古代文献中关于"柰"的最早记载，出于西汉司马相如的《上林赋》，其中提到的"柰"就是20世纪80年代我国西北栽培较多的"绵苹果"一类的总称。在汉末晋初已有大面积栽培，同时有关于柰的品种类型及加工制造等记述。那时，苹果加工品（果干、果脯）叫作"频婆粮"，可知"柰"又名"频婆"（孙云蔚，1983）。

本种是著名落叶果树，在中国栽培历史已久。早期栽培的中国苹果品种有片红、彩苹、白檎等，属于早熟种，不耐储藏，经久质变，俗称绵苹果。近代传入中国的苹果，俗称西洋苹果，系在1870年开始引入山东烟台，以后在山东青岛、威海以及辽宁、河北等地陆续栽培。公元6世纪起，中国

重要农学文献，曾多次有关于柰的记述，如《齐民要术》（533—544）等。除种类外，还有栽培技术。其中柰的种类主要是转述《广志》的记载。到了16世纪末17世纪初，人们对苹果属果树的认识加深了，对柰加以分类，《学圃杂疏》（1587）首次把柰与频婆分开，又把频婆改称苹果（陆秋农，贾定贤，1999）。

栽培苹果的主要祖先被认为是新疆野苹果（*Malus sieversii*），它生长在中国西部和苏联边界附近。关于栽培苹果的学名争议很大，2006年出版的《苹果的故事》（*The Story of the Apple*）一书中，朱尼珀（Barrie E. Juniper）将栽培苹果和中亚野生苹果均称为 *Malus pumila*；另有学者认为 *Malus sieversii* 是中亚野生苹果的正确名称，而栽培苹果的正确名称是 *Malus domestica*（Folta & Gardiner，2009）。国内学者多使用 *Malus pumila* Mill.，国外普遍使用 *Malus domestica* Borkh，园艺学上倾向于使用后者；也有学者将 *Malus pumila* Mill.用于中国栽培的绵苹果，而将 *Malus domestica* Borkh.用于西洋苹果（从国外引进的栽培苹果）。

本章作者建议统一采用以下中文名、学名和明确指代范围，以便清晰地表述，避免混乱。

中文名	学名	指代范围
新疆野苹果	*Malus sieversii*（Ledeb.）Roem.	中亚野生的苹果
绵苹果	*Malus pumila* Mill.	特指中国的绵苹果（柰）一类的栽培苹果
苹果	*Malus domestica* Borkh.	西洋苹果、近现代引入中国的栽培苹果及其后代

5.2 花红

Malus asiatica Nakai in Icones Plantarum Koisikawenses, 3. t. 155 : 19. 1915（图41）.

别名： 沙果、文林郎果、林檎。

识别特征： 叶片卵形或椭圆形，先端急尖或渐尖，基部圆形或宽楔形，边缘有细锐锯齿，上面有短柔毛，逐渐脱落，下面密被短柔毛。伞房花序，具花4~7朵；花直径3~4cm；花瓣倒卵形或长圆倒卵形，基部有短爪，淡粉色（图42）。果实卵形或近球形，直径4~5cm，黄色或红色，先

端渐狭，不具隆起，基部陷入，宿存萼肥厚隆起。花期4~5月，果期8~9月。

相关研究： 分子证据（Duan et al., 2017）显示，新疆野苹果（*M. sieversii*）沿丝绸之路从中亚向东传播时，在中国北方与本土的山荆子（*M. baccata*）相遇，杂交产生了花红（*M. asiatica*）和楸子（*M. prunifolia*）[16]。

花红是中国著名的栽培种，在中国北方已经种植了至少2 000年（Juniper & Mabberley, 2019），可以新鲜或干燥食用。在此期间，人们选择了培育许多品种，果实大小、颜色、形状和成熟时间

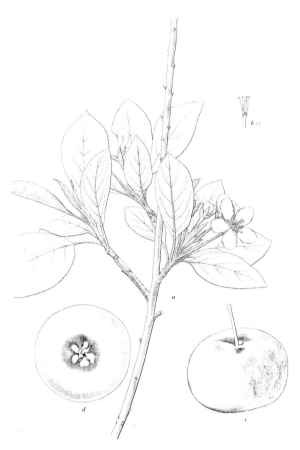

图41 花红的模式图（取自 *Icones Plantarum Koisikavenses*）

各不相同（Gu & Spongberg, 2003）。1850年，由西博尔德（Philipp von Siebold）从日本引进欧洲种植（Bean, 1981）。1901年将威尔逊从湖北采到种子送到英国维奇苗圃（Wilson for Veich 357），1907年又被送到阿诺德树木园（W60）。花红在英国栽培中并不常见，在北美已经归化。在阿诺德

树木园，有一棵来自W10656的原始植株以及更年轻的嫁接树；还有从W60扩繁的后代。

5.3 楸子

04

Malus prunifolia (Willd.) Borkh. in Theoretisches-praktisches Handbuch der Forstbotanik und Forsttechnologie, 2 : 1278. 1803.

Pyrus prunifolia Willd. in Phytographia, 8. 1794.

别名：海棠果。

识别特征：叶片卵形或椭圆形，先端渐尖或急尖，基部宽楔形，边缘有细锐锯齿，在幼嫩时上下两面的中脉及侧脉有柔毛，逐渐脱落，仅在下面中脉稍有短柔毛或近于无毛。近似伞形花序，具花4~10朵；花直径4~5cm；花瓣倒卵形或椭圆形，基部有短爪，白色，含苞未放时粉红色。果实卵形，直径2~2.5cm，红色，先端渐尖，稍具隆起，萼洼微突，萼片宿存肥厚（图43）。花期4~5月，果期8~9月。

相关研究：楸子类野生群落的分布，除威尔逊1914年考察报告在中国湖北的兴山县有野生的楸子群落分布外，其他未见报告，但威尔逊报告的野生群落也未得到其他学者证实（李育农，2001）。与上文提到的花红同样，有分子证据（Duan et al., 2017）表明，楸子是在新疆野苹果沿丝绸之路从中亚向东传播时，在中国北方与本土的山荆子相遇并杂交产生的。楸子与花红区别

图42 花红的花

图43 楸子的果实（白重炎 摄）

之处在于，其花较大，萼片较长，多毛较少，花瓣白色而不是粉红色；果实较小；花梗较长，毛较少；叶的下侧毛少得多。

本种的类型很多，适应性强，抗寒抗旱也能耐湿，是苹果的优良砧木。在山东烟台海滨沙滩果园用以嫁接西洋苹果，生长良好，早熟，丰产。在陕西、甘肃的黄土高原上作苹果砧木，生长健壮，寿命很长。经过长期栽培，品种很多，有些果实味甜酸，也可供食用及加工。米丘林在培育抗寒苹果的工作中采用楸子作为育种原始材料，称为基泰伊卡，系自我国东北引入苏联栽培（俞德浚 等，1974）。

楸子作为西方园林中的一种观赏植物有着悠久却平凡的历史。在被科学描述之前，欧洲花园中就已经种植了楸子，据说是在1750年左右从西伯利亚引进的（Bean, 1981）。1794年，德国药剂师、分类学家和植物生物地理学先驱威尔德诺（Carl L.

Willdenow, 1765—1812）将其作为梨属植物（*Pyrus prunifolia*[17]）命名，这个拼写来自拉丁语*prunus*（李属），大概是说它的叶像李子的叶。1831年引入北美，现已在美国东部部分地区归化，但这种植物在花园和苗圃行业中仍不常见。它的主要意义可能是早期在海棠杂交种生产中的作用（Fiala, 1994; Jacobson, 1996; Dickson, 2015）；在俄罗斯作为观赏植物栽培，也被用于苹果育种，以提高耐寒性（Yuzepchuk, 1971）。

5.4 海棠花

Malus spectabilis (Ait.) Borkh. in Theoretisches-praktisches Handbuch der Forstbotanik und Forsttechnologie 2: 1279. 1803.

Pyrus spectabilis Ait. in Hortus Kewensis 2 : 175. 1789. Type: *Cult.* 1780 by John Fothergill, M.D.,

图44　海棠花基原异名（*Pyrus spectabilis* Ait.）的模式标本（BM000602063）

图45　柯蒂斯杂志刊登的海棠花图片（Curtis's Botanical Magazine 8 : t. 267, 1794）

图46　重瓣粉海棠的花

1781, *Anon., s. n.* (BM000602063)（图44）。

别名：海棠。

识别特征：叶片椭圆形至长椭圆形，先端短渐尖或圆钝，基部宽楔形或近圆形，边缘有紧贴细锯齿，有时部分近于全缘，幼嫩时上下两面具稀疏短柔毛，以后脱落，老叶无毛。花序近伞形，有花4~6朵；花直径4~5cm；花瓣卵形，基部有短爪，白色，在芽中呈粉红色。果实近球形，直径约2cm，黄色，萼片宿存，基部不下陷，梗洼隆起；果梗细长，先端肥厚。花期4~5月，果期8~9月。

相关研究：1789年艾顿（William Aiton, 1731—1793）发表 *Pyrus spectabilis* 时记载：这种植物1780年由佛吉尔（John Fothergill）引种（没有说明种源，但后人记载是由 John Fothergill 从中国引种到邱园），俗名中国苹果树（Chinese Apple Tree），原产于中国。1794年柯蒂斯杂志[18]刊登了 *Pyrus spectabilis* 的图片，绘制的是一幅花枝图（图45）。1803年博克豪森（Moritz B. Borkhausen）采用了艾顿的命名，并将其从梨属移入苹果属。

本种为我国著名观赏树种，华北、华东各地习见栽培。园艺品种有粉红色重瓣和白色重瓣两类。值得注意的是，粉花重瓣品种（图46）与小果海棠（*Malus micromalus* Makino）非常相似，目前我国园林中广泛应用的、被人们俗称为"西府海棠"的植株，多为重瓣粉海棠（*Malus spectabilis* 'Riversii'）。两者的关系有待进一步研究探讨。

5.5　小果海棠

Malus micromalus Makino in The Botanical Magazine, Tokyo, 21:69. 1908.

别名：西府海棠、海红、子母海棠。

识别特征：枝条细长、带紫色，叶长椭圆形或椭圆形，先端尖，叶基楔形。叶缘有浅锯齿。新叶有柔毛覆盖，成熟叶光滑，叶深绿色、质硬，长7~11cm，宽2.5~4.5cm。托叶细小，早期脱落。伞形花序在短的新枝上着生，花柄细长被柔毛；花径3~4cm，花瓣内凹、近平展，倒卵状椭圆形或倒卵状长椭圆形，基部有爪；花色淡红色，比垂丝海棠颜色浅，有深红色晕；花柱5；花萼反卷，萼筒被柔毛。梨果，扁圆形，萼洼、梗洼均下陷，萼片多数宿存。果色初期绿色带红晕，完全成熟时为黄色，直径1.5~1.8cm。花期4月（Makino, 1908; 牧野富太郎, 1940）。

相关研究："西府海棠"在中国栽培历史悠久，传统园林中常与玉兰、牡丹等植物搭配种植，被人们赋予美好的意义。这种植物很早就从中国引入日本栽培，又从日本引入美国。1914年10月31日威尔逊在日本采从一棵高8m的树上采集了7738号标本。前人推测可能是海棠花（*M. spectabilis*）与山荆子（*M. baccata*）或是多花海棠（*M. floribunda*）的杂交种。

1908年由日本植物学家牧野富太郎（Tomitaro Makino, 1862—1957）描述果实未熟时绿色带红晕，成熟时黄色，直径1.5~1.8cm，并指出其中文名"海红"。这与目前国内许多文献中所描述的"西府海棠"是不相符的，与地方俗称的"海红"也有所不同。牧野富太郎（1940）记载这种植物在日本名称为果海棠，因为可以结果实故得名；也叫作长崎苹果，因为最早由日本长崎县引种，德川时代（1603—1867年，江户时代）称为海棠。崔友文（1953）在《华北经济植物志要》中将"*Malus micromalus* Makino"翻译为小果海棠，然而其中的描述又与牧野富太郎的描述不同；从字面意义上来看，本章作者认为将"*micromalus*"解释为"小果海棠（代表果实较小的苹果）"更加准确。当然，以上这些名称仍有待进一步研究考证。

5.6 垂丝海棠

Malus halliana Koehne in Gattungen der Pomaceen, 27. 1890.

识别特征：叶片卵形或椭圆形至长椭卵形，先端长渐尖，基部楔形至近圆形，边缘有圆钝细锯齿，中脉有时具短柔毛，其余部分均无毛，上面深绿色，有光泽并常带紫晕。伞房花序，具花4~6朵；花直径3~3.5cm；花瓣倒卵形，基部有短爪，粉红色，常在5数以上（图47）。果实梨形或倒卵形，直径6~8mm，略带紫色，成熟很晚，萼片脱落（图48）。花期3~4月，果期9~10月。

相关研究：这种植物是根据美国医学博士、园艺学家霍尔（George R.Hall）带回美国的栽培植物材料描述和命名的，克内（Koehne）用这个名字来纪念霍尔，英文名Hall Crabapple。1925年由洛克（Joseph F. Rock）在中国四川西部采集了标本（12026号）。雷德尔曾提到洛克所采的标本从其采集地点和其花全为单瓣花来看，应当是野生的。我们所看到的一些标本中也有类似的野生垂丝海棠记载，如湖北恩施的标本，但其标本均为果期，仅从果实上区分是非常困难的，且从这些标本情况看这些植株均为零星分布，对原产地进行调查也难以进行。所以垂丝海棠是否有野生分布，目前还difficult下断言。如果证实这些野生垂丝海棠的记载是正确的，对垂丝海棠的定位就要重新考虑（钱关泽，2005）。

最早是从日本引入西方（日本的垂丝海棠应是从中国传入的，在日本被称为"Suishi-kaido"）。1855—1861年，霍尔在日本生活，所以垂丝海棠从日本带回美国栽培，最迟也就在1861年。后来的记录，就是1904年和1910年威尔逊在中国四川采集的种子（Wilson for Veich 1720号、W417号），以及1980年中美联合植物考察队（Sino-American Botanical Expedition）在湖北穿越神农架林区时采集的种子（SABE1218号、SABE1314号）。

5.7 金县山荆子

Malus jinxianensis J.Q.Deng & J.Y.Hong in Acta Phytotaxonomica Sinica, 25 (4) : 326-327, 1987.

识别特征：叶片椭圆形至卵形，稀近圆形，先端渐尖，稀尾状渐尖，基部宽楔形或近圆形，边缘具细锐锯齿，有时具下弯或钩状尖锐锯齿，幼时两面沿叶脉有短柔毛，不久脱落无毛。伞形花序具花3~6朵；花直径1~2cm[13]；花瓣卵形，先端圆钝，基部有短爪，淡粉红色。果实倒卵球形，直径约1cm，紫红色，萼痕较大；果柄长3~3.5cm。花期5月上旬，果期10月上旬。本种近似山荆子，区别在于本种叶片形状变异较大，椭圆形至卵形，稀近圆形，边缘具细锐锯齿，有时具下弯或钩状尖锐锯齿；萼片卵形，先端尾尖，稀长渐尖；花柱通常（3~）4，基部具白色微柔毛，

图47　垂丝海棠的花

图48　垂丝海棠的果实

---

13 邓家祺、洪建元在发表该新种时描述"花直径1~2mm"，但从标本上看，花直径应是1~2cm，而非"mm"，此处将单位错误更正。

稀无毛；果实倒卵球形，萼痕较大。

相关研究：中国学者邓家祺和洪建元（1987）在《植物分类学报》《苹果属一新种》文中，指定模式标本邓家祺37（Holotype: PE00004585）（图49），据标本采集签记载，该标本采于1984年5月1日，辽宁省金县友谊乡九里村平地果园。附记：实生苗时嫁接国光品种，成年树有矮生性，1979年取萌蘖

繁殖成一个品系，定为"金州三十七号"。该标本保存于中国科学院植物研究所标本馆（PE）。

《东北植物检索表（第二版）》中，李冀云（C.Y.Li）将其降为山荆子的变种［*Malus baccata* var. *jinxianensis*（J.Q.Deng et T.Y.Hong）C.Y.Li］（傅沛云，1995）。2003年出版的 *Flora of China* 也记录该种为栽培。

图49 金县山荆子的主模式标本（Holotype: PE00004585）

6 现代海棠品种的发展

6.1 苹果属植物的起源和发展

苹果与海棠都是蔷薇科（Rosaceae）苹果属（*Malus*）的成员，植物分类学家对该属物种并没有苹果（Apple）和海棠（Crabapple）区分的概念。而在国际上，园艺学家以果实直径大小来划分苹果和海棠：果实直径≥2英寸（约5cm）的为苹果，果实直径<2英寸（约5cm）的为海棠（图50）。这种人为的区分主要应用在果树园艺生产上。

苹果属植物起源时间大概为中生代的晚白垩纪，而起源中心则有两种说法：单基因起源中心说和多基因起源中心说。单基因起源中心说认为，川滇古陆是世界苹果属植物的起源中心。多基因起源中心说认同川滇古陆是世界苹果属植物的起源中心之一，而且是最大的基因中心，但不是苹果属唯一的基因中心。苹果属野生种在这个地区分布有12种之多；但是考虑到在北美还分布有3~7种，欧洲和高加索各有2~3种，中亚有1~2种，日本有1~2种，这样从东到西，在北纬30°~50°的纬向地带中，苹果属植物的原生种分布在世界上不同的国家、不同地区，形成该属植物起源的多基因中心。

图50 苹果属植物果实的多样性

在植物学上，海棠与苹果并没有本质的区别。我们在探讨观赏海棠的栽培发展历史时，也是无法回避苹果的栽培发展史的。因为许多现代海棠品种是随着人们对苹果的栽培、利用而产生的。现代所称的苹果，不论是绵苹果（*Malus pumila*）还是西洋苹果（*Malus domestica*），原本就不是一个真正意义上的"种"，而是众多栽培品种的集合，它们共同的先祖是起源于中亚的新疆野苹果（*Malus sieversii*）。由于中亚和东亚的地理历史生态条件不同，栽培苹果的类型在早期就出现为东、西两个不同类型的栽培苹果种。新疆野苹果向西发展的过程中，先后掺杂了高加索的东方苹果（*Malus orientalis*）和欧洲的森林苹果（*Malus sylvestris*）的血统，染色体倍性多样化，这些一路向西发展出来的苹果品种统称为西洋苹果；而新疆野苹果在向东发展的过程中，变化不大，亲缘关系比较单纯，发展为绵苹果（也称中国苹果）。

6.2 人类对苹果属植物的栽培利用

中国过去通称的苹果即指绵苹果，自汉代至清代乃至20世纪中叶在中国的栽培延续千余年。西洋苹果由欧洲扩散到美洲及世界各国，1871年又由美国传入中国，起初被称为"西洋苹果"，后来因其商品品质优于绵苹果，而逐渐将绵苹果取代。当前各国常见栽培的苹果皆属西洋苹果，现代通称苹果（*Malus domestica* Borkh.）

与大多数观赏果树一样，苹果和海棠从野生状态发展到被人们栽培选育的过程，伴随着由食用转为观赏的过程。人们栽培苹果和海棠的初衷，并不是因为它们美丽的花，而是因为它们的果实可以直接食用，或者用来制作果酒、果汁等。中国汉代上林苑中种植的紫柰，其果即具有食用兼观赏之用。北魏贾思勰著《齐民要术·柰、林檎·第三十九》记载："魏明帝时（大约204—239），诸王朝，夜赐东成柰一奁（lián）。陈思王《谢》曰：'柰以夏熟，今则冬生，物以非时为珍，恩以绝口为厚'"。这说明绵苹果为当时宫廷食物中的珍品。19世纪前半叶在欧美国家，用种子种植苹果也是非系统性的。人们为了得到一棵有价值的果树，开始播种苹果种子；数百株幼苗被种植，只有少数被选中，一切都是基于偶然的。

6.3 "植物猎人"在亚洲和俄国的采集活动

在19世纪晚期到20世纪初期，许多欧美的"植物猎人"到中国采集苹果属植物枝条及其种子，并将它们引种到西方。他们通过播种，在实生苗中选择出具有特异性状的个体；或者人工杂交培育出新的品种。当然，"植物猎人"的采集范围不仅局限于中国，也涉及日本和俄罗斯等地。

英国人在中国的采集活动开始较早。著名的"植物猎人"威尔逊（Ernest H. Wilson）自1899年受雇于英国维奇公司，开启了在中国的采集活动。1901年，威尔逊在中国湖北、四川等地收集到滇池海棠（Wilson for Veich 670）和花红（Wilson for Veich 357），并引入欧洲栽培；1904年他又为维奇公司采集了垂丝海棠（1720号）。

1906年以后，威尔逊受雇于美国哈佛大学阿诺德树木园。他在中国中西部地区先后采集了湖北海棠（*Malus hupehensis*）、垂丝海棠（*Malus halliana*）、变叶海棠（*Malus toringoides*，现修订为 *Malus bhutanica*）、西蜀海棠（*Malus pratii*）、滇池海棠（*Malus yunnanensis*）和陇东海棠（*Malus kansuensis*），这些种子都引种到阿诺德树木园培育。不仅如此，时任阿诺德树木园园长萨金特（Charles S. Sargent）早年还亲自到俄国和日本收集一些植物。例如1903年由雷德尔（Alfred Rehder）发表，以萨金特命名的萨氏海棠（*Malus sargentii*），是1892年萨金特在日本北海道莫罗兰（Mororan，今日本北海道室兰市）采集的种子栽培形成的。同年，萨金特还在日本日光（Nikko, Central Honshu；日本本州岛中部城市）采集了乔劳斯基海棠（*Malus tschonoskii*）。1904年，萨金特在俄国设法获得了在中国北京采集的八棱海棠（*Malus × robusta*）（图51）和山荆子（*Malus baccata*）种子。此后阿诺德树木园的引种还有：1911年由珀道姆（William Purdom）在中国陕西采集的花叶海棠（*Malus transitoria*），1921年由赫尔

图51 八棱海棠的花

斯（Joseph Hers）在中国采集的河南海棠（*Malus honanensis*）。

除此之外，美国农业部也派出"植物猎人"或采集队到中国活动：1933年，洛克（Joseph F. Rock）在四川木里采集到喜马拉雅山荆子（*Malus baccata* var. *himalaica*，现名为丽江山荆子 *M. rockii*）种子；1934年麦克米兰（Howard G. MacMillan）和斯蒂芬斯（James L. Stephens）在海拉尔（今内蒙古自治区呼伦贝尔市附近）采到山荆子（*M. baccata*）种子；1980年的中美植物考察队在湖北西部神农架地区采集了陇东海棠光叶变型（*M. kansuensis* f. *calva*）、滇池海棠川鄂变种（*M. yunnanensis* var. *veitchii*）等。

这些采集活动是中国苹果属植物向海外传播的主要途径，从而促成了观赏海棠品种迅速发展。

6.4 从简单播种到杂交育种

一般认为亚洲的海棠资源是经欧洲传入北美洲的，欧洲的海棠品种选育开始也比北美洲早，但目前可查到的资料有限。1809年，法国维格斯（Wiegers）编写的一本植物名录中，列举了包括原产中国的山荆子（*Malus baccata*）在内的14个种和杂种、栽培品种，说明当时法国已有海棠栽培

品种。1909年德国柏林的路德维希苗圃（Ludwig Späth Nurseries）选育了海棠品种 *Malus* 'Exzellenz Thiel'，是一个小型的垂枝品种。1949年之前，荷兰某苗圃培育了海棠品种 *Malus* 'Van Houttei'，英国的约翰·沃特父子公司（John Waterer & Sons）推介出金蜂海棠（*Malus* 'Golden Hornet'）。

北美洲产生的海棠品种通常是从播种苹果开始的。吉迪恩（Peter Miller Gideon）[14]是美国早期苹果育种的先驱之一。1853年前后，他播种种出了数千株幼苗，选育出苹果品种［维尔希］（*Malus* 'Wealthy'，吉迪恩的妻子名字，有文献翻译为［花嫁］苹果）、海棠品种［佛罗伦萨］（*Malus* 'Florence'）和［玛莎］（*M.* 'Martha'）（Edgar, 1974）。1920年明尼苏达州大学果树繁育农场发现并选育的［火焰］海棠（*Malus* 'Flame'）也是从一群不知亲本的苹果中选育出的，这个品种至今还在园林中广泛应用。1962年加拿大中央试验农场（Central Experimental Farm, Ottawa, Canada）推出的海棠品种［加里］（*Malus* 'Garry'），是由红肉苹果（*Malus niedzwetzkyana*）开放授粉的种子产生的实生苗。萨斯喀彻温省罗瑟恩（Rosthern）培育的海棠品种［卡洛斯］（*Malus* 'Calros'），也是由一个苹果品种（*Malus* 'Blushed Calville'）开放授粉的种子获得的。

大约1920年，美国和加拿大也都开始注意通过人工杂交的方式培育海棠新品种。其中成就较突出的是美国南达科他州农业试验站的汉森（Niels Hansen）和加拿大中央实验农场的普雷斯顿（Isabella Preston）。

1920年汉森用从红肉苹果和山荆子的杂交后代中，选育出第一个玫红海棠品种——［霍巴］（*Malus* × *adstringens* 'Hopa'）。1932年汉森又选育出［阿姆西布］海棠（*Malus ioensis* 'Amsib'），是由原产北美的草原海棠和原产中国的山荆子杂交（*Malus ioensis* × *Malus baccata*）产生的。1921年普雷斯顿通过红肉苹果和山荆子杂交（*Malus*

---

14 彼得·米勒·吉迪恩（Peter Miller Gideon）是1860年以前在美国第一个关注苹果培育的人，致力于培育能够抵御寒冷天气的水果，尤其是苹果。他逐渐悟出了真正的成功之路是用普通的苹果与西伯利亚海棠（即山荆子）杂交，使他获得了许多耐寒苹果品种。

niedzwetzkyana × *Malus baccata*），选育出［阿萨巴斯卡］海棠（*Malus* × *adstringens* 'Athabasca'）。

6.5　中国苹果属植物对世界园林的贡献

利用中国的果树改良原有品种，以增加对病虫害、寒、旱和其他不良环境因子的抵抗力的例子，在世界果树栽培史中屡见不鲜。米丘林在培育果树抗寒品种的工作中，曾大量用中国的种质作为亲本（陆秋农和贾定贤，1999）。在苹果属植物中，大多数野生种或栽培种的花和果都具有观赏价值，我国最为著名的观赏海棠如西府海棠、垂丝海棠等，自古就被人们广泛利用于园林造景。19世纪至20世纪，欧美人借助"植物猎人"在亚洲采集获得的植物材料，逐渐积累培育出千种以上具有很高观赏价值的海棠品种。近几十年来其选育工作仍在继续。

1970年美国人杰斐逊（Roland M Jefferson，1923—2020）的专著记载，他从375个海棠中挑选了150个种类和品种，并将它们经过杂交、回交或复交育种方法查明后，用简单的图解表示。杰斐逊的图解不但对近几十年的观赏育种都有参考价值，对今后观赏新品种的选育，仍有重要的指导和启发作用。根据对杰斐逊专著中的150个种类和品种统计，其用作亲本次数最多的是中国东北和远东原产的山荆子（*Malus baccata*），共达127次，其中用作母本95次、用作父本32次；次多的是红肉苹果（*Malus niedzwetzkyana*），用作母本28次、父本27次；再次则为楸子（*Malus prunifolia*），用作亲本达30次；八棱海棠（*Malus* × *robusta*）23次；三叶海棠（*Malus toringo*）15次；垂丝海棠（*Malus halliana*）和多花海棠（*Malus floribunda*）各14次；野香海棠（*Malus coronaria*）10次，草原海棠（*Malus ioensis*）9次。因当时尚无鉴定亲本的分子生物技术，如RAPD、AFIP等可用，已经写明的亲本中有少数是根据形态解剖学进行判断的结果；但杰斐逊的研究工作很严谨，对不少亲本未查清的种类写明"未知（Unknown）"而不是以估计代结论。因此杰氏的专著称之为"准亲本"的追踪，

迄今仍具有现实意义（李育农，2001）。

现代海棠的许多品种，都与中国苹果属植物有着或多或少的亲缘关系。玫红杂交（Rosybloom hybrids）海棠品种是表现最突出的品群，它们是红肉苹果（*Malus niedzwetzkyana*）（图52）和山荆子（*Malus baccata*）杂交产生的开花带有深玫瑰红、粉红、玫瑰色、淡紫或洋红色调的一系列品种，果实呈暗紫红色。

据说在1897年，美国南达科他州农业试验站的汉森（Niels Hansen）到苏联和中国西部寻找适合在美国东北大平原种植的植物，他拜访了涅兹维斯基（Niedzwetzky），那时涅兹维斯基已经在土耳其斯坦与中国天山交界地带发现了红肉苹果（*Malus niedzwetzkyana*）。汉森从涅兹维斯基那里获得了一个植株引种到美国，并以涅兹维斯基的名字将它命名为 *Pyrus malus niedzwetzkyana*，此后汉森将红肉苹果大量播种，并将它与山荆子杂交，就这样逐渐产生了玫红杂交海棠品种。1920年汉森用 'Hopa'（［霍巴］海棠）命名他的第一个玫红杂交品种，但是Rosybloom这个名字最早在1920年之前，被加拿大渥太华中央实验农场的马库恩（William T. Macoun）用来命名了由红肉苹果开放授粉或杂交获得的实生苗。第一次世界大战（1914—1918）后，加拿大努力改进和发展适合该地区的植物，中央实验站的普雷斯顿（Isabella Preston）负责这个项目。后来，她主要用红肉苹果生产开放授粉的种苗，有时会与山荆子杂交产生许多后代，并把这些称为"湖系列"玫红海棠（Lake Series of Rosyblooms）。尽管开放授粉的植株会有一些非常类似玫红杂交品种的特征，例如带有红色的叶、开红色的花并结出较大的紫红色果实，但有人认为这些开放授粉的红肉苹果苗不算是真正的玫红海棠品种（即不是与山荆子杂交产生的）。

玫红杂交系列品种通常对苹果赤霉病和火疫病高度敏感，似乎都很耐寒，但因为它们体型大，开花会褪色，特别是缺乏抗病性，大多数不被推荐。尽管有这些缺陷，而用红肉苹果杂交的第二代和第三代产生一些优秀的品种，通常会优于玫红品群，例如，［雷蒙］海棠（*Malus* × *purpurea*

'Lemoinei'）和［丽丝］海棠（*Malus* 'Liset'）。

华盛顿特区美国国家植物园的埃戈尔夫（Donald Egolf）一直致力于开发优良的抗病无性系，并从中国、韩国和日本的现代植物探索中选择优良无性系，在他命名的植物中有杰出的品种［阿达克］海棠（*Malus* 'Adirondack'）（Fiala, 1994）。

6.5.1 山荆子（*Malus baccata*）的贡献

山荆子被早期的杂交育种者使用相当多，许多观赏海棠品种都有山荆子的血统，它在现代杂交育种中发挥了重要作用。大多数玫红杂交海棠品种，从红肉苹果继承了红色的叶片和花朵，而从山荆子那里继承了略小而精致的果实和丰硕的产量。因此说山荆子作为重要的育种亲本之一，在玫红杂交海棠的诞生过程中作出的贡献不可忽视。

在1920年之前，最初使它们杂交的目的是希望获得能够耐受美国东北部和加拿大寒冷气候的苹果，却意外地收获了众多观赏海棠品种。尼尔斯·汉森培育出第一个玫红海棠品种［霍巴］（*Malus* × *adstringens* 'Hopa'）之后，一个又一个开着红色系花朵的观赏海棠，出现在北美的园林中，至今仍有许多深受人们喜爱。还有一些直接由山荆子实生苗产生的突变品种，也经久不衰。下面以育成时间为序，介绍一些由山荆子参与形成的优秀品种。

（1）［霍巴］海棠（*Malus* × *adstringens* 'Hopa'）

1920年由美国汉森（Niels Hansen）培育（图53）。

株形幼时向上，成熟后开展；花蕾深红色，开放时玫红色，单瓣，褪色为浅粉红色；果实亮红色，直径约2cm。树体高大，可用作背景树；耐寒，适合在我国北方生长。北京市植物园于1990年引进。

［霍巴］海棠是汉森最有影响力的玫红海棠品种之一，这种美丽的树有时在苗圃目录中列为"Hansen's Red Leaf Crab"（汉森的红叶海棠）。被认为是最耐寒的品种之一，也是最理想的品种之一。它从山荆子继承了直立生长，从红肉苹果继承了略带紫色的叶子、花、果实，它的果肉也是紫色的，这种色调使它做成的果冻更加令人喜爱，［霍巴］海棠因此而闻名（Boer, 1959）。在过去，［霍巴］海棠曾被广泛用于杂交和开放授粉育种，但因为它对许多苹果病害的易感性，很多地方已经不鼓励使用。

（2）［马卡］海棠（*Malus* 'Makamik'）

1933年由加拿大的普雷斯顿（Isabella Preston）培育，以"Makami"湖命名（图54）。

树冠向上，圆形；叶片棕绿到深绿色；花蕾

图52 红肉苹果的枝条、新叶和花均带有紫红色　图53 ［霍巴］海棠

04

图54 ［马卡］海棠盛花期

深红色，花开时紫红色，单瓣，后期褪色；果实红色，直径1.9~2.5cm。北京市植物园于2001年引进。此品种抗病性强，是值得推荐的玫红杂交品种。由于果实大，易落，不适合近观，但适合在开阔地作背景树。

（3）［钻石］海棠（*Malus* × *adstringens* 'Sparkler'）

1945年由美国明尼苏达大学（University of Minnesota）培育，是［霍巴］海棠开放授粉的实生后代之一（图55）。

树形水平开展；新叶紫红色，花玫瑰红色，花瓣6~10枚；果实深红色，直径1cm。此品种开花极为繁茂，花色艳丽。由于在湿润的环境中易感苹果黑星病，在美国的苗圃单上已很少见，但却非常适合我国干燥的北方环境。不仅是北京表现最好的观赏海棠之一，在我国北方地区推广也表现优秀。北京市植物园于1990年引进，2007年取得北京市林木良种证。

（4）［红丽］海棠（*Malus* 'Red Splender'）

1948年由美国伯格森（Bergeson）苗圃选育，

图55 ［钻石］海棠

是山荆子和苹果的杂交后代（图56）。

树冠向上、开展，干皮红色，株高可达6～7.5m；花粉色，单瓣；果亮红色，直径1.2cm。此品种抗性强、开花繁密，适合在我国北方推广。北京市植物园于1990年引进，2007年取得北京市林木良种证。

（5）[绚丽]海棠（*Malus* 'Radiant'）

1958年由美国明尼苏达大学培育，也是[霍巴]海棠开放授粉的实生后代之一（图57）。

树形紧密；新叶红色；花深粉色，单瓣；果实亮红色，直径1.2cm。花色繁茂艳丽，果实着色早，夏季即可观果，耐寒、抗病。北京市植物园于1990年引进，2007年取得北京市林木良种证，目前在园林绿化中广泛应用。

（6）[王族]海棠（*Malus* 'Royalty'）

1958年由克尔（Kerr）培育，是玫红杂种系

列海棠开放授粉形成的后代（图58）。

树冠向上、圆形；新叶红色，成熟后为带绿晕的紫色，花深紫色，半重瓣；果实深紫色，直径1.5cm。此品种花、果、叶均可观赏，已在我国北方地区园林绿化中推广种植。北京市植物园于1990年引进，2007年取得北京市林木良种证。

（7）[塞山]海棠（*Malus* 'Selkirk'）

1962年由美国莫顿树木园培育，是山荆子与红肉苹果杂交的后代（图59）。

树冠圆形；新叶亮绿色、有红晕，老叶铜绿色；花蕾玫瑰红色，花开后深粉色，单瓣，有香味；果实亮红色、形如樱桃，直径1.9cm。果着色期早，挂果期到10月。北京市植物园于2003年引种，适合在我国北方推广。

（8）[完美紫叶]海棠（*Malus* 'Coppurple'）

2012年由美国的科普（Ernie Copp）培育，商

图56 [红丽]海棠盛花期

图57 [绚丽]海棠

图58 [王族]海棠

图59 [塞山]海棠

业名 PERFECT PURPLE（图60）。

树冠圆形，树体中等；叶深紫色；花粉红色，单瓣；果实紫红色、圆形，直径1~2cm；在北美市场上作为［王族］海棠（*Malus* 'Royalty'）的改良接替品种，具有更好的形态、更好的抗病性和良好的耐寒性。

6.5.2 楸子（*Malus prunifolia*）的贡献

楸子在我国栽培历史悠久，栽培分布很广，除华北、西北多楸子外，辽宁、山东、江苏和西南、华东地区亦多栽培。西洋苹果传入中国后，楸子用作砧木嫁接苹果良种，此外已无成园栽培。

楸子很早就传播到欧美，虽然根据早期统计由楸子参与形成的品种数量仅次于山荆子和红肉苹果，但楸子的后代远不如前两者的影响深远，现存的品种寥寥无几。

［红玉］海棠（*Malus* 'Red Jade'）

1953年由美国布鲁科林植物园培育，是多花海棠和楸子的后代（图61、图62）。

树形为垂枝形；花白色至浅粉色，单瓣；果亮红色，直径1.2cm；果实宿存。此品种枝条细长下垂，开花量大，果小繁密，晶莹可爱，观果期长。适合孤植或在山石、水边栽植。北京市植物园于1990年引进，2007年取得北京市林木良种证。

04

图60 ［完美紫叶］海棠

图61 ［红玉］海棠的花

图62 ［红玉］海棠的果实

6.5.3 三叶海棠（*Malus toringo*）的贡献

三叶海棠在我国是与山荆子很相似的种，分布范围也十分广泛，东北、华中、华南、西北和西南地区均有，果实有红果和黄果两种。该种不仅可用作砧木，还是许多观赏海棠品种的亲本，在苹果属植物育种史中作出了不少贡献。下面以育成时间为序，介绍一些由三叶海棠参与形成的优秀品种。

（1）［雷蒙］海棠（*Malus × purpurea* 'Lemoinei'）

1922年法国人培育。垂丝海棠与三叶海棠杂交产生了深红海棠（*Malus × atrosanguinea*），又与红肉苹果（*Malus niedzwetzkyana*）杂交产生了紫海棠品种群（*Malus × purpurea*），［雷蒙］海棠（*Malus × purpurea* 'Lemoinei'）是其中之一（图63）。

树形向上，开展；新叶紫色，老叶绿色带紫晕；花蕾深红色，开花时红色，单瓣至半重瓣；果实深红色，直径约1.8cm。此品种抗病性强，花色艳丽，适宜在我国北方园林中推广。北京市植物园于2001年引进。

（2）［丽丝］海棠（*Malus* 'Liset'）

1938年由荷兰的多伦博斯（S.G.A.Doorenbos）培育，是［雷蒙］海棠（*Malus × purpurea* 'Lemoinei'）与三叶海棠杂交群的实生苗之一，最初命名为摩尔兰海棠8号（*Malus × moerlandsii #8*，"*moerlandsii*"是对以上杂交群的命名）（图64）。

树冠圆形；叶带深紫晕，秋色叶橙红色；花蕾鲜红色，花开后玫瑰红色，单瓣；果实洋红色，直径1.2cm，秋季非常醒目。此品种抗性强，无论是春花、秋叶，还是冬果，观赏性都非常好。北京市植物园于2001年引进。

图63 ［雷蒙］海棠

（3）［丰花］海棠（*Malus × moerlandsii* 'Profusion'）

1938年由荷兰的多伦博斯（S.G.A.Doorenbos）培育，亲本为［雷蒙］海棠及三叶海棠（图65）。

树形向上、开展；叶深绿色带紫晕；花蕾深红色到紫红色，花开后深粉色，单瓣；果实为深红色，直径1.5cm，果宿存。该品种抗性强，花茂、果繁，适宜在我国北方园林中推广。北京市植物园于2003年引进。

（4）［金蜂］海棠（*Malus* 'Golden Hornet'）

1949年由英国约翰·沃特父子公司（John Waterer & Sons）培育，是三叶海棠的后代（图66）。

树形直立，植株成年后，由于挂果多，枝条下坠；花白色，单瓣；果实黄色，直径2cm。在北京挂果期较长。可以作苹果授粉树（庞建华和苏桂林，2003）。北京市植物园于2000年引进。

（5）［红裂］海棠（*Malus* 'Coralcole'）

1968年由美国的罗斯（Henry Ross）从三叶海

04

图64　［丽丝］海棠

图65　［丰花］海棠

图66　［金蜂］海棠

棠开放授粉的实生苗中选育，是非常少见的八倍体品种。商业名为 Coralburst（图67）。

树形紧密，树冠圆形，生长慢；花蕾红色，花开后玫红色，重瓣，有香味；果实黄色、产量低。此品种株型优雅，花型花色均较为特殊，是优秀的观赏品种。北京市植物园于2003年引进。

6.5.4 垂丝海棠（*Malus halliana*）的贡献

垂丝海棠是中国传统的观赏品种，栽培历史非常悠久。虽然1861年之前就引种到美国，但仅植物园有收集，并没有普遍推广，在英国也是如此。

（1）［阿达克］海棠（*Malus* 'Adirondack'）

1987年由美国华盛顿植物园的埃戈尔夫（Donald R. Egolf）育成，是从垂丝海棠实生苗中

选出的品种（图68）。

树形直立，树冠柱形或倒卵形；叶深绿色；花蕾深红色，花开后白色带红晕，单瓣；果实近球形，红色或橙色，直径1.5cm，挂果期可到12月。此品种株型小而优雅，观果期长，抗病虫害，在观赏性和抗病性方面都得到了国际海棠学会高度评价。适用于我国北方小庭院及建筑前种植，也可用于路边行道树。北京市植物园于2001年引进。

（2）［大卫］海棠（*Malus* 'David'）

目前仅知道亲本之一是垂丝海棠（*Malus halliana*）。

树形开张；叶绿色；花为白色，单瓣，有香味（图69）；果实红色，近球形，直径1.2cm。该品种挂果期长，果色艳丽，可吸引鸟类；且具有

图67 ［红裂］海棠

图68 ［阿达克］海棠

图69 ［大卫］海棠

良好的抗病性。北京市植物园于2008年引进。

6.5.5 其他种类的贡献

除以上几个贡献较多的种类之外，还有一些由中国苹果属植物在国外繁衍出的优良品种，引种到国内，生长健康、观赏效果好，为园林绿化增添了丰富的色彩和多样的树姿。

（1）［草莓果冻］海棠（*Malus* 'Strawberry Parfait'）

1979年由美国人弗莱默（William Flemer）培育，此品种的亲本为原产于我国中部及中南部的湖北海棠（*Malus huphensis*）与杂交种深红海棠（*Malus × atrosanguinea*）产生。而深红海棠的亲本为垂丝海棠（*Malus halliana*）及三叶海棠（*Malus toringo*）。1981年取得美国植物专利权（USPP4632）（图70）。

树冠杯型，株高可达7.5m；新叶红色；花浅粉色，边缘有深粉色晕，单瓣；果为黄色带红晕，直径1cm，果宿存。此品种抗病性强，果实繁茂，且经冬不落，是冬季观果的绝佳品种。北京市植物园于1990年引进，2007年取得北京市林木良种证。

（2）［伊索］海棠（*Malus* 'Van Eseltine'）

1930年美国人伊索（Van Eseltine）培育，是阿诺德海棠（*Malus × arnoldiana*）和海棠花（*Malus spectabilis*）杂交的后代，而阿诺德海棠是多花海棠（*Malus floribunda*）与山荆子（*Malus baccata*）自然杂交的后代（图71）。

树形矮小，树冠窄而向上；花蕾深粉色，花开后粉色，重瓣；果实黄色带红晕，直径1.8cm，落果早。此品种生长慢，开花丰满而鲜艳，但残花不落，果实观赏价值不高。北京市植物园于2000年引进。

（3）［金雨滴］海棠（*Malus transitoria* 'Schmidtcutleaf'）

是花叶海棠（*Malus transitoria*）的后代，商

图70 ［草莓果冻］海棠

图71 ［伊索］海棠

图72 ［金雨滴］海棠

图73 ［紫雨滴］海棠

业名 GOLDEN RAINDROPS（图72）。

树形开张；叶亮绿色，叶片窄、有时裂；花蕾粉色，开花时白色，单瓣；果实黄色、球形，直径小于1cm。花期较晚。

（4）［紫雨滴］海棠（*Malus transitoria* 'JFS-KW5'）

2002年由美国人华伦（Keith S. Warren）培育，是从［金雨滴］海棠的实生苗选育的，也是花叶海棠（*Malus transitoria*）的后代。2003年取得美国植物专利权（USPP14375），商业名 ROYAL RAINDROPS（图73）。

树形开张；新叶亮紫色，成熟叶红色带绿，叶片窄而有时裂；花蕾紫色，开花时深粉红色，单瓣；果实亮紫色，球形，直径约1cm。

6.6 观赏海棠品种在中国的发展

中国许多古农书中都有关于苹果属植物的记载，最早见于西汉（前118年）《上林赋》中的柰。隋唐时期海棠越来越受到人们的重视，被广泛种植于园林之中。宋代海棠栽培达到鼎盛，并出现了海棠研究的专著《海棠记》（沈立，北宋）和《海棠谱》（陈思，南宋）。经过唐宋时期的繁盛之景后，海棠在元代已成为栽植的常见花木，至明清海棠栽培之势依然很兴盛。

中国虽然是世界上海棠类植物最丰富的国家，但海棠栽培品种的发展速度相对缓慢。中国园林中栽培的海棠品种花色单一，多为白色和粉色花品种，有记载的品种也很稀少。由于社会条件所限，未注意原生种的保存与利用，传统观赏植物品种大量遗失、新品种培育停滞不前，我国园艺水平逐渐与世界先进国家出现较大差距，观赏海棠品种的发展也不例外。改革开放后，国民经济有了翻天覆地的变化，人们对观赏植物的认知不断提高，园林植物的市场日益完善，20世纪80年代，人们意识到引种是育种的手段之一，开始大量引进国外品种，丰富我国观赏海棠品种多样性，同时挖掘整理现有国内的观赏海棠种质资源（郭翎，2009）。中国科学院植物研究所和北京市植物园，以及山东、江苏等地的园林绿化公司陆续从欧洲、

04

图74　由北京市植物园推广到北京玉渊潭公园的［绚丽］海棠，经过20多年，已经形成优美的景观

美国、日本等国家以及我国台湾引进了许多观赏海棠新品种。其中，北京市植物园引种的［草莓果冻］、［钻石］、［雪球］、［绚丽］（图74）等海棠品种，经过一系列适应性研究，逐渐推广应用到全国多个城市，获取了成功经验，被北京市林业品种审定委员会审定为良种。当年从美国引进的10余个品种，目前仍然占据国内观赏海棠市场主流地位。国家植物园北园（原北京市植物园）结合30多年引种栽培经验，制定了观赏海棠引种评价标准，为进一步科学引种、充分发挥品种资源优势创造了条件。如今，从国外引种到国内的海棠品种已近200个，建成了国内展示品种最多的海棠专类园，并成为国家海棠种质资源库。

近些年，随着海棠引种数量的增加和品种的丰富，中国的海棠种植者也开始尝试培育新品种。2015年国家林业局公布的第一批林业植物新品种权名录，其中就有7个海棠品种获得国家新品种保护授权。与国外育种的发展类似，我国观赏海棠育种刚刚起步不久，其中品种多通过开放授粉选育。

国内观赏海棠研究成果比较突出的是南京林业大学张往祥教授的团队，2015—2022年我国林业植物新品种保护授权的海棠品种共80个，其中44个品种是由张往祥团队培育的。张往祥教授负责建立的扬州市海棠国家林木种质资源库收集优良海棠种质200余份，系统开展了观赏海棠种质特征（色彩、形态、物候、适应性、抗性等）评价，为杂交育种的亲本选配提供了理论依据；对观赏海棠控制授粉和自由授粉杂交育种技术进行研究，建立了海棠育种关键共性技术体系。山东农业大学、青岛市农业科学研究院、北京农学院等单位成果也十分显著，已形成我国观赏海棠研究的主力军。

在品种推广应用方面比较突出的是北京胖龙丽景科技有限公司，该公司建有多个苗木基地，不仅收集大量海棠品种用于扩繁、销售，还将优良的海棠品种与不同植物搭配造景展示。2016年该公司在北京顺义区三高示范基地成立北京市海棠国家林木种质资源库，标准化的苗木生产、管理属国内领先水平，为同类企业做出了良好的示范。

7 国际海棠品种登录

7.1 国际海棠品种登录权威

一个国际栽培品种登录权威（International Cultivar Registration Authority，缩写ICRA）是由国际园艺学会命名与栽培品种登录委员会（现更名为国际园艺学会栽培品种登录委员会，Commission Cultivar Registration）任命的一个机构，负责限定的分类群内的栽培品种、栽培群和杂交群名称的登录。目前国际海棠品种登录权威，负责国际苹果属（不包括苹果，但包括砧木）栽培品种的登录，全称为国际苹果属（除苹果外）栽培品种登录权威（ICRA for *Malus* Mill., excluding *Malus domestica* Borkh.）。

1958—2000年，美国阿诺德树木园（The Arnold Arboretum）为第一任国际海棠品种登录权威，负责苹果属（仅观赏品种，*Malus* Mill., Ornamental cultivars only）品种登录（特里亨等，2004）。当时的登录专家斯庞贝里（Stephen A Spongberg）发布了登录报告，登记37个海棠品种（Spongberg, 1988, 1989）。

2000—2014年，国际海棠学会（IOCS, International Ornamental Crabapple Society，当时办公地点在美国）为第二任国际海棠品种登录权威，由俄亥俄州立大学分校（Ohio State University Extension）教授、时任国际海棠学会主席查特菲尔德（James Chatfield）担任登录专家，此时登录负责的范围已不仅限于观赏品种，还包括了苹果属的砧木。

2014年起，北京市植物园（现国家植物园北园）成为第三任国际海棠品种登录权威，由郭翎博士担任登录专家，负责受理苹果属观赏海棠和砧木品种的登录（Brickell et al., 2016）。国际海棠品种登录权是继1998年陈俊愉先生取得梅花品种登录权之后，第7个由中国学者掌握的国际栽培植物品种登录权[15]。国家植物园（北园）承担国际海棠品种登录权威工作以来，积极履职，取得了显著成效。2017年出版了《2017国际海棠登录簿与名录（英文版）》（*The International Crabapple Register and Checklist* 2017），收录已知海棠品种名称1 000余个，此后逐步建立了用于保存命名范式的海棠标本馆和专业交流平台——国际海棠网（www. malusregister. org），为国际海棠登录工作提供重要参考依据并开辟了国际交流的信息渠道。2021年4月，郭翎博士通过民主投票当选为现任国际海棠学会主席，积极促成国际海棠学术会议的成功举办，并推动学会期刊*Malus*的征稿及出版工作，为更广泛地开展国际海棠品种研究开启了新篇章。

2017—2022年通过国际海棠品种的录权威共登录11个海棠品种，均为中国培育。其中'红雾''红菱''红屹''紫月''粉芭蕾''多娇'等6个品种已经取得了国家林业和草原局植物新品种授权。按照《国际栽培植物命名法规》的规定，一个栽培品种或栽培群名称被国际栽培品种登录权威接受，并不意味着对该品种或栽培群的特异性做出判断，也不意味着对其农业、园艺或林业上的优点做出判断（布里克尔等，2013）。因此，国际栽培品种登录与植物新品种鉴定的工作职责是不同的，应注意区分。

---

15 2014年及之前，我国取得国际植物栽培品种登录权的类群包括：梅及其杂种（*Prunus mume* Siebold & Zucc. and its hybrids），木樨属（*Osmanthus* Lour.），姜花属（*Hedychium* J. König），竹亚科（Poaceae Barnh., tribe Bambuseae Kunth ex Dumort.），蜡梅属（*Chimonanthus* Lindl.），苹果属（*Malus* Mill., excluding *Malus domestica* Borkh.），枣属（*Ziziphus* Mill.）。

7.2 通过国际登录的中国自育海棠品种

（1）'红菱'海棠（*Malus* 'Hong Ling'）

山东农业大学沈向培育。该品种花朵呈深杯形，犹如菱角，故名'红菱'。2015年获得中国林业植物新品种保护授权（品种权号：20150054）。2017年4月申请登录并通过（登录号：ICRA/M20170001G）。

（2）'红雾'海棠（*Malus* 'Hong Wu'）

山东农业大学沈向培育。该品种花朵红色，幼叶及嫩梢均覆盖白色绒毛，如烟如雾，故名'红雾'。2015年获得中国林业植物新品种保护授权（品种权号：20150053）。2017年4月申请登录并通过（登录号：ICRA/M20170002H）。

（3）'红屹'海棠（*Malus* 'Hong Yi'）

山东农业大学沈向培育。该品种株型如旗杆一样屹立，加之叶花果均有红色调，故名'红屹'。2015年获得中国林业植物新品种保护授权（品种权号：20150052）。2017年4月申请登录并通过（登录号：ICRA/M20170003I）（图75、图76）。

（4）'凤凰'海棠（*Malus* 'Fenghuang'）

沈阳农业大学吕德国等人选育。该品种花开放时粉色，单瓣，有香味，果实橘红色。2017年4月申请登录并通过（登录号：ICRA/M20170004J）（图77、图78）。

04

图75 '红屹'海棠的花（沈向 摄）

图76 '红屹'海棠的树形（沈向 摄）

图77 '凤凰'海棠的花（马怀宇 摄）

图78 '凤凰'海棠的果实（马怀宇 摄）

（5）'琥珀'海棠（*Malus* 'Hupo'）

沈阳农业大学马怀宇选育。该品种花蕾白色，具粉红色晕，开放时纯白色，单瓣，果实黄色。2017年4月申请登录并通过（登录号ICRA/M20170005K）（图79、图80）。

（6）'紫月'海棠（*Malus* 'Zi Yue'）

北京农学院李月华培育。该品种的枝条、新叶、花、果均为紫色系，所以取"紫"字表现品种特性；"月"取自培育者的名字"月华"，按照中国传统文化"紫"和"月"寓意了高品质美好圆满的生活。2015年获得中国林业植物新品种保护授权（品种权号：20150050）。2017年4月申请登录并通过（登录号：ICRA/M20170006L）（图81、图82）。

（7）'粉芭蕾'海棠（*Malus* 'Fen Balei'）

南京林业大学张往祥等人选育。该品种花粉色，重瓣，似身穿粉色芭蕾裙的少女，故名'粉芭蕾'。2017年获得中国林业植物新品种保护授权（品种权号：20170082）。2017年6月申请登录并通过（登录号：ICRA/M20180001W）（图83）。

（8）'胭影'海棠（*Malus* 'Yan Ying'）

北京市植物园曹颖等人培育。该品种树形婀娜，花朵深玫红色，开花时稍有低垂，似涂着胭脂的娇羞少女藏在绿叶间，影影绰绰，因而取名'胭影'。同时"影"字又恰巧与主要育种人名字中的"颖"同音，代表了育种人为之付出的辛勤工作。2018年6月由国际海棠品种登录中心登录（登

图79 '琥珀'海棠的花（马怀宇 摄）　　图80 '琥珀'海棠的果实（马怀宇 摄）　　图81 '紫月'海棠的花

图82 '紫月'海棠的果实（李月华 摄）　　图83 '粉芭蕾'海棠（张往祥 摄）

录号：ICRA/M20180002X）（图84）。

（9）'雪柱'海棠（*Malus* 'Xue Zhu'）

北京市植物园曹颖等人培育。该品种树体高大，枝条向上伸展，植株矗立如柱，花色洁白如雪，故得名'雪柱'。2018年6月由国际海棠品种登录中心登录（登录号：ICRA/M20180003Y）（图85）。

（10）'多娇'海棠（*Malus spectabilis* 'Duo Jiao'）

'多娇'海棠是世界上第一个黄色叶海棠品种。山东泰安振东苗圃张灿洪从重瓣粉海棠（*Malus spectabilis* 'Reversii'）嫁接苗上发现的芽变。该品种新叶金黄色带红晕，在生长中渐次转为黄绿色，偶见沿中心叶脉分布不规则绿色斑块嵌色，分外娇艳，故名'多娇'。2018年取得中国林业植物新品种保护授权（品种权号：20180291）。2019年11月由国际海棠品种登录中心登录（登录号：ICRA/M20190002N）（图86）。

（11）'国植新艳'海棠（*Malus* 'Guo Zhi Xin Yan'）

原北京市植物园曹颖等人选育。海棠花素有

图84 '胭影'海棠

"国艳"之誉，新品种'国植新艳'海棠的花色、瓣型及果色都表现新奇，因此而得名，寓意"国内培育的新国艳"。该品种花瓣玫红色与粉色相间的复色、重瓣，果实橘黄色，观赏价值高。2022年4月18日，由国际海棠品种登录中心登录（登录号：ICRA/M20220001A）（图87）。

图85 '雪柱'海棠

图86 '多娇'海棠（沈向和张灿洪 提供）

图87 '国植新艳'海棠

8 欧美知名观赏海棠收集机构

8.1 英国爱丁堡皇家植物园（Royal Botanic Garden Edinburgh）

英国爱丁堡皇家植物园建于1670年，是英国第二古老的植物园，仅比1621年建立的牛津大学植物园（University of Oxford Arboretum）晚一点，历史要比邱园还要悠久。爱丁堡皇家植物园的中国山（The Chinese Hillside）也许是中国以外最大的中国植物收集区，这里展示来自中国西南地区的植物约有1 600种[19]。在爱丁堡皇家植物园的

活植物名录中，可以检索到苹果属植物的信息包括72个分类单元[20]，其中包含几个知名的采集，如：1907年威尔逊在中国湖北收集的（264号）光叶陇东海棠（Malus kansuensis var. calva），目前有3个植株；1908年威尔逊在中国四川西部收集的（1252号）西蜀海棠（Malus pratii），目前有2个植株；1922年傅礼士（George Forrest）在中国云南收集的滇池海棠（Malus yunnanensis），目前有1个植株。其他不同年份、不同人所收集的中国苹果属植物也包含在内，如山荆子、台湾林檎、三

叶海棠、锡金海棠、新疆野苹果、变叶海棠、花叶海棠、花红、楸子和海棠花等。

8.2　英国约克郡树木园（Yorkshire Arboretum）

历史悠久的约克郡曾经是英国最大的郡，1974年被拆分为5个郡：北约克郡、南约克郡、西约克郡、亨伯赛德郡和克利夫兰郡。约克郡树木园位于英格兰北约克郡的霍华德城堡（Castle Howard），20世纪70年代末开始大量种植树木。园中植物来自世界各地的温带地区，包括智利和澳大利亚以及北美、欧洲和亚洲，重点展示可以在北约克郡生存的耐寒树种。

英国约克郡树木园2021年的活植物名录中，可以检索到147条苹果属植物的信息，代表至少50个分类单元，其中13种为中国原产植物。最早的几棵树是1981年种下的滇池海棠和花叶海棠；还有2棵垂丝海棠分别于2017年和2019年种植，源于著名的1980年中美联合考察队（Sino-American Botanical Expedition，简称SABE）采集，但都是间接引种。

8.3　加拿大汉密尔顿皇家植物园（Royal Botanical Gardens Hamilton）

加拿大汉密尔顿皇家植物园注重苹果属观赏海棠的收集。该园最早于1930年就在其岩石花园中种植了海棠（编号30035*a）。1956年又在树木园集中种植苹果属植物，首批收集于1954年开始，共55种（品种）。虽然这些苹果属植物收集可能看起来像是随机的，但实际上当他们收集开始时，就对这一专类植物布局进行了设计。起初根据海棠的原产地（"美国海棠""中国海棠"和"欧洲海棠"）种植；随着时间的推移，逐渐演变成根据树形分区（乔木形、灌木形、直立、柱状和垂枝形）；也有些是具有"结果多"和"紫色叶"等共性；最后还有一个区，展示"加拿大精选/杂交"品种、"最近引种"以及游客推荐的品种。目前，加拿大汉密尔顿皇家植物园收集了苹果属

植物186株，代表120号和84个分类单元。其中，树木园内集中收集了103株，代表76号和64个分类单元[21]。

8.4　美国哈佛大学阿诺德树木园（The Arnold Arboretum of Harvard University）

美国哈佛大学阿诺德树木园曾担任国际海棠品种登录权威40余年，在苹果属（包括苹果和海棠）的研究、引进和推广中发挥了关键作用。目前，保存苹果属植物166个分类单元，其中许多是从其原生地区采集的，尤其是在亚洲。菲亚拉（John L.Fiala）曾在自己的著作中，称阿诺德树木园是"观赏海棠的母亲园"（"the 'mother arboretum' for flowering crabapples"）。

树木园的第一任主任萨金特（Charles S.Sargent）就开始不断收集苹果属植物。19世纪末，他在彼得斯山（Peters Hill）上划定了大片土地，专门用于种植梨属、山楂属和苹果属植物；他派出的植物猎人威尔逊在中国收集了大约16种苹果属植物。后来的雷德尔和怀曼对这些植物材料进行了大量的研究，在苹果属植物分类学、园艺学上取得了丰硕的成果（Dosmann, 2009）。如今的阿诺德树木园，仍然是最具影响力的观赏海棠研究机构。

8.5　美国阿里登波尔树木园（Arie Den Boer Arboretum）

美国阿里登波尔树木园建立在艾奥瓦州得梅因水务公园（Water Works Park）内。1926年，阿里登波尔（Arie Den Boer）被任命为艾奥瓦州得梅因市水务工程的负责人，他要把这里发展成一个大公园，当时水厂的经理登曼（Charles S.Denman）支持他这么做。波尔收集了300种树木，其中包括大量海棠树，他开展的第一个项目就是建立一个观赏海棠收集区。经过30多年的努力，大约在1959年时，得梅因水厂海棠收集区就已种植山荆子（*Malus baccata*）、垂枝山荆子（*Malus baccata* var. *gracilis*）、毛山

荆子（*Malus mandshurica*）、湖北海棠（*Malus hupehensis*）、河南海棠（*Malus honanensis*）、陇东海棠（*Malus kansuensis*）、三叶海棠（*Malus toringo*）、变叶海棠（*Malus bhutanica*）、川鄂海棠（*Malus yunnanensis* var. *veitchii*）、重瓣海棠花（*Malus spectabilis* 'Plena'）、重瓣粉海棠（*Malus spectabilis* 'Riversii'）、小果海棠（*Malus micromalus*）、楸子（*Malus prunifolia*）、八棱海棠（*Malus* × *robusta*）、红肉苹果（*Malus niedzwetzkyana*）等，成为美国最大的观赏海棠收集区。波尔于1959年出版了 *Flowering Crabapples* 一书，他的书让苗圃工作者对海棠有了新的认识，并解释了这种植物在景观中的巨大多样性。1961年，波尔所建的海棠收集区被命名为"阿里登波尔树木园（Arie Den Boer Arboretum）"，波尔于当年退休。如今，该树木园包括约800棵树木，现在得梅因水务公司的工作人员负责修剪和繁殖来维护这些树木。这里可能是世界最大的观赏海棠专类园，每年通常在4月末和5月初开花，都会吸引数千名游客。

9 总结与展望

苹果属的研究历史长、文献资料多、变异类型多，加上自然杂交现象、无融合生殖、多倍体化等因素的影响，无论在植物分类研究，还是栽培品种的分类鉴定方面，都是困难重重；也正是因为这些变异和多样性，使观赏海棠新品种选育充满了无限可能。在西方庭园中有不少花卉是利用中国植物为亲本杂交培育的新品种。西方园艺学者称赞我国是"园林之母"，绝非过誉。我国丰富的植物种质资源，对世界园艺发展已经作出了突出的贡献，但我国广阔的山林旷野中，还保存着许多具有潜在的园艺价值和学术意义的野生植物，值得我们进行深入调查研究、开发利用并给以合理保护，以便永久利用（俞德浚，1987）。

9.1 野生种质资源的保护与利用

野生种质资源在苹果属植物遗传演化和栽培品种改良中具有重要作用。随着气候变化、人为干扰等因素的影响，苹果野生资源被破坏的情况越来越严重。例如，新疆野苹果部分分布区遭受非生物和生物胁迫损失较为严重，过度采种使新疆野苹果自然更新受到影响，种下类型存在一定程度的减少。目前，新疆野苹果与山楂海棠、锡金海棠、丽江山荆子已被列为国家二级重点保护野生植物，逐渐引起关注。但沧江海棠、变叶海棠、滇池海棠等呈区域性分布的物种，密集分布区极少，加上生存环境不断恶化，流失的风险正在不断加剧，需要加强原生境保护。

抢救性收集、异地保存对于保护苹果野生资源也具有十分重要的意义。我国苹果属植物野生种质资源的收集、保存数量显著增加，但是对种质资源的研究与先进国家还存在不小的差距，开展资源现状摸底调查、促进保存方式的多样化、研发精准鉴定评价体系、深入挖掘资源价值和有效利用等方面，仍有较大的提升空间（王大江等，2021）。

9.2 已知品种的整理

海棠种质资源具有丰富的多样性。近一个世纪以来，国外园艺学家利用从我国引种的苹果属植物成功地培育了大量的观赏海棠品种。由于品种记载比较混乱，缺乏系统整理，使得"同名异物"和"同物异名"现象严重；特别是在国内流通中不注意学名的使用、并习惯于使用中文翻译名，使得名称混淆状况加剧，极大影响了观赏海棠的发展以及国内外的交流。因此，需要尽可能地搜集有关海棠品种原始文献、照片资料等，对海棠品种进行核对溯源，结合实地调查、观察记录，按照统一标准对已知海棠品种进行科学的描述，同时按照最新的《国际栽培植物命名法规》对学名、异名、商品名、翻译名等进行规范化处理。

面对数以千计的观赏海棠品种，建立科学的品种分类体系，显得尤为重要；从微形态、细胞学、生化水平和分子水平多角度探索品种鉴定与分类的方法（楚爱香和汤庚国，2008），有利于海棠新品种选育、园林应用和海棠苗木产业的进一步发展。目前，国内对观赏海棠品种资源进行系统研究的工作较少，对品种现状掌握不足，对于品种分类的研究不够全面。汤庚国和刘志强对华东地区栽培较多的垂丝海棠提出了一个品种的分类系统，将其划分为直枝海棠品种群、小花海棠品种群、单叶海棠品种群、多叶海棠品种群和垂枝海棠品种群，包含27个品种（费砚良 等，2008）。该系统以垂丝海棠品种为例提出的分类思路，可以作为建立观赏海棠品种分类系统的参考。

9.3 品种选育及推广利用

苹果属植物从野生转向栽培，从食用转向观赏。自原始人类由单纯采集发展到有意识地挑选出那些适合食用的野生植物，就迈出了选育栽培植物的第一步。目前观赏海棠品种仍以白色和淡粉为主，深红色到紫红色的品种非常少；花以单瓣为主，重瓣品种较少；无香味的为主，具芳香

的很少。海棠品种的创新前景广阔，可以考虑长花期、深花色、具香气、彩色叶以及树姿特异等多个培育方向。苹果属植物花期较短，果期很长，因此海棠的观果价值也不容忽视，许多种类的观果效果比观花效果更好，如山荆子、湖北海棠等开花为白色单瓣，而秋季则果实累累，鲜艳悦目。

如今，我们已认识到苹果属植物多数种类的花和果、不论野生种或栽培品种，皆有较高观赏价值，在世界园林中逐渐占据重要地位。回顾苹果属植物，特别是观赏海棠的栽培发展历史，了解人类在苹果属植物育种中取得的重要历史成果，才能更好地把握未来的发展方向，从而深入挖掘苹果属植物资源的潜力。

近年来，我国观赏海棠育种研究取得了一定成绩，育成近百个新品种；但是总体上看，研究核心竞争力仍显不足，园林中普遍应用的品种多引自国外，国内自育的品种还需进一步推广。可以通过专类园或品种示范园的形式，展示新品种，加强国内自育品种的宣传，扩大影响力。

参考文献

布里克尔，亚历山大，戴维，等，2013.国际栽培植物命名法规[M]// 8版.国际生物科学联盟栽培植物命名法委员会编.靳晓白，成仿云，张启翔，译.北京：中国林业出版社.

陈琳琳，2014.基于统计的方法对苹果属山荆子组的分类研究[D].聊城：聊城大学.

陈嵘，1937.中国树木分类学[M].北京：京华印书馆.

成明昊，江宁拱，曾维光，1983.苹果属一新种——小金海棠[J].西南农学院学报，4：53-55.

成明昊，梁国鲁，李晓林，等，1992.苹果属一新种——马尔康海棠[J].西南农业大学学报(4):317-319.

成明昊，张云贵，李晓林，等，1999.变叶海棠多样性的区系地理学研究[J].西南农业大学学报，21 (2):130-136.

楚爱香，汤庚国，2008.观赏海棠品种分类研究进展[J].生物学通报，(7):15-17，2, 63.

丛佩华，2015.中国苹果品种[M].北京：中国农业出版社.

崔友文，1953.华北经济植物志要[M].北京：科学出版社.

邓国涛，李大福，李玉堂，1991.云南苹果属植物一新种[J].四川农业大学学报，9(1):47-51.

邓家祺，洪建元，1987.苹果属一新种[J].植物分类学报，25 (4): 326-327.

丁宝章，王遂义，1988.河南植物志：第二册[M].郑州：河南人民出版社.

费砚良，刘青林，葛红，2008.中国作物及其野生近缘植物

（花卉卷）[M]. 北京：中国农业出版社.

傅沛云, 1995. 东北植物检索表 [M]. 2 版. 北京：科学出版社.

谷粹芝, 1991. 横断山区虎耳草科和蔷薇科新植物 [J]. 植物分类学报, 29 (1): 80-83.

郭翎, 2001. 几种海棠品种的引种与栽培 [J]. 北京林业大学学报 (S2): 135-136.

郭翎, 2009. 观赏苹果引种与苹果属 (Malus Mill.) 植物 DNA 指纹分析 [D]. 泰安：山东农业大学.

黄胜白, 陈重明, 1978. 谈谈《植物名实图考》[J]. 植物杂志, (5):42-44.

黄燮才, 1989. 中药山楂原植物的研究 [J]. 广西植物, 9(4):303-310, 389.

汲宁宁, 陈玲慧, 钱关泽, 2021. 湖北海棠种内类群的分类研究进展 [J]. 南方农业, 15 (23):186-188.

江宁拱, 1986. 苹果属植物的起源中心初探 [J]. 西南农业大学学报, (1):94-97.

江宁拱, 1991. 四川苹果属一新种 [J]. 西南农业大学学报 (6): 599-600.

江宁拱, 王力超, 1996. 苹果属新组——山荆子组及其分类 [J]. 西南农业大学学报 (2):144-147.

金桂花, 2014. 苹果属系统发育基因组学和生物地理学研究 [D]. 北京：中国科学院大学.

李朝銮, 1989. 苹果属植物一新种 [J]. 植物分类学报, 27 (4): 301-303.

李菊, 2014. 变叶海棠及其近缘种的杂种起源研究 [D]. 重庆：西南大学.

李晓林, 郭启高, 梁国鲁, 等, 2012. 四川省凉山州丽江山荆子的分布及多样性研究 [J]. 西南大学学报（自然科学版）, 34 (10): 60-64.

李育农, 1989. 世界苹果和苹果属植物基因中心的研究初报 [J]. 园艺学报, 16(2) : 101-108.

李育农, 1999. 世界苹果属植物的起源演化研究新进展 [J]. 果树科学 (S1):8-19.

李育农, 1996. 世界苹果属植物种类和分类的研究进展述评 [J]. 果树科学 (S1): 63-81.

李育农, 2001. 苹果属植物种质资源研究 [M]. 北京：中国农业出版社.

梁国鲁, 李晓林, 1993. 中国苹果属植物染色体研究 [J]. 植物分类学报, 31 (3):16.

梁国鲁, 余瑛, 郭启高, 等, 2003. 苹果属植物野生种的 AFLP 分析及亲缘关系探讨 [C]. 2002 国际苹果学术研讨会论文集. 泰安：山东农业大学.

廖飞雄, 李育农, 1996. 变叶海棠 [M. toringonides (Rehd.) Hughes] 无融合生殖胚胎发育的特征与结果 [J]. 江西农业大学学报, 18(3) : 287-291.

刘家培, 袁唯, 张文炳, 1993. 云南苹果属植物一新种 [J]. 云南农业大学学报, 8(4) : 322-324.

刘莲芬, 钱关泽, 汤庚国, 等, 2005. 神农架苹果属 (Malus Mill.) 野生资源调查报告 [J]. 聊城大学学报（自然科学版）, 18(3) : 58-62.

陆秋农, 贾定贤, 1999. 中国果树志：苹果卷 [M]. 北京：中国林业出版社.

马国霞, 2012. 苹果属植物的分类学研究进展 [J]. 现代农业科技 (18): 154-156.

牧野富太郎 (Makino T), 1940. 牧野日本植物图鉴 [M]. 东京：北隆馆.

庞建华, 苏桂林, 2003. 苹果专用授粉品种简介 [J]. 山东林业科技 (1): 33.

钱关泽, 2005. 苹果属 (Malus Mill.) 分类学研究 [D]. 南京：南京林业大学.

钱关泽, 刘连芬, 王光全, 等, 2008. 苹果属 (Malus Mill.) 锡金海棠系 (Series Sikkimenses) 的分类订正 [C]. 中国植物学会编：中国植物学会七十五周年年会论文摘要汇编 (1933—2008). 兰州：兰州大学出版社.

石胜友, 梁国鲁, 成明昊, 等, 2005. 变叶海棠起源的 AFLP 分析 [J]. 园艺学报, 32 (5): 802-806.

孙云蔚, 1983. 中国果树史与果树资源 [M]. 上海：上海科学技术出版社.

特里亨, 布里克尔, 鲍姆, 等, 2004. 国际栽培植物命名法规 (ICNCP)[M]// 国际栽培植物命名委员会编. 向其柏, 臧德奎, 译. 北京：中国林业出版社.

王大江, 肖艳宏, 高源, 等, 2021. 我国苹果属植物野生资源收集、保存和利用研究现状 [J]. 中国果树, 216 (10): 6-11.

王道清, 2012. 藏药“俄色”的生药学研究 [D]. 成都：成都中医药大学.

王道清, 李敏, 石万银, 2011. 藏药“俄色”的资源调查及生药学研究 [J]. 中药与临床, 2(3): 14-16.

王光正, 1955. 刘慎谔主编：东北木本植物图志 [M]. 北京：科学出版社.

王海英, 徐庆, 樊高强, 等, 2009. 变叶海棠的研究进展与应用前景 [J]. 中国农学通报, 25(23): 155-160.

王昆, 刘凤之, 高源, 2010. 陇东海棠研究现状及应用前景 [C]. 第四届全国果树种质资源研究与开发利用学术研讨会论文汇编, 28-32.

王帅, 2021. 中国苹果属植物系统发育基因组学研究 [D]. 郑州：河南农业大学.

王宇霖, 2011. 苹果栽培学 [M]. 北京：科学出版社.

阎国荣, 于玮玮, 杨美玲, 等, 2020. 新疆野苹果 [M]. 北京：中国林业出版社.

俞德浚, 1979. 中国果树分类学 [M]. 北京：农业出版社.

俞德浚, 1984. 蔷薇科植物的起源和进化 [J]. 植物分类学报, 22 (6): 431-444.

俞德浚, 1987. 中国花卉对世界园艺的贡献 [J]. 中国花卉盆景 (3): 4-5.

俞德浚, 阎振茏, 1956. 中国之苹果属植物 [J]. 植物分类学报, 5 (2): 77-110.

俞德浚, 陆玲娣, 谷粹芝等, 1974. 中国植物志：第三十六卷 蔷薇科 [M]. 北京：科学出版社.

张堂恒, 1995. 中国茶学辞典 [M]. 上海：上海科学技术出版社.

张云霞, 朱长山, 2009. 陇东海棠一新异名. 植物科学学报, 27(4): 367.

张钊, 1958. 新疆野生苹果林的开发和利用. 新疆农业科学通报 (4): 148-152.

中国农学会遗传资源学会, 1994. 中国作物遗传资源 [M]. 北京：中国农业出版社.

ANDREASEN K, MANKTELOW M, SEHIC J, et al, 2014. Genetic Identity of Putative Linnaean Plants: Successful DNA Amplification of Linnaeus's crab apple *Malus baccata*[J]. Taxon, 63 (2) : 408-416.

BEAN W J, 1981. Trees and shrubs hardy in the British Isles, Vol 2, 8th edn.(corrected), London.: John Murray.

BOER A D,1959. Flowering Crabapples[M]. The American Association of Nurserymen.

BRICKELL C D, ALEXANDER C, DAVID J C, et al, 2016. International code of nomenclature for cultivated plants (ICNCP or cultivated plant code) : incorporating the rules and recommendations for naming plants in cultivation,Ninth edition [M]. Leuven: International Society for Horticultural Science.

CORNILLE A, GLADIEUX P, SMULDERS M J, et al, 2012. New insight into the history of domesticated apple: secondary contribution of the European wild apple to the genome of cultivated varieties [J]. PLOS Genetics, 8 (5): e1002703.

DICKSON E A, 2015. *Malus* in Flora of North America Editorial Committee (ed): Flora of North America 9 [M]. New York and Oxford: Oxford University Press.

DOSMANN M S, 2009. *Malus* at the Arnold Arboretum: An ongoing legacy [J]. Arnoldia, 67 (2): 15.

DUAN N, BAI Y, SUN H, et al, 2017. Genome re-sequencing reveals the history of apple and supports a two-stage model for fruit enlargement[J]. Nature Communications, 8 : 249.

EDGAR C D, 1974. Peter M. Gideon: Pioneer horticulturist [J]. Minnesota History, 44 (3, Fall) : 96-103. Minnesota Historical Society Press.

FIALA J L, 1994. Flowering Crabapples: The genus *Malus* [M]. Portland, Oregon: Timber Press.

FOLTA K M , GARDINER S E, 2009. Genetics and genomics of Rosaceae [M]. New York: Springer.

GU C Z, SPONGBERG S A, 2003. *Malus*in Wu Z Y, Raven P H&Hong D Y (eds): Flora of China 9 [M]. Beijing: Science Press & St. Louis: Missouri Botanical Garden Press.

HOKANSON S C, LAMBOY W F, SZEWC-MCFADDEN A K, et al, 2001. Microsatellite (SSR) variation in a collection of *Malus* (apple) species and hybrids [J]. Euphytica, 118 (3) : 281-294.

HOOKER J D, 1895. *Pyrus sikkimensis* [J]. Curtis's botanical magazine, 51 (3rd series) t. 7430.

JACOBSON A L, 1996. North American landscape trees [M]. Berkeley, California: Ten Speed Press.

JEFFERSON R M, 1970. History, progeny, and locations of crabapples of documented authentic origin. National Arboretum Contribution No. 2 [M]. Washington, D.C.: Agricultural Research Service, U.S. Department of Agriculture.

JUNIPER B E, MABBERLEY D J, 2019. The extraordinary story of the apple [M]. Kew Publishing.

LANGENFELD V T, 1991. Yablonya. Morfologichyeskaya evolyutziya, filogyeniya, geografiya, sistyematika roga (Apple trees: morphological evolution, phylogeny, geography and systematics of the genus) [M]. Riga: University of Latvia.

LI J C, LIU J Q, GAO X F, 2022. A revision of the genus *Malus* Mill. (Rosaceae) [J]. European Journal of Taxonomy 853 : 1-127.

LI Q Y, GUO W, LIAO W B, et al, 2012. Generic limits of Pyrinae: insights from nuclear ribosomal DNA sequences [J]. Botanical Studies, 53 : 151-164.

LIKHONOS F D, 1974. A survey of species of genus *Malus* Mill [J]. Trudy po Prikladnoi Botanike, Genetike i Selektsii 52:16-34.

LIU B B, REN C, KWAK M, et al, 2022. Phylogenomic conflict analyses in the apple genus *Malus* s.l. reveal widespread hybridization and allopolyploidy driving diversification, with insights into the complex biogeographic history in the Northern Hemisphere [J]. Journal of integrative plant biology, 64(5) : 1020-1043.

MAKINO T, 1908. Observations on the Flora of Japan [J]. The Botanical Magazine, 22 (255) : 63-72.

NIKIFOROVA S V, CAVALIERI D, VELASCO R, et al, 2013. Phylogenetic analysis of 47 chloroplast genomes clarifies the contribution of wild species to the domesticated apple maternal line [J]. Molecular Biology and Evolution, 30(8):1751-1760.

PHIPPS J B, 1994. MALUS BHUTANICA - comb. Nov. [J]. Edinburgh Journal of Botany, 51(1): 100.

PONOMARENKO V, 1986. Review of the speciescompriesed in the genus *Malus* Mill. [J]. Bulletin of Applied Botanyand Plant Breeding, 106 : 16-26.

REHDER A, 1920. New species, varieties and combinations from the herbarium and the collections of the Arnold Arboretum [J]. Journal of the Arnold Arboretum, Arnold Arboretum, Harvard University, 2:42-62.

REHDER A, 1933. New species, varieties and combinations from the herbarium and the collections of the Arnold Arboretum [J].Journal of the Arnold Arboretum, 14: 199-222.

REHDER A, 1940. Manual of cultivated trees and shrubs hardy in North America, exclusive of the subtropical and warmer temperate regions, second edition revised and enlarged. I-XXX [M]. New York: Macmillan.

ROBERTSON K R, PHIPPS J B, ROHRER J R, et al, 1991. A synopsis of genera in Maloideae (Rosaceae) [J]. Systematic Botany, 16 (2) : 376-394.

ROBINSON J P, HARRIS S A, JUNIPER B E, 2001. Taxonomy of the genus *Malus* Mill. (Rosaceae) with emphasis on the cultivated apple, *Malus domestica* Borkh. [J]. Plant Systematics and Evolution, 226: 35-58.

RUSHFORTH K, 2018. The whitebeam problem, and a solution [J]. Phytologia, 100 (4): 222-247.

04

SARGENT C S, 1916. Plantae Wilsonianae: An enumeration of the woody plants collected in Western China for the Arnold Arboretum of Harvard University during the years 1907, 1908, and 1910 by E.H. Wilson, vol. 2 [M]. Cambridge: Cambridge University Press.

SCHNEIDER C K, 1904 (1906). Illustriertes handbuch der laubholzkunde 1 [M]. Jena: Verlag von Gustav Fischer.

SIEBOLD P F, 1848 in Jaarboek van de Koninklijke Nederlandsche Maatschappij tot Aanmoediging van den Tuinbouw [M].Leiden:Voor Rekening Van De Maatschappij.

SPONGBERG S A, 1988. Cultivar registration at the Arnold Arboretum [J]. HortScience, 23 (3): 456-458.

SPONGBERG S A, 1989. Cultivar name registration at the Arnold Arboretum 1987 and 1988 [J]. HortScience, 24 (3):433-434.

TOBER D, 2013. Manchurian crabapple (*Malus mandshurica*) [M]. USDA-Natural Resources Conservation Service, Plant Materials Center, Bismarck, ND.

VOLK G M, et al, 2015. Chloroplast heterogeneity and historical admixture within the genus *Malus* [J]. American Journal of Botany, 102 (7) : 1198-1208.

WIEGERS F A, 1809. Collection D' Arbers, Arbrisseaux, Plantes Et Oignons Etrangers Rangee par ordre alphabetique[M]. Botaniste a Malines. Avec les prix fixes en arg. courant de Brabant.

WILSON E H, 1927. Arnold Arboretum[J]. Harvard University Bulletin of Popular Information, Series3, 1(5):17-20.

WYMAN D, 1943. Crab apples for America [M]. The American Association of Botanical Gardens and Arboretums.

YOUSEFZADEH H, KHODADOST A, ABDOLLAHI H, et al, 2019. Biogeography and phylogenetic relationships of Hyrcanian wild apple using cpDNA and ITS noncoding sequences [J]. Systematics and Biodiversity, 17(3) : 295-307.

YUZEPCHUK S V, 1971. *Malus* Mill. in Komarov (ed): Flora of the USSR 9 [M]. Jerusalem: Israel Program for Scientific Translations.

ZHANG W X, FAN J J, XIE Y F, et al, 2019. An Illustrated electron microscopic study of crabapple pollen [M]. Beijing: Science press.

网络资源和其他文献

[1] https://npgsweb.ars-grin.gov/gringlobal/taxon/taxonomysearch [在Genus name (nohybrid symbols)中检索: *Malus*]. Accessed 2022-10-28.

[2] https://treesandshrubsonline.org/articles/malus/malus-baccata/, Accessed 2022-01-19.

[3] https://www.botan.uu.se/our-gardens/linnaeus-hammarby/our-plants/linnaeus--plants/sibiriskt-appeltrad-barapel--malus-baccata/,Accessed 2022-08-29

[4] http://www.theplantlist.org/tpl1.1/record/rjp-7023（该网站

已停更，但仍可显示），Accessed 2021-10-18 .

[5] https://www.plantplus.cn/cn/sp/Malus%20sikkimensis?t=r, Accessed 2022-02-21.

[6] https://treesandshrubsonline.org/articles/malus/malus-rockii/, Accessed 2022-08-30.

[7] 国家林业和草原局农业农村部公告（2021年第15号，国家重点保护野生植物名录），2021年9月7日公布。

[8] https://treesandshrubsonline.org/articles/malus/malus-toringo/,Accessed 2022-03-05.

[9] https://treesandshrubsonline.org/articles/malus/malus-kansuensis/,Accessed 2022-03-08.

[10] https://www.plantplus.cn/cn/sp/%E5%B1%B1%E6%A5%82%E6%B5%B7%E6%A3%A0?t=r, Accessed 2022-03-08.

[11] https://treesandshrubsonline.org/articles/malus/malus-transitoria/,Accessed 2022-03-11.

[12] https://treesandshrubsonline.org/articles/malus/malus-prattii/, Accessed 2022-03-12.

[13] https://treesandshrubsonline.org/articles/malus/malus-ombrophila/,Accessed 2022-03-15.

[14] http://book.sbkk8.com/gudai/gudaiyishu/ben cao gang mushiyi/120575.html（本草纲目拾遗（卷六）木部：松萝茶），Accessed 2022-08-05.

[15] https://dawesarb.arboretumexplorer.org/taxon-10933.aspx, Accessed 2022-10-08.

[16] https://treesandshrubsonline.org/articles/malus/malus-asiatica/, Accessed 2022-09-12.

[17] Willdenow, 1794. Syn. of *Malus prunifolia*: *Pyrus prunifolia*[J], Phytographia, 1: 8.

[18] Curtis, 1794 in Curtis's Botanical Magazine 8: t. 267.

[19] https://www.rbge.org.uk/collections/living-collection/living-collection-at-the-royal-botanic-garden-edinburgh/#chinesehillside, Accessed 2022-12-04.

[20] https://data.rbge.org.uk/search/livingcollection/?eti=malus&cfg=livcol.cfg, Accessed 2022-12-04.

[21] https://www.rbg.ca/the-malus-collection/（Jon Peter, The Malus Collection. Royal Botanical Gardens.May 29, 2020），Accessed 2022-11-28.

致谢

首先感谢国际海棠品种登录专家、国际海棠学会主席、原北京市植物园总工程师郭翎博士，为国家植物园（北园）收集了大量的海棠种质资源和国内外文献资料，从而为本章的撰写奠定基础。其次，感谢在本文撰写过程中各级领导、同事和朋友提供的直接或间接的支持；特别感谢马金双博士、王康博士、杨永博士和Martin Siaw先生提供的文献及指导，感谢沈向教授、马怀宇教授、李月华教授、张往祥教授、Michael Dosmann先生以及中国植物图像库提供照片支持；对于各位照片拍摄者不一一列出，但深表感谢。最后，感谢我的家人们在生活与工作协调上给予的充分理解。

作者简介

权键（女，北京人，1978年生），2001年毕业于北京农学院，获农学学士学位，2008—2011年就读于北京林业大学研究生院，获风景园林专业硕士学位。2001年8月至今一直在国家植物园（北园，原北京市植物园）工作，2015年任高级工程师；主要从事苹果属种质资源研究，野生植物资源调查、引种和科学普及工作；现为国际海棠栽培品种登录专家助理，参与主编*The Internatinal Crabapple Register and Checklist 2017*、《海棠种质资源描述规范和数据标准》。

本章所有照片，除署名外，均为作者拍摄。

04

China

05

-FIVE-

秋海棠属：回顾与展望

Review and Prospect of *Begonia*

董文珂

（北京花乡花木集团有限公司）

DONG Wenke*

(Beijing Green Garden Group Co., Ltd.)

邮箱：victor_dawn@163.com

摘 要： 本文通过大量文献，并与国内外主要秋海棠学者交流，一是考证了秋海棠（*Begonia grandis* Dryand. subsp. *grandis*）的名称由来和出现时间，推断出秋海棠的引种栽培历史至少有500年，还发现了超过1 000年的秋海棠画作；二是梳理了世界秋海棠科和中国秋海棠属研究的历史和现状，以及世界主要秋海棠研究和保育机构的概况，还列举了中国278种（含种下分类群）秋海棠的基本信息，包括中文名、别名、学名、异名、分组、国内外分布等；三是总结了180多年的世界秋海棠育种历史和现状，指出了未来的育种方向，并介绍了107种（含种下分类群）值得园林园艺开发的中国秋海棠种质资源。这些将为中国秋海棠属的研究和开发提供重要的参考。

关键词： 秋海棠属　分类学　民族植物学　种质资源　育种　历史

Abstract: Through a large number of references and communications with major *Begonia* scholars at home and abroad, first, the origin and occurrence of the Chinese name of *Begonia grandis* subsp. *grandis* was textually researched, it was grown at least 500 years ago and painted more than 1 000 years ago in China; second, the research histories and current situations of world's Begoniaceae and Chinese *Begonia*, as well as the world's major *Begonia* research and conservation institutions were summarized, and the basic information about 278 *Begonia* taxa in China was listed, incl. Chinese and its local names, accepted scientific names and their synonyms, their sections and distributions; third, the history and current situation of more than 180-year's global *Begonia* breeding were also summarized, future breeding goals were pointed out, and 107 Chinese *Begonia* taxa that are worthy of landscaping and gardening were introduced. This paper will provide people important references for the research and development of Chinese *Begonia*.

Keywords: *Begonia*, Taxonomy, Ethnobotany, Germplasm resources, Breeding, History

董文珂，2023，第5章，秋海棠属：回顾与展望；中国——二十一世纪的园林之母，第四卷：275-389页.

在中国，分布最广的秋海棠[1]（*Begonia grandis* Dryand. subsp. *grandis*）在1 000多年前已被古人在山野中注意到并绘制在绢上，至少500年前已被古人引种栽培，约400年前出现在了相关专著中，约300年前又被引种到国外栽培，但直到最近才被系统研究和开发（王象晋，2001；Nakata et al., 2012；李行娟 等，2014；袁宏道 等，2019）。在国外，关于秋海棠属的记载不足400年，引种栽培则出现在约300年前，而系统研究和开发约200年前就开始了，时至今日依旧方兴未艾（Hernandez, 1651; Dryander, 1791; Nakata et al., 2012）。目前，人们只是揭开了秋海棠属的冰山一角，在了解其国外研究和开发的历史和现状的基础上，着眼中国秋海棠属种质资源的研究和开发，未来才可能大有作为！

1 秋海棠考

1.1 秋海棠名称考

《尔雅·释木》云"杜，赤棠，白者棠"，《说文解字》又云"牡曰棠"，后来《说文解字注》解释"草木有牡者，谓不实者也"。因此，"棠"指开白花或不易结实的梨（*Pyrus* L.）。"海"则在《说

---

1 本文"1 秋海棠考"全指本原亚种，其余部分指本原亚种时均附学名，否则"秋海棠"泛指秋海棠属植物。

文解字》中为"天池也，以纳百川者"，也就是"大"，可引申为"多"或"远"（段玉裁，2013；许慎，2013；管锡华，2014）。始见于唐（618—907）典籍中的海棠（*Malus* Mill.）的"海"可能指"多"[2]，虽然《海棠谱》引"凡花木名海者，皆从海外来，如海棠之类是也"，但查《全唐文：卷七百八》载《平泉山居草木记》原文为"木之奇者……嵇山之海棠"，并无前述内容（陈思，1999；董诰，1983）。因海棠花［*M. spectabilis* (Aiton) Borkh.］与秋海棠均花蕾玫红色，开后褪为粉色，具淡香，故借用"海棠"一名，但前者为春季开花的木本，后者为秋季开花的草本，进而用"秋"以示区别。因此，秋海棠可解释为秋季开花的草本海棠。

秋海棠一词又是什么时候出现的呢？南宋（1127—1279）诗词中已多次出现"秋日海棠"，如《海棠谱》作为当时一本汇集名人赞美海棠的作品，收录了《张子仪太社折送秋日海棠》，也记载了南海棠（虎刺梅 *Euphorbia milii* Des Moul.）等与海棠名称近似的植物，但无秋海棠（陈思，1999）。又如《天台陈先生类编全芳备祖》作为当时一本园艺著作，也未记载秋海棠（陈景沂，2018）。到了元（1271—1368）张养浩（1270—1329）又有《〔双调〕：清江引·咏秋日海棠》和《秋日梨花》，更加明确其所指为秋季二次开花的海棠和梨，但未见这一时期的园艺专著。直到明（1368—1644）中期才出现了邵宝（1460—1527）《秋华十咏次如山其六　秋海棠》的"离离秋草缀红芳，春睡初醒又晚妆"，边贡（1476—1532）《秋海棠》的"庭下秋棠开紫绵，映风含雨净娟娟"和陈道复（1483—1544）《题秋海棠》的"墙根昨日开无数，谁说秋来少艳姿"等人的诗句，这些也是目前可考的最早关于秋海棠的名称记载和描述。同时期的徐渭（1521—1593）在"花竹图"题跋中依旧称其所绘秋海棠为"海棠"，加之邵宝的诗句"春睡初醒又晚妆"，可推断人们当时也用海棠指秋海棠。到了明后期，《遵生八笺》（1591）、《瓶花谱》（1595）、《瓶史》（1599）已明确将秋海棠与海棠分开描述，《二如亭群芳谱：花谱：卷一》（1621）还提到秋海棠的别名有"八月春"和"断肠花"，清（1636—1912）《本草纲目拾遗：卷七：花部》（1765）又提到其别名"相思草"（王象晋，2001；赵学敏，2007；袁宏道 等，2019）。因此，"秋海棠"一词很可能出现在距今500～700年前的元后期至明早期。

1.2　秋海棠文化艺术考

中国民间流传着陆游（1125—1210）和唐琬（1128—1156）与秋海棠之间的轶事，然而南宋《耆旧续闻：卷十》《后村诗话：续集卷二》《齐东野语：卷一》等最早记载二人轶事的书籍中均不见相关内容，却有陆游父母担心其眷恋儿女之情影响功业和唐琬因不育导致二人离异的记载，是否后人因此赋予秋海棠悲情和苦恋的花语则不得而知（陈鹄，1985；周密，2012；刘克庄，2021）。总之，明中期开始出现关于秋海棠的诗句，明后期已明确赋予了秋海棠悲情的花语，如《钱尚宝家秋海棠》中的"剪剪秋风一断肠，美人无力怯新凉"，《题秋海棠》中的"断肠春色里……朱颜只近愁，诗篇妾薄命……情生欲白头"和《秋海棠》中的"多露愁相倚……能添思妇苦"，至清末已多达数十首，包括爱新觉罗·弘历（1711—1799）的几首《秋海棠》，如"不与春光争艳冶，却教秋圃擅风流"和"秋来卉亦繁，草本此为最……爱此八月春，何必紫绵枝"等。此外，清《御定佩文斋广群芳谱：卷三十六》记载了《采兰杂志》和《嫏嬛记》[3]中有关秋海棠的文字，但查阅元《说郛》收录的上述2篇原文后却没有找到任何秋海棠的记载（汪灏，1985；陶宗仪和陶珽，1990）。由此可见，中国古代关于秋海棠的一些记载是需要考证的。

相较于文字记载，绘画是非常直观的。因

05

---

2 源自2022年与国家植物园（北园）郭翎的私人交流。
3 有文献写作《琅嬛记》。

图1 徐崇嗣的秋海棠作品（自www.pinterest.com/pin/488992472016336069）

"棠"与"堂"谐音，因此后人绘画立意多用之，如玉堂春富贵、捷报满寿堂和五世同堂等。自"黄家富贵、徐家野逸"后花鸟画成为一种重要的绘画表现形式，其在立意上注重表达人的真善美，在绘画上又注重真实事物的再现。五代十国（907—979）黄筌（903—965）和徐崇嗣[4]均有秋海棠画作（图1）存世，是目前已知最早关于秋海棠的绘画作品，后者的画作还展现了秋海棠的生境。钱选（1239—1299）仿前人也画了类似徐崇嗣的作品。后来徐渭的"花竹图"展现了秋海棠的栽培应用环境。1756年华嵒（1682—1762）的《海棠禽兔图》更是把秋海棠画得栩栩如生。近代，齐白石（1864—1957）有多幅关于秋海棠的作品，如1957年的《九秋图》。总之，明清时期的各类绘画作品（图2）、服饰和其他手工艺品中常会出现秋海棠图案（图3）。除此之外，中国古代的窗格、瓷器、玉器和漆器等还有一种称为"海棠式"的图案，因形似秋海棠雄花的4个花被片而让人产生遐想。目前，暂未发现"海棠式"图案和秋海棠有直接关系。

1.3 秋海棠园林园艺考

关于最初的秋海棠引种栽培历史已无从考证，但从边贡和陈道复诗句中可以推断秋海棠至少在16世纪初期已经有栽培了，距今有超过500年的历史。到16世纪末期，相继出现了多部记载秋海棠的书籍，除《遵生八笺》《瓶花谱》《瓶史》等3部著作中关于秋海棠的插花应用外，还有于若瀛（1552—1610）《弗告堂集：卷四》中

---

4 生卒年不详，徐熙（886—975）之孙或之子，一说南唐保大（943—957）年间已参加画院，另说其生活在北宋（960—1127）早期。

图2　苏州博物馆藏吴楷"金面成扇"（正面）[5]

图3　美国科尔茨秋海棠研究中心藏20世纪初的中国刺绣（局部）

5　本文图片如无说明，则均为作者提供。

"金陵花品咏"关于秋海棠的记载："秋海棠喜阴生，又宜卑湿，茎岐处作浅绛，色绿，叶文以朱丝，婉媚可人，不独花也。浅碧袅秋丛，殷红上阶级，迎风翠欲飘，泫露娇疑立"。而《二如亭群芳谱：花谱：卷一》（1621，图4）则是最早记载秋海棠的园艺著作，后来《花镜》（1688）又

称"秋海棠，一名八月春，为秋色中第一……真同美人倦妆"（陈淏子，1956；王象晋，2001）。此外，17世纪30年代秋海棠被引种到日本长崎，1804年又被引种到英国（Hooker, 1899a; Nakata et al., 2012）。至此，秋海棠成为东西方园林均有栽培的花卉。

2 秋海棠科的研究

2.1 世界秋海棠科的分类研究

中国是最早记载和研究秋海棠科植物的国家，1621年《二如亭群芳谱：花谱：卷一》中已有关于秋海棠（*Begonia grandis* Dryand. subsp. *grandis*）的简单描述。此后，1651年《墨西哥历史上新的植物、动物和矿物》（*Nova Plantarum, Animalium & Mineralium Mexicanorum Historia*）中才首次描述并配图了被当地人称为"totoncaxoxo coyollin"的植物，即纤弱秋海棠（*Begonia gracilis* Kunth）（Hernandez, 1651; Thompson & Thompson, 1981）。1692年夏尔·普吕米耶（Charles Plumier, 1646—1704）独自前往西印度群岛采集各类植物并绘制图版，在此过程中他得到了米歇尔·贝贡（Michel Bégon, 1638—1710）的鼎力资助（Koch, 1857）。为了感激他，1695年普吕米耶把自己在当地新发现的6种[6]叶片偏斜的草本植物用拉丁语化后的"贝贡"作为它们的属名，这就是秋海棠属（*Begonia* Plumier）学名的由来（Dryander, 1791）。1700年《皇家植物标本集》（*Institutiones Rei Herbariae*）首次收录该名称并附图版，1754年《植物属志》（*Genera Plantarum*，第5版）收录该名称，并以

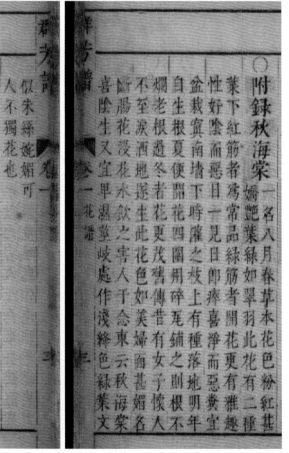

图4 《二如亭群芳谱：花谱：卷一》秋海棠部分（两页合并）（自 www.guoxuemi.com）

---

6 本文如无说明，则均不含天然杂种和种下分类群。

"*Begonia* L." 沿用至今（Tournefort, 1700a, 1700b; Linnaeus, 1754）。后来秋海棠的英文（begonia）、法文（bégonia）、德文（begonie）、日文（ベゴニア）和俄文（бегония）等均源于此，但彼时秋海棠属并未引起植物学家的关注。

1791 年第一篇关于秋海棠属的论文被发表，文中描述了 21 个种，包括秋海棠（*Begonia grandis* Dryand. subsp. *grandis*）和 9 个不确定的种（Dryander, 1791）。1813 年秋海棠科（Begoniaceae Bonpl.）被首次建立，1818 年罗伯特·布朗（Robert Brown, 1773—1858）沿用该科名并认为细分秋海棠属可能是合适的，之后许多人将布朗作为秋海棠科的建立者，写作 "Begoniaceae R.Br."。后来由于《国际植物命名法规》（*International Code of Botanical Nomenclature*）[7] 的出现和使用，加之上述 2 个名称的建立都是非正式的，最后把 1824 年建立的秋海棠科（Begoniaceae C.Agardh）作为保留名称使用，包括 2 个属[8]，其中秋海棠属含 35 个种（Bonpland, 1813; Brown, 1818; Agardh, 1824; Stafleu et al., 1972; Baranov, 1981）。1836 年球根秋海棠属（*Eupetalum* Lindl.）被建立（Lindley, 1836）。1840 年《植物命名》（*Nomenclator Botanicus*，第 2 版：第 1 卷）中已收录秋海棠属 142 个种，细分该属已不可避免（Steudel, 1840）。1841 年肉果秋海棠属（*Mezierea* Gaudich.）被建立，1846 年秋海棠属中每室胎座具 2 裂片的种被独立出来建立东亚秋海棠属（*Diploclinium* Lindl.）（Gaudichaud, 1841; Lindley, 1846; Johnston, 1944）。1854 年约翰·克洛奇（Johann F.Klotzsch, 1805—1860）把秋海棠科细分为 41 个属 210 个种，除上述 4 个属外其余均由他建立，但未收录此前已发表的三等被秋海棠属（*Trilomisa* Raf.）和扁裂胎座秋海棠属（*Platyclinium* T.Moore）[9]（Rafinesque, 1836; Moore, 1850; Klotzsch, 1854）。1855 年和 1857 年楔蕊秋海棠属（*Sphenanthera* Hassk.）和管果秋海棠属（*Trachelocarpus* C.Müll.）相继被建立（Hasskarl,

1855; Müller, 1857）。1864 年阿方斯·德康多尔（Alphonse P. de Candolle, 1806—1893）首次使用组（section）的等级，并根据胎座、子房和果实等的形态特征把秋海棠科分为 3 个属，即秋海棠属、钩果秋海棠属（*Casparya* Klotzsch）和肉果秋海棠属，其中秋海棠属又被细分为 61 个组（包括并入球根秋海棠属和克洛奇的 34 个属）、323 个种和 55 个种下分类群、31 个存疑种、12 个园艺杂种、30 个只有学名但缺形态描述的种，钩果秋海棠属被分为 8 个组、23 个种和 9 个种下分类群，肉果秋海棠属被分为 2 个组、3 个种和 3 个种下分类群，还制作了分属和分组检索表（de Candolle, 1864）。1866 年和 1873 年夏威夷秋海棠属（*Hillebrandia* Oliv.）和矮秋海棠属（*Begoniella* Oliv.）先后被建立（Oliver, 1866, 1873）。1880 年查尔斯·克拉克（Charles B. Clarke, 1832—1906）首次使用亚属（subgenus）的等级划分印度的秋海棠属（Clarke, 1880）。1894 年奥托·瓦尔堡（Otto Warburg, 1859—1938）把德康多尔的秋海棠科全部并入秋海棠属，保留夏威夷秋海棠属 1 个种和矮秋海棠属 3 个种，以及建立仅 1 个种的合被秋海棠属（*Symbegonia* Warb.），并首次根据秋海棠属的地理分布将 440 多个种划入非洲 12 个组约 66 个种，亚洲 15 个组约 132 个种，美洲 31 个组约 244 个种，附 3 个不稳定的组 4 个种，也制作了分属和分组检索表（Warburg, 1894）。至此，第一个世界秋海棠科分类系统形成，秋海棠科也成为被子植物中的一个大类群引起了植物学家的关注。

进入 20 世纪，秋海棠科植物的无限魅力逐渐显现，也让一些植物学家穷其一生去探究，他们从中还获得了丰硕的成果。20 世纪 10 年代初埃德加·伊姆舍尔（Edgar Irmscher, 1887—1968）开始研究秋海棠，并于 1925 年在很大程度上继承了瓦尔堡的处理方案，把秋海棠科分为 5 个属，包括 1908 年建立的少蕊秋海棠属（*Semibegoniella* C.DC.），把秋海棠属约 760 个种划入非洲 12 个组

---

7 已更名为《国际藻类、真菌和植物命名法规》（*International Code of Nomenclature for algae, fungi, and plants*）。
8 另外一个是非秋海棠科的蕺菜属（*Houttuynia* Thunb.）。
9 此后的研究者也未收录三等被秋海棠属和扁裂胎座秋海棠属。

约80个种，亚洲15个组约310个种，美洲32个组240多个种，非洲、亚洲和美洲各1个不确定的组共4个种，以及1个亚洲和美洲共有的组约120个种，还致力于将当时已知的种类放入对应的组中，同时倾向于将营养器官的特征作为重要的分类依据，其对全球各地秋海棠跨越半个世纪的相关研究对后人影响甚大（de Candolle, 1908; Irmscher, 1925; Doorenbos et al., 1998）。30年代末莱曼·史密斯（Lyman B. Smith, 1904—1997）开始研究美洲的秋海棠，1955年把矮秋海棠属和少蕊秋海棠属并入秋海棠属后秋海棠科仅保留3个属，即秋海棠属、夏威夷秋海棠属和合被秋海棠属，1986年出版的《秋海棠科》（Begoniaceae）成为研究该科不可或缺的重要著作，包括秋海棠属1 337个种2个杂种8个亚种176个变种15个变型，夏威夷秋海棠属1个种和合被秋海棠属12个种，制作了秋海棠科的分种检索表，列出了各级分类群及其异名的原始文献和地理分布，并附模式标本照片或图版等1 183幅，但未对种进行分组（Smith & Schubert, 1955; Thompson & Thompson, 1981; Smith et al., 1986; Doorenbos et al., 1998）。1965年起扬·多伦博斯（Jan Doorenbos, 1921—2001）在广泛收集全球植物用于育种时关注到了秋海棠科植物，对200多种（含种下分类群）秋海棠进行了染色体研究，1998年出版的《秋海棠属分组》（The Sections of Begonia）更是首次详细阐述了全球秋海棠属的分组，并把1 399个种划入63个组（含19个未分组的种），被广泛认为是一本实用、完整且具深刻见解的秋海棠属分类学著作，影响了后来的研究者（Legro & Doorenbos, 1969, 1971, 1973; Thompson & Thompson, 1981; Doorenbos et al., 1998）。70年代中期杰克·戈尔丁（Jack Golding, 1918—2009）也致力于世界秋海棠科的分类研究并参编了3本专著：1974年《秋海棠科物种》（The Species of the Begoniaceae，第2版）对每个组的异名和模式种进行了考证，对组进行了简单的形态描述，并整理了物种清单；1986年《秋海棠科》及其2002年第2版，后者对初版进行了修订和勘误，包括秋海棠属1 453个种17个亚种167个变种14个变型，夏威夷秋海棠属1个种和合被秋海棠属12个种，还增加了种的分组信息和模式标本照片或图版212幅（Smith et al., 1986; Doorenbos et al., 1998; Golding & Wasshausen, 2002）。后来，戈尔丁从2005年3月15日起又继续修订第2版至2008年9月15日，次年与世长辞，其书稿包括秋海棠属1 514个种、17个亚种、149个变种、12个变型和夏威夷秋海棠属1个种，但未刊印[10]。20世纪末，分子生物学手段被用于秋海棠属的系统发育研究，导致2003年合被秋海棠属被并入秋海棠属，至此秋海棠科的属级分类变得稳定（Forrest, 2000; Forrest & Hollingsworth, 2003; Ardi et al., 2022）。与此同时，秋海棠属引起了多国植物学家的极大兴趣，相关分类学研究方兴未艾。

近年来世界秋海棠属的分类学研究取得了长足进展，2010年彭镜毅（1950—2018）等率先创建世界秋海棠属物种数据库（www.hast.biodiv.tw/Begonia/BegoniaList.aspx）。2015年马克·休斯（Mark Hughes, 1970—）等也创建了世界秋海棠属物种数据库（padme.rbge.org.uk/Begonia/home），截止到2023年5月5日已收录70个组、2 123个种的相关信息，包括原始文献、标本、地理分布、分组、异名和注释等（Hughes et al., 2015—）。2018年休斯与10多个国家的28位秋海棠专家用574个种的分子材料结合形态学和地理学数据进行分类学修订，把1 870个种划入70个组，还提供了所有组的形态描述、地理分布、物种清单和注释等信息，"休斯系统"正式形成（Moonlight et al., 2018）。紧接着，2019年税玉民（1966—）等也提出了世界秋海棠属分类系统，再次使用"亚属"的等级，把1 925个种划入14个亚属、48个组（包括40多个未划分的种），其亚属的划分为秋海棠属的地理分布和形态特征研究提供了新视角，其

10 源自2018年与美国秋海棠协会约翰娜·津恩（Johanna Zinn）的私人交流和未刊印的《秋海棠科》（Begoniaceae, ed. 2, pt. 1: Annotated Species List）2008年9月15日修订稿。

282

中对非洲类群的划分尤为显著，此外还对庞杂的东亚秋海棠组 ［ Sect. *Diploclinium* (Lindl.) A.DC. ］进行了细化，本文简称"税玉民系统"（Shui et al., 2019）。最近，休斯又与全球36位秋海棠专家基于秋海棠属核基因组、叶绿体基因组和线粒体基因组研究结果之间的不一致性，提出了一个综合考虑系统发育与形态特征的、可行的、包容的、实用的和稳定的分类学研究倡议，为今后一段时间的秋海棠属分类和系统发育研究指明了方向，并奠定了相关合作的基础（Ardi et al., 2022）。

除上述植物分类学研究外，园艺学家们还对秋海棠属栽培品种（即品种，cultivar）开展了品种分类学研究。19世纪中叶秋海棠属品种首次出现，品种名称前的缩写符号与植物学名中的变种缩写符号相同，均为"var."，如1860年培育的品种 'Leopardina' ［ 豹纹 ］ 大王秋海棠当时被写作 "*Begonia rex* var. *leopardina* T.Moore"，这导致人们无法区分自然变种和栽培变种。1896年安德烈亚斯·弗斯（Andreas Voss, 1857—1924）率先根据茎的形态把秋海棠杂交品种分为杂种直立茎秋海棠（B. × *caulohybrida* Voss）、杂种根茎秋海棠（B. × *rhizohybrida* Voss）、杂种球根秋海棠[11]（B. × *tuberhybrida* Voss）等3类，三者几乎涵盖了所有的栽培品种（Siebert & Voss, 1896）。由于前2个杂种都是"大杂烩"，亲本繁多、多元起源，因此后来不再被使用。而以球根秋海棠组（Sect. *Australes* L.B.Sm. & B.G.Schub.）种类为主要亲本的杂种球根秋海棠则被沿用至今（Tebbitt, 2020）。1914年利伯蒂·贝利（Liberty H. Bailey, 1858—1954）又将种和品种按照园艺学方法分为4类：半球根类、球根类、大王类和须根类，并于1923年建立栽培大王秋海棠（B. × *rex-cultorum* L.H.Bailey）（Bailey, 1919, 1923）。随后，1933年冬花秋海棠（B. × *hiemalis* Fotsch）和1945年栽培四季秋海棠（B. × *semperflorens-cultorum* H.K.Krauss）被建立，1955年改进型的

冬花秋海棠被称为丽格秋海棠（Rieger begonias），1968年圣诞秋海棠（B. × *cheimantha* Everett ex C.Weber）被建立（Fotsch, 1933; Krauss, 1945; Weber & Dress, 1968a; Thompson & Thompson, 1981）。根据亲缘关系、株型和花型等杂种球根秋海棠分别于1968年、1979年和1981年被细分为8个、16个和17个类型，后来其中4个类型丢失，至2020年时还剩13个类型被栽培（Weber & Dress, 1968b; Haegeman, 1979; Thompson & Thompson, 1981; Tebbitt, 2020）。另外，由于半球根类的圣诞秋海棠不耐运输和花蕾易脱落等缺点，20世纪90年代起挪威人尝试改进品种，但终未获成功，现已基本不栽培了（Hvoslef-Eide & Munster, 2006）。因此，根据《国际栽培植物命名法规》（*International Code of Nomenclature for Cultivated Plants*）第9版的规定，上述栽培类群应作栽培群（Group）处理，即圣诞秋海棠栽培群（B. Cheimantha Group）、冬花秋海棠栽培群（B. Hiemalis Group[12]）、大王秋海棠栽培群（B. Rex-cultorum Group）、丽格秋海棠栽培群（B. Rieger Group）、四季秋海棠栽培群（B. Semperflorens-cultorum Group）、球根秋海棠栽培群（B. Tuberhybrida Group）等6个（Brickell et al., 2016）。与此同时，作为国际园艺学会秋海棠属栽培品种登录机构的美国秋海棠协会根据亲缘关系、株型、茎的形态和所需栽培条件等也对种和品种进行了园艺分类，即竹节类（cane-like）、球根类（tuberous）、栽培大王类（rex cultorum）、根茎类（rhizomatous）、四季类（semperflorens）、丛生类（shrub-like）、粗茎类（thick-stemmed）、蔓生匍匐类（trailing-scandent）等8大类（Thompson & Thompson, 1981）。2022年又在此基础上将原球根类下的5个小类提升为圣诞类（× cheimantha）、丽格类（× hiemalis）、半球根类（semi tuberous）、杂种球根类（× tuberhybrida）、球根类等5大类，合计12大类。

05

---

11 虽秋海棠属仅2种为真正的球根类型，其他所谓"球根"均为块茎，为保证中文使用的延续性和稳定性，故本文沿用"球根秋海棠"。
12 有文献将其写作"Elatior Group"，虽品种 'Elatior' ［ 兴高采烈 ］ 长期被置于冬花秋海棠栽培群内，但实为圣诞秋海棠栽培群的品种，故本文采用栽培群加词"Hiemalis"（Heal, 1920; Bolwell, 2009—）。

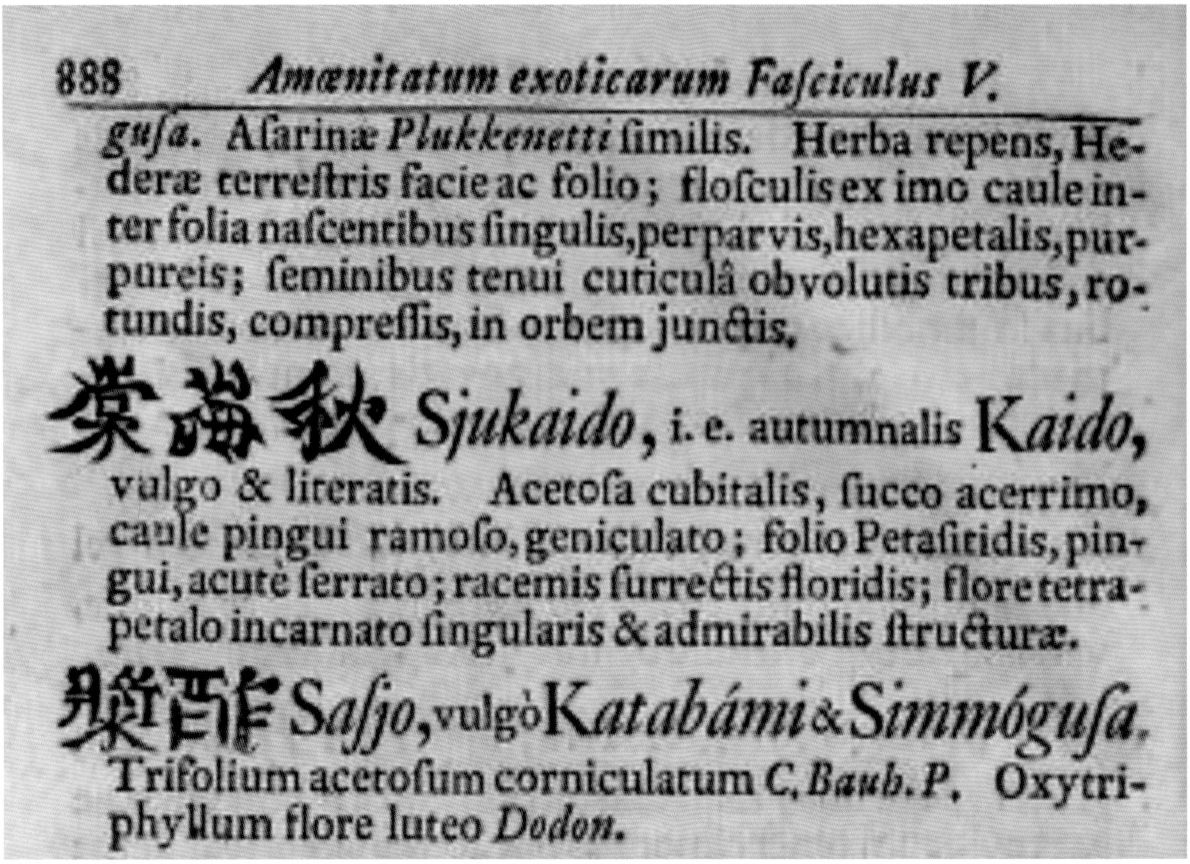

888 *Amænitatum exoticarum Fasciculus V.*

gufa. Afarinæ *Plukkenetti* fimilis. Herba repens, He-deræ terreftris facie ac folio; flofculis ex imo caule inter folia nafcentibus fingulis, perparvis, hexapetalis, purpureis; feminibus tenui cuticulâ obvolutis tribus, rotundis, compreffis, in orbem junctis.

菜海秋 *Sjukaido*, i. e. autumnalis *Kaido*, vulgo & literatis. Acetofa cubitalis, fucco acerrimo, caule pingui ramofo, geniculato; folio Petafitidis, pingui, acute ferrato; racemis furrectis floridis; flore tetrapetalo incarnato fingularis & admirabilis ftructuræ.

酢酱 *Safjo*, vulgo *Katabámi* & *Simmógufa*. Trifolium acetofum corniculatum C. Baub. P. Oxytriphyllum flore luteo *Dodon.*

图7 《政治、自然、医学的异域魅力》中关于秋海棠的描述（自 biodiversitylibrary.org）

2.2 中国秋海棠属的研究

中国秋海棠属的早期研究几乎都是外国人完成的。1712年恩格尔贝特·肯普弗（Engelbert Kaempfer, 1651—1716）在《政治、自然、医学的异域魅力》（*Amoenitatum Exoticarum Politico-Physico-Medicarum*）第5卷中首次用拉丁文对秋海棠（*Begonia grandis* Dryand. subsp. *grandis*）进行了形态描述（Kaempfer, 1712）（图7）。1784年卡尔·通贝里（Carl P. Thunberg, 1743—1828）在《日本植物志》（*Flora Japonica*）中发表了他采自日本的上述原亚种[13]（图8），1804年该种又被引入英国，最终成为在东亚、欧洲、北美、澳大利亚等国家和地区均有栽培的园林植物（Thunberg, 1784; Dryander, 1791; Hooker, 1899a）。1852年约翰·钱

皮恩（John G. Champion, 1815—1854）首次在中国（香港）采集并描述了红孩儿［*B. palmata* var. *bowringiana* (Champ. ex Benth.) Golding & Kareg.］（Champion, 1852）。1871年查尔斯·克拉克在西藏[14]采集了墨脱秋海棠（*B. hatacoa* Buch.-Ham. ex D.Don）的标本（Hughes et al., 2015—）。随后从19世纪80年代初期至20世纪50年代初期，外国人在云南、西藏、贵州、广东、广西、湖北、四川和台湾等地采集并发表了50多个种[15]（Hughes et al., 2015—）。其中，主要的标本采集人有19世纪80~90年代在湖北、四川和云南采集的韩尔礼（Augustine Henry, 1857—1930），20世纪初至20年代在云南采集的乔治·福里斯特（George Forrest, 1863—1918）、弗朗索瓦·加涅潘（François Gagnepain, 1866—1952）和埃德加·伊姆舍尔等，

---

13 书中称其为 "*Begonia obliqua* Thunb."。
14 位于察隅控制薄弱区。
15 以最新分类学研究结果统计，后同。

05

图8　通贝里在日本采集的秋海棠标本（自 cpthunberg.ebc.uu.se）

后者发表了中国秋海棠属30个种（含亚种和变种）；主要的植物引种人也是韩尔礼，1898年他把在云南蒙自采集的6种秋海棠的种子寄给了英国的邱园和苗圃，其中歪叶秋海棠（*Begonia augustinei* Hemsl.）、花叶秋海棠（*B. cathayana* Hemsl.）、中华秋海棠［*B. grandis* subsp. *sinensis* (A.DC.)

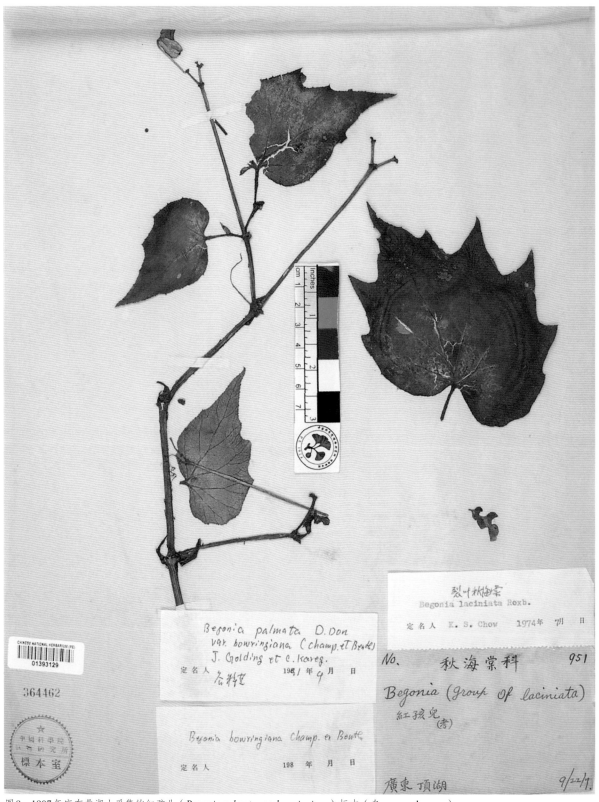

图9　1907年广东鼎湖山采集的红孩儿（*Begonia palmata* var. *bowringiana*）标本（自www.cvh.ac.cn）

Irmsch.]、掌叶秋海棠（*Begonia hemsleyana* Hook. f.）等4种秋海棠很快地被成功引入英国园林栽培（Hooker, 1899a, 1899b; Hemsley, 1900; Hemsley & Watson, 1908; Irmscher, 1939, 1951; Nelson, 1983; Hughes et al., 2015—）。

到了20世纪，中国人自己开始了秋海棠属的研究和开发。1901年日本人已将丛生类品种'Argenteo-guttata'［银星］引入中国台湾（陈德顺和胡大维, 1976）。而中国人最早采集的标本是1907年采自广东肇庆鼎湖山的红孩儿（图9），随后，广州和北京分别最晚于1908年和1913年在城内栽培了从国外引种的四季秋海棠栽培群品种。20年代也有零星的标本采集，30年代起一批年轻人开始了艰苦卓绝的野外植物采集工作，这一时期的秋海棠标本主要采集人是在云南采集的蔡希陶（1911—1981）和王启无（1913—1987）。1937—1938年俞德浚（1908—1986）在西南地区采集秋海棠标本并把花叶秋海棠、食用秋海棠（*B. edulis* H.Lév.）、掌叶秋海棠和裂叶秋海棠（*B. palmata* D.Don）等引种至今中国科学院昆明植物园内栽培。1939年陈焕镛（1890—1971）等发表了海南秋海棠（*B. hainanensis* Chun & F.Chun），即第1个中国人命名的秋海棠（Chun & Chun, 1939）。40~50年代的秋海棠标本主要采集人有在广东和广西采集的陈少卿（1911—1997），在云南采集的冯国楣（1917—2007）和毛品一（1926—2014）等。1944年俞德浚通过对外交流用美国秋海棠协会资助其野外考察的约500美元经费在昆明植物园内搭建了12m²的暖房用于引种栽培[16]，并对西南地区的秋海棠作了较多研究，后来发表了6个种和变种（Yu, 1948, 1950a, 1950b, 1950c; Hughes et al., 2015—）。随后，多个植物园也开始引种国内外的秋海棠及其品种，如1949年中国科学院植物研

究所北京植物园［今国家植物园（南园）］、1956年南京中山植物园、1960年中国科学院西双版纳热带植物园和1963年中国科学院华南植物园（今华南国家植物园）先后开始引种[17]。1963年，昆明植物园冯国楣访问日本期间途经中国香港引种了一批四季秋海棠栽培群品种，并提出建立"秋海棠植物室"的设想[18]。次年第1本地方植物志《海南植物志》秋海棠科出版（侯宽昭和陈伟球, 1964）。1970年今广西壮族自治区药用植物园已引种栽培中国秋海棠属10种[19]，20世纪70年代初今中国科学院桂林植物园也开始了引种[20]（方鼎 等, 1984）。70~80年代的秋海棠标本主要采集人是在云南采集的陶国达（1939—）。1977年《台湾植物志》（*Flora of Taiwan*）秋海棠科出版（Liu & Lai, 1977）。至20世纪80年代，中国的秋海棠属植物学研究、引种栽培和保育工作逐渐步入正轨。1981年昆明植物园张敖罗（1935—）从美国引种了一批球根秋海棠栽培群品种[18]。1986年《西藏植物志》秋海棠科出版（刘亮, 1986）。1988年昆明植物园夏德云（1939—2008）和冯桂华（1937—2006）从野外引种了大量秋海棠[18]。1989年《贵州植物志》、1991年《广西植物志》和1993年《台湾植物志》（第2版）（*Flora of Taiwan*, 第2版）秋海棠科也相继出版（黄德富, 1989; 蓝盛芳, 1991; Chen, 1993）。90年代起至今的秋海棠标本主要采集人有彭镜毅、税玉民和田代科（1968—）等，同时吴征镒（1916—2013）、方鼎（1926—2017）、谷粹芝（1931—）、彭镜毅、税玉民和田代科等也对大量标本进行了鉴定。1993年靳晓白（1946—）完成了中国第一篇秋海棠博士论文，其中对代表性物种进行了野外考察、引种栽培和繁殖等工作，并开展了形态学、解剖学、地理分布和迁地保护等研究，还评估了秋海棠的观赏价值（靳晓白,

---

16 源自内部资料《原本山川极命草木——中国科学院昆明植物研究所建所六十周年纪念文集》（1998, 第16页），其中"俞德淩"和"国际秋海棠协会"应分别为"俞德浚"和"美国秋海棠协会"。
17 依次源自2023年与中国科学院植物研究所靳晓白、2018年与南京中山植物园王意成, 2022年与中国科学院西双版纳热带植物园王文广, 2019年与上海辰山植物园田代科的私人交流。
18 源自内部资料《中国科学院昆明植物研究所简史（1938—2008）》（2008, 第117页）。
19 源自内部资料《广西医药研究所药用植物园药用植物名录》（1974, 第98–101页），其中未查到关于天葵秋海棠（*Begonia membranifera* Chun & F.Chun）的任何信息，不予统计。
20 源自2021年与广西壮族自治区中国科学院广西植物研究所唐文秀的私人交流。

1993, 1995; Jin, 1993; Jin & Wang, 1994; Tang et al., 2002）。1995年《广东植物志》秋海棠科出版，同年昆明植物园管开云（1953—）和李景秀（1964—）开始系统收集秋海棠属种质资源[21]（胡启明，1995；中国科学院昆明植物研究所，2018）。1999年《中国植物志》秋海棠科出版（谷粹芝，1999a）。至此，我们对中国的秋海棠有了一个概括性的认识。

进入21世纪，中国的秋海棠属植物学研究、引种栽培、保育和育种等工作渐入佳境。2002年起彭镜毅和刘演（1968—）合作发表了大量秋海棠新分类群。2003年中国的秋海棠保育中心率先在昆明植物园建成。2006年《云南植物志》和次年 Flora of China 秋海棠科相继出版（黄素华和税玉民，2006；Gu et al., 2007）。2007年辜严倬云植物保种中心建成并成为全球重要的秋海棠保育中心。2010年彭镜毅等创建网站"世界秋海棠属物种数据库"，2014年田代科创建QQ群"秋海棠的

奥秘"，2016年董文珂（1982—）创建微信公众号"爱棠iBegonia"。2016年《中国迁地栽培植物大全》秋海棠科出版，2017年《中国秋海棠》出版（黄宏文，2016；税玉民和陈文红，2017）。2017年张寿洲（1964—）等在第19届国际植物学大会期间策划了秋海棠主题专场报告并同期召开了秋海棠国际研讨会（图10）。2018年深圳市中国科学院仙湖植物园和厦门市园林植物园也建成秋海棠保育中心。同年《亚洲秋海棠：300个物种描述》（Asian Begonia: 300 Species Portraits）、2018年《世界秋海棠分类及系统》（Taxonomy of Begonias）和2020年《秋海棠属植物纵览》相继出版（Hughes & Peng, 2018; Shui et al., 2019; 管开云和李景秀；2020）。2020年起董文珂开始负责国际园艺学会秋海棠属品种登录并已登录品种132个[22]，并在国内外积极宣传秋海棠及其科普知识（Savelle, 2020; Dong, 2020a），同年与田代

图10　2017年国际秋海棠学术研讨会与会代表合影（田代科 提供）

21　源自2016年与中国科学院新疆生态与地理研究所管开云和2022年与中国科学院昆明植物研究所李景秀的私人交流。
22　登录信息参见 www.begonias.org/cultivar-preservation/registered-cultivars。

图11　2020年中国野生植物保护协会秋海棠专业委员会成立暨上海辰山植物园秋海棠展

科等成立中国野生植物保护协会秋海棠专业委员会（图11），并对中国主要机构保存的秋海棠进行了摸底（表1）。截至2023年5月5日，中国秋海棠属共计有278个分类群，包括253个种、7个天然杂种、3个亚种和15个变种（表2）。就分组而言，扁果组[23]〔Sect. *Platycentrum* (Klotzsch) A.DC.〕、侧膜胎座组（Sect. *Coelocentrum* Irmsch.）和东亚秋海棠组的种类分别为135、69和56，三者之和约占总数的94%[24]，其中扁果组是大王秋海棠栽培群品种最重要的亲本，近年来育种者们对侧膜胎座组的研究方兴未艾。就分布地区而言，云南东南部、南部和西南部，广西西部和西南部以及西藏东南部的种类最丰富，其中云南大围山地区就多达50种（含种下分类群），上述3省（自治区）的种类分别为121、88和50，三者之和约占总数的84%（Chen et al., 2019b）。就特有性而言，中国特有种共计201种（含种下分类群），其中阳春秋海棠（*Begonia coptidifolia* H.G.Ye, F.G.Wang, Y.S.Ye & C.I Peng）、黑峰秋海棠（*B. ferox* C.I Peng & Yan Liu）、古林箐秋海棠（*B. gulinqingensis* S.H.Huang & Y.M.Shui）、古龙山秋海棠（*B. gulongshanensis* Y.M.Shui & W.H.Chen）、海南秋海棠、香港秋海棠（*B. hongkongensis* F.W.Xing）、簇毛伞叶秋海棠（*B. umbraculifolia* var. *flocculosa* Y.M.Shui & W.H.Chen）[25]等7种被列为国家二级重点保护野生植物，此外，碟叶秋海棠（*B. ufoides* C.I Peng, Y.H.Qin & C.W.Lin）发表时个体总数不足10株，一些处于易危或以上等级的分类群不在各级自然保护区管理范围内。修路、开矿、采挖药材、砍伐森林和开垦农田等人类活动对包括秋海棠属在内的许多低矮的草本植物造成了巨大的破坏。这些说明亟待被保护的中国秋海棠远比此前认为的要多。

---

23 即二室组，但本文采用扁果组，后同。
24 按休斯系统统计。
25 发布时的名称为蛛网脉秋海棠（*Begonia arachnoidea* C.I Peng, Yan Liu & S.M.Ku）。

表1 中国主要机构保存秋海棠的概况一览表

序号	机构名称	起始年份	国产种类数	国外种类数	品种数	总数	占地面积
1	东莞植物园[26]	2018	90	5	35	130	384m²
2	辜严倬云植物保种中心[27]	2008	571（国内外合计）		798	1 369	3 000m²
3	台湾大学生物资源暨农学院实验林管理处溪头自然教育园区[28]	2015	/	/	/	400	250m²
4	上海辰山植物园[29]	2011	230	130	60	420	300m²
5	深圳市中国科学院仙湖植物园[30]	2008	154	138	120	412	800m²
6	厦门市园林植物园[31]	2015	137	115	308	560	1 200m²
7	中国科学院桂林植物园[32]	2006	160	70	150	380	2 400m²
8	中国科学院昆明植物园[33]	1995	180	40	230	450	2 000m²
9	中国科学院西双版纳热带植物园[34]	2019	140	60	40	240	600m²
10	"中央研究院"生物多样性研究中心[35]	2010	/	/	/	600	720m²

与此同时，在中国秋海棠属的园艺学相关领域也开展了一些基础和应用基础研究，尤其对124种（含种下分类群，见表3）秋海棠的染色体进行了研究。其中，扁果组染色体数目多为2n=22，但瓜叶秋海棠（*Begonia cucurbitifolia* C.Y.Wu）和掌裂叶秋海棠（*B. pedatifida* H.Lév.）的染色体数目为2n=44，部分香花秋海棠（*B. handelii* Irmsch.）的染色体数目为2n=66，台湾物种的染色体数目变化较大，包括2n=22、30、36、38、52、60、64和82等；侧膜胎座组的染色体数目基本为2n=30，但广西秋海棠（*B. guangxiensis* C.Y.Wu）的染色体数目为2n=36，部分弄岗秋海棠（*B. longgangensis* C.I Peng & Yan Liu）的染色体数目为2n=45（Peng & Sue, 2000; Oginuma & Peng, 2002; Peng et al., 2005c, 2013; Han et al., 2018; Kono et al., 2020）。对84种（含种下分类群）秋海棠叶斑的多样性、稳定性和遗传规律等的研究，对127个有性杂交组合的亲和性、结实率和种子发芽率等的研究，对秋海棠

抗病遗传的探索，以及在基因组层面对铁甲秋海棠（*B. masoniana* Irmsch. ex Ziesenh.）和盾叶秋海棠（*B. peltatifolia* H.L.Li）等耐阴性和多样性的研究对中国秋海棠的遗传与育种具有一定指导意义（李景秀 等, 2001a, 2001b, 2013; 崔卫华和管开云, 2013; Li et al., 2022）。此外，中国秋海棠属中至少有55种（含种下分类群，见表4）可用于除园林园艺外的其他用途，其中药用44种（含种下分类群，如图12）、食用14种、饲用5种、除虫用2种、饮料用2种、染料用1种，12种叶片的挥发物具有不同程度抗葡萄球菌、大肠杆菌或白假丝酵母菌的活性。最近，对5种秋海棠花香成分的分析表明醛类、醇类或萜烯类化合物是其主要成分（丁友芳 等, 2021; 杜文文 等, 2022）。这一切预示着中国秋海棠属种质资源潜在的广阔应用前景。值得一提的是，在国外，人们也发现了秋海棠的诸多共有价值，值得开展民族植物学研究，如在热带非洲的人们用微毛秋海棠（*B. hirsutula* Hook.f.）

---

26 源自 2023 年与东莞植物园冯欣欣的私人交流。
27 源自 2023 年与辜严倬云植物保种中心陈俊铭的私人交流。
28 源自 2023 年与屏东科技大学杨智凯的私人交流。
29 源自 2022 年与上海辰山植物园田代科的私人交流。
30 源自 2022 年与深圳市中国科学院仙湖植物园张寿洲和李凌飞的私人交流。
31 源自 2022 年与厦门市园林植物园丁友芳的私人交流。
32 源自 2022 年与广西壮族自治区中国科学院广西植物研究所唐文秀的私人交流。
33 源自 2022 年与中国科学院昆明植物研究所李景秀的私人交流。
34 源自 2022 年与中国科学院西双版纳热带植物园王文广的私人交流。
35 起始年份源自 2023 年与屏东科技大学杨智凯的私人交流，总数和占地面积的数据源自《亚洲秋海棠：300 个物种描述》（*Asian Begonia: 300 Species Portraits*）（Hughes & Peng, 2018）。

图12　2019年广西靖西壮族端午药市上售卖采挖的多种秋海棠（李凌飞　提供）

和鳞叶秋海棠（*Begonia scutifolia* Hook.f.）带酸味的叶片与鱼肉等同食，在东南亚婆罗洲的人们食用峇南秋海棠（*B. baramensis* Merr.）、美味秋海棠（*B. lazat* Kiew & Reza Azmi）、淡紫斑秋海棠（*B. malachosticta* Sands）和窄果秋海棠（*B. stenogyna* Sands）带酸味的叶片，在美洲墨西哥的人们也食用白芷叶秋海棠（*B. heracleifolia* Schltdl. & Cham.）

带酸味的叶柄（Sosef, 1994; Tebbitt, 2005; Kiew et al., 2015）。又如印度尼西亚苏拉维西岛的人们用药用秋海棠（*B. medicinalis* Ardi & D.C.Thomas）治发烧、咳嗽、结核病、癌症等，尼泊尔的人们用潘切塔秋海棠（*B. panchtharensis* S.Rajbhandary）喂猪并用其根状茎治胃痛（Rajbhandary, 2013; Ardi et al., 2019）。

表2　中国秋海棠属物种信息一览表

序号	中文名[36]	学名[37]	分组[38]	国内分布[40]	国外分布[39]	参考文献
1	阿伯尔秋海棠*	*Begonia aborensis* Dunn	扁果组	西藏	印	谷粹芝, 1999a; 黄素华和税玉民, 2006; Camfield & Hughes, 2018
2a	酸味秋海棠 无翅秋海棠 角果秋海棠 四棱秋海棠	*B. acetosella* Craib var. *acetosella* *B. tetragona* Irmsch.	扁果组	云南、西藏	老、缅、泰、越	谷粹芝, 1999a; 黄素华和税玉民, 2006; Hughes et al., 2019; Phutthai et al., 2019; Pham et al., 2021
2b	毛叶酸味秋海棠 粗毛无翅秋海棠	*B. acetosella* var. *hirtifolia* Irmsch.	扁果组	云南、西藏[41]	缅	Tebbitt, 2003b; 黄素华和税玉民, 2006; Gu et al., 2007; Wahlsteen & Borah, 2022
3	尖被秋海棠	*B. acutitepala* K.Y.Guan & D.K.Tian	东亚组[42] 变形组[43]	云南	/	Gu et al., 2007; Moonlight et al., 2018; Shui et al., 2019
4	美丽秋海棠	*B. algaia* L.B.Sm. & Wassh. *B. calophylla* Irmsch.**	扁果组	江西、湖南[44]	/	Gu et al., 2007
5	点叶秋海棠 蜂窝秋海棠 睫托秋海棠 沙巴秋海棠	*B. alveolata* T.T.Yu *B. pingbienensis* C.Y.Wu *B. pingbienensis* var. *angustior* C.Y.Wu	东亚组 扁果组	云南	越	吴征镒和谷粹芝, 1995; 黄素华和税玉民, 2006; Gu et al., 2007; Hughes et al., 2015一; Pham et al., 2021
6	环纹秋海棠*	*B. annulata* K.Koch *B. griffithii* Hook. *B. picta* hort. ex. Henderson**	扁果组	西藏[45]	孟、不、印、缅、尼	Hughes et al., 2015一; Camfield & Hughes, 2018; Lin et al., 2021
7	错那秋海棠*	*B. arunachalensis* D.Borah & Wahlsteen	东亚组[46] 未知	西藏[47]	/	Borah et al., 2021b
8a	糖叶秋海棠	*B. asperifolia* Irmsch. var. *asperifolia*	东亚组[48] 未分组	云南、西藏	缅	Gu et al., 2007; Hughes et al., 2015一; Taram et al., 2023

36　第 1 个中文名为推荐名，加粗以示区别。中文名后带星号（*）为新拟名称。
37　第 1 学名为接受名，加粗以示区别，其余为其异名。学名后带 2 个星号（**）为晚出同名。
38　如果某类群有 2 个分组，则前者为休斯系统（Moonlight et al., 2018; Shui et al., 2019）。
39　孟、不、印、老、马、缅、尼、泰、巴、菲、越分别为孟加拉国、不丹、印度、老挝、马来西亚、缅甸、尼泊尔、菲律宾、泰国、巴基斯坦、越南的简称。
40　目前仅发现分布于墨脱的控制薄弱区。
41　目前仅发现分布于墨脱的控制薄弱区；源自 2022 年与西藏农牧学院陈学达的私人交流。
42　学名为 Sect. *Dysmorphia* A.DC.。
43　东亚秋海棠组 Sect. *Lauchea*（Klotzsch）A.DC. 的异名。
44　湖南的分布源自中国数字植物标本馆（www.cvh.ac.cn）的信息。
45　目前的分布仅发现分布于墨脱和错那的控制薄弱区。
46　该分类群仅发现分布于错那的控制薄弱区，故分组位置未知，后同。
47　该分类群仅发现分布于错那的控制薄弱区，后同。
48　该分类群未置于休斯系统中的任何已知组，后同。

（续）

序号	中文名	学名	分组	国内分布	国外分布	参考文献
8b	俅江糙叶秋海棠 绒毛糙叶秋海棠	Begonia asperifolia var. tomentosa T.T.Yu	东亚组 未分组	云南	/	谷粹芝, 1999a; Gu et al., 2007
8c	窄楔糙叶秋海棠	B. asperifolia var. unialata T.C.Ku	东亚组 未分组	云南	/	Gu et al., 2007
9	星果草叶秋海棠	B. asteropyrifolia Y.M.Shui & W.H.Chen	侧膜组[49]	广西	/	Gu et al., 2007
10	棕黑叶秋海棠*	B. atrofusca Wahlsteen & D.Borah	扁果组	西藏[50]	/	Wahlsteen & Borah, 2022
11	歪叶秋海棠 思茅秋海棠	B. augustinei Hemsl.	扁果组	云南	老	黄素华和税玉民, 2006; Gu et al., 2007; Lin et al., 2022
12	橙花侧膜秋海棠	B. aurantiflora C.I Peng, Yan Liu & S.M.Ku	侧膜组	广西	/	Peng et al., 2008a
13	耳托秋海棠	B. auritistipula Y.M.Shui & W.H.Chen	侧膜组	广西	/	Gu et al., 2007
14	极光秋海棠	B. aurora C.I Peng, Yan Liu & W.B.Xu	扁果组	广西	/	Liu et al., 2020
15	桂南秋海棠	B. austroguangxiensis Y.M.Shui & W.H.Chen	侧膜组	广西	/	Gu et al., 2007
16	南台湾秋海棠	B. austrotaiwanensis Y.K.Chen & C.I Peng	扁果组	台湾	/	Gu et al., 2007
17	滇南秋海棠	B. austroyunnanensis W.G.Wang, H.C.Xi & J.Y.Shen	扁果组	云南	/	Wang et al., 2019b
18	巴马秋海棠	B. bamaensis Yan Liu & C.I Peng	侧膜组	广西	/	Liu et al., 2007
19	竹林秋海棠*	B. bambusetorum H.Q.Nguyen, Y.M.Shui & W.H.Chen	东亚组 扁果组	广西	越	Chen et al., 2018b
20	金平秋海棠	B. baviensis Gagnep.	扁果组	云南，广西	越	Gu et al., 2007; Pham et al., 2021
21	双花秋海棠	B. biflora T.C.Ku	侧膜组	云南	/	Gu et al., 2007
22	九九峰秋海棠	B. bouffordii C.I Peng	扁果组	台湾	/	Gu et al., 2007
23	短葶秋海棠	B. × breviscapa C.I Peng, Yan Liu & S.M.Ku	侧膜组	广西	/	Peng et al., 2010
24	短刺秋海棠	B. brevisetulosa C.Y.Wu	扁果组	四川	/	Gu et al., 2007
25	武威秋海棠	B. × buimontana Yamam. B. fenchihuensis S.S.Ying	扁果组	台湾	/	Gu et al., 2007
26	伯基尔秋海棠*	B. burkillii Dunn	扁果组	西藏[51]	印、缅	Camfield & Hughes, 2018
27	沧源秋海棠	B. cangyuanensis Y.H.Tan & H.B.Ding	未知 走茎组[52]	云南	/	Ding et al., 2023

05

49 侧膜胎座组组的简称。
50 目前仅发现分布于察隅的控制薄弱区。
51 目前仅发现分布于墨脱的控制薄弱区。
52 学名为 Sect. Stolonifera Y.M.Shui & W.H.Chen。

（续）

序号	中文名	学名	分组	国内分布	国外分布[53]	参考文献
28	董棕林秋海棠*	**Begonia caryotarum** Y.M.Shui & W.H.Chen	扁果组	云南	越	Dong et al., 2021a
29	花叶秋海棠 中华秋海棠 苦酸苔	**B. cathayana** Hemsl. B. bowringiana hort. ex Sander**	扁果组	云南、广西	越	Sander, 1903; 谷粹芝, 1999a; 黄素华和税玉民, 2006; Gu et al., 2007; Pham et al., 2021
30	卡思卡特秋海棠*	**B. cathcartii** Hook.f.	扁果组	西藏[54]	不、印、缅、尼、泰	Camfield & Hughes, 2018
31	西南秋海棠* 昌感秋海棠 盾叶秋海棠	**B. cavaleriei** H.Lév. B. cavaleriei var. pinfaensis H.Lév[55] B. esquirolii H.Lév. B. nymphaeifolia T.T.Yu	侧膜组	云南、广西、贵州、湖南、重庆[56]	越	谷粹芝, 1999a; Gu et al., 2007; Hughes et al., 2015—; Pham et al., 2021
32	册亨秋海棠	**B. cehengensis** T.C.Ku	东亚组 走茎组	贵州	/	Gu et al., 2007; Shui et al., 2019
33	角果秋海棠	**B. ceratocarpa** S.H.Huang & Y.M.Shui	扁果组	云南	/	Hughes et al., 2015—
34	凤山秋海棠 广西秋海棠	**B. chingii** Irmsch.	单座组[57] 变异组	广西	/	谷粹芝, 1999a; Gu et al., 2007
35	赤水秋海棠	**B. chishuiensis** T.C.Ku	扁果组	贵州、四川	/	Gu et al., 2007
36	溪头秋海棠	**B. chitoensis** T.S.Liu & M.J.Lai B. formosana var. chitoensis (T.S.Liu & M.J.Lai) S.S.Ying	扁果组	台湾	/	Gu et al., 2007; Hughes et al., 2015—
37	崇左秋海棠	**B. chongzuoensis** Yan Liu, S.M.Ku & C.I Peng	侧膜组	广西	/	Peng et al., 2012
38	钟氏秋海棠	**B. ×chungii** C.I Peng & S.M.Ku	扁果组	台湾	/	Peng & Ku, 2009
39	出云山秋海棠	**B. chuyunshanensis** C.I Peng & Y.K.Chen	扁果组	台湾	/	Gu et al., 2007
40	周裂秋海棠 黎平秋海棠 指裂叶秋海棠	**B. circumlobata** Hance B. lipingensis Irmsch.	扁果组	广西、广东、福建、贵州、湖北、湖南、江西	/	谷粹芝, 1999a; Gu et al., 2007; Tian et al., 2020
41	卷毛秋海棠 皱波秋海棠	**B. cirrosa** L.B.Sm. & Wassh. B. crispula T.T.Yu ex Irmsch.**	侧膜组	云南、广西	/	谷粹芝, 1999a; Golding & Wasshausen, 2002
42	腾冲秋海棠	**B. clavicaulis** Irmsch.	东亚组 扁果组	云南	/	Gu et al., 2007

53　很可能中越边境藏南一侧也有分布。
54　此前仅发现分布于控制薄弱区，源自 2023 年与西藏农牧学院陈学达的私人交流，他于 2022 年在墨脱的非控制薄弱区引种了该种。
55　仅包括存于爱丁堡皇家植物园标本馆的 J. Cavalerie 908 号标本。
56　湖南和重庆的分布源自 2022 年与上海辰山植物园代科的私人交流。
57　学名为 Sect. Reichenheimia（Klotzsch）A.DC.。

（续）

序号	中文名	学名	分组	国内分布	国外分布	参考文献
43	假侧膜秋海棠	***Begonia coelocentroides*** Y.M.Shui & Z.D.Wei	扁果组	云南	/	Wei et al., 2007
44	阳春秋海棠	***B. coptidifolia*** H.G.Ye, F.G.Wang, Y.S.Ye & C.I Peng	扁果组	广东	/	Gu et al., 2007
45	黄连山秋海棠	***B. coptidimontana*** C.Y.Wu	东亚组/扁果组	云南	/	Gu et al., 2007
46	橙花秋海棠	***B. crocea*** C.I Peng	扁果组	云南	/	Gu et al., 2007
47	水晶秋海棠	***B. crystallina*** Y.M.Shui & W.H.Chen	侧膜组	云南	/	Gu et al., 2007
48	瓜叶秋海棠	***B. cucurbitifolia*** C.Y.Wu	扁果组	云南	/	Gu et al., 2007
49	弯果秋海棠	***B. curvicarpa*** S.M.Ku, C.I Peng & Yan Liu	侧膜组	广西	/	Gu et al., 2007
50	柱果秋海棠	***B. cylindrica*** D.R.Liang & X.X.Chen	侧膜组	广西	/	Gu et al., 2007
51	丹霞秋海棠	***B. danxiaensis*** D.K.Tian & X.L.Yu	东亚组/未知	湖南、江西	/	Tian et al., 2019
52	大围山秋海棠	***B. daweishanensis*** S.H.Huang & Y.M.Shui	扁果组	云南	/	Gu et al., 2007
53	大新秋海棠 张氏秋海棠	***B. daxinensis*** T.C.Ku *B. zhangii* D.Fang & D.H.Qin	侧膜组	广西	/	Fang et al., 2004; Ku et al., 2004; Gu et al., 2007
54	德保秋海棠 疏毛匙南秋海棠	***B. debaoensis*** C.I Peng, Yan Liu & S.M.Ku *B. bonii* var. *remotisetulosa* Y.M.Shui & W.H.Chen[58]	侧膜组	广西	/	Shui & Chen, 2005; Gu et al., 2007; Liu et al. 2020
55	德平秋海棠	***B. depingiana*** Y.H.Tan & H.B.Ding	变型组/蕨形组[59]	云南	/	Shui et al., 2019; Ding et al., 2020a
56	钩翅秋海棠	***B. demissa*** Craib	东亚组/独叶组[60]	云南	缅、泰	Yang et al., 2015b; Hughes et al., 2019
57	齿苞秋海棠	***B. dentatobracteata*** C.Y.Wu	东亚组/变异组	云南	/	Gu et al., 2007
58	南川秋海棠	***B. dielsiana*** E.Pritz. ex Diels	扁果组	重庆、湖北、贵州、湖南[61]	/	Gu et al., 2007
59	刺毛红孩儿 变形红孩儿	***B. difformis*** (Irmsch.) W.C.Leong, C.I Peng & K.F.Chung *B. laciniata* subsp. *crassisetulosa* Irmsch. *B. laciniata* subsp. *difformis* Irmsch. *B. palmata* var. *crassisetulosa* (Irmsch.) Golding & Kareg. *B. palmata* var. *difformis* (Irmsch.) Irmsch. ex Golding & Kareg.	扁果组	云南、西藏[62]	印、缅	Gu et al., 2007; Leong et al., 2015; Hughes et al., 2018

58 不包括存于华南国家植物园标本馆的 S. P. Ko 55623 号标本。
59 学名为 Sect. *Pteridiformis* Y.M.Shui & W.H.Chen。
60 学名为 Sect. *Monophyllon* A.DC.。
61 贵州和湖南的分布分别源自 2022 年与贵州大学白新祥和上海辰山植物园田代科的私人交流。
62 作者于 2014 年在墨脱的非控制薄弱区引种了该种。

05

（续）

序号	中文名	学名	分组	国内分布	国外分布	参考文献
60	槭叶秋海棠	**Begonia digyna** Irmsch.	扁果组	福建、江西、浙江	/	Gu et al., 2007
61	走茎秋海棠	**B. dioica** Buch.-Ham. ex D.Don B. amoena Wall. ex A.DC. B. tenella D.Don	东亚组 走茎组	西藏	不、印、尼[63]	Hughes et al., 2015—; Tian et al., 2020
62	细茎秋海棠	**B. discrepans** Irmsch. B. tenuicaulis Irmsch.**	扁果组	云南	缅	Gu et al., 2007; Hughes et al., 2019
63	景洪秋海棠	**B. discreta** Craib	东亚组 未分组	云南	缅、泰	Gu et al., 2007; Hughes et al., 2019
64	厚叶秋海棠 红八角莲	**B. dryadis** Irmsch.	扁果组	云南	老	谷粹芝, 1999a; Gu et al., 2007; Lin et al., 2022
65	川边秋海棠	**B. duclouxii** Gagnep.	扁果组	云南	/	Gu et al., 2007
66	食用秋海棠 葡萄叶秋海棠	**B. edulis** H.Lév.	扁果组	广西、广东、云南、湖南[64]	[65]	谷粹芝, 1999a; Gu et al., 2007; Hughes et al., 2015—
67	鹅凰嶂秋海棠*	**B. ehuangzhangensis** Q.L.Ding, W.Y.Zhao & W.B.Liao	东亚组 未分组	广东	/	Ding et al., 2018
68	峨眉秋海棠	**B. emeiensis** C.M.Hu ex C.Y.Wu & T.C.Ku	扁果组	四川	/	Gu et al., 2007
69	红背秋海棠	**B. erythrofolia** Lei Cai, D.M.He & W.G.Wang	扁果组	云南	/	Cai et al., 2022
70	荞麦叶秋海棠	**B. fagopyrofolia** W.H.Chen & Y.M.Shui	东亚组 走茎组	云南	/	Chen et al., 2021
71	方氏秋海棠	**B. fangii** Y.M.Shui & C.I Peng	侧膜组	广西	/	Gu et al., 2007
72	兰屿秋海棠	**B. fenicis** Merr. B. kotoensis Hayata	菲律宾组[66] 等翅组[67]	台湾	菲[68]	Chen, 1993; Gu et al., 2007
73	分水岭秋海棠	**B. jenshuilingensis** X.X.Feng, R.K.Li & Z.X.Liu	扁果组	云南	/	Feng et al., 2021a
74	黑峰秋海棠	**B. ferox** C.I Peng & Yan Liu	侧膜组	广西	/	Peng et al., 2013
75	丝形秋海棠	**B. filiformis** Irmsch.	侧膜组	广西	越	Gu et al., 2007; Hoang & Lin, 2023
76	须苞秋海棠	**B. fimbribracteata** Y.M.Shui & W.H.Chen	侧膜组	广西	/	Gu et al., 2007

63 文献记载巴基斯坦也有分布，但作者未见标本，故不予列入。
64 湖南的分布源自中国数字植物标本馆的信息。
65 文献记载越南也有分布，但作者未见标本，故不予列入。
66 为菲律宾秋海棠组（Sect. Baryandra A.DC.）的简称。
67 学名为 Sect. Petermannia（Klotzsch）A.DC.。
68 文献记载琉球群岛也有分布，但作者未见标本，故不予列入。

序号	中文名	学名	分组	国内分布	国外分布	参考文献
77	紫背天葵 散血子 天葵	**Begonia fimbristipula** Hance B. cyclophylla Hook.f.	东亚组 未分组	广东、广西、香港、海南、福建、湖南、浙江、江西、贵州[69]	/	胡启明，1995；谷粹芝，1999a；黄素华和税玉民，2006；Gu et al., 2007; Hu, 2007
78	鞭状秋海棠	**B. flagellaris** H.Hara	东亚组 走茎组	西藏	尼	Tian et al., 2020
79a	黄花秋海棠[70]	**B. flaviflora** H.Hara var. **flaviflora** B. laciniata subsp. flava (C.B.Clarke) Irmsch. B. laciniata var. flava C.B.Clarke	扁果组	云南、西藏[71]	不、印、缅、尼	刘亮，1986；谷粹芝，1999a；Gu et al., 2007; Hughes et al., 2015—; Camfield & Hughes, 2018
79b	乳黄秋海棠	**B. flaviflora** var. **vivida** (Irmsch.) Golding & Kareg. B. laciniata subsp. flaviflora Irmsch.	扁果组	云南	缅	Gu et al., 2007; Hughes et al., 2015—
80	西江秋海棠 岭南秋海棠	**B. fordii** Irmsch.	东亚组 扁果组	广东	/	胡启明，1995; Gu et al., 2007
81	水鸭脚 白斑水鸭脚 大鲁阁秋海棠	**B. formosana** (Hayata) Masam. B. formosana f. albomaculata T.S.Liu & M.J.Lai B. laciniata var. formosana Hayata B. tarokoensis M.J.Lai[72]	扁果组	台湾	/[73]	Chen, 1993; 谷粹芝，1999a; Gu et al., 2007; Hughes et al., 2015—; Shui et al., 2019
82	陇川秋海棠	**B. forrestii** Irmsch.	扁果组	云南	缅	Gu et al., 2007; Hughes et al., 2019
83	昭通秋海棠	**B. gagnepainiana** Irmsch.	扁果组	云南	/	Gu et al., 2007
84	树生秋海棠	**B. garrettii** Craib B. arboreta Y.M.Shui	东亚组 未分组	云南	泰	Gu et al., 2007; Chen et al., 2018a
85	珠芽秋海棠[74]	**B. gemmipara** Hook.f. & Thomson	珠芽组[74]	云南	不、印、尼	Hughes et al., 2015—; 王文广等，2019
86	巨苞秋海棠	**B. gigabracteata** Hong Z.Li & H.Ma	东亚组 巨苞组[75]	广西	/	Li et al., 2008; Shui et al., 2019
87	巨型秋海棠	**B. giganticaulis** D.K.Tian & W.G.Wang	扁果组	西藏	/	Tian et al., 2021c

69 贵州的分布源自 2022 年与贵州大学白新祥的私人交流。
70 文献记载浅裂黄花秋海棠［Begonia flaviflora var. gamblei (Irmsch.) Golding & Kareg.］在西藏也有分布，但作者未见标本。
71 云南的分布源自上海辰山植物园代代科的私人交流；西藏仅发现紫隔那和错那错南部的控制薄弱区有分布，故不列入。
72 休斯系统将其作为独立种（即大鲁阁秋海棠），但作者未见标本，部分文献记载栽培及野木也有分布，但作者未见标本。
73 文献记载琉球群岛也有分布，但作者未见标本。
74 为珠芽秋海棠组［Sect. Putzeysia (Klotzsch) A.DC.］的简称。
75 学名为 Sect. Gigabracteata Y.M.Shui & W.H.Chen。

（续）

序号	中文名	学名	分组	国内分布	国外分布	参考文献
88	金秀秋海棠 心叶秋海棠	**Begonia glechomifolia** C.M.Hu ex C.Y.Wu & T.C.Ku	东亚组 未分组	广西	/	谷粹芝, 1999a; Gu et al., 2007
89a	秋海棠 八月春 断肠花 相思草 单翅秋海棠	**B. grandis** Dryand. subsp. **grandis** B. grandis subsp. evansiana (Andrews) Irmsch. B. grandis subsp. evansiana var. simsii Irmsch. B. grandis subsp. evansiana var. unialata Irmsch. B. bubifera hort. ex Steudel B. discolor R.Br. B. erubescens H.Lév. B. evansiana Andrews B. sinensis var. haemaloneura Franch. ex Gagnep.	东亚组	广东、广西、福建、四川、贵州、湖北、湖南、安徽、江西、江苏、浙江、河北、河南、山东、山西、陕西、重庆[76]	/	谷粹芝, 1999a; 傅书遐, 2001; 王象晋, 2001; Golding & Wasshausen, 2002; Gu et al., 2007; 赵学敏, 2007; 郝日明和王金虎, 2013; 李行娟 等, 2014; Hughes et al., 2015—
89b	中华秋海棠[77] 珠芽秋海棠 刺毛中华秋海棠	**B. grandis** subsp. **sinensis** (A.DC.) Irmsch. B. grandis subsp. sinensis var. puberula Irmsch. B. bulbosa H.Lév. B. martinii H.Lév. B. sinensis A.DC.	东亚组	广西、四川、云南、贵州、湖北、福建、安徽、浙江、江西、北京、天津、河北、河南、山东、山西、陕西、甘肃、辽宁、湖南、西藏、重庆[78]	/	刘淑珍, 1988; 钱啸虎, 1991; 贺士元 等, 1992; 谷粹芝, 1999a; 傅书遐, 2001; 刘君哲和茹茹欣, 2004; 黄素华和税玉民, 2006; Gu et al., 2007
89c	全柱秋海棠	**B. grandis** subsp. **holostyla** Irmsch.	东亚组	云南、四川	/	Gu et al., 2007
90	格里菲思秋海棠*	**B. griffithiana** (A.DC.) Warb. B. episcopalis C.B.Clarke[79]	扁果组	西藏[80]	不、印、缅	Camfield & Hughes, 2018
91	广东秋海棠*	**B. guangdongensis** W.H.Tu, B.M.Wang & Y.L.Li	侧膜组	广东	/	Tu et al., 2020
92	广西秋海棠*	**B. guangxiensis** C.Y.Wu	侧膜组	广西	/	Gu et al., 2007
93	管氏秋海棠*	**B. guaniana** H.Ma & Hong Z.Li	东亚组 未分组	云南	/	Ma & Li, 2006
94	圭山秋海棠 红叶秋海棠	**B. guishanensis** S.H.Huang & Y.M.Shui B. rhodophylla C.Y.Wu[81]	东亚组 未分组	云南	/	Gu et al., 2007; Hughes et al., 2015—; Shui et al., 2019

76 重庆的分布源自中国数字植物标本馆的信息。
77 《中国植物志》记载的柔毛中华秋海棠（Begonia grandis subsp. sinensis var. villosa T.C.Ku）为不合格发表，故不予列入。
78 湖南、西藏和重庆的分布源自中国数字植物标本馆的信息。
79 为不合格发表的非法多余名。
80 目前仅发现分布于墨脱那的错那的控制薄弱区。
81 休斯系统将现作为独立种秋海棠（B. guishanensis S.H.Huang & Y.M.Shui）的异名处理，Flora of China 和税玉民系统将其作为圭山秋海棠（B. guishanensis S.H.Huang & Y.M.Shui）的异名处理，本文采用后者的观点。

（续）

序号	中文名	学名	分组	国内分布	国外分布	参考文献
95	桂西秋海棠	*Begonia guixiensis* Yan Liu, S.M.Ku & C.I Peng	侧膜组	广西	/	Peng et al., 2014b
96	古林箐秋海棠	*B. gulinqingensis* S.H.Huang & Y.M.Shui** *B. brevicaulis* T.C.Ku** *B. sinobrevicaulis* T.C.Ku	扁果组	云南	/	Gu et al., 2007
97	古龙山秋海棠*	*B. gulongshanensis* Y.M.Shui & W.H.Chen	侧膜组	广西	/	Chen et al., 2018b
98	贡山秋海棠	*B. gungshanensis* C.Y.Wu	扁果组	云南	/	Gu et al., 2007
99	海南秋海棠	*B. hainanensis* Chun & F.Chun	等翅组	海南	/	Gu et al., 2007
100a	香花秋海棠 大香秋海棠 短茎秋海棠	*B. handelii* Irmsch. var. *handelii*[82]	扁果组	云南、西藏、广东、广西、海南	印、老、缅、泰、越	谷粹芝, 1999a; Gu et al., 2007; Camfield & Hughes, 2018; Lin et al., 2022
100b	铺地秋海棠 葡匐秋海棠 澄迈秋海棠 信宜秋海棠*	*B. handelii* var. *prostrata* (Irmsch.) Tebbitt[82] *B. chuniana* C.Y.Wu *B. prostrata* Irmsch. *B. xinyiensis* T.C.Ku	扁果组	云南、广西、广东	老、缅、泰、越	谷粹芝, 1999a; Gu et al., 2007; Hughes et al., 2015—; Lin et al., 2022
100c	红毛香花秋海棠	*B. handelii* var. *rubropilosa* (S.H.Huang & Y.M.Shui) C.I Peng[82] *B. balansana* var. *rubropilosa* S.H.Huang & Y.M.Shui	扁果组	云南	/	Gu et al., 2007
101	墨脱秋海棠 红叶墨脱秋海棠* 绿叶墨脱秋海棠*	*B. hatacoa* Buch.-Ham. *B. hatacoa* var. *rubrifolia* Golding & Rekha Morris[83] *B. hatacoa* var. *viridifolia* Golding & Rekha Morris[83] *B. rubrovenia* Hook.	扁果组	西藏[84]	不、印、老、缅、尼、泰、越	谷粹芝, 1999a; Golding, 2006; Morris, 2006; Gu et al., 2007; Hughes et al., 2015—; Camfield & Hughes, 2018; Lin et al., 2022
102	河口秋海棠	*B. hekouensis* S.H.Huang *B. gesnerioides* S.H.Huang & Y.M.Shui**	扁果组	云南	/	Gu et al., 2007
103a	掌叶秋海棠	*B. hemsleyana* Hook.f. var. *hemsleyana*	扁果组	云南、广西	老、缅、越	Gu et al., 2007;Hughes et al., 2015—
103b	广西掌叶秋海棠	*B. hemsleyana* var. *kwangsiensis* Irmsch.	扁果组	广西	/	Gu et al., 2007
104	独牛 柔毛秋海棠	*B. henryi* Hemsl. *B. delavayi* Gagnep. *B. mairei* H.Lév.	单座组 走茎组	云南、广西、四川、贵州、湖北	/	谷粹芝, 1999a; Gu et al., 2007

82 源自 2019 年与英国爱丁堡皇家植物园马克·休斯（Mark Hughes）和 2021 年与中国科学院昆明植物研究所税玉民的私人交流，经标本考证和实地考察该学名应为 *Begonia lecomtei* Gagnep. 的异名。因此铺地秋海棠的学名的变动也会出现变动，相关文章正在撰写中。

83 休斯系统将二者作为"变种"处理，但原始文献照片显示红叶墨脱秋海棠（*B. hatacoa* var. *rubrifolia* Golding & Rekha Morris）和绿叶墨脱秋海棠（*B. hatacoa* var. *viridifolia* Golding & Rekha Morris）实为不同花青素含量的个体，与"厚变种"在同一地点混生，本文支持将"厚变种"作为异名处理。

84 目前仅发现分布于墨脱，黎漫和错那那的至制薄弱区。文献记载墨脱的非控制薄弱区也有分布，但实为中缅秋海棠（*B. medogensis* Jian W.Li, Y.H.Tan & X.H.Jin）。

05

299

（续）

序号	中文名	学名	分组	国内分布	国外分布	参考文献
105	香港秋海棠	**Begonia hongkongensis** F.W.Xing	扁果组	香港	/	Gu et al., 2007
106	侯氏秋海棠	**B. howii** Merr. & Chun	扁果组	海南	/	Gu et al., 2007
107	黄氏秋海棠	**B. huangii** Y.M.Shui & W.H.Chen	侧膜果组	云南	/	Gu et al., 2007
108	膜果秋海棠	**B. hymenocarpa** C.Y.Wu	东亚组 扁果组	广西、贵州[85]	/	Gu et al., 2007
109	假膜叶秋海棠*	**B. hymenophylloides** Kingdon-Ward ex L.B.Sm. & Wassh.	东亚组 变异组	云南	缅	Tian et al., 2021d
110	鸡爪秋海棠	**B. imitans** Irmsch.	东亚组 未分组	四川	/	Gu et al., 2007
111	彩虹秋海棠*	**B. iridescens** Dunn	扁果组	西藏[86]	印、缅	Camfield & Hughes, 2018
112	靖西秋海棠	**B. jingxiensis** D.Fang & Y.G.Wei[87]	侧膜果组	广西、贵州[85]	/	Gu et al., 2007
113	缙云秋海棠	**B. jinyunensis** C.I Peng, Bo Ding & Qian Wang	扁果组	重庆	/	Ding et al., 2014
114	重齿秋海棠 盾叶秋海棠	**B. josephi** A.DC.[88]	东亚组 未分组	西藏	不、印、缅、尼	de Candolle, 1859; 谷粹芝, 1999a; Gu et al., 2007; Hughes et al., 2015—; Camfield & Hughes, 2018; Shui et al., 2019
115	凯卡秋海棠*	**B. kekarmonyingensis** Taram, D.Borah & M.Hughes	扁果组	西藏[86]	/	Taram et al., 2021
116	心叶秋海棠[89] 丽江秋海棠 俅江秋海棠 大岩酸	**B. labordei** H.Lév. **B. harrowiana** Diels **B. polyantha** H.Lév.	东亚组 未分组	云南、四川、贵州[90]、西藏	印、老、缅、越	谷粹芝, 1999a; 黄素华和祝王民, 2006; Gu et al., 2007; Camfield & Hughes, 2018; Lin et al., 2022
117	撕裂秋海棠 蒙自秋海棠	**B. lacerata** Irmsch.	扁果组	云南	/	谷粹芝, 1999a; Gu et al., 2007
118	圆翅秋海棠 薄叶秋海棠	**B. laminariae** Irmsch.	扁果组	云南、贵州	越	谷粹芝, 1999a; Gu et al., 2007; Pham et al., 2021
119	澜沧秋海棠	**B. × lancangensis** S.H.Huang	扁果组	云南	老	Gu et al., 2007; Tian et al., 2020; Lin et al., 2022

85 贵州的分布源自 2022 年与贵州大学白新祥的私人交流。

86 目前仅发现分布于墨脱的控制薄弱区。

87 部分文献将马山秋海棠（Begonia mashanica D.Fang & D.H.Qin）作为靖西秋海棠接受名的异名处理，本文将前者作为独立种列入。

88 源自 2021 年与英国爱丁堡皇家植物园马克·休斯的私人交流。休斯的观点。IPNI、POWO 和 Tropicos 把学名中的种加词拼作 "josephi"，《中国植物志》、Flora of China 和祝玉民系统将其拼作 "josephii"，本文采用前者的观点。

89 《中国植物志》记载的掌裂蒙心秋海棠（B. labordei var. unialata T.C.Ku）为不合格发表，故不予列入。

90 目前仅发现分布于紫陌的控制薄弱区。

序号	中文名	学名	分组	国内分布	国外分布	参考文献
120	灯果秋海棠	**Begonia lanternaria** Irmsch.	侧膜组	广西	[91]	Gu et al., 2007; Hughes et al., 2015—
121	果子狸秋海棠	**B. larvata** C.I Peng, Yan Liu & W.B.Xu	侧膜组	广西	/	Liu et al., 2020
122	雷平秋海棠*	**B. leipingensis** D.K.Tian, Li H.Yang & Chun Li	侧膜组	广西	/	Li et al., 2016
123	癞叶秋海棠 团扇叶秋海棠 伯乐秋海棠 石上海棠	**B. leprosa** Hance B. bretschneideriana Hemsl.	侧膜组	广东、广西	/	胡启明, 1995; 谷粹芝, 1999a; Gu et al., 2007
124	截叶秋海棠	**B. limprichtii** Irmsch. B. houttuynioides T.T.Yu	扁果组	云南、四川、西藏[92]	/	Gu et al., 2007; Camfield & Hughes, 2018
125	石生秋海棠 石灰秋海棠	**B. lithophila** C.Y.Wu	单座组 变异组	云南	/	谷粹芝, 1999a; Gu et al., 2007
126	刘演秋海棠 巨叶秋海棠	**B. liuyanii** C.I Peng, S.M.Ku & W.C.Leong B. gigaphylla Y.M.Shui & W.H.Chen	侧膜组	广西	/	谷粹芝, 1999a; Gu et al., 2007
127	隆安秋海棠	**B. longanensis** C.Y.Wu	扁果组	广西	/	Gu et al., 2007
128	弄岗秋海棠	**B. longgangensis** C.I Peng & Yan Liu	侧膜组	广西	/	Peng et al., 2013
129	长翅秋海棠	**B. longialata** K.Y.Guan & D.K.Tian	扁果组	云南	/	Gu et al., 2007
130	长果秋海棠	**B. longicarpa** K.Y.Guan & D.K.Tian	扁果组	云南	越	Gu et al., 2007; Hughes et al., 2015—
131	长纤秋海棠[93] 赛兹莫尔秋海棠	**B. longiciliata** C.Y.Wu B. sizemoreae Kiew	扁果组	云南、广西、贵州	老、越	吴征镒和谷粹芝, 1995; 谷粹芝, 1999a; Gu et al., 2007; Hughes et al., 2015—; Shui et al., 2019; Tian et al., 2020; Pham et al., 2021; Lin et al., 2022
132	长叶秋海棠 粗喙秋海棠 圆果秋海棠 大海棠 大半边莲 酸脚杆	**B. longifolia** Blume B. aptera Hayata** B. crassirostris Irmsch. B. hayatae Gagnep. B. inflata C.B.Clarke B. sarcocarpa Ridl. B. tricornis Ridl. B. trisulcata (A.DC.) Warb. B. turbinata Ridl.	扁果组	云南、广东、广西、香港、福建、海南、西藏、贵州、湖南、江西、台湾	不、尼、印、马、老、缅、泰、印、越	谷粹芝, 1999a; Tebbitt, 2003b; Hughes et al., 2015—

05

91 文献记载越南也有分布，作者未见标本，故不予列入。
92 目前仅发现分布于错那一带的控制薄弱图区。
93 休斯系统将其作为独立种处理，《中国植物志》、*Flora of China* 和税玉民系统将其作为大王秋海棠（*Begonia rex* Putz.）的异名处理，本文采用前者的观点。

（续）

序号	中文名	学名	分组	国内分布	国外分布	参考文献
133	长茎鸟叶秋海棠	Begonia longiornithophylla C.I Peng, W.B.Xu & Yan Liu	侧膜组	广西	/	Liu et al., 2020
134	龙陵秋海棠	B. longlingensis Y.H.Tan & H.B.Ding	东亚组未知	云南	/	Ding et al., 2022
135	长柱秋海棠	B. longistyla Y.M.Shui & W.H.Chen	侧膜组	云南	/	Gu et al., 2007
136	洛仑松秋海棠*	B. lorentzonii Wahlsteen & D.Borah	扁果组	西藏[94]	/	Wahlsteen & Borah, 2022
137	陆氏秋海棠	B. lui S.M.Ku, C.I Peng & Yan Liu B. bonii var. remotisetulosa Y.M.Shui & W.H.Chen[95]	侧膜组	广西	/	Liu et al., 2020
138	鹿谷秋海棠	B. lukuana Y.C.Liu & C.H.Ou	扁果组	台湾	/	Gu et al., 2007
139	罗城秋海棠	B. luochengensis S.M.Ku, C.I Peng & Yan Liu	侧膜组	广西	/	Gu et al., 2007
140	鹿寨秋海棠	B. luzhaiensis T.C.Ku	侧膜组	广西	/	Gu et al., 2007
141	大裂秋海棠	B. macrotoma Irmsch.	扁果组	云南	泰[96]	Gu et al., 2007; Hughes et al., 2015—, 2019; Camfield & Hughes, 2018; Shui et al., 2019
142	麻栗坡秋海棠	B. × malipoensis S.H.Huang & Y.M.Shui	扁果组	云南	/	Gu et al., 2007; Tian et al., 2020
143	蛮耗秋海棠	B. manhaoensis S.H.Huang & Y.M.Shui B. naga N.Krishna & Pradeep	扁果组	云南	印	Gu et al., 2007; Krishna et al., 2018; Aung et al., 2020
144	马克秋海棠*	B. markiana Taram, Wahlsteen & D.Borah	扁果组	西藏[94]	/	Taram et al., 2022
145	马山秋海棠[97]	B. mashanica D.Fang & D.H.Qin	侧膜组	广西	/	Fang et al., 2004; Hughes et al., 2015—; Shui et al., 2019
146	铁甲秋海棠 铁十字秋海棠	B. masoniana Irmsch. ex Ziesenh.	侧膜组	广西	越	Gu et al., 2007; Hughes et al., 2015—
147	中缅秋海棠*	B. medogensis Jian W.Li, Y.H.Tan & X.H.Jin	扁果组	西藏	缅	Li et al., 2018b; Taram et al., 2023
148	大叶秋海棠	B. megalophyllaria C.Y.Wu	扁果组	云南	/	Gu et al., 2007
149	大翅秋海棠*	B. megaptera A.DC.	扁果组	西藏[98]	孟、印、不、缅、尼	Yu, 1950b; Camfield & Hughes, 2018
150	猛硐秋海棠	B. mengdongensis H.H.Xi	单座组	云南	/	Xi et al., 2020

94 目前仅发现分布于干察隅的控制薄雾区。S. P. Ko 55623 号标本。

95 仅包括分布于华南国家植物园的控制薄雾区的 S. P. Ko 55623 号标本。

94 仅记载有其分布，但作者未见标本，故不予列入。

95 仅包括标本，但作者未见标本，故不予列入。

96 文献记载有印度、缅甸，尼泊尔和越南也有分布。

97 休斯系统和税玉民系统均将其作为独立种处理，Flora of China 将其作为靖西秋海棠（Begonia jingxiensis D.Fang & Y.G.Wei）的异名处理，本文采用前者的观点。

98 目前仅发现分布于干察隅的控制薄雾区；文献记载云南河口也有分布，但作者未见标本，故不予列入。

（续）

序号	中文名	学名	分组	国内分布	国外分布	参考文献
151	孟连秋海棠	**Begonia menglianensis** Y.Y.Qian	扁果组	云南	/	Yang et al., 2015a
152	蒙自秋海棠 肾托秋海棠	**B. mengtzeana** Irmsch.	扁果组	云南	/	谷粹芝, 1999a; Gu et al., 2007
153	奇异秋海棠 截裂秋海棠	**B. miranda** Irmsch.	东亚组 扁果组	云南	/	谷粹芝, 1999a; Gu et al., 2007
154	云南秋海棠 白花秋海棠 水八角 一口血 血当归 化血丹	**B. modestiflora** Kurz B. modestiflora var. sootepensis (Craib) Tebbitt B. sootepensis Craib B. sootepensis var. thorelii Gagnep. B. yunnanensis H.Lév. B. yunnanensis var. sootepensis (Craib) Craib B. yunnanensis var. thorelii (Gagnep.) Golding & Kareg.	东亚组 未分组	云南	孟、老、缅、泰、越[99]	黄素华和税玉民, 2006; Gu et al., 2007; Hughes et al., 2015—
155	桑叶秋海棠 二棱秋海棠	**B. morifolia** T.T.Yu[100] B. anceps Irmsch.[100]	东亚组 扁果组	云南	越	谷粹芝, 1999a; Gu et al., 2007; Hughes et al., 2015—; Shui et al., 2019
156a	龙州秋海棠	**B. morsei** Irmsch. var. **morsei**	侧膜组	广西	/	Gu et al., 2007
156b	密毛龙州秋海棠	**B. morsei** var. **myriotricha** Y.M.Shui & W.H.Chen	侧膜组	广西	/	Gu et al., 2007
157	南滚河秋海棠	**B. nangunheensis** Y.M.Shui & W.H.Chen	扁果组	云南	/	Guo et al., 2021
158	南投秋海棠	**B. × nantoensis** M.J.Lai & N.J.Chung	扁果组	台湾	/	Gu et al., 2007
159	尼泊尔秋海棠*	**B. nepalensis** (A.DC.) Warb.	扁果组	西藏[100]	印、尼、缅	Hughes, et al., 2015—
160a	宁明秋海棠	**B. ningmingensis** D.Fang, Y.G.Wei & C.I Peng var. **ningmingensis**	侧膜组	广西	/[101]	Gu et al., 2007; Hughes & Peng, 2018
160b	丽叶秋海棠	**B. ningmingensis** var. **bella** D.Fang, Y.G.Wei & C.I Peng	侧膜组	广西	/	Gu et al., 2007
161	斜叶秋海棠	**B. obliquifolia** S.H.Huang & Y.M.Shui	侧膜组	云南	/	Gu et al., 2007
162	不显秋海棠 矮小秋海棠 麻栗坡秋海棠	**B. obsolescens** Irmsch.[102] B. fengii T.C.Ku[102]	东亚组 扁果组	云南、广西	/[103]	黄素华和税玉民, 2006; Gu et al., 2007; Hughes et al., 2015—; 税玉民和陈文红, 2017; Shui et al., 2019

05

99 文献记载印度和尼泊尔也有分布，但作者未见标本，故不予列入。
100 休斯系统将二者分别作为独立种处理，Flora of China 和税玉民系统则将二者归并，本文未采用后者的观点。
101 目前仅发现分布于错那的控制薄弱区。
102 文献记载越南也有分布，但作者未见标本，故不予列入。
103 休斯系统将二者分别作为独立种处理，Flora of China 和税玉民系统则将二者归并，本文采用后者的观点。

序号	中文名	学名	分组	国内分布	国外分布[104]	参考文献
163	山地秋海棠	**Begonia oreodoxa** Chun & F.Chun ex C.Y.Wu & T.C.Ku	扁果组	云南	/	Gu et al., 2007; Hughes et al., 2015—
164	鸟叶秋海棠	**B. ornithophylla** Irmsch.	侧膜组	广西	/	Gu et al., 2007
165	卵叶秋海棠*	**B. ovatifolia** A.DC.	东亚组 未分组	西藏[105]	不、印、尼	Camfield & Hughes, 2018
166	奥云秋海棠*	**B. oyuniae** M.Taram & N.Krishna	独叶组	西藏[105]	印	Taram et al., 2020
167a	裂叶秋海棠 盆大秋海棠	**B. palmata** D.Don var. **palmata**** B. ferruginea Hayata B. laciniata Roxb. B. laciniata subsp. nepalensis Irmsch. B. laciniata var. nepalensis A.DC. B. laciniata var. pilosa Craib B. laciniata var. tuberculosa C.B.Clarke B. randaiensis Saski B. roylei K.Koch	扁果组	台湾、云南、西藏[106]	印、老、缅、尼、泰、越[107]	Chen, 1993; 谷粹芝, 1999a; Gu et al., 2007; Hughes et al., 2015—; Wahlsteen & Borah, 2022
167b	红孩儿 裂叶秋海棠 贵州秋海棠	**B. palmata** var. **bowringiana** (Champ. ex Benth.) Golding & Kareg. B. palmata var. principalis (Irmsch.) Golding & Kareg. B. bowringiana Champ. ex Benth. B. edulis var. henryi H.Lév. B. kotytcheouensis Guillaumin B. laciniata subsp. bowringiana (Champ.) Irmsch. B. laciniata var. bowringiana A.DC. B. laciniata subsp. principalis Irmsch. B. principalis F.A.Barkley & Golding	扁果组	云南、福建、广西、广东、香港、海南、四川、贵州、西藏、湖南、江西	越	Chen, 1993; 谷粹芝, 1999a; Gu et al., 2007; Hu, 2007; Hughes et al., 2015—
167c	卡西红孩儿*	**B. palmata** var. **khasiana** (Irmsch.) Golding & Kareg. B. laciniata subsp. khasiana Irmsch.	扁果组	西藏[107]	印、缅	Hughes et al., 2015—
167d	光叶红孩儿	**B. palmata** var. **laevifolia** (Irmsch.) Golding & Kareg. B. laciniata subsp. laevifolia Irmsch.	扁果组	云南	/	Gu et al., 2007

104 文献记载越南也有分布，但作者未见标本，故不予列入。
105 目前仅发现分布于墨脱的控制薄弱区。
106 目前仅发现分布于墨脱的控制和察隅的控制薄弱区。
107 文献记载孟加拉国和不丹也有分布，但作者未见标本，故不予列入。

（续）

序号	中文名	学名	分组	国内分布	国外分布	参考文献
168	小叶秋海棠 小秋海棠	**Begonia parvula** H.Lév. & Vaniot	单座组 走茎组	云南、贵州	老	Gu et al., 2007; Lin et al., 2022
169	小苞秋海棠	**B. parvibracteata** X.X.Feng, R.K.Li & Z.X.Liu	扁果组	广西	/	Feng et al., 2022
170	小花秋海棠	**B. parvuliflora** A.DC. B. velutina Parish ex. Kurz	东亚组 未分组	云南	缅	Hughes et al., 2015一；王ㄐ等, 2022
171	巴昔卡秋海棠*	**B. pasighatensis** D.Borah, Taram & Wahlsteen	扁果组	西藏[105]	/	Borah et al., 2021a
172a	少裂秋海棠	**B. paucilobata** C.Y.Wu var. **paucilobata**	扁果组	云南	/	Gu et al., 2007
172b	马夫秋海棠	**B. paucilobata** var. **maguanensis** (S.H.Huang & Y.M.Shui) T.C.Ku B. maguanensis S.H.Huang & Y.M.Shui	扁果组	云南	/	Gu et al., 2007
173	掌裂叶秋海棠 细裂裂秋海棠	**B. pedatifida** H.Lév. B. pedatifida var. kewensis H.Lév.	扁果组	四川、贵州、湖南、湖北、重庆、西藏[108]	越	谷粹芝, 1999a; 黄素华和税玉民, 2006; Gu et al., 2007; Hughes et al., 2015一
174	裴氏秋海棠 小花秋海棠	**B. peii** C.Y.Wu	扁果组 小秋海棠组[109]	云南	/	谷粹芝, 1999a; 黄素华和税玉民, 2006; Gu et al., 2007
175	赤车叶秋海棠	**B. pellionioides** Y.M.Shui & W.H.Chen	等翅组	云南	/	Wang et al., 2015
176	盾叶秋海棠	**B. peltatifolia** H.L.Li	未分组 海南组[110]	海南	/	Gu et al., 2007; Shui et al., 2019
177	彭氏秋海棠	**B. pengii** S.M.Ku & Yan Liu	侧膜组	广西	/	Ku et al., 2008
178	樟木秋海棠	**B. picta** Sm. B. echinata Royle	东亚组 变形组	西藏	不、印、尼、巴	Gu et al., 2007; Hughes et al., 2015一; Camfield & Hughes, 2018
179	一口血秋海棠	**B. picturata** Yan Liu, S.M.Ku & C.I Peng	侧膜组	广西	/	Gu et al., 2007
180	坪林秋海棠	**B. pinglinensis** C.I Peng	扁果组	台湾	/	Gu et al., 2007
181	扁果秋海棠	**B. platycarpa** Y.M.Shui & W.H.Chen	侧膜组	云南	/	Gu et al., 2007
182	五指山秋海棠 间性秋海棠	**B. poilanei** Kiew B. intermedia D.K.Tian & Y.H.Yan** B. wuzhishanensis C.I Peng, X.H.Jin & S.M.Ku	东亚组 灰毛组[111]	海南	老、越	Peng et al., 2014; Tian, 2014; Tian et al., 2014; Hughes et al., 2015一; Shui et al., 2019
183	多毛秋海棠	**B. polytricha** C.Y.Wu	扁果组	云南	/	Gu et al., 2007

108 重庆的分布自中国数字植物标本馆的信息。西藏的分布目前仅发现分布于错那的控制薄弱区。
109 即小海棠组，但本文另采用新拟中文名小秋海棠组，以示与蔷薇科"海棠"的区分。
110 学名为 Sect. *Hainania* Y.M.Shui & W.H.Chen。
111 学名为 Sect. *Murina* Y.M.Shui & W.H.Chen。

05

（续）

序号	中文名	学名	分组	国内分布	国外分布	参考文献
184	罗甸秋海棠[112] 单花秋海棠	*Begonia porteri* H.Lév. & Vaniot *B. bellii* H.Lév.	侧膜组	广西、贵州	越	谷粹芝, 1999a; Ku et al., 2007; Hughes et al., 2015—; Shui et al., 2019; Tian et al., 2020
185	假大新秋海棠	*B. pseudodaxinensis* S.M.Ku、Yan Liu & C.I Peng	扁果组	广西	/	Gu et al., 2007
186	假厚叶秋海棠	*B. pseudodryadis* C.Y.Wu *B. sonlaensis* Aver.	侧膜组 吴氏组[113]	云南	越	Gu et al., 2007; Chen et al., 2018a; Shui et al., 2019
187	假食用秋海棠	*B. pseudoedulis* D.K.Tian, X.X.Feng & R.K.Li	扁果组	广西、贵州[114]	/	Feng et al., 2021b
188	锚果秋海棠* 达莱秋海棠[115]	*B. pseudoheydei* Y.M.Shui & W.H.Chen *B. dalaiensis* B.Das, J.Saikia & D.Banik	扁果组	西藏	/	Chen et al., 2019a; Das et al., 2022; Wahlsteen & Borah, 2022
189	假癞叶秋海棠	*B. pseudoleprosa* C.I Peng, Yan Liu & S.M.Ku	侧膜组	广西	/	Gu et al., 2007
190	光滑秋海棠 光叶秋海棠	*B. psilophylla* Irmsch.	扁果组	云南	/	谷粹芝, 1999a; Gu et al., 2007
191	普洱秋海棠	*B. puerensis* W.G.Wang, X.D.Ma & J.Y.Shen	单座组	云南	/	Wang et al., 2020b
192	秀丽秋海棠*	*B. pulchrifolia* D.K.Tian & Ce H.Li	扁果组	四川	/	Tian et al., 2015
193	肿柄秋海棠	*B. pulvinifera* C.I Peng & Yan Liu	侧膜组	广西	/[116]	Gu et al., 2007; Hughes & Peng, 2018
194	紫叶秋海棠 朱药秋海棠	*B. purpureofolia* S.H.Huang & Y.M.Shui	扁果组	云南	/	黄素华和税玉民, 2006; Gu et al., 2007
195	青城山秋海棠	*B. qingchengshanensis* Hong Z.Li, C.I Peng & C.W.Lin[117]	单座组 未分组	四川、贵州[114]	/	Li et al., 2018a
196	岩生秋海棠	*B. ravenii* C.I Peng & Y.K.Chen	单座组 走茎组	台湾	/	Gu et al., 2007
197	倒鳞秋海棠	*B. reflexisquamosa* C.Y.Wu	扁果组	云南	/	Gu et al., 2007
198	匍茎秋海棠	*B. repenticaulis* Irmsch.	扁果组	云南	/	Gu et al., 2007
199	突脉秋海棠	*B. retinervia* D.Fang, D.H.Qin & C.I Peng	侧膜组	广西	/	Gu et al., 2007

112 部分文献将宜山秋海棠（*Begonia yishanensis* T.C.Ku）作为罗甸秋海棠接受名的异名处理，休斯系统和税玉民系统均将其作为独立种处理，本文采用后者的观点。
113 学名为 Sect. *Wuana* Y.M.Shui, W.H.Chen & H.Peng。
114 贵州的分布源自 2022 年与贵州大学白新祥的私人交流。
115 源自 2023 年与上海辰山植物园田代科的私人交流，达莱秋海棠为锚果秋海棠的异名，本文列入。
116 文献记载越南也有分布。作者也于 2019 年在越南北部发现了该种，但未见标本，故不予列入。
117 第 1 个命名人的标准缩写并非原始文献中的 H.Z.Li。

（续）

序号	中文名	学名	分组	国内分布[118]	国外分布[119]	参考文献
200	大王秋海棠 紫叶秋海棠 毛叶秋海棠	**Begonia rex** Putz.	扁果组	西藏	不、印	谷粹芝, 1999a; Gu et al., 2007; Hughes et al., 2015—; 2019; Pham et al., 2021
201	喙果秋海棠	B. rhynchocarpa Y.M.Shui & W.H.Chen	侧膜组	云南	/	Gu et al., 2007
202	皱叶秋海棠*	B. rhytidophylla Y.M.Shui & W.H.Chen	侧膜组	广西	越	Chen et al., 2018b
203	滇缅秋海棠	B. rockii Irmsch.	扁果组	云南	缅	Gu et al., 2007
204	榕江秋海棠	B. rongjiangensis T.C.Ku	东亚组变形组	贵州	/	Gu et al., 2007
205	拉什福思秋海棠	B. rushforthii Wahlsteen & D.Borah	扁果组	西藏[120]	/	Wahlsteen & Borah, 2022
206	圆叶秋海棠	B. rotundilimba S.H.Huang & Y.M.Shui	东亚组 扁果组	云南	/	Gu et al., 2007
207	罗克斯伯勒秋海棠*	B. roxburghii (Miq.) A.DC.	扁果组	西藏[121]	孟、印、尼、缅	Camfield & Hughes, 2018
208	王柄秋海棠	B. rubinea Hong Z.Li & H.Ma	扁果组	贵州	/	Gu et al., 2007
209	麖状秋海棠 匍地秋海棠	B. ruboides C.M.Hu ex C.Y.Wu & T.C.Ku	东亚组 扁果组	云南	/	谷粹芝, 1999a; Gu et al., 2007
210	红斑秋海棠	B. rubropunctata S.H.Huang & Y.M.Shui	扁果组	云南	/	Gu et al., 2007
211	涩叶秋海棠	B. scabrifolia C.I Peng, Yan Liu & C.W.Lin	侧膜组	广西	/	Liu et al., 2020
212	闪烁秋海棠*	B. scintillans Dunn	扁果组	西藏	印	Camfield & Hughes, 2018
213	成凤秋海棠	B. scitifolia Irmsch.	扁果组	云南	/	Gu et al., 2007
214	蝎尾裂秋海棠	B. scorpiuroloba D.K.Tian & Q.Tian	扁果组	广西	/	Tian et al., 2021b
215	半侧膜秋海棠	B. semiparietalis Yan Liu, S.M.Ku & C.I Peng	侧膜组	广西	/	Gu et al., 2007
216	刚毛秋海棠 屏边秋海棠	B. setifolia Irmsch. B. tsaii Irmsch.	东亚组	云南	/	谷粹芝, 1999a; Gu et al., 2007
217	刺盾叶秋海棠	B. setulosopeltata C.Y.Wu	侧膜组	广西	/	Gu et al., 2007
218	深圳秋海棠	B. shenzhenensis D.K.Tian & X.Yun Wang	扁果组	广东	/	Tian et al., 2021a
219	希伦德拉秋海棠*	B. shilendrae Rekha Morris & P.D.McMillan	扁果组	西藏[122]	/	Camfield & Hughes, 2018

118 目前仅发现分布于墨脱和察隅的控制薄弱区。
119 文献记载缅甸和越南也有分布，但作者未见标本，故不予列入。
120 目前仅发现分布于墨脱的控制薄弱区。
121 目前仅发现分布于察隅的控制薄弱区。
122 目前仅发现分布于错那和错那那的控制薄弱区。

05

（续）

序号	中文名	学名	分组	国内分布	国外分布	参考文献
220a	锡金秋海棠	**Begonia sikkimensis** A.DC. var. **sikkimensis**	扁果组	西藏	不、印、尼[123]	Gu et al., 2007; Hughes et al., 2019
220b	卡门秋海棠*	B. sikkimensis var. kamengensis Rekha Morris, P.D.McMillan & Golding	扁果组	西藏[124]	印	Camfield & Hughes, 2018
221a	厚壁秋海棠	B. silletensis (A.DC.) C.B.Clarke subsp. silletensis	扁果组	西藏[125]	印、缅	Camfield & Hughes, 2018
221b	勐养秋海棠 厚壁秋海棠	B. silletensis subsp. mengyangensis Tebbitt & K.Y.Guan	扁果组	云南	老	Gu et al., 2007; Lin et al., 2022
222	多花秋海棠	B. sinofloribunda Dorr B. floribunda T.C.Ku**	侧膜组 波氏组[126]	广西	/	谷粹芝, 1999b; Gu et al., 2007 Shui et al., 2019
223	中越秋海棠	B. sinovietnamica C.Y.Wu	东亚组	广西	/	Gu et al., 2007
224	长柄秋海棠	B. smithiana T.T.Yu	扁果组	四川、贵州、湖南、湖北	/	Gu et al., 2007
225	近革叶秋海棠	B. subcoriacea C.I Peng, Yan Liu & S.M.Ku	侧膜组	广西	/	Peng et al., 2008b
226	粉叶秋海棠	B. subhowii S.H.Huang	扁果组	云南	[127]	Gu et al., 2007; Hughes et al., 2015—
227	保亭秋海棠 近长柄秋海棠 长柄秋海棠	B. sublongipes Y.M.Shui	等翅组	海南	/	税玉民和陈文红, 2004, 2017; Gu et al., 2007
228	都安秋海棠	B. suboblata D.Fang & D.H.Qin	侧膜组	广西	/	Gu et al., 2007
229	抱茎叶秋海棠	B. subperfoliata Parish ex Kurz	东亚组 独叶组	云南	老、缅、泰	Yang et al., 2015b; Hughes et al., 2015—
230	光叶秋海棠 最亮秋海棠	B. summoglabra T.T.Yu	东亚组 巨苞组	云南、贵州	/	黄素华和税玉民, 2006; Gu et al., 2007
231	台北秋海棠	B. × taipeiensis C.I Peng	扁果组	台湾	/	Gu et al., 2007
232	台湾秋海棠	B. taiwaniana Hayata B. taiwaniana var. albomaculata S.S.Ying	扁果组	台湾	/	Gu et al., 2007
233	大理秋海棠 木里秋海棠	B. taliensis Gagnep. B. muliensis T.T.Yu	东亚组 变形组	云南、四川	/	Gu et al., 2007; Tian et al., 2020

123 文献记载缅甸也有分布，但作者未见标本，故不予列入。
124 目前仅发现分布于错那的控制薄弱区。
125 目前仅发现发现分布于墨脱，紫隅和错那的控制薄弱区。
126 学名为 Sect. Boisiana Y.M.Shui, W.H.Chen & W.K.Dong。
127 文献记载越南也有分布，但作者未见标本，故不予列入。

（续）

序号	中文名	学名	分组	国内分布	国外分布	参考文献
234	藤枝秋海棠	***Begonia tengchiana*** C.I Peng & Y.K.Chen	扁果组	台湾	/	Gu et al., 2007
235	陀螺果秋海棠	*B. tessaricarpa* C.B.Clarke	扁果组	西藏[128]	印	Gu et al., 2007; Camfield & Hughes, 2018
236	四裂秋海棠*	*B. tetralobata* Y.M.Shui	扁果组	云南	/	Shui, 2007
237	汤姆森秋海棠*	*B. thomsonii* A.DC. *B. barbata* Wall. ex. A.DC.	扁果组	云南、西藏[128]	孟、印、缅、越	Hughes et al., 2015—; Camfield & Hughes, 2018
238	截叶秋海棠	*B. truncatiloba* Irmsch.	扁果组	云南	/	Gu et al., 2007
239	观光秋海棠	*B. tsoongii* C.Y.Wu	扁果组	广西	/	Gu et al., 2007
240	碟叶秋海棠	*B. ufoides* C.I Peng, Y.H.Qin & C.W.Lin	侧膜组	广西	/	Qin et al., 2017
241a	伞叶秋海棠 龙虎山秋海棠	*B. umbraculifolia* Y.Wan & B.N.Chang var. ***umbraculifolia***	侧膜组	广西	/	谷粹芝, 1999a; Gu et al., 2007
241b	簇毛伞叶秋海棠 蛛网脉秋海棠	*B. umbraculifolia* var. *flocculosa* Y.M.Shui & W.H.Chen[129] *B. arachnoidea* C.I Peng, Yan Liu & S.M.Ku[129]	侧膜组	广西	/	Gu et al., 2007; Peng et al., 2008b; Hughes et al., 2015—; 税玉民和陈文红, 2017; Shui et al., 2019
242	多变秋海棠 变异秋海棠 百变秋海棠	*B. variifolia* Y.M.Shui & W.H.Chen	侧膜组	广西	/	Gu et al., 2007; Shui & Chen, 2005; 税玉民和陈文红, 2017
243	变色秋海棠	*B. versicolor* Irmsch.	扁果组	云南	越	Gu et al., 2007; Hughes et al., 2015—
244	长毛秋海棠 毛叶秋海棠	*B. villifolia* Irmsch.	扁果组	云南	缅、越	黄素华和税玉民, 2006; Gu et al., 2007; Hughes et al., 2015—
245	少瓣秋海棠 富宁秋海棠 爬山猴	*B. wangii* T.T.Yu	侧膜组	云南、广西	/	谷粹芝, 1999a; Gu et al., 2007
246	文山秋海棠	*B. wenshanensis* C.M.Hu ex C.Y.Wu & T.C.Ku	东亚组	云南	/	Gu et al., 2007
247	一点血 一点血秋海棠	*B. wilsonii* Gagnep.	单座组 变形组	四川、重庆	/	谷粹芝, 1999a; Gu et al., 2007
248	雾台秋海棠	*B. wutaiana* C.I Peng & Y.K.Chen	扁果组	台湾	/	Gu et al., 2007
249	黄瓣秋海棠	*B. xanthina* Hook.	扁果组	云南、西藏[130]	不、印、缅[131]	Gu et al., 2007; Hughes et al., 2015—; Camfield & Hughes, 2018

05

128 目前仅发现分布于墨脱的控制薄弱区。
129 休斯系统将其作为独立种处理，税玉民系统将其与簇毛伞叶秋海棠归并，本文采用后者的观点。
130 目前仅发现分布于墨脱和错那的控制薄弱区。
131 文献记载尼泊尔也有分布，但作者未见标本，故不予列入。

（续）

序号	中文名	学名	分组	国内分布	国外分布	参考文献
250	兴义秋海棠	Begonia xingyiensis T.C.Ku	东亚组 变形组	贵州	/	Gu et al., 2007
251	版纳秋海棠*	B. xishuangbannaensis W.G.Wang & L.J.Jiang	东亚组	云南	/	Wang et al., 2020a
252	习水秋海棠	B. xishuiensis T.C.Ku	东亚组 走茎组	贵州	/	Gu et al., 2007
253	盈江秋海棠	B. yingjiangensis S.H.Huang	扁果组	云南	/	Gu et al., 2007
254	宜山秋海棠	B. yishanensis T.C.Ku	侧膜组	广西	/	谷粹芝, 1999c; Tong et al., 2019
255	宜州秋海棠	B. yizhouensis D.K.Tian, B.M.Wang & Y.Tong	侧膜组	广西	/	Tong et al., 2019
256	宿苞秋海棠 临沧秋海棠	B. yui Irmsch.	东亚组 管苞组[132]	云南	越	谷粹芝, 1999a;黄素华和税玉民, 2006; Gu et al., 2007; Hughes et al., 2015—; Shui et al., 2019
257	吴氏秋海棠	B. zhengyiana Y.M.Shui	侧膜组	云南	/	Gu et al., 2007
258	钟扬秋海棠	B. zhongyangiana W.G.Wang & S.Z.Zhang	扁果组	西藏	/	Wang et al., 2019a
259	倬云秋海棠	B. zhuoyuniae C.I Peng, Yan Liu & K.F.Chung	侧膜组	广西	/	Liu et al., 2020
260	遵义秋海棠* 一口血	B. zunyiensis S.Z.He & Y.M.Shui	东亚组 未知	贵州	/	He et al., 2019

132 学名为 Sect. Tubibracteolea Y.M.Shui & W.H.Chen。

表3　中国秋海棠的染色体数目一览表

序号	染色体数目	中文名[133]	参考文献
1	2n=16	尼泊尔秋海棠、大王秋海棠	Tseng et al., 2017；Oginuma & Peng, 2002
2	2n=18	紫叶秋海棠、文山秋海棠	Nakata et al., 2007；Kono et al., 2021b
3	2n=20	角果秋海棠	田代科 等, 2002b
4	2n=22	酸味秋海棠、环纹秋海棠、金平秋海棠、伯基尔秋海棠[134]、周裂秋海棠、阳春秋海棠[135]、大围山秋海棠、南川秋海棠、厚叶秋海棠、昭通秋海棠、戴叶秋海棠[136]、古林箐秋海棠、香花秋海棠[136]、缙云秋海棠、圆翅秋海棠、裂叶秋海棠、隆安秋海棠、长翅秋海棠、长果秋海棠、掌叶秋海棠、长纤秋海棠、山地秋海棠、裂叶秋海棠[137]、红孩儿、光滑秋海棠、王柄秋海棠[138]、锡金秋海棠、红斑秋海棠、勐养秋海棠、粉叶秋海棠、汤姆森秋海棠、截叶秋海棠、变色秋海棠、长毛秋海棠、黄瓣秋海棠	Kono et al., 2022b
5	2n=24	花叶秋海棠[139]、卡思卡特秋海棠、墨脱秋海棠、樟木秋海棠、钟氏秋海棠、紫背天葵、罗克斯伯勒秋海棠[140]、戴叶秋海棠[140]、心叶秋海棠、管氏秋海棠、大理秋海棠	Legro & Doorenbos, 1969；Peng & Ku, 2009；Legro & Doorenbos, 1971；李宏哲 等, 2005；Nakata et al., 2003；Ma & Li, 2006；Kono et al., 2021b
6	2n=26	秋海棠[141]、五指山秋海棠[142]	Kono et al., 2021b
7	2n=28	兰屿秋海棠[142]、小叶秋海棠	Kono et al., 2021a；李宏哲 等, 2005

133　以表 2 加粗中文名为准。（Tseng et al., 2017）。
134　其他研究结果是 2n=16（Tseng et al., 2017）。
135　其他研究结果是 2n=66（Nakata et al., 2003）。
136　其他研究结果是 2n=20（田代科 等, 2002b）。
137　其他研究结果是 2n=20、24（Legro & Doorenbos, 1969; Nakata et al., 2003）。
138　其他研究结果是 2n=23（Nakata et al., 2003）。
139　其他研究结果是 2n=20（Nakata et al., 2003）。
140　其他研究结果是 2n=44（Nakata et al., 2007）。
141　其他研究结果是 2n=24（Legro & Doorenbos, 1969）。
142　其他研究结果是包括 2n=26、56（Kono et al., 2021a）。

05

（续）

序号	染色体数目	中文名	参考文献
8	2n=30	橙花侧膜秋海棠、耳托秋海棠、桂南秋海棠、巴马秋海棠、双花秋海棠、西南秋海棠、崇左秋海棠、卷毛秋海棠、簇毛伞叶秋海棠、德保秋海棠、方氏秋海棠、弯果秋海棠、黑峰秋海棠、桂西秋海棠、黄氏秋海棠、大新秋海棠、靖西秋海棠、灯果秋海棠、癞叶秋海棠、刘演秋海棠[143]、长茎乌叶秋海棠、长柱秋海棠、陆氏秋海棠、罗坡秋海棠、雷平秋海棠、鹿寨秋海棠、宁明秋海棠、丽叶秋海棠、彭氏秋海棠、一口血秋海棠、假厚叶秋海棠、龙州秋海棠、葵脉秋海棠、涩叶秋海棠、半侧膜气候、剌盾叶秋海棠、多花秋海棠、假癞叶秋海棠、都安秋海棠、少瓣秋海棠、近革叶秋海棠、伞叶秋海棠、倬云秋海棠	Kono et al., 2020
		武威秋海棠 巨苞秋海棠 海南秋海棠 独牛	Peng & Chen, 1991 Kono et al., 2021b Kono et al., 2022a Nakata et al., 2003
9	2n=32	黄连山秋海棠	Kono et al., 2021b
10	2n=36	南台湾秋海棠 广西秋海棠[144] 岩生秋海棠	Peng & Chen, 1990 Han et al., 2018 Oginuma & Peng, 2002
11	2n=38	九九峰秋海棠、溪头秋海棠、坪林秋海棠 台湾秋海棠	Peng et al., 2005c Oginuma & Peng, 2002
12	2n=41	台北秋海棠	Peng & Sue, 2000
13	2n=44	瓜叶秋海棠	Nakata et al., 2003
14	2n=52	出云山秋海棠、鹿谷秋海棠、雾台秋海棠	Peng et al., 2005c
15	2n=54	一点血	Mastuura & Okuno, 1943
16	2n=60	水鸭脚[145]	Peng & Sue, 2000
17	2n=82	藤枝秋海棠	Peng et al., 2005c

143 其他研究结果是 2n=45（Peng et al., 2013； Han et al., 2018）。
144 其他研究结果是 2n=35（Kono et al., 2020）。
145 其他研究结果是 2n=64（Oginuma & Peng, 2002）。

05

表 4 中国秋海棠的非园林园艺用途一览表

序号	中文名[146]	应用部位	用途	应用地区	参考文献
1	酸味秋海棠	全株、茎	药用：治痛经、抽筋 食用：做汤、油炸	云南	Guan et al., 2007
2	美丽秋海棠	根状茎	药用：治跌打损伤、浮肿、蛇咬伤	湖南、江西	黄德富, 1989; Guan et al., 2007
3	糙叶秋海棠	块茎	药用：止血、止痛	贵州	Guan et al., 2007
4	歪叶秋海棠	全株	药用：（外敷）治蛇咬伤	云南	黄素华和倪王民, 2006; Guan et al., 2007
5	花叶秋海棠	全株、叶片	药用：治咳嗽、支气管炎、疥疮、烧烫伤、跌打损伤 其他：具抗葡萄球菌活性	云南、广西	方鼎 等, 1984; 黄素华和倪王民, 2006; Guan et al., 2005, 2007; 林春蕊 等, 2012
6	西南秋海棠	全株	药用：止痛、治食滞、跌打损伤、结核病	云南、广西、贵州	方鼎 等, 1984; Guan et al., 2007; 林春蕊 等, 2012; 董莉娜 等, 2015
7	周裂秋海棠	全株、叶柄	药用：治咳嗽、烫伤、蛇咬伤 食用：凉拌、做汤	云南、广西、贵州	方鼎 等, 1984; Guan et al., 2007; 董莉娜 等, 2015
8	弯果秋海棠	全株	药用：（捣烂外敷）治疗毒	广西	[147]
9	柱果秋海棠	全株	药用：治蛇咬伤、跌打损伤、外伤出血	广西	梁定仁和陈秀香, 1993
10	椒叶秋海棠	全株	药用：健胃行血、驱虫	广西	董莉娜 等, 2015
11	厚叶秋海棠	全株、叶片	药用：止痛、治疥疮、毒蛇咬伤 其他：具抗葡萄球菌活性	云南	Guan et al., 2005, 2007
12	食用秋海棠	全株、叶、全株、叶柄	药用：治疥疮、蛇咬伤、便血 食用：做菜 饲用：喂猪 饮料用：做饮料	广西	方鼎 等, 1984; Guan et al., 2007; 董莉娜 等, 2015
13	紫背天葵	全株、叶、全株	药用：治发烧、咳嗽、风湿、支气管炎、（外敷）治疥疮 食用：做菜 饮料用：做凉茶	广西、广东	方鼎 等, 1984; 黄素华和倪王民, 2006, Guan et al., 2007; 董莉娜 等, 2015
14	鞭状秋海棠	叶柄	其他：具抗葡萄球菌活性	尼泊尔	Rajbhandary, 2013
15	陇川秋海棠	叶片	其他：具抗葡萄球菌活性	/	Guan et al., 2005
16	秋海棠	全株、茎、叶片	药用：止血、驱虫、治腹泻、跌打损伤 食用：做汤 其他：具抗大肠杆菌活性	广西、贵州	方鼎 等, 1984; 黄德富, 1989; Guan et al., 2005, 2007
17	中华秋海棠	全株	药用：镇痛、治吐血	广西、贵州	方鼎 等, 1984; 董莉娜 等, 2015
18	香花秋海棠	全株	药用：治咽喉肿痛、疥疮、痒痛、食滞、跌打损伤	云南	方鼎 等, 1984; Guan et al., 2007

146 以表 2 加粗中文名为准。
147 源自标本（韦永昌、陈永昌、陈秀明，52990 号，GXMI050129）未采集信息。

（续）

序号	中文名	应用部位	用途	应用地区	参考文献
19	墨脱秋海棠	茎	药用：驱虫，杀肠道蛔虫	尼泊尔	Rajbhandary, 2013
20	掌叶秋海棠	全株 茎、叶 全株	药用：治感冒、肺炎、咳嗽 食用：茎、叶做菜 饲用：喂猪	云南、广西、四川	Guan et al., 2007
21	独牛	块茎	药用：止血、止泻、治风湿、跌打损伤、胃痛	四川	黄素华和税玉民, 2006; Guan et al., 2007
22	侯氏秋海棠	全株	药用：治支气管炎	广西	Guan et al., 2007
23	重齿秋海棠	叶柄、芽	食用：生食，（发酵后）做泡菜	尼泊尔	Rajbhandary, 2013
24	心叶秋海棠	块茎	药用：止血、止痛、治支气管炎、哮喘	云南	黄素华和税玉民, 2006; 董莉娜 等, 2015
25	癞叶秋海棠	全株	药用：消疮消肿、治疥疮、蛇咬伤	广西	方鼎 等, 1984; Guan et al., 2007
26	戟叶秋海棠	全株	药用：（泡酒饮用）治风湿、跌打损伤	贵州	黄德富, 1989; Guan et al., 2007
27	长纤秋海棠[148]	全株 叶片	药用：舒经活络、解毒消肿 其他：具抗葡萄球菌和白假丝酵母菌活性	广西	Guan et al., 2005; 董莉娜 等, 2015
28	长叶秋海棠[148]	全株 茎、叶柄	药用：治咽炎、牙疼、疥疮、便血、烧烫伤、蛇咬伤 食用：做汤、油炸 饮料用：做饮料	云南、广西、贵州	方鼎 等, 1984; 黄德富, 1989; Guan et al., 2007; 董莉娜 等, 2015
29	铁甲秋海棠	全株	其他：具抗葡萄球菌和白假丝酵母菌活性	/	Guan et al., 2005
30	大翅秋海棠	全株 叶柄	药用：治脚趾伤、杀肠道蛲虫 食用：生食	尼泊尔	Rajbhandary, 2013
31	云南秋海棠	全株、块茎、果实	药用：（全株）治胃痛、跌打损伤，（块茎）治月经问题、血痛，（果实）治小儿童血尿、肠绞痛	云南、贵州	黄德富, 1989; Guan et al., 2007
32	密毛龙州秋海棠	全株	药用：止血	广西	/[149]
33	宁明秋海棠	全株	药用：（配猪肉煲食）治胃痛	广西	/[150]
34	裂叶秋海棠	全株 茎 全株	药用：治感冒、流感、咽喉肿痛、烧烫伤、急性支气管炎、肝肿大、疥疮、和跌打肿痛和风湿性关节炎，（外敷）治蛇咬伤 食用：茎做菜 饲用：喂猪	云南、广西	方鼎 等, 1984; 黄德富, 1989; Guan et al., 2007; 董莉娜 等, 2015
35	红孩儿	全株	药用：清热解毒、散瘀消肿	广西	董莉娜 等, 2015

148 部分资料源自《广西医药研究所药用植物园药用植物名录》（1974，第98-101页）。
149 源自标本（黄燮才，10966号，GXMI050142）采集信息。
150 源自标本（弄岗综采队，20849号，GXMI050150）采集信息。

序号	中文名	应用部位	用途	应用地区	参考文献
36	掌裂叶秋海棠	根状茎	药用：治子宫出血、尿血，水肿，风湿骨痛，跌打损伤，(外敷)治蛇咬伤和跌打肿痛	云南、贵州、四川、湖北	方鼎 等，1984；黄德富，1989；Guan et al., 2007
37	樟木秋海棠	全株/叶、芽、花/全株/根、叶柄	药用：治脚趾扭伤，便秘，呼吸道感染，头痛，分娩后乳痛 食用：生食；(发酵后)做泡菜 除虫用：(汁液)驱蚂蟥 染料用：(用于手足)红色染料	尼泊尔	Rajbhandary, 2013
38	一口血秋海棠	全株	药用：清热解毒、活血散瘀	广西	林春蕊 等，2012
39	假厚叶秋海棠	叶片	其他：具抗大肠杆菌活性	/	Guan et al., 2005
40	突脉秋海棠	全株	饲用：喂猪	广西	/[151]
41	罗克斯伯勒秋海棠	全株	药用：治胃痛，胃溃疡，痢疾，(根和叶)治黄疸，(汁液)治拜疮，糖尿病	印度	Lalawmpuiim & Tlau, 2021
42	刚毛秋海棠	叶片	其他：具抗葡萄球菌活性	/	Guan et al., 2005
43	刺盾叶秋海棠	全株	药用：(外敷)治拜疮	广西	/[152]
44	勐养秋海棠	叶片	其他：具抗大肠杆菌活性	/	Guan et al., 2005
45	中越秋海棠	全株?	药用：止血，止咳，治跌打损伤	广西	/[153]
46	长柄秋海棠	根状茎	药用：散瘀，止血，解毒	广西	董莉娜 等，2015
47	台湾秋海棠	根状茎	药用：止血，止痛	台湾	Guan et al., 2007
48	陀螺果秋海棠	叶柄?/叶柄?	食用：生食，做菜 除虫用：(汁液)驱蚂蟥	印度	Ambrish & Amadudin, 2006
49	伞叶秋海棠	全株	药用：散瘀消肿	广西	董莉娜 等，2015
50	簇毛伞叶秋海棠	全株?	药用：治蛇咬伤，吐血，冠心病，白血病	广西	/[154]
51	变色秋海棠	叶片/叶片	饲用：喂猪 其他：具抗大肠杆菌活性	云南	Guan et al., 2005, 2007
52	长毛秋海棠	叶片	其他：具抗葡萄球菌活性	/	Guan et al., 2005
53	少瓣秋海棠	全株/叶片	药用：理气和血，调经润肤 其他：具抗葡萄球菌活性	广西	Guan et al., 2005；林春蕊 等，2012
54	一点血	块茎	药用：治感冒，咳嗽咯血，子宫出血，白带，产后虚弱	四川	黄德富，1989；Guan et al., 2007
55	遵义秋海棠	块茎[155]	药用：清热解毒	贵州	He et al., 2019

151 源自标本（方鼎、覃德海，29617号，GXMI050163）采集信息。
152 源自标本（05244号，GXMI050164）采集信息。
153 源自标本（桂平调查队，8-1528号，GXMI050167）采集信息。
154 源自标本（何正民，2-410号，GXMI050173）采集信息。
155 源自2023年与上海辰山植物园田代科的私人交流。

315

3 秋海棠研究和保育的主要人员与机构

3.1 中国秋海棠研究和保育的主要人员

早期大量的标本采集为研究提供了第一手材料，20世纪80年代后期吴征镒[156]牵头对秋海棠属这个疑难类群开展了系统分类学研究，1992年前往国外主要标本馆考证秋海棠标本，并交谷粹芝负责《中国植物志》和黄素华负责《云南植物志》秋海棠科的编撰[157]。其中，吴征镒、谷粹芝、黄素华（1938—2020）分别发表19个种、16个种和变种、14个种和天然杂种，他们为中国秋海棠的研究奠定了基础，也为税玉民、管开云、彭镜毅和张寿洲等后人深入开展相关工作提供了便利（黄素华和税玉民，1994；吴征镒和谷粹芝，1995，1997；谷粹芝，1999a；税玉民和黄素华，1999）。

吴征镒（1916—2013），江苏扬州人。1933年入清华大学生物系，1937年毕业后留校，任助教；次年在西南联合大学工作，任助教。1940年入北京大学读研究生，1942年肄业并转西南联合大学工作，任教员。1945年先后在省立云南大学和私立中法大学工作，任教员，在教育部立中国医药研究所工作。1946—1949年在清华大学工作，任讲师。1950—1966年在中国科学院植物分类研究所（1953年更名为中国科学院植物研究所）工作，任研究员、副所长，1955年当选中国科学院学部委员（1994年起改称院士），1958—1983年（兼）任中国科学院昆明植物研究所所长，1980—1984年（兼）任中国科学院昆明分院院长。

谷粹芝（1931—），天津人。1951年入复旦大学植物系，1955年毕业。1955—1959年在武汉大学工作。1959年调中国科学院植物研究所工作，历任助理研究员、副研究员。

黄素华（1938—2020），云南建水人。1955年入云南大学生物系，1959年毕业。1959—1978年在中国科学院昆明植物研究所工作。1978年调云南大学工作，历任副教授、教授。

税玉民于1989年入云南大学攻读硕士，师从黄素华开始研究云南东南部的秋海棠分类，1998年入中国科学院昆明植物研究所攻读博士，师从吴征镒开始研究云南大围山的植物区系。20世纪90年代起至今他在云南开展了大量野外考察、标本采集和鉴定，发表吴氏秋海棠（*Begonia zhengyiana* Y.M.Shui）和黄氏秋海棠（*B. huangii* Y.M.Shui & W.H.Chen）以纪念导师。他先后与黄素华合作完成《云南植物志》秋海棠科部分，与长期合作者陈文红（1975—）合著完成《中国秋海棠》，最近还与她们一道完成《世界秋海棠分类及系统》（*Taxonomy of Begonias*）。近年来，税玉民还在大围山创建了省级"滇东南热带山地森林生态系统定位研究站"，并把研究地区扩大到广西、西藏和贵州等地，以及老挝、缅甸、泰国和

图11 2017年税玉民在深圳国际秋海棠研讨会上

---

156 当时担任《中国植物志》和《云南植物志》主编以及 *Flora of China* 中方主编。
157 源自2023年与中国科学院昆明植物研究所税玉民的私人交流。

越南等国。此外，他从植物区系出发，专注标本考证，把握物种变异程度，认为生境对形态影响较大，以"不能随便发表和归并一个物种"的科学态度发表了秋海棠属36个种和变种，还归并了包括自己此前发表的种在内的多个种。

税玉民（1966—），陕西临潼人（图11）。1985年入云南大学生物系，1989年和1992年分获理学学士和硕士学位。1992—1996年在云南省林业学校任教。1996—1997年调中国科学院植物研究所工作。1998年入中国科学院昆明植物研究所，2000年获理学博士学位并留所工作至今，历任副研究员、研究员。2020年起兼任中国野生植物保护协会秋海棠专业委员会副主任，同年获秋海棠专业委员会"科学研究奖"。2021年获美国秋海棠协会资助研究云南、贵州和广西交界地区的秋海棠，2023年获该协会"伊娃·肯沃西·格雷科学贡献奖"。

陈文红（1975—），云南麻栗坡人。1993年入云南大学生物系，1997年获理学学士学位。1997年入中国科学院昆明植物研究所，2000年获理学硕士学位并留所工作至今，历任助理研究员、副研究员。

管开云于1989年入英国爱丁堡皇家植物园深造，其间参观了英国格拉斯哥植物园收集的秋海棠，这些美丽的精灵给他留下了深刻的印象。回国后，他从1995年起与长期合作者李景秀开始系统收集秋海棠属种质资源，并主要参与或主持了几个包括秋海棠在内的引种和育种课题，在此基础上于2003年将中国科学院昆明植物园建成中国第一个秋海棠保育中心。两人还积累了大量引种、栽培和繁殖秋海棠的经验，培育品种31个，并将20余年的工作总结于《秋海棠属植物纵览》，以及促进了中国和日本在秋海棠领域的交流、合作和资源交换[158]（Guan et al., 2008; 黄宏文, 2016; 中国科学院昆明植物研究所, 2018; 管开云和李景秀, 2020）。此外，田代科于1996年师从管开云开始研究秋海棠，后于2011年起在上海辰山植物园再次对中国秋海棠属进行大量野外考察、标本采集、分类鉴定和引种栽培等工作，专注秋海棠属自然

图12　2016年管开云在北京参加中国植物园年会活动

杂交发生的特点，基于最新IUCN评价体系认为有超过80%的种（含种下分类群）为易危或以上等级[159]，已发表11个种，还发明了秋海棠微叶插技术（田代科 等, 2017; Tian et al., 2018; Tian, 2020）。

管开云（1953—），云南景谷人（图12）。1972年入云南师范大学外语系英语专业，1975年毕业。1975—2009年在中国科学院昆明植物研究所工作，历任研究实习员、助理研究员、副研究员、研究员，1995—2006年任昆明植物园主任。其间，1977年入北京大学地理系森林遥感专业，次年结业；1979年入云南大学外语系高级英语班，次年结业；1985年入中国科学院技术中心函授部科技管理专业，1987年毕业；1989—1991年赴英国爱丁堡皇家植物园访学，进修植物系统分类学；2002年入日本大阪府立大学应用生命科学专业，2007年获理学博士学位。2009年调中国科学院新疆生态与地理研究所工作至今，2010—2016年任副所长、吐鲁番沙漠植物园主任，2016年起任伊犁植物园主任。2020年起兼任中国野生植物保护协会秋海棠专业委员会顾问。

李景秀（1964—），云南禄劝人（图13）。1982年入云南省林业学校林学专业，1985年毕业。同年在中国科学院昆明植物研究所工作至今，历任实验员、助理实

158 源自2016年与中国科学院新疆生态与地理研究所管开云和2022年与中国科学院昆明植物研究所李景秀的私人交流。
159 源自2022年与上海辰山植物园田代科的私人交流。

图13　2017年李景秀在中国科学院昆明植物园秋海棠温室

图14　2022年田代科在云南沧源采集长翅秋海棠（王文广　提供）

验师、实验师、高级实验师。其间，1995年入云南省广播电视大学医农系城市园林专业，1997年毕业；1997—1998年、2004年、2008年3赴日本富山县中央植物园访学，2010年赴日本株式会社花鸟园集团访学。1998年获"富山县名誉大使"，2020年获中国野生植物保护协会秋海棠专业委员会"引种保育奖"。

田代科（1968—），湖南龙山人（图14）。1989年入湖南师范大学生物系，1993年获教育学学士学位并留校，任助理实验师。1996年入中国科学院昆明植物研究所，1999年获理学硕士学位并留所工作，历任研究实习员、助理研究员；其间，1999—2000年赴日本富山县中央植物园访学。2001—2003年在上海四季生态科技发展有限公司工作。2004年入美国奥本大学园艺系，2008年获哲学博士学位。2009—2011年在中国科学院华南植物园工作，任研究员。2011年在上海辰山植物园工作至今。2020年起兼任中国野生植物保护协会秋海棠专业委员会主任，同年获秋海棠专业委员会"卓越贡献奖"。2019年获美国秋海棠协会"鲁道夫·齐森亨内编辑出版奖"，2022年获该协会资助研究中国与越南、老挝、缅甸交界地区的秋海棠。

彭镜毅于1978年入美国圣路易斯华盛顿大学攻读博士，并与导师彼得·雷文（Peter H. Raven, 1936—）产生了深厚的情谊，这为日后研究秋海棠埋下了伏笔。1988年他把自己发表的第1个秋海棠以导师的名字命名，即岩生秋海棠（*Begonia ravenii* C.I Peng & Y.K.Chen）。后来，导师建议他将秋海棠作为主要研究类群，并经其推荐获得了美国国家地理学会的资助，雷文作为 *Flora of China* 的外方主编还邀请他参与其中秋海棠科的编撰，从此彭镜毅的秋海棠研究和保育工作便一发不可收拾。2002年他为 *Flora of China* 秋海棠科的编撰前往广西查阅标本并结识了后来的长期合作者刘演。彼时，刘演对广西的秋海棠开展了本底调查，后来还构建了标本的数字共享平台，已发表23个种和天然杂种，并从野外引种了许多秋海棠。两人合作发现广西喀斯特地貌特有种极其丰富，并提出了"一山一种、一沟（弄）一种、一洞一种"，极大地丰富了人们对秋海棠多样性的认知，发表的刘演秋海棠（*B. liuyanii* C.I Peng, S.M.Ku & W.C.Leong）和彭氏秋海棠（*B. pengii*

S.M.Ku & Yan Liu）是两人友谊的见证[160]。彭镜毅一生共发表中国秋海棠43个种、天然杂种和变种，尤其对侧膜胎座组进行了系统研究，后来还把研究地区扩大到了菲律宾、马来西亚、泰国、印度尼西亚和越南等国，引种了全世界500多种秋海棠，并将其备份保存于辜严倬云植物保种中心（Chung et al., 2014; Hughes & Peng, 2018; 董莉娜，刘演，2019; Chung, 2020）。他的工作也为年轻人提供了平台，如2007年起陈俊铭（1978—，图15）开始广泛收集秋海棠属种质资源，与世界各地专家建立联系，并将全世界最丰富的秋海棠物种和品种栽培于辜严倬云植物保种中心[161]；2012年起林哲纬（1982—，图16）应邀参与彭镜毅的秋海棠研究和绘图工作，后来更是与菲律宾、老挝、泰国和越南等国的研究者合作，已发表78个种和亚种[162]。

彭镜毅（1950—2018），台湾台北人（图17）。

1968年入中兴大学植物学系，1972年获理学学士学位。1972—1974年服兵役。1974年入台湾大学植物研究所，1976年获理学硕士学位。1976—1977年在台湾省畜产试验所杨梅分所工作，任研究助理。1978年在"中央研究院"植物研究所工作，任助理研究员。同年入美国圣路易斯华盛顿大学生物系，1982年获哲学博士学位。同年在美国密苏里植物园进行博士后研究工作。1982—2004年在"中央研究院"植物研究所工作，历任副研究员、研究员，2004年起在"中央研究院"生物多样性研究中心工作，1995—1999年和2003—2004年任"中央研究院"植物标本馆馆长，2004—2015年任"中央研究院"博物馆馆长。1995—1998年兼任自然科学博物馆副馆长、代馆长，2003—2006年兼任该馆植物园园长。2018年获美国秋海棠协会"伊娃·肯沃西·格雷科学贡献奖"。

刘演（1968—），广西陆川人。1987年入华南农业大学林学系，1991年获农学学士学位。同年起在广西壮

05

图15　2023年陈俊铭在辜严倬云植物保种中心秋海棠温室（《今周刊》提供）

图16　林哲纬在婆罗洲沙捞越野外考察（林哲纬 提供）

160 源自2023年与广西壮族自治区中国科学院广西植物研究所刘演的私人交流。
161 源自2023年与辜严倬云植物保种中心陈俊铭的私人交流。
162 源自2023年与台湾"行政院"农业委员会林业试验所林哲纬的私人交流。

图17　2005年彭镜毅和原生境的彭氏秋海棠（*Begonia pengii*）（刘演 提供）

族自治区中国科学院广西植物研究所工作至今，历任研究见习员、研究实习员、助理研究员、副研究员、研究员，2015年起任副所长。2020年起兼任中国野生植物保护协会秋海棠专业委员会顾问。

张寿洲（1964—）从2008年起开始系统收集秋海棠属种质资源，并将深圳市中国科学院仙湖植物园打造成了中国最好的秋海棠保育中心[163]。2017年他在第19届国际植物学大会期间参与策划了秋海棠主题专场报告，布置了秋海棠活体植物展和进行了科普宣传，并组织了秋海棠国际研讨会，促进了中国秋海棠研究者与世界同行的交流。此外，他在基因组学研究、推广应用和科普宣传等领域也作出了贡献，还积极提携年轻人，在其大力支持下，2018年起同单位的李凌飞（1984—）开展了一系列秋海棠的前沿基础性研究，2019年起他的学生王文广（1989—）在中国科学院西双版纳热带植物园开始专注秋海棠的收集和保育，2020年董文珂（图18）和田代科等参与成立了中

国野生植物保护协会秋海棠专业委员会（Dong, 2018a; Li et al., 2022）。

张寿洲（1964—），陕西澄城人。1982年入陕西师

图18　2019年董文珂在美国秋海棠协会作中国秋海棠报告

范大学生物系，1986年获理学学士学位；同年入内蒙古大学植物学专业，1989年获理学硕士学位。1989—1994年在陕西省西安教育学院任教。1994年入中国科学院植物研究所，1997年获理学博士学位。1997—1999年在华南农业大学农学系进行博士后研究工作。1999年起在深圳市中国科学院仙湖植物园工作至今，历任副研究员、研究员，2014—2021年任副主任。2020年起兼任中国野生植物保护协会秋海棠专业委员会顾问。

3.2 世界秋海棠研究和保育的主要机构

一些机构的研究者曾经一度活跃在秋海棠的研究领域，如20世纪40—70年代美国史密森尼学会的莱曼·史密斯、20世纪60—90年代荷兰瓦赫宁根大学的扬·多伦博斯和20世纪70年代至21世纪00年代美国秋海棠协会的杰克·戈尔丁，随着他们的退休和离世，即便这些机构还有人继续相关研究，但最终它们均已不再是世界秋海棠研究的中心。如何让研究团队或其所在国在国际上该领域长期占有重要地位是值得我们认真思考的，一些机构的做法也值得我们借鉴。

1937—1938年俞德浚把在西南地区采集的秋海棠引种至今中国科学院昆明植物研究所昆明植物园内栽培，并于1944年用美国秋海棠协会资助的经费在园内搭建了小型暖房用于引种，经过几代人的辛勤耕耘，中国科学院昆明植物研究所及其昆明植物园（图19）成为中国秋海棠研究、保育和开发的主要机构，培养了一批专业人员，并辐射到其他植物园。如毕业于此的田代科在上海辰山植物园组建了秋海棠研究和开发团队，保存了目前约80%的国产种类；深圳市中国科学院仙湖植物园（图20）从昆明植物园引种，并与辜严倬云植物保种中心合作，将自身打造成了中国设施条件最好的秋海棠保育中心，后来从此走出来的年轻人又前往中国科学院西双版纳热带植物园和南宁植物园等拓展秋海棠研究和保育的新领域。进入21世纪，中国台湾"中央研究院"生物多样性研究中心成为了全球引种秋海棠野生资源最多的机构，约占世界总数的1/4，其中约85%为亚洲种类，为了更好地保存这些种质资源，在彭镜毅的积极推动下备份给了辜严倬云植物保种中心（图21）、台湾大学生物资源暨农学院实验林管理处溪头自然教育园区和厦门市园林植物园（图22），其

图19　2017年中国科学院昆明植物研究所昆明植物园秋海棠保育温室

图20　2017年深圳市中国科学院仙湖植物园阴生植物区的秋海棠展示

图21　2018年辜严倬云植物保种中心秋海棠保育温室

图22　2017年厦门市园林植物园秋海棠展览温室

中辜严倬云植物保种中心已建成当今世界秋海棠物种及其品种最多和面积最大的保育机构。2020年为了有效保护和合理利用中国秋海棠属种质资源，上述多家机构联合成立了中国野生植物保护协会秋海棠专业委员会，现已连续策划组织了3年的年会活动，包括国内外报告、考察、交流和秋海棠展等，更把中国秋海棠的研究者、爱好者、生产者等聚集在一起，彼此间的信息和种质资源交换增多，为进一步保护和利用中国乃至世界秋海棠属种质资源搭建了一个良好的交流与合作平台，同时还涌现出一批优秀青年，他们正在成为中国秋海棠研究、保育和开发事业的中坚力量。

1955年在鲁道夫·齐森亨内（Rudolf Ziesenhenne，1911—2005）的积极准备和参与下，美国秋海棠协会（www.begonias.org）成为首批国际园艺学会栽培品种登录机构（Ziesenhenne，1968）。从此美国秋海棠协会参与到了全球秋海棠事业中。该协会在每年年会期间会邀请各国学者和资深爱好者访美并作报告，专门设立研究和保育基金资助他们从事野外考察和专著出版，还资助国际秋海

棠科数据库和沃斯堡植物园（www.fwbg.org，图23）。国际秋海棠科数据库涵盖了包括野生种（含种下分类群）和品种的近20 000条信息（Bolwell，2009—）。沃斯堡植物园则经过15年的努力已成为北美地区最大的秋海棠保育中心，并被北美植物收集联合会授予秋海棠收集认证，保存了约400种（含种下分类群）和700个品种的秋海棠属种质资源。现在，美国秋海棠协会成为了一个拥有约1 000名全球会员的世界主要秋海棠保育和推广机构。

1985年以纪念马尔科姆·麦金太尔（Malcolm L. MacIntyre，1905—1983）为秋海棠研究作出的贡献，英国格拉斯哥植物园（www.glasgowbotanicgardens.co.uk，图24）成立了一个促进该园建立秋海棠国家收集中心的信托基金会，受托代表还有格拉斯哥大学和格拉斯哥市议会。1989年又成立了一个类似的信托基金会。2008年上述2个信托基金会合并后称麦金太尔秋海棠信托基金会。现在，格拉斯哥植物园已成为英国国家秋海棠收集中心，保存了约160种（含种下分类群）和约100个品种的秋

图23 2018年沃斯堡植物园秋海棠保育温室

图24 2019年格拉斯哥植物园秋海棠展览温室

海棠属种质资源[164]。该基金会还与爱丁堡皇家植物园和爱丁堡大学开展了长期而广泛的合作，从20世纪90年代起，依托该基金会、爱丁堡皇家植物园（www.rbge.org.uk）和爱丁堡大学联合培养了一大批世界各地的研究者，他们学成回国后也一直保持着与爱丁堡皇家植物园的联系甚至合作研究。现在，爱丁堡皇家植物园是世界上最重要的秋海棠研究机构，创建了世界秋海棠属物种数据库，发表了世界秋海棠属分类系统，并保存了约240种（含种下分类群）野生资源，尤其以东南亚各国、秘鲁和墨西哥的种类为主（Hughes et al., 2015—; Hughes & Peng, 2018; Moonlight et al., 2018）。

除此之外，具有区域影响力的研究和保育机构还有保存了约480种（含种下分类群）野生资源的法国里昂植物园（www.jardin-botanique-lyon.com）、法国秋海棠保育中心（www.ville-rochefort.fr/conservatoire-du-begonia）和法国秋海棠爱好者协会（www.afabego.fr）；分别保存了约130种和70种（含种下分类群）该国特有野生资源的印度尼西亚巴厘植物园（www.kebunraya.id/bali）和茂物植物园（www.kebunraya.id/bogor），其中后者保存的多为低海拔类群[165]；而新加坡滨海湾花园（www.gardensbythebay.com.sg）侧重于应用展示和东南亚物种的保育。

4 世界秋海棠的园林园艺开发

种质资源是属于全人类的，所以我们的育种不可能仅仅局限于中国的种质资源，放眼全球是必然的，因此我们需要了解180多年的世界秋海棠育种历史。虽然中国至少在16世纪早期就开始栽培和应用秋海棠（*Begonia grandis* Dryand. subsp. *grandis*），17世纪30年代该原亚种又被引种到日本长崎，随后在日本多地归化，直至1777年，牙买加的美洲小叶秋海棠（*B. minor* Jacq.）才作为观赏植物被首次引种到英国（Dryander, 1791; Nakata et al., 2012）。但是，秋海棠的杂交育种却始于19世纪中叶的欧洲，中国的杂交育种则始于20世纪末的昆明，足足晚了150多年。2010年和2020年秋海棠属被分别列入《中华人民共和国植物新品种保护名录》（农业部分和林草部分），2014年农业部发布并实施了农业行业标准《植物新品种特异性、一致性和稳定性测试指南：秋海棠属》（NY/T 2555—2014），这些为中国秋海棠的园林园艺开发提供了便利。

4.1 根茎类秋海棠

根茎类秋海棠的品种多达4 000个，根据亲本来源主要有2类[166]：一类是以墨西哥为分布中心并延伸到中美洲的墨西哥秋海棠组［Sect. *Gireoudia* (Klotzsch) A.DC.］种类为主要亲本的美洲根茎类秋海棠（图25），该组染色体数目多为2*n*=28；另一类是以亚洲中南半岛、菲律宾群岛、婆罗洲、苏门答腊岛、爪哇岛等低海拔地区为主要分布区的菲律宾秋海棠组（Sect. *Baryandra* A.DC.）、侧膜胎座组和根茎单座组（Sect. *Jackia* M.Hughes）种类为主要亲本的亚洲根茎类秋海棠（图26），其中前2组的染色体数目多为2*n*=28或30，二者的

---

164 源自2023年与格拉斯哥植物园安德鲁·辛克莱（Andrew Sinclair）的私人交流。
165 源自2023年与茂物植物园维斯努·阿尔迪（Wisnu H. Ardi）的私人交流。
166 以刺莲花秋海棠组（Sect. *Loasibegonia* A.DC.）为亲本的非洲根茎类品种仅有几个，本文不详述。

图25　中国人培育的美洲根茎类秋海棠杂交后代（叶片泛金属蓝光者）（谭俊迪 提供）

图26　中国人培育的'Pink Memory'[粉红回忆]秋海棠（谭俊迪 提供）

开发历史分别简介如下（Matsuura & Okuno, 1943; Legro & Doorenbos, 1969, 1971; Bolwell, 2009—; Kono et al., 2020, 2021a）。

随着 19 世纪 30 年代起多种墨西哥秋海棠组的种类被发现和引入欧洲，秋海棠的杂交育种也就此开始。1842 年波兰人开始了杂交育种，1845 年用长袖秋海棠（*Begonia manicata* Brongn. ex. Cels）和天胡荽叶秋海棠（*B. hydrocotylifolia* Otto ex. Hook.）杂交获得 'Erythrophylla'［红叶］，1847 年德国人用白芷叶秋海棠（*B. heracleifolia* Schltdl. & Cham.）和巴克尔秋海棠（*B. barkeri* Knowles & Wescott）杂交获得 'Ricinifolia'［蓖麻叶］，1853 年德国人用长袖秋海棠和瓜栗叶秋海棠（*B. carolineifolia* Regel）杂交获得 'Verschaffeltii'［费斯哈费尔特］，1876 年瑞士人用帝王秋海棠（*B. imperialis* Lem.）和亚洲的大王秋海棠（*B. rex* Putz.）杂交获得 'Otto Förster'［奥托·弗尔斯特］。1883 年英国人用白芷叶秋海棠和硬毛秋海棠（*B. strigillosa* A.Dietr.）杂交获得 'Fuscomaculata'［褐斑］。1901 年英国人育成 'Manicata Crispa'［皱边长袖］。与此同时，原产亚洲的环纹秋海棠（*B. annulata* K.Koch[167]）和墨脱秋海棠[168]也参与了杂交，上述亲本和品种栽培至今，也成为后来很多品种的主要亲本（Thompson & Thompson, 1981; Bolwell, 2009—）。

最初的约 100 年间美洲根茎类秋海棠的品种只有 100 多个，但随着 1946 年和 1948 年美国人在墨西哥先后发现并引种马萨秋海棠（*B. mazae* Ziesenh.）及其优良个体（'Nigricans'［黑叶］和 'Viridis'［绿叶］），眉毛秋海棠（*B. bowerae* Ziesenh.），以及 1950 年英国人在哥斯达黎加发现并引种 'Zip'［邮编］贝叶秋海棠（*B. conchifolia* A.Dietr.[169]），美洲根茎类秋海棠的育种得到很大的改进（Ziesenhenne, 1947a, 1947b, 1950, 1973a, 1973b, 1976, 1980; Golding, 1973; Thompson & Thompson, 1981）。1947 年美国人用黑脉秋海棠（*B. glandulosa* A.DC. ex Hook.[170]）和趣叶秋海棠（*B. ludicra* A.DC.[171]）杂交获得 'Skeezar'［滑雪王］，1951 年还用眉毛秋海棠和 'Nigricans'［黑叶］白芷叶秋海棠杂交获得 'Bow-Nigra'［黑眉］，1952 年育成 'Sir Percy'［珀西先生］，1953 年和 1954 年美国人还分别用马萨秋海棠和长袖秋海棠作为亲本之一杂交获得 'Joe Hayden'［乔·海登］和 'Verde Grande'［大绿］。1955 年美国人又在墨西哥发现并引种黑边眉毛秋海棠（*B. bowerae* var. *nigramarga* Ziesenh.），同年还用帝王秋海棠和疱叶秋海棠（*B. pustulata* Liebm.）杂交获得 'Silver Jewell'［银珠宝］。1962 年英国人用硬毛秋海棠和眉毛秋海棠杂交获得 'Norah Bedson'［诺拉·贝德森］，同年美国人用［黑叶］马萨秋海棠和［蓖麻叶］杂交获得 'Carousel'［旋转木马］。1967 年日本人用黑边眉毛秋海棠和［绿叶］马萨秋海棠杂交获得 'Tancho'［丹顶］，美国人用［海登］作为亲本之一杂交获得 'Black Velvet'［黑色天鹅绒］，同年卡丽秋海棠（*B. carrieae* Ziesenh.）在墨西哥被发现并引入美国。1970 年美国人用眉毛秋海棠作为亲本之一杂交获得 'Chumash'［丘马什人］，1973 年还育成 'Tiger Kitten'［虎仔］，1975 年又用卡丽秋海棠作为亲本之一杂交获得 'Cachuma'［卡丘马湖］。1985 年澳大利亚人用黑边眉毛秋海棠和叶片中间具红点的贝叶秋海棠杂交获得 'Ruby'［红宝石］，2000 年又用［红宝石］作为亲本之一杂交获得 'Angel Glow'［天使之光］。上述亲本和品种也是后来很多品种的主要亲本（Bolwell, 2009—）。至此，美洲根茎类秋海棠成为叶型和叶色最丰富多样的观叶秋海棠类群，近年来美国人还推出了 'Autumn Ember'［秋火］等商业品种。

1892 年马来王秋海棠（*B. rajah* Ridl.）被引种到新加坡植物园栽培，2 年后在英国皇家园艺学会花展上一经展出便获得一等奖。直到

---

167 当时的名称为格氏秋海棠（*Begonia griffithii* Hook.）。
168 当时的名称为红脉秋海棠（*B. rubrovenia* Hook.）。
169 当时的名称为红点贝叶秋海棠（*B. conchifolia* var. *rubrimacula* Golding），'Zip' 是 zipcode 的缩写。
170 当时的名称为戴氏秋海棠（*B. dayi* Hort.）。
171 当时的名称为利布曼秋海棠（*B. liebmannii* A.DC.）。

1952年，英国人又将当时不知来源的铁甲秋海棠（*Begonia masoniana* Irmsch. ex Ziesenh.）从新加坡植物园引种回国，因其极具特点的叶色而被澳大利亚、加拿大、美国、日本、英国的爱好者们广泛栽培，至今二者还分别是根茎单座组和侧膜胎座组的明星物种（Irmscher, 1959a; Ziesenhenne, 1971; Tebbitt, 2005）。1955年火焰秋海棠（*B. goegoensis* N.E.Br.）和马来王秋海棠杂交获得'Sansouci'［桑苏西］，1967年加拿大人用妍丽秋海棠（*B. decora* Stapf [172]）和铁甲秋海棠杂交获得'Eaglesham'［伊格尔沙姆］。1971年美国人用变色秋海棠（*B. versicolor* Irmsch.）和铁甲秋海棠杂交获得'Wanda'［万达］，次年还从铁甲秋海棠芽变中选出'Tricolor'［三色］，1977年又用近珍珠菜叶秋海棠（*B. subnummularifolia* Merr.）和铁甲秋海棠杂交获得'Butterscotch'［奶油糖果］（Bolwell, 2009—）。1979年起美国人多次前往菲律宾并带回了几十份没有名字的秋海棠，其中从当地购买后命名的'Martin's Mystery'［马丁的秘密］成为深受欢迎的品种之一，最近的研究认为它是杂种起源[173]（Bates, 1981; O'Reilly, 1988）。

100多年间亚洲根茎类秋海棠的品种很少，栽培不普遍，也未受到重视，直到进入21世纪，经过中国、菲律宾、印度尼西亚、马来西亚等国植物采集者和植物分类学者们的共同努力，仅头5年就有数十种上述3个组的秋海棠新分类群被发表，其中包括许多优良的观赏种类。同时，相关学术期刊将植物的彩色照片作为发表新分类群的主要信息，且大众免费获得相关论文也逐渐变得容易，这些改变显著促进了植物采集者去往人迹罕至的地方寻找新植物，植物分类学者不断地描述和命名新植物，园艺工作者关注、收集和利用新植物，从而使得近年来亚洲根茎类秋海棠的育种变得火热。现已培育出品种30多个，如2011年印度尼西亚人用纳图那秋海棠（*B. natunaensis*

C.W.Lin & C.I Peng）和普斯皮塔秋海棠（*B. puspitae* Ardi）杂交获得4个品种，2012年中国人从宁明秋海棠（*B. ningmingensis* D.Fang, Y.G.Wei & C.I Peng）的野外个体中筛选出'Ningming Silver'［宁明银］，2019年中国人用一口血秋海棠（*B. picturata* Yan Liu, S.M.Ku & C.I Peng）和涩叶秋海棠（*B. scabrifolia* C.I Peng, Yan Liu & C.W.Lin）杂交获得'Cat Face'［花脸］，2021年新加坡人用贝丝秋海棠（*B. gironellae* C.I Peng, Rubite & C.W.Lin）作为亲本之一杂交获得3个品种，此外菲律宾人还在菲律宾群岛部分岛屿上收集到长期栽培但之前未被命名的菲律宾秋海棠组品种7个（Siregar, 2016; Purinton, 2017b; Dong, 2021b, 2021c, 2023）。

4.2　大王秋海棠栽培群

大王秋海棠栽培群（图27）的品种约2 700个，是以亚洲喜马拉雅山脉和横断山脉为主要分布区的扁果组种类为主要亲本的第3类根茎类秋海棠，该组染色体数目多为$2n=22$，而品种有二倍体、三倍体、四倍体和非整倍体（Bailey, 1923; 松浦一和奥野俊, 1936; Sharma & Bhattacharyya, 1961; Legro & Doorenbos, 1969, 1971, 1973; Bolwell, 2009—）。

1853年捷克人首先用带银斑的墨脱秋海棠和黄瓣秋海棠（*B. xanthina* Hook.）杂交获得'Marmorea'［大理石］，即第一个大王秋海棠栽培群品种。彼时，多种原产印度的叶色及其纹饰美丽的秋海棠引起了园艺工作者和植物爱好者的极大兴趣（Koch, 1857），1857年英国人、德国人和比利时人分别用大王秋海棠和环纹秋海棠、裂叶秋海棠（*B. palmata* D.Don[174]）、粗壮秋海棠（*B. robusta* Blume）、黄瓣秋海棠、拉祖尔黄瓣秋海棠［*B. xanthina* var. *lazuli* (Linden & K.Koch) Hook.］、斑叶黄瓣秋海棠（*B. xanthina* var. *pictifolia* Hook.）

172　妍丽秋海棠的学名是晚于装饰秋海棠（*Begonia decora* Bull）合格发表的，目前暂未处理该命名问题。
173　源自2023年与菲律宾宾兰花和秋海棠育种人马克·尼尔·马塞达（Mark Niel Maceda）的私人交流。
174　当时使用的名称为细长裂秋海棠（*B. laciniata* Roxb.）。当时刺毛红孩儿［*B. difformis* (Irmsch.) W.C.Leong, C.I Peng & K.F.Chung］还未独立出来，可能也参与了杂交。

图27　中国人培育的'Yinliang'[银靓]秋海棠（李景秀 提供）

等杂交获得最初的一批品种。1863年大王秋海棠又和秋海棠杂交以获得耐寒直立型品种，1866年法国人用根茎单座组的爪哇秋海棠（*Begonia muricata* Blume）和环纹秋海棠杂交获得的'Bettina Rothschild'（Fireflush）[火红]是目前仍在栽培的最古老的大王秋海棠栽培群品种。1875年美洲根茎类的帝王秋海棠参与杂交以获得小叶品种，1883年英国人育成的'Duchess'[公爵夫人]叶片已明显呈玫红色，同年匈牙利人育成的'Comtesse Louise Erdődy'[路易丝·埃尔德迪伯爵夫人]是首个叶基螺旋状卷曲的品种。1884年王冠秋海棠（*B. diadema* Linden ex Rodigas[175]）参与杂交以获得掌状叶品种，1895年妍丽秋海棠参与杂交以获得不同亮度的红、紫、褐叶品种，1903年来自中国的花叶秋海棠（*B. cathayana* Hemsl.）首次参与该栽培群的育种。最初的约100年间大王秋海棠栽培群的品种约有900个，且主要通过品种间杂交获得（Krauss, 1947; Doorenbos, 1972; Thompson & Thompson, 1981; Kiew, 2005; Bolwell, 2009—）。

随着20世纪60年代起中国秋海棠属种质资源的逐渐应用，大王秋海棠栽培群的品种变得更加丰富多彩，耐热性和抗病性等也得到了提升。1965年美国人用掌叶秋海棠（*B. hemsleyana* Hook.f.）和大王秋海棠杂交获得'Picasso'[毕加索]，1968年还用'Curly Fireflush'[卷叶火红]和变色秋海棠杂交获得'Silver Firecolor'[银火]，1976年又用花叶秋海棠作为亲本之一杂交获得'Fireworks'[烟火]，栽培至今。90年代起更多的中国扁果组秋海棠参与育种，如歪叶秋海棠（*B. augustinei* Hemsl.）、大围山秋海棠（*B. daweishanensis* S.H.Huang & Y.M.Shui）、厚叶秋海棠（*B. dryadis* Irmsch.）、水鸭脚[*B. formosana* (Hayata) Masam.]、铺地秋

175　很可能与锡金秋海棠（*Begonia sikkimensis* A.DC.）为同一物种。

海棠［*Begonia handelii* var. *prostrata* (Irmsch.) Tebbitt］、长翅秋海棠（*B. longialata* K.Y.Guan & D.K.Tian）、长纤秋海棠（*B. longiciliata* C.Y.Wu[176]）、掌裂叶秋海棠、光滑秋海棠（*B. psilophylla* Irmsch.）等，现已培育出品种20多个。最近，美国人和荷兰人还推出了一系列耐寒或耐热湿，适合花园地栽的大型或居家盆栽的小型商业品种（田代科 等，2001b，2002a；董文珂 等，2014；李景秀 等，2014，2019）。

4.3 球根秋海棠栽培群

球根秋海棠栽培群的品种约4 000个，是秋海棠属中花色、花型、花径、株型最丰富的类群（图28）。它以南美洲安第斯山脉为分布中心的球根秋海棠组种类为主要亲本，该组染色体数目多为2*n*=26或28，而品种有二倍体、三倍体、四倍体和非整倍体，被细分为17个类型，其中大花单瓣型（Large-flowered Single）、皱瓣型（Crispa）、冠瓣型（Cristata）、芍药花型（Duplex）等4类彼时已丢失，其余类型的开发历史简介如下（Legro & Doorenbos, 1969, 1973; Legro & Haegeman, 1971; Weber & Dress, 1968b; Thompson & Thompson, 1981; Bolwell, 2009—; Tebbitt, 2020）。

1868年英国人首先用玻利维亚秋海棠（*B. boliviensis* A.DC.）和维奇秋海棠（*B. veitchii* Hook.f.[177]）杂交获得杯花型（Bertinii）品种‘Sedenii’［塞登］，即第1个球根秋海棠栽培群品种。1872年英国人又用维奇秋海棠[178]和［塞登］杂交获得‘Vesuvius’［维苏威火山］。1873年法国人用朱红秋海棠（*B. cinnabarina* Hook.）和［塞登］杂交获得品种‘Le Corrège’［科雷热］，1875年还用皮尔斯秋海棠（*B. pearcei* Hook.f.）和［塞登］杂交获得首个黄花复瓣品种‘Eldorado’［黄金路］，1876年

又用球根秋海棠栽培群品种和韦德尔秋海棠（*B. weddelliana* A.DC.[179]）杂交获得‘Marcotte’［马科特］。1877年法国人用八瓣秋海棠（*B. octopetala* L'Hér.）作为亲本之一杂交获得‘Fr. Desbois’［德布瓦神父］。1878年英国人用韦德尔秋海棠和［塞登］杂交获得首个多花型（Multiflora）品种‘Mrs. Arthur Potts’［阿瑟·波茨夫人］。19世纪70年代末英国人和法国人分别杂交获得最早的一批垂吊型（Pendula）品种。1880年德国人用弗勒贝尔秋海棠（*B. froebelii* A.DC.）和多瓣秋海棠（*B. polypetala* A.DC.）杂交获得‘Incomparabilis’［无双］。1882年英国人杂交获得首个流苏边型（Fimbriata）品种‘Alba Fimbriata’［白花流苏边］，1885年又杂交获得首个花边型（Picotee）品种‘Picotee’［花边］。1892年法国人用芳香型维奇秋海棠[180]和维奇秋海棠杂交，1894年又用维奇秋海棠[181]和球根秋海棠栽培群品种杂交。1896年前法国人已获得首个水仙花型（Narcissiflora）品种，1899年英国人获得首个皱边型（Crispa Marginata）品种‘Crispa Marginata’［皱边］。与此同时，从19世纪70年代起多地都出现了球根秋海棠栽培群的突变获得了一系列花径变大的复瓣品种，再经过反复杂交和回交，至19世纪末大花重瓣型（Large-flowered Double）正式形成，这也是目前球根秋海棠栽培群中品种最丰富的类型，但绝大多数为爱好者栽培用于个人欣赏和秋海棠展的评比，商业品种不多。1902年比利时人获得首个洒金瓣型（Marmorata）品种‘Double Marmorata’［重瓣洒金］，20世纪00年代中期美国人获得首个皱花边型（Ruffled）品种，40年代末德国人用杯花型、多花型和大花单瓣型的品种杂交获得杯花紧凑型（Bertinii Compacta）品种，50年代德国人又用大花重瓣型和多花型的品种杂交获得了丰花紧凑型（Maxima）品种，60年代初德国人还首次从大花重瓣型品种中培育出

---

176 源自2022年与田代科的私人交流，早期误把该种与大王秋海棠混淆，后同。
177 当时的名称为玫红花秋海棠（*Begonia rosiflora* Hook.f.）。
178 当时的名称为克拉克秋海棠（*B. clarkei* Hook.f.）。
179 当时的名称为戴维斯秋海棠（*B. davisii* Hook.f.）。
180 当时的名称为鲍曼秋海棠（*B. baumannii* Lemoine）。
181 当时的名称为闪亮秋海棠（*B. fulgens* Lemoine）。

图28　2017年英国切尔西花展上展示的球根秋海棠栽培群品种

大花紧凑型（Grandiflora Compacta）品种。最初的约100年间球根秋海棠栽培群的品种多达2 400个，但只有少数品种栽培至今（Krauss, 1947; Weber & Dress, 1968b; Thompson & Thompson, 1981; Bolwell, 2009—; Tebbitt, 2020）。

1971年德国人推出丰花紧凑型永恒系列（Nonstop Series）首个品种 'Nonstop Goldorange'［永恒金橙色］，1988年又推出大花、多花、重瓣的垂吊型彩饰系列（Illumination Series）首个品种 'Illumination Lachsrosa'［彩饰肉粉色］[182]，2个系列已多达几十个品种，风靡全球，获得了巨大的商业成功。同年日本人通过品种间杂交获得 'Kimjongilwa'［金正日花］，即目前花径最大的品种，直径超过25cm（Pang & An, 1998; Salisbury, 2004）。近年来，为提高球根秋海棠栽培群的耐热性，杯花型品种备受青睐，推出了篝火系列（Bonfire Series）、新星系列（Bossa Nova Series）、

惊艳系列（Groovy Series）等，还用微药秋海棠（Begonia micranthera Griseb.）作为母本与玻利维亚秋海棠回交获得 'Bellfire'［钟火］；为提高垂吊型花朵的香气，推出了香瀑系列（Fragrant Falls Series）、香感系列（Scentiment Series）等；为丰富耐热品种的花型和株型，又将杯花型与丰花紧凑型的品种杂交，推出了风趣系列（Funky Series）等。不断提高耐湿热的能力，提高扦插繁殖品种采穗的品质，缩短种繁品种的生产周期，培育无须生长调节剂的紧凑型品种等是该品种群重要的育种方向（Bolwell, 2009—; 董文珂 等, 2014）。

4.4　四季秋海棠栽培群

四季秋海棠栽培群（图29）的品种约1 000个，是秋海棠属中生产和应用最广泛的类群。它以巴西东南部大西洋沿岸森林的短生组（Sect.

182　源自内部资料《1843—1993，恩斯特·班纳利植物育种的150年》（*1843—1993, 150 Jahre Ernst Benary Pflanzenzüchtung*，1993年，第41-42页）。

图29　2016年美国加利福尼亚州花展上展示的龙翅系列秋海棠品种及其育种者

Ephemera Moonlight）种类为主要亲本，属丛生型须根类秋海棠[183]，该组染色体数目多为2*n*=34，而品种有二倍体、三倍体、四倍体和非整倍体，开发历史简介如下（Krauss, 1945; Zeilinga, 1962; Legro & Doorenbos, 1971; Thompson & Thompson, 1981; Tebbitt, 2005; Bolwell, 2009— ）。

　　1870年前后欧洲的园艺工作者们认识到了兜状秋海棠（*Begonia cucullata* Willd.[184]）作为花坛花卉的优良特性并开始用于园林绿化，后来获得过多个花色更红的品种，但需扦插繁殖，不利推广应用，因此不久便消失了。1878年法国人首次获得种繁的玫红花品种 'Philippe Lemoine'［菲利普·勒穆瓦纳］[185]，1881年还用兜状秋海棠品种[186]

和近纤毛秋海棠（*B. subciliata* A.DC.[187]）杂交，并于1883年获得 'Gigantea Carminea'［大花玫红］和 'Gigantea Rosea'［大花洋红］等深色大花的品种[188]，1889年又获得种繁的长势健壮、铜叶、深红花品种 'Vernon'［韦尔农］，并无意中把［韦尔农］和近绒毛秋海棠（*B. subvillosa* Klotzsch[189]）种在一起获得杂种，并于1891年从中筛选出生长健壮、深玫红花且花量增加1倍的品种 'Versaliensis'［凡尔赛］，预示着这个杂种类型将取代之前品种的可能，但该类型品种会随着结实而开花能力开始减弱。同年法国人还获得兜状秋海棠的低矮紧凑型品种，紧接着又用［凡尔赛］和［韦尔农］回交获得四倍体的优雅型（Gracilis Type[190]）四季秋

183　除四季秋海棠栽培群外约有700个品种，亲本多且相互间亲缘关系不紧密，未形成体系。
184　当时的名称为四季秋海棠（*Begonia semperflorens* Link & Otto），花色白至浅粉。
185　该名称很快被重新命名为玫红四季秋海棠（*B. semperflorens rosea*）。
186　该种下的品种当时均被称为四季秋海棠型（Semperflorens Type），而非种间杂交品种。
187　当时的名称为勒尔茨秋海棠（*B. roelzii* Lynch），花色深红。
188　当时二者的杂交品种使用的名称为大花四季秋海棠（*B. semperflorens gigantea*）。
189　当时的名称为施密特秋海棠（*B. schmidtiana* Regel）。
190　当时的名称为优雅四季秋海棠（*B. semperflorens gracilis*），而非纤弱秋海棠（*B. gracilis* Kunth），后者从未参与过四季秋海棠栽培群的育种。

海棠栽培群品种，并于1898年首先推出 'Gracilis Rosea'［优雅玫红］，次年又推出 'Gracilis Alba'［优雅白］，后来又通过多代杂交筛选出花量大、花期长且结实量偏少的品种，1906年推出 'Gracilis Luminosa'［优雅亮叶］。此外，1900年法国人还用美洲香花秋海棠（*Begonia odorata* Willd.[191]）和四季秋海棠栽培群品种杂交获得重瓣品种

'Bijou de Jardin'［花园宝石］。1909年德国人用［优雅亮叶］作为亲本之一杂交获得世界首个 F₁ 品种 'Gracilis Prima Donna Red'（Prima Donna）［优雅首席红伶红］，1926年推出株型低矮紧凑的二倍体 F₁ 品种 'Rosabella'［罗莎贝拉］，1932年推出株型紧凑的优雅型品种 'Luminosa Compacta'［亮叶矮壮］，1936年推出世界首个具有显著杂种优势的三倍体 F₁ 品种 'Tausendschön Pink'［雏菊粉］[192]，1963年推出 F₁ 紫叶的鸡尾酒系列（Cocktail Series）首个品种 'Whisky'［威士忌］，1976年又推出 F₁ 绿叶的奥林匹亚系列（Olympia Series）首个品种 'Olympia Rot'［奥林匹亚红］，1999年和2005年还分别推出 F₁ 绿叶速生的超级奥林匹亚系列（Super Olympia Series）和 F₁ 紫叶速生的夜影系列（Nightlife Series）等诸多商业品种（Carrière, 1881, 1891a, 1891b; Carrière & André, 1890; Siebert & Voss, 1896; Bellair, 1902; Cayeux & Le Clerc, 1913; Zeilinga, 1962; Thompson & Thompson, 1981; Bolwell, 2009—; Hughes et al., 2015—）。

彼时，四季秋海棠栽培群早已成为世界最重要的花坛花卉之一，但其株型和花色还不够丰富。1980年美国人用红花秋海棠（*B. rubriflora* L.Kollmann）和 'Glamour Rose'［魅力玫红］杂交获得丛生类的 'Christmas Candy'［圣诞糖果］，1997年还用红花秋海棠作为亲本之一杂交获得株型开张和枝条半垂的龙翅系列（Dragon Wings Series）品种。2008年和2012年德国人又先后推出超大花种繁的比哥系列（Big Series）和巨无霸系

列（Big DeLuXXe Series）。近年来，日本人还尝试用四季秋海棠栽培群品种分别和皮尔斯秋海棠和竹节类秋海棠品种杂交，通过胚拯救的方式获得了开淡黄色和橙色花的后代黄色系的四季秋海棠栽培群品种（Chen & Mii, 2021a, 2021b）。

4.5 短日照开花类秋海棠

短日照开花类秋海棠的品种仅400余个，根据亲本来源有2类：一类是索科特拉秋海棠（*B. socotrana* Hook.f.）和开普敦秋海棠（*B. dregei* Otto & A.Dietr.）杂交获得的圣诞秋海棠栽培群，品种不足100个，现已基本退出历史舞台；另一类是索科特拉秋海棠和球根秋海棠栽培群品种或亲本杂交获得早期的冬花秋海棠栽培群和现在的丽格秋海棠栽培群（图30），品种超过300个，有二倍体、三倍体、四倍体、非整倍体等，后者的开发历史简介如下（Fotsch, 1933; Arends, 1970; Hvoslef-Eide & Munster, 2006; Bolwell, 2009—）。

1883年英国人首先用索科特拉秋海棠和球根秋海棠栽培群杯花型品种 'Viscountess Doneraile'［多纳雷尔子爵夫人］[193]杂交获得了冬花秋海棠栽培群最早的品种 'John Heal'［约翰·希尔］，1891年还用索科特拉秋海棠和不同的球根秋海棠栽培群品种杂交获得 'Mrs. John Heal'［约翰·希尔夫人］和 'Ensign'［徽章］，1908年起推出一系列长势健壮、花色丰富、短日照开花的冬花秋海棠早期品种。1912年英国人和荷兰人分别用索科特拉秋海棠和皮尔斯秋海棠杂交获得 'Optima'［最佳］和 'Emita'［埃米塔］并进一步促进了冬花秋海棠栽培群的育种，彼时的品种为二倍体。1955年德国人用索科特拉秋海棠和球根秋海棠栽培群杯花型品种 'Feuchtfeuer'［灯塔］杂交获得 'Rieger's Feuchtfeuer'［里格尔的灯塔］并推出了一系列花量更大、不落蕾、花期长、更耐白粉病且易于生

05

191　当时的名称为亮叶秋海棠（*Begonia nitida* Wikstr.）。
192　源自内部资料《1843—1993，恩斯特·班纳利植物育种的150年》（*1843—1993, 150 Jahre Ernst Benary Pflanzenzüchtung*, 1993年，第41-42页）。
193　该品种源自玻利维亚秋海棠和维奇秋海棠的多次杂交。

图30　2016年美国加利福尼亚州花展上展示的丽格秋海棠栽培群品种

产的丽格秋海棠栽培群品种，这一时期的品种多为三倍体，1995年又推出对日照长短不敏感且相对更喜高光强的索莱雅系列（Solenia Series）。至此，丽格秋海棠栽培群成为冬季重要的盆栽花卉之一，花色和花型更加丰富，株型更加紧凑（Heal, 1920; Krauss, 1947; Arends, 1970; Doorenbos, 1973; Thompson & Thompson, 1981; Kroon, 1993; Bolwell, 2009—）。

4.6　竹节类秋海棠

　　竹节类秋海棠（图31）的品种近2 000个，是重要的花叶兼赏的阳台和天井盆栽花卉。它以巴西东部为分布中心的竹节秋海棠组［Sect. *Gaerdtia* (Klotzsch) A.DC.］种类为主要亲本，该组染色体数目多为2*n*=56。通常竹节类秋海棠的茎粗壮、很少分枝、节微膨大，花期长达数月甚至更长，与近似的丛生类秋海棠相区别。开发历史简介如下（Legro & Doorenbos, 1969; Bolwell, 2009—）。

　　1884年法国人用大王秋海棠栽培群品种和肉花秋海棠（*Begonia incarnata* Link & Otto）杂交获得'Arthur Mallet'［阿蒂尔·马莱］，即首个马莱型（Mallet Type）竹节类秋海棠品种。该类型相较于其他竹节类秋海棠需要偏弱的光照强度和偏高的空气湿度。1890年法国人还用花眼秋海棠（*B. olbia* Kerch.）和红花竹节秋海棠（*B. coccinea* Hook.）杂交获得'President Carnot'［卡诺总统］。1892年瑞士人用托伊舍秋海棠（*B. teuscheri* Linden ex. André）和红花竹节秋海棠杂交获得'Corallina de Lucerna'［卢切尔纳］，栽培至今并成为后来很多品种的亲本。进入20世纪，红花竹节秋海棠、斑叶竹节秋海棠（*B. maculata* Raddi）和波叶秋海棠（*B. undulata* Schott）成为早期竹节类秋海棠育种最重要的亲本。1926年美国人用乌头叶秋海棠（*B. aconitifolia* A.DC.）和［卢切尔纳］杂交获得'Superba Kenzii'［极佳肯兹］，即首个极佳型（Superba Type）竹节类秋海棠品种。该类型相较于其他竹节类秋海棠具有更高挑的株型和更少的分枝。1929年美国人又从［卢切尔纳］开放授粉

图31 2018年美国新奥尔良植物园温室中的竹节类秋海棠

05

的后代中筛选出了 'Elaine' ［伊莱恩］，1947年还用双色秋海棠（*Begonia dichroa* Sprague）和 'Coral Rubra' ［珊瑚红］红花竹节秋海棠杂交获得 'Orange Rubra' ［橙红］，1951年又从 ［伊莱恩］开放授粉的后代中筛选出了 'Pinafore' ［围裙］。1961年美国人用双色秋海棠和 ［伊莱恩］杂交获得 'Lenore Olivier' ［莉奥诺·奥利维尔］，又用 ［莉奥诺·奥利维尔］和乌头叶秋海棠杂交获得 'Sophie Cecile' ［索菲·塞西尔］，还用乌头叶秋海棠作为亲本之一杂交获得 'Kentwood' ［肯特伍德］。1978年美国人用 ［肯特伍德］作为亲本之一杂交获得 'Jumbo

Jet' ［喷气式客机］，次年日本人从 ［橙红］开放授粉的后代中筛选出了 'Olei Silver Spot' ［银斑］。上述经典品种栽培至今并成为很多品种的重要亲本。此外，珊瑚红秋海棠（*B. corallina* Carrière）、柳伯斯秋海棠（*B. lubbersii* E.Morren）、悬铃木叶秋海棠（*B. platanifolia* Schott）、假柳伯斯秋海棠（*B. pseudolubbersii* Brade）等也参与了竹节类秋海棠的育种。近年来，U062[194]参与杂交并育成了一系列品种（Thompson & Thompson, 1981; Tebbitt, 2005; Bolwell, 2009—; Hughes et al., 2015—）。

---

194 泰国人在印度加尔各答发现的一种丛生类秋海棠，分类地位未知，但很可能是一个品种。

5 值得开发的中国秋海棠属植物

5.1 扁果组秋海棠

5.1.1 酸味秋海棠

Begonia acetosella Craib, *Bulletin of Miscellaneous Information* (Royal Botanic Gardens, Kew): 153, 1912. TYPE: Siam (Thailand), Chiengmai (Chiangmai), Doi Sootep (Doi Suthep), alt. ca. 910m, Apr. 1, 1911, *A.F.G. Kerr 1744* (Syntype: B, BM, E, K, L, P); ibid, alt. 660~900m, Mar. 21, 1909, *A.F.G. Kerr 557* (Lectotype: K, designated by Tebbitt, 2003b; Isolectotype: K, B).

采集与鉴定：该种最早于1898年在云南蒙自西南附近的山上被爱尔兰人采集，随即将其种子寄给英国的苗圃培育，但直至1939年才被定名为四棱秋海棠（*B. tetragona* Irmsch.）。而1909年在泰国清迈素帖山采集的标本于1912年被命名为现学名（*B. acetosella* Craib var. *acetosella*），1934年中国人在云南屏边也采集到标本，2003年前者被并入酸味秋海棠（Tebbitt, 2003b; Hughes et al., 2015—）。

分布与生境：产中国云南蒙自、景洪、勐腊、勐海、澜沧、龙陵、河口，西藏墨脱、察隅、错

图32　2021年云南金平西隆山的酸味秋海棠（*Begonia acetosella* var. *acetosella*）雄株

那。印度东北部、缅甸、泰国、老挝、越南。生于海拔400~2 750m的常绿针阔混交林下的溪边阴湿处，竹林下和石灰岩地区偶见（谷粹芝，1999a；Tebbitt，2003b；Camfield & Hughes，2018）。

特点与应用：雌雄异株，株高达2m，茎粗壮，叶片卵状披针形，花被片白色至淡粉色，芳香，花期1~8月（图32）。已参与杂交并育成品种'厚角'（管开云 等，2006b；Gu et al.，2007；Camfield & Hughes，2018）。

近似种简介：下述7（变）种国产秋海棠多具高大和粗壮的直立茎，叶形和花期各异，可用于培育竹节类秋海棠品种。

1802年首次采集标本，1856年发表罗克斯伯勒东亚秋海棠（*Diploclinium roxburghii* Miq.），1864年订正为罗克斯伯勒秋海棠［*Begonia roxburghii* (Miq.) A.DC.］，产中国西藏墨脱；印度东北部、尼泊尔、不丹、孟加拉国、缅甸、泰国西部。生于海拔0~1 850m的潮湿地区。雌雄异株，株高达1.2m，基部分枝较多，叶片卵形至阔

卵形，花被片白色至浅粉色，雌花浓香、雄花淡香，花期2~10月（Carrell，1949；Baranov，1979；Grierson，1991；Tebbitt，2005；Morris，2016；Hughes et al.，2015—；Camfield & Hughes，2018）。

1820年采集模式标本，1859年发表尼泊尔肉果秋海棠（*Mezierea nepalensis* A.DC.），1894年订正为尼泊尔秋海棠［*Begonia nepalensis* (A.DC.) Warb.］，产中国西藏错那；印度东北部、尼泊尔、不丹、缅甸。生于海拔250~500m的常绿阔叶林下。株高达1m，叶片卵状披针形，花被片白色至淡粉色，花期11月至翌年3月（Grierson，1991；Camfield & Hughes，2018）。

1823年发表的长叶秋海棠（*B. longifolia* Blume，图33）是亚洲分布范围最广的种类，产中国华南、华东、华中和西南地区；印度东北部、不丹、缅甸、泰国、老挝、越南、马来西亚、印度尼西亚。生于海拔200~1 550m的常绿阔叶林下阴湿处。株高达2m，叶片披针状长圆形，部分个体叶片背面酱红色，花被片白色至浅粉色，花期

05

图33　2012年海南吊罗山的长叶秋海棠（*Begonia longifolia*）（田代科 提供）

3～11月（Tebbitt, 2003b; Gu et al., 2007; Camfield & Hughes, 2018; Lin et al., 2022）。

1838年采集模式标本，1859年发表格里菲思肉果秋海棠（*Mezierea griffithiana* A.DC.），1894年订正为格里菲思秋海棠［*Begonia griffithiana* (A.DC.) Warb.］，产中国西藏墨脱、错那；印度东北部、不丹、缅甸。生于海拔350～1550m的常绿阔叶林下的裸露岩壁上。雌雄异株，株高达1m，叶片长圆状披针形至披针形，部分个体叶片酱红色，花序较大，花被片白色至粉色，花期10～12月，未成熟的蒴果绿色、粉色或亮红色（Grierson, 1991; Morris, 2011, 2016; Camfield & Hughes, 2018）。

1911年发表的台湾秋海棠（*B. taiwaniana* Hayata，图34）产中国台湾高雄、屏东、台东、南投。生于海拔900～2000m的林下。株高达2m，叶片披针形，部分个体叶片具白斑，花被片白色至淡粉色，花期6～10月（Chen, 1993; Gu et al., 2007; Hughes et al., 2015—）。

1939年发表的粗毛酸味秋海棠（*B. acetosella* var.

hirtifolia Irmsch.）产中国云南思茅、西藏察隅；印度东北部、缅甸北部。生于海拔1200～1400m的溪流旁常绿阔叶林下。雌雄异株，株高达1.5m，叶片卵状披针形，被毛，通常叶片中脉周围具红褐色斑块（Irmscher, 1939; Morris, 2016; Wahlsteen & Borah, 2022）。

1972年首次采集标本，2021年发表的巨型秋海棠（*B. giganticaulis* D.K.Tian & W.G.Wang，图35）产中国西藏墨脱。生于海拔450～1400m的溪流旁常绿阔叶林下的坡地上。雌雄异株，株高达4m，叶片卵状披针形至披针形，花被片白色至淡粉色，芳香，花期6～10月（Tian et al., 2021c）。

5.1.2　花叶秋海棠

Begonia cathayana Hemsl., *Curtis's Botanical Magazine* 134: tab. 8202, 1908. TYPE: China, Yunnan, Mengtze (Mengzi), SW mountains, alt. ca. 1 520m, *A. Henry 9198* (Syntype: E, NY, US); ibid, alt. ca. 1 520m, *A. Henry 13516* (Syntype: K, NY).

采集与鉴定：该种最早于1898年[195]在云南蒙

图34　2018年台湾南投溪头实验林的台湾秋海棠（*Begonia taiwaniana*）

195 根据标本采集号和文献推测出的年份。

图35　2020年西藏墨脱背崩的巨型秋海棠（*Begonia giganticaulis*）（田代科 提供）

05

图36　2014年云南屏边滴水层瀑布的花叶秋海棠（*Begonia cathayana*）

自西南附近的山上被采集并将其种子寄给英国苗圃培育，1903年被定名为园艺起源的鲍林秋海棠（*Begonia bowringiana* hort. ex Sander），因其为晚出同名，故1908年被定名为现学名（Sander, 1903; Hemsley & Watson, 1908; Nelson, 1983）。中国人于1933年在今广西十万大山也采集到标本，1938年已引种至今中国科学院昆明植物研究所昆明植物园栽培（Yu, 1950c; Hughes et al., 2015—）。

　　分布与生境：产中国云南蒙自、麻栗坡、屏边、西畴，广西防城港、那坡、十万大山；越南。生于海拔800～1 500m的常绿阔叶林下山坡和山谷的阴湿处（谷粹芝，1999a; Gu et al., 2007）。

　　特点与应用：株高可达1m，植株密被红毛，直立茎，叶片卵形至阔卵形，具环纹，花被片橙红色或粉色，花期8月（图36）。引种到英国后很快就与大王秋海棠杂交用于培育色叶的品种，参与育成经典品种 'China Curl' ［中国卷］和

'Fireworks'［烟火］（Hemsley & Watson, 1908; Tebbitt, 2005, Gu et al., 2007）。

近似种简介：下述3种国产秋海棠的花被片均为属内少有的橙红色，可用于培育橙红色花的品种。

1992年采集模式标本，1994年发表苦苣苔状

秋海棠（*Begonia gesnerioides* S.H.Huang & Y.M.Shui），因其为晚出同名，1999年订正后发表的河口秋海棠（*B. hekouensis* S.H.Huang，图37）产云南河口海拔200~500m的季雨林下的石灰岩上。根状茎，叶片卵形，花被片橙红色，花期7~9月（黄素华

图37　2011年云南河口的河口秋海棠（*Begonia hekouensis*）（田代科 提供）

图38　2011年云南江城的橙花秋海棠（*Begonia crocea*）（田代科 提供）

图 39　2008年云南麻栗坡八布的董棕林秋海棠（*Begonia caryotarum*）（税玉民 提供）

和税玉民, 1994; 税玉民和黄素华, 1999; 税玉民和陈文红, 2017）。

2000年采集模式标本，2006年发表的橙花秋海棠（*Begonia crocea* C.I Peng，图38）产云南江城。生于海拔1 200m的常绿阔叶林下湿润的岩石坡上。根状茎，叶片阔卵形，花被片橙红色，花期6~7月（Peng & Leong, 2006; 税玉民和陈文红, 2017）。

2008年首次采集标本，2021年发表的董棕林秋海棠（*B. caryotarum* Y.M.Shui & W.H.Chen，图39）产中国云南麻栗坡，越南北部很可能也有分布。生于海拔700~900m的石灰岩山脚董棕林下的缝隙中。根状茎，叶片卵形，部分个体叶片酱红色或具银白色斑点，花被片橙红色，花期7~8月（Dong et al., 2021）。

5.1.3　香花秋海棠

Begonia handelii Irmsch., *Anzeiger der Akademie der Wissenschaften in Wien* (Mathematisch-naturwissenschaftliche Klasse) 58: 24, 1921. TYPE: Indochinae Gallicae prov. Tonkin., prope fines prov. Yünnan Sinensis (N. Vietnam to Yunnan, China border), in bambusetis tropicis valleculae Ngoikoden ad vicum Phomoi prope Laokay (Lao Cai), alt. ca. 180m, Nov. 1, 1914, *H.R.E. Handel-Mazzetti 12* (Lectotype: WU, designated by Camfield & Hughes, 2018; Isolectotype: B, E).

采集与鉴定： 该种最早于1914年在越南老街靠近中国云南边境的热带丛林的小山谷和竹林中被奥地利人采集，1921年被定名为现学名（*B. handelii* Imrsch. var. *handelii*），中国人于1924年在今广西平南也采集到了标本（Hughes et al., 2015—; Camfield & Hughes, 2018）。

分布与生境： 产中国云南河口、屏边、金平、勐腊、澜沧，广东信宜、肇庆，广西东兴、都安、金秀、平南，海南陵水，西藏察隅；印度东北部、缅甸、泰国、老挝、越南。生于海拔100~900m的常绿阔叶林和竹林下的阴湿酸性地面或布满苔藓的岩石上（胡启明，1995; 谷粹芝，1999a; Tebbitt, 2003a; Gu et al., 2007; Camfield & Hughes, 2018; 董莉娜和刘演，2019; Lin et al., 2022）。

特点与应用：雌雄异株，根状茎，叶片卵形至披针状卵形，部分个体叶片表面银灰色、具银白色斑点或中脉周围具红褐色斑块，花被片白色至浅粉色，芳香，花期1~7月（图40）。已参与杂交并育成品种'香皇后'（Tebbitt, 2003a; 管开云 等, 2006b; Camfield & Hughes, 2018）。

近似种简介：下述5（变、亚）种国产秋海棠

通常为雌雄异株，根状茎，花期各异，可用于培育香花的大王秋海棠栽培群品种。

1836年首次采集标本后被错误鉴定，直至1920年才发表阿伯尔秋海棠（*Begonia aborensis* Dunn），产中国西藏墨脱；印度东北部。生于海拔300~1 200m的常绿阔叶林下。雌雄异株，根状茎，叶片卵形至阔卵形，花被片白色至浅粉色，芳

图40　2021年云南西隆山的香花秋海棠（*Begonia handelii* var. *handelii*）

香，花期 11 月至翌年 1 月（Tebbitt & Guan, 2002; Hughes et al., 2015—; Camfield & Hughes, 2018）。

1864 年发表厚壁钩果秋海棠（*Casparya silletensis* A.DC.），1879 年订正为厚壁秋海棠 [*Begonia silletensis* (A.DC.) C.B.Clarke subsp. *silletensis*]，产中国西藏墨脱、错那、察隅；印度东北部、孟加拉国、缅甸北部、泰国。生于海拔 250～1 700m 的常绿阔叶林下。雌雄异株，偶同株，根状茎，叶片卵形至阔卵形，花被片白色至浅粉色，雄花芳香，花期 4～9 月（Tebbitt & Guan, 2002; Hughes et al., 2015—; Camfield & Hughes, 2018; Wahlsteen & Borah, 2022）。

约 1898 年采集模式标本，1939 年发表匍匐秋海棠（*B. prostrata* Irmsch.），2003 年订正为铺地秋海棠 [*B. handelii* var. *prostrata* (Irmsch.) Tebbitt]，产中国云南思茅、麻栗坡、西畴、富宁、广东信宜、广西平南；缅甸、泰国、老挝、越南。生于海拔 200～1 600m 的常绿阔叶林和竹林下的阴湿酸性地面或布满苔藓的岩石上。雌雄异株，根状茎，叶片卵形至披针状卵形，部分个体叶片表面具银

白色斑点或背面酱红色，花期 5 月。已参与育成品种‘热带女’（吴征镒和谷粹芝, 1995; 谷粹芝, 1999a; 田代科 等, 2001b; Tebbitt, 2003a）。

1957 年采集模式标本，2002 年发表的勐养秋海棠（*B. silletensis* subsp. *mengyangensis* Tebbitt & K.Y.Guan, 图 41）产中国云南景洪、勐腊；老挝。生于海拔 550～1 200m 的常绿阔叶林下的阴湿处。雌雄异株，根状茎，叶片阔卵形，花被片白色至浅粉色，芳香，花期 3～5 月。已参与杂交并育成品种‘紫柄’（Tebbitt & Guan, 2002; 管开云 等, 2006a; Gu et al., 2007; Lin et al., 2022）。

1991 年采集模式标本，1999 年发表红毛北越秋海棠（*B. balansana* var. *rubropilosa* S.H.Huang & Y.M.Shui），2007 年订正为红毛香花秋海棠 [*B. handelii* var. *rubropilosa* (S.H.Huang & Y.M.Shui) C.I Peng, 图 42]，产中国云南屏边。生于海拔 300～1 400m 的常绿阔叶林缘的阴湿岩石上。雌雄异株，根状茎，植株被红色柔毛，叶片卵形至披针状卵形，花被片白色至浅粉色，芳香，花期 1 月。已参与杂交并育成品种‘苁茎’（税玉民和

图 41　2011 年云南勐腊的勐养秋海棠（*Begonia silletensis* subsp. *mengyangensis*）（田代科 提供）

图 42　2021年云南大围山的红毛香花秋海棠（*Begonia handelii* var. *rubropilosa*）（田代科 提供）

黄素华，1999；管开云 等，2006b；Gu et al., 2007；税玉民和陈文红，2017；董莉娜和刘演，2019）。

5.1.4 墨脱秋海棠

Begonia hatacoa Buch.-Ham. ex D.Don, *Prodromus Florae Nepalensis*: 223, 1825. TYPE: Nepal, Sembu, Jul. 8, 1802, *F. Buchanan-Hamilton s.n.* (Lectotype: BM, designated by Camfield & Hughes, 2018).

采集与鉴定： 该种最早于1802年在尼泊尔被英国人采集，并于1825年被发表，但直到1850年才从不丹被引入英国，并据此发表了叶片表面具斑点的红脉秋海棠（*B. rubrovenia* Hook.），1972年该种被并入墨脱秋海棠（Hooker, 1853; Tebbitt, 2005; Hughes et al., 2015—; Camfield & Hughes, 2018）。中国人早年在西藏墨脱采集的标本均为中缅秋海棠（*B. medogensis* Jian W.Li, Y.H.Tan & X.H.Jin），尚未采集到墨脱秋海棠标本（Li et al.,

2018）。

分布与生境： 产中国西藏墨脱、错那、察隅；印度东北部、尼泊尔、不丹、缅甸、老挝、越南。生于海拔150～1 850m的常绿阔叶林下的陡坡、沟壑和干燥的季节性溪流床面上（Morris, 2006; Hughes et al., 2015—; Camfield & Hughes, 2018; Pham et al., 2021）。

特点与应用： 喜冷凉；具直立茎，株高约35cm，叶片卵形至披针状卵形，部分个体叶片表面具银白色斑点或背面酱红色，花被片浅粉色，花期6～9月（Camfield & Hughes, 2018）。

近似种简介： 下述4种国产秋海棠均具较短的直立茎，可用于培育色叶或香花的大王秋海棠栽培群品种。

1855年发表的卡思卡特秋海棠（*B. cathcartii* Hook.f.）产中国西藏察隅、墨脱；印度东北部、不丹、尼泊尔、缅甸、泰国。生于海拔1 800～2 100m的常绿阔叶林下。株高60cm，叶片卵形至阔卵形，花被片白色，花期4～6月（Hooker, 1855; Camfield & Hughes, 2018）。

1951年发表的光滑秋海棠（*B. psilophylla* Irmsch., 图43）产中国云南河口。生于海拔100～700m的常绿阔叶林下的石灰岩湿润表面。株高40cm，叶片卵状心形，表面具光泽，花被片粉色，花期2月（Gu et al., 2017）。以其作亲本的后代叶片寿命较长。

1959年首次采集标本，1995年发表的多毛秋海棠（*B. polytricha* C.Y.Wu, 图44）产中国云南绿春、元阳、马关。生于海拔1 700～2 200m的常绿阔叶林下的阴湿山坡上。株高30cm，叶片卵形，具美丽的环纹，花被片淡粉色，花期10月（吴征镒和谷粹芝，1995; Gu et al., 2007；税玉民和陈文红，2017）。

1993年首次采集标本，2019年发表的锚果秋海棠（*B. pseudoheydei* Y.M.Shui & W.H.Chen, 图45）产中国西藏墨脱、察隅。生于海拔1 400～1 800m的常绿阔叶林下。雌雄异株，株高45cm，叶片卵状披针形，表面具光泽，花被片白色，芳香，花期3～5月（Chen et al., 2019a; Das et

图43　2014年云南河口南溪的光滑秋海棠（*Begonia psilophylla*）

图44　2011年云南沧源孟定至清水河沿途的多毛秋海棠（*Begonia polytricha*）（田代科 提供）

图45　2017年西藏墨脱的锚果秋海棠（*Begonia pseudoheydei*）（田代科 提供）

al., 2022; Wahlsteen & Borah, 2022）。

5.1.5　裂叶秋海棠

Begonia palmata D.Don, *Prodromus Florae Nepalensis*: 223, 1825. TYPE: Nepal, 1818, *N. Wallich* s.n. (Lectotype: BM, designated by Camfield & Hughes, 2018).

采集与鉴定：该种分别于1818年和1821年在尼泊尔被英国人采集，前者于1825年被发表为现学名 *B. palmata* D.Don var. *palmata*，后者于1832年发表为细长裂秋海棠（*B. laciniata* Roxb.），后来被归并。中国人于1939年在云南也采集到标本并引种至今中国科学院昆明植物园栽培（Yu, 1950c; Hughes et al., 2015—; Camfield & Hughes, 2018）。

分布与生境：产中国台湾台北、宜兰、台中、南投、嘉义、高雄、屏东、台东、花莲，云南贡山、保山、勐腊、江城、绿春、金平、屏边、马关、西藏墨脱、察隅；印度东北部、尼泊尔、不

丹、孟加拉国、缅甸、泰国、老挝、越南。生于海拔1 300～2 100m的常绿阔叶林下的杂木丛里、溪流边、山谷坡地潮湿的岩石上（Chen, 1993; Gu et al., 2007; Camfield & Hughes, 2018）。

特点与应用：喜冷凉；具直立茎，株高达1m，叶片窄卵形至阔卵形，掌状裂，部分个体叶片表面具美丽的环纹，花被片浅粉色，花期4～10月（图46）（Camfield & Hughes, 2018）。

近似种简介：下述7（变）种国产秋海棠均具直立茎，叶片掌状裂或掌状复叶且部分个体叶片表面斑驳美丽，可用于培育色叶的丛生类秋海棠和大王秋海棠栽培群品种。

1850年采集模式标本，1859年发表的锡金秋海棠（*B. sikkimensis* A.DC.，图47）产中国西藏墨脱、错那；印度东北部、尼泊尔、缅甸。生于海拔150～2 150m的常绿阔叶林下和路边。株高达2m，茎基部膨大，叶片掌状深裂，部分个体叶片表面具银白色斑点，花被片白色至红色，花期7～9月（Ghose, 1949; 税玉民和陈文红, 2017; Camfield &

图46　2021年云南金平西隆山的裂叶秋海棠（*Begonia palmata* var. *palmata*）

图47　2017年西藏墨脱的锡金秋海棠（*Begonia sikkimensis*）（田代科 提供）

05

Hughes, 2018）。1882年发表的王冠秋海棠（*Begonia diadema* Linden ex Rodigas）的原始采集信息不详，但与喜马拉雅山脉分布的扁果组秋海棠亲缘关系很近，且形态非常近似锡金秋海棠，作为亲本已育成数十个品种（Clark, 1948; Tibbitt, 2005; Bolwell, 2009—; Morris, 2016）。

1852年发表鲍林秋海棠（*B. bowringiana* Champ. ex Benth.），1984年订正为红孩儿［*B. palmata* var. *bowringiana* (Champ. ex Benth.) Golding & Kareg.］，产中国云南、四川、贵州、湖南、福建、广东、海南、江西、广西、西藏。生于海拔100～2 500m的山谷溪流边的阴湿处。株高80cm，叶片卵形，掌状裂，部分个体叶片表面具环纹或酱红色，花期6月；染色体数目为$2n=22$（Chen, 1993; Gu et al., 2007; Kono et al., 2022b）。

1899年发表的掌叶秋海棠（*B. hemsleyana* Hook.f., 图48）产中国云南屏边、麻栗坡, 广西那坡；老挝、缅甸、越南。生于海拔1 000～1 300m

的常绿阔叶林下的阴湿山谷。株高80cm，叶片为掌状复叶，部分个体叶片表面具白斑，花被片粉色，花期12月。已参与育成品种'银珠'（田代科 等，2001b; Gu et al., 2007; Hughes et al., 2015—）。

1911年发表台湾细长裂秋海棠（*B. laciniata* var. *formosana* Hayata），1961年订正为水鸭脚［*B. formosana* (Hayata) Masam., 图49］，产中国台湾台北、宜兰、桃园、新竹、苗栗、台中、南投、嘉义、高雄、屏东、台东、花莲。生于海拔700～900m的常绿阔叶林下阴湿处。株高近1m，叶片卵形至阔卵形，掌状浅裂，部分个体叶片表面具白斑，花被片白色至浅粉色，花期6～10月（Hayata, 1911; Chen, 1993; Gu et al., 2007）。

1939年发表刺毛细长裂秋海棠（*B. laciniata* subsp. *difformis* Irmsch.），2015年订正为刺毛红孩儿［*B. difformis* (Irmsch.) W.C.Leong, C.I Peng & K.F.Chung, 图50］，产中国云南保山、腾冲、龙陵、盈江、临沧、福贡、贡山，西藏墨脱；印度

图48　2013年云南大围山的掌叶秋海棠（*Begonia hemsleyana*）

图49　2018年台湾宜兰福山的水鸭脚（*Begonia formosana*）

图 50　2020 年西藏墨脱的刺毛红孩儿（*Begonia difformis*）
（田代科 提供）

东北部、缅甸。生于海拔 1 500～3 200m 的常绿阔叶林或松林下的山坡和溪流边的湿润处。株高 80cm，叶片卵形，掌状裂，部分个体叶片表面具环纹或酱红色，花被片白色至粉色，花期 6～10 月。参与育成经典品种'Little Brother Montgomery'［小哥蒙哥马利］（Bolwell, 2009—; Leong et al., 2015; Camfield & Hughes, 2018; Wahlsteen, 2019）。

1951 年发表的长毛秋海棠（*Begonia villifolia* Irmsch., 图 51）产中国云南麻栗坡、屏边、马关；缅甸，越南。生于海拔 1 100～1 700m 的常绿阔叶林下或杂木林中阴湿处。株高 80cm，叶片卵形至阔卵形，掌状浅裂，花被片白色，花期 5～7 月（Gu et al., 2007）。

1959 年首次采集标本，1994 年发表的紫叶秋海棠（*B. purpureofolia* S.H.Huang & Y.M.Shui，图 52）产中国云南金平、屏边。生于海拔 900～1 700m 的常绿阔叶林下。株高达 1m，叶片卵状三角形浅裂，部分个体叶片表面中脉周围具较宽的暗红色斑块、背面主脉周围和边缘深红色，新叶密被深红色毛，花被片浅粉色，花期 10～11 月［黄

图 51　2013 年云南麻栗坡的长毛秋海棠（*Begonia villifolia*）（田代科 提供）

图52　2013年云南大围山的紫叶秋海棠（*Begonia pulvinifera*）（田代科 提供）

素华和税玉民, 1994; 税玉民和陈文红, 2017）。

5.1.6　掌裂叶秋海棠

Begonia pedatifida H.Lév., *Repertorium Specierum Novarum Regni Vegetabilis* 7: 21, 1909. TYPE: Chine (China), Kouy-Tchéou (Guizhou), Majo (Maruo), à l'ombre des cascades RR, Jul. 23, 1907, *J. Cavalerie 3072* (Syntype: K, NY, P). Chine (China), Kouy-Tchéou (Guizhou), Pin-Fa (Pingfa), sud-ouest au bord du torrent, Aug. 21, 1902, *J. Cavalerie 262* (Syntype: P).

采集与鉴定： 该种最早于1902年在贵州被法国人采集，并于1909年被发表。中国人于1928年在四川都江堰也采集到标本（Léveillé, 1909; Hughes et al., 2015—）。

分布与生境： 产中国贵州安龙、赤水、湄潭、惠水、兴仁，四川峨眉山、都江堰、夹江、汶川、雷波，湖北兴山，湖南永顺，重庆南川、奉节；印度东北部、越南。生于海拔300～1700m的常绿阔叶林下的阴湿处（Gu et al., 2007; Hughes et al.,

2015—）。

特点与应用： 喜冷凉；具根状茎，叶片阔卵形，掌状深裂，花被片白色至浅粉色，花期1～7月（图53）。已参与杂交并育成品种'Metallic Mist'［金属雾］（Gu et al., 2007; Bolwell, 2009—）。

近似种简介： 下述4种国产秋海棠均具根状茎，叶片掌状裂，部分种类的叶片表面斑驳美丽，可用于培育裂叶和色叶的大王秋海棠栽培群品种。

1934年首次采集标本，2014年发表的缙云秋海棠（*B. jinyunensis* C.I Peng, Bo Ding & Qian Wang，图54）产重庆缙云山。生于海拔780m的常绿阔叶林下的石灰岩阴湿处。具根状茎，叶片为掌状复叶，花被片白色，花期7月（Ding et al., 2014）。

1960年首次采集标本，2021年发表的蝎尾裂秋海棠（*B. scorpiuroloba* D.K.Tian & Q.Tian，图55）产广西防城港、东兴。生于海拔75～300m的常绿阔叶林下。具根状茎，叶片阔卵形，近掌状深裂，花被片白色，花期9～10月（Tian et al., 2021b）。

图 53　2014 年四川都江堰的掌裂叶秋海棠（*Begonia pedatifida*）（田代科 提供）

图 54　2012 年重庆缙云山的缙云秋海棠（*Begonia jinyunensis*）（田代科 提供）

图 55　2014 年广西东兴的蝎尾裂秋海棠（*Begonia scorpiuroloba*）（田代科 提供）

1971 年采集标本，2015 年发表的秀丽秋海棠（*Begonia pulchrifolia* D.K.Tian & Ce H.Li，图 56）产四川乐山、峨眉山。生于海拔 800～1 420m 的常绿阔叶林下的山坡和阴湿处。具根状茎，叶片椭圆形，掌状中裂，表面斑驳美丽，花被片粉色，花期 7～9 月（Tian et al., 2015）。

1991 年首次采集标本，1994 年发表的红斑秋海棠（*B. rubropunctata* S.H.Huang & Y.M.Shui）产云南勐腊。生于海拔 600～1 100m 的常绿阔叶林下的石灰岩表面；具根状茎，叶柄具红斑，叶片圆形，掌状深裂，表面斑驳，花被片粉色，花期 9 月（黄素华和税玉民，1994; Gu et al., 2007）。

5.1.7　大王秋海棠

Begonia rex Putz., *Flore des Serres & des Jardins de l'Europe* II, 2: 141, tab. 1255-1258, 1857. TYPE: *Flore des Serres & des Jardins de l'Europe* II, 2: 141, tab. 1255-1258; India, Nagaland, Naga Hills, Digboi, Jan. 1969, *T. Yandall 109* (Epitype: K, designated by Camfield & Hughes, 2018).

采集与鉴定：该种最早于 1856 年无意中从印

图 56　2013 年四川峨眉山的秀丽秋海棠（*Begonia pulchrifolia*）（王中轩 提供）

度阿萨姆被引入英国后很快风靡欧洲，成为最重要的观叶秋海棠之一。中国人此前在云南、贵州、广西等地采集的标本均为长纤秋海棠，尚未采集到大王秋海棠（Putzeys & Vilmorin, 1857; Hughes et al., 2015—; Tian et al., 2020）。

分布与生境：产中国西藏墨脱、察隅；印度东北部、孟加拉国、缅甸、越南。生于海拔200～1 250m的常绿阔叶林下的岩石上和阴湿处（Morris, 2016; Camfield & Hughes, 2018; Pham et al., 2021）。

特点与应用：喜冷凉；具根状茎，叶片非掌状裂，具虹彩体，表面纹饰美丽多变，部分个体具环纹，花期1月（Camfield & Hughes, 2018）。引入欧洲后迅速成为早期大王秋海棠栽培群品种的重要亲本（Tebbitt, 2005）。

近似种简介：下述11种国产秋海棠均具根状茎，叶片非掌状裂，其中部分种类已用于培育色叶的品种，低海拔分布的种质资源可用作耐热亲本。

1857年发表的环纹秋海棠（*Begonia annulata* K.Koch）产中国西藏墨脱、错那；印度东北部、尼泊尔、不丹、缅甸、越南。生于海拔600～2 000m的常绿阔叶林下的石灰岩表面。具根状茎，叶片卵形，表面具美丽的环纹，花被片白色至粉色，花期12月至翌年6月（Camfield & Hughes, 2018）。

1859年发表的汤姆森秋海棠（*B. thomsonii* A.DC.）产中国西藏墨脱；印度东北部、孟加拉国、缅甸。生于海拔250～1 800m的常绿阔叶林下。具根状茎，叶片卵形，密被红色长毛，花被片淡粉色至粉色，花期10～12月（Camfield & Hughes, 2018）。

1896年采集模式标本，1939年发表的变色秋海棠（*B. versicolor* Irmsch.，图57）产中国云南蒙自、屏边、麻栗坡、马关、富宁；越南。生于海拔1 800～2 100m的常绿阔叶林下的山坡阴湿处或溪流边。具根状茎，叶片阔卵形，表面密被毛，叶色和纹饰多变，花被片粉色，花期6～9月（Imrscher, 1939; 谷粹芝, 1999a; Pham et al., 2021）。

约1912年采集模式标本，1920年发表的伯基尔秋海棠（*B. burkillii* Dunn）产中国西藏墨脱、错那；印度东北部、缅甸。生于海拔300～1 100m的常绿阔叶林下。具根状茎，叶片卵状披针形至卵形，具虹彩体，部分个体叶片表面酱红色或其多变的斑块和条纹，花被片白色至粉色，花期2～3月（Camfield & Hughes, 2018）。

图57　2013年云南大围山的变色秋海棠（*Begonia versicolor*）

约1912年采集模式标本，1920年发表的彩虹秋海棠（*Begonia iridescens* Dunn）产中国西藏墨脱；缅甸。生于海拔500~1 550m的常绿阔叶林下。具根状茎，叶片卵形至卵圆形，具虹彩体，叶片斑驳美丽，花被片粉色，花期1~2月（Camfield & Hughes, 2018）。

约1912年采集模式标本，1920年发表的闪烁秋海棠（*B. scintillans* Dunn）产中国西藏墨脱；印度东北部。生于海拔500~2 000m的常绿阔叶林下。具根状茎，叶片卵圆形，密被红色毛，具斑点，花被片粉红色，花期2~3月（Camfield & Hughes, 2018）。

1922年采集模式标本，1939年发表的滇缅秋海棠（*B. rockii* Irmsch., 图58）产中国云南盈江；缅甸。生于海拔700~800m的常绿阔叶林下的岩石表面。具根状茎，叶片阔卵形，具虹彩体，部分个体叶片表面具褐斑，花被片白色，花期11月（Imrscher, 1939; Gu et al., 2007）。

1936年采集模式标本，1951年发表的厚叶秋海棠（*B. dryadis* Irmsch., 图59）产中国云南勐腊、屏边；老挝。生于海拔600~1 200m的常绿阔叶林下的山谷溪流边。具根状茎，叶片卵形至阔卵形，部分个体叶片表面具白斑，花被片粉色，花期11~12月（Gu et al., 2007）。

1936年首次采集标本，1960年采集模式标本，1995年发表的长纤秋海棠（*B. longiciliata* C.Y.Wu，图60）产中国云南江城、绿春、金平、禄劝、勐腊，贵州贞丰、安龙、兴义，广西隆林、天峨；越南、老挝。生于海拔400~1 100m的常绿阔叶林下的山谷岩石上。根状茎，叶片阔卵形，通常具美丽的环纹，花被片粉红色或橙红色，花期5月。已参与杂交并育成品种'昆明鸟'和'白王'（吴征镒和谷粹芝，1995; 田代科 等，2001a, 2001b; Tian et al., 2020; Gu et al., 2007）。

1940年首次采集标本，1995年发表的山地秋海棠（*B. oreodoxa* Chun & F.Chun ex C.Y.Wu & T.C.Ku，图61）产中国云南屏边；越南。生于海拔100~1 200m的常绿阔叶林下或杂木林中的溪流边和山坡阴湿处。具根状茎，叶片卵圆形至阔卵形，花被片浅粉色至粉色，花期4月（吴征镒和谷粹芝，

图58　2018年云南盈江的滇缅秋海棠（*Begonia rockii*）（田代科 提供）

图59　2012年云南勐腊的厚叶秋海棠（*Begonia dryadis*）（田代科 提供）

图60　2013年云南绿春的长纤秋海棠（*Begonia longiciliata*）（田代科 提供）

图61 2021年云南大围山的山地秋海棠（*Begonia oreodoxa*）
（田代科 提供）

1995; Gu et al., 2007; Ding et al., 2020b）。

2016年首次采集标本，2020年发表的极光秋海棠（*Begonia aurora* C.I Peng, Yan Liu & W.B.Xu）产广西防城港。生于海拔65m的常绿阔叶林和竹林下溪流边的阴湿处。具根状茎，全株密被毛，叶片阔卵形，部分个体叶片表面主脉具浅绿色条纹，背面红色，花被片白色，花期3～4月（Liu et al., 2020）。

5.1.8 黄瓣秋海棠

Begonia xanthina Hook., *Curtis's Botanical Magazine* 78: tab. 4683, 1852. TYPE: Cultivated specimen, cultivated at Rainhill, near Preston, Lincolnshire, UK from vegetative material collected in the wild from Bhutan in 1850 by T.J.Booth, 1852, *T. Nuttall* s.n. (Lectotype: K, designated by Camfield & Hughes, 2018).

采集与鉴定：该种最早于1850年从不丹被引入英国，1852年首次开花后被鉴定为新种；后又在英国苗圃中获得一种叶片具银白色斑点的材料，因其近似樟木秋海棠（*B. picta* Sw.）而被错误鉴定，至1859年被定名为斑叶黄瓣秋海棠（*B. xanthina* var. *pictifolia* Hook.）。中国人于2002年在云南盈江也采集到标本（Hooker, 1852, 1859; Peng & Leong, 2006; Hughes et al., 2015—）。

分布与生境：产中国西藏墨脱、错那，云南盈江；印度东北部、尼泊尔、不丹。生于海拔300～1 800m的常绿阔叶林下的阴湿岩石上（Peng & Leong, 2006; Camfield & Hughes, 2018）。

特点与应用：喜冷凉；近似大王秋海棠，无直立茎，叶片具虹彩体，但无环纹和刚毛，部分个体叶片酱红色并具银白色斑点，花被片黄色，花期9～10月。引入欧洲后迅速成为早期大王秋海棠栽培群品种的重要亲本，叶可用于培育黄色花的品种（Gu et al., 2007; Camfield & Hughes, 2018）。

近似种简介：下述2种国产秋海棠的花被片均为属内少有的黄色系，可用于培育黄色花的品种。

1970年发表的黄花秋海棠（*B. flaviflora* H.Hara，图62）产中国西藏察隅、错那；印度东北部、尼泊尔、不丹、缅甸。生于海拔1 600～2 600m的常绿阔叶林下阴湿处。株高30cm，具直立茎，叶片卵形，部分个体叶片表面具环纹，花被片黄色，花期6～8月（Hara, 1970; Peng & Leong, 2006; Gu et al., 2007; Rajbhandary & Shrestha, 2009; Camfield & Hughes, 2018; Hughes et al., 2019; Gyeltshen et al., 2021）。

1980年首次采集标本（陈伟烈，14220号，PE02077360），2019年发表的钟扬秋海棠（*B. zhongyangiana* W.G.Wang & S.Z.Zhang，图63）产西藏墨脱。生于海拔700～1 600m的常绿阔叶林下岩石上和坡地上。具根状茎，叶片阔卵形，部分个体叶片表面具掌状白色条纹，花被片橙黄色，花期6～10月（Wang et al., 2019a）。

5.2 侧膜胎座组秋海棠

5.2.1 西南秋海棠

Begonia cavaleriei H.Lév., *Repertorium*

图 62　2021 年云南盈江的黄花秋海棠（*Begonia flaviflora*）（田代科　提供）

图 63　2021 年西藏墨脱德尔贡的钟扬秋海棠（*Begonia zhongyangiana*）（王文广　提供）

图64　2013年云南麻栗坡火烧梁子的西南秋海棠（*Begonia cavaleriei*）（王中轩 提供）

specierum novarum regni vegetabilis 7: 20, 1909. TYPE: Chine (China), Kouy-Tchéou (Guizhou), Tou-Chan (Dushan), 1898, *J. Cavalerie 2592* (Syntype: P). China, Kouy-Tchéou (Guizhou), district de Tin-Fan (Huishui), 1899, *J. Layes* (Syntype: P).

采集与鉴定： 该种最早于1898年在贵州独山被法国人采集，次年法国人在贵州惠水又采集到标本。中国人于1930年在贵州贵阳干燥石壁上也采集到标本。因其叶片呈盾形与昌感（今海南东方）等地分布的盾叶秋海棠（*Begonia peltatifolia* Li）近似而在物种鉴定和中文名称上张冠李戴：《海南植物志：第一卷》（1964）首次用"昌感秋海棠"命名该种，后《中国高等植物图鉴：第二册》（1972）又称其为"盾叶秋海棠"，二名称误用至今。鉴于该种主要分布于中国西南地区，故新拟"西南秋海棠"以示区别（Léveillé, 1909; Li, 1944; 侯宽昭和陈伟球，1964; 中国科学院植物研究所，1972; Hughes

et al., 2015— ）。

分布与生境： 产中国贵州贵阳、安顺、荔波、安龙、罗甸、紫云，云南麻栗坡、富宁、西畴，广西那坡、环江、南丹，湖南龙山、炎陵，重庆彭水；越南北部。生于海拔550～1 400m的常绿阔叶林下石灰岩表面（Gu et al., 2007）。

特点与应用： 喜半阴和冷凉；叶片盾形，花被片白色至粉色，花具微香，花期5～7月（图64）。可用于培育盾叶的香花品种（Gu et al., 2007）。

近似种简介： 下述5种秋海棠的叶片均为盾形，部分种类已用于培育品种。

1940年采集模式标本，1948年发表的少瓣秋海棠（*B. wangii* T.T.Yu）产云南麻栗坡、富宁，广西靖西、那坡。生于海拔600～1 000m的杂木林中的石灰岩表面。具根状茎，叶片卵状椭圆形，质地较厚，背面红色，花被片粉色，花期5月。已参与杂交并育成品种 'Black Plate'［乌盘］（谷粹芝，

1999a; Gu et al., 2007; Hughes et al., 2015—; Dong, 2020b）。

1979年首次采集标本，1993年发表的柱果秋海棠（*Begonia cylindrica* D.R.Liang & X.X.Chen，图65）产广西龙州。生于海拔300～350m的常绿阔叶林下阴湿处石灰岩表面。较耐干旱，具根状茎，叶片阔卵形至近圆形，质地较厚，花被片白色至淡粉色，花期7月（梁定仁和陈秀香，1993；Gu et al., 2007）。

2004年首次采集标本，2014年发表的桂西秋海棠（*B. guixiensis* Yan Liu, S.M.Ku & C.I Peng）产广西崇左，生于海拔150m的常绿阔叶林下的石灰岩表面。石生，具根状茎，叶片阔卵形，花被片白色，花期7～10月（Peng et al., 2014b）。

2005年首次采集标本，次年发表的肿柄秋海棠（*B. pulvinifera* C.I Peng & Yan Liu，图66）产中国广西靖西、那坡、马山；越南。生于海拔300m的常绿阔叶林下的石灰岩表面。具根状茎，叶片卵形，叶柄基部膨大更显著，花被片浅粉色，花期3～4月。已参与杂交并育成品种'Light Boat'［轻舟］（Peng et al., 2006；税玉民和陈文红，2017；Dong, 2022）。

2014年采集标本，2017年发表的碟叶秋海棠（*B. ufoides* C.I Peng, Y.H.Qin & C.W.Lin）产广西马山海拔350m的湿润石灰岩表面。具根状茎，叶片近圆形，背面红色，花被片白色至淡粉色，花期6月；叶片偏小（Qin et al., 2017）。

5.2.2 大新秋海棠

Begonia daxinensis T.C.Ku, *Acta Phytotaxonomica Sinica* 35: 45, fig 26, 1997. TYPE: China, Guangxi, Daxin, alt. ca. 360m, in shady places of limestone hills, Apr. 9, 1981, *H. N. Qin 73*

图65　2015年广西龙州响水的柱果秋海棠（*Begonia cylindrica*）（田代科 提供）

图66　2016年广西那坡的肿柄秋海棠（*Begonia pulvinifera*）（田代科 提供）

(Holotype: PE).

采集与鉴定：该种最早于1981年在广西大新被采集，1997年被鉴定为新种。1984年在广西隆安也被采集，后被定名为张氏秋海棠（*Begonia zhangii* D.Fang & D.H.Qin），2004年被并入大新秋海棠（吴征镒和谷粹芝，1997; Fang et al., 2004; Ku et al., 2004）。

分布与生境：产广西大新、隆安、天等。生于海拔200～900m的阔叶林下的石灰岩陡坡上、岩石表面（吴征镒和谷粹芝，1997; Fang et al., 2004）。

特点与应用：较耐干旱和高光照强度，叶片卵形至近圆形，表面具美丽的环纹，花被片白色至浅粉色，花期3～6月（Gu et al., 2007）。

近似种简介：下述6种秋海棠部分个体的叶片具美丽的环纹或近似环纹，部分种类已用于培育色叶的品种。

1939年发表的灯果秋海棠（*B. lanternaria* Irmsch.，图67）产中国广西龙州；越南北部。生于海拔120～800m的林缘石灰岩表面。具根状茎，叶片卵形至阔卵形，具美丽的环纹，花被片浅粉色，花具微香，花期8月（Gu et al., 2007; 税玉民

和陈文红，2017）。

1939年发表的龙州秋海棠（*B. morsei* Irmsch.）产广西龙州。生于海拔200～700m的潮湿石灰岩表面。具根状茎，叶片阔卵形，具美丽的环纹，花被片白色，花期5～7月（Gu et al., 2007; 税玉民和陈文红，2017）。

1957年首次采集标本，2005年发表的桂南秋海棠（*B. austroguangxiensis* Y.M.Shui & W.H.Chen，图68）产广西龙州。生于海拔200～600m的石灰岩山坡。具根状茎，叶片阔卵形至圆形，部分个体叶片表面除主脉及其附近外为银白色，近似环纹，花被片白色至浅粉色，花期5～10月（Shui & Chen, 2005; Gu et al., 2007）。

1977年首次采集标本，2004年发表的马山秋海棠（*B. mashanica* D.Fang & D.H.Qin，图69）产广西马山、宜山。生于海拔180～250m的石灰岩表面。具根状茎，叶片阔卵形至近圆形，表面具美丽的环纹，花被片粉色，花期9～10月（Fang et al., 2004; 税玉民和陈文红，2017）。

2005年发表的一口血秋海棠（*B. picturata* Yan Liu, S.M.Ku & C.I Peng，图70）产广西靖西。

图67　2020年广西龙州的灯果秋海棠（*Begonia lanternaria*）（田代科 提供）

图68　2016年广西龙州金龙的桂南秋海棠（*Begonia austroguangxiensis*）

图69　2016年广西鹿寨的马山秋海棠（*Begonia mashanica*）（田代科　提供）

图70　2016年广西靖西地州的一口血秋海棠（*Begonia picturata*）

图71　2016年广西靖西古龙山的古龙山秋海棠（*Begonia gulongshanensis*）（王中轩 提供）

生于海拔700～800m的石灰岩山坡。具根状茎，叶片卵状心形，具美丽的环纹，花被片粉色，花期8～9月。已参与杂交并育成品种'Broken Star'［碎星］和'Gelin'［格林］（Liu et al., 2005; Gu et al.,

2007; Dong, 2022）。

2016年采集标本，2018年发表的古龙山秋海棠（*Begonia gulongshanensis* Y.M.Shui & W.H.Chen，图71）产广西靖西。生于海拔286m的潮湿石灰岩

表面。具根状茎，叶片卵形至卵状披针形，具美丽的环纹，花被片粉色，花期2~5月（Chen et al., 2018b）。

5.2.3 德保秋海棠

Begonia debaoensis C.I Peng, Yan Liu & S.M.Ku, *Botanical Studies* (Taipei) 47: 207, figs. 1–2, 2006. TYPE: China, Guangxi Zhuangzu Autonomous Region, Baise Shi, Debao Xian, Jixingyan, ca. 12km S of Debao, alt. ca. 600m, at entrance of a limestone cave at base of a steep rocky hill, on rocky slope face, shaded, moist, frequent, May 25, 2004, *Ching-I Peng, Wai-Chao Leong, Shin-Ming Ku & Yan Liu 19712–A* (Holotype: HAST; Isotypes: IBK).

采集与鉴定：该种最早于2004年在广西德保被采集，同年被引种至中国台湾"中央研究院"栽培和研究后被鉴定为新种（Ku et al., 2006）。

分布与生境：产广西德保。生于海拔550~600m的石灰岩山洞内（Ku et al., 2006）。

特点与应用：根状茎较长，呈匍匐状，叶片阔卵形至近圆形，部分个体叶片除主脉和叶缘外其他部分为银白色，花被片粉色，花期8月至翌年1月（图72）（Ku et al., 2006; Gu et al., 2007）。

近似种简介：下述4种秋海棠的根状茎较长，均可用于培育匍匐型小叶片的品种。

2000年首次采集标本，2005年发表的喙果秋海棠（*B. rhynchocarpa* Y.M.Shui & W.H.Chen）产云南河口。生于海拔200~900m的石灰岩山坡；具匍匐的根状茎，叶片卵形，花被片粉红色，花期1~5月（Shui & Chen, 2005; Gu et al., 2007; 税玉民和陈文红，2017）。

2004年首次采集标本，2006年发表的半侧膜秋海棠（*B. semiparietalis* Yan Liu, S.M.Ku & C.I Peng，图73）产广西扶绥。生于海拔800m的常绿阔叶林下的石灰岩地区。具匍匐的根状茎，叶片卵形至近圆形，部分个体叶片表面的主脉呈银白色，花被片红色，花期9~11月（Ku et al., 2006; 税玉民和陈文红，2017）。

2008年发表的橙花侧膜秋海棠（*B. aurantiflora* C.I Peng, Yan Liu & S.M.Ku，图74）产广西靖西的石灰岩山坡和洞穴。具匍匐的根状茎，叶片阔卵形至近圆形，部分个体叶片表面斑驳美丽，花

图72 2016年广西靖西吉星岩的德保秋海棠（*Begonia debaoensis*）

图73　2020年广西扶绥的半侧膜秋海棠（*Begonia semiparietalis*）（田代科 提供）

图74　2016年广西靖西新靖的橙花侧膜秋海棠（*Begonia aurantiflora*）

被片橙红色，花期6~7月（Peng et al., 2008a；税玉民和陈文红，2017）。

2020年发表的倬云秋海棠（*Begonia zhuoyuniae* C.I Peng, Yan Liu & K.F.Chung）产广西东兰。生于海拔400m的石灰岩洞穴。具匍匐的根状茎，叶片卵形至肾形，花被片粉色，花期2~5月（Liu et al., 2020）。

5.2.4 方氏秋海棠

Begonia fangii Y.M.Shui & C.I Peng, *Botanical Bulletin of Academia Sinica* 46: 83, figs. 1-2, 2005. TYPE: China, Guangxi Zhuangzu Autonomous Region, Chungzuo Shi, Longzhou Xian, Jinlong Xiang, Guiping Village, S of Yianbian Road, on the way to Banyan, alt. ca. 360m, broad-leaf forest on mountain slope, on rock on steep limestone slope, shaded, abundant, May 28, 2004, *Ching-I Peng 19778A* (Holotype: HAST).

采集与鉴定：该种最早于1956年在广西龙州被采集，因叶片形态近似而被错误鉴定为广西掌叶秋海棠（*B. hemsleyana* var. *kwangsiensis* Irmsch.），2002年又在同一地区被采集并引种至中国台湾"中央研究院"栽培和研究后被鉴定为新种（Peng et al., 2005a）。

分布与生境：产广西龙州，生于海拔250~700m的阔叶林下的石灰岩山坡上（Peng et al., 2005a）。

特点与应用：植株较耐干旱；根状茎较长，叶片为掌状复叶，近革质、较厚实，叶片背面深红色，花被片浅粉色，花期12月至翌年3月（图75）。用于培育掌叶的品种，已参与杂交并育成品种'Moonfall'〔月落〕和'Pattern Palm'〔花掌〕（Peng et al., 2005a；Dong, 2020b, 2021b）。

近似种简介：2014年首次采集标本，2016年发表的雷平秋海棠（*B. leipingensis* D.K.Tian, Li H.Yang & Chun Li，图76）产广西大新。生于海拔260~270m的石灰岩山路边的阴湿处。具根状茎，小叶数明显多于方氏秋海棠，且呈螺旋状排列，花被片白色至淡粉色，花期8~10月（Li et al., 2016）。

5.2.5 丝形秋海棠

Begonia filiformis Irmsch., *Mitteilungen aus dem Institut für allgemeine Botanik in Hamburg*

图75　2013年广西龙州金龙的方氏秋海棠（*Begonia fangii*）（田代科 提供）

图76 2015年广西大新雷平的雷平秋海棠（*Begonia leipingensis*）（田代科 提供）

10: 521, 1939. TYPE: China, Kiangsi (Guangxi), Lungchow (Longzhou), NW hills, *H.B.Morse 575* (Holotype: K).

采集与鉴定： 该种最早于1901年[196]在今广西龙州被英国人采集，中国人于1957年在同一地区采集到标本（王印政 等，2004；Hughes et al.，2015—）。

分布与生境： 产中国广西龙州、隆安；越南北部。生于海拔200～800m的阔叶林下石灰岩湿润山坡上（税玉民和陈文红，2017）。

特点与应用： 植株密被毛，叶片卵形至近圆形，表面具显著的白色斑点或条纹，花被片黄绿色，花期3～6月。已参与杂交并育成品种 'Zebra Road'［斑路］（Gu et al.，2007；税玉民和陈文红，2017；Dong，2022）。

近似种简介： 下述6种秋海棠的部分个体的叶片具较显著的白色斑点或条纹，均可用于培育色

叶的品种。

1935年首次采集标本，2020年发表的陆氏秋海棠（*Begonia lui* S.M.Ku, C.I Peng & Yan Liu）产广西靖西。生于海拔730m的石灰岩地区。具根状茎，叶片阔卵形或近圆形，部分个体叶片表面具白色斑点、条纹或环纹，花被片粉色，花期3～5月（Shui & Chen，2005；Liu et al.，2020）。

1993年首次采集标本，2005年发表的长柱秋海棠（*B. longistyla* Y.M.Shui & W.H.Chen）产云南个旧、河口。生于海拔200～300m的常绿阔叶林下溪流边的石灰岩山坡。具根状茎，叶片卵形，部分个体叶片表面具白色斑点，花被片黄绿色，花期2～6月（Shui & Chen，2005；税玉民和陈文红，2017）。

1995年首次采集标本，2005年发表的黄氏秋海棠（*B. huangii* Y.M.Shui & W.H.Chen，图77）产云南个旧、屏边。生于海拔300～1 000m的石灰岩

---

196 根据标本采集号和文献推测出的年份。

地区。具根状茎，叶片近圆形或阔卵形，部分个体叶片表面具白色斑点，花被片白色或粉色，花期8～11月（Shui & Chen, 2005; Gu et al., 2007）。

2002年首次采集标本，2005年发表的水晶秋海棠（*Begonia crystallina* Y.M.Shui & W.H.Chen,

图78）产云南麻栗坡。生于海拔600～900m的石灰岩山坡或山洞。具根状茎，叶片阔卵形，部分个体叶片表面具白色斑点，花被片粉色，花期8月至翌年1月（Shui & Chen, 2005; Gu et al., 2007; 税玉民和陈文红, 2017）。

05

图77 2020年云南河口的黄氏秋海棠（*Begonia huangii*）（王文广 提供）

图78 2023年云南麻栗坡的水晶秋海棠（*Begonia crystallina*）（王文广 提供）

图79 2016年广西巴马百魔洞的巴马秋海棠（*Begonia bamaensis*）

2002年首次采集标本，2007年发表的巴马秋海棠（*Begonia bamaensis* Yan Liu & C.I Peng， 图79）产广西巴马。生于海拔410m的石灰岩山洞。具根状茎，叶片阔卵形至近圆形，具白色斑点或条纹，花被片白色至淡粉色，花量大，花期5~12月。已参与杂交并育成品'Jingling'［精灵］和'Longxing'［龙心］（Liu et al., 2007; Dong, 2020b）。

在中国科学院桂林植物园长期栽培，2020年发表的涩叶秋海棠（*B. scabrifolia* C.I Peng, Yan Liu & C.W.Lin）产地未知。具根状茎，叶片阔卵形，质地粗糙，表面具美丽的白色斑纹，花被片白色至粉色，花期5月。已参与杂交育种（Liu et al., 2020）。

5.2.6　铁甲秋海棠

Begonia masoniana Irmsch. ex Ziesenh., *The Begonian* 38: 52, 1971. TYPE: materials cultivated at Montreal Botanical Garden, Canada, *Barcode: 100169796* (Holotype: B).

采集与鉴定： 该种至少在1952年时已在新加坡植物园被栽培了，但产地未知。1959年被描述和命名，但命名人未指定模式标本。至1971年学名才被正式合格发表，1977年在广西被采集（Irmscher, 1959a, 1959b; Ziesenhenne, 1971; Hughes et al., 2015—）。

分布与生境： 产中国广西凭祥、大新；越南北部。生于海拔100~300m的阔叶林下石灰岩山坡上（Gu et al., 2007）。

特点与应用： 叶片阔卵形至近圆形，表面具显著的黑色突起，花被片黄绿色，花期3~9月（图80）。已参与杂交培育品种（Gu et al., 2007; 税玉民和陈文红，2017）。

近似种简介： 下述2种秋海棠的叶片均多少具有显著的黑色突起，可用于培育叶片表面形态奇特的品种。

2005年发表的须苞秋海棠（*B. fimbribracteata* Y.M.Shui & W.H.Chen）产广西东兰。生于海拔300m的石灰岩山坡。具根状茎，叶片阔卵形，花

图80　2016年广西崇左大青山的铁甲秋海棠（*Begonia masoniana*）

被片淡粉色，花期6月（Shui & Chen, 2005; Gu et al., 2007; 税玉民和陈文红, 2017）。

2011年首次采集标本，2013年发表的黑峰秋海棠（*Begonia ferox* C.I Peng & Yan Liu）产广西龙州。生于海拔130m的石灰岩山坡。具根状茎，部分个体的根状茎显著增长，亦可用于培育匍匐型品种，叶片卵形，花被片粉白色，花期1~5月（Peng et al., 2013）。

5.2.7　宁明秋海棠

Begonia ningmingensis D.Fang, Y.G.Wei & C.I Peng, *Botanical Studies* (Taipei) 47: 97, figs. 1–2, 2006. TYPE: China, Guangxi Zhuangzu Autonomous Region, Ningming Xian, Tingliang Xiang, Longrui Nature Protected Area, alt. ca. 140m, broad-leaved forest, on limestone rock face in creek, shaded, wet, occasional, Sep. 2, 2002, *Wai-Chao Leong, Yan Liu & Shin-Ming Ku 3410–A* (Holotype: HAST; Isotypes: A, GXMI, IBK, MO, PE).

采集与鉴定：该种最早于1977年在广西龙州

被采集，1979年和1985年分别在广西宁明和龙州也被采集，连同2002年在两地采集的标本一起均被错误鉴定为龙州秋海棠，同年被引种至中国台湾"中央研究院"栽培和研究后被鉴定为新种（Fang et al., 2006）。

分布与生境：产中国广西龙州、宁明、崇左、柳江；越南北部。生于海拔50~450m的阔叶林下湿润至干燥的石灰岩山坡上、岩石表面（Fang et al., 2006）。

特点与应用：具根状茎，叶片阔卵形至近圆形，不同居群和个体的叶片大小、颜色、形态、纹饰差别较大，主脉的白色条纹显著或不显著，花被片粉色，花期8~11月。用于培育色叶的品种，已育成银白色叶品种'Ningming Silver'［宁明银］（Fang et al., 2006; Purinton, 2017b）。

近似种简介：下述9（变）种秋海棠的部分个体的叶片常斑驳美丽，已用于培育色叶的品种。

1910年发表的罗甸秋海棠（*B. porteri* H.Lév. & Vaniot，图81）产中国贵州罗甸，广西罗城、平南；越南北部。生于海拔100~400m的常绿阔叶林下微湿的石灰岩表面或洞穴。具根状茎，叶片阔卵形或近圆形，部分个体叶片表面沿主脉具白色条纹，花被片白色，花期6～11月（Léveillé，1910; Ku et al., 2004; Gu et al., 2007）。

1953年首次采集标本，1995年发表的假厚叶秋海棠（*Begonia pseudodryadis* C.Y.Wu）产中国云南屏边、河口、马关；越南北部。生于海拔800～1 500m的石灰岩山谷。具根状茎，叶片卵形，部分个体叶片表面具白斑，花被片粉色，花期5～9月（吴征镒和谷粹芝，1995; 税玉民和黄素华，1999; Gu et al., 2007）。

1991年首次采集标本，1999年发表的斜叶秋海棠（*B. obliquifolia* S.H.Huang & Y.M.Shui，图82）产云南麻栗坡。生于海拔1 400～1 500m的石灰岩洞穴。具根状茎，叶片阔卵形，部分个体叶片表面沿主脉具白色条纹，花被片粉色，花期1月（税玉民和黄素华，1999）。

1992年首次采集标本，1999年发表的鹿寨秋海棠（*B. luzhaiensis* T.C.Ku，图83）产广西来宾、鹿寨、阳朔、临桂、融水、凌云、凤山、东兰、

巴马、天峨。生于海拔100～700m的常绿阔叶林下的石灰岩山坡。具根状茎，叶片卵形或近圆形，部分个体叶片表面具褐斑，花被片白色至粉色，花期5～11月（谷粹芝，1999c; Gu et al., 2007; 税玉民和陈文红，2017）。

2002年首次采集标本，2006年发表的丽叶秋海棠（*B. ningmingensis* var. *bella* D.Fang, Y.G.Wei & C.I Peng，图84）产广西大新。生于海拔200～300m的石灰岩山坡。具根状茎，叶片近圆形或肾形，正面沿主脉具白色条纹，花被片白色至浅粉色，花期9～10月（Fang et al., 2006）。

2002年首次采集标本，2006年发表的突脉秋海棠（*B. retinervia* D.Fang, D.H.Qin & C.I Peng，图85）产广西都安。生于海拔200～600m的石灰岩山坡和洞穴。具根状茎，叶片近圆形，正面沿主脉具白色条纹，花被片粉色，花期8～12月（Fang et al., 2006）。

2004年发表的罗城秋海棠（*B. luochengensis* S.M.Ku, C.I Peng & Yan Liu，图86）产广西罗城。生于海拔200～300m的干燥或微湿的石灰岩山坡。

图81　2020年贵州罗甸云干的罗甸秋海棠（*Begonia porteri*）（田代科 提供）

图 82　2023 年云南麻栗坡的斜叶秋海棠（*Begonia obliquifolia*）（王文广　提供）

图 83　2014 年广西鹿寨的鹿寨秋海棠（*Begonia luzhaiensis*）（田代科　提供）

图84　2016年广西大新雷平的丽叶秋海棠（*Begonia ningmingensis* var. *bella*）

图85　2014年广西都安的突脉秋海棠（*Begonia retinervia*）（田代科　提供）

具根状茎，叶片卵形，表面纹饰斑驳美丽，且沿中脉具白色条纹，花被片浅粉色，花期8～11月（Ku et al., 2004; Gu et al., 2007）。

2014年首次采集标本，2020年发表的果子狸秋海棠（*Begonia larvata* C.I Peng, Yan Liu & W.B.Xu）产广西崇左。生于海拔100～165m的常绿阔叶林下的石灰岩表面。具根状茎，叶片卵形至阔卵形，表面纹饰斑驳美丽，且沿主脉具白色条纹，花被片黄绿色，花期6月（Liu et al., 2020）。

2016年首次采集标本，2019年发表的宜州秋海棠（*B. yizhouensis* D.K.Tian, B.M.Wang & Y.Tong, 图87）产广西宜州。生于海拔200～400m的常绿

阔叶林下的石灰岩山坡和山壁上。具根状茎，叶片长卵形至卵形，表面斑驳美丽，花被片白色，花期11～12月（Tong et al., 2019）。

5.2.8　鸟叶秋海棠

Begonia ornithophylla Irmscher, *Mitteilungen aus dem Institut für allgemeine Botanik in Hamburg* 10: 556, 1939. TYPE: China, Kiangsi (Guangxi), Lungchow (Longzhou), NW hills, on rocks in clove, *H.B.Morse 463* (Holotype: K).

采集与鉴定：该种最早于1901年[197]在今广西龙州被英国人采集，中国人于1980年在同一地区采集到标本，2002年又在广西宁明采集到标本并

197　根据标本采集号和文献推测出的年份。

图86　2014年广西罗城的罗城秋海棠（*Begonia luochengensis*）（田代科 提供）

图87　2016年广西宜州的宜州秋海棠（*Begonia yizhouensis*）（田代科 提供）

将该种引种至中国台湾"中央研究院"栽培（王印政 等，2004; Hughes et al., 2015— ）。

分布与生境：产广西龙州、大新、宁明，生于海拔100～600m的阔叶林下石灰岩湿润山坡上（Gu et al., 2007）。

特点与应用：具微长的根状茎，叶片卵形至卵状披针形，花被片粉色，花期1~5月（图88）（Gu et al., 2007; 税玉民和陈文红，2017）。

近似种简介：下述3种秋海棠具较长的根状茎，且叶片相较于德保秋海棠等偏大，亦可用于培育匍匐型的品种。

1979年首次采集标本，2013年发表的弄岗秋海棠（*Begonia longgangensis* C.I Peng & Yan Liu）产广西龙州。生于海拔170m的石灰岩山坡和岩壁。具匍匐的根状茎，叶片阔卵形至近圆形，花被片粉色，花期3~6月（Peng et al., 2013）。

1979年首次采集标本，产地不详，在今广西壮族自治区药用植物园长期栽培，2005年发表的耳托秋海棠（*B. auritistipula* Y.M.Shui & W.H.Chen，图89），2014年田代科在广西靖西的石灰岩地区采集到标本。具匍匐的根状茎，叶片卵形，花被片粉色，花期5~11月（Shui & Chen, 2005; 税玉民和陈文红，2017）。

2008年首次采集标本，2020年发表的长茎鸟叶秋海棠（*B. longiornithophylla* C.I Peng, W.B.Xu & Yan Liu）产广西崇左。生于海拔50m的常绿

图88　2016年广西靖西下雷的鸟叶秋海棠（*Begonia ornithophylla*）

阔叶林下的石灰岩表面。具匍匐的根状茎，叶片卵形，花被片淡粉色，花期 2~5 月（Fang et al.，2006）。

5.2.9 簇毛伞叶秋海棠

Begonia umbraculifolia var. ***flocculosa*** Y.M.Shui & W.H.Chen, *Acta Botanica Yunnanica* 27: 372, 2005. TYPE: China, Guangxi, Daxin, Encheng, Longyan, alt. 200m, May 19, 2005, *Yu-Min Shui, Wen-Hong Chen & Mei-De Zhang B2005–086* (Holotype: KUN).

采集与鉴定：该种最早于 1978 年在广西大新林下阴处被采集，彭镜毅等人于 2004 年在同一地区采集了标本并引种至中国台湾"中央研究院"栽培和研究，2005 年税玉民等人采集标本后于同年发表文章并定名为簇毛伞叶秋海棠（*B. umbraculifolia* var. *flocculosa* Y.M.Shui & W.H.Chen）。2008 年彭镜毅等人发表了蛛网脉秋海棠（*B. arachnoidea* C.I Peng, Yan Liu & S.M.Ku）并指出前者可能为其异名（万煜和张本能，1987; Shui & Chen, 2005; Peng et al., 2008b）。经参考原始文献、模式标本和《中国秋海棠》的照片后，本文将二者视为同一分类群。

分布与生境：产广西大新。生于海拔 200~500m 的竹林和低矮灌丛下的石灰岩山脚（Peng et al., 2008b）。

特点与应用：植株较耐干旱；具根状茎，叶片近圆形或阔卵形，叶片表面主脉为银白色，色彩对比强烈，花被片白色，花期 9~10 月（图 90）（Peng et al., 2008b）。

近似种简介：下述 5 种秋海棠的叶片均呈盾形且叶片斑驳美丽，可用于培育盾形色叶的品种。

1959 年首次采集标本，1997 年发表的刺盾叶秋海棠（*B. setulosopeltata* C.Y.Wu）产广西河池、东兰。生于海拔 300m 的石灰岩洞穴。具根状茎，叶片卵形至阔卵形，花期 2~4 月（吴征镒和谷粹芝，19970）。

1984 年首次采集标本，1987 年发表的伞叶秋海棠（*B. umbraculifolia* Y.Wan & B.N.Chang var. *umbraculifolia*）产广西隆安。生于海拔 200m 的石灰岩山谷。具根状茎，叶片近圆形或阔卵形，表面纹饰不及簇毛伞叶秋海棠显著，花被片粉色，花期 10~11 月。已参与杂交并育成品种 'Ripple'［涟漪］（万煜和张本能，1987; Dong, 2021b）。

2005 年发表的星果草叶秋海棠（*B. asteropyrifolia* Y.M.Shui & W.H.Chen）产广西东兰。生于海拔

图 89　2014 年广西靖西的耳托秋海棠（*Begonia auritistipula*）（田代科 提供）

图90　2016年广西大新恩城的簇毛伞叶秋海棠（*Begonia umbraculifolia* var. *flocculosa*）

300～400m的石灰岩表面。具根状茎，叶片卵形，正面沿中脉具白色条纹，花被片粉色，花期2～9月（Shui & Chen, 2005; Gu et al., 2007; 税玉民和陈文红，2017）。

2005年发表的多变秋海棠（*B. variifolia* Y.M.Shui & W.H.Chen，图91）产广西巴马、东兰。生于海拔200～800m的石灰岩表面。具根状茎，叶片盾形或非盾形，正面沿主脉具白色条纹，花被片粉红色，花期2～6月（Shui & Chen, 2005; Gu et al., 2007; 税玉民和陈文红，2017）。

2008年发表的彭氏秋海棠（*B. pengii* S.M.Ku & Yan Liu）产广西巴马。生于海拔500m的石灰岩山坡和洞穴。具根状茎，叶片窄卵形，正面沿主脉具白色条纹，花被片白色至淡粉色，花期3～6月（Ku et al., 2008）。

5.3　其他秋海棠

5.3.1　大理秋海棠

Begonia taliensis Gagnep., *Bulletin du Muséum d'histoire naturelle* (Paris) 25: 279, 1919. TYPE: Chine (China), Yun-nan (Yunnan), Mo-che-tchin (Heqing, Huangping, Moshiqing), Au-dessus de Ta-pin-tze (Heqing, Huangping, Xiadapin), près Tali (Dali), Aug. 22, 1882, *P.J.M. Delavay 166* (Syntype: P); ibid. Sep. 4, 1883, *P.J.M. Delavay 220* (Syntype: P); China, Su-tchuen (Sichuan), *A. Henry 8946* (Syntype: K); China, Yunnan, Lao-kouy-chan (Laoguishan), *E.P.Ducloux 5184* (Syntype: P).

采集与鉴定：该种最早于1882年在云南大理被法国人采集（Gagnepain, 1919b）。中国人于1929年在云南鹤庆也采集了标本。1937年俞德浚在四川木里采集标本后于次年发表文章并定名为木里秋海棠（*B. muliensis* T.T.Yu），2020年该种被并入大理秋海棠（Yu, 1948; Hughes et al., 2015—; Tian et al., 2020）。

分布与生境：产云南大理、鹤庆、漾濞、邓川，四川木里、天全、石棉、盐边。生于海拔1 300～2 600m的林下湿润的岩石上（谷粹芝，1999; Gu et al., 2007）。

特点与应用：落叶，植株较耐寒；具块茎，叶片掌状裂，部分个体叶片表面具美丽的斑驳，花被片浅粉色，具芳香，花期8月（图92）（Gu et al., 2007）。

05

图 91　2014 年广西东兰的多变秋海棠（*Begonia variifolia*）（田代科 提供）

图 92　2017 年云南宾川至永胜金沙江旁的大理秋海棠（*Begonia taliensis*）

近似种简介：下述3（亚）种落叶秋海棠的部分个体的叶片斑驳美丽，花朵具芳香，可用于培育耐寒、香花、色叶的品种。

1791年发表的秋海棠（*Begonia grandis* Dryand. subsp. *grandis*）产中国华中、华南、华东、华北地区、四川、陕西南部。生于海拔100m～1 100m的林下溪边潮湿的石壁上。落叶，植株耐寒；具块茎，叶片阔卵形，部分个体叶片表面具白色斑点，花被片白色至粉色，具芳香，花期7～8月。已参与育成品种'Fan Xing'［繁星］（Gu et al., 2007; Purinton, 2017a）。

1805年发表的樟木秋海棠（*B. picta* Sm.，图93）产中国西藏聂拉木、吉隆、墨脱；巴基斯坦北部、不丹、印度东北部、尼泊尔。生于海拔1 000～2 900m的林缘阴湿的山坡和溪边的岩石上。落叶，植株耐寒；具块茎，叶片卵状心形，部分个体叶片表面斑驳美丽，花被片粉色，具芳香，花期7～9月（Gu et al., 2007; Camfield & Hughes, 2018）。

1859年发表华秋海棠（*B. sinensis* A.DC.），1939年订正为中华秋海棠［*B. grandis* subsp. *sinensis* (A.DC.) Irmsch.，图94］，产中国华中、华东、华北、西南地区、广西和福建北部、甘肃和陕西南部、辽宁南部。生于海拔300～3 400m的林下阴湿的石灰岩沟谷中和山坡上。落叶，植株耐寒；具块茎，叶片阔卵形，花被片白色至粉色，具芳香，花期7～8月（Gu et al., 2007）。

5.3.2 独牛

Begonia henryi Hemsl., *The Journal of the Linnean Society, Botany* 23: 322, 1887. TYPE: China, Hupeh (Hubei), Ichang to Nanto (Yichang to Nantuo), *A. Henry s.n.* (Holotype: K).

采集与鉴定：该种最早于19世纪80年代分别在湖北宜昌和南沱被英国人以及在云南鹤庆被法国人采集。中国人于1908年在云南昆明太华山首次采集了标本。1912年和1919年两位法国人先后发表文章并定名为梅尔秋海棠（*B. mairei* H.Lév.）和德拉韦秋海棠（*B. delavayi* Gagnep.），后来二者均被并入独牛（Gagnepain, 1919a; Hughes et al., 2015—）。

分布与生境：产云南、四川、广西北部、贵州东南部、湖北宜昌。生于海拔800～2 600m的阴湿的岩石上和缝隙中（Gu et al., 2007）。

特点与应用：落叶，植株较耐寒；具块茎，叶片三角状卵形或阔卵形，部分个体叶片表面具美丽的斑驳，花被片粉色，花期9～10月（图95）（Gu et al., 2007）。

图93　2017年西藏吉隆的樟木秋海棠（*Begonia picta*）（田代科 提供）

图94 2013年河北井陉的中华秋海棠（*Begonia grandis* subsp. *sinensis*）（田代科 提供）

5.3.3 盾叶秋海棠

Begonia peltatifolia H.L.Li, *Journal of the Arnold Arboretum* 25: 209, 1944. TYPE: China, Hainan, Bak Sa (Baisha), Jul. 20, 1936, *S.K.Lau 27552* (Syntype: IBSC).

采集与鉴定：该种最早于1936年在海南白沙被中国人采集（Li, 1944）。其他详见本文"5.2.1西南秋海棠"部分。

分布与生境：产海南白沙、昌江。生于海拔900m的半阴干燥的石灰岩上（Gu et al., 2007）。

特点与应用：植株极耐旱；具根状茎、叶片

05

图95　2020年四川大渡河河谷岩壁上的独牛（*Begonia henryi*）（田代科 提供）

图96　2012年海南昌江王下的盾叶秋海棠（*Begonia peltatifolia*）（田代科 提供）

阔卵形至圆形，肉质，花被片浅粉色，花期8月（图96）（Gu et al., 2007）。

参考文献

陈德顺, 胡大维, 1976. 台湾外来观赏植物名录[M]. 台北: "行政院"农业委员会林业试验所育林系: 105-112.

陈鹄, 1985. 西塘集耆旧续闻[M]. 北京: 中华书局.

陈淏子, 1956. 花镜[M]. 北京: 中华书局.

陈景沂, 2018. 全芳备祖[M]. 杭州: 浙江古籍出版社.

陈思, 1999. 海棠谱[M]. 北京: 中国文史出版社.

崔卫华, 管开云, 2013. 中国秋海棠属植物叶片斑纹多样性研究[J]. 植物分类与资源学报, 35(2): 119-127.

丁友芳, 陈菲, 吕燕玲, 等, 2021. 顶空固相微萃取-气相色谱-质谱联用法分析香花秋海棠及其变种花香气成分[J]. 亚热带植物科学, 50(5): 347-352.

董诰, 1983. 全唐文[M]. 北京: 中华书局.

董莉娜, 刘演, 2019. 《广西植物志》秋海棠属 (*Begonia* L.) 增订[J]. 广西植物, 39(1): 16-39.

董莉娜, 刘演, 许为斌, 2015. 广西秋海棠属植物的药用资源[J]. 西北师范大学学报(自然科学版), 51(4): 67-74.

董文珂，王中轩，宋碧琰，2014. 秋海棠属商业育种的过去、现在与未来 [A]. 中国植物园，17: 72-78.

杜文文，段青，贾文杰，等，2022. 4种秋海棠花香挥发性物质测定与特征香气成分分析 [J]. 云南大学学报（自然科学版），44(5): 1043-1053.

段玉裁，2013. 说文解字注 [M]. 北京：中华书局.

方鼎，沙文兰，陈秀香，等，1984. 广西药用植物名录 [M]. 南宁：广西人民出版社：150-153.

傅书遐，2002. 湖北植物志：第3卷 [M]. 武汉：湖北科学技术出版社：124-127.

谷粹芝，1999a. 秋海棠科 [M]// 中国科学院中国植物志编辑委员会. 中国植物志：第五十二卷：第一分册. 北京：科学出版社：126-269，401-402.

谷粹芝，1999b. 秋海棠属一新名称 [J]. 植物分类学报，37(2): 193.

谷粹芝，1999c. 中国秋海棠属二新种 [J]. 植物分类学报，37(3): 285-287.

管开云，李景秀，2020. 秋海棠属植物纵览 [M]. 北京：北京出版社.

管开云，李景秀，李宏哲，等，2006a. 秋海棠新品种'紫叶'、'紫柄'和'大裂' [J]. 园艺学报，33(4): 933，封底.

管开云，李景秀，李宏哲，等，2006b. 秋海棠新品种'香皇后'、'厚角'、'芳菲'和'苁茎' [J]. 园艺学报，33(5): 1171，封底.

管锡华，2014. 尔雅 [M]. 北京：中华书局.

郝日明，王金虎，2013. 秋海棠科 [M]// 刘启新. 江苏植物志2. 南京：江苏科学技术出版社：407-419.

贺士元，邢其华，尹祖棠，1992. 北京植物志：上册 [M]. 北京：北京出版社：594-597.

侯宽昭，陈伟球，1964. 秋海棠科 [M]// 中国科学院华南植物研究所. 海南植物志：第一卷. 北京：科学出版社：485-491.

胡启明，1995. 秋海棠科 [M]// 中国科学院华南植物研究所. 广东植物志：第三卷. 广州：广东科技出版社：143-151.

黄德富，1989. 秋海棠科 [M]// 李永康. 贵州植物志：第四卷. 成都：四川民族出版社：246-264.

黄宏文，2016. 中国迁地栽培植物大全：第三卷 [M]. 北京：科学出版社：1-37.

黄素华，税玉民，1994. 云南秋海棠属新分类群 [J]. 云南植物研究，16(4): 333-342.

黄素华，税玉民，2006. 秋海棠科 [M]// 吴征镒. 云南植物志：第十二卷. 北京：科学出版社：143-237.

靳晓白，1993. 中国原产秋海棠属植物的形态和解剖结构 [D]. 北京：中国科学院：1-105.

靳晓白，1995. 国产秋海棠属稀有物种的分布、形态和迁地保护 [J]. 植物引种驯化集刊，10: 1-8.

蓝盛芳，1991. 秋海棠科 [M]// 广西科学院广西植物研究所. 广西植物志：第一卷. 南宁：广西科学技术出版社：718-729.

李宏哲，管开云，马宏，2005. 五种中国秋海棠属植物的染色体数目 [J]. 云南植物研究，27(1): 92-94.

李景秀，管开云，孔繁才，等，2013. 云南秋海棠属植物有性杂交特性 [J]. 广西植物，33(6): 727-733.

李景秀，管开云，李爱荣，等，2014. 秋海棠新品种'开云'、'星光'和'昂' [J]. 园艺学报，41(6): 1279-1280.

李景秀，管开云，李志坚，等，2001a. 秋海棠抗性育种初探 [J]. 云南植物研究，23(4): 509-514.

李景秀，管开云，田代科，等，2001b. 毛叶秋海棠的杂交遗传特性 [J]. 园艺学报，28(5): 440-444.

李景秀，李爱荣，管开云，等，2019. 秋海棠新品种'健翅'和'银靓' [J]. 园艺学报，46(增2): 2871-2872.

李行娟，田代科，李春，等，2014. 秋海棠()的历史文化、利用、资源多样性和研究进展 [J]. 植物学研究，3: 117-139.

梁定仁，陈秀香，1993. 广西秋海棠属一新种 [J]. 植物研究，13(3): 217-219.

林春蕊，许为斌，刘演，等，2012. 广西靖西县端午药市常见药用植物 [M]. 南宁：广西科学技术出版社：118-120.

刘君哲，茹欣，2004. 秋海棠科 [M]// 刘家宜. 天津植物志. 天津：天津科学技术出版社：415-418.

刘克庄，2021. 后村诗话 [M]. 哈尔滨：北方文艺出版社.

刘亮，1986. 秋海棠科 [M]// 吴征镒. 西藏植物志：第三卷. 北京：科学出版社：310-316.

刘淑珍，1988. 秋海棠科 [M]// 李书心. 辽宁植物志：上册. 沈阳：辽宁科学技术出版社：1203-1204.

钱啸虎，1991. 安徽植物志：第三卷 [M]. 合肥：安徽科学技术出版社：492-494.

舒金生，2004. 秋海棠科 [M]// 林英. 江西植物志：第2卷. 北京：中国科学出版社：650-657.

税玉民，陈文红，2004. 中国秋海棠属等翅组植物订正 [J]. 云南植物研究，26(5): 482-486.

税玉民，陈文红，2017. 中国秋海棠 [M]. 昆明：云南科技出版社.

税玉民，黄素华，1999. 云南秋海棠属植物小志 [J]. 云南植物研究，21(1): 11-23.

松浦一，奥野俊，1936. ベゴニアの細胞遺傳學. 第1報. 染色體數に就て [J]. 遺傳學雜誌，12(1): 42-43.

陶宗仪，陶珽，1990. 说郛 [M]. 上海：上海古籍出版社.

田代科，管开云，李景秀，等，2001b. 秋海棠新品种——'白王'、'银珠'和'热带女' [J]. 园艺学报，28(3): 281-282.

田代科，管开云，李景秀，等，2002a. 秋海棠新品种'大白'、'健绿'、'美女'和'中大' [J]. 园艺学报，29(1): 90-91.

田代科，管开云，周其兴，等，2002b. 云南八种秋海棠属植物的染色体数目 [J]. 云南植物研究，24(2): 245-249.

田代科，李春，肖艳，等，2017. 中国秋海棠属植物的自然杂交发生及其特点 [J]. 生物多样性，25(6): 654-674.

田代科，李景秀，管开云，2001a. 秋海棠新品种——'昆明鸟'、'康儿'和'白雪' [J]. 园艺学报，28(2): 186-187，插4.

万煜，张本能，1987. 广西秋海棠属一新种 [J]. 植物分类学报，25(4): 322-323.

汪灏，1985. 广群芳谱 [M]. 上海：上海书店.

王文广，何显升，马兴达，等，2019. 中国被子植物2新记录种——团花密花藤和珠芽秋海棠 [J]. 西北植物学报，39(3): 563-567.

王文广, 申健勇, 李智宏, 等, 2022. 中国秋海棠科一新记录种——小花秋海棠[J]. 植物科学学报, 40(5): 593-597.

王象晋, 2001. 二如亭群芳谱[M]. 海口: 海南出版社.

王印政, 覃海宁, 傅德志, 2004. 中国植物采集史[M]// 中国科学院中国植物志编辑委员会. 中国植物志: 第一卷. 北京: 科学出版社: 658-732.

吴征镒, 谷粹芝, 1995. 中国秋海棠属新植物[J]. 植物分类学报, 33(3): 251-280.

吴征镒, 谷粹芝, 1997. 中国秋海棠属植物(续)[J]. 植物分类学报, 35(1): 43-56.

许慎, 2013. 说文解字[M]. 北京: 中华书局.

袁宏道, 张谦德, 高濂, 2019. 瓶史. 瓶花谱. 瓶花三说[M]. 北京: 时代华文书局.

赵学敏, 2007. 本草纲目拾遗[M]. 北京: 中国中医药出版社.

中国科学院昆明植物研究所, 2018. 中国科学院昆明植物研究所所史(1938—2018)[M]. 昆明: 云南科技出版社: 272-273.

中国科学院植物研究所, 1972. 中国高等植物图鉴: 第二册[M]. 北京: 科学出版社: 934-945.

周密, 2012. 齐东野语[M]. 上海: 上海古籍出版社.

AGARDH C, 1824 (1825). Aphorismi botanici, p. xiv [M]. Lundae (Lund): Literis Berlingianis: 200-201.

ARDI W H, ZUBAIR M S, RAMADANIL, et al, 2019. *Begonia medicinalis* (Begoniaceae), a new species from Sulawesi, Indonesia [J]. Phytotaxa, 423 (1): 41-45.

ARDI W H, CAMPOS-DOMÍNGUEZ L, CHUNG K F, et al, 2022. Resolving phylogenetic and taxonomic conflict in *Begonia* [J]. Edinburgh Journal of Botany, 79: 1928 (1-28). DOI: https://doi.org/10.24823/EJB.2022.1928.

ARENDS J C, 1970. Somatic chromosome numbers in 'Elatior'-begonias [J]. Mededelingen Landbouwhogeschool Wageningen, 70-20: 1-18.

AUNG A, CHEN W H, SHUI Y M, 2020. *Begonia naga*, a synonym of *B. manhaoensis* (Begoniaceae) [J]. Phytotaxa, 429 (4): 297-300.

BAILEY L H, 1919. The Standard Cyclopedia of Horticulture 1, A-B. [M]. 3rd ed. New York: The MacMillan Company, 469-485.

BAILEY L H, 1923. Various cultigens, and transfers in nomenclature [J]. Gentes Herbarum, 1 (3): 113-136.

BARANOV A I, 1979. Flower and fruit characters of *B. roxburghii* [J]. The Begonian, 46 (7): 164-167, 173.

BARANOV A I, 1982. Studies in the Begoniaceae [J]. Phytologia Memoirs, 4: 1-88.

BATES P P, 1981. U-numbers to identify unnamed species [J]. The Begonian, 49 (2): 33-36, 39.

BELLAIR G, 1902. Les hybrides de *Begonia schmidtiana* [J]. Revue Horticole, 74: 387-388.

BOLWELL R, 2009. The International Database of the Begoniaceae [DB/OL]. (2023-5-5). http://ibegonias.filemakerstudio.com.au/index.php?-link=Home.

BONPLAND A, 1813. Description des plantes rares cultivées a Malmaison & a Navarre [M]. Paris: P. Didot l'Aîné, 151-155, pl. 62-63.

BRICKELL C D, ALEXANDER C, CUBEY J J, et al, 2016. International Code of Nomenclature for Cultivated Plants, 9th ed. [J]. Scripta Horticulturae, 18: 1-190.

BROWN R, 1818. Observations, systematical and geographical, on Professor Christian Smith's collection of plants from the vicinity of the River Congo [M]// TUCKEY J H, SMITH C. Narrative of an expedition to explore the river Zaire. London: J. Murray, 420-485.

CAI L, HE D M, HUANG T W, et al, 2022. *Begonia erythrofolia*, a new species of Begoniaceae from southeastern Yunnan, China [J]. Taiwania, 67 (1): 110-114.

CARRELL F, 1949. Begonias from India [J]. The Begonian, 16 (5): 104-105.

CARRIÈRE E A, 1881. *Begonia semperfiorens rosea* [J]. Revue Horticole, 53: 330-331.

CARRIÈRE E A, 1891a. *Begonia versaliensis* [J]. Revue Horticole, 63: 446.

CARRIÈRE E A, 1891b. *Begonia semperflorens minima* [J]. Revue Horticole, 63: 497.

CARRIÈRE E A, ANDRÉ E, 1890. Chronique horticole [J]. Revue Horticole, 62: 481-485.

CAYEUX F, LE CLERC L, 1913. *Begonia semperfloren gracilis* [J]. In: GARNIER M. Quelques plantes nouvelles pour 1913. Revue Horticole, 85: 83.

CHAMPION J G, 1852. Florula Hongkongensis: an enumeration of the plants collected in the Island of Hong-Kong [J]. Hooker's Journal of Botany and Kew Garden Miscellany, 4: 116-123.

CHEN C H, 1993. Begoniaceae [M]// HUANG T-C. Flora of Taiwan 3, 2nd ed. Taipei: Editorial Committee of the Flora of Taiwan, Second Edition, 845-854.

CHEN W H, RADBOUCHOOM S, NGUYEN H Q, et al, 2018a. Reassessment of *Begonia arboreta* and *B. sonlaensis* (Begoniaceae) based on field observation and type examination [J]. Phytotaxa, 381 (1): 132-140.

CHEN W H, RADBOUCHOOM S, NGUYEN H Q, et al, 2018b. Seven new species of *Begonia* (Begoniaceae) in Northern Vietnam and Southern China [J]. PhytoKeys, 94: 65-85.

CHEN W H, GUO S W, RADBOUCHOOM S, et al, 2019a. A new berry-fruited species of *Begonia* (Begoniaceae) from Xizang (Tibet) in China [J]. Phytotaxa, 407 (1): 29-35.

CHEN W H, HUANG S H, AUNG A, et al, 2019b. Species diversity and spatial distribution of *Begonia* L. (Begoniaceae) in the Daweishan Range, Yunnan Province, China [J]. Phytotaxa, 415 (1): 1-31.

CHEN W H, WU J Y, RADBOUCHOOM S, et al, 2021. Validation and morphology of *Begonia fagopyrofolia* in *B.* sect. *Stolonifera* (Begoniaceae) in China [J]. Phytotaxa, 479 (1): 105-113.

CHEN Y M, MII M, 2012a. Interspecific hybridization of *Begonia semperflorens* (section *Begonia*) with *B. pearcei* (section *Eupetalum*) for introducing yellow flower color [J]. Plant Biotechnology, 29: 77-85.

CHEN Y M, MII M, 2012b. Inter-sectional hybrids obtained from reciprocal crosses between *Begonia semperflorens* (section *Begonia*) and *B.* 'Orange Rubra' (section *Gaerdita* × section *Pritzelia*) [J]. Breeding Science, 62 (2): 113-123.

CHUN W Y, CHUN F, 1939. Notes on *Begonia* [J]. Sunyatsenia, 4 (1-2): 20-25.

CHUNG K F, LEONG W C, RUBITE R R, et al, 2014. Phylogenetic analyses of *Begonia* sect. *Coelocentrum* and allied limestone species of China shed light on the evolution of Sino-Vietnamese karst flora [J]. Botanical Studies, 55: 1. (1-15). DOI: http://www.as-botanicalstudies.com/content/55/1/1.

CHUNG K F, 2020. In memoriam Ching-I Peng (1950—2018) — an outstanding scientist and mentor with a remarkable legacy [J]. Botanical Studies, 61: 14. (1-11). DOI: https://doi.org/10.1186/s40529-020-00291-5.

CLARK A M, 1948. *B. diadema*, Linden [J]. The Begonian, 15 (1): 12-14.

CLARKE C B, 1880 (1881). On Indian begonias [J]. The Journal of the Linnean Society, Botany, 18: 114-122.

DE CANDOLLE A, 1859. Mémoire sur la famille des Bégoniacées [J]. Annales des Sciences Naturelles, Botanique, Série 4, 11: 95-149.

DE CANDOLLE A, 1864. Prodromus systematis naturalis regni vegetabilis, pars decima quinta, sectio prior [M]. Parisiis (Paris): Victoris Masson & Filii, 266-408.

DE CANDOLLE C, 1908. Begoniaceae novae [J]. Bulletin de L'Herbier Boíssier, sér. 2, 8 (5): 309-328.

DING B, NAKAMURA K, KONO Y, et al, 2014. *Begonia jinyunensis* (Begoniaceae, section *Platycentrum*), a new palmately compound leaved species from Chongqing, China [J]. Botanical Studies, 55: 62. (1-8). DOI: http://www.as-botanicalstudies.com/content/55/1/62.

DING Q L, ZHAO W Y, YIN Q Y, et al, 2018. *Begonia ehuangzhangensis* (sect. *Diploclinium*, Begoniaceae), a new species from Guangdong, China [J]. Phytotaxa, 381 (1): 107-115.

DING H B, GONG Y X, PAN R, et al, 2020a. A new tuberous species of *Begonia* L. (Begoniaceae) from southern Yunnan, China [J]. Phytotaxa, 474 (1): 81-86.

DING H B, MAW M B, YANG B, et al, 2020b. An updated checklist of *Begonia* (Begoniaceae) in Laos, with two new species and five new records [J]. PhytoKeys, 138: 187-201.

DING H B, HU X R, GONG Y X, et al, 2022. *Begonia longlingensis*, a new species of *Begonia* (Begoniaceae) from Yunnan, China [J]. Taiwania, 67 (3): 377-379.

DING H B, QUAN D L, ZENG X D, et al, 2023. A new stoloniferous species of *Begonia* Begoniaceae from Yunnan, China [J]. Nordic Journal of Botany, e03890. (1-7). DOI: 10.1111/njb.03890.

DONG W K, 2018a. Begonias at the XIX International Botanical Congress (IBC) [J]. The Begonian, 85 (3/4): 58-63.

DONG W K, 2018b. A commemoration / Dr. Ching-I Peng: our beloved begoniac and ABS friend [J]. The Begonian, 85 (9/10): 184-189.

DONG W K, 2020a. My begonia road [J]. The Begonian, 87 (5/6): 86-87.

DONG W K, 2020b. Five special new *Begonia* registrations [J]. The Begonian, 87 (9/10): 130-134.

DONG W K, 2021a. The inauguration ceremony of Chinese Begonia Committee [J]. The Begonian, 88 (1/2): 36-37.

DONG W K, 2021b. Three special new *Begonia* registrations [J]. The Begonian, 88 (5/6): 89-90.

DONG W K, 2021c. Five *Begonia* registrations from S.E. Asia [J]. The Begonian, 88 (9/10): 166-169.

DONG W K, 2022. Ten new *Begonia* registrations [J]. The Begonian, 89 (7/8): 132-137.

DONG W K, 2023. Seven *Begonia* registrations from the Philippines [J]. The Begonian, 90 (1/2): 8-10, back cover.

DONG W K, LI J X, CHEN W H, et al, 2021a. *Begonia caryotarum* (*Begonia* sect. *Platycentrum*), a new species from southeast Yunnan, China [J]. Phytotaxa, 529 (1): 113-118.

DOORENBOS J, 1972. What is *Begonia* 'Fireflush' [J]. The Begonian, 39 (10): 230-231.

DOORENBOS J, 1973. Breeding 'Elatior' -begonias (*B.* × *hiemalis* Fotsch) [J]. Acta Horticulturae, 31: 127-131.

DOORENBOS J, SOSEF M S M, DE WILDE J J F E, 1998. The sections of *Begonia*, including descriptions, keys and species lists (Studies in Begoniaceae VI) [J]. Wageningen Agricultural University Papers 98-2: 1-266.

DRYANDER J, 1791. Observations on the genus of *Begonia* [J]. The Transactions of the Linnean Society of London, 1: 155-173.

FANG D, WEI Y G, QIN D H, 2004. Four new species of *Begonia* L. (Begoniaceae) from Guangxi, China [J]. Acta Phytotaxonomica Sinica, 42 (2): 170-179.

FANG D, KU S M, WEI Y G, et al, 2006. Three new taxa of *Begonia* (sect. *Coelocentrum*, Begoniaceae) from limestone areas in Guangxi, China [J]. Botanical Studies, 47: 97-110.

FENG X X, LIU Z X, WEI D, et al, 2021a. *Begonia fenshuilingensis*, a new species in *Begonia* sect. *Platycentrum* (Begoniaceae) from southeastern Yunnan, China [J]. Phytotaxa, 527 (4): 266-274.

FENG X X, XIAO Y, LIU Z X, et al, 2021b. *Begonia pseudoedulis*, a new species in *Begonia* sect. *Platycentrum* (Begoniaceae) from southern Guangxi of China [J]. PhytoKeys, 182: 113-124.

FENG X X, HUANG X F, HUANG Y N, et al, 2022. *Begonia parvibracteata*, a new species in Begonia sect. *Platycentrum* (Begoniaceae) from Guangxi of China, based

05

on morphological and molecular evidence [J]. PhytoKeys, 214:27-38.

FORBES F B, HEMSLEY W B, 1887. An enumeration of all the plants know from China proper, Formosa, Hainan, Corea, the Luchu Archipelago, and the Island of Hongkong, together with their distribution and synonymy [J]. The Journal of the Linnean Society, botany, 23: 1-489.

FORREST L L, 2000. A phylogeny of Begoniaceae Bercht. & J. Presl. [D]. Glasgow: University of Glasgow, 1-367.

FORREST L L, HOLLINGSWORTH P M, 2003. A recircumscription of *Begonia* based on nuclear ribosomal sequences [J]. Plant Systematics and Evolution, 241 (3-4): 193-211.

FOTSCH K A, 1933. Die Begonien Ihre Beschreibung, Kultur, Züchtung und Geschichte [M]. Stuttgart: Verlag Von Eugen Ulmer.

GAGNEPAIN M F, 1919a. Nouveaux *Begonia* d'Asie; quelques synonymes [J]. Bulletin du Muséum d'histoire naturelle (Paris), 25: 194-201.

GAGNEPAIN M F, 1919b. Nouveaux *Begonia* d'Asie; quelques synonymes (suite) [J]. Bulletin du Muséum d'histoire naturelle (Paris), 25: 276-283.

GAUDICHAUD C, 1841. Voyage autour du monde la bonite, botanique, atlas [M]. Paris: Arthus Bertrand, pl. 32.

GHOSE B N, 1949. Himalayan begonias [J]. The Begonian, 16 (6): 121-123.

GOLDING J, 1973. *Begonia conchifolia* or what? [J]. The Begonian, 40 (8): 171-179, 188.

GOLDING J, 2006. Nomenclature notes: *Begonia hatacoa* Hamilton ex Don [J]. The Begonian, 73 (11/12): 206-210.

GOLDING J, WASSHAUSEN D C, 2002. Begoniaceae, edition 2, Part I: annotated species list, Part II: illustrated key, abridgment and supplement [J]. Smithsonian Institution Contributions from the United States National Herbarium, 43: 1-289.

GRIERSON A J C, 1991. Begoniaceae [M]// GRIERSON A J C, LONG D G. Flora of Bhutan 2, 1. Edinburgh: Royal Botanic Garden, Edinburgh, 237-246.

GU C, PENG C I, TURLAND N J, 2007. Begoniaceae [M]// WU Z, RAVEN P H, HONG D. Flora of China 13. Beijing: Science Press & St. Louis: Missouri Botanical Garden Press, 153-207.

GUAN K Y, FERSHALOVA T D, TSYBULYA N V, et al, 2005. Antimicrobic activity of volatile emissions of some begonias from Yunnan, China [J]. Acta Botanica Yunnanica, 27 (4): 437-442.

GUAN K Y, YAMAGUCHI H, LI J X, 2007. Traditional uses of begonias (Begoniaceae) in China [J]. Acta Botanica Yunnanica, 29 (1): 58-66.

GUAN K Y, MA H, LI J X, et al, 2008. *Begonia* germplasm resources of China [J]. Acta Horticulturae, 766: 337-348.

GUO S W, CHEN W H, AUNG A, et al, 2021. *Begonia nangunheensis*, a new species of Begoniaceae from Yunnan Province, China [J]. Phytotaxa, 480 (2): 201-209.

GYELTSHEN P, JAMTSHO S, WANGCHUK S, et al, 2021. *Begonia flaviflora* Hara (Begoniaceae): a new record to the flora of Bhutan [J]. The Journal of Threatened Taxa, 13 (3): 18050-18053.

HAEGEMAN J, 1979. Tuberous Begonias: Origins and Development [M]. Vaduz: J. Cramer.

HAN Y L, TIAN D K, FU N F, et al, 2018. Comparative analysis of rDNA distribution in 29 species of *Begonia* sect. *Coelocentrum* Irmsch. [J]. Phytotaxa, 381 (1): 141-152.

HANCE H F, 1883. Three new Chinese begonias [J]. The Journal of Botany, British and Foreign, 21: 202-203.

HARA H, 1970. New or noteworthy flowering plants from eastern Himalaya [J]. The Journal of Japanese Botany, 45 (3): 91-95.

HASSKARL J C, 1855 (1856). Brief van den Heer Hasskarl [J]. Verslagen en Mededeelingen der Koninklijke Akademie van Wetenschappen (Afdeeling Natuurkunde), 4: 135-141.

HAYATA B, 1911. Materials for a Flora of Formosa [J]. Journal of the College of Science, Imperial University of Tokyo, 30: 1-471.

HE S Z, GUO S W, CHEN W H, et al, 2019. A new species of *Begonia* Linn. (Begoniaceae) in karst regions from Guizhou, China [J]. Phytotaxa, 409 (1): 49-52.

HEAL J, 1920. Winter-flowering begonias [J]. The Gardeners' Chronicle, 1726: 43.

HEMSLEY W B, 1900. New or noteworthy plants [J]. The Gardeners' Chronicle, ser. 3, 28: 286.

HEMSLEY W B, WATSON W, 1908. *Begonia cathayana* [J]. Curtis's Botanical Magazine, 134: tab. 8202.

HERNANDEZ F, 1651. Nova plantarum, animalium & mineralium Mexicanorum historia [M]. Romae (Rome): Blasij Deuersini, 195.

HOANG T S, LIN C W, 2023. A new species *Begonia wiformis*, and a new record of *B. filiformis* (*B.* sect. *Coelocentrum*, Begoniaceae) from northern Vietnam [J]. Phytotaxa, 591 (4): 292-300.

HOOKER J D, 1852. *Begonia xanthina* [J]. Curtis's Botanical Magazine, 78: tab. 4683.

HOOKER J D, 1853. *Begonia rubrovenia* [J]. Curtis's Botanical Magazine, 79: tab. 4689.

HOOKER J D, 1855. Illustrations of Himalayan Plants [M]. London: Lovell Reeve, 13.

HOOKER J D, 1859. *Begonia xanthina* var. *pictifolia* [J]. Curtis's Botanical Magazine, 85: tab. 5102.

HOOKER J D, 1899a. *Begonia sinensis* [J]. Curtis's Botanical Magazine, 125: tab. 7673.

HOOKER J D, 1899b. *Begonia hemsleyana* [J]. Curtis's Botanical Magazine, 125: tab. 7685.

HU Q M, 2007. Begoniaceae [M]// HU Q-M, WU D-L. Flora of Hong Kong 1. Hong Kong: Agriculture, Fisheries and

Conservation Department, Government of the Hong Kong Special Administrative Region, 258-260.

HUGHES M, PENG C I, 2018. Asian Begonia: 300 Species Portraits [M]. Taipei: KBCC Press.

HUGHES M, MOONLIIGHT P W, JARA-MUÑOZ A, et al, 2015—. *Begonia* resource centre [DB/OL]. 2023-5-5. http://padme.rbge.org.uk/begonia.

HUGHES M, AUNG M M, ARMSTRONG K, 2019. An updated checklist and an new species of *Begonia* (*Begonia rheophytica*) from Myanmar [J]. Edinburgh Journal of Botany (1-11). DOI: 10.1017/S0960428619000052.

HVOSLEF-EIDE A K, MUNSTER C, 2006. *Begonia*, history and breeding [M]// ANDERSON N O. Flower breeding and genetics: issues, challenges and opportunities for the 21st century. Dordrecht: Springer-Verlag Inc., 241-275.

IRMSCHER E, 1925. Begoniaceae [M]// ENGLER A, PRANTL K. Die natürlichen Pflanzenfamilien, 2 Aufl., Bd. 21. Leipzig: Verlag von Wilhelm Engelmann, 548-588.

IRMSCHER E, 1939. Die Begoniaceen Chinas und ihre Bedeutung für die Frage der Formbildung in polymorphen Sippen [J]. Mitteilungen aus dem Institut für allgemeine Botanik in Hamburg, 10: 432-557.

IRMSCHER E, 1959a. *Begonia masoniana* Irmscher [J]. The Begonian, 26 (9): 202-203.

IRMSCHER E, 1959b. *Begonia masoniana* Irmscher - Latin description [J]. The Begonian, 26 (10): 231.

JIN X B, 1993. The distribution and propagation of six begonia species native to China and assessment of their potentials as ornamental plants [J]. Acta Horticulturae, 404: 95-99.

JIN X B, WANG F H, 1994. Style and ovary anatomy of Chinese *Begonia* and its taxonomic and evolutionary implications [J]. Cathaya, 6: 125-144.

JOHNSTON I M, 1944. Publication-dates of Gaudichaud's botany of the Voyage of the Bonite [J]. Journal of the Arnold Arboretum, 25: 481-487.

KAEMPFER E, 1712. Amoenitatum Exoticarum Politico-Physico-Medicarum, Fasciculi V [M]. Lemgoviae (Lemgo): Henrici Wilhelmi Meyeri, 888.

KIEW R, 2005. Begonias of Peninsular Malaysia [M]. Kota Kinabalu: Natural History Publications (Borneo) Sdn. Bhd. & Singapore: Singapore Botanic Gardens.

KIEW R, SANG J, REPIN R, et al, 2015. A Guide to Begonias of Borneo [M]. Kota Kinabalu: Natural History Publications (Borneo) Sdn. Bhd.

KLOTZSCH J F, 1854 (1855). Begoniaceen — Gattungen und Arten [J]. Abhandlungen der Königlichen Akademie der Wissenschaften in Berlin, 1854: 121-255, Taf. I-XII.

KOCH K, 1857. Drei neun Schiefblätter oder Begonien [J]. Berliner Allgemeine Gartenzeitung, 25 (10): 73-76.

KONO Y, PENG C I, OGINUMA K, et al, 2020. Cytological study of *Begonia* sect. *Coelocentrum* (Begoniaceae) [J]. Cytologia, 85 (4): 333-340.

KONO Y, PENG C I, OGINUMA K, et al, 2021a. Cytological study of *Begonia* sect. *Baryandra* (Begoniaceae) [J]. Cytologia, 86 (2): 133-141.

KONO Y, PENG C I, OGINUMA K, et al, 2021b. Cytological study of *Begonia* sect. *Diploclinium* (Begoniaceae) [J]. Cytologia, 86 (4): 359-366.

KONO Y, PENG C I, OGINUMA K, et al, 2022a. Cytological study of *Begonia* sections *Petermannia* and *Haagea* (Begoniaceae): chromosome evolution for $2n$=30 [J]. Cytologia, 87 (2): 169-176.

KONO Y, PENG C I, OGINUMA K, et al, 2022b. Cytological study of *Begonia* sect. *Platycentrum* (Begoniaceae) with chromosome number $2n$=22 [J]. Cytologia, 87 (3): 255-263.

KRISHNA N, PRADEEP A K, JAYAKRISHNAN T, 2018. *Begonia naga* (Begoniaceae, sect. *Platycentrum*), a new species from Nagaland, India [J]. Phytotaxa, 381 (1): 6-11.

KRAUSS H K, 1945. New *Begonia* name proposed [J]. Journal of the New York Botanical Garden, 46 (12): 290-291.

KRAUSS H K, 1947. Begonias for American homes and gardens [M]. New York: The MacMillan Company.

KROON G H, 1993. Breeding research in *Begonia* [J]. Acta Horticulturae, 337: 53-58.

KU S M, PENG C I, LIU Y, 2004. Notes on *Begonia* (sect. *Coelocentrum*, Begoniaceae) from Guangxi, China, with the report of two new species [J]. Botanical Bulletin of Academia Sinica, 45: 353-367.

KU S M, LIU Y, PENG C I, 2006. Four new species of *Begonia* sect. *Coelocentrum* (Begoniaceae) from limestone areas in Guangxi, China [J]. Botanical Studies, 47: 207-222.

KU S M, KONO Y, LIU Y, 2008. *Begonia pengii* (sect. *Coelocentrum*, Begoniaceae), a new species from limestone areas in Guangxi, China [J]. Botanical Studies, 49: 167-175.

LALAWMPUII L, TLAU L, 2021. *Begonia roxburghii*: a potentially important medicinal plant [J]. Science Vision, (1): 22-25.

LEGRO R A H, DOORENBOS J, 1969. Chromosome numbers in *Begonia* [J]. Netherlands Journal of Agricultural Science, 17 (3): 189-202.

LEGRO R A H, DOORENBOS J, 1971. Chromosome numbers in *Begonia* 2 [J]. Netherlands Journal of Agricultural Science, 19 (3): 176-183.

LEGRO R A H, HAEGEMAN J F V, 1971. Chromosome number of hybrid tuberous begonias [J]. Euphytica, 20: 1-13.

LEGRO R A H, DOORENBOS J, 1973. Chromosome numbers in *Begonia* 3 [J]. Netherlands Journal of Agricultural Science, 21 (2): 167-170.

LEONG W C, DENG T, SUN H, et al, 2015. *Begonia difformis* comb. & stat. nov. (sect. *Platycentrum*, Begoniaceae), a new species segregated from *B. palmata* D. Don [J]. Phytotaxa, 227 (1): 83-91.

LÉVEILLÉ H, 1909. Decades plantarum novarum XVI [J]. Repertorium Specierum Novarum Regni Vegetabilis, 7: 20-23.

05

LÉVEILLÉ H, 1910 (1911). Decades plantarum novarum XLVI [J]. Repertorium Specierum Novarum Regni Vegetabilis, 9: 19-21.

LI C, YANG L H, TIAN D K, et al, 2016. *Begonia leipingensis* (Begoniaceae), a new compound-leaved species with unique petiolule pattern from Guangxi of China [J]. Phytotaxa, 244 (1): 45-56.

LI H L, 1944. Additions to our knowledge of the flora of Hainan [J]. Journal of the Arnold Arboretum, 25: 206-214.

LI H Z, MA H, GUAN K Y, et al, 2005. *Begonia rubinea* (sect. *Platycentrum*, Begoniaceae), a new species from Guizhou, China [J]. Botanical Bulletin of Academia Sinica, 46: 377-383.

LI H Z, MA H, ZHOU Z K, et al, 2008. A new species of *Begonia* (Begoniaceae) from Guangxi, China [J]. Botanical Journal of the Linnean Society, 157: 83-90.

LI H Z, GUAN K Y, LIN C W, et al, 2018a. *Begonia qingchengshanensis* (sect. *Reichenheimia*, Begoniaceae), a new species from Sichuan, China [J]. Phytotaxa, 349 (2): 197-200.

LI J W, TAN Y H, WANG X L, et al, 2018b. *Begonia medogensis*, a new species of Begoniaceae from Western China and Northern Myanmar [J]. PhytoKeys, 103: 13-18.

LI L, CHEN X, FANG D, et al, 2022. Genomes shed light on the evolution of *Begonia*, a mega-diverse genus [J]. New Phytologist, 234: 295-310.

LIN C W, PHONEPASEUTH P, RAHM P, 2022. *Begonia xenos* — a new species and an updated checklist of *Begonia* in Laos [J]. Phytotaxa, 543 (3): 193-202.

LINDLEY J, 1836. A natural system of botany, second edition [M]. London: Longman, Rees, Orme, Brown, Green, and Longman, 440.

LINDLEY J, 1846. The vegetable kingdom [M]. London: Bradbury and Evans, 318-319.

LINNAEUS C, 1754. Genera plantarum, editio quinta [M]. Holmiae (Stockholm): Impensis Laurentii Salvii, 475.

LIU T S, LAI M J, 1977. Begoniaceae [M]// LI H L. Flora of Taiwan 3, 1st ed. Taipei: Epoch Publication Company, 791-798.

LIU Y, KU S M, PENG C I, 2005. *Begonia picturata* (sect. *Coelocentrum*, Begoniaceae), a new species from limestone areas in Guangxi, China [J]. Botanical Bulletin of Academia Sinica, 46: 367-376.

LIU Y, KU S M, PENG C I, 2007. *Begonia bamaensis* (sect. *Coelocentrum*, Begoniaceae), a new species from limestone areas in Guangxi, China [J]. Botanical Studies, 48: 465-473.

LIU Y, TSENG Y H, YANG H A, et al, 2020. Six new species of *Begonia* from Guangxi, China [J]. Botanical Studies, 61: 21. (1-23). DOI: https://doi.org/10.1186/s40529-020-00298-y.

MA H, LI H Z, 2006. *Begonia guaniana* (Begoniaceae), a new species from China [J]. Annales Botanici Fennici, 43: 466-470.

MATSUURA H, OKUNO S, 1943. Cytological studies in *Begonia* (preliminary survey) [J]. Cytologia, 13: 1-18.

MOONLIGHT P, ARDI W H, PADILLA L A, et al, 2018. Dividing and conquering the fastest-growing genus: Towards a natural sectional classification of the mega-diverse genus *Begonia* (Begoniaceae) [J]. Taxon, 67 (2): 267-323.

MOORE T, 1850. *Begonia ingramii* [J]. The Gardeners' Magazine of Botany, Horticulture, Floriculture, and Natural Science, 2: 153-154, plate.

MÜLLER C. 1857. Begoniaceae R. Br. [M]// MÜLLER C. Annales botanices systematica, tomus iv. Lipsiae (Leipzig): Ambrosii Abel, 868-942.

NAKATA M, GUAN K, GODO T, et al, 2003. Cytological studies on Chinese *Begonia* (Begoniaceae) I. Chromosome numbers of 17 taxa of *Begonia* collected in 2001 field studies in Yunnan [J]. Bulletin of the Botanic Gardens of Toyama, 8: 1-16.

NAKATA M, LI Y, GUAN K, et al, 2005. Field notes on a locality of *Begonia palmata* var. *bowringiana* (Begoniaceae) in Xishuangbanna, Yunnan Prov., China and the chromosome number of six individuals [J]. Bulletin of the Botanic Gardens of Toyama, 10: 1-8.

NAKATA M, GUAN K, LI J, et al, 2007. Cytotaxonomy of *Begonia rubropunctata* and *B. purpureofolia* (Begoniaceae) [J]. Botanical Journal of the Linnean Society, 155: 513-517.

NAKATA M, UENO T, LI J X, 2012. Chromosome number and pollen fertility of *Begonia grandis* (Begoniaceae) from Japan and China [J]. Bulletin of the Botanic Gardens of Toyama, 17: 23-29.

NELSON E C, 1983. Augustine Henry and the exploration of the Chinese flora [J]. Arnoldia, 43 (1): 21-38.

O'REILLY T, 1988. Martin's Mystery begonia [J]. The Begonian, 55 (1/2): 5-6.

OGINUMA K, PENG C I, 2002. Karyomorphology of Taiwanese Begonia (Begoniaceae): taxonomic implications [J]. Journal of Plant Research, 115: 225-235.

OLIVER D, 1866. On *Hillebrandia*, a new genus of Begoniaceae [J]. The Transactions of the Linnean Society of London, 25 (3): 361-364.

OLIVER D, 1873. On *Begoniella*, a new genus of Begoniaceae from New Granada [J]. The Transactions of the Linnean Society of London, 28 (4): 513-514, pl. 41.

PANG H J, AN C G, 1998. CHOE K J, AN J H (transl.). Kimjongilia, the king flower has appeared and spread abroad [M]. Pyongyang: Foreign Languages Publishing House.

PENG C I, CHEN Y K, 1990. *Begonia austrotaiwanensis* (Begoniaceae), a new species from southern Taiwan [J]. Journal of the Arnold Arboretum, 71: 567-574.

PENG C I, CHEN Y K, 1991. Hybridity and parentage of *Begonia buimontana* Yamamoto (Begoniaceae) from Taiwan [J]. Annals of the Missouri Botanical Garden, 78 (4): 995-1001.

PENG C I, KU S M, 2009. *Begonia* × *chungii* (Begoniaceae), a new natural hybrid in Taiwan [J]. Botanical Studies, 50: 241-250.

PENG C I, LEONG W C, 2006. Novelties in *Begonia* sect. *Platycentrum* for China: *Begonia crocea*, sp. nov. and *Begonia xanthina* Hook., a new distributional record [J].

Botanical Studies, 47: 89-96.

PENG C I, SUE C Y, 2000. *Begonia × taipeiensis* (Begoniaceae), a new natural hybrid in Taiwan [J]. Botanical Bulletin of Academia Sinica, 41: 151-158.

PENG C I, SHUI Y M, LIU Y, et al, 2005a. *Begonia fangii* (sect. *Coelocentrum*, Begoniaceae), a new species from limestone areas in Guangxi, China [J]. Botanical Bulletin of Academia Sinica, 46: 83-89.

PENG C I, KU S M, LEONG W C, 2005b. *Begonia liuyanii* (sect. *Coelocentrum*, Begoniaceae), a new species from limestone areas in Guangxi, China [J]. Botanical Bulletin of Academia Sinica, 46: 245-254.

PENG C I, CHEN Y K, LEONG W C, 2005c. Five new species of *Begonia* (Begoniaceae) from Taiwan [J]. Botanical Bulletin of Academia Sinica, 46: 255-272.

PENG C I, LEONG W C, KU S M, et al, 2006. *Begonia pulvinifera* (sect. *Diploclinium*, Begoniaceae), a new species from limestone areas in Guangxi, China [J]. Botanical Studies, 47: 319-327.

PENG C I, LIU Y, KU S M, 2008a. *Begonia aurantiflora* (sect. *Coelocentrum*, Begoniaceae), a new species from limestone areas in Guangxi, China [J]. Botanical Studies, 49: 83-92.

PENG C I, KU S M, KONO Y, et al, 2008b. Two new species of *Begonia* (sect. *Coelocentrum*, Begoniaceae) from limestone areas in Guangxi, China: *Begonia arachnoidea* and *Begonia subcoriacea* [J]. Botanical Studies, 49: 405-418.

PENG C I, LIU Y, KU S M, et al, 2010. *Begonia × breviscapa* (Begoniaceae), a new intersectional natural hybrid from limestone areas in Guangxi, China [J]. Botanical Studies, 51: 107-117.

PENG C I, KU S M, KONO Y, et al, 2012. *Begonia chongzuoensis* (sect. *Coelocentrum*, Begoniaceae), a new calciphile from Guangxi, China [J]. Botanical Studies, 53: 283-290.

PENG C I, Yang H A, KONO Y, et al, 2013. Novelties in *Begonia* sect. *Coelocentrum*: *Begonia longgangensis* and *Begonia ferox* from limestone areas in Guangxi, China [J]. Botanical Studies, 54: 44. (1-9). DOI: 10.1186/1999-3110-54-44.

PENG C I, JIN X H, KU S M, et al, 2014a. *Begonia wuzhishanensis* (sect. *Diploclinium*, Begoniaceae), a new species from Hainan Island, China [J]. Botanical Studies, 55: 24. (1-12). DOI: http://www.as-botanicalstudies.com/content/55/1/24.

PENG C I, KU S M, YANG H A, et al, 2014b. Two new species of *Begonia* sect. *Coelocentrum*, *B. guixiensis* and *B. longa*, from Sino-Vietnamese limestone karsts [J]. Botanical Studies, 55: 52. (1-7). DOI: http://www.as-botanicalstudies.com/content/55/1/52.

PHAM V T, DINH Q D, NGUYEN V C, et al, 2021. *Begonia* of Vietnam: an updated checklist, including a new species and a new record [J]. Phytotaxa, 507 (2): 144-154.

PHUTTHAI T, HUGHES M, SRIDITH K, 2019. Begoniaceae [M]// CHAYAMARIT K, BALSLEV H. Flora of Thailand 14, 3. Bangkok: The Forest Herbarium, Department of National Parks, Wildlife and Plant Conservation, 359-431.

PURINTON P, 2017a. New registration: *Begonia grandis* 'Fan Xing' [J]. The Begonian, 84 (9/10): 170-171.

PURINTON P, 2017b. New registration: *Begonia ningmingensis* 'Ningming Silver' [J]. The Begonian, 84 (9/10): 172-173.

PUTZEYS J, VILMORIN L, 1857. *Begonia rex* [J]. Flore des Serres & des Jardins de l'Europe, II, 2: 141-146.

QIN Y H, LIANG Y Y, XU W B, et al, 2017. *Begonia ufoides* (sect. *Coelocentrum*, Begoniaceae), a new species from limestone areas in central Guangxi, China [J]. Phytotaxa, 316 (3): 279-284.

RAFINESQUE A M, 1836 (1837). Flora Telluriana, pt. 2 [M]. Philadelphia: H. Probasco, 91. (in English & Latin)

RAJBHANDARY S, 2013. Traditional uses of *Begonia* species (Begoniaceae) in Nepal [J]. Journal of Natural History Museum, 27: 25-34.

RAJBHANDARY S, SHRESTHA K K, 2009. *Begonia flaviflora* H. Hara (Begoniaceae), new record for flora of Nepal [J]. The Journal of Japanese Botany, 84 (1): 54-56.

SALISBURY G, 2004. New cultivars: official international registrations 991 [J]. The Begonian, 71 (11/12): 232-233.

SANDER H F C, 1903. New plants at Ghent [J]. The Gardeners' Chronicle, ser. 3, 33: 245.

SAVELLE S, 2020. Victor Dawn: new ABS cultivar registrar [J]. The Begonian, 87 (5/6): 87.

SHARMA A K, BHATTACHARYYA U C, 1961. Cytological studies in Begonia II [J]. Caryologia, 14 (2): 279-301.

SHUI Y M, 2007. *Begonia tetralobata* (Begoniaceae), a new species from China [J]. Annales Botanici Fennici, 44: 76-79.

SHUI Y M, CHEN W H, 2005. New data of sect. *Coelocentrum* (*Begonia*) in Begoniaceae [J]. Acta Botanica Yunnanica, 27 (4): 355-374.

SHUI Y M, CHEN W H, PENG H, et al, 2019. Taxonomy of Begonias [M]. Kunming: Yunnan Science and Technology Press.

SIEBERT A, VOSS A, 1896. Vilmorin's Blumengärtnerei, Beschreibung, Kultur und Berwendung des gesamten Pflanzenmaterials für deutsche Gärten, Dritte neubearbeitete Auflage, Band I. Berlin: Verlagsbuchhandlung Paul Parey, 351-364.

SIREGAR H M, 2016. Four new varieties of *Begonia* from interspecific hybridization *Begonia natunaensis* C.W.Lin & C.I Peng × *Begonia puspitae* Ardi [J]. Biodiversitas, 17 (2): 776-782.

SMITH L B, SCHUBERT B G, 1955. Studies in Begoniaceae [J]. Journal of the Washington Academy of Sciences, 45: 110-114.

SMITH L B, WASSHAUSEN D C, GOLDING J, et al, 1986. Begoniaceae, Part I: illustrated key, Part II: annotated species list [J]. Smithsonian Contributions to Botany, 60: 1-584.

SOSEF M S M, 1994. Refuge begonias: taxonomy, phylogeny and historical biogeography of *Begonia* sect. *Loasibegonia*

05

and sect. *Scutobegonia* in relation to glacial rain forest refuges in Africa (Studies in Begoniaceae V) [J]. Wageningen Agricultural University Papers 94-1: 206-210, 242-249.

STAFLEU F A, BONNER C E B, MCVAUGH R, et al. International code of botanical nomenclature [M]. Utrecht: A. Oosthoek's Uitgeversmaatschappij N. V., 222-238.

STEUDEL E T, 1840 (1841). Nomenclator botanicus, editio secunda, pars i, A-K [M]. Stuttgartiae & Tubingae (Stuttgart & Tübingen): J. G. Cottae, 193-194.

TANG M, HU Y X, LIN J X, et al, 2002. Developmental mechanism and distribution pattern of stomatal clusters in *Begonia peltatifolia* [J]. Acta Botanica Sinica, 44 (4): 384-390.

TEBBITT M C, 2003a. Notes on South Asian *Begonia* (Begoniaceae) [J]. Edinburgh Journal of Botany, 60 (1): 1-9.

TEBBITT M C, 2003b. Taxonomy of *Begonia longifolia* Blume (Begoniaceae) and related species [J]. Brittonia, 55 (1): 19-29.

TEBBITT M C, 2005. Begonias: cultivation, identification, and natural history [M]. Portland: Timber Press.

TEBBITT M C, 2020. Tuberous begonias: a monograph of *Begonia* section *Australes* [M]. Sacramento: The American Begonia Society.

TEBBITT M C, GUAN K Y, 2002. Emended circumscription of *Begonia silletensis* (Begoniaceae) and description of a new subspecies from Yunnan, China [J]. Taxon, 12: 133-136.

THOMPSON M L, THOMPSON E J, 1981. Begonias: the complete reference guide [M]. New York: The New York Times Book Co., Inc.

THUNBERG C P, 1784. Flora Japonica [M]. Lipsiae (Leipzig): In Bibliopolio I. G. Mülleriano, 231-232.

TIAN D K, 2014. *Begonia intermedia*, an illegitimate name and taxonomic synonym of *B. wuzhishanensis* [J]. Phytotaxa, 172 (1): 59-60.

TIAN D K, LI C, YAN Y H, et al, 2014. *Begonia intermedia*, a new species of Begoniaceae from Hainan, China [J]. Phytotaxa, 166 (2): 114-122.

TIAN D K, LI C, LI C H, et al, 2015. *Begonia pulchrifolia* (sect. *Platycentrum*), a new species of Begoniaceae from Sichuan of China [J]. Phytotaxa, 207 (3): 242-252.

TIAN D K, LI C, YU, et al, 2019. A new tuberous species of *Begonia* sect. *Diploclinium* endemic to Danxia landforms in central China [J]. Phytotaxa, 407 (1): 101-110.

TIAN D K, XIAO Y, LI Y C, et al, 2020. Several new records, synonyms, and hybrid-origin of Chinese begonias [J]. PhytoKeys, 153: 13-35.

TIAN D K, CHEN B, XIAO Y, et al, 2021a. *Begonia shenzhenensis*, a new species of Begoniaceae from Guangdong, China [J]. PhytoKeys, 178: 171-177.

TIAN D K, GE B J, XIAO Y, et al, 2021b. *Begonia scorpiuroloba*, a new species in *Begonia* sect. *Platycentrum* (Begoniaceae) from southern Guangxi of China [J]. Phytotaxa, 479 (2): 191-197.

TIAN D K, WANG W G, DONG L N, et al, 2021c. A new species

(*Begonia giganticaulis*) of Begoniaceae from southern Xizang (Tibet) of China [J]. PhytoKeys, 187: 189-205.

TIAN J, WANG Y, REN J, et al, 2021d. Rediscovery and supplemental description of *Begonia hymenophylloides* (Begoniaceae) as new record in China [J]. Phytotaxa, 528 (2): 139-143.

TONG Y, TIAN D K, SHU J P, et al, 2019. *Begonia yizhouensis*, a new species in *Begonia* sect. *Coelocentrum* (Begoniaceae) from Guangxi, China [J]. Phytotaxa, 407 (1): 59-70.

TOURNEFORT J P, 1700a. Institutiones rei herbariae, tomus primus [M]. Parisiis (Paris): E Typographia Regia, 600.

TOURNEFORT J P, 1700b. Institutiones rei herbariae, tomus iii [M]. Parisiis (Paris): E Typographia Regia, tab. 442.

TSENG Y H, KIM Y D, PENG C I, et al, 2017. *Begonia myanmarica* (Begoniaceae), a new species from Myanmar, and molecular phylogenetics of *Begonia* sect. *Monopteron* [J]. Botanical Studies, 58: 21. (1-9). DOI: 10.1186/s40529-017-0175-9.

TU W H, WANG B M, HUANG Y, et al, 2020. *Begonia guangdongensis*, a new species of *Begonia* (Begoniaceae) from Guangdong, China [J]. PhytoKeys, 162: 29-36.

WAHLSTEEN E, 2019. A new species of *Begonia* L. (Begoniaceae) and some notes on *Begonia difformis* from Kachin, northern Myanmar [J]. Phytotaxa, 420 (3): 241-248.

WANG J, CHEN W H, HUGHES M, et al, 2015. Additional notes on the *Begonia* sect. *Petermannia* (Begoniaceae) from China [J]. Plant Diversity and Resources, 37 (5): 563-568.

WANG W G, LANG X A, YANG L L, et al, 2019a. *Begonia zhongyangiana*, a new species of *Begonia* (Begoniaceae) from western China [J]. Phytotaxa, 407 (1): 51-58.

WANG W G, XI H C, MA X D, et al, 2019b. *Begonia austroyunnanensis*, a new species of *Begonia* (Begoniaceae) from Yunnan, China [J]. Taiwania, 64 (4): 363-366.

WANG W G, JIANG L J, HE K H, et al, 2020a. *Begonia xishuangbannaensis* (Begoniaceae), a new tuberous species from Yunnan, China [J]. Annales Botanici Fennici, 57: 249-253.

WANG W G, MA X D, LI R K, et al, 2020b. *Begonia puerensis* sp. nov. (Begoniaceae), a new tuberous species from Yunnan, China [J]. Nordic Journal of Botany, e02618. (1-6). DOI: 10.1111/njb.02618.

WARBURG O, 1894. Begoniaceae [M]// ENGLER A, PRANTL K. Die natürlichen Pflanzenfamilien, 3 Teil, Abteilung 6a. Leipzig: Verlag von Wilhelm Engelmann, 121-150. (in German)

WEBER C, DRESS W J, 1968a. Notes on the nomenclature of some cultivated begonias (Begoniaceae) [J]. Baileya, 16 (2): 42-72.

WEBER C, DRESS W J, 1968b. Notes on the nomenclature of some cultivated begonias (Begoniaceae) [J]. Baileya, 16 (4): 113-136.

WEI Z D, SHUI Y M, ZHANG M D, et al, 2007. *Begonia coelocentroides* Y. M. Shui & Z. D. Wei, a new species of

Begoniaceae from Yunnan, China [J]. Acta Phytotaxonomica Sinica, 45 (1): 86-89.

XI H H, XIAO S Y, WANG Y Q, et al, 2020. *Begonia mengdongensis*, a new tuberous species of *Begonia* (Begoniaceae) from southeastern Yunnan, China [J]. Nordic Journal of Botany, e02645. (1-7). DOI: 10.1111/njb.02645.

YANG Z Z, CHEN W H, SHENG J S, et al, 2015a. Notes on the species status of *Begonia mengliangensis* Y. Y. Qian (Begoniaceae) [J]. Plant Diversity and Resources, 37 (5): 557-562.

YANG Z Z, ZHOU S S, LI Z H, et al, 2015b. Two new records of *Begonia* L. (Begoniaceae) from China [J]. Plant Diversity and Resources, 37 (4): 425-427.

YE H G, WANG F G, YE Y S, et al, 2004. *Begonia coptidifolia* (Begoniaceae), a new species from China [J]. Botanical Bulletin of Academia Sinica, 45: 259-266.

YU T T, 1948. An enumeration of begonias of southeastern China [J]. Bulletin of the Fan Memorial Institute of Biology, new series, 1 (2): 113-130.

YU T T, 1950a. An enumeration of begonias of southeastern China [J]. The Begonian, 17 (1): 16-17.

YU T T, 1950b. An enumeration of begonias of southeastern China [J]. The Begonian, 17 (4): 82.

YU T T, 1950c. An enumeration of begonias of southeastern China [J]. The Begonian, 17 (5): 99-100.

ZEILINGA A E, 1962. Cytological investigation of hybrid varieties of *Begonia semperflorens* [J]. Euphytica, 11 (2): 126-136.

ZIESENHENNE R, 1947a. *Begonia mazae* [J]. The Begonian, 14 (8): 152, 164.

ZIESENHENNE R, 1947b. *Begonia mazae* [J]. The Begonian, 14 (12): 242.

ZIESENHENNE R, 1950. *Begonia boweri* [J]. The Begonian, 17 (4): 76-78.

ZIESENHENNE R, 1968. Nomenclature news [J]. The Begonian, 35 (8): 157.

ZIESENHENNE R. 1971. Typification of *Begonia masoniana* Irmscher [J]. The Begonian, 38 (3): 52.

ZIESENHENNE R, 1973. *Begonia bowerae* family [J]. The Begonian, 40 (12): 286-288.

ZIESENHENNE R, 1976. *Begonia carrieae* [J]. The Begonian, 14 (12): 130-134.

ZIESENHENNE R, 1980. New varieties and color forms of *Begonia mazae* [J]. The Begonian, 47 (11): 309.

致谢

我在撰写本文的多个方面和不同阶段得到了郭正茂、孙启明、王中轩（北京市花木有限公司），陈俊铭（辜严倬云植物保种中心），董莉娜、刘演、唐文秀、温放（广西壮族自治区中国科学院广西植物研究所），谭俊迪（广州市绿脉花卉园林有限公司），白新祥、李星晨（贵州大学），郭翔、马金双（国家植物园，北园），王意成（南京中山植物园），杨智凯（屏东科技大学），杜诚、田代科（上海辰山植物园），李凌飞、张寿洲（深圳市中国科学院仙湖植物园），林哲纬（台湾"行政院"农业委员会林业试验所），陈学达（西藏农牧学院），丁友芳（厦门市园林植物园），陈文红、李景秀、税玉民、张全星（中国科学院昆明植物研究所），丁洪波、王文广（中国科学院西双版纳热带植物园），管开云（中国科学院新疆生态与地理研究所），靳晓白、李晓东、肖翠（中国科学院植物研究所），龙春林（中央民族大学），谢凯（资深秋海棠爱好者），以及维斯努·阿尔迪（Wisnu H. Ardi，印度尼西亚茂物植物园），马克·尼尔·马塞达（Mark Niel Maceda，菲律宾兰花和秋海棠育种人），马克·休斯（Mark Hughes，英国爱丁堡皇家植物园），约翰娜·津恩（Johanna Zinn）和迈克尔·路德维希（Michael Ludwig，美国秋海棠协会），安德鲁·辛克莱（Andrew Sinclair，英国格拉斯哥植物园）在观点探讨、信息分享、资料借阅、标本查阅、照片提供和文稿审阅等方面的帮助，谨致谢忱。

作者简介

董文珂（1982年2月生，四川成都人），园林绿化高级工程师，项目管理专业人士（Project Management Professional, PMP®）。主要从事观赏植物种质资源研究和商业育种。2004年6月毕业于四川农业大学园林专业获农学士学位，2007年6月毕业于北京林业大学园林植物与观赏园艺专业获农学硕士学位。2007年7月至2018年9月在北京市花木有限公司（原北京市花木公司）从事园林花卉和乔灌木新优品种的引种、试种、评估、栽培和养护，中国西南地区和华北地区观赏植物的采集、评估和保存，萱草属和秋海棠属的种质资源收集和育种。2018年9月至2019年7月在日照阿兹丽亚园艺有限公司负责中国花卉协会杜鹃花分会第16届中国杜鹃花展览会招展、布展和养护。2020年1月起在北京花乡花木集团有限公司从事北半球温带观赏植物引种、试种、评估、育种和推广应用。兼任中国野生植物保护协会理事（2021—）、秋海棠专业委员会副主任兼秘书长（2020—）、国际园艺学会（International Society for Horticultural Science）国际秋海棠属栽培品种登录负责人（2020—）、美国秋海棠协会（American Begonia Society）理事（2020—）、终身会员（2021—），财政部政府采购评审专家（2021—），贵州大学林学院校外研究生导师（2022—2025），国家林业和草原局植物新品种现场审查专家（2023—）。2020年获中国野生植物保护协会及其秋海棠专业委员会联合授予的"科普宣传奖"，2023年获美国秋海棠协会授予的"鲁道夫·齐森亨内编辑出版奖"（Rudolf Ziesenhenne Award of Excellence in Editorial Leadership）。

China 园林之母

06

-SIX-

中国旄节花科

Stachyuraceae in China

李亚利* 高 龙

（秦岭国家植物园）

LI Yali* GAO Long

(Qinling National Botanical Garden)

* 邮箱：chairsh@126.com

摘 要： 旌节花科为东亚特有科，1属7种，中国均有分布，产于河北、陕西、甘肃等17个省（自治区、直辖市），其中4种为中国特有。本文总结了旌节花科的分类学、系统学、起源、研究进展、中国植物种类及其园林应用。

关键词： 旌节花科　系统分类　观赏应用

Abstract: Stachyuraceae is endemic to East Asia, with 1 genus and 7 species distributed in 17 provinces of China, including 4 endemic one. This work provided the taxonomy, systematics, origin, research progress of family, as well as the Chinese species and their horticultural uses.

Keywords: Stachyuraceae, Systematic classification, Ornamental uses

李亚利，高志，2023，第6章，中国旌节花科植物；中国——二十一世纪的园林之母，第四卷：391-419页.

1 旌节花科简介及分类学地位

1.1 旌节花科简介

旌节花科（Stachyuraceae）是东亚特有科，仅1属 *Stachyurus*（Li, 1943; 陈书坤, 1981; 汤彦承 等, 1983; 单汉荣, 1999; Yang Stevens, 2007; Zhu et al., 2006）。旌节花科植物主要分布在东亚温带地区，主要分布中心为中国的西南地区和日本，越南北部、缅甸也有分布（Li, 1943）。中国有7种，分布于秦岭以南的广大地区，而以西南地区（云南和四川）为最盛。我国既是该科的分布中心，又是分化中心，除早春旌节花和3个变种分布于日本外，其余各种和变种在我国均有分布，并且绝大多数种类是我国特有种（李恒, 1992）。旌节花科植物通常生长于常绿阔叶林，中生混交林或亚高山针叶林的林缘，海拔从30m到2 400m，最高可达3 300m（Zhu et al., 2006; Schneider, 2007）。

旌节花科植物是高达数米灌木或小乔木，或有时攀缘；常绿、半常绿或落叶。其枝条柔软或挺直，小枝明显具髓是该科的主要特征，通常无毛，幼时稀被微柔毛。冬芽小，具2~6鳞片。托叶早落，线状披针形；单叶互生，叶片膜质到革质，边缘有锯齿。花序总状或穗状，腋生，直立或下垂。花序梗较短或无；功能性单性花，花小，规则；花梗具短柄或无；苞片1枚，小苞片2枚，在基部合生。萼片4枚，两轮，叠瓦状。花瓣4枚，覆瓦状排列；雄蕊8枚，2轮，花丝丝状，花药"丁"字形，内部纵向开裂。子房上位，4室，外被些许绒毛，蜜腺着生于基部，胚珠多数，花柱很短，单生，头状柱头。浆果，质地硬，果皮革质。种子多数，具假种皮和柔毛。染色体数目 $2n=24$。

旌节花科植物体内含有前花青素和鞣花酸，在一些薄壁组织细胞中普遍存在氧化钙结晶（丛状晶）。导管分子具有梯状穿孔有数量众多的横隔（cross-bars）；不穿孔的管状分子有大的具缘纹孔；木射线异型，混有单列和多列射线，末端细长。木薄壁细胞离管形和星散形。

1.2 系统分类学地位

旌节花科的系统分类学位置曾经存在争议。旌节花属，最早由 Siebold 等（1835）以分布于日本的早春旌节花（*Stachyurus praecox* Sieb. & Zucc.）为模式建立，依据其无托叶、子房上位、侧膜胎座和种子数多等形态特征，将该属放于海桐花科（Pittosporaceae）。然而，Hooker等（1855）早在1855年研究印度植物区系时就注意到旌节花属的独特地理分布特征，但并未将该属从海桐花科中分离。Agardh（1858）认为应将旌节花属独立成科Stachyuraceae，但当时的其他分类学家并不认同这个观点。Bentham认为旌节花属的花两性、子房上位和浆果不开裂等特征不同于海桐花科，而与山茶科（Ternstroemiaceae=Theaceae）更为接近，遂又将该属放入山茶科（Bentham, 1860；Bentham & Hooker, 1862）。Gilg（1895）将旌节花属重新提升成科——旌节花科，并详细描述了该科的形态特征。该科当时只包括早春旌节花（分布于日本）和西域旌节花（*Stachyurus himalaicus*，分布于喜马拉雅地区）两个种。Franchet（1898）将其作为旌节花属放于山茶科的Sauraujeae族下；再后来，Post and Kuntze校正时将其转为科（Hooglandand, 2005）。

旌节花科虽然已经被分类学家们接受，但是其近缘类群曾经存在诸多争议：Cronquist（1979）认为接近山茶科，Gundersen和Purdy（1895）认为接近猕猴桃科（Actinidiaceae），Takhtajan（1980）认为接近大风子科（Flacourtiaceae），Matzke（1950）认为接近山柳科（Clethraceae），Hutchinson（1968）认为接近金缕梅科（Hamamelidaceae），Takhtajan（1997）认为与大风子科和山茶科均接近，旌节花科可能是连接大风子目（Flacourtiales）和山茶目（Theales）的纽带，该观点也得到吴征镒等（2003）的支持（董聪聪，2020）。

1.3 旌节花属属内分类

旌节花属属内分类十分困难，其主要原因是由于该类群形态性状不稳定，变异复杂且相关性不明显，传统分类依赖叶形、叶大小、叶缘和脉序等特征，这些特征随环境变化很明显，导致分类难度增加。旌节花属最先发表的物种是早春旌节花，并且作为该属的模式种。随后Bentham（1860）发表了旌节花属的第二个物种西域旌节花（*Stachyurus himalaicus*）。之后Franchet（1898）

又发表了3个新种，即柳叶旌节花（*Stachyurus salicifolius*）、中国旌节花（*Stachyurus chinensis*）和云南旌节花（*Stachyurus yunnanensis*），至此该属共有5个物种。Franchet（1898）依据花序下的叶片宿存情况及花序具花序梗情况，将该属5种分为落叶组（Sect. *Stachyurus*=Sect. *Gymnosurus*）和常绿组（Sect. *Callosurus*），其中中国旌节花、早春旌节花、柳叶旌节花及西域旌节花为落叶组，云南旌节花为常绿组。Li（1943）在保留落叶组和常绿组的基础上，依据叶的形态性状和花序的特征，将旌节花属分为12种4变种。陈书坤（1981）提出落叶组的柳叶旌节花在盛花期的花序和果序基部均具叶，且花序梗长3~5mm，具备常绿组特征，他将旌节花属分为16种8变种，我国有11种7变种。之后的学者多采用叶的形态性状进行分类，因叶性状的不稳定性，也导致了不同学者对该属的物种界定不同，物种的数量在7~11（~16）之间变动。朱昱萍（2006）则认为叶的形态变异较大，不应作为旌节花属分类的主要依据，而是结合其他形态特征和分子系统学结果，将该属植物分为6种8变种（表1）。

Su等（2020）对从PE获得了69个旌节花属标本材料，代表了该属在物种、地理和形态上的多样性。使用4个叶绿体DNA片段和1个ITS片段进行系统发育分析，依据该结果选取了4个具有代表性的个体，对其进行叶绿体全基因组测序（图1A），4个叶绿体基因组DNA多态性见图1B。所有叶绿体基因组均表现出典型的4个区域结构：反向重复区（IRS）A和B，大单拷贝区（LSC）和小单拷贝区（SSC）。每个叶绿体基因组有112个基因，29个tRNA基因中，有6个基因重复了两次，1个基因重复了3次；4个rRNA，每个基因都包含了额外1个拷贝（图1A）。旌节花科叶绿体基因组在分子进化上相对其他类群（如Betulaceae，不变位点约为94.0%）是比较保守的。

Su等（2020）通过比对叶绿体基因组序列，筛选出44个高变异区的分子标记，最终构建了69个个体的45个DNA片段［44个叶绿体DNA，1个核DNA（ITS）］的联合数据集，选取Boswellia sacra和Leitneria floridana作为外类群，使用了最大

06

表1 旌节花科不同分类系统比较

Li H. L. (1943)	Chen S. K. (1981)	Tang Y. C. et al. (1983, 1988)	Shan H. R. (1999)	Yang Q. E. & Stevens P. F. (2007)	Zhu Y. P. (2006)	This Work
S. chinensis Franch.	S. caudatilimbus C. Y. Wu & S. K. Che S. chinensis Franch. S. himalaicus Hook. f. & Thomson ex Benth.	S. chinensis Franch.	S. chinensis Franch.	S. chinensis Franch.	S. himalaicus Hook. f. & Thomson ex Benth.	**S. chinensis** Franch.
S. himalaicus Hook. f. & Thomson ex Benth.	S. himalaicus Hook. f. & Thomson ex Benth.	S. himalaicus Hook. f. & Thomson ex Benth.	S. himalaicus Hook. f. & Thomson ex Benth.	S. himalaicus Hook. f. & Thomson ex Benth.	S. himalaicus Hook. f. & Thomson ex Benth.	**S. himalaicus** Hook. f. & Thomson ex Benth
S. obovatus (Rehder) Li retusus Yen C. Yang	S. obovatus (Rehder) Hand.-Mazz	S. obovatus (Rehder) Hand.-Mazz.	S. obovatus (Rehder) Hand.-Mazz.	S. obovatus (Reder) Hand.-Mazz	S. obovatus (Rehder) Hand.-Mazz.	**S. obovatus** (Rehder) Hand.-Mazz.
S. obovatus (Rehder) Li retusus Yen C. Yang	S. retusus Yen C. Yang S. szechuamensis W. P. Fang	S. retusus Yen C. Yang S. szechuamensis W. P. Fang	S. retusus Yen C. Yang S. szechuamensis W.P. Fang	S. retusus Yen C. Yang	S. retusus Yen C. Yang	**S. retusus** Yen C. Yang
S. salicifolis Franch.	S. salicifolius Franch.	S. salicifolius Franch.	S. salicifolius Franch.	S. salicifolius Franch.	S. himalaicus Hook. f. & Thomson ex Benth.	**S. sallitiollus** Franch.
	S. calloszus C. Y. Wu ex S. K. Chen S. oblongiflius F. T. Wang & Tang S. yunnanensis Franch.	S. calloszus C. Y. Wu ex S. K. Chen S. yunnanensis Franch.	S. calloszus C. Y. Wu ex S.K.Chen S. oblongifolius F. T. Wang & Tang S. yunnanensis Franch	S. yunnanensis Franch.	S. yunnanensis Franch.	**S. yunnanensis** Franch.
S. cordatulus Mer	S. cordatulus Merr.	S. cordatulus Merr.	S. cordatulus Merr.	S. cordatulus Merr.	S. cordarulus Merr.	**S. cordatulus** Merr.
S. lancifolius (C. Y. Wu) Koidz. S. matsuzakii Nakai S. macrocarpus Koidz. S. ovalifolius Nakai S. praecox Siebold et Zucc	—	—	—	—	S. praecox Sieb. & Zucc.	**S. praecox** Sieb.& Zucc.

A

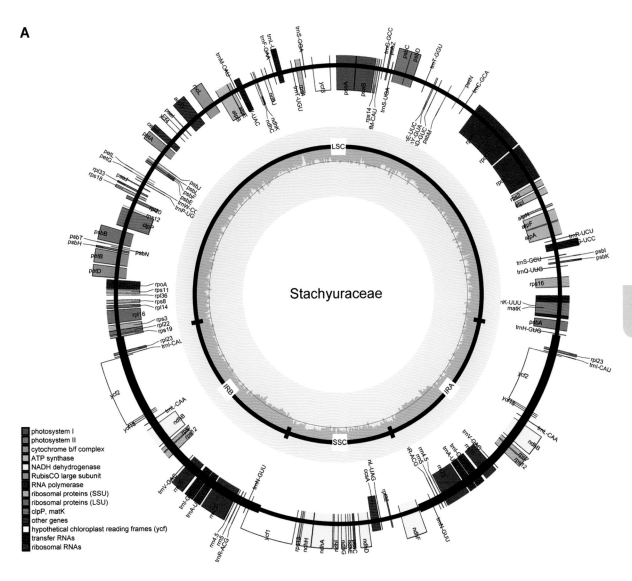

B

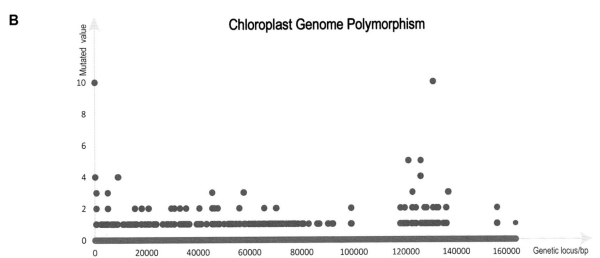

图1 旌节花科植物叶绿体全基因组基因图谱及多态性分析（图来源于Su et al., 2020）（A：外圈外和内的基因分别顺时针和逆时针转录。属于不同功能组的基因用颜色编码，内圈虚线区域表示叶绿体基因组的GC含量。B：横坐标为基因位点，纵坐标为"突变值"，表示该基因每100bp的突变位点数）

似然法（BI）和贝叶斯法（ML）重建了旌节花科的系统发育关系。

该分析结果包括5个大分支（Clade A、Clade B1、Clade B2、Clade C1和Clade C2），分别会汇聚在三大分支上（即Clade A、Clade B、Clade C），其中Clade A为单独一支，Clade B1和Clade B2聚为一大支（Clade B），Clade C1和Clade C2聚为另外一大支（Clade C）。

Clade A被高度支持为整个系统发育旌节花科的基部类群，分别得到了98%（BS）和1.0（PP）的高支持率（图2）。Clade A一共包含8个早春旌节花标本个体，其中7个采集于日本，1个采集于中国台湾，该支处理为早春旌节花（*Stachyurus praecox*）。其余类群又分为Clade B和Clade C两大分支，聚为一个大支，支持率分别为69%（BS）和0.73（PP），该支又包括两个小支，即

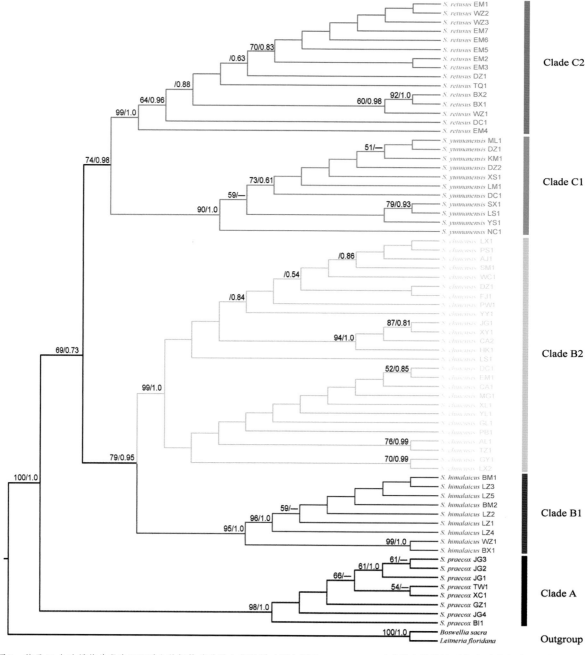

图2　基于44个叶绿体片段和ITS联合数据构建的最大似然树（图来源于Su et al., 2020）[节点处符号"/"左边数字为最大似然法的bootstrap值，右边数字为贝叶斯后验概率（PP），—表示最大似然树和贝叶斯树在该节点处的拓扑结构不一致，各节点支持率＜50%时不显示]

Clade B 和 Clade C，其中 Clade B 的支持率分别为79%（BS）和0.95（PP）；Clade C 的支持率分别为74%（BS）和0.98（PP）。Clade B 包括两个小支（Clade B1 和 Clade B2）；其中，Clade B1 得到了95%（BS）和1.0（PP）强有力的支持，该支包括9个西域旌节花标本个体，全部分布在西藏高海拔地区及邻近地区，该支处理为西域旌节花。Clade B2（BS=99%, PP=1.0）共包含26个中国旌节花个体，主要分布于中国中部和东南部地区，该支处理为中国旌节花。Clade C 类群包括两个小支（Clade C1 和 Clade C2），其中，Clade C1 的支持率分别为90%（BS）和1.0（PP），由11个云南旌节花标本个体组成，主要分布在四川盆地的西部和南部边缘地区，该支处理为云南旌节花；Clade C2 的支持率分别为99%（BS）和1.0（PP），包括15个凹叶旌节花标本个体，主要分布于四川盆地西北部，该支被处理为凹叶旌节花，倒卵叶旌节花则为异名。3个被鉴定为柳叶旌节花的标本被置于两个分支上，其中1个在 Clade C1，2个在 Clade C2，由于缺少核基因组数据来评估柳叶旌

节花的分类地位，暂时将其单独作为一个种——柳叶旌节花。因没有成功获得滇缅旌节花的分子数据，因此系统发育分析未包括该物种，但基于其独特的形态学特征，尤其侧脉在靠近叶缘处连接为1纵脉而区别于其他物种，仍然把它作为一个独立物种——滇缅旌节花。

根据系统发育树，综合分子、地理和形态学数据，重新对旌节花科进行了分类修订，最终确定了该科7个种（除去1个存疑种），即云南旌节花、柳叶旌节花、滇缅旌节花、凹叶旌节花、早春旌节花、西域旌节花、中国旌节花。

综上所述，旌节花属的叶片的性状存在巨大的差异和不稳定性，导致各分类学家对该属的属下分类一直存在争议。尽管朱昱萍（2006）综合了分子和形态的证据对旌节花属进行了分类修订，但是该研究中存在分子系统学研究中取样稀疏、分子信息位点不足等问题；分类结果中核基因和叶绿体基因的系统发育树拓扑结构不一致，柳叶旌节花的单系性没有得到恢复。

06

2 起源地与起源时期

2.1 名称由来

"旌节"，一个充满着中国古代皇廷气息的词汇。最初，旌节是使者出使他国时所持之节，可以证明来使身份，持节之人所言所承诺就代表了出使国皇室的认可，苏武牧羊插图中，苏武所持之物便是旌节。但旌节其实是分旌、节两物，整套旌节包括门旗二面、龙虎旌一面、节一支、麾枪二支、豹尾二支，共八件。

旌节花科植物常见一枝挂满穗状花序而无一叶。因此，从外形来看旌节花科植物花序与古代使者所持"旌节"一物十分相似。《太平广记》中对旌节花就有记载：黎州汉源县有旌节花，去地三二尺，行行皆如旌节也。该书是由宋代人编写的杂著，其卷四百零六至四百一十七为草木卷，有些植物可从该卷中探寻其历史。而该书旌节花的描述是引自《黎州汉源县图经》，源自唐代所编志书之中，可见旌节花早在唐代以前就存在了。

2.2 起源地

旌节花属植物主要分布在中国秦淮以南的广大地区，有7种，本属4个常绿种也全部分布在这里，日本特有5种（或谓1种）都是落叶组的种。日本不是该属的现代分布中心，因此不可能是旌节花属植物的起源地。在中国大陆共7种，云南分布5种、四川6种、贵州4种。旌节花属植物在中国西南部分化强烈，形成了自己的多样性中心。尼泊尔、不丹、印度东北部、我国西藏南部等东亚的西翼仅有一个落叶种西域旌节花，这里也不可能是旌节花属植物的现代分布中心（李恒，1992）。

中国分布的4种常绿旌节花都分布在江南和西南的亚热带常绿阔叶林内或林缘，成为亚热带植物区系的成员。最原始的常绿种——滇缅旌节花分布于恩梅开江上游的南塔迈河流域和独龙江流域，因高黎贡山的阻隔而与其他3个常绿种保持长距离的隔离。与滇缅旌节花分布区重叠的是一个落叶种——西域旌节花。西域旌节花分布区全属最大，全部国产种的分布区内它都存在，而扩散到如此广阔的地域是一个漫长的过程，因此西域旌节花是一个具广泛的生态适应能力、历史长久的种。

滇缅旌节花则相反，它们所栖居的环境与旌节花属绝大多数的环境都不同。一是滇缅旌节花具有古热带的历史背景。南塔迈河流域、担当力卡山脉与独龙江流域是一个极为古老的陆块，原属冈瓦纳古陆，在晚白垩纪与组成横断山脉的各大地体碰撞、挤压而构成"三江"弧形构造，并成为欧亚大陆的一部分（潘裕生，1989）。古植物在此热带气候条件下繁衍，后在喜马拉雅造山运动以及冰期的影响下，气候逐渐变得温凉，但古热带气候仍在生态系统中留下自己的烙印。旌节花的始祖类型或许就是在这一带的古热带环境中出现和消亡的。二是潮湿、寡日照的海洋性气候。担当力卡山地区受来自印度洋孟加拉湾的西南季风控制，暖湿气流为本地区带来丰富的降水；终年阴雨，少日照，形成了不同于本地区以北及以西地区独特的生态环境。滇缅旌节花就是在这样的生态环境中出现并繁衍下来，成为旌节花属始祖类型在此地域的现代后裔。

恩梅开江上游——担当力卡山地区（南塔迈河流域和独龙江流域），亦即是旌节花科的起源地，也是该科较原始类群滇缅旌节花的保存地。

2.3 起源时期

据研究，旌节花属的起源地与分化中心距离较远，现在起源地仅有1~2种旌节花，绝大部分的种分布在横断山脉以西地区，即云贵高原到四川峨眉山一带，少数落叶种分布到日本，东南至中国台湾。同时较为进化的落叶组的分布区为海面所隔断，落叶组有6种，其中中国大陆有4种，另2种分布在日本，西域旌节花西自东喜马拉雅，经云贵高原等地东达中国台湾，受海洋间断的分布区大都是较古老的分布区。而落叶型化石华旌节花（*Stachyurus prciensis* Tao）在中新世地层中就已存在（陶君容，1978），故现有落叶旌节花的起源应不晚于中新世，常绿型旌节花的起源理应更早。其次常绿的旌节花从属的起源地扩散到横断山脉以东的四川峨眉山、贵州西部和云南东南，只有在中新世以后至古新世之前，即独龙江周围的山脉强烈上升之前才有可能，因为全部常绿种都分布在海拔1900m以下的热带或亚热带地区（陈书坤，1981；王文采，1992），其很难逾越3000m以上的高寒山地，那么始新世以来的喜马拉雅造山运动所造就的怒山、高黎贡山便是旌节花东西交流的障碍。

综上所述，旌节花属常绿种类由起源地向东的迁移运动可能在中新世就已开始；属的起源时间应是晚白垩纪或更早，旌节花科可能是一个起源于古南大陆地盘上的东亚古特有科（李恒，1992）。

3 植物资源

本文参考FOC（*Flora of China*）对旌节花科（Stachyuraceae）植物的分类（Yang & Stevens, 2007）。旌节花科为东亚特有科，1属7种，分别为中国旌节花（*Stachyurus chinensis*）、西域旌节花（*S. himalaicus*）、倒卵叶旌节花（*S. obovatus*）、柳叶旌节花（*S. salicifolius*）、云南旌节花（*S. yunnanensis*）、滇缅旌节花（*S. cordatulus*）、凹叶旌节花（*S. retusus*），中国均有分布。

3.1 旌节花科分类学处理

旌节花属 ***Stachyurus*** Sieb. & Zucc. Flora Japanica. 1: 42. Pl. 18. 1835. Benth. & Hook. f. Gen. Pl. 1: 184. 1862; E. Gilg in Engler und Prantl, Natürlichen Pflanzenfamilien 3(6): 192. 1893; H.L.Li in Bulletin of the Torrey Botanical Club. 70(6): 615. 1943; Hutch. Gen. Flow. Pl.2: 105. 1967; 陈书坤，云南植物研究3(2): 125. 1981; 汤彦承等，植物分类学报 21(3): 236. 1983; J. Ohwi & M. Kitagawa in New Flora of Japan 1046. 1992; 单汉荣，中国植物志52(1): 81. 1999; H. Ohba in Flora of Japan IIC: 191. 1999; 朱昱萍，博士论文. 75. 2006; Yang & Stevens. Flora of China. 13: 138. 2007.

属名模式：*Stachyurus praecox* Sieb. & Zucc.

属名词源：旌节花属属名"*Stachyurus*"指"总状花序尾状"。

种类：7种。

中国旌节花属分种检索表

1. 落叶灌木；叶纸质或膜质，很少革质，边缘有粗齿或有细齿
  2. 叶片长圆形或长圆状披针形，稀卵形，长为宽的2倍或2倍以上，基部通常楔形，很少心形或近圆形 ·················· 6. 西域旌节花 *S. himalaicus*
  2. 叶片近圆形、卵形、长圆状卵形、或倒卵形，很少披针形，长宽近相等，稀长为宽的2倍，基部通常浅心形，很少楔形或近圆形
    3. 叶片近圆形，先端钝到微凹或微缺，背面密被白色微柔毛到无毛，边缘有锯齿 ················· 4. 凹叶旌节花 *S. retusus*
    3. 叶片卵形、长圆状卵形或近圆形，很少披针形，纸质到膜质，先端渐尖，背面无毛，边缘具齿或细齿 ·············7. 中国旌节花 *S. chinensis*
1. 常绿灌木；叶革质，很少纸质，边缘有细密的锯齿，很少有弯曲的钝角齿
  4. 叶片线状披针形或狭披针形，长为宽的4～8倍，宽1～2cm ················· 2. 柳叶旌节花 *S. salicifolius*
  4. 叶片卵状披针形至倒卵状披针形或倒卵形，长不到宽的3倍，宽2～4cm
    5. 叶片长圆形至长圆状披针形，侧脉于主脉与边缘间突然上升并连接成一纵脉，基部通常心形，很少楔形 ·············· 3. 滇缅旌节花 *S. cordatulus*
    5. 叶片卵状披针形至倒卵状披针形或倒卵形，侧脉不规则地吻合在边缘，基部楔形或钝状
      6. 叶片卵状披针形至倒卵状披针形，先端通常短尾状，边缘有锯齿；花序长3cm；花序梗长0.5～1cm ·············· 1. 云南旌节花 *S. yunnanensis*

06

6. 叶片倒卵形，先端长尾状，边缘通常仅在上半部有锯齿；花序不超过2cm；花序梗长0.3~0.5cm ·································· 5. 倒卵叶旌节花 *S. obovatus*

3.2　中国旌节花属植物

（1）云南旌节花

Stachyurus yunnanensis Franch., *Journal De Botanique*. 12(17-18): 253. 1898 [Type: CHINA, Yunnan, les gorges du Pee cha ho pres de Mo so yn, *J.M.Delavay nn 822* (Lectotype designated by Zhu & Zhang (2005): P-00067730)] [Type: CHINA, fl. Avril; Se-tchuen, a Han ky se, pres Tchen keou, alt. 1 200m; fl. Mars , *P.G.Farges 1156* (Syntype: P-00067736)].

识别特征：常绿灌木，高1~4m。树皮暗灰色，小枝圆形，具淡色皮孔。叶革质至近革质，卵状长圆形至倒卵状披针形，先端渐尖至尾状渐尖，基部楔形至钝，边缘具细锯齿，齿尖骨质，正面绿色，稍具光泽，背面淡绿带紫色，两面无毛，主脉两面凸起，侧脉每边6~7条，两面凸起，背面紫色，细脉网状，不明显；叶柄长1~2cm。总状花序腋生，具短柄，长约5mm，有花12~22朵；花瓣4枚，白色至黄色，倒卵形；雄蕊8枚，无毛，柱头头状，直径约1mm。果实球形，绿色，直径6~7mm，具宿存花柱，基部具2宿存苞片及花丝残存物，几无柄。花期3~4月，果期5月（图3、图4）。

分布与生境：产中国云南北部、湖北、湖南、广东、广西、重庆、四川、贵州及越南（北部），生于海拔600~1 800m的山坡常绿阔叶混交林中或林缘。

（2）柳叶旌节花

Stachyurus salicifolius Franch., *Journal De Botanique*. 12(17-18):253. 1898 [Type: CHINA, Yunnan N.-E. dans les bois a Tchen fong chan, fr. Juillet, *J.M.Delavay s. n.* (Holotype: P-00067728)].

识别特征：常绿灌木，高2~3m。树皮褐色或紫褐色。小枝圆柱形，紫红色至绿褐色，无毛。叶坚纸质，线状披针形，先端长渐尖，基部钝，边缘具不明显的内弯疏锯齿，正面绿色，背面淡绿色，无毛，主脉在两面凸起，侧脉每边6~8条，伸展达主脉至叶缘一半处，突然上升，并连接成一与主脉平行的纵脉，正面稍凹，背面凸起，细脉正面网状下陷，背面不显；叶柄短，长4~8mm，红褐色。总状花序腋生，长4~6cm，直立或下垂，具短柄，柄长5~7mm，基部无叶。花瓣4枚，淡绿色，倒卵形，先端钝至近圆形；雄蕊8枚，长5~6mm，花药2室，卵形，纵裂；子房瓶状，被短柔毛，花柱长5~6mm，柱头头状，不露出花瓣。浆果球形，直径4~6mm，具宿存的花柱，果柄长2~2.5mm。花期4~5月，果期6月（图5、图6）。

分布与生境：分布于重庆、四川、云南、陕

图3　云南旌节花组图（A、B：张步云 摄，其余图：李策宏 摄）

图4 云南旌节花模式标本

A：采自中国云南［*J. M. Delavay 822* (Lectotype: P-00067730)］，B：采自中国［*Farges, P. G. 1156* (Syntype: P-00067735)］

06

图5 柳叶旌节花组图（A：徐文斌 摄，其余图：李策宏 摄）

西等地，生于海拔800～1900m的山坡、山谷溪边杂木林中。

（3）滇缅旌节花

Stachyurus cordatulus Merr., *Brittonia* 4: 122. 1941 [Type: UPPER BURMA, Nam Tamai at the Adung-Sienghku confluence, and along the Adung River, Feb. 2, 1931, *F.K.Ward 9191* (Holotype: A-00063261)].

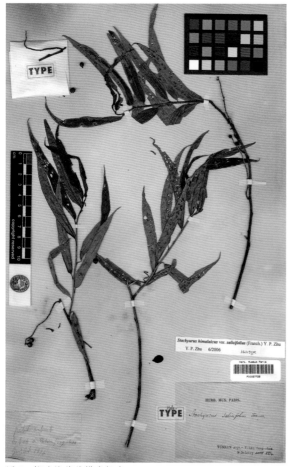

图6 柳叶旌节花模式标本
采自中国云南［*J. M. Delavay s. n.* (Holotype: P-00067728)］

长圆状披针形，长8～10cm，宽2.3～4cm，先端尾状渐尖，基部心形，边缘具密而细的尖锯齿，齿尖骨质，正面绿色，背面淡绿色，无毛；中脉、侧脉在两面均凸起，侧脉6～7对，伸展至中脉与叶缘的中部，下一侧脉其顶端上弯，并与上一侧脉相连，形成与叶缘相平行的纵脉；细脉网状，在正面微凹陷；叶柄长6～10mm。总状花序腋生，长6～8cm，直立，具短梗，梗长约5mm；花长5～6mm，无梗，苞片1枚，三角形，长约1mm，顶端急尖；小苞片2枚，卵形，长约2mm，顶端急尖；萼片4枚，卵状椭圆形，长约3mm；花瓣淡绿色稍带玫瑰红色，倒卵形，顶端圆形，长约5mm；雄蕊8枚；子房卵球形，花柱长约1mm，柱头头状。浆果球形，直径4～6mm，具宿存的花柱，果柄长2～2.5mm。花期4～5月，果期8月（图7、图8）。

分布与生境：分布于中国云南贡山、金平，缅甸北部也有分布，生于海拔1 900m～2 700m的山坡阔叶混交林中或林缘。

（4）凹叶旌节花

Stachyurus retusus Yen C. Yang, *Contribution from the Biological Laboratory of the Science Society of China*.12:105, pl.6. 1939 [Type: CHINA, Szechwan Mount Omei, 1938, *C.W.Yao 3365* (Holotype: NAS-00071884)].

识别特征：落叶灌木，高2～3m。枝红色，具淡色皮孔。叶坚纸质至近革质，近圆形至阔长圆

识别特征：落叶灌木，近攀缘状，高3m。小枝暗红色，光滑无毛。叶坚纸质至革质，长圆形至

图7 滇缅旌节花组图（C：李嵘 摄，其余图：徐文斌 摄）

图8 滇缅旌节花模式标本
A：采自缅甸北部 [*F. K. Ward 9191* (Holotype: A-00063261)]；B：采自缅甸北部 [*F. K. Ward 9176* (Syntype: BM-000821622)]

形，先端微凹至2浅裂，稀平截具凸尖，基部心形，边缘具疏钝齿，稍外折，正面绿色，背面密被白色短绒毛，侧脉每边5~6条，两面凸起，上升，于边缘处网结，细脉网状，明显；叶柄长1~2cm，基部具2线状披针形托叶。总状花序腋生，长4~5cm，下垂，无柄，基部具叶（或结果时无叶）；花长6mm，无柄，花瓣4枚，淡黄色，倒卵形，先端钝至近圆形；雄蕊8枚，外轮4枚长5mm，内轮4枚稍短，长4mm；子房卵形，直径2mm，花柱较子房长，柱头头状，不露出花瓣。果球形，绿色，直径约6mm，顶端具短的宿存花柱，无柄。花期3~4月，果期7月（图9、图10）。

分布与生境：分布极为局限，分布于四川西南部（峨眉山、天全、雷波）及相邻的云南彝良、镇雄一带，生于海拔1600~2000m的山坡杂木林中。

（5）倒卵叶旌节花

Stachyurus obovatus (Rehder) Hand. -Mazz,

Oesterreichische Botanische Zeitschrift. 90: 118. 1941. Syn. *Stachyurus yunnanensis* var. *obovatus* Rehder, *Journal of the Arnold Arboretum* 11(3): 165-166. 1930. [Type: CHINA, Szechwan, Kuan Hsien, in woods, 1075m, 4 July 1928, *W.P.Fang 2000* (Isotype: E-00414140)].

识别特征：常绿灌木，高1~3m。树皮灰色或灰褐色，茎具白色髓。叶革质或亚革质，倒卵形，先端突然尾状渐尖，渐尖长约1.5cm，基部钝，边缘中部以上具不规则的锯齿，中部以下具不甚明显的锯齿，正面绿色，背面淡绿色，无毛；叶柄长0.5~1cm。总状花序腋生，具短柄，长约0.5cm，基部具叶；花长约7mm；花瓣4枚，淡绿色，倒卵形；雄蕊8枚，长约5mm，子房长卵形，被短柔毛，连花柱长5mm，柱头卵形。浆果球形，直径约6mm，疏被短柔毛，具柄，长约3mm，顶端具宿存花柱。花期5~6月，果期8月。髓小，难以通出，不利入

图9 凹叶旌节花组图（李策宏 摄）

图10 凹叶旌节花模式标本
A：采自中国四川 [*C. W. Yao 3365* (Holotype: NAS-00071884)]；B：采自中国四川 [*C. W. Yao 3365* (Isotype：PE-0002518)]

图11 倒卵叶旌节花组图（C：孟德昌 摄，其余图：李策宏 摄）

06

药。叶含鞣质，可供提制栲胶（图11、图12）。

分布与生境： 分布于四川西部及西南部、重庆、贵州、云南东北部等地，生于海拔500~2 000m的山坡常绿阔叶林下或林缘，喜石灰质土壤。

（6）西域旌节花

Stachyurus himalaicus Hook. f. et Thomson ex Benth, *Journal of the Proceedings of the Linnean Society Botany*. 5:55, 1861 [Type: INDIA, Sikkim, Oct. 1849, *J.D.Hooker s. n.* (Lecotype designated by Su, et al, 2020: K-000190018)] [Epitype: Sikkim, North District, Bay, P. Chakraborty 2631, 3 March 1983, BSHC00007874 (designated by Majumdar & Panday, 2022)].

识别特征： 落叶灌木，高1~3m。叶坚纸质至薄革质，披针形至长圆状披针形，先端具长尾状渐尖或渐尖，基部钝圆，边缘具细锯齿，侧脉5~7条，两面凸起；叶柄长0.5~1.5cm，红紫色。总状花序腋生，长5~10cm，直立或下垂；花黄色，长约6mm，无柄；雄蕊8枚；子房卵状长圆形，连花柱长约6mm，柱头头状。果实近球形，直径7~8mm，无柄或具短柄，具宿存花柱（图13、图14）。花期3~4月，果期5~8月。茎髓白色，作

图12 倒卵叶旌节花模式标本
采自中国四川，*W. P. Fang 2000* (Isotype, E-00414140)

中药"通草"，有利尿、催乳、清湿热功效，治水肿、淋病等症。

分布与生境：国内分布于福建、江西、湖北、湖南、广东、广西、重庆、四川、贵州、云南、西藏、甘肃、台湾等地，生于海拔400～3 000m的山坡阔叶林下或灌丛中，国外分布于印度（北

部）、尼泊尔、不丹及缅甸（北部）。

（7）中国旌节花

Stachyurus chinensis Franch., *Journal de Botanique*. 12: (17-18) 254.1898. [Type: CHINA, Yunnan, N.-E. dans les bois pres de Longki; fl. Mars-avril *J.M.Delavay, s. n.* (Isotype: A-00135042)]; Tchan

图13　西域旌节花组图（E：孟德昌　摄；其余图：徐文斌　摄）

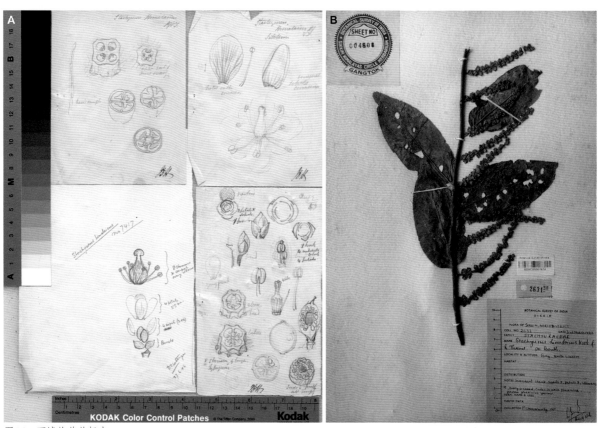

图14　西域旌节花标本
A：采自印度 [*J. D. Hooker s. n.* (Lecotype: K-000190018)]；B：采自印度 [*P. Chakraborty 2631*, (BSHC00007874)]

feng chan; fr. mai-aout (id).

识别特征：落叶灌木，高达4m。树皮紫褐色，平滑。叶于花后发出，纸质，卵形至卵状矩圆形，先端渐尖或短尾状渐尖，基部圆钝至近心形，边缘具锯齿；叶柄长1~2cm，暗紫色。穗状花序腋生，具花5~10朵，花瓣4，黄色，覆瓦状排列。果圆球形，无毛，近无柄，基部具花被的残留物（图15、图16）。花期3~4月，果期6~8月。茎髓

图15　中国旌节花组图（李亚利　摄）

图16　中国旌节花的模式标本
A：中国云南，*J. M. Delavay, s.n.* (Isotype: A-00135042)；B：中国云南，*J. M. Delavay, s.n.* (Syntype: P-00067717)

入药，利尿渗湿，消肿通淋，用于小便不利、乳汁不通等（祝正银，1991）。

分布与生境： 分布于河北、山西、江苏、浙江、安徽、福建、江西、河南、湖北、广东、广西、重庆、四川、贵州、云南、陕西、甘肃，生于海拔1 700~3 000m的山坡谷地林中或林缘。越南北部也有分布。

4 研究进展

4.1 孢粉学

学者们尝试通过对旌节花科植物的孢粉学研究，获得分组依据。汤彦承（1983）通过研究云南旌节花、西域旌节花、倒卵叶旌节花、中国旌节花、柳叶旌节花和凹叶旌节花的花粉形态，他们结合了Erdtman（1953）和Huang（1972）对西域旌节花孢粉学的研究结果，认为该旌节花属6种旌节花的花粉粒形状以及外壁纹饰基本没有差异，但常绿组植物的花粉内孔不明显，为三拟孔沟，落叶组的花粉内孔明显，为三孔沟型花粉。他们认为三孔沟花粉比三拟孔沟花粉更为进化，具有三孔沟花粉的落叶组植物已经演化到较高的水平。研究结果表明花粉形态对旌节花科种的划分意义不大。

在旌节花科的系统位置研究方面，金巧军和韦仲新等（2002）探讨了旌节花属7种［倒卵叶旌节花、早春旌节花、滇缅旌节花、西域旌节花、柳叶旌节花、凹叶旌节花、矩圆叶旌节花（*Stachyurus oblongifolius*）］植物的花粉形态，研究发现这7种植物的花粉形态均为三孔沟，无三拟孔沟，这与汤彦承（1983）研究结果不同。韦仲新等（2002b）后续又比较了旌节花科及省沽油科（Staphyleaceae）、五桠果科（Dilleniaceae）、猕猴桃科（Actinidiaceae）、水东哥科（Saurauiaceae）以及金莲木科（Ochnaceae）和山茶科（Theaceae）的花粉形态，认为旌节花科外壁纹饰（蜂巢状-穴状）更接近省沽油科（穴状-穴网状）和山茶科厚皮香亚科（Ternstroemoideae）（穴状-穴网状）的花粉外壁纹饰。韦仲新等（1992, 1997, 2002a）认为旌节花科与山茶科可能有亲缘关系。朱昱萍等（2006）发现滇缅旌节花花粉外壁多穿孔，小柱细密，基层薄，内层有明显片状物，易与外层区分；倒卵叶旌节花花粉外壁覆盖层具穴状突起，柱状层小柱细而密，基层连同内壁总体较薄，不易与外壁内层区分，其与滇缅旌节花均易与其他种区分。此外，该研究还发现旌节花科花粉外壁与内壁分层明显，而流苏子科分层不明显，该特征上并不支持这两个科的姐妹群关系（Matthews & Endress, 2005）；但是研究结果与金巧军等（2002）较为一致，认为旌节花科更接近省沽油科。

4.2 细胞学

目前对旌节花科细胞学研究较少。Kurosawa（1971）对旌节花科的早春旌节花和西域旌节花染色体进行了研究，汤彦承等（1983）对该科4种及1变种［柳叶旌节花、中国旌节花、云南旌节花、凹叶旌节花及变种宽叶旌节花（*Stachyurus chinensis* var. *latus* C.Y.Wu ex S.K.Chen）］的细胞学性状进行了研究，他们的研究结果在染色体数目和形态上没有差异，旌节花属各种的染色体数目为2n=24且体型较小。黄少甫等（1989）研究结果里染色体照片比较模糊，可能存在染色体重叠现象，其染色体数目为2n=22。

综上所述，旌节花科的细胞学性状对该科属下的分类意义并不大，对系统学意义需要进一步研究。

4.3 胚胎学及种子特征

Mathew 等（1977）在发现中国旌节花具有倒生胚珠，且为双珠被，厚珠心，单孢子的蓼型胚囊和双孢子的英地百合型胚囊，核型胚乳，胚发生茄型。并发现其与山茶科植物都具双孢雌配子体，受精前极核融合和茄型胚等特征有许多胚胎学共同点。Kimoto 等（2000）发现早春旌节花种子具有非维管化的外表皮，成熟种子有胚乳，中种皮薄，种皮由厚壁细胞构成，这与缨子木科（Crossosomataceae）和省沽油科胚胎学特征相似。

韦仲新等（2002b）研究西域旌节花发现其花药为四囊性花药，药壁形成方式为基础型，成熟前的花药壁包括表皮、药室内壁、2~3层中层、绒毡层，表皮宿存，药室内壁具纤维状加厚。绒毡层类型为分泌型，其细胞核数目为2。花药纵裂。小孢子母细胞减数分裂与胞质分裂为同时型，四分体排列呈四面体形。花粉粒散发时为二细胞时期。花粉粒2或3核。胚珠多数，倒生，具双珠被和厚珠心。四分体形状有"线"型、"T"型和十字交叉型。胚囊类型为蓼型，偶见双孢子英地百合型胚囊。西域旌节花胚胎学特征与缨子木科和省沽油科的相似性不及旌节花科与堇菜科

（Violaceae）和金缕梅科（Hamamelidaceae）。

旌节花科成熟种子椭圆形。具源自珠柄的假种皮和胚乳，无外胚乳。胚直生与胚乳等长。具两枚对称的肉质子叶。

4.4 花形态

旌节花科植物表面上为两性花，实质为假两性花或功能单性花。众多的花排列成总或穗状花序。从花芽的形成到开花往往需要8~10个月的潜伏期，即今年4~5月形成的花芽要到翌年2~3月才开花。但有时同一植株的不同枝条甚至同一个枝条上，花芽出现的先后时间可相差半年（如昆明地区可从4月至10月底）。花序梗短。有大苞片1枚和小苞片2枚，大苞片三角形至近三角形，小苞片椭圆形。萼片4，覆瓦状排列，外面2片较小，内面2片较大。花瓣4，覆瓦状排列。雄蕊8，两轮。不育植株的外轮雄蕊几乎与雌蕊等长，而内轮雄蕊则约为外轮雄蕊的2/3长或稍长。但能育植株的雄蕊仅为雌蕊的1/2~2/3长，而且其外轮雄蕊几乎与内轮雄蕊等长。花药背着，两室，纵向开裂。子房上位，4室，胚珠极多，着生于中轴胎座上。花柱稍长，柱头头状。如果是雌性能育花，当花尚未开放时，其子房和胚珠都比雄性能育花的子房和胚珠大得多，尤其胚珠要大3~4倍。当花开过之后，雄性能育花的胚珠逐渐败育，花也自下而上逐步脱落，最后整个花序轴（总花梗）都脱落（Wei, 2001）。

5 应用价值

5.1 观赏价值

旌节花科植物多在早春开花，落叶种先花后叶，腋生的淡黄色或黄绿色偶有紫红色的穗状花序，10朵一串，一支数串，串串下垂，如"旌节"般在树枝上悬挂着很是显眼，识别度高，可供庭院栽培观赏。旌节花在宋代编写的《太平广记》中有明确的记载："黎州汉源县有旌节花，去

地三二尺，行行皆如旄节也。"宋代张唐英在《蜀檮杌》中称其有"富贵之兆"。在历代诗词中也可以找到旄节花的身影，其中清代恭亲王常宁五世孙晋昌所写的"叮咛旄节花开处，长使春辉入画图"，历史悲欢之外，还写出了春天的时令特色。中国旄节花株型优美，花朵芳香清新，具有较高的观赏价值，而且历史文化背景悠久，象征意义吉祥，可植于园林绿地点缀，也可植于林缘、坡地和山谷溪畔，景观效果良好。

5.2 药用价值

中国旄节花和西域旄节花的干燥茎髓名为小通草，别名为实心通草、通草棍。因形似通草但细瘦而得名，与通草功效相似（苏桂云和徐立民，2014）。

性状：中国旄节花类的茎髓呈细圆柱形，夏、秋季采集新鲜茎秆，用小棒捅出髓芯，或用刀剖开茎秆取出髓芯，理直晾干。长30～50cm，直径0.5～1cm。白色或米黄色，无纹理。体轻，质松软，捏能使其变形，稍有弹性，易折断，断面平坦，无空心，显银白色光泽。水浸后表面和断面有黏滑感。气微，味淡（刘志友，2019）。

显微：旄节花横切面均为薄壁细胞，类圆形、椭圆形或多角形，纹孔稀疏；有黏液细胞散在。中国旄节花有少数草酸钙簇晶，喜马山旄节花无簇晶。

性味与归经：甘、淡、寒。归肺、胃经。

功能与主治：清热、利尿、下乳。用于小便不利、淋症、乳汁不下（国家药典委员会，2020）。

化学成分：西域旄节花、中国旄节花小通草多糖含量分别为3.44%、4.33%，多糖组成分别为L-鼠李糖、果糖、半乳糖，L-鼠李糖、果糖、半乳糖（江海霞 等，2010）。

6 引种栽培

6.1 栽培情况

旄节花属植物在国内常应用的有中国旄节花和西域旄节花，具有园林观赏价值和药用价值，其喜光，稍耐阴。适应性强，较耐寒，长江流域及秦岭以南均可生长。在排水良好的砂壤土或轻黏壤土中生长最好。山地或平原都可栽培。中国旄节花在河南、陕西、西藏等地均有种植，西域旄节花在广西、云南、西藏等地均有种植。

旄节花属植物国外栽培的常见种有西域旄节花，虽然原产中国及印度一带，但在中国野生的很难见到，19世纪引入英国后，现在欧洲广为栽培，成为常见的观花灌木，在欧洲许多公园都能见到其婀娜多姿的身影。英国皇家植物园邱园、马德里–埃尔卡普里乔公园、都柏林-圣安妮公园、波特兰–华盛顿公园、富士山、伦敦兰贝斯、勃艮第修道院、布拉格植物园等地均有栽培。深秋季节，昼夜温差大于10℃以上，且空气湿度较小，西域旄节花的叶色会变得鲜红，十分艳丽。

6.2 国内外引种

旄节花属在国内外植物园均有引种栽培，涉及国内外32个植物园，共103条引种记录。中国旄节花在国外引种的有墨尔本皇家植物园、邱园、爱丁堡皇家植物园、哈佛大学阿诺德树木园、比利时国家植物园、华盛顿大学植物园等14个植物园；国内引种栽培的植物园有西双版纳热带植物园、景东亚热带植物园、秦岭国家植物园、武汉植物园、赣南树木园等10个植物园。凹叶旄节花

表2　中国旌节花科植物国内外引种栽培记录

登录号	保存单位	中文名	学名	科名	引种国家	引种人	引种日期	原始鉴定
19380840	Botanic Garden Meise（比利时国家植物园）	中国旌节花	*Stachyurus chinensis*	旌节花科 Stachyuraceae	比利时	Denmark, Copenhagen, H.B.U. Natural History Museum of Denmark		*Stachyurus chinensis*
19517788	Royal Botanic Gardens Melbourne（墨尔本皇家植物园）	中国旌节花	*Stachyurus chinensis*	旌节花科 Stachyuraceae	澳大利亚			*Stachyurus chinensis*
197212105	Royal Botanic Gardens Kew（邱园）	中国旌节花	*Stachyurus chinensis*	旌节花科 Stachyuraceae	英国			*Stachyurus chinensis*
198104280	Royal Botanic Gardens Kew（邱园）	中国旌节花	*Stachyurus chinensis*	旌节花科 Stachyuraceae	中国	SABE（Sino-American Botanical Expedition）130		*Stachyurus chinensis*
198108240	Royal Botanic Gardens Kew（邱园）	中国旌节花	*Stachyurus chinensis*	旌节花科 Stachyuraceae	英国	SABE（Sino-American Botanical Expedition）130 Wakehurst		*Stachyurus chinensis*
198108279	Royal Botanic Gardens Kew（邱园）	中国旌节花	*Stachyurus chinensis*	旌节花科 Stachyuraceae	英国	LANC 809 Wakehurst		*Stachyurus chinensis*
198504294	Royal Botanic Gardens Kew（邱园）	中国旌节花	*Stachyurus chinensis*	旌节花科 Stachyuraceae	英国	GUIZ 45 Wakehurst		*Stachyurus chinensis*
198508364	Royal Botanic Gardens Kew（邱园）	中国旌节花	*Stachyurus chinensis*	旌节花科 Stachyuraceae	英国	GUIZ 45		*Stachyurus chinensis*
19861013	Royal Botanic Garden Edinburgh（爱丁堡皇家植物园）	中国旌节花	*Stachyurus chinensis*	旌节花科 Stachyuraceae	英国			*Stachyurus chinensis*
19871113	Royal Botanic Garden Edinburgh（爱丁堡皇家植物园）	中国旌节花	*Stachyurus chinensis*	旌节花科 Stachyuraceae	英国			*Stachyurus chinensis*
198900621	Royal Botanic Gardens Kew（邱园）	中国旌节花	*Stachyurus chinensis*	旌节花科 Stachyuraceae	英国	SHBG Wakehurst（捐赠）		*Stachyurus chinensis*
19913364	Royal Botanic Garden Edinburgh（爱丁堡皇家植物园）	中国旌节花	*Stachyurus chinensis*	旌节花科 Stachyuraceae	英国			*Stachyurus chinensis var. cuspidatus*
199501626	Royal Botanic Gardens Kew（邱园）	中国旌节花	*Stachyurus chinensis*	旌节花科 Stachyuraceae	英国	SICH 509		*Stachyurus chinensis*
200001677	Royal Botanic Gardens Kew（邱园）	中国旌节花	*Stachyurus chinensis*	旌节花科 Stachyuraceae	英国	GUIZ 45		*Stachyurus chinensis*
200002102	Royal Botanic Gardens Kew（邱园）	中国旌节花	*Stachyurus chinensis*	旌节花科 Stachyuraceae	英国	SICH 1744		*Stachyurus chinensis*
200200781	Royal Botanic Gardens Kew（邱园）	中国旌节花	*Stachyurus chinensis*	旌节花科 Stachyuraceae	英国	SICH 2053		*Stachyurus chinensis*
20030641	Royal Botanic Garden Melbourne（墨尔本皇家植物园）	中国旌节花	*Stachyurus chinensis*	旌节花科 Stachyuraceae	澳大利亚		2003/10/31	*Stachyurus chinensis*
20070418	Royal Botanic Garden Melbourne（墨尔本皇家植物园）	中国旌节花	*Stachyurus chinensis*	旌节花科 Stachyuraceae	澳大利亚		2007/4/30	*Stachyurus chinensis*

06

（续）

登录号	保存单位	中文名	学名	科名	引种国家	引种人	引种日期	原始鉴定
20070614	Royal Botanic Garden Melbourne（墨尔本皇家植物园）	中国旌节花	*Stachyurus chinensis*	旌节花科 Stachyuraceae	澳大利亚		2007/6/27	*Stachyurus chinensis*
321-2015	The Arnold Arboretum of Harvard University（哈佛大学阿诺德诺德树木园）	中国旌节花	*Stachyurus chinensis*	旌节花科 Stachyuraceae	美国	Aiello, A.S., Dosmann, M., Wang, K.	2010/9/23	*Stachyurus chinensis*
34141	Rogów Arboretum of Warsaw University of Life Sciences（华沙大学生命学院罗古夫树木园）	中国旌节花	*Stachyurus chinensis*	旌节花科 Stachyuraceae	波兰		2013/1/1	*Stachyurus chinensis*
357-54*A	University of Washington Botanic Gardens（华盛顿大学植物园）	中国旌节花	*Stachyurus chinensis*	旌节花科 Stachyuraceae	美国			*Stachyurus chinensis*
PFP-1989-LIG-0398	Jardin des Plantes Garden of Plantes（巴黎植物园）	中国旌节花	*Stachyurus chinensis*	旌节花科 Stachyuraceae	法国	Unknown		*Stachyurus chinensis*
无号	Royal Botanic Gardens Kew（邱园）	中国旌节花	*Stachyurus chinensis*	旌节花科 Stachyuraceae	英国			*Stachyurus chinensis* var. *latus*
无号	University of British Columbia Botanical Garden（不列颠哥伦比亚大学植物园）	中国旌节花	*Stachyurus chinensis*	旌节花科 Stachyuraceae	美国			*Stachyurus chinensis* var. *latus*
无号	Julia & Alexander N. Diomides Botanic Garden（茱莉亚和亚历山大 N. 迪奥米德斯植物园）	中国旌节花	*Stachyurus chinensis*	旌节花科 Stachyuraceae	希腊			*Stachyurus chinensis*
无号	United States National Arboretum（美国国家树木园）	中国旌节花	*Stachyurus chinensis*	旌节花科 Stachyuraceae	美国			*Stachyurus chinensis* var. *latus*
无号	Botanic Gardens of South Australia（南澳大利亚植物园）	中国旌节花	*Stachyurus chinensis*	旌节花科 Stachyuraceae	澳大利亚			*Stachyurus chinensis*
无号	Botanical Garden of Moscow Palace of Pioneers（莫斯科开拓者宫植物园）	中国旌节花	*Stachyurus chinensis*	旌节花科 Stachyuraceae	俄罗斯	from commercial sources		*Stachyurus chinensis*
无号	University of California at Berkeley Botanical Garden（加州大学伯克利分校植物园）	中国旌节花	*Stachyurus chinensis*	旌节花科 Stachyuraceae	美国	UNIVERSITY OF CALIFORNIA AT BERKELEY BOTANICAL GARDEN		*Stachyurus chinensis* var. *latus*
00,2002,2652	西双版纳热带植物园	中国旌节花	*Stachyurus chinensis*	旌节花科 Stachyuraceae	中国	王洪、文斌、李保贵	2002/10/25	*Stachyurus chinensis*
00,2017,2630	景东亚热带植物园	中国旌节花	*Stachyurus chinensis*	旌节花科 Stachyuraceae	中国	李德飞、杨国平、龙秀贵、沈家旺、李景东	2017/7/17	*Stachyurus chinensis*
00,2018,0014	秦岭国家植物园	中国旌节花	*Stachyurus chinensis*	旌节花科 Stachyuraceae	中国	樊卫东、卜朝军	2018/3/2	*Stachyurus chinensis*

（续）

登录号	保存单位	中文名	学名	科名	引种国家	引种人	引种日期	原始鉴定
00,2018,0018	秦岭国家植物园	中国旌节花	*Stachyurus chinensis*	旌节花科 Stachyuraceae	中国	卜朝军	2018/3/4	*Stachyurus chinensis*
00,2018,0028	秦岭国家植物园	中国旌节花	*Stachyurus chinensis*	旌节花科 Stachyuraceae	中国	卜朝军	2018/3/5	*Stachyurus chinensis*
120053	武汉植物园	中国旌节花	*Stachyurus chinensis*	旌节花科 Stachyuraceae	中国	徐文斌、张炳坤	2012/2/18	*Stachyurus chinensis*
137918	武汉植物园	中国旌节花	*Stachyurus chinensis*	旌节花科 Stachyuraceae	中国			*Stachyurus chinensis*
139410	武汉植物园	中国旌节花	*Stachyurus chinensis*	旌节花科 Stachyuraceae	中国			*Stachyurus chinensis*
20060221	赣南树木园	中国旌节花	*Stachyurus chinensis*	旌节花科 Stachyuraceae	中国			*Stachyurus chinensis*
20160015	夹江植物园	中国旌节花	*Stachyurus chinensis*	旌节花科 Stachyuraceae	中国	朱仁斌、朱贵清	2016/1/1	*Stachyurus chinensis*
20190020	武汉植物园	中国旌节花	*Stachyurus chinensis*	旌节花科 Stachyuraceae	中国	何俊、徐斌	2018/12/24	*Stachyurus chinensis*
2020-623	北京植物园	中国旌节花	*Stachyurus chinensis*	旌节花科 Stachyuraceae	中国	叶建飞	2020/4/25	*Stachyurus chinensis*
20210033	武汉植物园	中国旌节花	*Stachyurus chinensis*	旌节花科 Stachyuraceae	中国	徐文斌、李新伟	2021/1/9	*Stachyurus chinensis*
80121	武汉植物园	中国旌节花	*Stachyurus chinensis*	旌节花科 Stachyuraceae	中国	王亚华、黄汉钱、张炳坤	2008/11/25	*Stachyurus chinensis*
87E3103-22	南京中山植物园	中国旌节花	*Stachyurus chinensis*	旌节花科 Stachyuraceae	中国	不详	1987/6/22	*Stachyurus chinensis*
NA	昆明植物园	中国旌节花	*Stachyurus chinensis*	旌节花科 Stachyuraceae	中国			*Stachyurus chinensis*
无号	庐山植物园	中国旌节花	*Stachyurus chinensis*	旌节花科 Stachyuraceae	中国			*Stachyurus chinensis*
1996.0258	Sir Harold Hillier Gardens（哈罗德·希利尔爵士花园）	凹叶旌节花	*Stachyurus retusus*	旌节花科 Stachyuraceae	英国			*Stachyurus szechuanensis*
33-09*C	University of Washington Botanic Gardens（华盛顿大学植物园）	凹叶旌节花	*Stachyurus retusus*	旌节花科 Stachyuraceae	美国			*Stachyurus retusus*
33-09*E	University of Washington Botanic Gardens（华盛顿大学植物园）	凹叶旌节花	*Stachyurus retusus*	旌节花科 Stachyuraceae	美国			*Stachyurus retusus*
无号	Botanic Gardens of South Australia（南澳大利亚植物园）	凹叶旌节花	*Stachyurus retusus*	旌节花科 Stachyuraceae	澳大利亚			*Stachyurus szechuanensis*

06

（续）

登录号	保存单位	中文名	学名	科名	引种国家	引种人	引种日期	原始鉴定
122-90*A	University of Washington Botanic Gardens（华盛顿大学植物园）	西域旌节花	*Stachyurus himalaicus*	旌节花科 Stachyuraceae	美国			*Stachyurus himalaicus*
122-90*C	University of Washington Botanic Gardens（华盛顿大学植物园）	西域旌节花	*Stachyurus himalaicus*	旌节花科 Stachyuraceae	美国			*Stachyurus himalaicus*
1992.002	Quarryhill Botanical Garden（采石场植物园）	西域旌节花	*Stachyurus himalaicus*	旌节花科 Stachyuraceae	中国			*Stachyurus himalaicus*
1993-0264	San Francisco Botanical Garden（旧金山植物园）	西域旌节花	*Stachyurus himalaicus*	旌节花科 Stachyuraceae	美国			*Stachyurus himalaicus*
1993.0685	Sir Harold Hillier Gardens（哈罗德·希利尔爵士花园）	西域旌节花	*Stachyurus himalaicus*	旌节花科 Stachyuraceae	英国			*Stachyurus himalaicus*
199500348	Royal Botanic Gardens Kew（邱园）	西域旌节花	*Stachyurus himalaicus*	旌节花科 Stachyuraceae	英国	ETOT 72		*Stachyurus himalaicus*
199501565	Royal Botanic Gardens Kew（邱园）	西域旌节花	*Stachyurus himalaicus*	旌节花科 Stachyuraceae	英国	ETOT 72		*Stachyurus himalaicus*
199501627	Royal Botanic Gardens Kew（邱园）	西域旌节花	*Stachyurus himalaicus*	旌节花科 Stachyuraceae	英国	ETOT 72		*Stachyurus himalaicus*
199501628	Royal Botanic Gardens Kew（邱园）	西域旌节花	*Stachyurus himalaicus*	旌节花科 Stachyuraceae	英国	SICH 901		*Stachyurus himalaicus*
1999.054	Quarryhill Botanical Garden（采石场植物园）	西域旌节花	*Stachyurus himalaicus*	旌节花科 Stachyuraceae	中国			*Stachyurus himalaicus*
200001680	Royal Botanic Gardens Kew（邱园）	西域旌节花	*Stachyurus himalaicus*	旌节花科 Stachyuraceae	英国	ETOT 72		*Stachyurus himalaicus*
20080057-87	Botanic Garden Meise（比利时国家植物园）	西域旌节花	*Stachyurus himalaicus*	旌节花科 Stachyuraceae	比利时	Belgium, Haacht, Arboretum Wespelaar		
2.01E+09	Botanic Garden Meise（比利时国家植物园）	西域旌节花	*Stachyurus himalaicus*	旌节花科 Stachyuraceae	比利时			
201400869	Royal Botanic Gardens Kew（邱园）	西域旌节花	*Stachyurus himalaicus*	旌节花科 Stachyuraceae	英国	EXBG（捐赠）		*Stachyurus himalaicus*
201400877	Royal Botanic Gardens Kew（邱园）	西域旌节花	*Stachyurus himalaicus*	旌节花科 Stachyuraceae	英国	EXBG（捐赠）		*Stachyurus himalaicus*
201401502	Royal Botanic Gardens Kew（邱园）	西域旌节花	*Stachyurus himalaicus*	旌节花科 Stachyuraceae	英国	EXBG（捐赠）		*Stachyurus himalaicus*
247-81*A	University of Washington Botanic Gardens（华盛顿大学植物园）	西域旌节花	*Stachyurus himalaicus*	旌节花科 Stachyuraceae	美国			*Stachyurus himalaicus*

（续）

登录号	保存单位	中文名	学名	科名	引种国家	引种人	引种日期	原始鉴定
394-94*B	University of Washington Botanic Gardens（华盛顿大学植物园）	西域旌节花	*Stachyurus himalaicus*	旌节花科 Stachyuraceae	美国			*Stachyurus himalaicus*
IW 42	Howick Arboretum（霍威克植物园）	西域旌节花	*Stachyurus himalaicus*	旌节花科 Stachyuraceae	（Cultivated Source）			*Stachyurus himalaicus*
无号	Ogród Botaniczny Uniwersytetu Wrocławskiego（弗罗茨瓦夫大学植物园）	西域旌节花	*Stachyurus himalaicus*	旌节花科 Stachyuraceae	波兰			*Stachyurus himalaicus*
00,2016,2239	景东亚热带植物园	西域旌节花	*Stachyurus himalaicus*	旌节花科 Stachyuraceae	中国	杨国平	2016,08,18	*Stachyurus himalaicus*
00,2018,0688	秦岭国家植物园	西域旌节花	*Stachyurus himalaicus*	旌节花科 Stachyuraceae	中国	朱琳、樊卫东	2018/5/4	*Stachyurus himalaicus*
137580	武汉植物园	西域旌节花	*Stachyurus himalaicus*	旌节花科 Stachyuraceae	中国			*Stachyurus himalaicus*
19800069	昆明植物园	西域旌节花	*Stachyurus himalaicus*	旌节花科 Stachyuraceae	中国		1980/1/1	*Stachyurus himalaicus*
20191350	华南植物园	西域旌节花	*Stachyurus himalaicus*	旌节花科 Stachyuraceae	中国	彭彩霞	2019/8/25	*Stachyurus himalaicus*
2020-624	北京植物园	西域旌节花	*Stachyurus himalaicus*	旌节花科 Stachyuraceae	中国	叶建飞	2020/4/25	*Stachyurus himalaicus*
94562	武汉植物园	西域旌节花	*Stachyurus himalaicus*	旌节花科 Stachyuraceae	中国	张守君、温丁朝	2009/11/27	*Stachyurus himalaicus*
xx683	赣南树木园	西域旌节花	*Stachyurus himalaicus*	旌节花科 Stachyuraceae	中国			*Stachyurus himalaicus*
无号	庐山植物园	西域旌节花	*Stachyurus himalaicus*	旌节花科 Stachyuraceae	中国			*Stachyurus himalaicus*
无号	桂林植物园	西域旌节花	*Stachyurus himalaicus*	旌节花科 Stachyuraceae	中国			*Stachyurus himalaicus*
19108241	Royal Botanic Gardens Kew（邱园）	云南旌节花	*Stachyurus yunnanensis*	旌节花科 Stachyuraceae	英国	RUSH 249 Wakehurst		*Stachyurus yunnanensis*
20070030315	Royal Botanic Gardens Kew（邱园）	云南旌节花	*Stachyurus yunnanensis*	旌节花科 Stachyuraceae	英国	HOWK Wakehurst（捐赠）		*Stachyurus yunnanensis*
110-98*A	University of Washington Botanic Gardens（华盛顿大学植物园）	云南旌节花	*Stachyurus yunnanensis*	旌节花科 Stachyuraceae	美国			*Stachyurus yunnanensis*
1992.0818	Sir Harold Hillier Gardens（哈罗德·希利尔爵士花园）	云南旌节花	*Stachyurus yunnanensis*	旌节花科 Stachyuraceae	英国			*Stachyurus yunnanensis*
无号	Botanic Gardens of South Australia（南澳大利亚植物园）	云南旌节花	*Stachyurus yunnanensis*	旌节花科 Stachyuraceae	澳大利亚			*Stachyurus yunnanensis*

06

（续）

登录号	保存单位	中文名	学名	科名	引种国家	引种人	引种日期	原始鉴定
00, 2016, 2251	景东亚热带植物园	云南旌节花	*Stachyurus yunnanensis*	旌节花科 Stachyuraceae	中国	杨国平	2016/8/18	*Stachyurus yunnanensis*
101211	武汉植物园	云南旌节花	*Stachyurus yunnanensis*	旌节花科 Stachyuraceae	中国	丁时东、温丁朝	2010/3/26	*Stachyurus oblongifolius*
113758	武汉植物园	云南旌节花	*Stachyurus yunnanensis*	旌节花科 Stachyuraceae	中国			*Stachyurus oblongifolius*
136222	武汉植物园	云南旌节花	*Stachyurus yunnanensis*	旌节花科 Stachyuraceae	中国			*Stachyurus oblongifolius*
19973553	Royal Botanic Garden Edinburgh（爱丁堡皇家植物园）	滇缅旌节花	*Stachyurus cordatulus*	旌节花科 Stachyuraceae	英国			*Stachyurus cordatulus*
19973554	Royal Botanic Garden Edinburgh（爱丁堡皇家植物园）	滇缅旌节花	*Stachyurus cordatulus*	旌节花科 Stachyuraceae	英国			*Stachyurus cordatulus*
20210349	武汉植物园	滇缅旌节花	*Stachyurus cordatulus*	旌节花科 Stachyuraceae	中国	李新伟、徐文斌	2021/3/10	*Stachyurus cordatulus*
102-14*A	University of Washington Botanic Gardens（华盛顿大学植物园）	柳叶旌节花	*Stachyurus salicifolius*	旌节花科 Stachyuraceae	美国			*Stachyurus salicifolius*
199-17*A	University of Washington Botanic Gardens（华盛顿大学植物园）	柳叶旌节花	*Stachyurus salicifolius*	旌节花科 Stachyuraceae	美国			*Stachyurus salicifolius*
2007.0045	Sir Harold Hillier Gardens（哈罗德·希利尔爵士花园）	柳叶旌节花	*Stachyurus salicifolius*	旌节花科 Stachyuraceae	英国			*Stachyurus salicifolius*
249-2004	The Morton Arboretum（莫顿树木园）	柳叶旌节花	*Stachyurus salicifolius*	旌节花科 Stachyuraceae	美国			*Stachyurus salicifolius*
278-15*A	University of Washington Botanic Gardens（华盛顿大学植物园）	柳叶旌节花	*Stachyurus salicifolius*	旌节花科 Stachyuraceae	美国			*Stachyurus salicifolius*
278-15*B	University of Washington Botanic Gardens（华盛顿大学植物园）	柳叶旌节花	*Stachyurus salicifolius*	旌节花科 Stachyuraceae	美国			*Stachyurus salicifolius*
100826	武汉植物园	柳叶旌节花	*Stachyurus salicifolius*	旌节花科 Stachyuraceae	中国	张炳坤、张守君、徐文斌、温丁朝	2010/5/21	*Stachyurus salicifolius*
51590	武汉植物园	柳叶旌节花	*Stachyurus salicifolius*	旌节花科 Stachyuraceae	中国			*Stachyurus salicifolius* var. *lancifolius*
100739	武汉植物园	倒卵叶旌节花	*Stachyurus obovatus*	旌节花科 Stachyuraceae	中国	张炳坤、张守君、徐文斌、温丁朝	2010/12/19	*Stachyurus obovatus*
20210373	华南植物园	倒卵叶旌节花	*Stachyurus obovatus*	旌节花科 Stachyuraceae	中国	宁祖林、倪静波	2021/9/6	*Stachyurus obovatus*

国外3个植物园有引种，分别是哈罗德·希利尔爵士花园、华盛顿大学植物园、南澳大利亚植物园；国内无引种记录。西域旌节花国外引种有华盛顿大学植物园、采石场植物园、旧金山植物园、邱园、比利时国家植物园等8个植物园；国内有9个植物园引种，有景东亚热带植物园、秦岭国家植物园、武汉植物园、昆明植物园、华南植物园、北京市植物园、赣南树木园等。云南旌节花国外引种的植物园有4个，分别是邱园、华盛顿大学植物园、哈罗德·希利尔爵士花园、南澳大利亚植物园，国内有2个，分别为景东亚热带植物园、武汉植物园。滇缅旌节花国外只有爱丁堡皇家植物园引种，国内武汉植物园引种。柳叶旌节花国外引种植物园有3个，分别是华盛顿大学植物园、哈罗德·希利尔爵士花园、莫顿树木园，国内只有武汉植物园引种。倒卵叶旌节花仅国内武汉植物园、华南植物园引种。旌节花属植物具体栽培信息见表2（数据来自中国迁地保护植物大数据平台植物园档案库，由朱仁斌博士提供）。

6.3　栽培方式

中国旌节花和西域旌节花具有较强的应用价值，其栽培方式如下：

6.3.1　药用栽培

（1）育苗

采集成熟种子晾干贮藏，翌年春季播种。播前在排水良好的砂壤土细致整地，施少量基肥，采用撒播法进行播种，播后覆土1cm，喷水，加强管理，出苗后及时松土除草，苗高10cm时即可移栽。

（2）栽植

选择排水良好的砂壤土或轻黏壤土进行栽种，栽时保持根系舒展，栽后浇透水，平时浇水保持见干见湿原则。生长期每月施2次稀薄液肥，及时中耕除草。

（3）采收

秋季割取地上茎，将茎截成段，趁鲜取出髓部，理直，晒干。

6.3.2　观赏栽培

旌节花属于灌木或小乔木，一般播种繁殖，也可用半成熟枝扦插繁殖。种植间距1m×1.5m，1亩地可种植450棵左右。可以与大乔木搭配，套种在大乔木中间。西域旌节花一般2~3年生长，高度即可达到1.5m，冠幅1.5m，即可达到销售标准。

参考文献

陈书坤，1981. 中国旌节花科植物的研究 [J]. 云南植物研究，(3): 125-137.

董聪聪，2020. 旌节花科植物的分子系统学和分类修订 [D]. 太原：山西师范大学.

国家药典委员会，2020. 中华人民共和国药典(2020年版一部)[M]. 北京：中国医药科技出版社.

黄少甫，赵治芬，陈忠毅，等，1989. 一百种植物的染色体计数 [V]. 中国科学院华南植物研究所集刊：161-176.

江海霞，张丽萍，赵海，2010. 不同品种小通草多糖的含量及单糖组成研究 [J]. 中药材，33(3): 347-348.

金巧军，韦仲新，2002. 旌节花科与省沽油科花粉形态的研究 [J]. 云南植物研究，24(1): 57-63.

李恒，1992. 论旌节花科的起源 [J]. 植物分类与资源学报 (S5): 59-64.

刘志友，2019. 几种木通及通草的区别 [J]. 实用中医药杂志，35(7): 3.

潘裕生，1989. 横断山区地质构造分区 [J]. 山地研究，7(1): 3-12.

单汉荣，1999. 中国植物志 [M]. 北京：科学出版社.

苏桂云，徐立民，2014. 通草与小通草的区别 [J]. 首都食品与医药 (19): 50-51.

汤彦承，曹亚玲，席以珍，等，1983. 中国旌节花科的系统研究(一)——植物地理学，细胞学，花粉学 [J]. 植物分类学报，21(3): 236-253.

陶君容，1978. 中国新生代植物 [M]// 见：《中国新古代植物》编写组. 中国植物化石 (第三册)，旌节花科. 北京：科学出版社.

王文采，1992. 东亚植物区系的一些分布式样和迁移路线 (续)[J]. 植物分类学报，30(2): 97-117.

韦仲新，金巧军，王红，等，2002a. 旌节花科及其相关类群花粉形态的研究 [J]. 云南植物研究，24(4): 483-496.

韦仲新，金巧军，杨世雄，等，2002b. 西域旌节花的雌雄配子体发育及其系统学研究 [J]. 云南植物研究，24(6): 733-742.

韦仲新，1997. 山茶科花粉超微结构及其系统学意义 [J]. 云南植物研究，19(2): 143-153.

吴征镒，路安民，汤彦承，等，2003. 中国被子植物科属综论 [M]. 北京：科学出版社.

朱昱苹,2006.旌节花科的分类和系统学研究[D].北京:中国科学院植物研究所.

祝正银,1991.峨眉山植物小志(10)[J].川药校刊(3):41-46.

AGARDH J G, 1858. Theoria systematis plantarum: accedit familiarum phanerogamarum in series naturales disposition,secundum structurae normas et evolutionis gradus instituta [M]. apud CWK Gleerup, 152.

BENTHAM G, HOOKER J D, 1862—1867. Genera plantarum [J]. London, 1: 184-185.

BENTHAM G,1860. Notes on Ternstroemiaceae [J]. Botanical Journal of the Linnean Society, 5(18): 53-65.

CRONQUIST A,1979. The evolution and classification of flowering plants [J]. Brittonia, 31(2): 293-293.

ERDTMAN G, 1953. Pollen Morphology and Plant Taxonomy [J]. Soil Science, 75(3): 248.

FRANCHET A, 1898. Plantarum sinensium ecloge secunda [J]. Journal de Botanique (Morot), 12(17-18): 253-264.

FRANCHET A, 1898. *Stachyurus chinensis* Franch. [J]. Journal de Botanique，12 (17-18): 254.

FRANCHET A, 1898. *Stachyurus yunnanensis* Franch [J]. Journal De Botanique, 12(17-18): 253.

GILG E, 1895. Stachyuraceae [M]. Engler, A. & Prantl, K. Die Naturlichen Pflanzenfamilien Ⅲ Teil. 6. Abteilung, Leipzig, 192-193.

HANDEL-MAZZETTI H R E, 1941. *Stachyurus obovatus* (Rehder) Hand.-Mazz. [J]. Oesterreichische Botanische Zeitschrift, 90: 118.

HOOGLAND R D, 2005. Reveal J L. Index nominum familiarum plantarum vascularium [J]. The Botanical Review, 71(1): 1-291.

HOOKER J D, THOMSON T, 1855. Flora Indica [M]. London.

HOOKER J D, THOMSON T,1861. Notes on Ternstraemiaceae [J]. Journal of the Proceedings of the Linnean Society Botany, 5:55.

HUANG T C, 1972. Pollen Flora of Taiwan [J]. National Taiwan University, Bot.

HUTCHINSON J, 1968. Key to the families of flowering plants of the world[M]. Clarendon Press.

KIMOTO Y, TOKUOKA T, 2000. Embryology and relationships of *Stachyurus* (Stachyuraceae) [J]. Acta Phytotaxonomica et Geobotanica, 50(2): 187-200.

KUROSAWA S, 1971. Cytological studies on some eastern Himalayan plants [J]. The Flora of eastern Himalaya, 355-364.

Li H L, 1943. The genus *Stachyurus* [J]. Bulletin of the Torrey Botanical Club, 70(6): 615-628.

MAJUMDAR S, PANDAY S, 2022. Epitypification of *Stachyurus himalaicus* (Stachyuraceae)[J]. Phytotaxa, 538 (3): 265-267.

MATHEW C J, CHAPHEKAR M, 1977. Development of female gametophyte and embryogeny in *Stachyurs chinensis* [J]. Phytomorphology, 27(1): 68-79.

MATTHEWS M L, ENDRESS P K, 2005. Comparative floral structure and systematics in Crossosomatales (Crossosomataceae, Stachyuraceae, Staphyleaceae, Aphloiaceae, Geissolomataceae, Ixerbaceae, Strasburgeriaceae) [J]. Botanical Journal of the Linnean Society, 147(1): 1-46.

MATZKE E B, GUNDERSEN A, 1950. Families of Dicotyledons [J]. Bulletin of the Torrey Botanical Club, 80(1): 96.

MERRILL, E D,1941. The upper Burma plants collected by Captain F. Kingdon Ward on the Vernay‐Cutting Expedition, 1938—1939 [J]. Brittonia, 4: 122.

SCHNEIDER J V, 2007. Stachyuraceae [M]. Flowering Plants · Eudicots. Springer, Berlin, Heidelberg: 436-439.

SIEBOLD P F, ZUCCARINI J G, 1835. Flora Japonica [M]. Apud auctorem, I: 42-46.

SU J X, DONG C C, Niu Y T, et al, 2020. Molecular phylogeny and species delimitation of Stachyuraceae: Advocating a herbarium specimen‐based phylogenomic approach in resolving species boundaries [J]. Journal of Systematics and Evolution (5): 710-724 .

TAKHTAJAN A L, 1980. Outline of the Classification of Flowering Plants (Magnoliophyta) II Outline of the Classification of Flowering Plants (Magnoliophyta) [J]. Botanical Review, 46(3): 225-359.

TAKHTAJAN A L, 1997. Diversity and classification of flowering plants [M]. Columbia University Press: 161-165.

WEI Z X, 1992. Pollen morphology of *Camellia* (Theaceae) and its taxonomic significance [J]. Acta Botanica Yunnanica, 14(3): 275-282.

WEI Z X, 2001. Growth, development and some biological phenomena of *Stachyurus himalaicus* under different environmental conditions [J]. Chinese Journal of Applied and Environmental Biology, 7(4): 315-320.

YANG Q E, STEVENS P F, 2007. Flora of China [M]. Beijing: Science Press & St. Louis, Missouri Botanical Garden, 13: 138-140.

YANG, Y C, 1939. Two new woody plants from Szechuan [J]. Contribution from the Biological Laboratory of the Science Society of China.12:105, pl.6.

ZHU Y P, WEN J, ZHANG Z Y, et al, 2006. Evolutionary relationships and diversification of Stachyuraceae based on sequences of four chloroplast markers and the nuclear ribosomal ITS region [J]. Taxon, 55(4): 931-940.

ZHU Y P, ZHANG Z Y, 2005. The lectotypification and identity of *Stachyurus yunnanensis* Franchet (Stachyuraceae) [J]. Novon 15: 500-501.

致谢

感谢马金双老师对本章写作的精心指导与帮助，为我们提供了很多参考资料，并及时对文中文献的问题提出修改意见。同时感谢武汉植物园徐文斌、中国科学院昆明植物研究所李嵘和许祖昌等、峨眉山生物资源试验站李策宏等为本文提供的精美照片，感谢中国科学院西双版纳热带植物园科技信息中心主任朱仁斌博士提供的国内外引种栽培数据，感谢本文中所引用的各位学者的专著及论文，感谢秦岭国家植物园领导、同事的支持和帮助。

作者简介

李亚利（女，陕西宝鸡人，1981年生），于西北农林科技大学园艺学院获得学士学位（2005），西北农林科技大学园艺学院获得硕士学位（2008）；2008年12月至2016年6月就职于甘肃省天水市农业局；2016年7月至今就职于秦岭国家植物园；主要从事生物多样性保护工作，尤其是植物的迁地保护，特别是对珍稀濒危、极小种群、国家重点保护植物的迁地保护有一定的研究。成功保育了国家保护及珍稀濒危植物华山新麦草、珙桐、红豆杉、长序榆等近百种国家重点及省级重点野生植物；主持国家级、省级项目4项，指导完成省级项目3项，参与完成项目14项，公开发表学术论文近20篇；2020年8月取得高级工程师资格，2022年7月获首批陕西省自然教育特聘讲师，2021年9月被聘为西北农林科技大学专业学位研究生校外合作指导教师。

高龙（男，甘肃庆阳人，1991年生），2010—2014年本科就读于陇东学院生物科学专业，2014—2018年硕士就读于西北大学植物学专业；2018年6月至2021年2月在甘肃亚盛农业研究院工作，2021年2月至今在秦岭国家植物园工作，2022年5月取得工程师资格；从事珍稀濒危植物资源保护开发与利用，涉及植物有珙桐、庙台槭、铁筷子等；拥有一作授权专利一篇，一作一区SCI一篇（The Plant Journal）。

06

China

07

-SEVEN-

无患子科金钱槭属

Dipteronia of Sapindaceae

马金双[*]

[国家植物园（北园）]

MA Jinshuang[*]

[China National Botanical Garden (North Garden)]

[*] 邮箱：jinshuangma@gmail.com

摘　要： 金钱槭属，无患子科（原置于槭树科），2种且均为中国特产。本文对金钱槭属植物的分类、系统位置以及海内外传播与引种栽培等进行了总结。

关键词： 中国　金钱槭属

Abstract: *Dipteronia*, Sapindaceae (formerly Aceraceae), 2 species and both endemic to China. The taxonomic treatment, systematic position, spread and cultivation of the genus *Dipteronia* both in China and abroad are revisited.

Keywords: China, *Dipteronia*

马金双，2023，第7章，无患子科金钱槭属；中国——二十一世纪的园林之母，第四卷：421-443页.

1 系统学及起源与演化

金钱槭属（*Dipteronia*）为时任英国邱园植物标本馆馆长 Daniel Oliver（1830—1916）于1898年根据 Augustine Henry（1857—1830）采自湖北兴山、建始和巴东以及四川巫山的标本描述金钱槭（*Dipteronia sinensis*）而建立（Oliver, 1889）。另一个种，云南金钱槭（*Dipteronia dyerana*）则是 Henry 根据自己采集云南蒙自东部的标本且自己命名的物种（Henry, 1903）。

金钱槭属命名时置于无患子科（Oliver, 1889），然而后来的恩格勒系统则置于槭树科（Pax, 1902; Radlkofer, 1931—1934），并在中国的各类专著，如《中国植物志》中文版（方文培，1981）和英文版（*Flora of China*, Xu et al., 2008）记载且被众多地方植物志等引用。然而，近年来分子系统学工作则表明槭树科确实属于无患子科的一部分（Grimm et al., 2006; Xia & Gadek, 2007），且被广泛接受（陈之端 等，2020; 李德铢，

2018; Zhou et al., 2016; Buerki et al., 2021）。

金钱槭化石相对少，而且主要是在北美。首先出现的是北美西北部晚渐新世至早古新世（距今 28—33Ma 至 56—64Ma, McClain & Manchester, 2001），然后是俄罗斯远东的古新世（距今约56—65Ma, Ding et al., 2017）；东亚出现的是晚始新世（距今 34—55Ma）的中国（Chen et al., 2011），但后来被认为误用（Manchester et al., 2009）。中国首次可以确认的报道是位于云南中部南华县（吕合盆地，今属于楚雄）的早渐新世（距今约32Ma, Ding et al., 2017）。可见，本属植物地史上北美和东亚确实存在着广泛的联系；然而现存只有东亚 2 个种，无疑属于第三纪孑遗植物（冯珏，2021）。因而有人推断从北美起源经白令海峡到达东亚（Clennett, 2013）；但是，地史资料有限，特别是东亚，这样的推断还需要时间以及研究的深入才能得到证实。

2 分类学

金钱槭属

Dipteronia, Oliver 1889 in Hooker's Icones Plantarum 19(4): pl. 1898. Sapindaceae, Tribe Acerineae. 模式种: *Dipteronia sinensis* Oliver.

落叶小乔木，冬芽裸露；奇数羽状复叶对生；花小，杂性，雄花与两性花同株，组成顶生或腋生圆锥花序；萼片5，花瓣5，雄花的雄蕊8，子房不发育，两性花子房2室，花柱顶端2裂，反卷；果实为扁形的小坚果，通常2枚，基部连合，周围环绕着圆形的翅，形状很似古代的铜钱。

属名的学名由复合词构成：Di-来自希腊文，二或二的，pterus为翅或翼，-ia为具有的意思（刘琪璟，2022）；中文名字主要是因果实像铜钱，故名金钱槭。*Flora of China* 称为金钱枫。金钱槭种加词sinica意味着来自中国；而云南金钱槭种加词dyeriana则是为纪念时任邱园园长 [1885—1905, Sir William Turner Thiselton-Dyer (1843—1928)]。

2种，为我国中西部至西南各地特产。其中，金钱槭产于甘肃东南部、贵州北部、河南西南部、湖北西部、湖南、陕西、山西南部和四川东北，生于海拔1 000~2 400m林中（Xu et al., 2008）；而云南金钱槭则分布于云南东南部文山老君山、蒙自鸣鹫乡、屏边和平乡，生于海拔1 800~2 400m林缘或林中（Xu et al., 2008, 欧阳志勤 等, 2009a & b）。

分种检索表

1. 圆锥花序无毛；果实较小，小坚果连同圆形的翅直径2~2.5cm；奇数羽状复叶长20~40cm，小叶7~13枚，小叶长圆卵形或长圆披针形，长7~10cm ·············· 1. 金钱槭 *D. sinensis*

1. 圆锥花序密被黄绿色短柔毛；果实较大，小坚果连同圆形的翅直径4.5~6cm；奇数羽状复叶长30~40cm，小叶9~15枚，小叶披针形或长圆状披针形，长7~14cm ·····················
···2. 云南金钱槭 *D. dyeriana*

（1）金钱槭（图版1，图1至图12）

Dipteronia sinensis Oliver 1889 in Hooker's Icones Plantarum 19(4): pl. 1898. Type: China, prov. Hupeh, districts Hsingshan, Chienshih, and Patung; prov. Szechwan, So. Wushan, Dr. *A. Henry 5696* (Lectotype, K000640840, by Fang 1937 & 1939, GH 00052476), *6505, 7259*.

Acer dielsii H. Léveillé, in Fedde Repert. Sp. Nov. 10: 432, 1912 & Fl. Kouy-Tcheou 383, 1915; *Dipteronia sinensis* f. *taipaiensis* (Fang & Fang f.) A.E.Murray; *Dipteronia sinensis* var. *taipeiensis* Fang & Fang f. in Acta Phytotaxonomia Sinica 11: 139, 1966.

金钱槭的模式原始记载及后人的工作有必要交代一下。首先，原始文献记载湖北兴山、建始、巴东和四川巫山，共4个地点；但是只给出3个标本号码，即Henry 5696, 6505和7259（Syntypes）；而且也没有给出具体的采集详细地址与采集号码的匹配。4个采集地3个号码本身就违背逻辑。查阅历史文献，方文培（Fang, 1937, 1939）在其博士论文中将Henry于四川瓦山南部采集的5696号指定为模式（实为后选模式，K），同时标注同号标本存于英法等机构（BM 和 P, Co-type）。Clennett（2013）的文章指出5696为候选模式（K，

07

lectotype），但是没有标出具体指定文献，也没有给予指定；但是，邱园标本有后人进行了整理，即5696和5696C上附有标签Lectotype（其他均为Paratypes），遗憾的是没有具体人名或者文献；更为遗憾的是标本上也没有方文培的指定模式的笔迹或标本鉴定标签，或者Clennett的指定或者标定。

依据邱园数据库获得6张本种的模式照片（图1至图6）：5696A和6505A（两份标本，K000640841、K000640837）采自湖北建始（花期）和采自湖北兴山（果期）；5696B（K000640842）采自湖北建始（花期）；5696和5696C（K000640840），一份标本具有2个采集号，均为花期，且前者采自四川巫山，后者采自湖北巴东；6505和6505A，一份采集湖北兴山（K000640838，果期），但具有2个采集标签；7259（K000640839）采自四川巫山（果期）。所有标本均没有具体采集日期，尽管邱园标本馆标签显示收到标本的时间均为1889年3月。存于英国自然博物馆的模式（Henry 5696）没有异常（图7），但是同号存于法国自然历史博物馆的则记载采自宜昌，且采集时间为1899年12月26日（图8）。

笔者查阅了收藏于哈佛大学植物标本馆（Harvard University Herbaria，包括A和GH；数码代号统称HUH，即The Harvard University Herbaria的缩写）的Henry标本，发现4份标本（图9至图12），分别为5696（花期标本，HUH00052476，GH）、6505（果期标本，HUH00050539，GH）和7259（2份果期标本，HUH00050541，A和HUH00050540，GH）。所有的标本都有正规的采集签且为后人打印的Syntype字样，时间为1995年，尽管数据库记载标本采集时间为1885年。

Andrews（1999）给出了一些模式信息，但是并没有考证清楚，也没有交代明白；但是对Henry的采集时间考证为1888年5月27日至8月1日。目前无法获得Henry的具体行程或者采集时间，也无法追溯上述标本，特别是5696A、5696B和5696C与5696的具体关系，尽管很多人都有过采集花期标本并留痕迹进而秋天返回采集果实的惯例；不过Henry当时对金钱槭的采集记载似乎并不严谨，因为采集地点没有详细交代。

综上所述，这样简单的一个模式却如此复杂，令人难以置信；可见海外中国植物模式标本之困惑。这里提醒读者特别应该注意：Henry大多数标

图版1　金钱槭（A：花序枝；B：果序枝；C：花序；D：花序枝；E：花；F：果序）（刘培亮 摄）

图1 金钱槭模式（Henry 5696A, K000640841），采自湖北建始

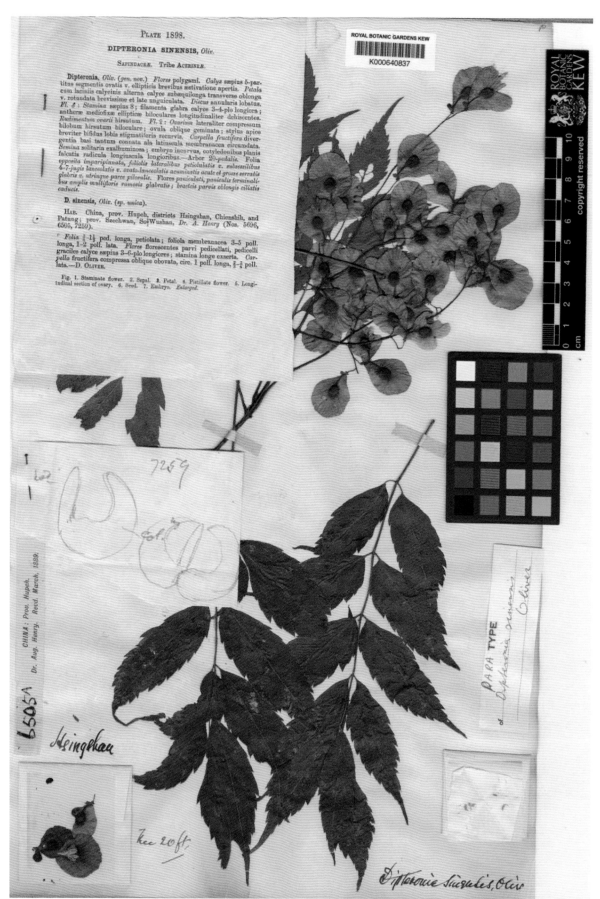

图2　金钱槭模式（Henry 6505A, K000640837），采自湖北兴山

图3 金钱槭模式（Henry 5696B, K000640842），采自湖北建始

07

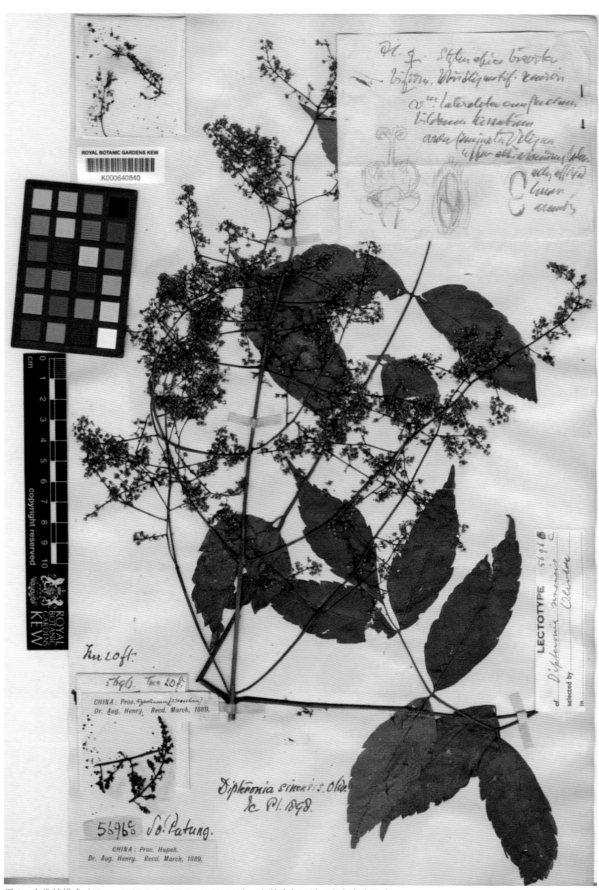

图4 金钱槭模式（Henry 5696 & 5696C, K000640840），分别采自四川巫山和湖北巴东

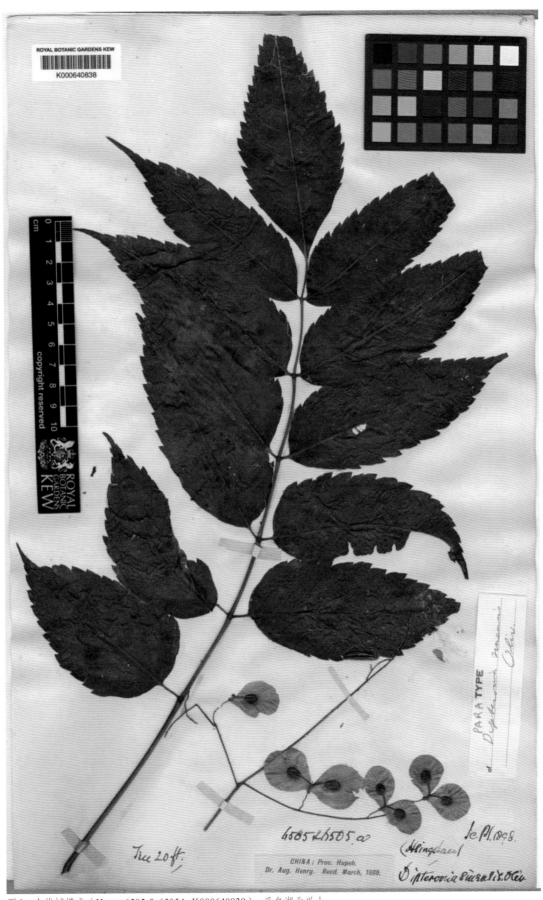

图5　金钱槭模式（Henry 6505 & 6505A, K000640838），采自湖北兴山

图6　金钱槭模式（Henry 7259, K000640839），采自四川巫山

图7 金钱槭模式，Henry 5696 (BM 000884259)

图8　金钱槭模式，Henry 5696 (P04022950)，湖北宜昌

GRAY HERBARIUM
HARVARD
UNIVERSITY

07

DR. AUG. HENRY'S COLLECTIONS FROM
CENTRAL CHINA, 1885-88.

NO. 5696.
Dipteronia sinensis Oliv.
gen. nov.

Prov. HUPEH. *Szechwan.*

SYNTYPE

Dipteronia sinensis D. Oliver
Hooker's Icon. Pl. 19, plate 1898. 1889.

E. W. Wood   1995
HARVARD UNIVERSITY HERBARIA

IMAGED

copyright reserved

图9　金钱槭模式（Henry 5696, HUH00052476），采自四川

copyright reserved

图10 金钱槭模式（Henry 6505, HUH00050539），采自湖北

IMAGED

THE HARVARD UNIVERSITY HERBARIA
00050540

copyright reserved

SYNTYPE

Dipteronia sinensis D. Oliver
Hooker's Icon. Pl. 19, plate 1898. 1889.

E. W. Wood   1995
HARVARD UNIVERSITY HERBARIA

DR. AUG. HENRY'S COLLECTIONS FROM
CENTRAL CHINA, 1885-88. *Sapind.*

NO. *7259.*

Dipteronia sinensis, Oliv. gen. nov.

Prov. SZECHWAN.

07

图11　金钱槭模式（Henry 7259, HUH00050540），采自四川

图12　金钱槭模式（Henry 7259, HUH00050541），采自四川巫山

本都是雇佣中国人采集的（马金双，叶文，2013；叶文，马金双，2012；Andrews, 1999；O'Brien, 2011），而且编号也不是很严谨（Andrews, 1999）。其他类似的情况，在中国植物分类学采集历史上，大有人在；Henry绝不是个例。

生境与分布：本种属于广泛但是稀少分布类型，从甘肃东南部，经河南西南部，湖北西部，湖南、陕西、山西南部和四川东部（今重庆巫山、城口、兴山）、北部（平武）、西部（松潘、宝兴）和西南部（峨边）直至贵州北部（梵净山），生于海拔1 000~2 400m林中或林缘。

（2）云南金钱槭（图版2，图13至图15）

Dipteronia dyeriana Henry in The Gardeners' Chronicle, Ser. 3 33: 22. 1903. Type: China, Yunnan, Mengtse, East Mt. forests, about 7000 ft, shrub 10', *Augustine Henry 11352* (K000640843 and HUH00050538).

原始描述只有果，直到1988年才由中国学者增补花的描述（田欣 等，1988）。染色体2n=18（欧阳志勤 等，2001），但是早年曾经报道2n=20（Arends & Van Der Laan, 1979）。

生境与分布：本种属于狭域分布类型，目前仅有云南东南部文山的老君山地区（文山中东南部、蒙自东部和屏边北部局部地区），且主要见于海拔1 800~2 200m。《贵州植物志》第8卷（1988）和《中国植物志》（方文培，1981）曾记载贵州兴山和册亨有分布，但 *Flora of China* (Xu et al., 2008)并没有记载，值得深入研究。

07

3 海内外传播

金钱槭属植物属于中小型乔木，占地面积有限，加之稀有，特别是果实鲜艳，还有中秋之后叶子呈现红色，深受欢迎（刘云林，2011）；欧美等发达国家格外重视（Andrews, 1999; Clennett, 2013）。实际上金钱槭被发现不久就走出国门；第一批是威尔逊引种到英国（Andrews, 1999; Bean, 1973; Rehder, 1946），1902年Henry在描述云南金钱槭时就明确指出，金钱槭已经在英国伦敦南郊的Coombe Wood栽培；并于1920年获得皇家园艺学会荣誉奖（Andrews, 1999），由此进入西欧等地。1930年引种至美国（Clennet, 2013），但具体情况很少报道；加拿大温哥华的Van Dusen植物园有栽培报道[1]；不过欧美等发达国家则比较普遍（详细参见Andrew, 1999、Krussmann, 1976）；直到现在欧美等还有很多苗圃公开销售。金钱槭国内引种比较多，在分布区内都有，特别是甘肃小陇山植物园等（丁新惠，2014）。

云南金钱槭目前海外信息很少，国内引种仅限于原产地的就地栽培保护。目前比较成功的就是云南文山老君山的云南省珍稀濒危植物引种繁育中心昆明基地，20世纪90年代引种，已经开花结果；而其他地区的引种基本上都没有成功（欧阳志勤 等，2001），主要原因除了气候之外，所处的环境因子（特别是土壤等成分）的影响较大而本身的遗传性不明显（李珊 等，2004, 2005）。2018年中国科学院昆明植物园极小种群报道云南金钱槭在昆明引种栽培成功并开花结果[2]。

---

1 https://www.vandusengarden.org/self-guided-tour-may-2021/（2022年12月进入）。
2 http://kbg.kib.cas.cn/kxjy/kpzs/kpwz/202003/t20200310_546190.html（2022年12月进入）。

图版2 云南金钱槭（A：植株；B：花序；C：果序）（朱鑫鑫 摄）

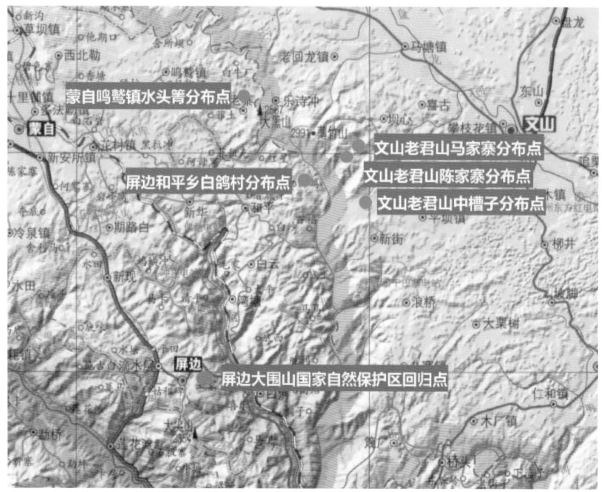

图13 云南金钱槭原产地分布点（绿色）及回归点（橘色）（欧阳志勤，2015）

图14 云南金钱槭模式（Henry 11352, K000640843），采自云南蒙自

图15　云南金钱槭模式（Henry 11352，HUH00050538），采自云南蒙自

4 引种栽培

金钱槭可以种子繁育，也可以扦插育苗。

金钱槭的种子繁殖受其生物学特性影响，在自然条件下繁育率较差，特别是受到休眠等影响，需要人工适当处理才能够得到较好的改善（雷颖，任继文，2014；岳志宗，张运占，1988）。云南金钱槭种子自身条件也不错，野外条件下生活力不低，但是萌发条件要求较高；也正因为如此，需要人工休眠处理并提高萌发率。这种特性也是其自然条件下濒危的重要原因（马愿翔，2009；欧阳志勤 等，2001, 2006b, 2009b）。

金钱槭和云南金钱槭的插条繁殖相对容易（雷小明 等，1984；雷颖，任继文，2014；欧阳志勤 等，2006a），而且很早就有成功案例，不失为一个比较好的引种办法。

5 保护生物学

金钱槭属两个种都属于国家保护名录范围，其中金钱槭为三级（最新版本删除），而云南金钱槭为二级。在红色名录方面，2017年版线上信息[3]显示，金钱槭被列为 Data Deficient，而云南金钱槭列为 Endangered under criteria B1ab(iii)+2ab(iii)。众所周知，金钱槭属植物属于冰期遗留物种，不仅种群有限、分布狭窄（Shahzad et al., 2020），而且种群动态结构不甚理想，原始林中自我更新较差（柏国清 等，2014；汪伟 等，2021；于金龙 等，2008；詹颖馨 等，2020；张敏 等，2014；Chen et al., 2011）。金钱槭属植物的遗传变异性不低（Li et al., 2006，Qiu et al., 2007），导致其珍稀濒危的主要原因是环境的破坏，特别是森林的砍伐等人为因素所致（柏国清 等，2015；李珊，2004；苏文华 等，2006；冯珏，2021）。近年来，云南启动了极小种群工程，并将云南金钱槭列为研究对象同时获得了成功（冯珏，2021）。然而，毕竟种群稀少，更由于气候条件的要求，就地保护较为理想（李珊 等，2005；欧阳志勤 等，2007；杨娟，2008）。也有人认为云南金钱槭不同居群遗传多样性存在差别，基因交流有限，应该就地和迁地保护同时进行（罗瑜萍，2006；杨娟，2008；Yang et al., 2010）。

参考文献

柏国清, 杨娟, 李忠虎, 等, 2014. 金钱槭属植物的遗传多样与保护策略 [J]. 西北植物学报, 34(10): 1975-1980.

柏国清, 李思风, 李为民, 等, 2015. 中国特有金钱槭植物物种分化研究 [J]. 西北植物学报, 35(6): 1123-1128.

陈之端, 路安民, 刘冰, 等, 2020. 中国维管植物生命之树 [M]. 北京: 科学出版社: 1027.

丁新惠, 2014. 金钱槭、金钱松在小陇山植物园引种栽培技术 [J]. 中国农业信息, 23: 10.

方文培, 1981. 中国植物志: 第四十六卷 [M]. 北京: 科学出版

07

社：67-69.

冯珏，2021. 金钱槭属的系统发育与保护基因组学研究[D]. 杭州：浙江大学.

雷小明，许江闵，周丕振，1984. 金钱槭硬枝扦插繁育[J]. 陕西林业科技，2：35.

雷颖，任继文，2014. 金钱槭繁育试验研究[J]. 林业实用技术，3：62-63.

李德铢，2018. 中国维管植物科属词典[M]. 北京：科学出版社：682.

李珊，2004. 金钱槭属植物保护遗传学与分子亲缘地理学研究[D]. 西安：西北大学.

李珊，蔡宇良，钱增强，等，2004. 云南金钱槭形态变异与遗传变异的相关性研究[J]. 生态学报，24(5)：925-931.

李珊，钱增强，蔡宇良，等，2005. 金钱槭和云南金钱槭遗传多样性比较研究[J]. 植物生态学报，29(5)：785-792.

刘琪璟，2022. 中国植物拉丁名解析[M]. 北京：科学出版社.

刘云林，2011. 云南金钱槭[J]. 江西林业科技，6：46.

罗瑜萍，2006. 云南金钱槭遗传多样性分析及其保护策略评价[D]. 杭州：浙江大学.

马金双，叶文，2013. 书评：In the Footsteps of AUGUSTINE HENRY and His Chinese Plant Collectors[J]. 植物分类与资源学报，35(2)：216-218.

马愿翔，2009. 珍稀树种金钱槭的繁育技术[J]. 农业科技与信息，6：54.

欧阳志勤，2015. 云南特有珍稀濒危植物——云南金钱槭[J]. 极小种群，1：21-23.

欧阳志勤，周际中，黄清祥，等，2001. 稀有濒危植物云南金钱槭迁地保护的研究[J]. 云南林业科技，3：24-27.

欧阳志勤，苏文华，李秀华，等，2006a. 稀有植物云南金钱槭的扦插繁殖技术研究[J]. 西部林业科学，35(2)：27-30.

欧阳志勤，苏文华，张光飞，2006b. 稀有植物云南金钱槭种子萌发特性的研究[J]. 云南植物研究，28(5)：509-514.

欧阳志勤，程勤，张兴，等，2007. 稀有植物云南金钱槭的现状与保护措施[J]. 林业调查规划，32(2)：143-145.

欧阳志勤，王兵益，党ược栋，等，2009a. 云南金钱槭天然居群等位酶遗传多样性研究[J]. 武汉植物学研究，27(5)：461-466.

欧阳志勤，张光飞，苏文华，等，2009b. 稀有植物云南金钱槭的种子休眠与解除[J]. 种子，28(8)：16-20.

苏文华，张光飞，欧阳志勤，2006. 稀有植物云南金钱槭生长群落特征与保护对策[J]. 云南植物研究，28(1)：54-58.

田欣，徐廷志，李德铢，1988. 云南槭树科植物新资料[J]. 云南植物研究，23(3)：291-292.

汪伟，周胜伦，金勇，等，2021. 贵州佛顶山国家级自然保护区金钱槭种群结构与空间分布格局[J]. 中国野生植物资源，40(11)：89-94.

杨娟，2008，金钱槭属植物居群遗传结构及谱系地理研究(续)[D]. 西安：西北大学.

叶文，马金双，2012(2014). 重叠的脚印——两个爱尔兰青年相距百年的中国之旅[J]. 仙湖，11(3-4)：56-58.

于金龙，马建伟，张宋智，等，2008. 小陇山林区金钱槭群落结构初步研究[J]. 甘肃林业科技，33(2)：5-8.

岳志宗，张运占，1988，金钱槭[J]. 陕西林业科技，1：70-71.

詹颖馨，胡忠仁，周赛霞，等，2020. 湖北赛武当国家级自然保护区金钱槭(Dipteronia sinensis)种群的数量动态[J]. 生态科学，39(1)：42-50.

张敏，胡卫兵，于永明，2014. 小陇山冷水泉沟水青树、领春木、金钱槭、庙台槭生长群落特征于保护对策[J]. 甘肃科技，30(17)：153-155.

ANDREWS S, 1999. Tree of the year: Dipteronia sinensis[J]. International Dendrology Society Yearbook, 1998: 12-31.

ARENDS J C, Van DER LAAN F J, 1979. In A. LOVE (ed.), IPOB Chromosome number reports LXV [J]. Taxon, 28: 637.

BEAN W J, 1973. Trees and shrubs hardy in the British Isles, ed. 8, vol. 2: 60-61 [M]. John Murray, London.

BUERKI S, CALLMANDER M W, ACEVEDO-RODRIGUEZ, et al, 2021. An updated infra-familial classification of Sapindaceae based on targeted enrichment data [J]. American Journal of Botany, 108(7): 1234-1251.

CHEN C, REN B B, XU X H, et al, 2011. Isolation and characterization of microsatellite markers for Dipteronia dyeriana (Sapindaceae), an endangered endemic species in China [J]. American Journal of Botany, 98(10): 271-273.

CLENNETT C, 2013. DIPTERONIA SINENSIS (Sapindaceae) [J]. Curtis's Botanical Magazine, 30(3): 208-214.

DING W N, HUANG J, SU T, et al, 2017. An early Oligocene occurrence of the palaeoendemic genus Dipteronia (Sapindaceae) from Southwest China [J]. Review of Palaeobotany and Palynology, 249: 16-23.

FANG W P, 1937. A monograph of Chinese Aceraceae, A thesis submitted for the degree of Doctor of Philosophy in the University of Edinburgh [D]. Edinburgh: University of Edinburgh.

FANG W P, 1939. A monograph of Chinese Aceraceae [J]. Contributions from the Biological Laboratory of the Science Society of China, Botanical Series, 11: 1-346.

GRIMM G W, RENNER S S, STAMATAKIS A, et al, 2006. A nuclear ribosomal DNA phylogeny of Acer inferred with maximum likelihood, splits graphs, and motif analysis of 606 sequences [J]. Evolutionary Bioinformatics Online, 2: 279-294.

HENRY A, 1903. The Gardeners' Chronicle: a weekly illustrated journal of horticulture and allied subjects. ser. 3 33: 22.

KRUSSMANN G, 1976. Manual of cultivated broad-leaved trees and shrubs [M]. B.T. Batsford, London: 1: A-D, p. 441.

LI S, QIAN Z Q, CAI Y L, et al, 2006. A comparison of the genetic diversity in Dipteronia sinensis Oliv. and

Dipteronia dyeriana Henry [J]. Frontiers of Biology in China, 1: 381-388.

MCCLAIN A M, MANCHESTER S R, 2001. *Dipteronia* (sapindaceae) from the tertiary of North America and implications for the phytogeographic history of the Aceroideae [J]. American Journal of Botany, 88: 1316-1325.

MANCHESTER S R, CHEN Z D, LU A M et al, 2009. Eastern Asian endemic seed plant genera and their paleogeographic history throughout the Northern Hemisphere [J]. Journal of Systematics and Evolution, 47(1): 1-42.

O'BRIEN S, 2011. In the footsteps of Augustine Henry and his Chinese plant collectors[M]. Suffolk, UK: Garden Art Press: 367.

OLIVER D, 1889. *Dipteronia* [J]. Hooker's Icones Plantarum, 19(4): pl. 1898.

PAX F, 1902. Aceraceae in Engler, Pflanzenreich 8(IV. 163): 81–89 [M]. Leipig: W. Engelmann.

QIU Y X, LUO Y P, COMES H P, et al, 2007. Population genetic diversity and structure of *Dipteronia dyerana* (Sapindaceae) a rare endemic from Yunnan Province, China, with implications for conservation [J]. Taxon, 56: 427-437.

RADLKOFER L, 1931-1934. Sapindaceae in Engler, Pflanzenreich 98a–h (IV. 165): 1–1539 [M]. Leipig: W. Engelmann.

REHDER A, 1946. On the history of the introduction of woody plants into North America [J]. Arnoldia, 6(4-5): 13-23.

SHAHZAD K, LIU M L, ZHAO Y H, et al, 2020. Evolutionary history of endangered and relict tree species *Dipteronia sinensis* in response to geological and climatic events in the Qinling Mountains and adjacent areas [J]. Ecology and Evolution, 10(24): 14052-14066.

XIA N H, GADEK P A, 2007. Sapindaceae[M]// Wu Z Y, P. H. Raven, D. Y. Hong, eds. Flora of China: Vol. 12. Science Press, Beijing, and Missouri Botanical Garden Press, St. Louis: 5-24.

XU T Z, CHEN Y S, de JONG P C, et al, 2008. Aceraceae[M]// Wu Z Y, P H Raven, D Y Hong, eds. Flora of China. Vol. 11, pp. 515-553 [M]. Science Press, Beijing, and Missouri Botanical Garden Press, St. Louis: 515-553.

YANG J, WANG X M, LI S, et al, 2010. What is the phylogenetic placement of *Dipteronia dyerana* Henry? An example of plant species placement based on nucleotide sequences [J]. Plant Biosystems, 144(3): 634-643.

ZHOU T, CHEN, C, WEI Y, et al, 2016. Comparative transcriptome and chloroplast genome analyses of two related *Dipteronia* species [J]. Front in Plant Science 7: 1521 (doi: 10.3389/fpls.2016.01512).

致谢

感谢国家植物园（北园）王涛博士协助制作图版，感谢信阳师范学院朱鑫鑫博士、西北大学刘培亮博士和中国科学院西双版纳热带植物园黄健博士提供本文的彩色照片。

07

作者简介

马金双（吉林长岭人，1955年生），"文化大革命"后的首批大学生，分别于东北林学院获得学士学位（1982）和硕士学位（1985）、北京医科大学获得博士学位（1987）；先后于北京师范大学（1987—1995）、哈佛大学植物标本馆（1995—2000）、布鲁克林植物园（2001—2009）、中国科学院昆明植物研究所（2009—2010）、中国科学院上海辰山植物科学研究中心（上海辰山植物园，2010—2020）、北京市植物园〔现国家植物园（北园）〕（2020年12月至今）从事教学与研究；专长植物分类学文献与历史、外来入侵植物及观赏植物等，特别是马兜铃属、关木通属、大戟属、卫矛属的分类和"活化石"水杉的历史等（2000年至今维护水杉网址：www.metasequoia. org, 2000—2018; www. metasequoia. net, 2019至今）。

China

08

-EIGHT-

爱丁堡皇家植物园与中国植物学的历史渊源

Historical Origin of Royal Botanic Garden Edinburgh and Chinese Botany

池 淼* 彭明森 王 涛

［国家植物园（北园）］

CHI Miao* PENG Mingsen WANG Tao

[China National Botanical Garden (North Garden)]

* 邮箱：chimiao@chnbg.cn

摘　要：本文详细介绍了爱丁堡皇家植物园的历史与发展、种质收集与标本收藏，特别是对中国植物的引种与研究，记述了其中主要代表人物与他们的工作，以及对中国植物分类学和植物园的发展与影响。

关键词：爱丁堡　植物园　中国

Abstract: This article introduces the history and development of the Royal Botanic Garden Edinburgh, their collections of germplasm and specimen in detail, especially the introduction and research of Chinese plants, describes the main representatives and their work, as well as the development and influence to Chinese plant taxonomy and botanical gardens.

Keywords: Edinburgh, Botanic Garden, China

池森，彭明森，王涛，2023，第8章，爱丁堡皇家植物园与中国植物学的历史渊源；中国——二十一世纪的园林之母，第四卷：445–535页.

1 爱丁堡皇家植物园简介

爱丁堡皇家植物园（Royal Botanic Garden Edinburgh, RBGE）位于苏格兰首府爱丁堡，是世界现存历史最悠久的科研型植物园，始建于1670年，是英国第二古老的植物园（第一座为1621年建立的牛津大学植物园）。最初它只是一个药用植物园，用于草药养植，后来逐渐发展为世界著名植物园。经过300多年的发展，如今的爱丁堡皇家植物园位于爱丁堡市北的因弗雷斯街（Inverleith Row），是一个非政府部门的公共机构，由苏格兰政府任命的董事会进行管理。

目前的爱丁堡皇家植物园是一个拥有爱丁堡（Edinburgh）、本莫（Benmore）、娄根（Logan）和道克（Dawyck）4个园区的国际一流的植物园，占地总面积达116hm²，共收集展示植物约16 534个分类单元，包括347个科2 699个属36 114个种（《爱丁堡皇家植物园植物名录》Catalogue of Plants 2021[1]），是世界上高等植物物种收集量排名第二的植物园（仅次于英国皇家植物园邱园）。爱丁堡皇家植物园以其绝对丰富的物种和悠久的历史成为世界最著名的植物园之一。

爱丁堡皇家植物园的4个园区，位于苏格兰不同的地区，分别拥有独特的地理和气候条件，因此各具特色（表1）。

1.1　爱丁堡园区（Edinburgh）

爱丁堡园区是其主园区，历经两次搬迁，最近一次是在1820年，也就是目前的园区所在地，位于爱丁堡市中心以北1.5km（北纬55°57′57″；东经03°12′12″），海拔20~40m，年均降水量637mm，极端低温为-15.5℃，极端高温为27℃。爱丁堡园区占地面积约32hm²，共收集展示植物310个科2 349个属8 400个种，包含11 959个分类单元；其专类园包括岩石园、棕榈室、杜鹃园、中国坡、高山植物区、女王母亲纪念花园、草本花境、苏格兰欧石楠园、树木园、林地及其他温室等。爱丁堡园区以收集和研究中国野生植物物种最多的外国植物园而闻名，其中的中国坡（The

1 https://www.rbge.org.uk/collections/living-collection/the-catalogue-of-plants-2021/（2023-05登录；下同。）

图1　爱丁堡园区棕榈室一角（池森 提供）

Chinese Hill）收集了大量中国原产植物，并配以山石、溪流和中式亭台。这里有世界上最著名的岩石园，历经140余年的景观建设和优化，收集了包括高山植物（Alpine plants）、亚北极植物（Sub-Arctic plants）、草原植物（Pasture plants）和矮生的乔、灌木等多种植物，配以各种造型的假山和卵石块，充分体现了自然景观与花卉的融合之美（图1至图3）。

08

图2　爱丁堡园区岩石园组图（池森 提供）

图3　爱丁堡园区景墙花境（池淼 提供）

图4　道克植物园园区一角（池淼 提供）

1.2　道克园区（Dawyck）

道克园区原属道克家族资产，于1978年捐赠给国家，由爱丁堡皇家植物园接管。该园区有超过300年的历史，面积约为24hm²，位于爱丁堡南部，其海拔较高（165~250m），离海岸较远，接近大陆性气候，冬季最低可达到-19℃，夏季最高约28℃，在4个园区中是冬季最寒冷的区域；年降水量875~1 070mm，且相对集中在冬季。

该园区的特色是典型的英国林地景观，植物丰富且配置自然，四季景色分明，园中随处可见高达数十米的大树，有北美红杉（Sequoia sempervirens）、道格拉斯冷杉［Douglas Fir，又称花旗松或黄杉（Pseudotsuga menziesii）］等；该园区共收集展示植物81个科210个属894个种1 276个分类单元，其中重点收集了杜鹃花属特别是高山杜鹃植物，以及冷杉属（Abies）、云杉属（Picea）、槭属（Acer）、花楸属（Sorbus）、小檗属（Berberis）、栒子属（Cotoneaster）及蕨类等植物，同时致力于对野生及珍稀濒危植物的保育，其中约53%的植物为野生种（图4）。

1.3　娄根园区（Logan）

娄根园区原是一座私家花园，于1969年捐赠给国家，由爱丁堡皇家植物园接管。该园区位于苏格兰西南部的一个小岛上，周围环绕着山丘，受海湾及暖流气候影响，特殊的地理条件形成了独特的小气候，夏季最高温度约29℃，冬季0℃

左右，年平均降水量大于1 000mm，且时间上分布均匀，许多原产于中南美洲、南非、加那利群岛和澳大利亚的喜欢潮湿、多雾环境的植物很适宜生长。

园区面积约11hm²，共收集展示植物131个科760个属1 897个种2 718个分类单元，其中重点收集了棕榈科、杜鹃花科、蕨类、针叶树等亚热带及暖温带植物，主要来自中国、南美洲、南非、越南、澳大利亚、新西兰等国家和地区，其中约43%为野生原种。该园区虽然面积不大，但是植物种类繁多，配置合理，景色迷人，被称为苏格兰最具有异域风情的花园（图5）。

1.4　本莫园区（Benmore）

本莫园区于1925年由私人财产捐赠给国家，后来成为爱丁堡皇家植物园的分园。该园区位于爱丁堡以西约120km的考瓦尔半岛（Cowal Peninsula），面积约49hm²，坐落在一座山丘上，山顶海拔137m，其特点是雨水充沛，且分布均匀，每年降水约250天。虽然同样临海，但与娄根园区不同的是，本莫园区因未受暖洋流的影响，气温要低很多，属于温带雨林气候。苏格兰植物收集家George Forrest（乔治·福雷斯特，中文名傅礼士，1873—1932），先后7次到中国收集植物标本3.1万多号、植物种子1 000多种。当时爱丁堡皇家植物园非常希望在西海岸找一个适当的位置来收集种植这些来自中国的新植物。1929年获当地政府批准，爱丁堡皇家植物园开始兴建分园本莫园区（徐

08

图 5　娄根园区组图（池森 提供）

艳文, 2015)。

与大多数苏格兰高地一样,该山区的岩石类型为云母片岩,形成于5.7亿年前的前寒武纪,土层较薄,其酸性的土壤对于栽植针叶树、杜鹃花以及很多苏格兰本土植物非常有利。该园区共收集展示植物147个科431个属1 433个种2 326个分类单元。收集种植了约650种杜鹃花属植物(包含原生种、亚种和杂交种),其湿润的气候也使这里成为蕨类、苔藓以及地衣类植物收集的重要场所。自1987年开始先后建成了不丹植物区、澳大利亚塔索马尼亚岛屿植物区和智利雨林植物区(图6)。

图6　本莫园区入口巨杉(*Sequoiadendron giganteum*)大道(池 森 提供)

08

表1　爱丁堡皇家植物园4个园区的地理位置与气候因子

园区	纬度 / 经度	面积 (hm²)	海拔 (m)	年均降水量 (mm)	最低 / 最高月 平均气温(℃)
爱丁堡园区	55°57′57″ / 03°12′12″ 位于爱丁堡市区北侧的Canonmills区,有两个入口:即位于Arboretum Place (EH3 5NZ)的西门和位于Inverleith Row (EH3 5LP)的东门	32	20~40	637	−15.5/27
道克园区	55°36′04″ / 03°20′57″ 位于爱丁堡东南部28英里(约45km),离位于Stobo附近的Peebles约8英里(约13km)	24	165~250	875~1 070	−19/28
娄根园区	54°44′38″ / 04°57′25″ 位于Rhins of Galloway的Stranraer南部约14英里(约23km),离爱丁堡约145英里(约233km)	11	25~65	830~1 120	−10.5/27
本莫园区	56°01′22″ / 04°58′52″ 位于Cowal Peninsula半岛北部Dunoon 7英里(约11km),离爱丁堡约75英里(约120km)	49	15~137	2 000~3 500	−10/30
合计		116	–	–	–

表2　爱丁堡皇家植物园4个园区活植物登记收集情况

园区		科 Family	属 Genus	种 Species	分类单元 Taxa	活植物登记 Living accessions		记载的植物种质 Plant records
						总数	特有植物[1]	
爱丁堡园区	整个园区	310	2 349	8 400	11 959	24 841	6 808(27%)	42 739
	室内	245	1 490	4 161	4 737	8 249	3 399(41%)	9 595
	室外	238	1 826	8 399	9 891	17 472	6 807(39%)	27 981
	苗圃	104	594	1 606	2 062	–	–	3 229[2]
	种子库	205	412	4 325	4 673	–	–	1 934[3]
道克园区		81	210	894	1 276	3 375	827(25%)	4 451
娄根园区		131	760	1 897	2 718	3 874	2 137(55%)	5 364
本莫园区		147	431	1 433	2 326	5 172	1 546(30%)	13 346
ICCP[4] sites outside RBGE		131	321	684	816	2 676	363(38%)	15 317

备注:1.仅在爱丁堡皇家植物园的某个园区或专类园有收集(Unique to a Regional Garden or sub-area of the Edinburgh Garden)。2.不是植物记录,而是繁殖记录(Not plant records but propagation records)。3.不是植物记录,而是种质记录(Not plant records but germplasm records)。4. ICCP:即国际针叶树保护计划(International Conifer Conservation Program)。

2 爱丁堡皇家植物园的历史

从建园伊始，爱丁堡皇家植物园经过多次土地扩充、资金积累、园区建设、物种丰富、产业融入、领域拓展、科研探索及使命更新等，历经350余年的不断探索发展，成为当今世界著名植物园之一。

2.1 初始建立

曾在爱丁堡大学医学院任职的安德鲁·鲍尔弗（Andrew Balfour, 1630—1694）和罗伯特·希伯德（Robert Sibbald, 1641—1722，图7）曾长期致力于苏格兰医学的现代化发展。1670年，他们在爱丁堡皇宫荷里路德宫（Holyrood Palace）租下一片土地，在当地医师的帮助下种植药用植物，创办了爱丁堡药用植物园（Physic Garden），后来

图7 罗伯特·希伯德（Robert Sibbald; Rae, 2011）

还创办了包括皇家医学院在内的医学机构。

2.2 17—18世纪的辗转

1675年，随着爱丁堡药用植物园的发展其面积与规模扩大，与毗邻的三一医院（Trinity Hospital，现如今的威弗利东区站Waverley Station，图8）完成整合，由药用植物园第一任主任、爱丁堡大学第一任植物学教授詹姆斯·萨瑟兰（James Sutherland, 1639—1719）负责管理。

1683年，萨瑟兰出版了《爱丁堡药用植物名录》（*Hortus Medicus Edinburgensis*）（图9），列出了383种当时生长在爱丁堡药用植物园里植物的种类、数量和濒危程度。萨瑟兰通过自己在苏格兰的旅行以及从世界各地引进植物，极大地丰富了园区药用植物的多样性。

1689年，一场大水淹没了爱丁堡药用植物园整个园区，园内药用植物损失惨重。

1695年，在当时的苏格兰，萨瑟兰负责监管时期的皇家花园被称为国王的花园（King's Garden），同期，爱丁堡议会任命萨瑟兰为爱丁堡大学植物学教授。

1699年1月12日，爱丁堡皇家植物园由英国政府、皇室正式命名，威廉三世任命詹姆斯·萨瑟兰为爱丁堡皇家植物园的钦定主管（Regius Royal Keeper）。爱丁堡皇家植物园的经费正式列入政府财政预算，从此结束了依靠捐助资金而发展的历史。

1713年夏，爱丁堡市议会批准建造的爱丁堡皇家植物园第一座玻璃温室建成。

1761年，约翰·霍普（John Hope, 1725—1786，图10）博士被任命为爱丁堡皇家植物园主任。霍普是历任爱丁堡皇家植物园主任中最有影响力的人之一，他是苏格兰启蒙运动的关键人物，

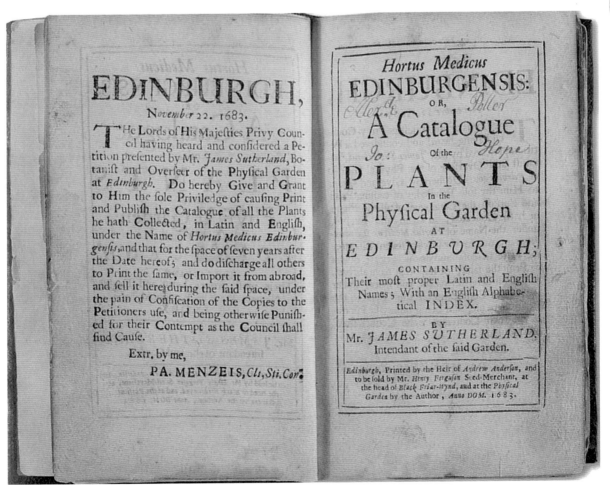

图8 威弗利东区站（Waverley Station）悬挂的匾额，用来纪念药用植物园曾选址于三一医院（Rae, 2011）

08

图9 《爱丁堡药用植物名录》（*Hortus Medicus Edinburgensis*）（1683; Rae, 2011）

图10 约翰·霍普（John Hope）与一位园艺师交谈的版画（John Kay, 1786; Rae, 2011）

也是瑞典植物学家卡尔·林奈（Carl Linnaeus, 1707—1778）新植物分类系统的支持者。印度植物学之父威廉·罗克斯伯勒（William Roxburgh, 1751—1815）曾是他的学生。

1763年，爱丁堡皇家植物园迁移到爱丁堡主路Leith Walk西侧，成为真正意义上的"皇家植物园"（图11）。新的园区有药用植物收集区，有种植水生植物的池塘，还有树木区和温室。霍普在爱丁堡皇家植物园任职主任25年，在他的管

理下，爱丁堡皇家植物园成功地获得了皇家政府的永久资助，使爱丁堡皇家植物园实现跨越式发展。霍普在植物分类研究方面也取得很大成就，含有100多种植物的龙脑香科坡垒属（Hopea）就以他的名字命名。

1786—1819年，丹尼尔·卢瑟福（Daniel Rutherford, 1749—1819，图12）任爱丁堡皇家植物园主任，收集了大量原产热带和南半球的新植物，他还曾将一些创新技术引入园内，同时致力于医学实践，注重药用植物的可持续利用。

2.3 19世纪的土地扩展与初步建设

1820—1823年又经历一次搬迁，植物园迁至现在的所在地——爱丁堡市近郊的因弗雷斯街。

1834年，热带棕榈室（Tropical Palm House，图13）开放。热带棕榈室是一个不规则八边形，其宽约18.29m，墙高约8.23m，圆锥形的屋顶高达14.33m。

1858年，温带棕榈温室（Temperate Palm House，图14）建成，高23m，现仍是英国最高的温室，也是爱丁堡皇家植物园的标志性建筑。

1864—1877年，在苏格兰皇家园艺学会的支持下，其用地面积进一步扩充。1804年，英国一些精英园林艺术家成立了"伦敦园艺学会"（1860年改名为"皇家园艺学会"）。这个学会的成立对西方世界尤其是英国在中国收集观赏植物起到很大的促进作用。

图11 Leith Walk植物园远景图（1771; Rae, 2011）

图 12　丹尼尔·卢瑟福（Daniel Rutherford; Rae, 2011）

1871 年，第一个岩石园（The Rock Garden）建立，位于现在岩石园的中部。1914 年，鲍尔弗教授利用收集来的砾岩石和红砂石对岩石园进行了扩建。1933 年，在岩石园前又增加了碎石种植床。岩石园主要展示耐旱植物，并搭配宿根和球根花卉，按照植物分布的地理区域进行栽培（张雪和黄卫昌，2004），收集了约 5 000 种植物（徐艳文，2015），共计 171 科 871 属 4 462 种（含品种，不包括未鉴定物种）。含物种较多的科有鸢尾科（Iridaceae）、菊科（Compositae）、百合科（Liliaceae）、蔷薇科（Rosaceae）、毛莨科（Ranunculaceae）、报春花科（Primulaceae）、虎耳草科（Saxifragaceae）、杜鹃花科（Ericaceae）、石蒜科（Amaryllidaceae）、车前草科（Plantaginaceae），物种数合计 2 140 种，约占岩石园物种总数的 48%（潘俊峰 等，2017）。

1877 年，《福尔摩斯》（*Sherlock Holmes*）的作者阿瑟·柯南·道尔（Arthur Conan Doyle, 1859—1930）曾在爱丁堡皇家植物园学习植物学。后来，道尔将很多植物园毒药的知识运用到《福尔摩斯》小说的创作中。

1888 年，爱丁堡大学艾萨克·贝利·鲍尔弗教授（Isaac Bayley Balfour, 1853—1922）任爱丁

08

图 13　热带棕榈室（1834; Rae, 2011）

图14　温带棕榈温室（1858; Rae, 2011）

堡皇家植物园主任，任职34年之久。

1889年，爱丁堡皇家植物园开始在周日对公众开放，这开始了它在爱丁堡市工薪阶层休闲和幸福体验中发挥作用。

1892年，爱丁堡皇家植物园雇用了第一批女园丁，其中两位后来建立了爱丁堡女子园艺学校。

2.4　20世纪初至70年代拓展与丰富

1904—1932年，"植物猎人"傅礼士先后7次到中国进行植物采集，大量杜鹃花、报春花、龙胆、百合等中国植物被引入英国，并与爱丁堡皇家植物园主任鲍尔弗教授进行合作研究。傅礼士对中国杜鹃花属植物的引种收集，奠定了爱丁堡皇家植物园后来在杜鹃花属植物研究中心的国际地位（王涛 等，2023）。

1929年，位于格拉斯哥西北部、始建于1863年的本莫园区，距爱丁堡约75英里（约120km），第一个作为分园正式加入爱丁堡皇家植物园。

1935年，毗邻岩石园，进行苏格兰石楠园（The Scottish Heath Garden）的建设。后来，改建为苏格兰本土植物专类园。

1964年，新的植物标本馆、图书馆投入使用。标本馆最初由苏格兰植物协会于1836年建造，1964年移到现址（张雪和黄卫昌，2004）。其植物标本馆具有世界领先的植物收藏，对世界各地的研究人员开放。它收藏了300万份植物标本，其中最古老的标本于1697年收集。图书馆是苏格兰专业植物和园艺资源的国家级馆藏，拥有超过100万件藏品，包括书籍、期刊、原始艺术品、地图等。其中包括20多万册书籍、1 500多种国际期刊及许多有价值的档案资料，在这众多的档案资料内，可以查阅1683年第一次编写的植物名录，共记录1 800余株植物，也可以了解现今22 000余种不同植物的引种资料及40 000多个引种源（占世界种类的1/7）（耿玉英，2000）。

1967年，爱丁堡园区的玻璃温室群建成（图

08

图15　爱丁堡园区的玻璃温室群（Rae, 2011）

15），温室屋顶和前面采用外挂的工艺，室内无柱，为植物提供了最大的空间和光线需求。玻璃温室群分为5个人工气候区，世界上约80%的植物种类都来自这些气候区，超过6 000种异域植物在这里生长，且每个展室具有独特的景观与收集，在这里可以充分感受到植物世界的多样性。

温带温室（Temperate House）是温室之旅第一间，其西侧是热带水生植物室（Tropical Aquatic House），蕨类植物室（Fern House）位于中部，南美水生植物室（South American Aquatic House），旱生植物室（Arid Lands House）位于东边，还有泥炭室（Peat House）、热带岩生植物室（Tropical Rock House）、兰花苏铁室（Orchid and Cycas House）。另外，沼泽温室于1978年建成，收集了许多附生的杜鹃花种类和一些习性相近的植物。

1969年，建立于1869年的娄根园区作为第二个分园正式加入爱丁堡皇家植物园。墨西哥湾暖流使来自澳大利亚、新西兰、中南美洲和南部非洲的植物苗壮成长，园区以丰富的半耐寒多年生植物为特色。

1978年，具有300年历史的道克园区正式加入爱丁堡皇家植物园，其园区地势属丘陵地带，为夏季凉爽、冬季寒冷的大陆性季风气候。来自欧洲各国、中国、尼泊尔、日本和北美山区的植物在这里苗壮生长，其中许多是第一批被收集并带到苏格兰的植物。道克园区现在是濒危植物的避难所，主要开展濒危植物迁地保护与繁育研究。

2.5　20世纪80～90年代全面建设

1985年，苏格兰国家遗产法案中明确规定了爱丁堡皇家植物园是一个科研机构，其使命是"探索植物学奥秘，保护物种多样性，向公众传播植物科学，共创美好未来"（To explore, conserve and explain the world of plants for a better future）。在此基础上，爱丁堡皇家植物园制定了

图16　爱丁堡园区的中国坡（Rae, 2011）

全面有效的战略方针与政策。在其总体规划（到2050年）中包括生物多样性战略（Biodiversity Strategy）、活植物收藏政策（Collection Policy for the Living Collection；Rae et al., 2006a）、园林植物景观设计与应用政策（Landscape, Design and Representation Policy）、环境政策（Environmental Policy）等；数百年来，在上述方针政策指引下，全员共同努力，创造性开展工作，推动爱丁堡皇家植物园可持续发展。

1986年，它发展成为非政府部门的公共团体（non-departmental public body）。同年，因弗雷斯温室用作花园画廊和展览中心，即今日的苏格兰国家美术馆。

1989年，露台咖啡厅（Terrace Café）建立。

1991年，爱丁堡皇家植物园之友协会成立，其目的是鼓励人们对植物园的工作感兴趣，并为其发展筹集资金。玛格丽特·艾略特（Margaret Elliott, 1951—）夫人成为第一个召集人。今天，由志愿者领导的委员会继续组织年度活动计划，筹集资金来支持爱丁堡皇家植物园及其分园的植物研究与展示。

1992年，植物贸易公司（Botanics Trading Company）成立，主要面向游客售卖相关礼品、书籍及观赏植物等。

1993年，中国坡（The Chinese Hill）开始建立，于两年后对外开放（图16）。位于通向玻璃温室群南面的斜坡上，可以看到爱丁堡城堡。其设计充分考虑了曲径、小亭、池塘和瀑布等中国园林元素，植物种植模拟自然生态习性，山下栽培的是阔叶植物，上部是针叶林和杜鹃花林，顶部是草垫和高山植物（张雪和黄卫昌，2004）。这里收集种植了许多来自中国的植物，是欧洲最重要的原产中国植物的展示地。

1993年，将11个温室相互联系形成温室之旅

（The Glasshouse Experience）。

1998年，第一次全球濒危植物受威胁物种名录发表。

2.6 21世纪新发展

2000年，修正了其使命宣言"探索和解释植物世界"（Exploring and explaining the world of plants）。

2001年，爱丁堡皇家植物园与中国科学院昆明植物研究所、云南省林业科学研究院等单位合作，在我国云南复建丽江高山植物园，建成世界上第一座真正意义上的高山植物园（许琨，2023）。

2002年，爱丁堡皇家植物园主持的多达三卷本十册的《不丹植物志》（Flora of Bhutan）完成。

2003年，第一本国际植物园园艺学杂志 Sibbaldia 发行。

2004年，开始设计建造生物多样性园区"Biodiversity Garden"。其最初的设计理念是围绕"生物多样性"，呼应"Age of Enlightenment"

和历史人物，如詹姆斯·赫顿（James Hutton, 1726—1797）、查尔斯·达尔文（Charles Darwin, 1809—1882）和约翰·缪尔（John Muir, 1838—1914）。植物的配置以"进化"为主题，原始的藻类、地苔、苔藓和蕨类植物等种植在斜坡的底部，以上为进化最早的种子植物，有木兰科（Magnoliaceae）、睡莲科（Nymphaeaceae）、毛茛科（Ranunculaceae）和红豆杉科（Taxaceae）的一些代表植物，再往上是花器官结构进化较复杂的杜鹃花科（Ericaceae）、蔷薇科（Rosaceae）、百合科（Liliaceae）、兰科（Orchidaceae）和禾本科（Gramineae）植物。如今，该花园已配置超过500个不同种和栽培品种的植物，每一种植物都有其独特性，相互之间又有某种必然联系。这个园区很好地诠释了生物多样性的相互联系、相互依赖，成为一本活的"教科书"。

2006年，英国女王母亲纪念花园（The Queen Mother's Memorial Garden）建立（图17）。女王母亲是指英国女王伊丽莎白二世（Queen Elizabeth Ⅱ, 1926—2022）的母亲——伊丽莎白·鲍斯-

图17　2006年英国时任女王伊丽莎白及皇室成员出席英国女王母亲纪念花园开幕式（Rae, 2011）

莱昂（Elizabeth Angela Marguerite Bowes-Lyon, 1900—2002）。该园独特的设计与建造，兼顾纪念性、观赏性及科普性，是一座集纪念、观赏和教育为一体的主题花园，共收集展示植物1万余株，180个原种和250个园艺品种。除区域代表树种为孤植外，其他大多是以花境的形式进行展示。其中，洲际区的珍稀植物有中国特有的干崖子橐吾（*Ligularia kanaitzensis*），原产于中国云南西北部，同时还种植了很多原产于亚洲的植物，例如：玉兰、报春、银莲花、玉簪、鸢尾、岩白菜、金莲花及醉鱼草等。作为纪念花园的典范，现今的英国查尔斯国王曾称赞道："这座花园对我最爱的祖母来说是一个鲜活的并且不断生长的珍贵礼物！"（魏钰和马艺鸣，2017）

同年，植物标本馆进一步扩建；*Catalogue of Plants 2006* 出版，爱丁堡皇家植物园植物标本馆和活植物收集计划采用 Angiosperm Phylogeny Group（APG）系统，但在其出版前相关研究还在进行，尚未完全确定，所以在 *Catalogue of Plants 2006* 坚持沿用现有的 Bentham 和 Hooker 的修订版分类系统（Rae et al., 2006b）。

2008年，其使命宣言演变为"探索和解释植物世界，创造更美好的未来"（Exploring and explaining the world of plants for a better future）。并且，2008年上半年，在喜迎北京奥运会开幕之际，爱丁堡皇家植物园参与承办了英国历史上规模盛大的中国文化节 "China Now" 系列活动。中国文化在爱丁堡的影响力日益增长。

2009—2010年，游客服务中心（John Hope Gateway）开放。

2011年，爱丁堡皇家植物园主编的《尼泊尔植物志》（*Flora of Nepal*, Vol. 3）出版。同年，记录爱丁堡皇家植物活植物收集情况的 *The living collection* 出版。

2012年，大风暴破坏（Storm damage）。时速160km的大风横扫苏格兰，整个爱丁堡皇家植物园及其分园内建筑及植物都受到相当大的破坏。一些树龄百年的古树，还有一些爱丁堡皇家植物园收藏的历史性的重要林木被吹倒；20世纪60年代建造的房屋中有500多块玻璃被毁，但幸运的是维多利亚时代的棕榈室几乎没有受到影响。

2015年，植物标本馆数字化建设启动。爱丁堡皇家植物园的植物标本馆收藏300多万份植物标本，涵盖了建园300多年来的生物多样性，占世界植物区系的1/2～2/3。而且，每年新接收的标本多达30 000份。仅2015年就完成近30万份标本数字化工作，完成率占总量10%左右。

2016年，植物小屋（Botanic Cottage）重新开放。

2018年，中国亭（The Chinese Pavilion）落成。亭子是中国传统园林景观的重要组成部分，中国亭在皇家植物园落成意义重大，它见证了爱丁堡皇家植物园与中国长达百年的合作历史。

2019年，有"尸花""世界上最臭的花""巨魔芋"之称的世界珍稀濒危植物泰坦魔芋（*Amorphophallus titanum*）在爱丁堡皇家植物园温室再次开放。同年，植物园启动"Edinburgh Biomes"（爱丁堡生物群系）项目，致力于进一步推动爱丁堡皇家植物园在未来的植物分类学和园艺研究等方面持续处于全球领先地位，进一步推进世界濒危植物保育研究工作。

3 植物种质收集

与植物标本馆、图书馆和档案馆藏一样，活植物收集是爱丁堡皇家植物园的植物、园艺、保护和教育工作的重要支撑，是其研究工作的核心。爱丁堡皇家植物园在收集、栽培和研究中国植物方面是世界闻名的，英国的高等植物共有约2500种（徐艳文，2015），而中国则拥有3.6万余种。作为英国最重要的植物研究机构之一，爱丁堡皇家植物园立足于本国实际，积极加入本国的多种国家战略，如苏格兰生物多样性战略（the Scotland's Biodiversity Strategy, SBS）、英国植物健康安全战略（The Plant Biosecurity Strategy for Great Britain）等，以保护本土80%以上的濒危植物作为自己的收集目标，其在保护本土生物多样性方面发挥着重要作用。着眼于未来，作为世界上最著名的植物园之一，同样积极加入全球植物保护、可持续发展的多种战略规划中，如生物多样性保护（The Convention on Biological Diversity, CBD）、全球植物保护战略（The Global Strategy for Plant Conservation, GSPC）等，与世界各国建立合作关系，积极开展世界资源收集保护（Catalogue of Plants 2021）。

3.1 收集概况

爱丁堡皇家植物园约保存植物种质3.6万种，分布在园区的玻璃温室群、高山植物与岩石园、中国坡、树木园、林地花园等多个专类园（潘俊峰，2017）。仅2012—2020年的9年间就从至少152个国家收集了13 206种植物资源（表3），保存于4个分园，其中源自亚洲的植物有11 165种，在各大洲中占比最大（Catalogue of Plants 2021）；并且在全球各个国家中，源自中国的野生植物最多（表4）。

爱丁堡皇家植物园收集的活植物中有10%来自中国，是西方国家中收集中国植物数量最多的

植物园。表2中的数字分别记录了其4个园区植物收集情况，包括作为爱丁堡皇家植物园国际针叶树保护计划培育的植物，以及保存在种子库（基因库）中的植物。

植物信息记录得如此详细，得益于爱丁堡皇家植物园50多年来使用的活植物采集管理系统BG-BASE。使用BG-BASE的主要原因是由于植物园中的所有植物都是来自全世界各个地方，而为了其能被运用到科学工作中，必须能够提供其基本信息。记录的最基本的信息就是植物名称（拉丁名）、采集地点、采集时间以及植物生境。在BG-BASE中有一系列表格去记录植物信息，在每个表格中，将创建一条植物信息，同时使用索引（或链接）将不同信息连接在一起，所以每条信息只需要记录一次，既减少了工作量，又能充分记录植物相关信息。

爱丁堡皇家植物园植物名录也几经更新（图18）。第一份植物名录是詹姆斯·萨瑟兰主编的 *Hortus Medicus Edinburgensis*，即 *A catalogue of the plants in the Physical Garden at Edinburgh: containing their most proper Latin and English names; with an English alphabetical index*，主要内容包括拉丁文和英文名称，并附有英文字母索引。这本书由安德鲁·安德森的继承人于1683年在爱丁堡印刷（Sutherland, 1683）。2012年出版的 *Catalogue of Plants 2012*，继续以参考手册的形式记录了爱丁堡皇家植物园历年来活植物的收集情况。*Catalogue of Plants 2012* 出版前APG分类系统已完成，并且植物标本馆已进行重组，植物标本馆和活植物信息共用一个数据库，活植物信息则按照APG III分类系统重新编号标注。所以出版的 *Catalogue of Plants 2012* 记载的植物名录也遵循APG III分类系统进行编目（Rae et al., 2012）。

2020—2021年冬，爱丁堡皇家植物园活植

图 18　近年爱丁堡皇家植物园出版的植物名录（Rae，2011）[2]

物 采 集 记 录 从 BG-BASE™（Walter & O'neal，1985—2018）迁移到 IrisBG ®（Rustan & Ostgaard，2017）。*Catalogue of Plants 2021* 不再是常规书籍，而是一个可以提供有关该收藏统计数据和相关信息的 PDF 文件，列有爱丁堡皇家植物园几乎所有现存植物的种或品种。用户可以在网站直接浏览查看，也可以根据需要下载。

虽然植物名录已多次更新，但初衷未变，仍是尽可能为研究者提供所有在爱丁堡皇家植物园生长的植物信息，及其在 4 个分园的收集情况。不仅可以为相关学者提供基础数据，还可以与其他机构进行资源共享。

---

2 *Catalogue of Plants* 2012 封面植物为 *Fascicularia bicolor* subsp. *canaliculata* E.C.Nelson et Zizka，由 Harold F. Comber 于 1927 年从智利（Chile）收集引种到爱丁堡皇家植物园。

表3 RBGE 2012—2020年收集的多种形式的植物资源（*Catalogue of Plants 2021*）

	孢子 Spore	种子 Seed	植株 Plant	插条 Cutting	根茎 Rhizome	其他 Other	总计 Total
2012—2020年收集类群	646	8 479	2 658	901	37	485	13 206
比例（%） All accessions	5	64	20	7	0	4	100

表4 RBGE收集的植物资源主要来源国家（*Catalogue of Plants 2021*）

来源国家 Country	属 Genera	种 Species	分类单元 Taxa	登录记载 Accessions
中国China※	371	1 633	1 672	3 474
美国USA	291	680	787	1 575
日本Japan	236	469	575	1 396
智利Chile	186	351	377	1 369
英国United Kingdom	200	363	468	1 026
印度尼西亚Indonesia	127	389	427	934
尼泊尔Nepal	157	323	363	708
越南Vietnam	166	303	317	608
巴布亚新几内亚Papua New Guinea	88	240	289	574
马来西亚Malaysia	82	203	258	485
土耳其Turkey	130	256	332	479
南非South Africa	110	271	301	449
俄罗斯联邦Russian Federation	167	363	407	444
西班牙Spain	156	243	279	442
新西兰New Zealand	102	260	283	430
澳大利亚Australia	96	202	218	410
不丹Bhutan	96	187	212	362
印度India	100	184	217	321
加拿大Canada	96	151	179	305

备注：※主要来源于中国内陆地区的植物资源。

表5 RBGE的种质资源库中具有代表性的植物科属（*Catalogue of Plants 2021*）

科 Family	世界分布		爱丁堡皇家植物园中的活植物				分类单元 Taxa	登录记载 Accessions
	属 Genera	种 Species	属 Genera		种 Species			
			数量 No.	占世界比例 （%）	数量 No.	占世界比例 （%）		
杜鹃花科Ericaceae	141	3 716	56	40	1 078	29	1 592	4 585
蔷薇科Rosaceae	109	5 325	66	61	762	14	965	2 109
松科Pinaceae	12	281	11	92	264	94	323	1 867
柏科Cupressaceae	32	208	29	91	127	61	274	1 253
兰科Orchidaceae	905	28 809	132	15	548	2	608	966
鸢尾科Iridaceae	76	2 411	34	45	355	15	482	945
天门冬科Asparagaceae	126	3 093	77	61	430	14	476	904
菊科Asteraceae	1 665	23 600	151	9	459	2	547	882
石蒜科Amaryllidaceae	81	2 333	43	53	285	12	505	855

08

（续）

| 科 Family | 世界分布 | | 爱丁堡皇家植物园中的活植物 | | | | | |
| | 属 Genera | 种 Species | 属 Genera | | 种 Species | | 分类单元 Taxa | 登录记载 Accessions |
			数量 No.	占世界比例（%）	数量 No.	占世界比例（%）		
苦苣苔科Gesneriaceae	166	3 205	69	42	305	10	339	803
姜科Zingiberaceae	52	1 611	37	71	309	19	302	758
百合科Liliaceae	18	771	17	94	310	40	285	694
毛茛科Ranunculaceae	59	2 769	29	49	308	11	372	665
报春花科Primulaceae	65	2 970	22	34	200	7	292	573
无患子科Sapindaceae	141	1 858	13	9	126	7	174	531
紫杉科Taxaceae	6	39	5	83	25	64	81	504
罗汉松科Podocarpaceae	19	201	15	79	88	44	89	495
桦木科Betulaceae	6	282	4	67	107	38	123	473
小檗科Berberidaceae	18	779	13	72	180	23	215	458
秋海棠科Begoniaceae	3	1 618	2	67	193	12	220	411

3.2 近年其他种质保藏项目

2002年由《生物多样性公约》（CBD）秘书处与国际植物园保护联盟（Botanic Gardens Conservation International, BGCI）联合发布了《全球植物保护战略》（GSPC）。在《生物多样性公约》缔约方第十次会议上更新了《保护湿地全球战略》，并发布《2011—2020年植物保护全球战略》。其中"Target 8"旨在对75%的濒危植物物种在原产国进行种质收集并迁地保护，针对其中20%的种类，开展繁殖技术和可持续利用研究（Rae, 2011）。

2005年，英国Plant Network网站启动珍稀濒危植物资源保护项目，鼓励本国植物园开展本地区珍稀濒危植物资源的保藏及养护，重点针对受威胁的植物种子进行种子库保藏。该项目通过"维管植物红色名录"（The Vascular Plant Red Data List; Chefings & Farrel, 2005）和"苏格兰生物多样性名录"（The Scottish Biodiversity List, 2005）[3]，确定了包含蕨类植物在内的几乎所有在英国受威胁的维管植物。通过编制受威胁物种名

录，依据该物种生长繁殖能力和受威胁现状，确立保护的优先次序，并筛选拟迁地保护物种。以红色名录中最受威胁的物种为重点，同时包括苏格兰自然遗产（Scottish Natural Heritage, SNH）优先考虑的物种，以及被列入英国生物多样性行动计划（The UK Biodiversity Action Plan, UK BAP, 1994）的物种。

多个机构（及个人）参与了此项收集工作，主要包括爱丁堡皇家植物园、苏格兰自然遗产机构SNH、不列颠群岛植物学会（Botanical Society of the British Isles, BSBI）、苏格兰国家信托基金（National Trust for Scotland, NTS），以及一些植物爱好者。具体的植物收集工作始于2005年，截至2011年9月底，133种野生物种样本采集得到了苏格兰自然遗产机构的许可和土地所有者的同意。大部分物种以种子的形式采集（68%），而杂种不育或具有复杂生物学关系的类群（Pyrola or Moneses）则以植株的形式采集（26%），另有少数物种（6%）是由野生采集的枝条进行扦插繁殖的。道克园区研究人员在日本进行野外实地考察采集的植物种质资源，对丰富道克园区的活体植

---

3 Scottish Natural Heritage, 2005. The Scottish Biodiversity List. Available at http://www.snh.gov.uk/protecting-scotlands-nature/biodiversity-scotland/ scottish-biodiversity-list/（2023-03 登录）.

物收集具有重要意义，如2006年的赴日本南部考察（Royal Botanic Garden Edinburgh Southern Japan Expedition）。另外，2001年的爱丁堡尼泊尔考察（Edinburgh Nepal Expedition）和2004年的第一次达尔文尼泊尔野外训练（First Darwin Nepal Fieldwork Training Expedition）项目的考察队远赴尼泊尔采集到更多新的植物材料，一定程度上填补了英国冬季恶劣天气下植物景观的空白（Rae et al., 2012）。

2010年5月，在爱丁堡皇家植物园国际针叶树保护计划的赞助下，托马斯·吉福德（Thomas Gifford）前往波斯尼亚和黑塞哥维那（Bosnia and Herzegovina）采集濒危植物塞尔维亚云杉（*Picea omorika*）的种子，并开展人工萌发研究，成功实现其在爱丁堡皇家植物园的迁地保护。

2010年9月，格雷厄姆·斯图尔特（Graham Stewart）与本莫园区主任彼得·巴克斯特（Peter Baxter）和豪威克植物园（Howick Arboretum）的

主任罗伯特·贾米森（Robert Jamieson）前往美国华盛顿特区收集种子。这次野外实地考察（美国东南部，SEUSA 2010项目）最远到达了佐治亚州（Georgia），收集了157种野生植物的种子，主要包括花楸属、桦属（*Betula*）、槭属、鹅掌楸属（*Liriodendron*）、蓝果树属（*Nyssa*）、枫香属（*Liquidambar*）、北美木兰属（*Magnolia*）、冷杉属、云杉属和杜鹃花属等植物。

依托麦金太尔秋海棠信托基金会、爱丁堡皇家植物园和爱丁堡大学联合培养了一大批世界各地的研究者，他们学成回国后也一直保持着与爱丁堡皇家植物园的联系甚至合作研究。现如今爱丁堡皇家植物园是世界上最重要的秋海棠研究机构，创建了世界秋海棠属物种数据库，发表了世界秋海棠属分类系统，并保存了约240种（含种下分类单位）野生资源，尤其以东南亚、秘鲁和墨西哥的种类为主（董文珂，2023）。

08

4 采集引种中国植物概况

4.1 来华采集简史

爱丁堡皇家植物园从我国引种有着100多年的历史，尤其对我国西南地区的植物青睐有加。英国能够成功地引种我国西南高山植物和酸性土植物，是与其得天独厚的地理、气候条件分不开的。

受从大西洋刮来的西南风和暖洋气流的影响，英国比同纬度其他地区的气候要温和。雨水充沛且相对均匀，空气湿度很大，没有酷暑，也没有严寒，虽然冬季气候湿冷，但是对于我国西南地区的植物来说，适生性指数特别高。而且英国地形起伏，酸性土、泥炭土分布很广，盛产多种欧石楠，原产我国西南地区的杜鹃花、报春、珙桐、

桦木、绿绒蒿、龙胆等高山、酸性土植物在英国生长良好，有的甚至比原产地更加健壮，开花更大且花期更长。正因如此，100多年来，英国从我国集中引走了数千种园林植物，一些观赏价值极高的中国稀有、珍贵的物种，大大丰富了英国植物园的植物多样性，为其四季增添了色彩（罗桂环，2000, 2005）。

爱丁堡皇家植物园引种我国植物主要通过雇佣个人和考察队来我国进行植物资源考察并收集。在个人收集中，Robert Fortune、Forrest George、Frank Kingdon-Ward等人是从19世纪末至20世纪初为爱丁堡皇家植物园从中国进行植物收集的代表（罗桂环，2000; Mclean，2004）。

4.1.1 罗伯特·福琼

罗伯特·福琼（Robert Fortune, 1812—1880），先后4次（跨度19年之久）来我国采集。在首次出发来中国之前，福琼是爱丁堡皇家植物园的培训生。1842年8月，清政府被迫和英国签订《南京条约》，为植物猎人深入中国内地搜寻、引种珍稀植物大开方便之门。12月英国皇家园艺学会和爱丁堡皇家植物园立即派其来我国当时开放的南方口岸城市收集植物，主要任务是调查、研究和搜集中国的经济植物，尤其是观赏植物。此外，农作物、茶（其第二、三次来我国主要为采集茶）和白蜡，以及与种植有关的种子、气象、土壤、植被等亦是调查的对象，他在我国的足迹遍布广州、广东沿海、南澳岛、厦门、舟山、宁波、上海、苏州、北京等地。受东印度公司派遣来我国调查茶和茶业，采集引种了大量茶种到印度种植（当时的印度并没有关于茶种质资源的收集与栽培）。其采集引种到英国的观赏植物多达190种（毕列爵，1983; 罗桂环，1994）。

4.1.2 傅礼士

傅礼士，被称为英国的"杜鹃花之王"。其受雇于英国商人布利（Arthur K. Bulley, 1861—1942）经营的 A. Bee Ltd 公司，被派往我国进行野外考察和植物采集。1904—1932年他先后7次被派往我国进行野外考察和植物采集，历时28年（Mclean, 2004）。除自己采集外，其还用商业办法雇人采集，足迹几乎遍及中国西南地区，采集植物标本达31 015号，地下茎及种子至少数百袋，为爱丁堡皇家植物园引回1 000多种活植物，其中有250多种杜鹃花新种，对这座位于苏格兰首府的皇家植物园成为世界杜鹃花研究的中心，起到很大作用。这位伟大的中国植物采集家在我国西南地区的采集经历跌宕而丰富（马斯格雷夫 等，2005; 林佳莎和包志毅，2008; 杨长青，2022-10-25[4]）。详细参见《中国——二十一世纪的园林之母》第五卷第6章——傅礼士（王涛 等，2023）。

4.1.3 弗兰克·金登 沃德

另一位和爱丁堡皇家植物园有关的来我国采集的英国"植物猎人"，弗兰克·金登 沃德（Frank Kingdon-Ward[5], 1885—1958）。从1911年开始，在跨越45年的22次采集探险旅行中，弗兰克·金登 沃德10次踏足中国境内，他所涉足的活动地区集中于云南的西北部和西藏东南部: 1909—1910年的初次探险在湖北、陕西、甘肃、四川等中西部地区；此后到1922年以前的4次探险集中在四川、云南、西藏地区；1924年以后的5次探险则集中在西藏东南地区。弗兰克·金登 沃德不仅仅为英国引进了上百个杜鹃花种类，是世界上最著名的"植物猎人"之一，更是横断山区三江并流的第一位发现者，成为当时世界上最著名的地理大发现之一（李金希 等，2002; 何大勇 等，2020）。

4.1.4 考察队在我国的采集

从20世纪初开始，爱丁堡皇家植物园在持续不断地引种我国植物。20世纪80年代前主要以派遣或雇佣一些个人从我国收集大量植物为主，到90年代开始有专业考察队参与收集（武建勇 等，2011）。这些专业的考察队为爱丁堡皇家植物园引种了大量中国植物，如:

1990年 Chungtien, Lijiang, Dali Expedition（中甸、丽江和大理考察队）主要在我国云南收集了近120属的植物种类。

1991年 Chengdu Edinburgh Expedition（成都-爱丁堡考察队）主要在我国四川收集了30余属的植物种类。

1993年 Edinburgh Taiwan Expedition（爱丁堡-台湾考察队）主要在我国台湾收集了70多个属的一些植物种类。

---

4 杨长青，2022-10-25.历史上最会"拈花惹草"的英国男人，蜜植生境微信公众号。
5 个别文献还作为 Kingdon Ward 记载，根据权威文献，本文统一记载为 Kingdon-Ward。

1994 年 American Geographical Society Expedition to China（美国国家地理学会考察队）主要在我国云南、四川收集了 70 多个属的一些植物种类。

同年，Kunming/Gothenburg Botanical Expedition（昆明/哥德堡植物考察队）在我国云南收集了百合属（*Lilium*）、杜鹃花属、冷杉属等属的一些植物种类。

1995 年 Kaiyuan/Kunming Yunnan Expedition（开远/昆明云南考察队）在我国云南收集了杜鹃花科的一些植物种类。

Sichuan Expedition（四川考察队）20 世纪 90 年代在四川采集植物。

1996 年 Sino-American-British Yushu Expedition（中美英玉树考察队）在我国青海收集了独活属（*Heracleum*）、鸢尾属（*Iris*）、棱子芹属（*Pleurospermum*）、亮蛇床属（*Selinum*）等属的一些植物种类。

2003 年 Lijiang Project Expedition（丽江项目考察队）在我国云南采集了小檗属、枸子属、龙胆属（*Gentiana*）、素馨属（*Jasminum*）、杜鹃花属等属的一些植物种类。

2004—2005 年期间 Gaoligong Shan Biotic Survey Expedition（高黎贡山生物资源调查队）收集了械属、姜花属（*Hedychium*）、悬钩子属（*Rubus*）等属的一些植物种类，但仍有很多尚未鉴定种名（武建勇 等，2011）。

还有一些爱丁堡皇家植物园学者参与中外植物联合考察，主要对我国云南、青海、四川等地进行野外考察与植物采集。如：

1993 年 J. Crinan, M.Alexander, David G.Long, Ronald J.D.McBeath, Henry J.Noltie 和 Mark F.Watson 参与中外植物联合考察，到我国云南西北的下关、大理、中甸、德钦和维西，采集维管束植物 1 820 号（E、KUN），苔藓植物 1 100 号（E、KUN）。

1996 年 J.Crinan, M.Alexander, Mark Newman 和 Philip Thomas 参与中英植物联合考察，赴我国云南的高黎贡山，沿途对大理、保山、泸水、福贡进行采集，采集植物标本 1 033 号（E、KUN）。

1997 年 David G.Long 参与中英植物联合考察，到我国青海的互助、玛沁、同德、同仁、泽库，采集种子植物标本 1 300 号和苔藓植物标本 800 号（E、HNWP）。同年，爱丁堡皇家植物园 Philip Thomas 在我国采集植物标本 1 673 号（E、KUN、MO）。

2000 年 David G.Long 和 Ronald J.D.McBeath 参与中英植物联合考察，到我国青海的班玛、达日、久治、玛沁，甘肃的岷县、文县、武都，四川的阿坝、九寨沟、松潘、诺尔盖进行野外考察与采集。同年，爱丁堡皇家植物园 Philip Thomas 同中美植物联合考察团到我国云南的高黎贡山、福贡、泸水、永平考察。

2002 年 David Knott 和 Mark Watson 参与中外植物联合考察，到我国云南的高黎贡山和泸水，采集标本 1 267 号（CAS、E、GH、KUN）。

2004 年 Kate Armstron 参与中外植物联合考察，到我国云南的高黎贡山、福贡，采集标本 1 676 号（A、CAS、E、GH、KUN）。同年，爱丁堡皇家植物园 J.Cribab M.Alexander, David G.Long 和 Martyn Dickson 参与中外植物联合考察，到我国云南的贡山独龙江及其周边地区，采集植物标本 2 096 号（CAS、E、GH、KUN）。

2005 年 Martyn Dickson 参与中外植物联合考察，到我国云南高黎贡山的保山、泸水、龙陵、腾冲，采集植物标本 2 819 号（CAS、E、GH、KUN）。同年，爱丁堡皇家植物园 Simon Anthony 和 Jin Hyub Paik 参与中外植物联合考察，到我国云南的福贡和泸水，采集维管植物 3 123 号（CAS、E、GH、KUN）。

2006 年 Neil S.McCheyne 参与中外植物联合考察，到云南的腾冲，采集维管植物 2 344 号（CAS、E、GH、KUN）。同年，爱丁堡皇家植物园 Simon Crutchey 参与中外植物联合考察，到我国云南的贡山独龙江流域及其周边地区，采集维管植物 3 197

08

号（CAS、E、GH、KUN）[6]。

2011年，爱丁堡皇家植物园领衔出版了《尼泊尔植物志》（第三卷）（Watson et al., 2011）。这是喜马拉雅区系维管植物的全面记录，预估记载了6 500～7 000种蕨类植物、针叶树和开花植物等。爱丁堡皇家植物园对尼泊尔植物的研究可以追溯到两个多世纪前，1802—1803年，Francis Buchanan-Hamilton[7]（1762—1829）在尼泊尔建立了第一个科学采集站。18世纪末，在爱丁堡大学攻读医学学位时，Buchanan-Hamilton曾进修了约翰·霍普的植物学课程。通过 *Flora of Bhutan* 的出版，以及后来参与 *Flora of China* 的编写，爱丁堡皇家植物园认为确立了自己作为中国-喜马拉雅植物学（Sino-Himalayan botany）研究的权威。10卷印刷实体书将是重要的里程碑式的出版物，后来又在印刷版的《尼泊尔植物志》基础上建立了电子版植物志 *Flora of Nepal* website（http://www.floraofnepal.org）。2012年前后，爱丁堡皇家植物园开启尼泊尔电子植物志知识库项目（Flora of Nepal Knowledge Base），包含来自尼泊尔的20 000余个植物科学名称和25 000余条采集记录，网站上电子版尼泊尔植物志可供普通用户免费下载，为相关科研人员和爱好者提供了最新的相关物种信息。

爱丁堡皇家植物园现有收藏的植物资源，可以作为其在中国-喜马拉雅区系研究领域重要的组成部分，并且在积极地拓展相关研究实践，如继续收集新的植物资源，培训科学家和园艺师实地考察的采集技术和数据记录事项等。

4.2　采集引种的中国植物

针对植物园保存收集的遗传资源绝大部分属于历史收集，或有些材料是保存在非缔约方手中，早在1997年英国皇家植物园邱园主持开展"遗传资源获取和利益分享的植物园政策探索"项目，参加单位有包括中国在内15个国家的17个植物园（或研究所），并制定了《遗传资源取得与利益共享的植物园共同政策准则》（靳晓白，1999）。为植物园引种保存的遗传资源交流管理提供了典范。中国是生物多样性大国，蕴藏着丰富的生物遗传资源，很早以前就引起了西方发达国家的注意，并通过各种途径收集、保存、开发利用我国的生物遗传资源。爱丁堡园区的中国坡，是欧洲最大的原产中国的植物展示地，集中展示几个世纪以来英国科学家对中国植物的收集。据爱丁堡皇家植物园活植物数据库名录记载，爱丁堡皇家植物园共引种保存世界各国活植物17 000种左右，其中约10%的种类来自中国。爱丁堡皇家植物园自豪地认为，他们是除中国本土以外收集中国植物种类最多的植物园，引种保存中国活植物约112科425属1 700多种，包括有近900种为中国特有种（图19至图21）（武建勇 等，2013）。

武建勇等（2011，2013）通过对爱丁堡皇家植物园保存活植物名录数据库[8]中来源于中国的植物资源进行研究统计分析发现：20世纪80年代前，爱丁堡皇家植物园每年从中国收集的植物成活几种到几十种，成活率较低。从90年代开始，每年收集成活种类数量才有所增加，90年初收集成活数量最多的一年曾达500多种。在90年代后期的几年中，引种种类和数量逐年减少。到21世纪初，引种种类和数量又开始上升，收集存活的种类保持在50种左右。在100多年的时间里，爱丁堡皇家植物园对中国植物遗传资源的引种地区涉及我国的20余个省（自治区、直辖市），其中从云南、四川、西藏、台湾引种种类数量最多。引种保存中国植物

---

6 以上标本馆全称：A/GH：哈佛大学植物标本馆（Harvard University Herbaria）；E：苏格兰爱丁堡皇家植物园标本馆（Herbarium, Royal Botanical Garden, Edinburgh）；CAS：美国加州科学院标本馆（California Academy of Sciences Herbaria）；KUN：中国科学院昆明植物研究所植物标本馆（Kunming Institute of Botany Herbaria）；HNWP：中国科学院西北高原生物研究所青藏高原生物标本馆（Qinghai-Tibet Plateau Museum of Biology Herbaria, Northwest Institute of Plateau Biology）；MO：美国密苏里植物园标本馆（Herbarium, Missouri Botanical Garden）。

7 Francis Buchanan FRS FRSE FLS（15 February 1762 – 15 June 1829），later known as Francis Hamilton but often referred to as Francis Buchanan-Hamilton, was a Scottish physician who made significant contributions as a geographer, zoologist, and botanist while living in India. He did not assume the name of Hamilton until three years after his retirement from India.

8 https://www.rbge.org.uk/collections/living-collection/（2023-05 登录）。

08

图19 爱丁堡园区盛放的大百合花（池淼 提供）

图20 爱丁堡园区盛放的中国杜鹃花（池淼 提供）

含10种以上的科有33个，其中，引种杜鹃花科植物种类最多，多达360种；其次为蔷薇科，有200余种；百合科和毛茛科都将近100种；等等。在爱丁堡皇家植物园引种保存的中国植物中，含10~19种的科有马钱科、蓼科、藤黄科、卫矛科、壳斗科、石竹科等11科140余种；含20~39种的科有豆科、唇形科、天南星科、罂粟科、桦木科等10科230余种（图22）（武建勇 等，2013）。

图21　爱丁堡园区盛放的中国藿香叶绿绒蒿（*Meconopsis baileyi*）（池淼 提供）

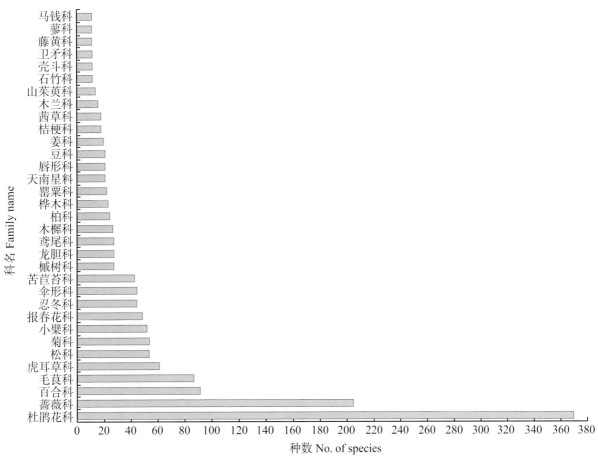

图22　爱丁堡皇家植物园引种中国植物10种以上的科及种类多样性（武建勇 等，2011）

08

5 对中国植物的研究

5.1　爱丁堡学者在中国

　　爱丁堡皇家植物园与中国学者的合作由来已久，而且越发紧密。20世纪初，福琼、傅礼士等世界著名植物学者就已长期在我国云南横断山区进行植物考察和采集工作。改革开放以后，中国科学院恢复了与英国在植物研究领域的交往，1992年，中国科学院昆明植物研究所（以下简称昆明植物研究所）与爱丁堡皇家植物园正式建立了"姊妹所园"的合作关系，使中英植物学学术

交流进入一个新阶段。爱丁堡皇家植物园的植物学家多次参与中外植物联合考察我国云南等地，如1981年，爱丁堡皇家植物园戴维·富兰克林·张伯伦（David Franklin Chamberlain, 1941—）与我国昆明植物研究所方瑞征、冯国楣、管开云等联合开展云南苍山野外植物考察。在长期合作中，双方植物学家对丽江地区植物进行了多次联合考察，积累了大量基础资料，对云南高山珍稀濒危植物多样性保护具有重要作用。与此同时，爱丁堡皇家植物园为了加强与我国研究者合作研究，

1995年秋，将从中国引走的部分杜鹃花种类返归至华西亚高山植物园（耿玉英，2009）。

1999年昆明国际园艺博览会上，爱丁堡皇家植物园设计建造了"英国花园"。同年3月，时任昆明植物研究所副所长李德铢在陪同英国驻中国大使高德年先生和爱丁堡皇家植物园园艺部主任帕特森先生在丽江考察，双方在原丽江植物园旧址现场初步达成复建丽江高山植物园（以珍稀濒危植物为主）的意向。2000年5月，中国科学院昆明植物研究所和爱丁堡皇家植物园正式签订合作协议。

2001年，在双方努力下，促成了爱丁堡皇家植物园与昆明植物研究所、云南省农业科学院和丽江纳西族自治县人民政府四方合作"复建丽江高山植物园项目"。该项目是1999年昆明国际园艺博览会"英国花园"成功合作的延续，成为中英经贸和科技合作的典范。为使复建丽江高山植物园项目能够顺利实施，英国大使高德年爵士从英国募捐到25万英镑，云南省政府更是积极支持，将其纳入院-省合作计划，提供启动经费（郝小江和胡国文，2002）。建成后的植物园成为生物多样性保护、科学研究及科普教育基地，并填补了中国高山植物园的空白，同时，将为云南的生态旅游和民族文化、绿色经济建设和植物资源的可持续发展作出贡献。

丽江高山植物园野外工作站于2002年9月竣工，为中英双方共同研究与保护横断山区和青藏高原的生物多样性提供了一个科学平台。爱丁堡皇家植物园提出将野外工作站作为昆明植物研究所与爱丁堡皇家植物园共建的"保护生物学联合实验室"的建议，得到了苏格兰行政院的支持。该实验室的建立，对云南西北地区植物种质资源的保护和研究有重要的现实意义（许琨，2023）。为表彰在推动昆明植物研究所与爱丁堡皇家植物园合作所作的突出贡献，爱丁堡皇家植物园董事会决定授予昆明植物研究所副所长李德铢博士和张长芹研究员为该园荣誉研究员（Honorary

Fellows）称号，并由董事会主席尼可松博士和主管布莱克摩尔教授签署了荣誉证书。

爱丁堡皇家植物园、邱园等英国国家植物研究所与中国的科研机构及大学一直在植物科学和保护方面进行合作。特别是爱丁堡皇家植物园作为非中方的海外5个编研中心之一[9]，参与英文版 *Flora of China* 的编纂，其中爱丁堡学者参与了包括杜鹃花科、唇形科、蔷薇科、伞形科等植物类群的编写任务。

2004年5月10日，时任国家总理温家宝访问英国期间，中国科学院副院长陈竺和英国皇家植物园主任彼得·克兰（Peter Crane）共同正式签署《中国科学院与英国皇家植物园董事会关于野生植物种质资源保护和研究的合作协议》。

2005年10月14日，爱丁堡皇家植物园主任斯蒂芬·布莱克莫尔（Stephen Blackmore）研究员与邱园主任彼得·克兰、英国自然历史博物馆植物部主任约翰尼斯·沃格尔（Johannes Vogel）博士等率领英国科技代表团来昆明参加"中英植物保护生物学国际研讨会"。

2007年，爱丁堡皇家植物园、邱园都与中国科学院昆明植物研究所密切合作，支持建立了昆明种子库。同年，5月1日，昆明植物研究所与爱丁堡皇家植物园合作，在昆明举办国际植物文化艺术展览。2008年，昆明植物研究所与爱丁堡皇家植物园在中国西南野生生物种质资源库共建联合办公室，这是两家植物园继前期中英合作共建丽江高山植物园基础上的再次合作。

2012年5月26～31日，爱丁堡皇家植物园戴维·朗（David Long）研究员一行4人与来自中国科学院昆明植物研究所种质资源库、丽江森林生态系统定位研究站、标本馆等单位的5人组成野外联合考察队，综合考察了马耳山地区的苔藓植物和观赏园艺植物，完成包括苔藓植物在内的高等植物的标本采集约218号，以及植物引种等任务。此次考察使得中英双方的联系更加紧密，多学科交流日渐加强。双方表示，将在今后继续巩固良好的合作开

---

9 详细参见中国植物志英文版美方网址：http://flora.huh.harvard.edu/china/（2023-05 登录）。

端，从而进一步提升双方的科研实力。

2017年4月4~7日，爱丁堡皇家植物园西蒙·米尔恩（Simon Milne）主任、彼得·霍林斯沃思（Peter Hollingsworth）研究员等一行4人访问昆明植物研究所丽江高山植物园，并考察玉龙雪山。

2017年，中国植物园联盟园林园艺与景观建设培训班，爱丁堡皇家植物园高级主管马丁·安东尼·迪克森（Martyn Anthony Dickson）、高级园艺师戴维·彼得·斯特里克（David Peter Tricker）受邀讲授"繁殖技术""木本植物修剪与整形技术""种植技术"及"植物管护"等操作技巧和管理要点。

2017年11月16日，爱丁堡皇家植物园的高山植物专家，英国皇家园艺学会岩石植物分会副主席，绿绒蒿协会主席约翰·米歇尔（John Michelle）先生，受邀参加北京园林学会植物专业委员会在北京市植物园（现国家植物园北园，下同）卧佛山庄举办的"岩石园的建设与高山植物多样性"专题报告会。米歇尔先生以爱丁堡皇家植物园高山植物和岩石园为例，介绍了岩石园的

建设与管理以及设计原则（北京园林学会，2017）。

2018年北京市植物园与爱丁堡皇家植物园签署合作协议，双方将在植物科学研究、园艺、科普教育、公众参与、保育、战略发展等方面开展合作（图23）。

2019年1月10日，中国植物园联盟委托昆明植物园孙卫邦主任与爱丁堡皇家植物园副主任彼得·霍林斯沃思签订出版协议。中国植物园联盟将作为专著 The Living Collection 的委托方，出版该书的中文版本。此书由爱丁堡皇家植物园戴维·雷（David Rae）研究员主编，全面展现了爱丁堡皇家植物园活植物收集的历史及全过程，为观察迁地保育植物的多样性提供了新方法。作为爱丁堡皇家植物园园艺中心原主任，戴维·雷研究员向读者展现了世界闻名的植物园是如何通过运用各种精湛技艺保护珍稀濒危植物，进而实现宣传保护植物的目的。

昆明植物研究所植物多样性演化和生态适应团队、植物多样性与基因组学团队，与来自爱丁堡皇家植物园的迈克尔·莫勒（Michael Moller）

08

图23 2018年北京市植物园贺然园长与爱丁堡皇家植物园Peter Hollingsworth教授签署合作协议（国家植物园北园 提供）

博士等合作，厘清了红豆杉属植物的系统发育关系和全球地理分布格局形成的时空过程（Moller et al., 2020）。

广西植物研究所韦毅刚、温放研究员团队自2005年开始与爱丁堡皇家植物园、奥地利维也纳大学等世界苦苣苔科植物研究中心合作，基于分子生物学证据对苦苣苔科所作的重大分类学修订并重建了分类系统。2014年4月1日，"中国苦苣苔科植物保育中心（GCCC）"在广西植物研究所正式挂牌成立。先后于2017年在贵州省植物园、安徽大学、深圳市中国科学院仙湖植物园，2019年在上海植物园成立了分中心。中心成立以来至今已收集了中国苦苣苔科41个属的代表物种，占国产45属的91.1%，收集了种类（含种下等级，下同）529个，占国产总种数778种的67.99%（温放 等，2023）。

李德铢研究团队通过与爱丁堡皇家植物园和邱园等机构合作，开展世界范围内被子植物科级水平的全面取样，协同攻关，继2019年在 *Nature Plants* 发表《被子植物的起源与早期演化研究》的重要成果后，2021年以裸子植物覆盖全部433科2 024属4 660种4 792个叶绿体基因组的80个基因，构建了被子植物科级水平最为完整的"生命之树"（Li et al., 2021）。同年，又与爱丁堡皇家植物园彼得·霍林斯沃思研究团队合作，获得了喜马拉雅-横断山区的杜鹃花属植物145个物种218个个体的浅层基因组数据，探究基因组浅层测序技术在杜鹃花属物种鉴定中的应用，在国际顶级期刊 *Molecular Ecology Resources* 发表（Fu et al., 2022）。

2021年5月14~25日，爱丁堡皇家植物园史蒂夫·布莱克莫尔（Steve Blackmore）研究员等一行7人到丽江高山植物园访问。期间，双方进行广泛而深入的学术交流与合作，并联合昆明植物研究所多部门综合考察了玉龙雪山东坡干河坝、丽江高山植物园、第一峰等地，并从丽江高山植物园野外工作站徒步到金沙江边，顺利完成了对玉龙雪山西坡的考察。内容涉及群落功能与分布、植物区系、植物进化与系统发育、引种驯化等领域方面的研究。爱丁堡皇家植物园和昆明植物研究所具有传统的、深厚的友谊，双方有着深远的、广泛的合作与交流。作为丽江高山植物园的共建单位，此次考察进一步加强双边关系和多学科交流，具有十分重要的意义。

5.2 爱丁堡对中国杜鹃花的研究

杜鹃花植物是全球重要的植物类群和保护旗舰种，也是中国植物区系的标志性组成部分，而英伦三岛自古以来就从未有野生杜鹃花的自然分布。在18世纪，仅有美国原产的1~2种杜鹃花和高加索原产的长序杜鹃花引种到了英国（冯国楣，1995）。爱丁堡皇家植物园，从十九世纪开始引种栽培和研究杜鹃花。傅礼士等人从我国采回的大量植物标本和种子，均在爱丁堡皇家植物园收藏和种植，并由时任爱丁堡皇家植物园主任的鲍尔弗教授等进行分类和繁殖研究，成果显著。自此，爱丁堡皇家植物园"世界杜鹃花研究中心"的地位，逐渐确立。此后，在世界各地人们采集的杜鹃花标本及种子，不断向"中心"汇集（图24）。

经过100多年的不懈努力，爱丁堡皇家植物园迄今已经引种栽培了世界各国的杜鹃花累计500多种，约占世界杜鹃花总数的2/3，是世界上保存杜鹃花属活植物最多的一个植物园，在杜鹃花的迁地保护方面取得了极大的成功。而爱丁堡皇家植物园本身也因引种栽培和研究杜鹃花的突出贡献而享誉世界。从我国引种到英国的杜鹃花属植物就有350多种，特别是引种我国西南横断山脉一带的常绿杜鹃花最有特色。"没有中国的杜鹃花就没有英国的园林"，彰显了中国独特的高山植物多样性对全球生物多样性的重要意义，也反映了中国和苏格兰植物学家一个多世纪的合作历程。

我国云南与英国园林，通过植物猎人的采集活动联系到了一起。大量的标本、种子为英国的园艺、植物学提供了研究基础，极大促进了学科发展。傅礼士以杜鹃花为中心的园艺植物引进成绩极为突出，由于英国气候很适合杜鹃花的生长，加上杜鹃花又种类繁多，色彩艳丽，深受英国园林界的欢迎，很快在英国普遍栽培。傅礼士到中国采集，是爱丁堡皇家植物园杜鹃花收集的黄金时代。据记载，仅傅礼士引走的杜鹃花就有200

图24　爱丁堡园区的杜鹃花大门（池淼 提供）

多种。目前，在爱丁堡皇家植物园栽培的来自中国的杜鹃花中有1/5为其所引。时任爱丁堡皇家植物园主任的鲍尔弗教授曾说：傅礼士从中国引进的园艺植物，给英国的园林带来了革命性的影响。鲍尔弗对这些材料进行了详细的研究，1912—1920年间，描述发表了约320个（包括种下分类等级）杜鹃花新种，其中有近120种（包括亚种和变种）仍被保留。到二十世纪20年代初期，世界各地描述的杜鹃花名称已超过800个，为了归置这些突增的名称，鲍尔弗建立了以"系"（series）为

基本单元的分类系统，他的分类观点被英国皇家杜鹃花协会接受，并于1924年发表了以"系"分类的杜鹃花名录。

　　鲍尔弗的名录发表以后，英国皇家杜鹃花协会又组织专人进行修订，主要有来自爱丁堡皇家植物园的塔格（Harry F. Tagg）、邱园的哈钦森（J. Hutchinson）、美国阿诺德树木园的雷德尔（A. Rehder）等。有近50个新分类群被描述发表，他们的研究成果发表在1930年出版的 *The Species of Rhododendron*。将850余种杜鹃花分别归在43个

"系"，中国种类被归于其中的39"系"（耿玉英，2014）。爱丁堡皇家植物园著名的当代杜鹃花学者张伯伦自20世纪80年代初至今，一直活跃在世界杜鹃花领域，先后对杜鹃花属进行了系统整理并发表数篇有影响的文章（Chamberlain, 1980, 1982, 1990, 1996），同时还加入 Flora of China 杜鹃花科的修订（Fang et al., 2005）。

英国是高纬度低海拔地区，气候受大西洋影响而较湿润和冷凉，加上大规模造林，创造了森林环境，为杜鹃花生长发育提供了优越的生态环境。夏季冷湿，温度一般低于27℃，冬季温和，有积雪，最低温度−8℃，年降水量500~750mm。土壤均改用黑色泥炭土，酸性（pH5~5.5），疏松而肥沃（冯国楣，1995）。种植杜鹃花的地势多半为平缓丘陵地，也有陡峻山坡，基本仿照我国西南高山杜鹃花景观设计布置，用大量裸子植物或落叶乔木作上层遮阴树，常见的有巨杉、红杉、冷杉、云杉、欧洲松、落叶松、花旗松、异叶铁杉、南美花柏、智利南洋杉、欧红豆杉、欧山毛榉、英国栎、欧洲白桦、欧七叶树、红七叶树、大叶椴、西蒙桉树等。

英国对杜鹃花原种采用种子繁殖早已成功，另外，不论是常绿杜鹃还是落叶杜鹃，用扦插繁殖也早已过关（冯国楣，1995）。近年来，在爱丁堡皇家植物园玻璃温室内繁殖成功的多种杜鹃花幼苗，已开展在娄根植物园和本莫植物园进行室外栽培试验，这是杜鹃花属植物在爱丁堡皇家植物园引种驯化的一个巨大突破，如来自我国的杜鹃花 Rh. crenulatum、Rh. horlickianum 和刺毛杜鹃花（Rh. championae，已正名 Rh. championiae；植物科学数据中心）在这里都生长良好。还有凸尖杜鹃花（Rh. sinogrande）和翘首杜鹃花（Rh. protistum）等也已可以成功繁殖，有些则可用于室外展示应用。原产于中国台湾的台北杜鹃花 Rh. kanehirae 现已在野外灭绝，据爱丁堡皇家植物园资料记载，只有两株亲本生长于娄根园区，另有两株克隆繁殖体保存于爱丁堡园区。爱丁堡皇家植物园开展了一项针对台北杜鹃花种质扩繁的研究，以期繁殖获得更多台北杜鹃花的幼苗可以被交换到其他植物园做迁地保护研究。

6 中国学者在爱丁堡

爱丁堡皇家植物园是世界上著名的植物分类学研究机构，其标本馆收藏达300多万份，特别是在亚洲的杜鹃花科、苦苣苔科、唇形科、姜科等研究领域具有极其重要的位置。历史上更有众多的中国植物分类学者留学、访问与研究，直至今日还有很多合作。自20世纪30年代，随着中国本土植物学的崛起，国人才开始进入爱丁堡这个研究中国植物的殿堂，特别是改革开放以来，我国众多植物学家与园林工作者到爱丁堡皇家植物园交流学习；尤其是参加《中国植物志》英文版的中方编研人员，大多数到访过爱丁堡皇家植物园。

本文根据相关资料，简述如下代表人物（按赴爱丁堡的时间排列）及他们对中国植物研究的影响。

6.1 叶培忠（1899—1978）

江苏江阴人，我国著名的树木育种学家和林业教育家，中国当代树木育种学奠基者，中国水土保持和牧草学研究开拓者之一，南京林业大学（原南京林学院）林木遗传育种学科创始人。1921年考入南京金陵大学，主修森林学，辅修园艺学，1927年毕业留校任教，先后任职助教和广西柳城林场场长，1929年入南京总理陵园纪念植物园任筹备助理员，1930—1932年赴爱丁堡皇家植物园研修园艺。留学回国后，继续在南京中山陵园工作，同时还在南京中山植物园工作。期间，主要从事树木育种研究。抗战期间先后于长沙、重庆、峨眉、天水等地林业部门任职，抗战胜利初期任职国民政府农林部。1948年任武汉大学森林系教授，1952年任华中农学院教授，1956年华中农学院森林系并入南京林学院，任南京林业大学教授，兼任南京植物园研究员（马金双，2020），此后一直在南京林业大学工作。

叶培忠教授是树木学家，也是牧草学家，他最早将我国的林业与牧业结合起来，是种草与种树结合起来的先行者（黄文惠，1984）。叶培忠教授毕生致力于林木育种研究和教育事业，为我国培养了一大批优秀的科技人才。在松属、杨属、鹅掌楸属、杉科树种等方面的杂交育种，以及牧草育种等诸多领域开创先河，成就卓著。民国时期西北地区的牧草资源研究代表了当时中国牧草科技领域的最高水平，近代西北地区的牧草育种工作主要由叶培忠开展（陈加晋 等，2018）。抗日战争爆发后，叶培忠到了甘肃省天水县，并在这里的水土保持站工作多年，在此期间，他从事牧草的引种比较试验，经过反复研究及实践，他提出在西北地区能栽培推广的牧草68种（含品种），为西北地区畜牧业的发展，特别是种植牧草，引种试验作出开创性贡献。1943年，叶培忠结束西北水土保持考察团任务后，就留在水土保持实验区进行育种研究。基于牧草繁殖和育种的场地需求，叶培忠在1943—1948年里主持新建了天水河北草圃、天水耤河河南苗圃和龙王沟新淤河滩地草籽繁殖地。从1944年秋开始，叶培忠以西北地区常见的牧草品种作为亲本进行杂交育种试验。5年多时间里培育出了多个具有推广价值的杂交品种。于1945年前后选育出的牧草品种'天水白花'草木樨和'天水黄花'草木樨因适应性强、高产、高营养价值，所以颇受西北地区的农民欢迎，竟达到了不推自广的效果，中华人民共和国成立前就有不少农户开始大规模自发种植。到20世纪50年代，草木樨仅历时10年左右就成为当地最重要

的牧草品种之一。

6.2 张肇骞（1900—1972）

浙江永嘉人，我国著名的植物分类学家。1920—1925年在金陵大学农学院学习，1925—1926年在南京东南大学生物系学习，1926—1933年任南京中央大学生物系助教、讲师。1933—1935年先后赴英国皇家植物园邱园和爱丁堡皇家植物园留学，从事植物学研究，主研菊科。1935年回国后，历任广西大学、浙江大学副教授、教授，广西农学院教授兼植物研究所主任，江西中正大学教授兼生物系主任，1946年任北平静生生物调查所并兼北京大学生物系教授，1949年后任中国科学院植物分类研究所（后改名为植物研究所）研究员，1953年起兼任副所长，1955年被调到广州协助陈焕镛组建中国科学院华南植物研究所，同年入选中国科学院首届学部委员（即今日的院士），1955—1971年间任华南植物所副所长，1971—1972年任代所长。期间任中国植物学会副秘书长、广东植物学会理事长，中国植物志编辑委员会第一届编辑委员。

张肇骞毕生从事植物学的教学和研究工作，擅长植物分类学和植物区系学，特别对菊科、堇菜科、胡椒科等植物分类有较深的造诣。20世纪50年代中期，他由北京到华南植物研究所领导科研工作，将原来只有单一学科的植物分类学的研究所办成了多学科的具有规模的综合机构。在植物学的教学和研究中，他非常重视野外实地考察，把教学和实践结合起来。几十年来，他亲自率领年轻人跋山涉水到广东、广西、江西、福建、湖南等地野外考察，还到印度和越南考察植物学。在20世纪50年代，年近花甲的他仍不顾身体虚弱，不辞艰辛地和年轻人一起到广西红水河、十万大山从事植物区系和资源的野外考察。年逾花甲，还带队到海南岛作环岛考察，以选定植物引种驯化站站址（娄兵，2003）。他先后发表著作、译作28篇，新种75个；对红水河流域植物区系进行了深入研究，为我国植物地理学的发展作出了贡献。张肇骞的主要著作有《中国菊科植物之观察》《中国菊科之新种》《海南菊科志》

《中国三十年来之植物学》《中国西南部堇菜属之研究》《千里光属及其近缘各属之新种》《种子植物分类学和区系》等。1955年当选为中国科学院学部委员。

6.3 方文培（1900—1983）

四川忠县人，四川大学一级教授，中外著名植物学家，英国爱丁堡大学博士，英国皇家学会会员，荷兰皇家学会会员，世界公认的杜鹃花科、槭树科专家；发现植物新种100余个，被称为"中国最杰出的植物学家"。曾任中国植物学会名誉理事长、四川省植物学会理事长、《中国大百科全书》编委、《中国植物志》编委、《四川植物志》主编等职。1981年，国务院学位委员会批准首批博士学位授予点和首批博士生导师，方文培为植物分类学博士生导师。

1921年方文培考入南京东南大学（南京大学前身）生物系，1927年考入南京中国科学社生物研究所读研究生，在钱崇澍教授直接指导下学习和从事植物分类学研究。1928—1933年，历经5年，方文培涉足山川实地调查行程8 000余千米，共采集植物标本1.2万多号、15万多份，现主要分存于北京、南京、成都等植物标本馆。在获得大量第一手资料后，方文培于1932年发表了第一篇论文《中国槭树科初志》。1934年经钱崇澍等植物学家推荐，方文培获得奖学金赴英国爱丁堡大学深造，师从植物系主任兼爱丁堡皇家植物园主任、著名植物学家史密斯（William Wright Smith, 1875—1956）教授，开展杜鹃花和槭树的分类学研究。方文培在史密斯教授的指导下，借助于来自祖国的标本材料，于1936年发表了论文《近时采集之中国杜鹃花》，这是中国学者研究杜鹃花的第一篇论文。在英国学习期间，他经常利用假期去巴黎、柏林、罗马、维也纳等地植物园和标本室，收集了大量原种照片和文献资料，其中杜鹃花属的文献卡片和模式标本照片达2万余张，考证了大量植物标本，并从爱丁堡皇家植物园收集引种栽培的杜鹃花标本210余号，近200种（主要为中国模式种）。这些标本主要保存在四川大学生物系标本馆和中国科学院华南植物园标本馆。1937年，在以槭树科研究获得博士学位后方文培被聘为四川大学生物系教授，教学的同时继续进行植物采集和植物分类（尤其是杜鹃花和槭树分类）研究。

1942—1946年方文培主持编写了四川第一部植物志《峨眉植物图志》，有20种原产峨眉山的杜鹃花收于其中。当时在中国的英国著名植物学家李约瑟博士曾专函祝贺，称方文培为"中国最杰出的植物学家"（《中国科学技术史》英文版第6卷第20页），《峨眉植物图志》开辟了中国植物研究的新道路（李建华 等，2006）。英国皇家园艺学会则认为，此著作显示了方文培非凡的才华和惊人的发现，于1950年授予他银质奖章。四川大学生物系从20世纪40～50年代开始，就在方文培的主持下主要对四川地区进行全面系统的杜鹃花标本采集，至70～80年代，采集杜鹃花标本3 000余号，参与者达数十人。1957年，他与陈焕镛合作，发表了《华南植物资料——广西植物新种》，其中有7个杜鹃花新种发表。在此后的研究中先后发表多篇有关杜鹃花的论文和新分类群，至二十世纪80年代，方文培共描述发表过80多个新种，如川西杜鹃花（*Rh. sikangense*）、河南杜鹃花（*Rh. henanense*）、多毛杜鹃花（*Rh. polytrichum*）、厚叶杜鹃花（*Rh. pachyphyllum*）、疏叶杜鹃花（*Rh. sparsifolium*）、武鸣杜鹃花（*Rh. wumingense*）等。同时，他还数次赴野外考察并采集杜鹃花标本约600号（80余种），以他采集的标本为模式描述的新种主要有海绵杜鹃花（*Rh. pingianum*）等。由于方文培对中国杜鹃花研究的贡献，四川大学生物系众多弟子（包括儿子方明渊，1935—）参与了《中国植物志》杜鹃花的编写，并曾一度成为中国杜鹃花研究中心之一。1978年，方文培开始主持编写《四川植物志》，同时还参加了《中国植物志》的其他类群的编写工作（赵清盛，1983）。在方文培编写的《植物学分类学备要》讲义中，把近两百年来英、美、法、德等12国70多位植物学家的著述中关于中国植物分类学的文献90多种一一作了详介，为中国植物学的发展、为后学对植物分类的学习研究奠定了坚实基础。

6.4　陈封怀（1900—1993）

江西修水人，中国现代植物园之父，我国著名的植物分类学家，植物园与报春花科专家。1922—1924年就读南京金陵大学农学系，1925—1926年转入国立中南大学农科学习，1927—1929年任吴淞中国公学、沈阳文华中学教员，1929—1930年任国立清华大学助教，1930—1934年在北京静生生物调查所工作，1934—1936年考取公费赴爱丁堡皇家植物园留学，攻读植物园学和园艺学。在英国留学时期，他在世界著名分类学家史密斯教授的指导下研究报春花科、菊科的分类，以及现代植物园的建设和管理，随后又到邱园，以及德国、法国、奥地利等国的各大标本馆作短期研究，走访了几乎所有欧洲著名的植物园，从中领悟到西方庭园建设的文化与美学内涵。

陈封怀1936—1938年任庐山森林植物园技师，1938—1942年在昆明任静生生物调查所研究员，1943—1945年任江西泰和国立中正大学生物系教授，1946—1948年任庐山森林植物园主任兼国立中正大学教授，1949—1950年任江西省农业科学研究所副所长（并负责战后复原工作），1950—1953年庐山森林植物园更名为中国科学院植物分类研究所庐山工作站，陈封怀任主任；1953—1957年，中国科学院植物分类研究所庐山工作站更名为中国科学院庐山植物园，陈封怀任主任；1954—1957年任中国科学院南京中山植物园副主任，1958—1962年任中国科学院武汉植物园主任。1962年11月，陈封怀离开中国科学院武汉植物园赴广州协助陈焕镛主持中国科学院华南植物研究所植物园工作，1962—1979年任中国科学院华南植物所副所长兼华南植物园主任，1979—1983年任华南植物所所长、华南植物园主任，1983—1993年任华南植物研究所名誉所长，为华南植物所特别是华南植物园的建设与发展作出了重要贡献。1962年，陈封怀等率中国科技代表团出访非洲4国，引种百余种热带经济植物。非洲牛油果引入元江试种，获初步成功。由他主持完成的"中国报春花科植物系统分类研究"于1993年获中国科学院自然科学一等奖，1995年获国家自然科学

三等奖。其重要著作有《中国泥湖菜属之研究》《中国植物志》（报春花科）《广东植物志》等。因其对中国植物园发展建设作出的卓越贡献，2016年中国植物学会植物园分会将中国最佳植物园命名为"封怀"奖。

6.5　孙祥钟（1908—1994）

安徽桐城人，著名植物分类学家，我国水生植物学的奠基人。1929—1933年就读于国立武汉大学生物系，毕业后留校任教，在我国植物学奠基人之一的钟心煊（1893—1961）教授等指导下，从事植物学研究和教学，积极创建武汉大学植物标本室（国际标本馆代号WH）。1936年赴爱丁堡皇家植物园留学深造，专攻植物分类学和植物园艺学，从事有重要经济价值的五加科植物的研究。1939年回国，任武汉大学教授。新中国成立后，历任武汉大学教授、生物系主任、教务长，中国科学院武汉植物研究所所长，中国植物学会第五、第六届常务理事，中国海洋湖沼学会理事，湖北省暨武汉市植物学会理事长、名誉理事长，湖北省海洋湖沼学会副理事长，湖北省生态学会顾问；中国科学院武汉植物研究所所长（兼职）、庐山植物园顾问，在校内曾担任生物系主任，武汉大学教务长，系学术委员会主任委员，校学术委员会委员。1981年，国务院学位委员会批准首批博士学位授予点和首批博士生导师，孙祥钟为植物分类学博士生导师。

孙祥钟教授先后进行了中国五加科植物的分类与分布的研究，峨眉山植物分类与区系的研究，湖北省中草药植物研究，武汉地区野生植物及主要栽培植物的研究，中国画眉草亚族（四属）植物的分类研究，中国沼生目植物的分类研究，中国主要水生维管植物的细胞分类学研究，中国长江流域中下游主要水生维管植物的花粉生物学研究，以及神农架植物考察（中美植物学家联合考察，孙祥钟教授为中方团长），长江三峡大坝修建前后陆生生态系动态的研究等。在植物区系学、生态学、中国水生维管植物及标本采集方面均取得诸多成果。他创办和担任《武汉植物学研究》

08

主编,《植物生态学与地植物学丛刊》的编委,兼任植物分类研究室主任;主编《中国植物志》第八卷,撰写《中国五加科植物之分布》等论文(陈家宽,2022;武汉大学学人谱,1986)。

6.6 俞德浚(1908—1986)

北京人,著名植物分类学家和园艺学家、中国科学院植物研究所研究员、北京植物园首任主任。早年从事植物资源调查和植物标本的采集工作。对中国高等种子植物,特别是蔷薇科、豆科、秋海棠科的分类与分布有广泛深入的研究;对园艺植物起源和品种分类、植物引种驯化、栽培选育有较深入的研究;参与了中国众多植物园的规划设计,推动了植物园事业的发展,是北京植物园的奠基者(植物杂志人物介绍,1986)。1928—1931年就读于北京师范大学生物系,1931—1937年被胡先骕引入北平静生生物调查所,任助研,1932—1934年任四川省北碚中国西部科学院主任。静生生物调查所接受美国哈佛大学阿诺德树木园资助,合作进行四川植物采集工作,俞德浚具体负责与哈佛大学的合作任务,率队在四川西部进行了3年的调查采集工作,获得大量珍贵植物标本(A, GH, PE;马金双,2020)。1936—1937年,俞德浚译《国际植物命名法规》(*International Code of Botanical Nomenclature*),发表于中国植物学杂志(俞德浚,1936a-c,1937)。1937年1月,北平静生生物调查所(以下简称静生所)接受英国皇家园艺学会委托,代为采集云南高山植物种子。领队俞德浚一行五人到丽江后分成三组,分别前往木里、中甸、阿墩子进行植物采集。1938年,英国皇家园艺学会又出资400英镑,与静生所继续合作,仍由俞德浚率队,美国哈佛大学阿诺德植物园也出资600美元加入,规模更大。此次采集获得植物标本2万余号,保存于A、E、K、KUN、PE等标本馆。1938年7月,在昆明成立静生生物调查所的分支机构"云南农林植物研究所",所长由静生所所长胡先骕兼任,从英国进修回国的汪发缵担任副所长。在云南采集的俞德浚等结束考察后也加入了农林所。静生所所属的江西庐山森林植物

园人员也西迁来昆明,加入农林所。副主任陈封怀在英国留学时所学专业是报春分类,俞德浚的采集中仅报春一属就有植物标本400号、种子标本130号。陈封怀经过研究,写出了《云南西北部及其临近之报春研究》和《报春种子之研究》,称俞德浚的采集为"吾国报春采集中之最卓著者"。他在这批标本中发现了新种3种、新变种3种,并将其中一新种命名为"俞氏报春"(胡宗刚,2018;宋春丹,2021)。1939—1942年任云南大学生物系讲师、副教授。1939年,俞德浚率队到贡山、独龙江流域至中缅边境采集,开国人进独龙江采集先河。同年,俞德浚、蔡希陶合著《中国豆科植物的研究(二)》发表于《静生汇报》第9卷第5期。1945—1947年任云南大学农学院教授。1940—1947年任云南农林植物研究所研究员、副所长。期间,俞德浚(1946)在《教育与科学》发表《八年来云南之植物学研究(民国二十七年至三十四年)》。1947—1950年秋,俞德浚获英国皇家植物园资助,前往爱丁堡皇家植物园进修2年,又英国邱园客座研究员1年(马金双,2020)。进修期间完成了 *The Garden Camellias of Yunnan*(《云南茶花谱》)一书的书稿。1950—1977年任中国科学院植物研究所研究员,并于1956年兼北京植物园首任主任。1960—1981年任中国园艺学会第二、三届副理事长。1978—1983年任中国植物学会副理事长兼秘书长。1978—1986年任植物研究所研究员兼副所长、植物园主任,期间任《中国植物志》第四任主编(1977—1986),1979年出版著名的《中国果树分类学》(俞德浚,1979),1980年入选中国科学院学部委员。期间,俞德浚参与校稿秦仁昌翻译的《植物学拉丁文》出版(上册,1978年;下册1980年)。1980—1986年任中国科学院生物学部学部委员、中国濒危物种科学组副组长。期间,1981年,国务院学位委员会批准首批博士学位授予点和首批博士生导师,俞德浚为植物分类学博士生导师。赵士洞译,俞德浚、耿伯介校稿的《国际植物命名法规》出版(1984)。2019年中国植物学会植物园分会将中国植物园终身成就奖命名为"德浚"奖,用于表彰对中国植物园事业作出突出贡献的个人,倡导植物园工作者向俞德

浚先生学习，继承俞老的精神风骨，在国际一流植物园建设工作中建功立业。

6.7　苏雪痕（1936— ）

浙江镇海人，北京林业大学原园林系（现园林学院）主任、教授，园林植物学科带头人、国务院学位委员会学科评议组专家、国务院特殊津贴获得者；中国风景园林学会花卉盆景分会副理事长、世界盆栽友好联盟中国理事、中国森林风景资源评价委员会委员、中国林学会城市森林分会常务理事、北京园林学会常务理事等；现任园林植物与人居生态环境建设国家创新联盟名誉理事长、北京林业大学植物景观与生态规划研究中心学术指导委员会名誉主任。

1952年考入苏州农业职业学校园艺专业，从此奠定了终生从事园林事业的基础。1952年毕业时，由农校推荐考入上海外国语学院俄语专业，1957年转入北京林学院城市及居民区绿化专业。由于学习成绩优异，动手能力强，在园艺知识上有一定的基础，在1960年就被抽调出来工作，并成为系主任陈俊愉院士的助手，订立了师徒计划，边工作边完成学业。除协助陈俊愉先生的科研、教学工作外，还参与了果树专业的筹备及教学工作，一年后又调入园林树木教研室，参与园林树木、苗圃、花卉等教学工作，曾任园林树木教研室主任。"文革"中，学校在云南招收工农兵学员时，负责全系教学工作。1979年学校迁回北京后开始自学英语并讲授园林树木学，1984年赴爱丁堡皇家植物园进修。在英期间主攻了英国园林史、园林植物应用、花卉市场调查，参观过70余个公园及植物园，并在9所大学的园林专业及2个皇家植物园做过有关中国园林及教学的报告，收集了大量资料（苏雪痕，1987a-d）。

苏雪痕在英国进修期间最大的收获就是认识到植物景观在园林中的重要性，园林植物种植设计需要有植物分类及生态学知识、野外实践经验，并与科学性、实用性、艺术性、文学性融为一体。其次看到西欧各国园林中到处都有从中国引去的观赏植物，而且其中很多种类在我国仍处于野生状态，受到极大震动与刺激，决心回国后为研究生开设"植物配置与造景"及"野生花卉"课程。为此，通过各种渠道和机会到各地调查野生花卉及典型的植物群落结构，拍摄教学资料，还到全国各城市调查植物景观。利用多次出国机会，收集过13个国家的植物景观，使这两门课程有大量国内外植物景观及野生花卉资源展示。野生花卉课是在北京百花山野外调查野生花卉资源，加以印证，极受学生们欢迎。为结合教学，苏雪痕教授出版《植物造景》《中国木本观赏植物图鉴》（Ⅰ-Ⅱ册）《中国野生花卉图谱》《中国花经》《园林花卉》《植物景观规划设计》等书籍。

6.8　管开云（1953— ）

云南景谷人，中国科学院昆明植物研究所研究员、博士生导师，曾任中国科学院昆明植物研究所外事办主任、科研处长、所长助理、昆明植物园主任等职务。参与了昆明世界园艺博览会的总体规划工作，主持完成了"世博园"大温室的建设和布展。2010年借调担任中国科学院新疆生态与地理研究所任副所长，先后兼任吐鲁番植物园和伊犁植物园首任主任。主要从事保护生物学和花卉资源学研究，先后对杜鹃花属、山茶属、秋海棠属等植物进行系统研究，管开云及其团队共培育出27个秋海棠新品种，获得10项国家发明专利。管氏秋海棠、开云山茶花，这两种植物都是以管开云的名字命名的。

管开云的研究之路实际上并不平坦。1975年毕业于云南师范学院（现云南师范大学），1976年，英语专业出身、在中国科学院昆明植物研究所做翻译的管开云23岁，主动申请参与青藏科考。36岁申请到海外系统地学习植物学，1989—1991年赴爱丁堡皇家植物园深造，1993年被聘为副研究员、1998年被聘为研究员。也是从那时起，管开云接触到了秋海棠属植物的保护和研究领域。1997—2006年多次赴日本学习、讲学，2007年获日本大阪府立大学理学博士学位。因为对秋海棠的深入研究，54岁获得博士学位。57岁时，管开云从云南来到了新疆，加入中国科学院新疆生态与地理研究所的领导班子，同时参与提升改造吐鲁番沙漠植物园，新建伊犁植物园，升级改造新疆自然博物馆。2015年8月，当选为国际茶花协会主席。编著科技论（译）著22部，著名著作包括新近出版的《秋海棠属植物纵览》（管开云和李景秀，2020）等。获得云南省科技进步二等奖、全国环境科技先进工作者和全国科普先进工作者等荣誉称号。享受国务院特殊津贴。

6.9　李德铢（1963— ）

江西南康人，中国科学院昆明植物研究所研究员，博士生导师，中国西南野生生物种质资源库主任。1983年毕业于江西农业大学林学系，获学士学位；1986年在西南林学院获硕士学位；1990年4月在中国科学院获理学博士学位。1993年任昆明植物研究所副研究员；1993年赴爱丁堡皇家植物园做博士后研究；1995年转入剑桥大学植物系暨植物园做第二期博士后兼Emmanuel学院研究员。1996年当选为林奈学会会员（Fellow of the Linnean Society）。1996年年底回国，被特聘为研究员。1997年获国家杰出青年科学基金资助，同年入选中国科学院"百人计划"。1998年获第六届中国青年科技奖和首届云南青年科技奖。1997年9月至2005年10月任中国科学院昆明植物研究所副所长，2005年10月至2014年任所长；2015—2019年任中国科学院昆明分院院长。2004年入选首批"新世纪百千万人才工程"国家级人选，同年被爱丁堡皇家植物园聘为荣誉研究员。2010年因其在促进中英两国植物学合作关系方面所做出的杰出贡献，被英女王代表约克公爵安德鲁王子殿下授予大英帝国荣誉官佐勋章（Officer of the Order of the British Empire, OBE）。国家濒危物种科学委员会委员、国际植物分类学会理事会成员、国际生物多样性计划中国国家委员会（CNC-DIVERSITAS）科学委员会委员、中国科学院《中国植物志》（中文版）和中美合作重大项目 *Flora of China*（《中国植物志》英文和修订版）编委会委员、中国科学院生物多样性委员会委员、中国植物学会副理事长、云南植物学会理事长、云南省生物多样性与传统

知识研究会（CBIK）理事长和云南省遗传学会副理事长。同时担任《云南植物研究》主编，*BMC Evolutionary Biology* 副主编、*Journal of Systematics and Evolution* 副主编和 *Journal of Integrative Plant Biology* 编委。曾任国家自然科学基金委员会植物学科评议组成员、副组长。兼任贵州省中国科学院天然产物化学重点实验室（贵州医科大学天然产物化学重点实验室）主任。

李德铢主要从事植物分类、分子系统发育、生物地理学和生物多样性保护研究。目前主持或参加多项国家、院、省及国际合作项目。作为项目建设指挥部经理，主持国家重大科学工程"中国西南野生生物种质资源库"的建设。多次入选"中国高被引学者榜单""高被引科学家"榜单。2021年12月，李德铢和伊廷双课题组合作发表在期刊 *GENOME BIOLOGY* 上的学术论文"Get Organelle: a fast and versatile toolkit for accurate de novo assembly of organelle genomes"入选"中国百篇最具影响国际学术论文"。2018年领衔翻译《国际藻类、菌物和植物命名法规》（深圳法规，国际藻类、菌物和植物命名法规编辑委员会，2021），2018年和2020年先后主编《中国维管植物科属词典》和《中国维管植物科属志》（三卷本）。

6.10　耿玉英（1956— ）

河南人，杜鹃花专家，中国科学院植物研究所高级工程师。1986年，中国科学院植物研究所与四川省都江堰市人民政府联合建立华西野生植物保护试验中心，即华西亚高山植物园，1988年，耿玉英到华西亚高山植物园工作，主要从事中国杜鹃花引种栽培、迁地保护和分类学研究。1994年，爱丁堡皇家植物园杜鹃花研究专家D.Chamberlain博士推荐，耿玉英获得英国政府的达尔文基金资助，首次赴爱丁堡皇家植物园学习，为其后来的杜鹃花研究打下重要基础。在英国期间，她走访了包括英国皇家植物园邱园在内的30多个植物园。在国外，她看到了我国丰富的杜鹃花资源在他国美丽绽放，百感交集，"结束我国杜鹃花墙内开花墙外香的历史"使命感更加迫切，

激发了她对杜鹃花由衷的热爱和深入研究的信心。回国后，耿玉英将在爱丁堡皇家植物园学习到的杜鹃花规范的繁殖技术和管理方法应用到杜鹃花研究中，主要著作有《中国杜鹃花解读》（2008）、《中国杜鹃花属植物》（2014）等。

2016年耿玉英等在野外考察过程中，在四川省会东县淌塘镇麻塘村发现了一种世界独有的杜鹃花，并将之命名为会东杜鹃花（*Rh. huidongense* T.L.Ming）。这些杜鹃花分布在海拔 2 800 ~ 3 200m 高山上，分布在不到0.5km^{2}的范围内，总数仅200余株，且野外新种苗很少，自我繁殖能力极低，因在全球范围内仅在会东县被发现，IUCN保护等级VU，故而该杜鹃花被誉为"植物界的大熊猫"。

6.11 新一代学者

进入21世纪，更多的年轻一代植物分类学与园林工作者来到爱丁堡皇家植物园，不管是分类学的研修还是植物园的访问，可以说每年络绎不绝；以近年来中国植物园联盟建设项目通过实施"植物园人才培养计划"为例，对各植物园选择性的资助部分员工赴英国进修；爱丁堡皇家植物园欣然接受园林方面年轻学者的培训。

2013年11月13日~26日，由中国植物园联盟主办，中国科学院昆明植物研究所昆明植物园与中国科学院西双版纳热带植物园共同承办的"2013年园林园艺与景观建设培训班"顺利举行。来自爱丁堡皇家植物园园艺部副主任兼园艺研究所所长Leigh Morris和树木园主任Martyn Dickson作为教师参加了此次培训。联盟与爱丁堡皇家植物园合作，从本次参加培训的36名学员（来自全国21家植物园）中选拔出3位优秀学员，2014年7~9月到爱丁堡皇家植物园进一步学习深造。经过3个月的学习，3位优秀的学员把先进的园艺技术和经验带回中国，努力提高中国植物园的园艺水平。此后每年均会有3~4名优秀学员通过中国植物园联盟主办的"园林园艺与景观建设培训班"选拔，6年间（2014—2019）有19名学员先后获得去爱丁堡皇家植物园学习的机会[10]（图25至图38）。

图25　2014年魏钰［中，国家植物园（北园）］与郗望（昆明植物园）和吴福川（中国科学院西双版纳热带植物园）在爱丁堡皇家植物园合影（魏钰 提供）

10 2020年以后由于疫情影响，培养计划被迫中断。

图26　2014年国家植物园（北园）魏钰在爱丁堡皇家植物园交流学习（魏钰 提供）

08

图27　2014年中国科学院西双版纳热带植物园吴福川在爱丁堡皇家植物园交流学习（吴福川 提供）

图28 2015年王晓静（右一，中国科学院西双版纳热带植物园）、赵宝林［右二，国家植物园（北园）］、姜黎（右四，中国科学院新疆地理与生态研究所）、许炳强（左三，中国科学院华南植物园）在爱丁堡皇家植物园交流学习（王晓静 提供）

图29 2016年国家植物园（北园）陈燕在爱丁堡皇家植物园交流学习（陈燕 提供）

图30　2016年中国科学院西双版纳热带植物园黄天萍在爱丁堡皇家植物园交流学习（黄天萍　提供）

图31　2016年中国科学院昆明植物研究所陈智发在爱丁堡皇家植物园交流学习（陈智发 提供）

08

图32 2017年池淼［上图和下图前排右二，国家植物园（北园）］和牛红彬（下图前排右三，中国科学院西双版纳热带植物园）在爱丁堡皇家植物园交流学习期间，在巨魔芋前与工作人员合影留念（池淼 提供）

图33　2018年席会鹏（左一，中国科学院西双版纳热带植物园）、孟昕［左二，国家植物园（北园）］、唐凌云（右二，中国科学院昆明植物研究所昆明植物园）在爱丁堡皇家植物园交流学习（孟昕 提供）

图34　2018年中国科学院西双版纳热带植物园席会鹏在爱丁堡皇家植物园交流学习期间与游客合影（席会鹏 提供）

图35　2018年国家植物园（北园）孟昕在爱丁堡皇家植物园交流学习（孟昕　提供）

图36　2019年中国科学院西双版纳热带植物园吴秀坤在爱丁堡皇家植物园交流学习（吴秀坤 提供）

图37 2019年吴秀坤（左一，中国科学院西双版纳热带植物园）、王苗苗［右一，国家植物园（北园）］、窦剑（右二，南京中山植物园）在爱丁堡皇家植物园交流学习（吴秀坤 提供）

图38　2019年王苗苗［右一，国家植物园（北园）］、吴秀坤（后排左一，中国科学院西双版纳热带植物园）在爱丁堡皇家植物园交流学习（王苗苗　提供）

参考文献

北京园林学会, 2017. 召开岩石园的建设与高山植物多样性专题报告会[J]. 北京园林, 33(4): 6.

毕列爵, 1983. 从19世纪到建国之前西方国家对我国进行的植物资源调查[J]. 武汉植物学研究, 1(1): 119-128.

陈加晋, 卢勇, 李群, 2018. 中华民国时期西北地区牧草资源研究刍考[J]. 草业学报, 27(12): 208-218.

陈家宽, 2022. 珞珈山: 中国植物学发展史上的一座丰碑——纪念我的导师孙祥钟先生[J]. 植物科学学报, 40(6): 868-874.

董文珂, 2023. 秋海棠属: 回顾与展望[M]// 马金双, 贺然, 魏钰. 中国——二十一世纪的园林之母: 第四卷. 北京: 中国林业出版社.

冯国楣, 1995. 访英归来话杜鹃[J]. 园林, 05: 30-31.

弗兰克·金登 沃德(Frank Kingdon-Ward), 2020. 蓝花绿绒蒿的原乡——清末英国博物学家的滇西及川康纪行[M]. 何大勇, 杨家康, 宋诗伊, 等, 译. 昆明: 云南人民出版社出版.

弗兰克·金登 沃德(Frank Kingdon-Ward), 2002. 神秘的滇藏河流——横断山脉江河流域的人文与植被[M]. 李金希, 尤永弘, 译. 成都: 四川民族出版社.

耿玉英, 2000. 再现自然美的杰作——爱丁堡皇家植物园[J]. 植物杂志, 3: 42-44.

耿玉英, 2008. 中国杜鹃花解读[M]. 北京: 中国林业出版社.

耿玉英, 2009. 从喜马拉雅到欧洲大陆——中国杜鹃百年路[J]. 森林与人类, 8: 28-37.

耿玉英, 2014. 中国杜鹃花属植物[M]. 上海: 上海科学技术出版社.

管开云, 李景秀, 2020. 秋海棠属植物纵览[M]. 北京: 北京出版社.

国际藻类、菌物和植物命名法规编辑委员会, 2021. 国际藻类、菌物和植物命名法规[M]. 邓云飞, 张力, 李德铢, 译. 北京: 科学出版社.

郝小江, 胡国文, 2002. 国际合作促进基地建设[J]. 中国科学院院刊, 2: 149-152.

胡宗刚 著, 2018. 云南植物研究史略[M]. 上海: 上海交通大学出版社.

黄文惠, 1984. 我的启蒙老师——叶培忠教授[J]. 中国草原与牧草杂志, 1(2): 69-71.

靳晓白, 1999. 遗传资源取得和利益分享的植物园政策探索项目与共同政策准则[J]. 生物多样性, 7(3): 255-256.

李德铢, 2018. 中国维管植物科属词典 [M]. 北京: 科学出版社.

李德铢, 2020. 中国维管植物科属志 [M]. 北京: 科学出版社.

李建华, 李朝鲜, 2006-07-14. 开辟中国植物研究新道路——著名植物学家方文培与四川大学 [N]. 光明日报.

林佳莎, 包志毅, 2008. 英国的"杜鹃花之王"乔治·福雷斯特 [J]. 北方园艺, 8: 140-143.

芦笛, 2017. 麦克马洪线与探险家: 英人沃德在近代中国西南探险活动中的动机、地理与政治 [J]. 西南边疆民族研究, 23: 1-18.

罗桂环, 1994. 近代西方人在华的植物考察和收集 [J]. 中国科技史料, 15(2): 17-31.

罗桂环, 2000. 西方对"中国—园林之母"的认识 [J]. 自然科学史研究, 19(1): 72-88.

罗桂环, 2005. 中国近现代科学技术史研究丛书: 近代西方识华生物史 [M]. 济南: 山东教育出版社.

马金双, 2020. 中国植物分类学纪事 [M]. 郑州: 河南科学技术出版社.

马斯格雷夫, 加德纳, 马斯格雷夫, 2005. 植物猎人 [M]. 杨春丽, 袁瑀, 译. 广州: 希望出版社.

潘俊峰, 2017. 爱丁堡皇家植物园对武汉植物园景观优化的启示 [J]. 安徽农业科学, 45(7): 157-158, 246.

潘俊峰, 陈燕, 梁琼, 等, 2017. 岩石园的植物造景研究——以英国爱丁堡皇家植物园岩石园为例 [J]. 安徽农业科学, 45(34): 176-179, 200.

秦仁昌译, 俞德浚, 胡昌序 校, 上册: 1978, 下册: 1980. 植物学拉丁文 [M]. 北京: 科学出版社.

《上海租界志》编纂委员会, 2001. 上海租界志 [M]. 上海: 上海社会科学院出版社.

宋春丹, 2021-10-04. 黑龙潭往事: 原本山川, 极命草木 [N]. 中国新闻周刊, 第1015期.

苏雪痕, 1987a. 中国园林植物在英国 [J]. 植物杂志, 4: 48.

苏雪痕, 1987b. 英国引种中国园林植物种质资源史实及应用概况 [J]. 园艺学报, 14(2): 133-138.

苏雪痕, 1987c. 英国园林风格的演变 [J]. 北京林业大学学报, 9(1): 100-108.

苏雪痕, 1987d. 中国园林植物在英国园林中的作用 [J]. 中国花卉盆景, 1: 41.

魏钰, 马艺鸣, 2017. 纪念花园的典范——英国女王母亲花园 [J]. 园林, 2: 44-47.

武汉大学学人谱, 1986. 植物分类学家——孙祥钟教授 [J]. 武汉大学学报(自然科学版), 4: 113-114.

武建勇, 薛达元, 周可新, 2011. 皇家爱丁堡植物园引种中国植物资源多样性及动态 [J]. 植物遗传资源学报, 12(5): 738-743.

武建勇, 薛达元, 赵富伟, 2013. 欧美植物园引种中国植物遗传资源案例研究 [J]. 资源科学, 35(7): 1499-1509.

婺兵, 2003. 中国植物学家张肇骞 [J]. 今日浙江, 19: 44.

肖萍, 向玉成, 2017. 金登 沃德的康藏考察及其成就与影响 [J]. 云南民族大学学报(哲学社会科学版), 34(1): 147-153.

徐艳文, 2015. 爱丁堡皇家植物园——植物种类异常丰富 [J].

中国花卉园艺, 20: 60-62.

许琨, 2023. 丽江高山植物园的发展史 [M]// 马金双, 贺然, 魏钰. 中国——二十一世纪的园林之母: 第三卷. 北京: 中国林业出版社.

俞德浚, 译, 1936a. 国际植物学命名法规 [J]. 中国植物学杂志, 3(1): 873-893.

俞德浚, 译, 1936b. 国际植物学命名法规 [J]. 中国植物学杂志, 3(2): 957-976.

俞德浚, 译, 1936c. 国际植物学命名法规 [J]. 中国植物学杂志, 3(3): 1109-1136.

俞德浚, 译, 1937. 国际植物学命名法规 [J]. 中国植物学杂志, 4(1): 79-103.

俞德浚, 1946. 八年来云南之植物学研究(民国二十七年至三十四年)[J]. 教育与科学, 2(2): 12-16.

俞德浚, 1979. 中国果树分类学 [M]. 北京: 中国农业出版社.

张雪, 黄卫昌, 2004. 世界著名植物园之旅英国皇家植物园爱丁堡植物园 [J]. 园林: 6-7.

赵士洞译, 俞德浚, 耿伯介 校, 1984. 国际植物命名法规 [M]. 北京: 科学出版社: 295.

赵清盛, 1983. 植物学家方文培先生 [J]. 植物杂志, 3: 41-43.

植物杂志人物介绍, 1986. 怀念俞德浚教授 [J]. 植物杂志, 6: 38-40.

CHAMBERLAIN D F, 1980. The taxonomy of the elepidote Rhododrdendrons excluding azalea (subgenus *Hymenanthes*) [M]// in International Rhododendron Conference (ed. James L. Luteyn), Contributions Toward a Classification of Rhododendron: Proceedings of Conference, May 15-17, 1978, New York Botanical Gardens, 39-52. New York: New York Botanical Garden.

CHAMBERLAIN D F, 1982. A revision of Rhododendron II, subgenus *Hymenanthes* [J]. Notes Roy. Bot. Gard. Edinburgh, 39: 209-486.

CHAMBERLAIN D F, 1990. A revision of Rhododendron IV, subgenus *Tsutsusi* [J]. Notes Roy. Bota. Gard. Edinburgh, 47: 89-200.

CHEFINGS C M, FARREL L, 2005. Species Status: No.7 The Vascular Plant Red Data List 2005[M]. Joint Nature Conservation Committee.

FANG MY, FANG R Z, HE M Y, et al, 2005. Ericaceae in WU C Y, Raven P H & D Y HONG, Flora of China, 14: 260-455 [M]. Beijing: Science Press and St. Louis: Missouri Botanical Garden.

FU C N, Mo Z Q, YANG J B, et al, 2022. Testing genome skimming for species discrimination in the large and taxonomically difficult genus *Rhododendron*[J]. Molecular Ecology Resources, 22(1): 404-414.

LI H T, LUO Y, GAN L, et al., 2021. Plastid phylogenomic insights into relationships of all flowering plant families[J]. BMC Biology, 19: 232.

MCLEAN B, 2004. George Forrest: Plant Hunter[M]. Printed in Spain, by the Antique Collectors' Club Ltd, Sandy Lane, Old Martlesham, Woodbridge, Suffolk.

08

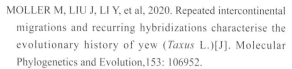

MOLLER M, LIU J, LI Y, et al, 2020. Repeated intercontinental migrations and recurring hybridizations characterise the evolutionary history of yew (*Taxus* L.)[J]. Molecular Phylogenetics and Evolution,153: 106952.

RAE D, BAXTER P, KNOTT D, et al, 2006a. Collection Policy for the Living Collection[M]. Royal Botanic Garden Edinburgh, Edinburgh.

RAE D, CUBEY R, GARDNER M, et al, 2006b. Catalogue of Plants 2006[M]. Royal Botanic Garden Edinburgh.

RAE D, 2011. The Living Collection[M]. Royal Botanic Garden Edinburgh, Edinburgh.

RAE D, CUBEY R, HUGHES K, et al, 2012. Catalogue of Plants 2012[M]. Royal Botanic Garden Edinburgh, Edinburgh.

RUSTAN Ø, OSTGAARD H, 2017. IrisBG® – Botanical Garden Collection Management, version 3.6.4.17114 (software). Available online: www. irisbg.com (2023-03登录).

SCHWEINFURTH U, SCHWEINFURTH-MARBY H, 1975. Exploration in the Eastern Himalayas and the River Gorge Country of Southeastern Tibet: Francis Frank Kingdon-Ward (1885—1958) : An Annotated Bibliography with A Map of the Area of His Expeditions, Wiesbaden: Franz Steiner Verlag, pp. 15-93.

SUTHERLAND J, 1683. Hortus medicus Edinburgensis, or, A catalogue of the plants in the Physical Garden at Edinburgh : containing their most proper Latin and English names; with an English alphabetical index. Printed by heir of Andrew Anderson, Edinburgh.

WALTER K S, O'NEAL M J, 1985—2018. BG-BASE™ (Collection Management Software, version 6.8). BG-BASE Inc. & BG-BASE (UK) Ltd.

WATSON MF, AKIYAMA IKEDA SH, et al, 2011, Flora of Nepal, volume 3, Edinburgh: Royal Botanic Garden Edinburgh.

致谢

感谢马金双老师对本篇章撰写给出的宝贵建议！从资料收集，到章节组织架构、内容编排，再到植物分类学专业知识校正，无不倾注了马老师大量的精力和心血。特别感谢国家植物园（北园）陈燕老师分享爱丁堡皇家植物园相关参考资料和照片，并对本篇提出宝贵修改意见。中国植物园联盟建设项目培训部主管杨玺女士提供中方赴爱丁堡研习学员名单，国家植物园（北园）副园长魏钰，中国科学院西双版纳热带植物园吴福川、王晓静、黄天萍和席会鹏，丽江高山植物园陈智发，国家植物园（北园）孟昕、中国科学院西双版纳热带植物园吴秀坤，国家植物园（北园）王苗苗和王昕提供相关照片，在此一并致谢。向各位领导、老师和同事们给予的指导和帮助致以最衷心的感谢！

作者简介

池淼（女，山西忻州人，1990年生），山西农业大学园林学本科（2012），中国林业科学研究院风景园林硕士（2014）；2014年入职北京市植物园（现国家植物园北园，下同）；2017年到爱丁堡皇家植物园交流学习。园林植物高级工程师；主要研究方向：兰属植物观赏特性及香气成分研究。

彭明森（男，北京怀柔人，1991年生），北京农学院风景园林本科（2013），2013年入职北京市植物园，主要从事植物养护、花卉布展等工作，园林绿化工程师；2019年选调北京世界园艺博览会事务协调局，主要负责中国国家馆展陈、运营管理等工作。

王涛（女，河北保定人，1983年生），河北大学海洋科学本科（2007），河北农业大学生物化学与分子生物学硕士（2010），北京林业大学园林植物与观赏园艺博士（2014），中国林业科学研究院林业研究所博士后（2018）；2018年入职北京市植物园植物研究所，主要从事濒危植物保育工作，主要研究方向：兰科植物遗传育种与菌根共生调控机制研究。

附表　爱丁堡皇家植物园收集中国活植物[11]

种 Species	生活型 Life form	濒危现状 IUCN Red list	来源 Provenance	登记号 Accession	在爱丁堡皇家植物园的位置 Location in RBGE
Actinidia chinensis	VL		W	19970269*A	E16 - Inverleith Nursery - North West Wall Plants - Edinburgh
Actinidia kolomikta	VL		W	19960012*C	N05 - Herbarium and Glass Lawn - Edinburgh
Actinidia vitifolia	VL	V	W	19793312*C	F34/3 - East Walls and Borders Inverleith House - Edinburgh
Saurauia tristyla var. *oldhamii*			W	20150261*B	F30 - Secret Garden - Edinburgh
				19935017	/
Viburnum betulifolium	DS	LC	W	19934127	A09 - Western Taiwanese Bed - Edinburgh
Viburnum foetidum var. *foetidum*			W	19934056*A	A09 - Western Taiwanese Bed - Edinburgh
				20050469*A	E08 - Northern Hedge - Edinburgh
				20050065*E,20050065*F	E15 - Inverleith Nursery Western Boundary Planting - Edinburgh
				20050054	S05/E - South Border East - Edinburgh
Viburnum foetidum var. *rectangulatum*	SS		W	19934145*A	A10 - Eastern Taiwanese Bed - Edinburgh
			W	20050057*E,20050057*H	E08 - Northern Hedge - Edinburgh
			W	20050057*D	E09 - Experimental Garden Wind Break - Edinburgh
			GW	20151088*A	F24 - Lawn southwest of Inverleith House - Edinburgh
			W	20050057*B,20050057*C	L07 - Pond Lawn - Edinburgh
			GW	20111038*A	V01 - Car Park - Dawyck
			GW	20151088*C	Z54 - Perimeter Fence Border - Logan
Viburnum luzonicum	DS	LC	W	20050468	M15 - Caledonian Hall and stream (*Betula jaquemontii* hybrid) - Edinburgh
Allium beesianum	G	LC	W	20150071*C	R26 - Rock Garden - Edinburgh
Allium hookeri var. *muliense*	G		W	19910927*A	R20 - East End Centre Valley North Side - Edinburgh

11 参考爱丁堡皇家植物园网站（https://rbge.gardenexplorer.org/default.aspx，2023-05 登录）。

（续）

种 Species	生活型 Life form	濒危现状 IUCN Red list	来源 Provenance	登记号 Accession	在爱丁堡皇家植物园的位置 Location in RBGE
Allium macranthum	G		W	20070901*A	R42 - Rock Garden - Edinburgh
Allium prattii	G		W	19812756*A	R17 - Rock Garden - Edinburgh
Allium sikkimense	G		W	19943309*E	R27 - Rock Garden - Edinburgh
Allium stenodon	G		W	19991092*A	Q02/2 - Alpine House - Edinburgh
Allium wallichii	G		W	19911269	H06 - Pringle Chinese Collection - Edinburgh
			GW	19982134	H10 - Pringle Chinese Collection - Edinburgh
			GW	19982134*C	R18 - Rock Garden - Edinburgh
			W	20150069*A	R27 - Rock Garden - Edinburgh
			W	19910637*B	R37 - Rock Garden - Edinburgh
			W	19982134*A	R40 - Rock Garden - Edinburgh
			W	19910815*A	R42 - Rock Garden - Edinburgh
			W	19910637*A	W10 - Upper Woodland Island Bed Peat Walls - Edinburgh
			W	19911139*A	/
Hoya carnosa	VL		W	20140221	/
Marsdenia formosana			W	20140205	R15 - Outcrops West Grass Valley - Edinburgh
Arisaema ciliatum	HP			20150139*B	R16 - Rock Garden - Edinburgh
			W	19911181*B	W19 - Woodland Garden Corner Bed - Edinburgh
				19944116*A	W21 - Island bed Upper Woodland - Edinburgh
				19880398*A	M20 - Caledonian Hall Area - Edinburgh
Arisaema concinnum	HP		W	20061276	W18 - Woodland Garden Island Bed - Edinburgh
				20042027*C	H13 - Pringle Chinese Collection - Edinburgh
Arisaema consanguineum	HP		W	19911509*B	R13 - Dwarf Rhododendrons West - Edinburgh
			W	19944066*A	R15 - Outcrops West Grass Valley - Edinburgh
			GW	20181508*F	W04/N - Peat Walls Long Bed North Side - Edinburgh
			W	19911509*D	W11 - Upper Woodland Centre Bed - Edinburgh
			W	19943568*A	W12 - Woodland Garden South Side Island Bed - Edinburgh
			W	19911399*E	W13 - Woodland Garden South Side Long Bed West - Edinburgh
			W	19911509*E,19911509*C	W17 - Woodland Garden Island Bed - Edinburgh
			W	19911130*A,19911399*A	W19 - Woodland Garden Corner Bed - Edinburgh
			W	19911509*A	

（续）

种 Species	生活型 Life form	濒危现状 IUCN Red list	来源 Provenance	登记号 Accession	在爱丁堡皇家植物园的位置 Location in RBGE
Arisaema elephas	HP		W	19871612*A	W05/N - Peat Walls North Border - Edinburgh
				19871612*C	W12 - Woodland Garden South Side Island Bed - Edinburgh
Arisaema engleri	PP		W	19970277*A	H27 - Edinburgh
			W	20150249*B	F30 - Secret Garden - Edinburgh
			W	20150249	G20 - Temperate Lands - Hard standing - Edinburgh
			W	20150249*C	H05 - Pringle Chinese Collection - Edinburgh
Arisaema erubescens	HP		W	20150138*B	M20 - Caledonian Hall Area - Edinburgh
			W	20150249	R01 - Rock Garden - Edinburgh
			GW	20190752*C	Z96 - Far side of stream at entrance. from main path and up backing onto path to cottages - Logan
Arisaema kelung-insularis	PP		W	19934104*A	W13 - Woodland Garden South Side Long Bed West - Edinburgh
				19934212*B	H09 - Pringle Chinese Collection - Edinburgh
Arisaema taiwanense var. *taiwanense*	PP		W	19934212*D	YC8 - Inner courtyard Walls - Benmore
				19934212	YP3 - South of pond border (YP2) footpath - Benmore
				19934212	Z125 - Frame 3 x RHS of bottom green house - Logan
Colocasia esculenta	HP	LC	W	20140193	/
Epipremnum pinnatum	VL	V	W	20140223	/
Aralia chinensis	SS		W	20150280*B	W06/E - Woodland Garden East - Edinburgh
Eleutherococcus lasiogyne	SS	LC	W	19111044*D	H17 - Pringle Chinese Collection - Edinburgh
			W	19111044*C	V09 - Grand Douglas- Dawyck
Eleutherococcus leucorrhizus	SS		W	19081019*A	A12 - Southern meadow - Edinburgh
				20030456*A	H25 - Island Bed East Hillside - Edinburgh
Eleutherococcus senticosus	SS		W	19970315*B	E27 - Main Gate West Inverleith Nursery - Edinburgh
Eleutherococcus leucorrhizus var. *setchuensis*	DS		GW	20061791*A	B10/2 - Berberis Lawn - Edinburgh
			W	20011310*A	H18/N - Pringle Chinese Collection - Edinburgh
Eleutherococcus trifoliatus	DS		W	20040727	V08 - Sargents Garden- Dawyck
Eleutherococcus wilsonii	SS		W	19910176*B	R05 - Japanese Beds - East Valley- Edinburgh
Fatsia polycarpa		LR	GW	20092007*B	Z134 - Rear Discovery Centre - Logan
Schefflera taiwaniana	T	LC		19934382*BB	BG13 - Biodiversity Garden - Edinburgh
			W	19934382*BA	BG4 - Biodiversity Garden - Edinburgh
				19934382	BG8 - John Hope Gateway - Foyer Planting - Edinburgh

08

（续）

种 Species	生活型 Life form	濒危现状 IUCN Red list	来源 Provenance	登记号 Accession	在爱丁堡皇家植物园的位置 Location in RBGE
Schefflera taiwaniana	T	LC	W	19934382*B	F11 - Mixed Shrub Border Soap House East - Edinburgh
				19934382*BK	/
				20140219*C	M21 - Conifer Walk East- Edinburgh
				20140219*D,20140219*E, 20140219*F	W09/N - Woodland Garden - Edinburgh
				19934382*CA	W09/S - Woodland Garden - Edinburgh
				20140219*G	W12 - Woodland Garden South Side Island Bed - Edinburgh
				20140219	YF1 - Lower Fernery Road South East - Benmore
				20140219*N	YP2 - Pond Borders - Benmore
				20140219	YT3 - Area south and west of YT2 (Bhutan) - Benmore
				19934382*E,20140219*P	Z03 - South Border - Logan
				20140219	Z109 - LHS Top Conservatory Path - Logan
				20140219 (2)	Z13 - Eucryphia Bed - Logan
				19934382*BG	Z134 - Rear Discovery Centre - Logan
Tetrapanax papyrifer	SS	LC	W	20140206*I	D05/2 - Queen Mother's Garden Southern Hemisphere Area - Edinburgh
				20140212	/
				20140206*F,20140206*G	W12 - Woodland Garden South Side Island Bed - Edinburgh
Caryota monostachya	P		W	19951580	/
Aristolochia moupinensis	VL		W	19973539	/
Ilex maximowicziana	ES		W	19973539*A	H16 - Pringle Chinese Collection - Edinburgh
Aspidistra elatior	HP		W	19934226*B	A09 - Western Taiwanese Bed - Edinburgh
Disporopsis fuscopicta	EP		W	20140165	/
			W	20140216	/
Asparagus filicinus	HP	DD	W	19812605*A	W13 - Woodland Garden South Side Long Bed West - Edinburgh
			W	19812605*C	W14 - Woodland Garden South Side Island Bed - Edinburgh
Campylandra chinensis	G		W	20141512	/
Asplenium antiquum	HP		GW	20110936	/
			W	20140158	/
Anaphalis margaritacea var. cinnamomea	HP		W	19911007*B	R05 - Japanese Beds - East Valley- Edinburgh
Artemisia lactiflora	HP		GW	19882403*C	W17 - Woodland Garden Island Bed - Edinburgh

（续）

种 Species	生活型 Life form	濒危现状 IUCN Red list	来源 Provenance	登记号 Accession	在爱丁堡皇家植物园的位置 Location in RBGE
Aster albescens	SS		W	19910718	F06 - Island Bed - Edinburgh
			W	19910718**B	H06 - Pringle Chinese Collection - Edinburgh
			GW	20200656*C	H09 - Pringle Chinese Collection - Edinburgh
			W	19911050*D	H18/E - Pringle Chinese Collection - Edinburgh
Aster diplostephioides	HP		W	20150185*B	H16 - Pringle Chinese Collection - Edinburgh
Aster oreophilus	HP		W	19880382*D	R05 - Japanese Beds - East Valley- Edinburgh
Cacalia delphiniifolia	HP		GW	20091173*A	M22 - Conifer Walk West - Edinburgh
Erigeron morrisonensis	HP		W	19934093	R02 - Scree - Edinburgh
				19934093*F	R20 - East End Centre Valley North Side - Edinburgh
Sinacalia davidii			GW	20091172*A	H08 - Pringle Chinese Collection Small Bed - Edinburgh
Senecio scandens	HP	LC		20031559*D	H27 - Edinburgh
Allantodia crenata	FF		W	20091043*A	C13 - Spot Plant - Dipteronia sinensis - Edinburgh
Diplazium dilatatum	HP		W	19934235	/
Diplazium donianum	HP		W	19763823	/
Begonia chitoensis	EP		W	20140225	/
Begonia formosana	EP		W	19933938	/
Begonia grandis	HP		W	20150241	/
Begonia palmata	EP		W	20140173	/
Berberis aemulans	SS		GW	20070146*A	V43 - Chapel Area - Dawyck
Berberis amurensis var. quelpaertensis	SS		W	20151744*B,20151744*C	V49 - Boundary Planting - Dawyck
Berberis aristatoserrulata	ES		GW	20001575*A	L07 - Pond Lawn - Edinburgh
Berberis kawakamii	ES			19934107*A	H06 - Pringle Chinese Collection - Edinburgh
			W	19933979*B	H07 - Pringle Chinese Collection - Edinburgh
				19934107*B,19934132*B	H10 - Pringle Chinese Collection - Edinburgh
			GW	20140530*B,20140530*C	A09 - Western Taiwanese Bed - Edinburgh
			W	19240012	B05 - Berberis Island Bed - Edinburgh
Berberis morrisonensis	DS		GW	20140530*A	E24 - Experimental Garden - Edinburgh
			W	19240012*C,19240012*D, 19240012*E	V34 - East Chapel Vista - Dawyck
Berberis aggregata	SS		GW	20100481 (2)	V41 - South Chapel Bank - Dawyck

08

（续）

种 Species	生活型 Life form	濒危现状 IUCN Red list	来源 Provenance	登记号 Accession	在爱丁堡皇家植物园的位置 Location in RBGE
Berberis amurensis	SS		W	20050230*C	H18/N - Pringle Chinese Collection - Edinburgh
Berberis bowashanensis	ES		W	19944111*B	H14 - Pringle Chinese Collection - Edinburgh
Berberis calcipratorum	ES		W	1943686*A,1943686*B, 1943686*D	V33 - Himalayan Berberis - Dawyck
Berberis calliantha	SS		GW	19381019	S05/E - South Border East - Edinburgh
Berberis caroli	DS		W	19687469*A	B07 - Berberis Island Bed - Edinburgh
Berberis cavaleriei	ES		W	19861037*A,19861037*B	V31 - Upper West Burnside - Dawyck
Berberis coxii	SS		W	20022201,20022201*C	Q09/2 - Raised bed - Edinburgh
				19251027*B,19251027*C	V31 - Upper West Burnside - Dawyck
Berberis davidii	ES		W	20171647*A,20171647*B,20171647*C,20171647 (2)	V08 - Sargents Garden- Dawyck
Berberis deinacantha	ES		W	19944165*B	H27 - Edinburgh
Berberis dictyophylla	SS		W	19943674*B	B07 - Berberis Island Bed - Edinburgh
			W	20031572*B	E09 - Experimental Garden Wind Break - Edinburgh
			W	20031572*C	F01 - Rhododendron Walk - Edinburgh
			W	19910522*C,20031572	H11 - Pringle Chinese Collection - Edinburgh
			W	20031569*B	H14 - Pringle Chinese Collection - Edinburgh
			GW	20140501*A,20140501	V08 - Sargents Garden- Dawyck
			W	19952529*D	V41 - South Chapel Bank - Dawyck
			W	19941182	V42 - Upper West Streamside - Dawyck
			W	19910522*A	V43 - Chapel Area - Dawyck
Berberis dictyophylla var. campylogyna	SS		W	19871392*A,19871392*B, 19871392*C,19871392*D, 19871392*E,19871392*F	V31 - Upper West Burnside - Dawyck
Berberis dokerlaica	ES		W	19924428*A, 19924428*B, 19924428*C	V08 - Sargents Garden- Dawyck
				19220032*A	B02 - Chinese Border West - Edinburgh
Berberis dumicola	SS		W	19220041*A	S23/E - Upper Birch Lawn East - Edinburgh
				19220041*B	V44 - Spiraea Bank - Dawyck
				19220032	YF1 - Lower Fernery Road South East - Benmore
Berberis forrestii	SS		W	20031612*B	F01 - Rhododendron Walk - Edinburgh

（续）

种 Species	生活型 Life form	濒危现状 IUCN Red list	来源 Provenance	登记号 Accession	在爱丁堡皇家植物园的位置 Location in RBGE
Berberis forrestii	SS		W	19880368*A,19880368*B, 19880368*C,19880368*D, 19880368*E	V09 - Grand Douglas- Dawyck
Berberis franchetiana	ES		W	19952555, 19952555*B, 19952555*C	V43 - Chapel Area - Dawyck
Berberis franchetiana var. glabripes	SS		W	19381044,19381044*C	B03 - Northern Berberis Island Bed - Edinburgh
Berberis franchetiana var. macrobotrys	SS		W	19644005	B03 - Northern Berberis Island Bed - Edinburgh
				19952680*AM,19952680*AN, 19952680*AO,19952680*AP	B07 - Berberis Island Bed - Edinburgh
				19943966*A	H05 - Pringle Chinese Collection - Edinburgh
				19952680*AL	H20/N - Pringle Chinese Collection Bed - Edinburgh
				19952655*H,19952655*I	V24 - Lower Scots Pine - Dawyck
				19952680*G,19952680*H, 19952680*I	V31 - Upper West Burnside - Dawyck
				19952655,19952680*A,1995 2680*K,19952680*M,199526 80*N,19952680*Q,19952680 (3),19952680*S	V43 - Chapel Area - Dawyck
Berberis gagnepainii	ES		W	19693555*A	B05 - Berberis Island Bed - Edinburgh
				19091019*A	B09 - Southern Berberis Island Bed - Edinburgh
				19091019*B	E23/S - South West Potting Shed Bed - Edinburgh
				19091019*C	H14 - Pringle Chinese Collection - Edinburgh
				19693555*B	V05 - Wilson's Planting - Dawyck
				19091019*D,19091019*E	V33 - Himalayan Berberis - Dawyck
Berberis gyaitangensis	ES		W	19943677*B	B07 - Berberis Island Bed - Edinburgh
Berberis hookeri var. hookeri	SS		W	19381153	YF1 - Lower Fernery Road South East - Benmore
Berberis hookeri var. viridis	SS		W	19341064*A	B05 - Berberis Island Bed - Edinburgh
Berberis jaeschkeana var. bimbilaica	SS		W	19381159*A	B03 - Northern Berberis Island Bed - Edinburgh
			GW	20140526	V33 - Himalayan Berberis - Dawyck
Berberis jamesiana	SS		W	19644008*A	B03 - Northern Berberis Island Bed - Edinburgh
				20061179*C	H06 - Pringle Chinese Collection - Edinburgh
				20061179	H18/S - Pringle Chinese Collection - Edinburgh

08

种 Species	生活型 Life form	濒危现状 IUCN Red list	来源 Provenance	登记号 Accession	在爱丁堡皇家植物园的位置 Location in RBGE
Berberis jamesiana	SS		W	20130719*C,20130719*E, 20130719*F,20130719 (5), 20130719*J	V43 - Chapel Area - Dawyck
				19943519*B	B07 - Berberis Island Bed - Edinburgh
Berberis lecomtei	SS		W	19943605*A	H25 - Island Bed East Hillside - Edinburgh
				19943558*A	S05/E - South Border East - Edinburgh
				19910232*A	V08 - Sargents Garden - Dawyck
				19943519*A,19943519*D, 19943519*E	V41 - South Chapel Bank - Dawyck
				19944018*I	B10/1 - Berberis Lawn - Edinburgh
				19944018*H	E09 - Experimental Garden Wind Break - Edinburgh
				19944018*G	E23/S - South West Potting Shed Bed - Edinburgh
				19943785*H,19944018*D	H05 - Pringle Chinese Collection - Edinburgh
				19944057*D,19944057*F	H18/E - Pringle Chinese Collection - Edinburgh
Berberis lijiangensis	SS		W	19943785*E,19943785*F, 19943785*G,19943785*B	H24 - Island Bed East Hillside - Edinburgh
				19944057*C	H27 - Edinburgh
				19943785*I	L07 - Pond Lawn - Edinburgh
				19944018*A, 19944018*B, 19944018*C	M15 - Caledonian Hall and stream (Betula jaquemontii hybrid) - Edinburgh
				19943785*B,19943785*C	V09 - Grand Douglas- Dawyck
				19880399*B	V42 - Upper West Streamside - Dawyck
				19944018*E	W13 - Woodland Garden South Side Long Bed West - Edinburgh
				19910513*I	H18/S - Pringle Chinese Collection - Edinburgh
Berberis microtricha	SS		W	19910513*B,19910513*C, 19910513*D,19910513*H	H20/N - Pringle Chinese Collection Bed - Edinburgh
				19952576*J,19952576*K, 19952576*L	V01 - Car Park - Dawyck
				19952576	V24 - Lower Scots Pine - Dawyck
				19952576*B,19952576*C	V43 - Chapel Area - Dawyck
Berberis papillifera	SS		W	20132163*A	H14 - Pringle Chinese Collection - Edinburgh
Berberis phanera	SS		W	19381046	B06 - Berberis Island bed - Edinburgh

（续）

种 Species	生活型 Life form	濒危现状 IUCN Red list	来源 Provenance	登记号 Accession	在爱丁堡皇家植物园的位置 Location in RBGE
Berberis phanera	SS		GW	20140893	H11 - Pringle Chinese Collection - Edinburgh
			W	19871396*A	V31 - Upper West Burnside - Dawyck
			W	19381046 (4), 19381046*F	V43 - Chapel Area - Dawyck
Berberis polybotrys	ES		W	19943553*A, 19943553*B	E27 - Main Gate West Inverleith Nursery - Edinburgh
Berberis prattii	DS		W	19687172*B	E24 - Experimental Garden - Edinburgh
			GW	19981631*B	H25 - Island Bed East Hillside - Edinburgh
Berberis pruinosa	SS		W	19803457*A, 19803457*B, 19803457*C	V09 - Grand Douglas- Dawyck
Berberis sargentiana	SS		W	19784169	B05 - Berberis Island Bed - Edinburgh
Berberis sherriffii	SS		W	19744027*A, 19744027*C	B03 - Northern Berberis Island Bed - Edinburgh
				19744027*D	V33 - Himalayan Berberis - Dawyck
Berberis stearnii	SS		W	19310185*A	N06 - Logan's (East) Border South - Edinburgh
Berberis temolaica	SS		W	19960507 (2)	V41 - South Chapel Bank - Dawyck
Berberis temolaica var. artisepala	SS		W	19381164*A	B07 - Berberis Island Bed - Edinburgh
Berberis tischleri	ES		W	19870255*B, 19870255*C, 19870255*E, 19870255*F, 19870255, 19870255*H	V08 - Sargents Garden- Dawyck
				19902121	V43 - Chapel Area - Dawyck
Berberis temolaica var. temolaica	ES		W	19734098*A	B07 - Berberis Island Bed - Edinburgh
			GW	20140504*A, 20140504*B	V33 - Himalayan Berberis - Dawyck
Berberis tianchiensis	ES		W	19943254*B	H11 - Pringle Chinese Collection - Edinburgh
Berberis tischleri var. abbreviata	ES		W	19913295*B	H07 - Pringle Chinese Collection - Edinburgh
Berberis trichohaematoides	SS		W	19380593*B	V44 - Spiraea Bank - Dawyck
				19943581*D	B07 - Berberis Island Bed - Edinburgh
Berberis wilsoniae	DS		W	19960252*D	H27 - Edinburgh
				19960252*A	R19 - Rock Garden - Edinburgh
Berberis wilsoniae var. guhtzunica	SS		W	19734087*A	B08 - Triangle Lawn - Edinburgh
			GW	20140529*A	H16 - Pringle Chinese Collection - Edinburgh
			W	19734087*B	YJ4 - East of viewpoint shelter gate and north of korean fir footpath - Benmore
Berberis tsarongensis var. megacarpa	SS		W	19381165*A	B03 - Northern Berberis Island Bed - Edinburgh
				19381165*B	V09 - Grand Douglas- Dawyck

种 Species	生活型 Life form	濒危现状 IUCN Red list	来源 Provenance	登记号 Accession	在爱丁堡皇家植物园的位置 Location in RBGE
Berberis wilsoniae var. *wilsoniae*	SS		W	19870279*A,19870279*B, 19870279*C,19870279*D, 19870279*E	V31 - Upper West Burnside - Dawyck
				19913296*A	V43 - Chapel Area - Dawyck
Berberis wui	ES		W	19943817*A	H11 - Pringle Chinese Collection - Edinburgh
			GW	20121694*A	N07 - Island bed - Edinburgh
Berberis xanthoclada	ES		GW	20001598*D	H24 - Island Bed East Hillside - Edinburgh
			GW	20001598*A	L04 - Pond Lawn - Edinburgh
			GW	20001598*C	V33 - Himalayan Berberis - Dawyck
Berberis yingjunshengii	ES		W	19943511*A	H05 - Pringle Chinese Collection - Edinburgh
			W	19943511*C,19943511*D	V09 - Grand Douglas- Dawyck
Berberis zhaotongensis	ES		W	19960251*B	M14 - Caledonian Hall Area (Parrotia persica) - Edinburgh
Mahonia gracilipes	ES		W	19891713	G71 - Temperate Collection - Glasshouse Service Area Temperate (Pot Plants) - Edinburgh
				19891713*B	N05 - Herbarium and Glass Lawn - Edinburgh
				20140194*C	W21 - Island bed Upper Woodland - Edinburgh
				20140194	YF7 - North - west of middle tori gate (Japan) - Benmore
Mahonia oiwakensis		V	W	20140194*I	YN2 - Younger Memorial Walk South West - Benmore
				20140194*F	YN4 - Younger Memorial Walk North East - Benmore
				20140194*G,20140194*H	YP5 - Stream Area East - Benmore
				20140194	Z109 - LHS Top Conservatory Path - Logan
Alnus formosana	DT	LC	W	19933922*D,19933922*G	H11 - Pringle Chinese Collection - Edinburgh
			GW	20171536*A	Z51 - Eucryphia Bed - Logan
Carpinus kawakamii	DT	LC	W	20070817*E	B03 - Northern Berberis Island Bed - Edinburgh
			W	20070817*D	W27 - Woodland Garden - Edinburgh
				20070817	Z71 - Yurt Bed - Logan
Carpinus rankanensis	DT	LC	W	19934026*A	S05/E - South Border East - Edinburgh
Betula austrosinensis	T		W	19870143*A	YA2 - North Avenue East - Benmore
Betula calcicola	DT	LC	W	19910664*1,19910664*J	H09 - Pringle Chinese Collection - Edinburgh
			W	20031516*E	H20/S - Pringle Chinese Collection Bed - Edinburgh
			W	19943748	Q04/1 - Alpine House Frame Sempervivum - Edinburgh

（续）

种 Species	生活型 Life form	濒危现状 IUCN Red list	来源 Provenance	登记号 Accession	在爱丁堡皇家植物园的位置 Location in RBGE
Betula calcicola	DT	LC	W	19910664	R02 - Scree - Edinburgh
			GW	20050411*B,20050411	
			W	19910664*N	R23 - Rock Garden - Edinburgh
			W	19910664*O	R35 - Rock Garden - Edinburgh
			W	20031516*B,20031516*C	R72 - Rock Garden Lawn - Edinburgh
			GW	20050411*C	
Betula chinensis	T	LC	GW	20050413*A	S20/1 - Upper Birch Lawn Tree and Shrub Bed - Edinburgh
Betula costata	T	LC	W	19951165*A,19951165*B	V20 - Lower West Vista and Beech Walk - Dawyck
			W	19951165*D	YC4 - Car Park - Benmore
Betula dahurica	T	LC	W	19951168*B	V36 - Windbreak - Dawyck
Betula delavayi	DT	LC		20150172 (2)	H11 - Pringle Chinese Collection - Edinburgh
			W	20150172*D,20150172*E, 20150172*B	H16 - Pringle Chinese Collection - Edinburgh
			W	19943747*A,19943747*B, 19943747*C,19943747*D	V24 - Lower Scots Pine - Dawyck
Betula insignis	T		GW	19860078*A	V43 - Chapel Area - Dawyck
			W	19890828*A	E27 - Main Gate West Inverleith Nursery - Edinburgh
			W	19943694*B	E28/W - Trees Surrounding Turf Break - West Side - grid from South to North - Edinburgh
Betula pendula	T	LC	W	19890828*B,19890828*C, 19890828*D,19890828,19 89028*F	H18/N - Pringle Chinese Collection - Edinburgh
			W	19910377	R100/10 - East Gate House- Edinburgh
			GW	20070895*A	S23/W Upper Birch Lawn West - Edinburgh
Betula luminifera	T	LC	W	19933472,19933472*D,19 933472*E, 19933472*I	H18/N - Pringle Chinese Collection - Edinburgh
			W	19933472*F,19933472*H	H18/S - Pringle Chinese Collection - Edinburgh
				19952553*H	A13 - Rain Garden - Edinburgh
Betula pendula subsp. szechuanica	T	DD	W	19960494*B,19960494*C, 19960494*D,19960494*E, 19960494*F	E27 - Main Gate West Inverleith Nursery - Edinburgh
				19952524*G,19960494*G	E28/S - Turf Break South Bed - Edinburgh

08

（续）

种 Species	生活型 Life form	濒危现状 IUCN Red list	来源 Provenance	登记号 Accession	在爱丁堡皇家植物园的位置 Location in RBGE
Betula pendula subsp. *szechuanica*	T	DD	W	19921456*A,19921456*M,19921456*V,19921456*AB,19921456*AC,19921456*AE,19921456*AF	H05 - Pringle Chinese Collection - Edinburgh
				19910175*B,19910175*C,19910175*D	H18/N - Pringle Chinese Collection - Edinburgh
				19921456*E,19921456*G	H18/S - Pringle Chinese Collection - Edinburgh
				19960494*A	N06 - Logan's (East) Border South - Edinburgh
				19960494*H	S23/W Upper Birch Lawn West - Edinburgh
				19952524*B,19952524*D,19952524*E,19952524*F,19981709*B	V24 - Lower Scots Pine - Dawyck
				19952553*A,19952553*B	V41 - South Chapel Bank - Dawyck
				19952553*F	V43 - Chapel Area - Dawyck
				19952553*I,19952553*I,19952553*K	YC4 - Car Park - Benmore
Betula szechuanica	T		W	19687198*A	S23/W Upper Birch Lawn West - Edinburgh
				20101231*F	W09/N - Woodland Garden - Edinburgh
				20101231*G	W12 - Woodland Garden South Side Island Bed - Edinburgh
				20101231*D	YL1 - Opposite and west of YP6 (Azalea Lawn) - Benmore
				20101231*A	YP3 - South of pond border (YP2) footpath - Benmore
Betula potaninii	T	LC	GW	20051342*A	H27 - Edinburgh
				20050417*A	R72 - Rock Garden Lawn - Edinburgh
Betula tianschanica	T	DD	W	20051397*B	E09 - Experimental Garden Wind Break - Edinburgh
				20070884*D	BG16/S - Biodiversity Garden - Edinburgh
				19943510*B	C14 - Copse and Oak Lawn Areas - Edinburgh
Betula utilis	T	LC	W	19952568*S	D05/3 - Queen Mother's Garden European area - Edinburgh
				19952552*H	E28/E - Trees Surrounding Turf Break - East Side - Edinburgh
				19952632*D	E28/S - Turf Break South Bed - Edinburgh
				19910376*,1991037 6*E	H05 - Pringle Chinese Collection - Edinburgh
				19921476*B,19921476*C,19921476*S	H16 - Pringle Chinese Collection - Edinburgh

（续）

种 Species	生活型 Life form	濒危现状 IUCN Red list	来源 Provenance	登记号 Accession	在爱丁堡皇家植物园的位置 Location in RBGE
				19910376*A, 19910376*B, 19910376	H19 - Pringle Chinese Collection - Edinburgh
				19921476*I,19921476*M, 19921476*N,19921476*O, 19921476*P,19921476*Q	H20/N - Pringle Chinese Collection Bed - Edinburgh
				19921476*F,19921476*J,1 9921476*K	H20/S - Pringle Chinese Collection Bed - Edinburgh
				19960521*K	H22 - East Lawn Chinese Hillside - Edinburgh
				19810774*A	H25 - Island Bed East Hillside - Edinburgh
				19952568*L	S20 - Upper Birch Lawn - Edinburgh
				19960521*F,19960521*G, 19960521*H	S23/E - Upper Birch Lawn East - Edinburgh
				19952568*F,19952568*H, 19952568*J	S23/W Upper Birch Lawn West - Edinburgh
Betula utilis	T	LC	W	19981681*A,20022240*A, 20022240*B,20022240*C	V24 - Lower Scots Pine - Dawyck
				19810774*C,19952552*D, 19952552*G	V41 - South Chapel Bank - Dawyck
				19952552*P,19952568*A, 19952568*B,19952568*C, 19952568*N,19952585*A, 19952585*C,19952585*D, 19952585*F,19952585*G, 19952585*H,19952585*I,1 9952585*J,19952585*K,1 9952585*L,19952585,199 52632*A,19952632*B,199 52632*C,19952641*A,199 52641*B,19952641*C,199 52641*D,19952641*E,199 52641*F,19952641*G,199 52641*H	V43 - Chapel Area - Dawyck
				19952552*N	W06/W - Woodland Garden West - Edinburgh
				19220047*B	W21 - Island bed Upper Woodland - Edinburgh
				20070884*A,20070884*B, 20070884*C	YH1 - North - east of upper taliensia staircase - Benmore

08

（续）

种 Species	生活型 Life form	濒危现状 IUCN Red list	来源 Provenance	登记号 Accession	在爱丁堡皇家植物园的位置 Location in RBGE
Betula utilis subsp. albosinensis	T		GW	19300020*A	C03 - Holly Lawn - Edinburgh
		DD	W	19952927*D,19952927*E,19952927*F	S20/1 - Upper Birch Lawn Tree and Shrub Bed - Edinburgh
			W	19952927*G	S20/2 - Upper Birch Lawn Japanese Bed - Edinburgh
			W	19734071*A	W13 - Woodland Garden South Side Long Bed West - Edinburgh
			W	19952927*H	YN1 - Younger Memorial Walk South East - Benmore
			W	19944133*V	H22 - East Lawn Chinese Hillside - Edinburgh
			W	19944133*R,19944133*S,19944133*T,19944133*U	H27 - Edinburgh
			W	19944133*Q	H28 - Edinburgh
			W	19944133*F	S20/1 - Upper Birch Lawn Tree and Shrub Bed - Edinburgh
Betula utilis var. utilis	T		W	20020323*B,20020323*C	V17 - Lower East Vista - Dawyck
			W	19944133*D	W27 - Woodland Garden - Edinburgh
			W	19944133*M	YC3 - East and West of Riverside Road - Benmore
			W	19944133*G,19944133*H,19944133*I,19944133*J,19944133*O,19944133*P	YC4 - Car Park - Benmore
			GW	19739041	Z91 - Long Bed - Logan
Carpinus pubescens	T	LC	GW	20050233*A	S05/E - South Border East - Edinburgh
Carpinus polyneura	T	LC	W	19922056*A	V31 - Upper West Burnside - Dawyck
Carpinus shensiensis	T	LC	W	19831081*A	V48 - Western North America - Dawyck
Woodwardia unigemmata	HP		W	19934392	BG8 - John Hope Gateway - Foyer Planting - Edinburgh
			GW	20132087	BG8 - John Hope Gateway - Foyer Planting - Edinburgh
			W	19763944,19934392*C	/
			W	20091034*F	YF 13 - Fernery Interior Lower Level Bed - Benmore
			W	20091034*C,20091034*D	YF14 - Fernery Interior Vault - Benmore
			GW	20110822*C	YF14 - Fernery Interior Vault - Benmore
			GW	20220884	YF15 - Lower Fernery Gulley - Benmore
			GW	20091034*A,20091034*B	YF17 - Fernery – Interior Vertical Walls and Ledges - Benmore
			GW	20132087	Z104 - Grisielinia Hedge Front - Logan
			W	19763947	Z49 - Triangular Bed - Logan

（续）

种 Species	生活型 Life form	源危现状 IUCN Red list	来源 Provenance	登记号 Accession	在爱丁堡皇家植物园的位置 Location in RBGE
Woodwardia unigemmata	HP		GW	20190604	Z98 - Enclosed between path next to Z96 & Z122 & main path in lower woodland - Logan
			W	20191049	Z98 - Enclosed between path next to Z96 & Z122 & main path in lower woodland - Logan
			GW	20110822	Z99 - Triangular Bed SW Woodland. To RH side of main path walking up - Logan
Catalpa fargesii f. duclouxii	T		W	19081013*A	F10/W - Rhododendron Walk West - Edinburgh
			GW	20071778*A	M01 - Stream Lawn East - Edinburgh
			W	19081013*C,19081013*B	M02 - Stream Lawn West - Edinburgh
Catalpa ovata	T	LC	W	19910133*A	H05 - Pringle Chinese Collection - Edinburgh
			W	19910133*C	H07 - Pringle Chinese Collection - Edinburgh
			W	19910133*G	N05 - Herbarium and Glass Lawn - Edinburgh
Incarvillea arguta	HP		W	20010011	/
Arabidopsis lyrata subsp. kamchatica	AP		W	20101395	R02 - Scree - Edinburgh
Buxus microphylla	SS	LC		19910323*C	R02 - Scree - Edinburgh
				19910323*D	R05 - Japanese Beds - East Valley- Edinburgh
Abelia engleriana	DS		W	19091014*C	Z02 - East Border - Logan
Abelia forrestii	DS		W	20171684*D	W10 - Upper Woodland Island Bed Peat Walls - Edinburgh
				20171684*C	Z54 - Perimeter Fence Border - Logan
Acanthocalyx alba	HP		W	19910305*A	R02 - Scree - Edinburgh
Acanthocalyx delavayi	HP			20171664	R16 - Rock Garden - Edinburgh
Lonicera acuminata	VL		W	19934073*B	H09 - Pringle Chinese Collection - Edinburgh
Weigela florida var. venusta	SS		W	19190025	C07/1 - Copse Area East - Edinburgh
Arenaria forrestii f. roseotincta	HP		W	19940571	R07 - Americas Bed - Rock Garden - Edinburgh
Celastrus angulatus	VL		GW	20070149*A	R100/8 - East Gate House Upper bank - Edinburgh
Celastrus glaucophyllus	SS		W	20132164*A	E15 - Inverleith Nursery Western Boundary Planting - Edinburgh
			W	19091004*A	N06 - Logan's (East) Border South - Edinburgh
Celastrus kusanoi	SS		W	19934046*A	H11 - Pringle Chinese Collection - Edinburgh
Euonymus spraguei	ES		W	19933972*C,19933972	A09 - Western Taiwanese Bed - Edinburgh
				19933972	S02 - West Border - Edinburgh
Myrsine semiserrata	SS	LC	W	19812419*A	Z50 - Rear of castle wall - Logan

08

（续）

种 Species	生活型 Life form	濒危现状 IUCN Red list	来源 Provenance	登记号 Accession	在爱丁堡皇家植物园的位置 Location in RBGE
Clethra delavayi	SS	LC	W	19911146*B	H11 - Pringle Chinese Collection - Edinburgh
Sarcandra glabra			W	20140170	/
Coriaria nepalensis			W	20031560*A	H24 - Island Bed East Hillside - Edinburgh
				20171749	/
Camptotheca acuminata	SS		W	20171749*C	Z96 - Far side of stream at entrance. from main path and up backing onto path to cottages - Logan
				20171749	Z98 - Enclosed between path next to Z96 & Z122 & main path in lower woodland - Logan
				20042056*G	E09 - Experimental Garden Wind Break - Edinburgh
				19952647*A	F28 - North Walls Inverleith House - Edinburgh
Cornus capitata	ET	LC	W	19944093*C,19944093*D	H05 - Pringle Chinese Collection - Edinburgh
				19944093	H11 - Pringle Chinese Collection - Edinburgh
				19943594*D	H14 - Pringle Chinese Collection - Edinburgh
				19943594*A	H15 - Pringle Chinese Collection - Edinburgh
Cornus quinquinervis	DS		W	20030462*B	H25 - Island Bed East Hillside - Edinburgh
			W	20030462*A	L07 - Pond Lawn - Edinburgh
Cornus controversa	DT	LC	GW	20181296	Z22 - Trachycarpus Bed - Logan
Cornus hemsleyi	T	LC	W	20010004*B	L14 - Pond area-West - Edinburgh
Cornus kousa	T	LC	W	19810784	V42 - Upper West Streamside - Dawyck
Cornus walteri	DT	LC	W	19381082*A	C07/1 - Copse Area East - Edinburgh
				19381082*B	S20/2 - Upper Birch Lawn Japanese Bed - Edinburgh
Cibotium barometz	FF	AII	W	20140192	/
Sedum japonicum	CS		W	19763791*A	R30 - Rock Garden - Edinburgh
Thladiantha nudiflora			W	20101394	/
				19934011*A	W17 - Woodland Garden Island Bed - Edinburgh
Fokienia hodginsii	C	V	W	19991826	Z39 - Rare Conifer Law. Hydrangea bed lower side of path. Enclosed by Z48 - Logan
Calocedrus formosana	C	E	GW	20131402*A	N05 - Herbarium and Glass Lawn - Edinburgh
			GW	20120130*A, 20120134*A, 20120135	A09 - Western Taiwanese Bed - Edinburgh
Chamaecyparis formosensis	C	E	W	19934184*C,19934184*J,19934184*L,19934184*M,19934194*A,19934194*K,19934378*F,19934378*H	H05 - Pringle Chinese Collection - Edinburgh

08

种 Species	生活型 Life form	濒危现状 IUCN Red list	来源 Provenance	登记号 Accession	在爱丁堡皇家植物园的位置 Location in RBGE
Chamaecyparis formosensis	C	E	W	19934070*D,19934070*E,19934070*O,19934148*B,19934148*R,19934192*A,19934193*H,19934193*B	H14 - Pringle Chinese Collection - Edinburgh
			W	19934195*D	H18/N - Pringle Chinese Collection - Edinburgh
			W	19934148*S,19934148*A,19934150*M,19934150*N,19934184*K,19934209*D	H18/S - Pringle Chinese Collection - Edinburgh
			W	19934150*A,19934195*A,19934195*B	H19 - Pringle Chinese Collection - Edinburgh
			W	19934193*A	H20/S - Pringle Chinese Collection Bed - Edinburgh
			GW	20120147	YG9 - North - west of top of taliensia staircase - Benmore
			W	1.97637E+15	YS6 - Glen Massan Upper Slopes Ledges Fernery North West - Benmore
			GW	20120144,20120145,20120146	YT2 - West of track leading to upper double black gate - Benmore
				19934214*A	H18/S - Pringle Chinese Collection - Edinburgh
				19763901*A	YF8 - Ridge west of YF16 and footpath (Tasmania) - Benmore
Chamaecyparis obtusa var. *formosana*	C	V	W	19934158*K,19934158*L,19934158*M,19934158*N,19934158*P	YG8 - South — west of hair pin bend (boundary with G5 to the north) - Benmore
				19763900	YS6 - Glen Massan Upper Slopes Ledges Fernery North West - Benmore
			GW	20120156*B	B01 - Chinese Border and Berberis Lawn - Edinburgh
			W	19933997*A,19934031*B,19934152*AD,19934152*G,19934152*j	H05 - Pringle Chinese Collection - Edinburgh
			W	19933994*A,19934142*L,19934142*O,19934142*P,19934152*B	H14 - Pringle Chinese Collection - Edinburgh
Cunninghamia konishii	C	E	W	19933994*C,19933997*C,19934031*A	H18/N - Pringle Chinese Collection - Edinburgh
			W	19934031*F,19934142*A	H18/S - Pringle Chinese Collection - Edinburgh
			W	19933994*M	V45 - North Chapel Bank - Dawyck
			W	19933997	YF1 - Lower Fernery Road South East - Benmore
			W	19763892*B,19763892*C,19763892*D,19763892*E,19763932*B,19934142,19934142*H	YF6 - South west of middle Tori Gate (Japan) - Benmore

种 Species	生活型 Life form	濒危现状 IUCN Red list	来源 Provenance	登记号 Accession	在爱丁堡皇家植物园的位置 Location in RBGE
Cunninghamia konishii	C	E	W	19934142*B	YF7 - North - west of middle tori gate (Japan) - Benmore
			GW	20120155	YF9 - North - west of golden gates and YE7 - Benmore
			GW	20120155	YH2 - Lower taliensia staircase and east of YH1 and big drain - Benmore
			W	19934152	YS6 - Glen Massan Upper Slopes Ledges Fernery North West - Benmore
			GW	20120155	YT3 - Area south and west of YT2 (Bhutan) - Benmore
			W	20090761	Z104 - Grisielinia Hedge Front - Logan
			GW	20132060*B	E24 - Experimental Garden - Edinburgh
			GW	20132060*C, 20132060*D	V15 - Middle Shaw Brae - Dawyck
Juniperus squamata	C	LC	W	19763773	YR4 - Formal Garden Border Centre Path - Benmore
			GW	19772852	YR7 - Formal Garden Border East - Benmore
			W	19763752*AA, 19763752*AB, 19763752*AC, 19763774*AA, 19763774*AB	YS5 - Glen Massan Lower Slopes Ledges Fernery North West - Benmore
			GW	20132056	YT3 - Area south and west of YT2 (Bhutan) - Benmore
			W	19934154*U, 19935021*A, 19935022*A, 19935023*A, 19935025*A, 19935026*A, 19935027*A	A09 - Western Taiwanese Bed - Edinburgh
			W	20090762*E	C21 - Spot Plant - Daphniphyllum macropodum - Edinburgh
			W	19924288*O,19924288*Q	H05 - Pringle Chinese Collection - Edinburgh
			W	19934154*BX	H09 - Pringle Chinese Collection - Edinburgh
			W	19924288*S,19934151*A, 19934151*AB,19924288*U,19924288*W	H15 - Pringle Chinese Collection - Edinburgh
Taiwania cryptomerioides	C	V	W	20090762*A	YA3 - Redwood Avenue Central - Benmore
			GW	20120153	YF5 - Golden Gates Avenue Middle - Benmore
			W	19934154*AK	YF8 - Ridge west of YF16 and footpath (Tasmania) - Benmore
			W	19934151	YG5 - East of hill road to upper double black gate (boundary with YG4 to the north) - Benmore
			W	20090762	YG9 - North - west of top of taliensia staircase - Benmore
			GW	20120153	YH2 - Lower taliensia staircase and east of YH1 and big drain - Benmore
			W	20090762	YH3 - Lower Benmore Hill Road East - Benmore
			W	19934151*AH,19934151*AM,19934151*AN	YJ1 - Upper Section of View Point Path - Benmore

（续）

种 Species	生活型 Life form	濒危现状 IUCN Red list	来源 Provenance	登记号 Accession	在爱丁堡皇家植物园的位置 Location in RBGE
Taiwania cryptomerioides	C		W	19934151*BD,19934151*BE	YJ2 - Main viewpoint path east of YJ1 - Benmore
		V	W	20090762*C	YP3 - South of pond border (YP2) footpath - Benmore
			W	19934154	YS6 - Glen Massan Upper Slopes Ledges Fernery North West - Benmore
			W	20090762	YT2 - West of track leading to upper double black gate - Benmore
			W	19991448,19991450,19991453	YT3 - Area south and west of YT2 (Bhutan) - Benmore
			W	19793359*A	Z96 - Far side of stream at entrance. from main path and up backing onto path to cottages - Logan
Alsophila podophylla	T	AII	W	20140245	/
Cyathea spinulosa	FF	AII	W	20140181	/
Cyathea lepifera	FF	AII	W	19941397*C	YF 13 - Fernery Interior Lower Level Bed - Benmore
Araiostegia hookeri	FF		W	20140160,20140147	/
Davallia cumingii	FF		W	20151370	Z31 - Woodland enclosed by Z99,Z48 & Z94 - Logan
			W	19934372	/
Davallia trichomanoides	HP		W	19763936*C	YF17 - Fernery – Interior Vertical Walls and Ledges - Benmore
				19763936*D	/
Davallia perdurans	FF			19812523	/
			W	19812523*D	YF11 - Fernery Interior Upper Level Bed - Benmore
Microlepia strigosa	HP		GW	20060684	/
Monachosorum henryi	HP		W	20140172	/
Pieris japonica	ES	LC	W	19934239*A	H05 - Pringle Chinese Collection - Edinburgh
			GW	20060821	M19 - Rhododendron bed (Rh. augustinii) - Edinburgh
			W	19934238*B	N15 - East Gate Entrance - Edinburgh
Pieris formosa	ES	LC		19471034*H, 19471034*L, 19471034	H09 - Pringle Chinese Collection - Edinburgh
				19471034*C,19471034*D, 19471034*E	H15 - Pringle Chinese Collection - Edinburgh
			W	19471034*G	H19 - Pringle Chinese Collection - Edinburgh
				19812561*C	N05 - Herbarium and Glass Lawn - Edinburgh
				19812496*E	N06 - Logan's (East) Border South - Edinburgh
				19943863*A,19943863*B, 1943863*G	N15 - East Gate Entrance - Edinburgh
				19943897*A	T01/E - Herbarium Car Park East - Edinburgh

08

种 Species	生活型 Life form	濒危现状 IUCN Red list	来源 Provenance	登记号 Accession	在爱丁堡皇家植物园的位置 Location in RBGE
Rhododendron ellipticum	SS	NE	W	19871419*A	W03 - Peat walls Large Island Bed - Edinburgh
			W	19763883	Z07 - Rock Gully - Logan
Rhododendron hyperythrum	SS	DD	W	19710096*B	C12 - Spot Plant - Acer sieboldianum- Edinburgh
			W	19710096	Z78 - Large Wall Rear - Logan
Rhododendron kanehirae	SS	EW	GW	19934410	Z07 - Rock Gully - Logan
			W	19934410*E	Old Z50 stand alone bed next to old Z50 and Z141
			W	19710098*A	/
Rhododendron kawakamii	ES	LC	W	19710098	Z78 - Large Wall Rear - Logan
			G	19934402	/
					Z20 - Dicksonia Lawn - Logan
			W	19710098	Z98 - Enclosed between path next to Z96 & Z122 & main path in lower woodland - Logan
Rhododendron morii	ES	LC	W	19190010*B,19710102*A	F15/S - Mixed bed Viewpoint - Edinburgh
			W	19710104*K	W09/N - Woodland Garden - Edinburgh
Rhododendron oldhamii	SS	LC	W	19934311*H	Z51 - Eucryphia Bed - Logan
			GW	19773078	Z78 - Large Wall Rear - Logan
			W	19710104	Z79 - Camellia Walk Left - Logan
Rhododendron pachysanthum	SS	DD	GW	19922331	YG2 - Area west of big rock - Benmore
Rhododendron pseudochrysanthum	ES	V	GW	19810864*A	F30 - Secret Garden - Edinburgh
				19810864*B	V05 - Wilson's Planting - Dawyck
Rhododendron rubropilosum	SS	LC	W	20140247*B	R36 - Rock Garden - Edinburgh
				19763746*C	Z50 - Rear of castle wall - Logan
				19763746	Z79 - Camellia Walk Left - Logan
Vaccinium dunalianum var. *caudatifolium*	SS		W	19934020	
Vaccinium emarginatum			W	20140233	
Vaccinium wrightii	ET	LC	W	19934159	N07 - Island bed - Edinburgh
Caragana bicolor	SS		W	19910443,19910443*E	A10 - Eastern Taiwanese Bed - Edinburgh
Quercus glauca	ET	LC	W	19934360*G	C16 - Spot Plant - Ilex fargesii - Edinburgh
Quercus morii	T	LC	W	20031629*A	
Quercus stenophylloides	ET	LC	W	19934053	Z119 - Pond Island Bed - Logan

（续）

种 Species	生活型 Life form	濒危现状 IUCN Red list	来源 Provenance	登记号 Accession	在爱丁堡皇家植物园的位置 Location in RBGE
Quercus stenophylloides	ET				Z30 - Outer perimeter bed above gate to cottages up to top of new path - Logan
Spongiocarpella nubigena	VL		W	20150094	Q05/2 - Small Alpine Glasshouse - Edinburgh
Aeschynanthus acuminatus	VL		W	19991494, 19991496, 20140148, 20140190	/
Hemiboea bicornuta	HP		W	20140211	/
Lysionotus pauciflorus	HP	LC	W	20140175,20140207,20140176	/
Aeschynanthus tengchungensis	VL		G	20141450	/
			GW	19970180	/
Corallodiscus kingianus	HP		W	20101487	Q01 - Tufa House Wall - Edinburgh
Corallodiscus lanuginosus	HP		W	20130571	Q01 - Tufa House Wall - Edinburgh
			GW	20221020	Q05/2 - Small Alpine Glasshouse - Edinburgh
Sycopsis sinensis	IST		W	20050071*B	C01 - Oak Lawn - Edinburgh
				20050071*A	E28/S - Turf Break South Bed - Edinburgh
Dichroa febrifuga	SS		W	19970327*E	Z114 - Old Griselinia Shelterbelt Lower Side - Logan
				19791014*C	/
Deutzia pulchra	IST	LC	W	19934036*E	A09 - Western Taiwanese Bed - Edinburgh
				19934036*D	A10 - Eastern Taiwanese Bed - Edinburgh
				19934036	N07 - Island bed - Edinburgh
Pileostegia viburnoides	SS		W	19780509	/
Callicarpa formosana	ES		W	19923599	/
Callicarpa giraldii	SS		W	19961580,19961580*G	H11 - Pringle Chinese Collection - Edinburgh
				19961580*B	H18/S - Pringle Chinese Collection - Edinburgh
				19961580*F	YC4 - Car Park - Benmore
Clerodendrum trichotomum	DS		W	19960257*A	H06 - Pringle Chinese Collection - Edinburgh
Colquhounia coccinea	ES		W	19390395*F	Q02/2 - Alpine House - Edinburgh
Beilschmiedia erithrophloia	ET		W	20090753	Z50 - Rear of castle wall - Logan
Cinnamomum camphora var. *camphora*	ET	LC	W	20051365	Z120 - RHS Path from conservatory - Logan
Sassafras randainensis	T		W	20070822*C	/
Cardiocrinum giganteum	HP		GW	20151741*D	C09 - Copse Area - Edinburgh
			GW	20030010*B	C21 - Spot Plant - Daphniphyllum macropodum - Edinburgh

08

（续）

种 Species	生活型 Life form	濒危现状 IUCN Red list	来源 Provenance	登记号 Accession	在爱丁堡皇家植物园的位置 Location in RBGE
Cardiocrinum giganteum	HP		GW	20181502*C	F05/S - Edinburgh
			GW	20151741*A	F10/E - Rhododendron Walk East - Edinburgh
			GW	20181502	H07 - Pringle Chinese Collection - Edinburgh
			GW	20181502*D	H11 - Pringle Chinese Collection - Edinburgh
			GW	20121756*A	H17 - Pringle Chinese Collection - Edinburgh
			GW	20181502*F	H18/N - Pringle Chinese Collection - Edinburgh
			W	19970292*A	W12 - Woodland Garden South Side Island Bed - Edinburgh
			W	19812754*D	W19 - Woodland Garden Corner Bed - Edinburgh
			W	19812669	YP2 - Pond Borders - Benmore
Lilium formosanum	G		W	20140195	/
				20050058*A	R15 - Outcrops West Grass Valley - Edinburgh
				20140195*B	W04/N - Peat Walls Long Bed North Side - Edinburgh
Lilium formosanum var. pricei	G		W	19934308*E	R15 - Outcrops West Grass Valley - Edinburgh
Tricyrtis stolonifera	HP		W	20050067*B	W17 - Woodland Garden Island Bed - Edinburgh
Michelia compressa			W	19980743	/
Hibiscus tiliaceus	ES	LC	W	19934341*A	/
Angiopteris caudatiformis	FF		W	19951582	/
Angiopteris lygodiifolia	HP		W	20140186, 20140246, 19763705,19763830	/
Broussonetia papyrifera	T	LC	W	19970261*C,19970261*F	F11 - Mixed Shrub Border Soap House East - Edinburgh
Ficus pumila var. awkeotsang			W	20140179	/
Ficus sarmentosa			W	20140188	/
Pachycentria formosana	SS		W	19934174*A, 20140235, 19934174	/
Cipadessa baccifera	ES	LC	W	20171723	/
Musa itinerans	ES	LC	W	20140224	/
Bulbophyllum ambrosia	HP		W	19951563*B	/
Pleione formosana	HP	V	W	19700088	Q04/2 - Alpine House Shade Frame - Edinburgh
Clevera japonica	ES		W	19693911	/
Ternstroemia gymnanthera	T		W	19934055*D	C03 - Holly Lawn - Edinburgh
				19934055	/

（续）

08

种 Species	生活型 Life form	濒危现状 IUCN Red list	来源 Provenance	登记号 Accession	在爱丁堡皇家植物园的位置 Location in RBGE
Abies chensiensis subsp. salouenensis	C	LC	W	19870748*A	YE3 - Chinese Fir Walk East - Benmore
				19870748*B	YE5 - Chinese Fir Walk East - Benmore
				19813693	YF9 - North - west of golden gates and YE7 - Benmore
			GW	19860372*A,19860372*C	YE5 - Chinese Fir Walk East - Benmore
Abies chensiensis subsp. yulongxueshanensis	C	LC	GW	19890973*AA	YE6 - Golden Gates South East - Benmore
Abies delavayi var. delavayi	C	LC	GW	20050389*A,20050389*B, 20050389*C	E23/S - South West Potting Shed Bed - Edinburgh
Abies delavayi	C	LC	W	19960052*D	B08 - Triangle Lawn - Edinburgh
				19910999*D,19910999*E, 19910999*F,19910999*Z	V45 - North Chapel Bank - Dawyck
Abies fabri	C	V	W	19960053*C	H18/N - Pringle Chinese Collection - Edinburgh
				19921186*A,19921186*C	V41 - South Chapel Bank - Dawyck
Abies fabri subsp. minensis	C	V	GW	19890975*A	YE6 - Golden Gates South East - Benmore
				19960125*F	H20/N - Pringle Chinese Collection Bed - Edinburgh
Abies fargesii var. faxoniana	C	V	W	19960125*H,19960125*L, 19960125*N,20111972*F	V24 - Lower Scots Pine - Dawyck
				20111972*I	YE5 - Chinese Fir Walk East - Benmore
				20111972*H	YK10 - south and east of YJ9 to gulley above YK1 (outside deer fence) - Benmore
Abies fargesii	C	LC	W	19270063*A	B10/3 - Berberis Lawn - Edinburgh
			GW	19748014*A,19860375*A	YE5 - Chinese Fir Walk East - Benmore
			W	19870750*A	YE5 - Chinese Fir Walk East - Benmore
Abies forrestii		LC		19910655*D	E09 - Experimental Garden Wind Break - Edinburgh
				19944127*I,19944127*M	V15 - Middle Shaw Brae - Dawyck
				19944127*A	V16 - Upper Shaw Brae - Dawyck
			W	20031348*A,20031348*B, 20031348*D,20031348*E, 20031348*F	V24 - Lower Scots Pine - Dawyck
				19911756*D	V41 - South Chapel Bank - Dawyck
				19911756*C, 19944127*D, 19944127	V43 - Chapel Area - Dawyck
				19944127*O	V44 - Spiraea Bank - Dawyck

（续）

种 Species	生活型 Life form	濒危现状 IUCN Red list	来源 Provenance	登记号 Accession	在爱丁堡皇家植物园的位置 Location in RBGE
Abies forrestii	C	LC		19911756*B,20111970*D	V45 - North Chapel Bank - Dawyck
				20031611*E,20031611*G, 20031611*I	W07 - Lower Woodland Garden
Abies forrestii var. *ferreana*		LC	W	19940529*H	H27 - Edinburgh
				19960466*C,19960466*D, 19960466*G	V24 - Lower Scots Pine - Dawyck
Abies forrestii var. *forrestii*	C	NT	W	19111010*A	B10/2 - Berberis Lawn - Edinburgh
			W	19943758*A	H06 - Pringle Chinese Collection - Edinburgh
			W	19111010*C	V16 - Upper Shaw Brae - Dawyck
			W	19111010	V18 - Upper East Vista - Dawyck
			W	19943758*B	V45 - North Chapel Bank - Dawyck
			GW	19781485*C,19781485*E, 19781485*F,19781485*G	YE5 - Chinese Fir Walk East - Benmore
			GW	19781485*K,19781485*A	YE6 - Golden Gates South East - Benmore
				19944015*B	H20/N - Pringle Chinese Collection Bed - Edinburgh
				19943517*D,19943615*D, 19943735*Z,19944014*G, 19944016*D	H27 - Edinburgh
				19991795*A	H28 - Edinburgh
Abies forrestii var. *georgei*	C	LC	W	19943735*O,19944014*K, 19944016*G,19944016*A	J01 - Azalea Lawn- Edinburgh
				19943735*AQ	M16 - Caledonian Hall - Edinburgh
				20111973*AA	V16 - Upper Shaw Brae - Dawyck
				20110812	V18 - Upper East Vista - Dawyck
				20031386*A,20031386*B, 20031386*C,20031386*D, 20031386*E	V24 - Lower Scots Pine - Dawyck
Abies holophylla	C	NT	W	19881522,19881522*D	YE6 - Golden Gates South East - Benmore
Abies recurvata var. *ernestii*	C	V	W	19944202*K,19944202*L, 19944202*M	V24 - Lower Scots Pine - Dawyck
Abies recurvata var. *salouenensis*	C	LC	GW	19860373*A	YE5 - Chinese Fir Walk East - Benmore
			W	19870748*A	YE3 - Chinese Fir Walk East - Benmore

（续）

08

种 Species	生活型 Life form	濒危现状 IUCN Red list	来源 Provenance	登记号 Accession	在爱丁堡皇家植物园的位置 Location in RBGE
Abies recurvata var. salouenensis	C	LC	GW	19860372*A,19860372*C	YE5 - Chinese Fir Walk East - Benmore
			W	19870748*B	YF9 - North - west of golden gates and YE7 - Benmore
Abies recurvata	C	V	W	19813693	V11 - Middle Policy Bank - Dawyck
			W	20111971*A	YE5 - Chinese Fir Walk East - Benmore
			GW	19860374*B	V16 - Upper Shaw Brae - Dawyck
Abies squamata	C	V	W	20111967*CG,20111967*CH,20111967*CI,20111967*CJ,20151078	V24 - Lower Scots Pine - Dawyck
				20111967	YE1 - Golden Gates Avenue East - Benmore
				20111967*CC	YE4 - Golden Gates Avenue South and Chinese Fir Walk - Benmore
				20111968*AC	YE5 - Chinese Fir Walk East - Benmore
				20111967*CE,20111968*AD,20111969*H	YE6 - Golden Gates South East - Benmore
				20111967,20111968,20111969	YK10 - south and east of YJ9 to gulley above YK1 (outside deer fence) - Benmore
				20111967*CB,20111967*BS,20111967*BT	YE5 - Chinese Fir Walk East - Benmore
Abies kawakamii	C	NT	W	19740017*A,19740017*B	YJ4 - East of viewpoint shelter gate and north of korean fir footpath - Benmore
				19763738*B,19763738*C	YS6 - Glen Massan Upper Slopes Ledges Fernery North West - Benmore
				19924262	Z39 - Rare Conifer Law. Hydrangea bed lower side of path. Enclosed by Z48 - Logan
				20090757	B01 - Chinese Border and Berberis Lawn - Edinburgh
Cunninghamia lanceolata	C	LC	W	19687471*A	B01 - Chinese Border and Berberis Lawn - Edinburgh
			GW	20051524*C	H15 - Pringle Chinese Collection - Edinburgh
			W	19687471*R	YF1 - Lower Fernery Road South East - Benmore
				19687471	YF2 - Upper Golden Gates banking - Benmore
			W	19687471*E,19687471*K,19912666*D	YF6 - South west of middle Tori Gate (Japan) - Benmore
Larix griffithii	C	LC	W	20150238*A	V33 - Himalayan Berberis - Dawyck
Picea morrisonicola	ET	V	W	19763736	YT2 - West of track leading to upper double black gate - Benmore
Pinus armandii var. mastersiana	C	E	W	19933977*B	H09 - Pringle Chinese Collection - Edinburgh

种 Species	生活型 Life form	濒危现状 IUCN Red list	来源 Provenance	登记号 Accession	在爱丁堡皇家植物园的位置 Location in RBGE
Pinus armandii var. mastersiana	C	E	W	19763735	YG5 - East of hill road to upper double black gate (boundary with YG4 to the north) - Benmore
				19933968*A, 19933968*B, 19933968*C	YJ1 - Upper Section of View Point Path - Benmore
				19858020*B	YS5 - Glen Massan Lower Slopes Ledges Fernery North West - Benmore
				19763784	YT3 - Area south and west of YT2 (Bhutan) - Benmore
				20140217	YF4 - Golden Gates Avenue West - Benmore
				19933969	YG5 - East of hill road to upper double black gate (boundary with YG4 to the north) - Benmore
Pinus taiwanensis	C	LC	W	20090759	YH5 - Area immediately west of taliensia staircase - Benmore
				20140217	YH6 - North - east of upper fernery turnaround - Benmore
				19933969*L, 19933969*N, 19933969*O, 19934076*R	YJ1 - Upper Section of View Point Path - Benmore
				20090759, 20140217	YT3 - Area south and west of YT2 (Bhutan) - Benmore
Pseudotsuga wilsoniana	C	E	W	19934043*W, 19934043*X, 19934066*A	H05 - Pringle Chinese Collection - Edinburgh
				19934054*C	H09 - Pringle Chinese Collection - Edinburgh
Tsuga chinensis	C	LC	W	20051360, 20051361	YS6 - Glen Massan Upper Slopes Ledges Fernery North West - Benmore
				19934143*A	H05 - Pringle Chinese Collection - Edinburgh
Tsuga chinensis var. formosana	C		W	19934143*B	H15 - Pringle Chinese Collection - Edinburgh
				19934143*C	H18/N - Pringle Chinese Collection - Edinburgh
				19763737*C, 19763737*I	V10 - West Policy Bank - Dawyck
				19933926*A	YH7 - South of the road leading to the upper fernery turnaround (Japan) - Benmore
				19763737*B, 19763737*F	YS5 - Glen Massan Lower Slopes Ledges Fernery North West - Benmore
				19832586*A	H26 - Edinburgh
Pseudolarix amabilis	C	V	GW	19933090*B, 19933533*B	YH3 - Lower Benmore Hill Road East - Benmore
				19933083*A3, 19933088*B	YH4 - Lower Fernery Road West - Benmore
				19910576*C, 19910576*D	V10 - West Policy Bank - Dawyck
				20132165*I	V19 - Upper West Vista - Dawyck
Tsuga dumosa	C	LC	W	20132165 (2)	V41 - South Chapel Bank - Dawyck
				20132165	YG9 - North - west of top of taliensia staircase - Benmore

（续）

种 Species	生活型 Life form	濒危现状 IUCN Red list	来源 Provenance	登记号 Accession	在爱丁堡皇家植物园的位置 Location in RBGE
Tsuga dumosa	C	LC	W	19870765*A,19870765*B	YH7 - South of the road leading to the upper fernery turnaround (Japan) - Benmore
				20132165*C,20132165*A	YS11 - Glen Massan: area to the south of bhutanese pavilion (Chile/Bhutan) - Benmore
				20132165	YS8 - Glen Massan: steep slope below escarpment east of YS9 (Bhutan) - Benmore
					YT2 - West of track leading to upper double black gate - Benmore
Pittosporum daphniphylloides	ES		W	19934147*F	M13 - Caledonian Hall Area - Edinburgh
Pittosporum illicioides	SS		W	19934147*C	Z51 - Eucryphia Bed - Logan
			W	20140167	/
Pittosporum illicioides var. angustifolium			G	20100737*B	Z134 - Rear Discovery Centre - Logan
Veronica morrisonicola	HP		W	19934288	Q05/3 - Alpine Glasshouses - Edinburgh
				19934288*D	Q07/N - North Raised Bed - Edinburgh
				19934288*C	Q07/S - South Raised Bed - Edinburgh
			W	19934079*A,19934079	R37 - Rock Garden - Edinburgh
Ceratostigma minus	HP		GW	19921160*D	H06 - Pringle Chinese Collection - Edinburgh
				20200651*C	N05 - Herbarium and Glass Lawn - Edinburgh
			W	19921160*A	Q02/2 - Alpine House - Edinburgh
			W	19921160*C	R25 - Rock Garden - Edinburgh
Andropogon tenuipedicellatus (syn.)			W	20171745	/
Bashania fargesii	HP		W	19851897*A	S02 - West Border - Edinburgh
Themeda triandra			W	20171745	/
Aconogonum molle var. molle	HP		W	19300228*B	H18/N - Pringle Chinese Collection - Edinburgh
Bistorta emodi	HP		W	19940772*B	J04 - Azealea Lawn Nepalese Area South - Edinburgh
				19940772*A	R05 - Japanese Beds - East Valley - Edinburgh
Bistorta macrophylla	HP		W	19910941*A	R17 - Rock Garden - Edinburgh
				19111035*A	R25 - Rock Garden - Edinburgh
Persicaria vivipara	HP		W	19481009*A	R05 - Japanese Beds - East Valley - Edinburgh
				20150210*A	
Ardisia cornudentata	ES		W	19934180,19934180*A	R13 - Dwarf Rhododendrons West - Edinburgh

08

（续）

种 Species	生活型 Life form	濒危现状 IUCN Red list	来源 Provenance	登记号 Accession	在爱丁堡皇家植物园的位置 Location in RBGE
Ardisia cornudentata subsp. morrisonensis	ES		W	20140157	/
Maesa japonica			W	20140204	/
Myrsine stolonifera			W	20140230,20140234	/
Ardisia virens	ES		W	20042025*A	/
Arthromeris lungtauensis	FF		W	19812524	/
Aglaomorpha coronans	FF		W	20140187,20140236	/
Leptochilus pothifolius			W	20140197	Z78 - Large Wall Rear - Logan
Lemmaphyllum microphyllum	HP		W	19763721	/
Pyrrosia polydactyla			W	20140213	Z78 - Large Wall Rear - Logan / Z96 - Far side of stream at entrance. from main path and up backing onto path to cottages - Logan
Pyrrosia sheareri			W	20140202	Z78 - Large Wall Rear - Logan / Z79 - Camellia Walk Left - Logan
Coniogramme intermedia	HP		W	20210483	YF11 - Fernery Interior Upper Level Bed - Benmore
Pteris ensiformis	HP		W	19933737	/
Pteris quadriaurita			GW	20130337	/
Aconitum bulleyanum	HP		W	19944132*A	W13 - Woodland Garden South Side Long Bed West - Edinburgh
Aconitum carmichaelii	HP		W	19870142*D	H06 - Pringle Chinese Collection - Edinburgh
				19911201*A	H07 - Pringle Chinese Collection - Edinburgh
				19870142*E	H09 - Pringle Chinese Collection - Edinburgh
				19911201*B	H24 - Island Bed East Hillside - Edinburgh
Aconitum georgei	HP		GW	20190319	H05 - Pringle Chinese Collection - Edinburgh
				20190319*A	H07 - Pringle Chinese Collection - Edinburgh
Aconitum hemsleyanum	HP		W	20171656	H15 - Pringle Chinese Collection - Edinburgh
Aconitum sinomontanum	HP		W	19960434*B	W12 - Woodland Garden South Side Island Bed - Edinburgh
				19940534*A	W13 - Woodland Garden South Side Long Bed West - Edinburgh
				19960434*A	W17 - Woodland Garden Island Bed - Edinburgh
Aconitum wardii	HP		W	19910410	R13 - Dwarf Rhododendrons West - Edinburgh
Actaea asiatica	HP		W	20150257*A	B11 - Berberis Beds - Edinburgh

（续）

种 Species	生活型 Life form	源危现状 IUCN Red list	来源 Provenance	登记号 Accession	在爱丁堡皇家植物园的位置 Location in RBGE
Anemone trullifolia			W	19812614*H	M21 - Conifer Walk East- Edinburgh
			GW	19981775*E	R33 - Rock Garden - Edinburgh
			GW	19981775*D	R36 - Rock Garden - Edinburgh
Aquilegia rockii	HP		W	20190320*A	H07 - Pringle Chinese Collection - Edinburgh
Aquilegia viridiflora var. atropurpurea	HP		W	19991440*A	R17 - Rock Garden - Edinburgh
Aconitum fukutomei			W	20050064*A	W02/W - West Border Conifer Walk - Edinburgh
Clematis crassifolia	VL		W	20140227	/
				20140227*D	Z03 - South Border - Logan
Clematis grata	VL		GW	20140924*A	YN4 - Younger Memorial Walk North East - Benmore
Clematis henryi	VL		W	20140169	/
Cimicifuga foetida	HP		W	20080020	F05/S - Edinburgh
				20080020*B	W17 - Woodland Garden Island Bed - Edinburgh
Cimicifuga mairei var. foliolosa	HP		W	19890819*D	V02 - Buildings, Main Access and Azalea Terrace - Dawyck
				19890819*B	V08 - Sargents Garden- Dawyck
Cimicifuga yunnanensis	HP		W	19943535*B	H27 - Edinburgh
			W	19910539*F	H14 - Pringle Chinese Collection - Edinburgh
			W	20150187	R05 - Japanese Beds - East Valley - Edinburgh
Clematis akebioides	VL		W	19910545*F	R100/2 - East Gate House West Bed - Edinburgh
			W	19932007*A	R17 - Rock Garden - Edinburgh
			W	19972875*D	R35 - Rock Garden - Edinburgh
			W	19910885*E	H11 - Pringle Chinese Collection - Edinburgh
Clematis brevicaudata	VL			19910885*A	N05 - Herbarium and Glass Lawn - Edinburgh
Clematis chrysocoma	VL		W	19943223*A	M15 - Caledonian Hall and stream (Betula jaquemontii hybrid) - Edinburgh
Clematis gracilifolia	VL		W	19943514*B,19943514*C	H17 - Pringle Chinese Collection - Edinburgh
				19943509*D	N04/2 - Herbarium Border East - Edinburgh
Clematis montana	VL			19934030*D	H10 - Pringle Chinese Collection - Edinburgh
			W	19911149*A	H11 - Pringle Chinese Collection - Edinburgh
				19952660*B	R35 - Rock Garden - Edinburgh

08

种 Species	生活型 Life form	濒危现状 IUCN Red list	来源 Provenance	登记号 Accession	在爱丁堡皇家植物园的位置 Location in RBGE
Clematis montana var. *grandiflora*	VL			19910403*A	N05 - Herbarium and Glass Lawn - Edinburgh
			W	19952640*A	V01 - Car Park - Dawyck
				19952640	V02 - Buildings, Main Access and Azalea Terrace - Dawyck
Clematis montana var. *sterilis*	VL			19913308*C	H13 - Pringle Chinese Collection - Edinburgh
			W	19913308*F	H17 - Pringle Chinese Collection - Edinburgh
Clematis ranunculoides	VL		W	20171652*A	E15 - Inverleith Nursery Western Boundary Planting - Edinburgh
Clematis terniflora	VL		W	19921277*B	R10 - Americas Bed - SW Rock Garden - Edinburgh
Clematis rehderiana	VL			19910490*B,19960273*A	H07 - Pringle Chinese Collection - Edinburgh
			W	19960273*B	H08 - Pringle Chinese Collection Small Bed - Edinburgh
				19911203*B	Q02/2 - Alpine House - Edinburgh
			W	20101332*A	H05 - Pringle Chinese Collection - Edinburgh
			W	20190922*C	H18/N - Pringle Chinese Collection - Edinburgh
			W	20101332*D	H24 - Island Bed East Hillside - Edinburgh
Eriocapitella rivularis	HP		GW	20151104*A	H27 - Edinburgh
			W	20101858*A	M22 - Conifer Walk West - Edinburgh
			W	20101577*A,20101626*A	W03 - Peat walls Large Island Bed - Edinburgh
			W	19924391*C	W09/N - Woodland Garden - Edinburgh
			W	19910418*A	W19 - Woodland Garden Corner Bed - Edinburgh
Eriocapitella hupehensis	HP		GW	20021626*A	H07 - Pringle Chinese Collection - Edinburgh
			GW	20021626*D	H17 - Pringle Chinese Collection - Edinburgh
			GW	20021626*B	J03 - Nepalese Area North - Edinburgh
			W	19910564*B,19910564*D	W11 - Upper Woodland Centre Bed - Edinburgh
Eriocapitella tomentosa	HP		W	20101647*A	W02/W - West Border Conifer Walk - Edinburgh
Berchemia yunnanensis	ES		W	20130733*A	E06 - Inverleith Nursery Wall Plants - Edinburgh
			W	20130733*B	V06 - Lower North Burnside - Dawyck
Alniaria alnifolia	DT	LC	W	19960021*E	H20/N - Pringle Chinese Collection Bed - Edinburgh
				19960021*B	YC4 - Car Park - Benmore
Alniaria yuana	DT		W	19810831*B	V43 - Chapel Area - Dawyck
Aruncus dioicus	HP		W	20071783*A	L10 - Pond Bed West - Edinburgh
			W	19930484*B	M12 - Caledonian Hall Area - Edinburgh

种 Species	生活型 Life form	濒危现状 IUCN Red list	来源 Provenance	登记号 Accession	在爱丁堡皇家植物园的位置 Location in RBGE
Aruncus gombalanus	HP		W	20150167*A	A13 - Rain Garden - Edinburgh
Cotoneaster hualiensis	ES		GW	20070145*A	V43 - Chapel Area - Dawyck
Cotoneaster konishii	DS		W	19934114*B,20050059*A	A09 - Western Taiwanese Bed - Edinburgh
				19934114,19934133	A10 - Eastern Taiwanese Bed - Edinburgh
				19934133	YH6 - North - east of upper fernery turnaround - Benmore
					YT3 - Area south and west of YT2 (Bhutan) - Benmore
Cotoneaster rokujodaisanensis	ES		W	19934122	M15 - Caledonian Hall and stream (Betula jaquemontii hybrid) - Edinburgh
Duchesnea indica	HP		W	19934362	/
Griffitharia thibetica	DT		W	19933880*A	C05 - Spot Plant - Tilia laetvirens - Edinburgh
				19944172*A	E28/E - Trees Surrounding Turf Break - East Side - Edinburgh
Malus doumeri	DT	DD	W	20050070*B	E05 - Experimental GardenNorth-East - Edinburgh
Photinia niitakayamensis			W	19933958*C	A09 - Western Taiwanese Bed - Edinburgh
			W	19934242*D	A10 - Eastern Taiwanese Bed - Edinburgh
			W	19934242*A	H07 - Pringle Chinese Collection - Edinburgh
	ET		GW	20120758*A	M21 - Conifer Walk East- Edinburgh
			W	20000406*B	S05/E - South Border East - Edinburgh
			GW	20120758*B	W12 - Woodland Garden South Side Island Bed - Edinburgh
			W	19763341*A	W16 - Woodland Garden Corner Bed Upper Woodland - Edinburgh
Photinia serratifolia var. serratifolia			W	20090768*A	S18/W - West Border - Edinburgh
Potentilla lineata	HP			19910295*B	R05 - Japanese Beds - East Valley- Edinburgh
				19910295*E	R18 - Rock Garden - Edinburgh
			W	19481007*A	R42 - Rock Garden - Edinburgh
				19910502*A	W02/E - East Border Conifer Walk - Edinburgh
Potentilla peduncularis			W	19924423*A	R26 - Rock Garden - Edinburgh
Prunus clarofolia	T		W	19698244*A	H10 - Pringle Chinese Collection - Edinburgh
Prunus pleiocerasus	T		GW	20091955*A	R48 - Forrest Collection Dwarf Rhododendrons - Edinburgh
Rosa sambucina	VL		W	19081041*A	S18/W - West Border - Edinburgh
			W	19934057*B	H13

08

（续）

种 Species	生活型 Life form	濒危现状 IUCN Red list	来源 Provenance	登记号 Accession	在爱丁堡皇家植物园的位置 Location in RBGE
Rosa transmorrisonensis	DS		W	19933980*A	A09 - Western Taiwanese Bed - Edinburgh
Damnacanthus angustifolius	ES		W	20101397*A	E23/S
Paederia foetida	VL		W	20140199	/
Skimmia japonica subsp. reevesiana	ES		W	19934041*C	/
				19934146*A	A09 - Western Taiwanese Bed - Edinburgh
				19934160*A	H05 - Pringle Chinese Collection - Edinburgh
				19934160	YT3 - Area south and west of YT2 (Bhutan) - Benmore
Zanthoxylum ailanthoides	DT		W	20050056*B	B10/1 - Berberis Lawn - Edinburgh
				20050056	R100/3 - East gate House - Edinburgh
Rubus rolfei	SS		W	19934112*C	A09 - Western Taiwanese Bed - Edinburgh
				19934112*A	H10 - Pringle Chinese Collection - Edinburgh
				19934112*B	H27 - Edinburgh
Sorbus randaiensis	DT		W	19934113*D	A01 - Pyrus lawn - Edinburgh
				20050061*B	B10/1 - Berberis Lawn - Edinburgh
				19934113*C	H17 - Pringle Chinese Collection - Edinburgh
				19934254*A	V16 - Upper Shaw Brae - Dawyck
				20050061*A	YJ5 - South of YJ14 and korean fir footpath - Benmore
				20051370	YT3 - Area south and west of YT2 (Bhutan) - Benmore
Spiraea formosana	DS		W	19934095, 19934412*A, 19934412	A09 - Western Taiwanese Bed - Edinburgh
			GW	20151087	A10 - Eastern Taiwanese Bed - Edinburgh
			W	19934095*A,19934297	H07 - Pringle Chinese Collection - Edinburgh
			W	19923610*B	R14 - Rock Garden - Edinburgh
			W	19934095	R36 - Rock Garden - Edinburgh
			W	19923610*C	W05/N - Peat Walls North Border - Edinburgh
			W	19934095*F	YH6 - North - east of upper fernery turnaround - Benmore
			W	19934095	YT3 - Area south and west of YT2 (Bhutan) - Benmore
			W	19934095*G,19934095*K	Z102 - LHS Front Conservatory - Logan

（续）

08

种 Species	生活型 Life form	濒危现状 IUCN Red list	来源 Provenance	登记号 Accession	在爱丁堡皇家植物园的位置 Location in RBGE
Idesia polycarpa	DT		W	20070819	Z10 - Magnolia Bed - Logan
Acer caudatifolium	T		W	19934042*J	A09 - Western Taiwanese Bed - Edinburgh
			W	20140239*A	E27 - Main Gate West Inverleith Nursery - Edinburgh
Acer barbinerve	T	LC	W	19951162*B	V36 - Windbreak - Dawyck
Acer buergerianum	DT	LC	W	20171744*A	H22 - East Lawn Chinese Hillside - Edinburgh
				19341020*A	A01 - Pyrus lawn - Edinburgh
Acer caesium subsp. giraldii	T		W	19880401*A,19880401*B, 19880401*C	H07 - Pringle Chinese Collection - Edinburgh
				19943619*B	W09/S - Woodland Garden - Edinburgh
Acer caesium	T	LC	W	19960268*A	S04 - South Border Lawn - Edinburgh
Acer campbellii	DT	LC	W	20150255, 20150255*B	V44 - Spiraea Bank - Dawyck
				20150255*C	V48 - Western North America - Dawyck
Acer campbellii subsp. flabellatum	DT		W	19944176*C	H17 - Pringle Chinese Collection - Edinburgh
Acer cappadocicum subsp. sinicum var. tricaudatum	T		W	19090022*A	S02 - West Border - Edinburgh
				19090022*B	V35 - West Chapel Vista - Dawyck
Acer cappadocicum subsp. sinicum	DT		W	20111943*A	A05 - Pyrus Lawn Western Forsythia Bed - Edinburgh
				20111942*A	A12 - Southern meadow - Edinburgh
				19930493*A,19930493*B	H13 - Pringle Chinese Collection - Edinburgh
Acer cappadocicum	DT	LC	W	19090029*A	S02 - West Border - Edinburgh
				20101545*A	W10 - Upper Woodland Island Bed Peat Walls - Edinburgh
				19921467*A	H17 - Pringle Chinese Collection - Edinburgh
				19960058*A	H18/S - Pringle Chinese Collection - Edinburgh
				20022217*K	A01 - Pyrus lawn - Edinburgh
Acer davidii	DT	LC	W	19944081*A,19944081*B, 19944081*C,19944081*E, 19944081*F	H07 - Pringle Chinese Collection - Edinburgh
				20101622*B	H10 - Pringle Chinese Collection - Edinburgh
				19930457*B,19930457*D, 19930457*F	H13 - Pringle Chinese Collection - Edinburgh
				19960057*B	H18/S - Pringle Chinese Collection - Edinburgh

（续）

种 Species	生活型 Life form	濒危现状 IUCN Red list	来源 Provenance	登记号 Accession	在爱丁堡皇家植物园的位置 Location in RBGE
Acer davidii	DT	LC		20101622*A	W13 - Woodland Garden South Side Long Bed West - Edinburgh
			W	20151062	YG8 - South – west of hair pin bend (boundary with G5 to the north) - Benmore
				20151061	YL3 - South – west of boat house - Benmore
				20080036	Z09 - Pillory Mound - Logan
					Z121 - Bed inc Bambooselem - Logan
Acer davidii 'George Forrest'	T		W	19230015*B	S23/W Upper Birch Lawn West - Edinburgh
			GW	19691415*A	YL1 - Opposite and west of YP6 (Azalea Lawn) - Benmore
Acer davidii subsp. grosseri	T		W	19991805*A	A01 - Pyrus lawn - Edinburgh
				19944078*A	H05 - Pringle Chinese Collection - Edinburgh
				19944078*B	H09 - Pringle Chinese Collection - Edinburgh
				19970249*A	H27 - Edinburgh
Acer erianthum	DT	LC	W	19810767*A	F24 - Lawn southwest of Inverleith House - Edinburgh
				19111043*A	S02 - West Border - Edinburgh
				19810770*B	V13 - Dawyck Beech - Dawyck
				19970295*B	H27 - Edinburgh
Acer franchetii	T		W	19970295*A	W16 - Woodland Garden Corner Bed Upper Woodland - Edinburgh
				20150244	YT2 - West of track leading to upper double black gate - Benmore
Acer megalodum	T	LC	W	19951162*B	V36 - Windbreak - Dawyck
				19910541*C	H05 - Pringle Chinese Collection - Edinburgh
				19943606*A	H07 - Pringle Chinese Collection - Edinburgh
Acer pectinatum subsp. forrestii	DT		W	19910374*B,19910374*E, 19910374*G	H11 - Pringle Chinese Collection - Edinburgh
				19910627*C,19910627*E, 19910627*F,19910627*J	H14 - Pringle Chinese Collection - Edinburgh
				20150089*A	V33 - Himalayan Berberis - Dawyck
				19381034*A	C07/1 - Copse Area East - Edinburgh
Acer pectinatum subsp. laxiflorum	T		W	19921468*A,19921468*B, 19921468*C,19921468*D, 19921468*E,19921468*F, 19921468*G	H05 - Pringle Chinese Collection - Edinburgh

（续）

种 Species	生活型 Life form	濒危现状 IUCN Red list	来源 Provenance	登记号 Accession	在爱丁堡皇家植物园的位置 Location in RBGE
Acer pectinatum subsp. *maximowiczii*	T		W	19111002*B	V07 - Lower South Burnside - Dawyck
				19952548*A	V08 - Sargents Garden- Dawyck
				19913223*A，19930464*A	V31 - Upper West Burnside - Dawyck
				19943601*E	YJ6 - North – west of YK9 - Benmore
				19943601*I	YK9 - North of ziz-zag footpath – Benmore
Acer pectinatum	T	LC	W	20061703*D,20061703*E, 20061703*F	V24 - Lower Scots Pine - Dawyck
Acer pectinatum subsp. *taronense*	T		W	19644000*E	V02 - Buildings, Main Access and Azalea Terrace - Dawyck
				19644000*D	V05 - Wilson's Planting - Dawyck
				19644000*B	YJ7 - Magnolia area south of YJ5 - Benmore
Acer pentaphyllum	T	CE	W	20111944*B	H06 - Pringle Chinese Collection - Edinburgh
				20111946*A	H10 - Pringle Chinese Collection - Edinburgh
				20111947*A	H20/S - Pringle Chinese Collection Bed - Edinburgh
				20111944	Q09/2 - Raised bed - Edinburgh
Acer pictum subsp. *macropterum*	T		W	20050237*B	A01 - Pyrus lawn - Edinburgh
				19970302*A	V12 - East Policy Bank- Dawyck
Acer pictum subsp. *mono*	T		W	19081021*B	V03 - Culvert - Dawyck
				19687088*A	A01 - Pyrus lawn - Edinburgh
Acer stachyophyllum	DT	LC	W	19391032*A	C05 - Spot Plant - Tilia laetvirens - Edinburgh
				20150251*B	C16 - Spot Plant - Ilex fargesii - Edinburgh
				20150251*A	M12 - Caledonian Hall Area - Edinburgh
				20061201*A	W14 - Woodland Garden South Side Island Bed - Edinburgh
				19960410*A	W18 - Woodland Garden Island Bed - Edinburgh
				19943399*B	A01 - Pyrus lawn - Edinburgh
Acer stachyophyllum subsp. *betulifolium*	T		W	19960060*A,19960060*C	H18/S - Pringle Chinese Collection - Edinburgh
				19930393*A,19930393*B	V31 - Upper West Burnside - Dawyck
				19943399	V41 - South Chapel Bank - Dawyck
				19943399*C	YA2 - North Avenue East – Benmore
Acer sterculiaceum subsp. *franchettii*	DT			20171666*D	M21 - Conifer Walk East- Edinburgh

08

（续）

种 Species	生活型 Life form	濒危现状 IUCN Red list	来源 Provenance	登记号 Accession	在爱丁堡皇家植物园的位置 Location in RBGE
Acer tegmentosum	T	LC		19951163*B	V31 - Upper West Burnside - Dawyck
Dipteronia sinensis	T	DD	W	19970306*B	F05/S - Edinburgh
Astilbe chinensis	HP		W	19970247*A	L07 - Pond Lawn - Edinburgh
			GW	20071796*A	W13 - Woodland Garden South Side Long Bed West - Edinburgh
			GW	20091169*A	W17 - Woodland Garden Island Bed - Edinburgh
Astilbe chinensis var. chinensis	HP		W	19870137*B	H07 - Pringle Chinese Collection - Edinburgh
			W	19870137*C	H08 - Pringle Chinese Collection Small Bed - Edinburgh
			W	19870137*A	H16 - Pringle Chinese Collection - Edinburgh
Astilbe grandis	HP		W	19930534*C	W03 - Peat walls Large Island Bed - Edinburgh
			GW	20090460*A	W13 - Woodland Garden South Side Long Bed West - Edinburgh
			W	19990363*A	W17 - Woodland Garden Island Bed - Edinburgh
Astilbe rivularis var. myriantha	HP		W	19870299*A	W12 - Woodland Garden South Side Island Bed - Edinburgh
				19870299	YP2 - Pond Borders - Benmore
Astilbe rivularis	HP		W	19911185*A	F18 - Nepalese Bed Gallery Brae - Edinburgh
				19943888*A	R36 - Rock Garden - Edinburgh
Astilbe rubra	HP		W	19911082	H11 - Pringle Chinese Collection - Edinburgh
Astilbe longicarpa	HP		W	19933939*A	H08 - Pringle Chinese Collection Small Bed - Edinburgh
Astilbe macroflora	HP		W	19763802*A	W09/N - Woodland Garden - Edinburgh
Bergenia purpurascens	HP			20101595*A	H06 - Pringle Chinese Collection - Edinburgh
				20150229*A	H20/S - Pringle Chinese Collection Bed - Edinburgh
				19381067*E	R100/1 - East Gate House East Bed - Edinburgh
				19381067	R100/3 - East gate House - Edinburgh
			W	19381067*D	R100/4 - East Gate House West Bed - Edinburgh
				19922864*A	R18 - Rock Garden - Edinburgh
				19381067*C	V07 - Lower South Burnside - Dawyck
				19950360*A	W10 - Upper Woodland Island Bed Peat Walls - Edinburgh
				19381067*B	W11 - Upper Woodland Centre Bed - Edinburgh
Chrysosplenium davidianum	HP		W	19812474*A	R36 - Rock Garden - Edinburgh
				19812474*F	W03 - Peat walls Large Island Bed - Edinburgh
Chrysosplenium davidianum	HP		W	19812474	Z78 - Large Wall Rear - Logan
					Z79 - Camellia Walk Left - Logan

（续）

种 Species	生活型 Life form	濒危现状 IUCN Red list	来源 Provenance	登记号 Accession	在爱丁堡皇家植物园的位置 Location in RBGE
Saxifraga stolonifera	HP		W	20140730	/
Buddleja crispa	SS		W	19812671*B	Z50 - Rear of castle wall - Logan
				19950403*A	H13 - Pringle Chinese Collection - Edinburgh
Buddleja forrestii	SS		W	19950403*D,19950403*F,19950403*G,19950403*H,19950403*I,19950403*J	H18/N - Pringle Chinese Collection - Edinburgh
				19950403*K,19950403*L	H27 - Edinburgh
				19390295	S02 - West Border - Edinburgh
				19950403*M	Z114 - Old Griselinia Shelterbelt Lower Side - Logan
Buddleja davidii	SS		GW	20140250*C,20140250*D	H07 - Pringle Chinese Collection - Edinburgh
			W	19911772*A,19911772*F	N05 - Herbarium and Glass Lawn - Edinburgh
Buddleja myriantha	DS		GW	20140251	S18/W - West Border - Edinburgh
Buddleja macrostachya	SS		W	19812505*C	Z32 - Black Shed Area - Logan
				19812505*B,19880435*A	Z50 - Rear of castle wall - Logan
Buddleja nivea	SS		GW	20100483*A	V01 - Car Park - Dawyck
Buddleja nivea var. yunnanensis	DS		W	19962597*A,19962597*B	YN4 - Younger Memorial Walk North East - Benmore
Ailanthus vilmoriniana	T		W	19081027*A	B02 - Chinese Border West - Edinburgh
Smilax glabra	VL		W	19934017	/
Anisodus luridus	HP		W	19910265*A	W12 - Woodland Garden South Side Island Bed - Edinburgh
Stachyurus himalaicus	DS	LC	W	20090179	YT3 - Area south and west of YT2 (Bhutan) - Benmore
Cephalotaxus sinensis	C	LC	W	19081025*A	B10/2 - Berberis Lawn - Edinburgh
Cephalotaxus fortunei	C	LC	W	19802476	YS6 - Glen Massan Upper Slopes Ledges Fernery North West - Benmore
Cephalotaxus wilsoniana	C		W	19763933	YS6 - Glen Massan Upper Slopes Ledges Fernery North West - Benmore
Taxus wallichiana var. mairei	ET		GW	20120174*A	E07/W - Windbreak - Edinburgh
			W	19924289*C	H14 - Pringle Chinese Collection - Edinburgh
			W	19924289*L,19924289*M	H18/S - Pringle Chinese Collection - Edinburgh
			GW	20120176	YH6 - North - east of upper fernery turnaround - Benmore
			GW	20120172	YT2 - West of track leading to upper double black gate - Benmore
Taxus wallichiana var. mairei	ET		GW	20120172	YT3 - Area south and west of YT2 (Bhutan) - Benmore
			GW	20120177	YT3 - Area south and west of YT2 (Bhutan) - Benmore

08

（续）

种 Species	生活型 Life form	濒危现状 IUCN Red list	来源 Provenance	登记号 Accession	在爱丁堡皇家植物园的位置 Location in RBGE
Camellia oleifera	ES	LC	G	20111777*B	Z03 - South Border - Logan
Camellia yunnanensis	SS	LC	W	19861009	Z78 - Large Wall Rear - Logan
Dendrocnide meyeniana	T		GW	20181615	Z22 - Trachycarpus Bed - Logan
Elatostema lineolatum	EP		W	19934331	/
Oreocnide pedunculata		LC	W	20140149	/
Pellionia radicans			W	20140237	/
Pilea melastomoides			W	20140153	/
Procris crenata			W	20140168	/
			W	20140174	
Ampelopsis delavayana	VL		GW	20100480*A	V01 - Car Park - Dawyck
			GW	20100480*B	Z06 - Salad Bar Borders - Logan
Ampelopsis brevipedunculata	VL		W	19922081	/
Parthenocissus semicordata	VL		W	20171719	/
Tetrastigma obtectum var. glabrum			W	20140238	
Alpinia pricei	EP		W	20140178	/
Alpinia zerumbet	HP	DD	W	20140243	/
Zingiber kawagoii			W	20140152,20140190	/

备注：植物来源简写：W, Wild; GW, Garden – wild origin; G, Garden。
植物生活型简写见下表：

生活型 Life form	简写	生活型 Life form	简写
Annual plant	AP	Geophyte (bulb, corm or tuber)	G
Cactus/succulent	CS	Herbaceous perennial	HP
Conifer	C	Intermediate between shrub and tree	IST
Deciduous shrub/sub-shrub	DS	Palm	P
Deciduous tree	DT	Perennial plant	PP
Evergreen perennial	EP	Shrub/sub-shrub	SS
Evergreen shrub/sub-shrub	ES	Tree	T

（续）

生活型 Life form	简写	生活型 Life form	简写
Evergreen tree	ET	Vine/liana	VL
Fern or fern ally	FF		

濒危现状简写见下表：

濒危现状 IUCN Red list	简写	濒危现状 IUCN Red list	简写
Appendix II	AII	Least concern	LC
Critically endangered	CE	Lower risk (Near threatened)	LR
Data deficient	DD	Near threatened	NT
Endangered	E	Not evaluated	NE
Extinct in the wild	EW	Vulnerable	V

08

China

09

-NINE-

华西亚高山植物园发展概述
（1986—2023）

The Development Overview of West China Subalpine Botanical Garden (1986—2023)

邵慧敏*
（华西亚高山植物园）

SHAO Huimin*
(West China Subalpine Botanical Garden)

*邮箱：806139896@qq.com

摘　要： 中国科学院植物研究所四川省都江堰市华西亚高山植物园（简称"华西园"）位于四川省都江堰市，筹建于1986年，成立于1988年，由中国科学院植物研究所与四川省都江堰市（原灌县）人民政府合作共建。华西园包括龙池和玉堂两个园区，其中龙池园区于2000年正式命名为"中国杜鹃园"。华西园以收集、保存、研究、展示横断山与东喜马拉雅地区杜鹃属植物、珍稀濒危植物以及药用与观赏植物为主要目标，兼顾其他具有科学意义和经济价值的重要资源类群。经过30多年的建设和发展，华西园收集保存活植物2 000种以上，其中野生杜鹃420余种；华西园重点开展杜鹃属植物系统发生和演化机制、杜鹃花色形成机制、杜鹃生态适应、杜鹃杂交育种和高山杜鹃低海拔引种驯化等方面的研究；开展形式多样的科技服务和科普工作，取得较大的社会反响。

关键词： 华西亚高山植物园　中国杜鹃园　横断山与东喜马拉雅地区　杜鹃属

Abstract: The West China Subalpine Botanical Garden of Dujiangyan City, Sichuan Province, Institute of Botany, Chinese Academy of Sciences (hereinafter referred to as "West China Garden"), is located in Dujiangyan City, Sichuan Province. It was prepared to be established in 1986 and was established in 1988. It is jointly built by the Institute of Botany, Chinese Academy of Sciences and the People's Government of Dujiangyan city, Sichuan Province (formerly Guanxian County). West China Garden consists of Longchi Garden and Yutang Garden. Longchi Garden was officially named "Chinese Rhododendron Garden" in 2000. West China Garden aims to collect, conserve, research and show Rhododendron plants, rare and endangered plants, medicinal and ornamental plants distributed in the Hengduan Mountains and the Eastern Himalayas region, as well as other important resource groups with scientific significances and economic values. Over 30 years of development, more than 2000 living plant species, including more than 420 wild Rhododendrons species has been collected and conserved; researches on the phylogenetic and evolutionary mechanism of Rhododendron, the formation mechanism of rhododendron flower color, the ecological adaptation of Rhododendron, the cross breeding of Rhododendron and the introduction and domestication of Rhododendron at low altitude have been conducted; and various forms of scientific and technological services and sciences communications activities with great social repercussions have been carried out in the West China Garden.

Keywords: West China Subalpine Botanical Garden, Chinese Rhododendron Garden, Hengduan Mountains and Eastern Himalayas region, *Rhododendron*

邵慧敏，2023，第9章，华西亚高山植物园发展概述（1986—2023）；中国——二十一世纪的园林之母，第四卷：537-585页.

1 概况

中国科学院植物研究所四川省都江堰市华西亚高山植物园（以下简称"华西园"）位于四川省都江堰市，筹建于1986年，成立于1988年，由中国科学院植物研究所与四川省都江堰市（原灌县）人民政府合作共建。华西园以收集、保存、研究、展示横断山与东喜马拉雅地区杜鹃属植物、珍稀濒危植物以及药用与观赏植物为主要目

标，兼顾其他具有科学意义和经济价值的重要资源类群。

华西园地处中亚热带湿润气候区，四季分明，夏无酷暑，冬无严寒，雨量充沛。地带性植被为中亚热带常绿阔叶林，植物区系处于横断山脉植物区系向华中植物区系的过渡带。华西园包括龙池和玉堂两个园区，占地总面积约55.27hm²。其

中，龙池园区在行政区划上属于都江堰市龙池镇，位于北纬31°07′、东经103°34′，地处青藏高原东部著名的"华西雨屏带"腹地，毗邻东喜马拉雅—横断山这一全球生物多样性热点区域，距都江堰市区约30km，距成都市约80km。龙池园区占地面积约41.94hm²，海拔1700~1800m，年均气温8.0~15.7℃，极端最高气温32℃，极端最低气温−12℃，年均降水量约1800mm，年均空气湿度约87%。龙池园区相邻区域拥有数千公顷天然生境，包括山地、溪流、湖泊、森林、湿地、高山、流石滩等景观，具有青藏高原东部边缘的各种植被类型，自然分布的维管植物达2000余种，是生物多样性研究的理想场所。园区经过多年的努力，已经成功引种保育杜鹃野生种420余种，建成包括回归园、百鹃园、杜鹃花草甸景观区、杜鹃花科普园、岩石园、药用植物区、杜鹃花景观走廊、

科研试验区、管理区等9个功能区在内的杜鹃专类园，于2000年命名为"中国杜鹃园"（图1、图2），并由时任中国科学院副院长陈宜瑜院士题名，已成为都江堰市、四川省乃至西部地区重要的旅游景观和品牌。

玉堂园区在行政区划上属于玉堂镇，位于北纬30°57′、东经103°35′，紧靠青城山旅游环线公路，距都汶高速入口约2.8km，交通便利，自然条件优越。玉堂园区由华西园新官山基地置换而来。新官山基地位于都江堰市城北月亮湾新官山，为华西园原低海拔植物引种保存与科研办公基地。在2008年5·12汶川大地震中，新官山基地地表建筑物和重要科研设施被完全损毁，在灾后重建中，中国科学院植物研究所和都江堰市人民政府决定将华西园低海拔基地迁至都江堰市玉堂镇，新官山基地由都江堰市人民政府收回。

09

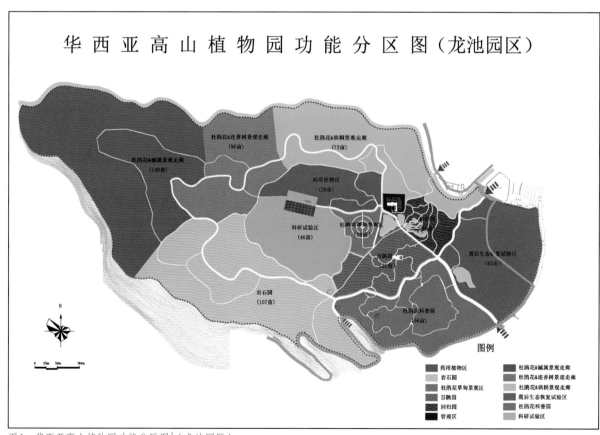

图1　华西亚高山植物园功能分区图[1]（龙池园区）

---

1 文中图片如无特殊标注，均由作者制作或拍摄于华西园。

玉堂园区占地面积约13.33hm²，海拔724~820m，年均气温15.2℃，绝对最高和绝对最低气温分别为34℃和−5℃，年均降水量约1 200mm，年均空气湿度约81%。玉堂园区是以适应低海拔环境的杜鹃花为主的珍稀濒危植物引种保护、科研、科普、园林展示等为一体的综合基地。规划建设的专类园有彩叶植物—杜鹃区、珍稀濒危植物—杜鹃区、杜鹃广场、太平花园、杜鹃坡、杜鹃湖、草甸杜鹃区、生态科普试验区、荫生植物区以及水生植物区（主入口）等10个专类园区（图3、图4）。

在中国科学院植物研究所和四川省都江堰市人民政府及相关部门的领导和支持下，经过30多年的建设和发展，华西园收集保存活植物2 000种以上，其中野生杜鹃420余种。华西园广泛开展特色植物资源引种和保护，不断强化植物多样性研究及新品种研发工作。针对高观赏价值杜鹃花（*Rhododendron* sp.）、桃叶珊瑚（*Aucuba chinensis*）、大百合（*Cardiocrinum giganteum*）、虎舌红（*Ardisia mamillata*）等近30个野生观赏植物种类开展新种质研发，其中2个获国家林业局（现国家林业和草原局，下同）新品种权保护。华西园围绕杜鹃与我国西南珍稀濒危及特有植物保护，开展形式多样的科普工作，每年接待游客约10万人次，获得多个科普教育基地称号，举办或参与众多科普活动，取得了良好的社会效益。

华西园设有综合办公室、杜鹃花研发部、园区建设与管理部和科普部4个部门。现有植物所人员12人，属地化管理人员21人（其中3人为都江堰市事业编制）。现正承担中国科学院战略生物资源计划植物种质资源创新平台项目、战略生物资源科技支撑体系运行专项课题、成都市现代林业产业示范基地建设项目、长江流域西南段杜鹃花资源调查项目等。

图2 雪山映衬下的中国杜鹃园（冯正波 2005年摄）

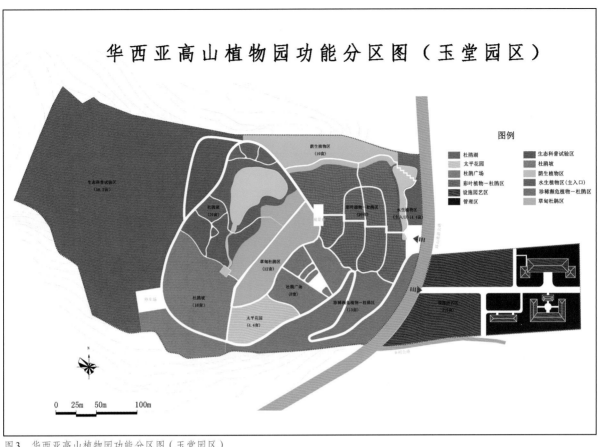

图3 华西亚高山植物园功能分区图（玉堂园区）

图4 玉堂园区主入口

2 建园历程

2.1 初创

华西园创始人——陈明洪（男，1937—2002，图5），四川灌县（现都江堰市）人，研究员。1958年就读于四川大学生物系，1963年毕业到中国科学院植物研究所工作，在我国著名古植物学家徐仁院士领导下工作多年。陈明洪先生早年从事古植物学研究，先后多次赴云南、四川、东北、华东等地，采集了大量植物化石标本。1981—1984年，他参加中国科学院青藏高原（横断山部分）综合科学考察，搜集了大批珍贵的植物化石标本。参编《中国新生代植物》专著，发表《川西高原第三纪植物群的发现及其在植物地理学上的意义》等有影响的论文。尤其就

桉属（*Eucalyptus*）植物的起源、分布、迁移以及南北两半球植物区系的关系进行了较为详尽的讨论（张晴 等，2002）。

1985年4月20日，陈明洪先生在一篇内部报告——《关于建立植物园的初步设想》中写道：恩师方文培教授（男，1899—1983）曾两次（1979年、1980年）提及在灌县建立植物园；后来，其子方明渊（1935年生）在准备去美国西雅图参加国际杜鹃花学术讨论会时提到时任中国科学院昆明分院院长、昆明植物研究所所长吴征镒院士（男，1916—2013）曾向四川省建议在灌县建立植物园一事。陈明洪先生自1981年开始参加我国青藏高原横断山区综合科学考察，亲眼目睹了我国第二大林区森林植被现状，对于在四川建立植物

图5 华西亚高山植物园创始人——陈明洪 研究员（佚名 摄）

园的必要性和深远意义有了更深刻的认识。为实现恩师的遗志和植物学界前辈的梦想，1986年陈明洪先生回到家乡筹建华西园的前身——华西野生植物保护实验中心。至此，陈明洪先生带领全体职工筚路蓝缕，以启山林。经过两年多的筹建，1988年中国科学院植物研究所与四川省都江堰市人民政府正式签署了建立华西野生植物保护实验中心的协议，陈明洪研究员为中心常务副主任。在"中心"成立大会上（图6），汤佩松院士把这一事件喻为第二个"都江堰工程"。1991年华西野生植物保护实验中心正式更名为华西亚高山植物园，并列入中国科学院植物园管理序列。

2.2　作用和意义

我国植物园分布呈东部多，西部少；生物多样性非热点区多，热点区少；低海拔地区多，高海拔地区少；大城市周边多，偏远地区少的特点。华西园位于生物多样性热点区域，地处华西雨屏带腹地，所处地理位置得天独厚，为收集保育、研究、展示和利用横断山与东喜马拉雅区域植物提供了理想场所。

2.3　大事记

◎　1986年5月22日，正式筹建华西野生植物保护实验中心。

◎　1988年10月18日，中国科学院植物研究所与四川省都江堰市人民政府签署建立《华西野生植物保护实验中心》协议书。

◎　1991年10月30日，华西野生植物保护实验中心更名为中国科学院植物研究所、四川省都江堰市华西亚高山植物园。

◎　1993年5月4日，以华西亚高山植物园为依托的都江堰国家森林公园开园（图7）。

◎　1995年9月28日，中国科学院植物研究所与四川省都江堰市人民政府签署建立华西亚高山植物园协议书。

◎　2000年6月6日，"中国杜鹃园"正式命名；并由时任中国科学院副院长陈宜瑜院士题名。

◎　2008年5月12日，华西亚高山植物园（本部）和龙池园区遭受特大地震灾害，两个园区的建筑物完全损毁；冯正波（男，1975—2008）、熊海兰（女，1975—2008）两名工作人员在办公楼不幸遇难。

09

图6　华西野生植物保护实验中心成立大会，王伏雄院士（中左1），汤佩松院士（中右1）（佚名 摄）

图7　四川省原副省长韩邦彦（前排右7）、张新时院士（前排右5）参加华西亚高山植物园、都江堰国家森林公园开园剪彩仪式（耿玉英 摄）

图8　玉堂园区办公区（王飞 摄）

◎ 2009年4月20日，中国科学院植物研究所与四川省都江堰市人民政府正式签署了《关于加快华西亚高山植物园灾后重建的协议》，协议商定：华西亚高山植物园（本部）易址重建，从都江堰市灌口镇迁至玉堂镇，占地面积从2.6hm²扩展到13.3hm²。

◎ 2013年2月，华西亚高山植物园（本部）迁至玉堂镇（图8）。

2.4 历任主任

马志祥（男，1927—2012），原灌县人民政府县长（名誉主任）

1988.10—1998.11 王茂昭（男，1939年生），都江堰市人民政府原副市长（兼任主任）；陈明洪研究员（常务副主任）

1998.11—2009.04 庄平（男，1957年生），研究员（主任）

2009.04—2011.02 洪亮（男，1959年生），高级工程师（主任）；郑元润，研究员、博导（执行主任）

2011.02至今 郑元润（男，1968年生），研究员、博导（主任）

3 建园成绩

09

3.1 物种搜集与保育

自筹建伊始，以杜鹃属为主的物种搜集一直是华西园工作的重点。在引种地域上，以我国横断山和东喜马拉雅地区的杜鹃属植物为重点，引种足迹遍及我国15个省（自治区、直辖市）的93个县（区、市），尤以四川、云南、西藏种类收集最为丰富，国外种也有收集。在引种类群上，以常绿杜鹃亚属、杜鹃亚属的收集最为丰富，毛枝杜鹃亚属、糙叶杜鹃亚属、迎红杜鹃亚属、映山红亚属、马银花亚属和羊踯躅亚属种类也有较多收集。在国产野生杜鹃的迁地保护方面取得了较好的成效。引种代表性杜鹃属植物包括尾叶杜鹃（*Rhododendron urophyllum*）、圆叶杜鹃（*Rh. williamsianum*）、江西杜鹃（*Rh. kiangsiense*）和井冈山杜鹃（*Rh.jingangshanicum*）等国家二级重点保护野生植物，以及《中国生物多样性红色名录——高等植物卷》中列为极危的巴朗杜鹃（*Rh. balangense*）、波叶杜鹃（*Rh. hemsleyanum*）和大树杜鹃（*Rh. protistum* var. *giganteum*）等受威胁种类，繁殖野生杜鹃苗木30万余株，初步建成了亚洲地区规模最大、保存野生杜鹃种类最多的杜鹃专类园。目前，华西园已收集和保存国家重点保护野生植物41种，保存皱边石杉（*Huperzia crispata*）、水青树（*Tetracendron sinense*）、珙桐（*Davidia involucrata*）、连香树（*Cercidiphyllum japonicum*）、圆叶天女花（*Oyama sinensis*）、五小叶槭（*Acer pentaphyllum*）、夏蜡梅（*Calycanthus chinensis*）、大叶木莲（*Manglietia dandyi*）和大果木莲（*M. grandis*）等130余种受威胁植物。累计采集、鉴定并馆藏的植物标本达2.5万份，其中2万份标本完成数字化，并通过中国数字植物标本馆共享，包括杜鹃属植物标本约5 000份。近年来，为四川省林木种质资源普查项目鉴定植物标本2.79万号，6万余份。累计采集种子2 600余号。

◎ 1986—1995年，开展了4次都江堰植物区系及植被专项调查；采集植物标本近3万份；主要参与人员：陈明洪、耿玉英、赵志龙、高举林、傅德志、陈伟烈、李振宇等。

◎ 1996—2008年，主要在四川、云南、西藏、重庆、广西和贵州等地开展杜鹃花调查（图9）和种子采集工作；采集植物标本约1.4万份，其中杜鹃花标本约1 000份；种子约1 600号；主要参与人员：耿玉英、赵志龙、庄平、冯正波、张超、邵慧敏等。

◎ 2009—2022年，主要在四川、云南、西藏、重庆、陕西、湖北、湖南、广西和贵州等地开展杜鹃花调查和种子采集工作，采集杜鹃花标本约2 000份，种子约1 000号（图10至图14）；负责四川省林木种质资源普查的植物标本鉴定工作，鉴定植物标本2.79万号，6万余份；主要参与人员：庄平、张超、王飞、邵慧敏、李烨、李建书等。

图9　2008年张超（右1）、李建书（右2）、朱大海（左1）和向导（左2）等在云南调查杜鹃（王飞　摄）

图10　2010年庄平（右1）、李建书（中）和朱大海（左1）等在西藏调查杜鹃（王飞　摄）

图11　2020年华西园发现野外灭绝的枯鲁杜鹃（*Rh. adenosum*）（王飞　摄）

09

图12　2022年王飞在西藏调查杜鹃（朱大海　摄）

图13 龙池园区的杜鹃播种床（王飞 摄）

图14 华西园培育的杜鹃幼苗（王飞 摄）

3.2 科研成果

自建园以来，华西园在杜鹃属植物和我国西南珍稀濒危植物的搜集、保护与评价、高品质花卉研发和园林新种质优选、生态系统观测与研究，以及服务地方资源保护和生态文明建设的科技服务等方面开展了大量工作，取得了较大的社会反响。近年来，华西园重点开展杜鹃属植物系统发生和演化机制、杜鹃花色形成机制、杜鹃生态适应、杜鹃杂交育种和高山杜鹃低海拔引种驯化等方面的研究，在以下方面获得重要进展：

（1）重建了杜鹃属系统发生框架和时空进化历史。基于组学数据，利用谱系基因组学的方法重建了杜鹃属高分辨率系统发育关系，为探讨该属的时空进化和分类修订提供了良好框架。结合祖先分布区重建和分子钟估算，推测杜鹃属起源于古新世的东北亚高纬度地区，在中新世从周边地区向南迁移到热带/亚热带山区，并跨越赤道进入东南亚（Xia et al., 2021）。

（2）阐明了杜鹃属植物花色形成机制。以杜鹃属7个亚属30个杜鹃野生种为对象，研究了花瓣中花青苷的种类及含量，分析种间花色差异及形成的化学基础。发现飞燕草素、矢车菊素和锦葵素含量变化是造成杜鹃属植物花色差异的主要原因（Du et al., 2018）。

（3）解析了杜鹃属植物种子萌发的主要影响因素。以采自藏东南的36种亚高山杜鹃种子为研究对象，系统研究了种子萌发特征及其对物种分布的影响。发现温度和光照极大地影响了种子萌发百分率和萌发速率；低海拔区分布的杜鹃萌发最适温度较高，高海拔区分布的杜鹃萌发最适温度较低；在物种水平上，种子萌发差异显著，但在亚组、组、亚属水平上差异不显著；种子萌发受到系统发育的显著影响（Wang et al., 2018）。

（4）杜鹃杂交育种取得实质性进展。自2012年以来，分别以高山、亚高山杜鹃野生种和国家植物园（南园）分布于北方的迎红杜鹃（*Rh. mucronulatum*）及照山白（*Rh. micranthum*）为父母本进行了杂交育种。截至目前共进行了200多个

组合的杂交实验，其中10余个组合已进入花期，为杜鹃新品种的选育奠定了基础。在此基础上开展了较为系统的杂交后代可育性研究，拓展了对杜鹃属植物间杂交的科学认知（庄平，2017，2018，2019）。

华西园积极承担各类科研项目，已经完成的科研项目包括："中国蛇足石杉资源分布与蓄积量调查"（国际合作）、"都江堰市生物多样性保护策略与行动计划"（IUCN资助中国的第一个县级生物多样性行动计划）、"都江堰植物区系及植物资源调查""岷江流域中山区植被不同演替阶段恢复试验示范"（图15）、"中国杜鹃花属植物标本数字化专项"（中国科学院重大项目子课题）等。近10年来，华西园争取到国家重点研发计划课题、国家自然科学基金重点项目、科技部农业科技成果转化项目、成都市现代农业示范项目等重要项目10多项，获批经费约1 500万元。历年承担的主要项目包括：

◎ 1987—1990年，主持"都江堰市植物区系和植物资源调查"项目（主持人：陈明洪；主要参与人：耿玉英、赵志龙、傅德志、陈伟烈、李振宇等）。

◎ 1995—1997年，主持中—英达尔文基金"中国杜鹃花保护"项目（主持人：耿玉英；主要参与人：冯正波、张超等）。

◎ 1996—1998年，主持中国科学院"常绿杜鹃繁殖生物学研究"项目（主持人：耿玉英；主要参与人：张超、冯正波等）。

◎ 1998年，主持美国MARCO公司"中国蛇足石杉资源调查"项目（主持人：庄平；主要参与人：冯正波、张超、靳昌伟等）。

◎ 2000年，主持中国科学院"岷江上游典型退化生态系统恢复与重建示范研究"项目"中山区植被类型不同阶段的抚育与封山育林试验示范"专题（主持人：高贤明、庄平；主要参与人：冯正波、张超、靳昌伟等）。

◎ 2002—2005年，主持成都市科技局"野生观赏植物商业化栽培试验示范基地建设"项目（主持人：庄平；主要参与人：冯正波、张超、邵慧敏等）。

09

◎ 2003—2005年，主持广西锦莹药业有限责任公司、成都荣泰药业有限责任公司"川贝母的栽培繁殖研究"项目（主持人：庄平；主要参与人：张超、冯正波等）。

◎ 2003—2006年，主持成都市科技局"大百合产业化试验示范基地建设"项目（主持人：庄平；主要参与人：冯正波、张超等）。

◎ 2007年，主持中国科学院植物研究所"数字化标本项目—华西亚高山植物园标本库"建设项目（主持人：庄平；主要参与人：冯正波、张超、朱大海、邵慧敏、熊海兰、熊晓芸等）。

◎ 2007—2008年，主持四川省科技厅"亚高山特有植物资源库及相关数据信息"建设项目（主持人：庄平；主要参与人：张超、邵慧敏、王飞等）。

◎ 2007—2009年，主持成都市科技局"杜鹃花与百合属种质资源资源圃建设"项目（主持人：庄平；主要参与人：张超、冯正波等）。

◎ 2009—2010年，主持四川省科技厅"杜鹃花种质资源共享平台建设"项目（主持人：庄平；主要参与人：张超、邵慧敏、王飞等）。

◎ 2009年，主持中国科学院植物研究所植被与环境变化国家重点实验室"中国科学院植物研究所都江堰常绿阔叶林野外科学观测平台"项目（主持人：郑元润；主要参与人：庄平、赵志龙、张超、王飞、汪宣奕等）。

◎ 2009—现在，主持中国科学院"战略生物资源科技支撑体系运行专项"子项目"中国科学院植物研究所华西亚高山植物园运行管理"（主持人：郑元润；主要参与人：庄平、赵志龙、张超、邵慧敏、王飞、汪宣奕等）。

◎ 2009—2011年，主持中国科学院"互联网络环境建设与服务"子项目"中国科学院植物研究所华西亚高山植物园网络环境建设"（主持人：郑元润；主要参与人：庄平、陈金荣、赵志龙、张超、邵慧敏、王飞等）。

◎ 2011—2015年，主持中国科学院战略性先导科技专项专题"重庆市森林固碳现状、速率和潜力研究"（主持人：郑元润；主要参与人：庄

平、来利明、王健健、赵学春等）。

◎ 2012—2014年，主持科技部农业科技成果转化资金项目"特色观赏植物产业化研发与中试"（主持人：郑元润；主要参与人：庄平、赵志龙、蒋延仕、张超、王飞、邵慧敏、来利明、王永吉等）。

◎ 2013—2015年，主持四川省科技计划项目"高山杜鹃花低海拔开发试验示范"（主持人：庄平；主要参与人：邵慧敏、张超、王飞、李烨等）。

◎ 2014—2018年，主持国家自然科学基金重点项目"鄂尔多斯高原灌丛化草地恢复过程与机制"（主持人：郑元润；主要参与人：姜联合、任红旭、来利明、张超、王永吉等）。

◎ 2016年，主持"贡嘎山地区杜鹃花迁地保护小区建设杜鹃花原生种种苗及栽植项目"（主持人：张超；主要参与人：王飞、邵慧敏、张晴、李彦慈、李烨、李建书等）。

◎ 2016—2017年，主持成都市园林局"成都市2016年林业产业示范项目——都江堰高山杜鹃示范园"（主持人：张超；主要参与人：王飞、邵慧敏、张晴、李彦慈、李烨、李建书等）。

◎ 2018—2019年，主持成都市园林局"2018年成都市现代林业产业项目——高山杜鹃园建设"，（主持人：张超；主要参与人：王飞、邵慧敏、张晴、李彦慈、李烨、李建书等）。

◎ 2018—2021年，主持国家重点研发计划项目课题"雄安新区绿地系统建设和生态功能提升技术与示范"（主持人：郑元润；主要参与人：赵鸣、于志军、姜联合、王英伟、孙国峰、张会金、叶建飞等）。

◎ 2021—2022年，主持"四川省凉山彝族自治州杜鹃花调查"项目（主持人：张超；主要参与人：王飞、邵慧敏、张晴、李彦慈、李烨、李建书等）。

◎ 2020—2022年，主持"熊猫谷高山杜鹃花低海拔引种驯化初探"项目，（主持人：王飞；主要参与人：张超、邵慧敏、张晴、李彦慈、李烨、李建书等）。

图15　2003年，时任中国科学院副院长陈宜瑜院士（左2）验收科研项目（冯正波　摄）

09

在上述研究工作的基础上，华西园主持编写《中国都江堰市植物名录》[2]和《中国科学院植物研究所华西亚高山植物园植物名录》[3]2本，主编或参编了《都江堰生物多样性研究与保护》（陈昌笃，2000）、《都江堰市生物多样性保护策略与行动计划》（都江堰市人民政府 等，2003）、《区域生物多样性保护策略与行动计划（BSAP）编制指南》（邓维杰，2011）、《中国迁地栽培植物志·杜鹃花科》（张乐华 等，2022）和《四川凉山州杜鹃花属植物》（张超 等，2023）等专著5本（图16），指导编写"四川大熊猫栖息地自然遗产申报"文本 *SICHUAN GIANT PANDA SANCTUARY-WOLONG, MT. SIGUNIANG AND JIAJIN MOUNTAINS*[4]1 本；以第一作者和通讯作者在国内外重要期刊上发表

图16　华西园主持编写的部分专著

论文50多篇，其中SCI论文30多篇；获国家林业局植物新品种权2个；列入四川省林业和草原局"2020年度省级长期科研基地名单"（图17、图18）。

---

2 该名录的编写工作由陈明洪主持；主要作者有中国科学院植物研究所系统与进化植物学开放实验室李振宇、傅德志；耿玉英参加校对。于1991年5月印刷成册。
3 该名录由耿玉英、冯正波主持编写；于1999年6月印刷成册。
4 该文本的科学顾问包括中国科学院植物研究所马克平、庄平等；于2002年9月印刷成册。

图17 选育的虎舌红（*Ardisia mamillata*）新品种

图18 开展杜鹃杂交工作（林彬 摄）

3.3 园区建设

华西园积极推进园林建设，遵循"道法自然"的原则，追求"虽由人作，宛自天开"的意境，开展两个园区的园林建设工作。完成了玉堂园区珍稀濒危植物—杜鹃区、彩叶植物—杜鹃区、杜鹃广场、太平花园、草甸杜鹃区、杜鹃湖、杜鹃坡等低海拔杜鹃专类园的地形营造、一级游步道建设、主要骨干和景观树种种植等工作。种植27

科43属70种乔木树种，其中国家一级重点保护野生植物8种，国家二级重点保护野生植物20种。目前已形成荫蔽环境，为特色杜鹃原生种的配置提供了必要条件。

近年来，对龙池"中国杜鹃园"进行园林景观提升和优化；重建育苗温棚、集装箱板房等基础设施；初步建成杜鹃资源圃1hm²；扩大杜鹃展示区26.67hm²，完成园区全部杜鹃适宜种植展示区建设，总面积约40hm²（图19至图23）。

图19　玉堂园区秋景

图20　郁郁葱葱的中国杜鹃园

图21　盛开的大王杜鹃（*Rh. rex*）（冯正波 摄）

图22　珙桐（*Davidia involucrata*）和杜鹃齐放

图23　中国杜鹃园一景

3.4 科普与社会服务

华西园长期与四川大学、四川农业大学、成都理工大学、四川音乐学院、成都美术学院和都江堰市玉堂小学等当地大、中、小学校建立合作关系，为植物、生态、园林、环境、艺术等专业的学生提供教学实习基地。1998年被四川省科学技术协会授予"四川省植物学科普教育基地"；2005年被中国科学院、共青团中央和全国少年先锋队全国工作委员会授予"全国青少年走进科学示范基地"（图24）。

2000年在都江堰世界遗产申报过程中，华西园协助申报过程的各个环节，获得都江堰市人民政府颁发的"世界遗产申报工作先进集体"荣誉称号；2001年春季举办首届"中国龙池杜鹃节"；分别于2000年和2001年春天，参加中国科学院植物园在广州举行的珍稀植物展和重庆市组织的杜鹃花展，获奖3项；2008—2012年，为都江堰市中小学生编写乡土教材《走进大自然》系列丛书一套[5]（图25）；主编或参编《横断山杜鹃花之四川篇》《甘孜州野生观赏植物图册》（上册）、《邛崃山系的杜鹃花》和《卧龙国家级自然保护区高山花卉手册》等专著4部（魏荣平 等，2021；马文宝 等，2021；李仁贵 等，2021；四川卧龙国家级自然保护区管理局，2018）。2010年，参加第十一届中国西部国际博览会。

2010年，在都江堰市北街小学举办"灾区青少年心理健康与科技教育促进"专题报告会。自2014年12月始，举办"走进植物园　自然体验营"系列科普活动16期（图26），举办"高山杜鹃花科普展""珍稀濒危植物保护"和"植物智慧漫画展"等主题科普展10次，举办科普讲座等各类科普活动共计50多次，都江堰市玉堂小学、都江堰市北街小学、都江堰外国语实验学校和都江堰嘉祥外国语实验学校7 000多名中小学师生参加。通过开展形式多样、内容丰富的科普教育活动，促进了公众对植物科学的了解和热爱，提升了华西园的社会影响力。

2015年，华西亚高山植物园与四川省林业厅、四川省大熊猫基金会、中国大熊猫保护研究中心、四川横断山杜鹃花保护研究中心合作，共同承办了"走进横断山　发现杜鹃花"的大型科普活动（图27），通过央视网、新华网、腾讯新闻等新闻媒体对杜鹃花的观赏、识别、调查方法等工作进行科普宣传，并负责制定杜鹃花野外调查技术规程。协助中央电视台《走进科学》栏目拍摄介绍科学院植物园的专题片；2019年，协助中央电视台《影响世界的中国植物》摄制组在华西园拍摄杜鹃花、珙桐及其生境，展示了建园以来在杜鹃和珍稀植物迁地保育方面取得的成绩。

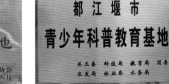

图24　荣获的科普称号

图25　编写的科普丛书

---

5 该丛书包括《走进大自然 植物认识篇》（小学1-2年级适用）、《走进大自然 树木鉴赏篇》（小学3-4年级适用）、《走进大自然 树木描述篇》（小学5-6年级适用）、《走进大自然 绿野游踪篇》（初中1-2年级适用）4本，是2008年3月初由都江堰市关工委牵头，协调市教育局、团委、科协、林业局、农发局、环保局、水务局、科技局、华西亚高山植物园及都江堰市社会科学界联合会等部门和单位有关负责人及科技工作者，共同努力编辑而成；主编为庄平。

09

图26 举办"走进植物园 自然体验营"系列科普活动（冯万鸿 摄）

图27 "走进横断山 发现杜鹃花"的大型科普活动（沈伯韩 摄）

2023年，与上海植物园合作，在"2023上海（国际）花展"期间，参加"杜鹃花时空之旅"线上导赏活动，首次以视频形式介绍华西园及其在高山杜鹃迁地保护方面取得的成效，一经播出在新华社、绿色上海、上海植物园、上海滨江森林公园、《青年报》、徐汇融媒体和新浪微博等媒体和平台反响热烈，点击量逾10万次。

此外，华西园与四川省林业厅、中国大熊猫保护研究中心、四川横断山杜鹃花保护研究中心、四川省林业科学院、北京大学生命科学学院、四川省龙溪—虹口国家级自然保护区等10余家单位合作，开展相关科技服务工作。先后完成"走进横断山·发现杜鹃花"大型科考活动、四川省林业厅科技扶贫万里行活动、贵州百里杜鹃繁殖技术培训工作"峨眉拟单性木兰遗传多样性及综合保护"项目、四川省古蔺县睡莲叶杜鹃资源调查项目、尾叶杜鹃种群资源调查项目等40余项（次）科技服务工作。

3.5 对外交流

华西园建园初期与英国爱丁堡皇家植物园、俄罗斯圣彼得堡植物园、美国杜鹃花基金会、日本杜鹃花协会等机构和组织建立了联系。2019年10月，华西园与四川省野生动植物保护协会共同承办的"2019全球植物保护战略（GSPC）国际研讨会"在都江堰市成功举办，来自14个国家、7个国际组织共计268名代表参加了研讨会，体现了华西园在植物保护领域的影响力（图28至图31）。

图28 美国杜鹃花基金会代表团访问龙池杜鹃园，陈明洪研究员（左1）、王茂昭副市长（右4）陪同（佚名 摄）

图29 "威尔逊之路"寻访团访问华西园（印开蒲 摄）

09

图30 著名种子生物学专家Baskin教授夫妇访问华西园（王飞 摄）

图31 国际专家学者访问华西园（隆廷伦 摄）

4 在关怀中成长

华西园的发展得到了中国科学院、中国科学院植物研究所、四川省、成都市和都江堰市相关领导及社会各界有识之士的关怀、大力支持和指导。在30多年的发展历程中，路甬祥、白春礼、陈宜瑜、陈竺、丁仲礼、詹文龙、方新等中国科学院领导，秦大河、佟凤勤、康乐、张知斌、苏荣辉、黄铁青、娄治平等中国科学院各专业局领导，韩邦彦、王荣轩等四川省与成都市领导，中国科学院成都分院及部分研究所主要领导，植物研究所历任主要领导曾多次莅临华西园指导；都江堰市历任主要领导给予了极大关怀和支持，造就了华西园今天的发展规模。在各方领导一如既

图32　1997年3月，时任中国科学院资源环境科学与技术局局长秦大河（左2）视察华西园（庄平 摄）

往的共同关心下，华西园将不断成长，取得更多成绩（图32至图40）。

图33　2000年3月，著名作家、原中国科学院成都分院副院长马识途（中）参观华西园"中国杜鹃园"（冯正波 摄）

09

图34 2001年4月，时任四川省成都市委书记王荣轩（中）视察华西园"中国杜鹃园"（冯正波 摄）

图35 2004年4月23日，时任中国科学院副院长陈竺院士（左1）、中国科学院生命科学与生物技术局局长康乐院士（右1）、植物研究所所长韩兴国（左2）等在华西园共植杜鹃（庄平 摄）

图36　2008年，时任中国科学院院长路甬祥（中）等在华西园指导工作（王飞　摄）

图37　2012年4月15日时任中国科学院院长白春礼院士（右4）、植物研究所党委书记赵锡嘉（右5）、都江堰市副市长韩冰（右七）等视察华西园（王飞　摄）

图38 2018年4月15日，植物研究所所长汪小全（右3）、华西园主任郑元润（右1）在华西园指导工作（王飞 摄）

图39 2018年11月11日，时任中国植物园联盟理事长、中国科学院植物园工委会主任、中国科学院西双版纳热带植物园主任陈进（中）研究员视察华西园（王飞 摄）

图40　2021年4月22日，中国科学院植物研究所党委书记赵千钧研究员（左2）视察华西园

09

5 引种保育的特色植物

图41　弯尖杜鹃（*Rh. adenopodum*）（VU）[6]

图42　光柱迷人杜鹃（*Rh. agastum* var. *pennivenium*）（NE）

---

6 物种保护级别采用《国家重点保护野生植物名录》（2021），物种红色名录濒危等级采用《中国生物多样性红色名录——高等植物卷》（2020）。

图 43　问客杜鹃（*Rh. ambiguum*）（LC）

图 44　紫花杜鹃（*Rh. amesiae*）（CR）

图 45　团花杜鹃（*Rh. anthosphaerum*）（LC）

图 46　黔东银叶杜鹃（*Rh. argyrophyllum* subsp. *nankingense*）（NT）

图 47　峨眉银叶杜鹃（*Rh. argyrophyllum* subsp. *omeiense*）（NT）

图 48　毛肋杜鹃（*Rh. augustinii*）（LC）

图49　巴朗杜鹃（*Rh. balangense*）（CR）

图50　锈红杜鹃（*Rh. bureavii*）（LC）

图51　卵叶杜鹃（*Rh. callimorphum*）（LC）

图52　美容杜鹃（*Rh. calophytum*）（LC）

图53　美被杜鹃（*Rh. calostrotum*）（LC）

图54　树枫杜鹃（*Rh. changii*）（NT）

图55　藏布雅容杜鹃（*Rh. charitopes* subsp. *tsangpoense*）（LC）

图56　朱砂杜鹃（*Rh. cinnabarinum*）（LC）

09

图 57 美艳橙黄杜鹃（*Rh. citriniflorum* var. *horaeum*）（LC）

图 58 粗脉杜鹃（*Rh. coeloneurum*）（LC）

图 59 革叶杜鹃（*Rh. coriaceum*）（NT）

图 60 长粗毛杜鹃（*Rh. crinigerum*）（LC）

图 61 腺果杜鹃（*Rh. davidii*）（NT）

图 62 大白杜鹃（*Rh. decorum*）（LC）

图 63 马缨杜鹃（*Rh. delavayi*）（LC）

图 64 绵毛房杜鹃（*Rh. facetum*）（LC）

图 65　猴斑杜鹃（*Rh. faucium*）（LC）

图 66　繁花杜鹃（*Rh. floribundum*）（NE）

图 67　云锦杜鹃（*Rh. fortunei*）（LC）

图 68　镰果杜鹃（*Rh. fulvum*）（LC）

图 69　粘毛杜鹃（*Rh. glischrum*）（LC）

图 70　红粘毛杜鹃（*Rh. glischrum* subsp. *rude*）（LC）

图 71　波叶杜鹃（*Rh. hemsleyanum*）（CR）

图 72　凉山杜鹃（*Rh. huanum*）（LC）

图 73　岷江杜鹃（*Rh. hunnewellianum*）（LC）

09

图74　露珠杜鹃（*Rh. irroratum*）（LC）　　图75　井冈山杜鹃（*Rh. jingangshanicum*）（二级，VU）　　图76　管花杜鹃（*Rh. keysii*）（LC）

图77　江西杜鹃（*Rh. kiangsiense*）（二级，EN）

图78　鳞腺杜鹃（*Rh. lepidotum*）（（LC）

图79　南岭杜鹃（*Rh. levinei*）（NT）

图80　金山杜鹃（*Rh. longipes* var. *chienianum*）（VU）

图81 黄花杜鹃（*Rh. lutescens*）（（LC）

图82 隐脉杜鹃（*Rh. maddenii*）（LC）

图83 猫儿山杜鹃（*Rh. maoerense*）（NT）

09

图84 满山红（*Rh.mariesii*）（LC）

图85 羊踯躅（*Rh. molle*）（LC）

图86 宝兴杜鹃（*Rh. moupinense*）（VU）

图87 迎红杜鹃（*Rh. mucronulatum*）（LC）

图88 火红杜鹃（*Rh. neriiflorum*）（LC）

图89　稀果杜鹃（*Rh. oligocarpum*）（LC）

图90　团叶杜鹃（*Rh. orbiculare*）（LC）

图91　猫岭杜鹃（*Rh. orbiculare* subsp. *maolingense*）（LC）

图92　粉红杜鹃（*Rh. oreodoxa* var. *fargesii*）（LC）

图93　山育杜鹃（*Rh. oreotrephes*）（LC）

图94　厚叶杜鹃（*Rh. pachyphyllum*）（LC）

图95　绒毛杜鹃（*Rh. pachytrichum*）（LC）

图96　海绵杜鹃（*Rh. pingianum*）（LC）

图 97　越峰杜鹃（*Rh. platypodum* var. *yuefengense*）（EN）

09

图 98　多鳞杜鹃（*Rh. polylepis*）（LC）

图 99　美艳杜鹃（*Rh. pulchroides*）（NT）

图 100　腋花杜鹃（*Rh. racemosum*）（LC）

图 101　基毛杜鹃（*Rh. rigidum*）（LC）

图102　大钟杜鹃（*Rh. ririei*）（LC）

图103　红棕杜鹃（*Rh. rubiginosum*）（LC）

图104　怒江杜鹃（*Rh. saluenense*）（NT）

图105　锈叶杜鹃（*Rh. siderophyllum*）（LC）

图106　凸尖杜鹃（*Rh. sinogrande*）（LC）

图107　爆杖花（*Rh. spinuliferum*）（LC）

图108　长蕊杜鹃（*Rh. stamineum*）（LC）

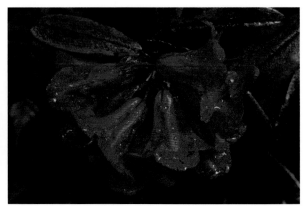

图109　芒刺杜鹃（*Rh. strigillosum*）（LC）

图110　四川杜鹃（*Rh. sutchuenense*）（LC）

图111　灰被杜鹃（*Rh. tephropeplum*）（LC）

图112　长毛杜鹃（*Rh. trichanthum*）（VU）

图113　毛嘴杜鹃（*Rh. trichostomum*）（LC）

09

图114　三花杜鹃（*Rh. triflorum*）（LC）

图115　柳条杜鹃（*Rh. virgatum*）（LC）

图116　显绿杜鹃（*Rh. viridescens*）（LC）

图117　黄杯杜鹃（*Rh. wardii*）（LC）

图118　皱皮杜鹃（*Rh. wiltonii*）（LC）

图 119　云南杜鹃（*Rh. yunnanense*）（LC）

图 120　梨蒴珠藓（*Bartramia pomiformis*）（LC）

图 121　皱边石杉（*Huperzia crispata*）（二级，VU）

图 122　铁角蕨（*Asplenium trichomanes*）（LC）

图 123　银杏（*Ginkgo biloba*）（一级，EN）

图 124　竹柏（*Nageia nagi*）（EN）

图 125　水杉（*Metasequoia glyptostroboides*）（一级，EN）

图126　篦子三尖杉（*Cephalotaxus oliveri*）（二级，VU）　　图127　红豆杉（*Taxus wallichiana* var. *chinensis*）（一级，VU）

图128　金钱松（*Pseudolarix amabilis*）（二级，VU）

图129　野八角（*Illicium simonsii*）（LC）　　图130　华中五味子（*Schisandra sphenanthera*）（LC）

图131 深绿细辛（*Asarum porphyronotum* var. *atrovirens*）（NT）

图132 鹅掌楸（*Liriodendron chinense*）（二级，LC）

图133 香木莲（*Manglietia aromatica*）（二级，CR）

图134 桂南木莲（*M. chingii*）（LC）

图135 大叶木莲（*M. dandyi*）（二级，EN）

图136 川滇木莲（*M. duclouxii*）（NT）

图137 大果木莲（*M. grandis*）（二级，EN）

图138 四川木莲（*M. szechuanica*）（VU）

图139 锈毛木莲（*M. zhengyiana*）（EN）

图140 云南含笑（*Michelia yunnanensis*）（LC）

图141　圆叶天女花（*Oyama sinensis*）（二级，VU）

图142　峨眉拟单性木兰（*Parakmeria omeiensis*）（一级，CR）

图143　乐东拟单性木兰（*Parakmeria lotungensis*）（VU）

图144　焕镛木（*Woonyoungia septentrionalis*）（一级，VU）

图145　夏蜡梅（*Calycanthus chinensis*）（二级，LC）（冯正波 摄）

09

图146　双耳南星（*Arisaema wattii*）（NT）

图147　七叶一枝花（*Paris polyphylla*）（二级，VU）

图148　大百合（*Cardiocrinum giganteum*）（LC）（冯正波 摄）

图149 大理百合（*Lilium taliense*）（LC）

图150 细叶石斛（*Dendrobium hancockii*）（二级，EN）

图151 三棱虾脊兰（*Calanthe tricarinata*）（LC）

图152 天麻（*Gastrodia elata*）（二级，DD）（王飞 摄）

图153 领春木（*Euptelea pleiospermum*）（LC）

图154 椭果葶枝七（*Cathcartia chelidoniifolia*）（LC）

图155 黄药（*Ichtyoselmis macrantha*）（LC）

图156　桃儿七（*Sinopodophyllum hexandrum*）（二级，NT）

图157　西南银莲花（*Anemone davidii*）（LC）

图158　裂叶星果草（*Asteropyrum peltatum* subsp. *cavaleriei*）（NT）

09

图159　小木通（*Clematis armandii*）（LC）

图160　螺距黑水翠雀（*Delphinium potaninii* var. *bonvalotii*）（LC）

图161　人字果（*Dichocarpum sutchuenense*）（LC）

图162　水青树（*Tetracentron sinense*）（二级，NT）（冯正波 摄）

图163　野扇花（*Sarcococca ruscifolia*）（LC）

图164　川赤芍（*Paeonia veitchii*）（LC）

图165　四川蜡瓣花（*Corylopsis willmottiae*）（LC）

图166　长柄双花木（*Disanthus cercidifolius* subsp. *longipes*）（二级，NT）

图167　连香树（*Cercidiphyllum japonicum*）（二级，LC）

图168　落新妇（*Astilbe chinensis*）（LC）

图169　扁刺蔷薇（*Rosa sweginzowii*）（LC）

图170　红果树（*Stranvaesia davidiana*）（LC）

图171　山酢浆草（*Oxalis griffithii*）（LC）

09

图172　山桐子（*Idesia polycarpa*）（LC）

图173　梓叶槭（*Acer amplum* subsp. *catalpifolium*）（二级，LC）

图174 罗浮槭（*Acer fabri*）（LC）

图175 五小叶槭（*Acer pentaphyllum*）（二级，VU）

图176 蓝果树（*Nyssa sinensis*）（LC）

图177 蜡莲绣球（*Hydrangea strigosa*）（LC）

图178 头状四照花（*Cornus capitata*）（LC）

图179 橘红灯台报春（*Primula bulleyana*）（LC）

图180　宝兴报春（*Primula moupinensis*）（LC）

图181　粉被灯台报春（*Primula pulverulenta*）（NT）

图182　三齿卵叶报春（*Primula tridentifera*）（VU）

图183　岩匙（*Berneuxia thibetica*）（LC）

图184　陀螺果（*Melliodendron xylocarpum*）（LC）

图185　毛叶吊钟花（*Enkianthus deflexus*）（LC）

图186　红粉白珠（*Gaultheria hookeri*）（LC）

图188 峨眉附地菜（*Trigonotis omeiensis*）（VU）

图189 皱叶荚蒾（*Viburnum rhytidophyllum*）（LC）（王飞 摄）

图187 桃叶珊瑚（*Aucuba chinensis*）（LC）

图190 穿心莛子藨（*Triosteum himalayanum*）（LC）（王飞 摄）

参考文献

陈昌笃，2000.都江堰生物多样性研究与保护[M].成都：四川科学技术出版社.

邓维杰，2011.区域生物多样性保护策略与行动计划(BSAP)编制指南[M].成都：西南交通大学出版社.

都江堰市人民政府，中国环境与发展国际合作委员会生物多样性工作组，2003.都江堰市生物多样性保护策略与行动计划[M].成都：西南交通大学出版社.

李仁贵，蔡水花，黄金燕，等，2021.邛崃山系的杜鹃花[M].成都：四川科学技术出版社.

马文宝，王飞，2021.甘孜州野生观赏植物图册：上册[M].

郑州：河南科学技术出版社.

四川卧龙国家级自然保护区管理局，2018.卧龙国家级自然保护区高山花卉手册[M].成都：四川师范大学电子出版社.

魏荣平，蔡水花，王飞，等，2021.横断山杜鹃花之四川篇[M].成都：四川科学技术出版社.

张超，王飞，2023.四川凉山州杜鹃花属植物[M].郑州：河南科学技术出版社.

张乐华，邵慧敏，马永鹏，2022.中国迁地栽培植物志：杜鹃花科[M].北京：中国林业出版社.

张晴，熊晓云，2002.华西亚高山植物园创始人——陈明洪[J].植物杂志，2:14.

庄平，2017a.37种杜鹃花属植物在迁地保育下的自然授粉

研究 [J]. 广西植物，37(8):947-958.

庄平，2017b. 32 种杜鹃花属植物在迁地保育条件下的自交研究 [J]. 广西植物，37(8):959-968.

庄平，2018a. 23 种常绿杜鹃亚属植物种间杂交的可育性研究 [J]. 广西植物，38(12):1545-1557.

庄平，2018b. 10 种杜鹃亚属植物种间杂交的可育性研究 [J]. 广西植物，38(12):1558-1565.

庄平，2018c. 杜鹃花属植物杂交不亲和与败育分布研究 [J]. 广西植物，38(12):1581-1587.

庄平，2018d. 32 种杜鹃花属植物亚属间杂交的可育性研究 [J]. 广西植物，38(12):1566-1580.

庄平，2018e. 杜鹃花属植物种间可交配性及其特点 [J]. 广西植物，38(12):1588-1594.

庄平，2019a. 杜鹃花属植物种间杂交向性研究 [J]. 广西植物，39(10):1281-1286.

庄平，2019b. 杜鹃花属植物的可育性研究进展 [J]. 生物多样性，27(3):327-338.

DU H, LAI L, WANG F, et al, 2018. Characterisation of flower colouration in 30 *Rhododendron* species via anthocyanin and flavonol identification and quantitative traits [J]. Plant Biology, 20:121-129.

WANG Y J, LAI L M, DU H, et al, 2018. Phylogeny, habitat together with biological and ecological factors can influence germination of 36 subalpine *Rhododendron* species from the eastern Tibetan Plateau [J]. Ecology and Evolution, 8:3589-3598.

XIA X M, YANG M Q, LI C L, et al, 2021.Spatiotemporal Evolution of the Global Species Diversity of *Rhododendron* [J]. Molecular Biology and Evolution, 39(1):msab314 doi:10.1093/molbev/msab314.

致谢

本文涉及的园史资料收集工作得到了华西园庄平研究员、张超高级工程师、王飞工程师、李彦慈、张晴以及都江堰市原农委副主任况仕万的支持和帮助。文中部分图片由王飞工程师、庄平研究员、耿玉英研究员、冯正波高级工程师，中国科学院成都生物研究所印开蒲研究员，四川省林业和草原局隆廷伦高级工程师，新华社沈伯韩记者，都江堰市规划和自然资源局林彬高级工程师，大熊猫国家公园都江堰管护总站朱大海高级工程师和都江堰市玉堂小学冯万鸿老师拍摄；部分老照片因年代久远，拍摄者信息不详，均以"佚名"标注。全文由郑元润研究员审核。在此一并致谢！

作者简介

邵慧敏（女，四川资中人，1979年生），2001年9月至2003年7月，获四川农业大学林业与园林高新技术管理专业本科学士；2011年3月至2013年6月，获四川农业大学风景园林学院风景园林专业硕士。2000—2003年任中国科学院植物研究所华西亚高山植物园技术员；2004—2007年任中国科学院植物研究所华西亚高山植物园助理工程师；2007—2012年任中国科学院植物研究所华西亚高山植物园工程师；2013年至今任中国科学院植物研究所华西亚高山植物园高级工程师。主要从事科普、园林规划和杜鹃花属植物迁地保育工作。

09

植物中文名索引
Plant Names in Chinese

植物学名索引
Plant Names in Latin

中文人名索引
Persons Index in Chinese

西文人名索引
Persons Index